安装工程概预算手册系列

给排水·采暖·燃气工程概预算手册

（附工程量清单计价应用实例）

（第二版）

工程造价员网　张国栋　主编

U0249028

中国建筑工业出版社

图书在版编目（CIP）数据

给排水·采暖·燃气工程概预算手册（附工程量清单计价应用实例）/张国栋主编．—2版．—北京：中国建筑工业出版社，2014.6

（安装工程概预算手册系列）

ISBN 978-7-112-16870-5

Ⅰ．①给… Ⅱ．①张… Ⅲ．①给排水系统-建筑安装-建筑概算定额-手册 ②采暖设备-建筑安装-建筑概算-定额-手册 ③燃气设备-建筑安装-建筑概算定额-手册 Ⅳ．①TU723.3-62

中国版本图书馆CIP数据核字（2014）第100570号

本书为安装工程概预算手册之一。内容包括给排水、采暖、燃气工程造价工作中有关的各种图例、符号、计算公式；一般通用设备及常用材料技术参数和其他基础参考资料；《全国统一安装工程预算与定额》，第八册给排水、采暖、燃气工程（GYD—208—2000）应用释义；给排水、采暖、燃气工程预算定额编制实例；工程量清单计价对照应用实例。书中将实际工程图和对应内容相结合，将实例涉及的工程量计算中的数字标有详细且完整的注释解说，让读者学习起来得心应手。

本书的主要特点是资料丰富、实用、查阅简便，是安装工程概预算人员日常工作中必备的工具书，也是从事安装工程设计和施工的技术人员及管理人员有益的参考书。

责任编辑：周世明

责任设计：董建平

责任校对：刘　钰　刘梦然

安装工程概预算手册系列

给排水·采暖·燃气工程概预算手册

（附工程量清单计价应用实例）

（第二版）

工程造价员网　张国栋　主编

*

中国建筑工业出版社出版、发行（北京西郊百万庄）

各地新华书店、建筑书店经销

北京红光制版公司制版

北京云浩印刷有限责任公司印刷

*

开本：787×1092毫米　1/16　印张：38½　字数：960千字

2014年8月第二版　2014年8月第五次印刷

定价：**88.00**元

ISBN 978-7-112-16870-5

（25618）

《给排水·采暖·燃气工程概预算手册》

编 委 会

主　编　工程造价员网　张国栋

参　编　赵小云　洪　岩　郭　芳　韩　慧　李晓静

范胜男　范　晓　丁冠利　耿蕊蕊　王国华

王　琳　闫应鹏　李新杰　杨　辉　刘若飞

曹培基　魏琛琛　苏　莉　张慧利　毕晓燕

吕明霞　王文芳　荆玲敏　安新杰　孔　秋

文学红　云晓晓　周　凡　惠　丽　魏晓杰

周亚萍　何婷婷　余　莉　王国华　李婷婷

张金萍　王　梦　李文芳　郭金菊　郑丹红

郭小段　杨　光　郭映丽　涂　川　赵晓利

刘建伟　王京京

第 二 版 前 言

安装工程概预算手册系列共有 4 本，分别为电气设备安装工程概预算手册（附工程量清单计价应用实例）；给排水、采暖、燃气工程概预算手册（附工程量清单计价应用实例）；通风空调工程概预算手册（附工程量清单计价应用实例）；消防及安全防范设备安装工程概预算手册（附工程量清单计价应用实例）。自 2004 年 4 月第一版书籍面市以来，作者始终没有放弃对该系列书的修订，以进一步弥补书中的不足之处，在 2004～2013 年期间，作者总结了教学讲堂的精华要点和工程实际操作中的需求以及自身的一些切身经验，对该系列书中的内容先后进行了六次不同程度的修改和整合，以期能将该系列书的内容更加完善化，更便于造价相关工作者的使用。

具体修订的内容范围包括如下：

1. 首先更改了第一版书中的原先遗留的问题，将多年来读者来信或邮件或电话反馈的问题进行汇总，并集中进行了处理。

2. 将书中比较老旧过时的内容进行了更改，比如一些专业名词、术语等等。

3. 将书中原来涉及定额上已经废除或更新的内容作了相应的改动。

4. 原来书上的内容文字和实例是相结合的，实际的工程图片并不多，而这套书是实际工程经常用到的水、暖、电的预算，若是能多和实际的工程图片结合起来，读者学习起来会方便很多，而且一些比较抽象的内容也会很容易理解，从而在实际的工作当中提高效率。鉴于此，作者历经 3 年之久将常用的工程图片列于此书中，和实际的内容吻合一致。

5. 继住房和城乡建设部颁布新的工程量清单计价规范（GB 50856—2013）之后，作者第一时间将书中涉及 2008 计价规范的内容更换为最新规范，并添加了新规范新补充的内容。做到和国家规范一致，和时代进步一致，和实际发展状况一致。

6. 2010 年年初作者总结了近几年来自己的一些感受以及在与刚从事工程造价人员的接触中受到的启发，作者认为多数人员在结合工程实际图片进行算量并套价时，多数的难题均是在工程量的计算上，若是工程量能正确计算完整，那么套价对于他们来说就轻而易举了，若是算量就被卡住，那后面的就根本进行不了了。作者琢磨若是在这些计算之中加上详细的注释解说，岂不是让读者走了一条捷径。敲定这个想法之后，作者开始筹划具体的实施方案，并随后就进行的实际的工作，于 2013 年修订完整，并将资源整合。

六次不同程度的修订工作耗费了作者大量的时间和精力，完稿之后作者希望做第二版，为众多学者提供学习方便，同时也让刚入行的人员能通过这条捷径尽快掌握预算的要领并运用到实际当中。

本书在编写过程中，得到了许多同行的支持与帮助，在此表示感谢。由于编者水平有限和时间紧迫，书中难免有错误和不妥之处，望广大读者批评指正。如有疑问，请登录

www. gczjy. com（工程造价员网）或 www. ysypx. com（预算员网）或 www. debzw. com（企业定额编制网）或 www. gclqd. com（工程量清单计价网），或发邮件至 zz6219@163. com 或 dlwhgs@tom. com 与编者联系。

目　　录

第一篇　图例及文字符号

第二篇　定　额　应　用

第三篇　定额预算与工程量清单计价编制及对照应用实例

第一篇

图例及文字符号

第一章　给排水工程常用图例

一、管道及附件

1. 管道类别应以汉语拼音字母表示，并符合表1-1的要求。

管　道　图　例　表
表 1-1

序号	名　称	图　例	备　注	序号	名　称	图　例	备　注
1	生活给水管	——— J ———		18	膨胀管	——— PZ ———	
2	热水给水管	———RJ———		19	保温管		
3	热水回水管	——— RH———		20	多孔管		
4	中水给水管	——— ZJ ———		21	地沟管		
5	循环给水管	——— XJ ———		21			
6	循环回水管	——— xh———		22	防护套管		
7	热媒给水管	———RM———		22			
8	热媒回水管	——— RMH———		23	管道立管	XL-1 平面　XL-1 系统	
9	蒸气管	——— Z ———		24	伴热管		
10	凝结水管	——— N ———		24			
11	废水管	——— F ———	可与中水源水管合用	25	空调凝结水管	——— KN ———	
12	压力废水管	———YF———		25			
13	通气管	——— T ———		26	排水明沟	坡向 ——→	
14	污水管	——— W ———		27	排水暗沟	坡向 ——→	
15	压力污水管	———YW———					
16	雨水管	——— Y ———					
17	压力雨水管	———YY———					

注：分区管道道用加注角标方式表示，如 J_1、J_2、RJ_1、RJ_2……。

2. 管道附件的图符合表 1-2 的要求。

管道附件　　　　　　　　　　　　　　　　表 1-2

序号	名　称	图　例	备　注	序号	名　称	图　例	备　注
1	套管伸缩器			12	雨水斗	YD 平面　YD 系统	
2	方形伸缩器			13	排水漏斗	平面　系统	
3	钢性防水套管			14	圆形地漏		
4	柔性防水套管			15	方形地漏		
5	波纹竹			16	自动冲洗水箱		
6	可曲挠胶接头			17	挡墩		
7	管道固定支架			18	减压孔板		
8	管道滑动支架			19	Y 形除污器		
9	立管检查口			20	毛发聚集器	平面　系统	
10	消扫口	平面　系统		21	防回流污染止回阀		
11	通气帽	成品　铅丝球		22	自动冲洗水箱		

二、管道连接（见表 1-3）

管道连接　　　　　　　　　　　　　　　　表 1-3

序号	名　称	图　例	备　注	序号	名　称	图　例	备　注
1	法兰连接			5	法兰堵盖		
2	承插连接			6	弯折管		表示管道向后及向下弯转折 90°
3	活接头			7	弯折管		
4	管堵			8	四通连接		

序号	名　称	图　例	备　注	序号	名　称	图　例	备　注
9	盲　板			11	管道丁字下接	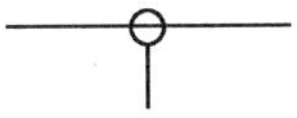	
10	管道丁字上接	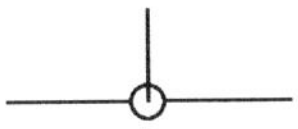		12	管道丁字下接		

三、管件（见表1-4）

管　件　　　　　　　　　　　　　　　表1-4

序号	名　称	图　例	备　注	序号	名　称	图　例	备　注
1	偏心异径管			8	弯管		
2	异径管			9	正三通		
3	乙字管			10	斜三通		
4	喇叭口	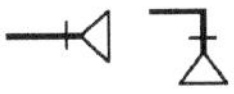		11	正四通	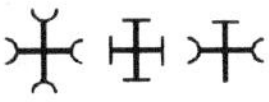	
5	转动接头	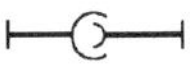		12	斜四通	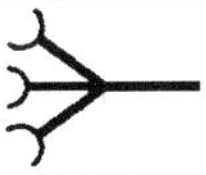	
6	短　管			13	浴盆排水件		
7	存水弯	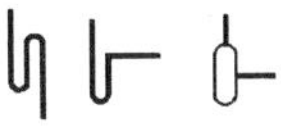					

四、阀门（见表1-5）

阀　门　　　　　　　　　　　　　　　表1-5

序号	名　称	图　例	备　注	序号	名　称	图　例	备　注
1	闸　阀			5	截止阀	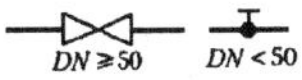 $DN \geqslant 50$　$DN < 50$	
2	角　阀			6	电动阀		
3	三通阀			7	波动阀		
4	四通阀	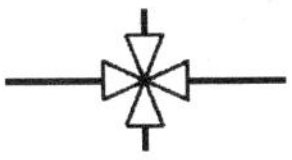		8	气动阀		

续表

序号	名　称	图　例	备　注	序号	名　称	图　例	备　注
9	减压阀		左侧为高压端	19	止回阀		
10	旋塞阀	平面　系统		20	消声止回阀		
11	底阀			21	蝶阀		
12	球阀			22	弹簧安全阀		左为通用
13	隔膜阀			23	平衡锤安全阀		
14	气开隔膜阀			24	自动排气阀	平面　系统	
15	气闭隔膜阀			25	浮球阀	平面　系统	
16	温度调节阀			26	延时自闭冲洗阀		
17	压力调节阀			27	吸水喇叭口	平面　系统	
18	电磁阀			28	疏水阀		

五、给水配件（见表1-6）

给水配件　　　　　　　　　　　表 1-6

序号	名　称	图　例	备　注	序号	名　称	图　例	备　注
1	放水龙头			6	脚踏开关		
2	皮带龙头			7	混合水龙头		
3	洒水（栓）龙头			8	旋转水龙头		
4	化验龙头			9	浴盆带喷头混合水龙头		
5	肘式龙头						

六、卫生设备及水池（见表1-7）

卫生设备及水池　　　　　　　　　　　　　　　　　表1-7

序号	名　称	图　例	备　注	序号	名　称	图　例	备　注
1	立式洗脸盆			9	妇女卫生盆		
2	台式洗脸盆			10	立式小便器		
3	挂式洗脸盆			11	壁挂式小便器		
4	浴　盆			12	蹲式大便器		
5	化验盆洗涤盆			13	坐式大便器		
6	带沥水板洗涤盆		不锈钢制品	14	小便槽		
7	盥洗槽			15	淋浴喷头		
8	污水池						

七、给水排水设备（见表1-8）

给水排水设备　　　　　　　　　　　　　　　　　表1-8

序号	名　称	图　例	备　注	序号	名　称	图　例	备　注
1	水　泵			8	开水器	$DN \geqslant 50$　$DN < 50$	
2	潜水泵			9	喷射器		
3	定量泵			10	除垢器		
4	管道泵			11	水锤消除器		
5	卧式热交换器			12	浮球液位器		
6	立式热交换器			13	搅拌器		
7	快速管式热交换器						

八、阀门（见表1-9）

仪 表　　　　　　　　　　　　　　　　表 1-9

序号	名　称	图　例	备　注	序号	名　称	图　例	备　注
1	温度计			8	真空表		
2	压力表			9	温度传感器		
3	自动记录压力表			10	压力传感器		
4	压力控制器			11	pH 值传感器		
5	水　表			12	酸传感器		
6	自动记录流量计			13	碱传感器		
7	转子流量计			14	余氯传感器		

第二章　采暖工程常用图例

一、水、汽管道阀门和附件（见表 1-10）

水、汽管阀门和附件　　　　　　　　　　　　　表 1-10

序号	名　称	图　例	附　注
1	阀门（通用）截止阀	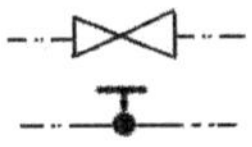	 1. 没有说明时，表示螺纹连接 法兰连接时  焊接时  
2	闸　阀		2. 轴测图画法 阀杆为垂直 阀杆为水平
3	手动调节阀		
4	球阀、转心阀		
5	蝶阀		
6	角阀	 或	
7	平衡阀		
8	三通阀	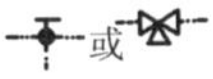 或	
9	四通阀		
10	节流阀		
11	膨胀阀	 或	也称"隔膜阀"
12	旋塞	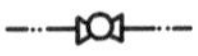	
13	快放阀		也称快速排污阀
14	止回阀		左、中为通用画法，流向均由空白三角形至非空白三角形；中也代表升降式止回阀；右代表旋启式止回阀
15	减压阀	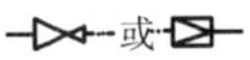 或	左图小三角形为高压端，右图右侧为高压端。其余同阀门类推

续表

序号	名　称	图　例	附　注
16	安全阀		左图为通用,中为弹簧安全阀,右为重锤安全阀
17	疏水阀		在不致引起误解时,也可用  ▄▄▄ ◆ ▄▄▄ 表示　也称"疏水器"
18	浮球阀	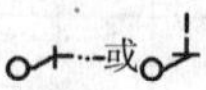	
19	集气罐、排气装置	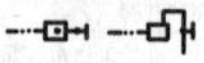	左图为平面图
20	自动排气阀		
21	除污器(过滤器)		左为立式除污器,中为卧式除污器,右为Y型过滤器
22	节流孔板、减压孔板		在不致引起误解时,也可用  ▄▄▄ ╫ ▄▄▄ 表示
23	补　偿　器		也称"伸缩器"
24	矩形补偿器		
25	套管补偿器		
26	波纹管补偿器	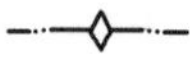	
27	弧形补偿器		
28	球形补偿器	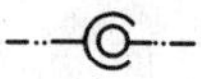	
29	弯径管异径管		左图为同心异径管,右图为偏心异径管
30	活　接　头		
31	法　兰		
32	法　兰　盖		
33	丝　堵	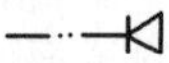	也可表示为 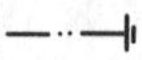 ▄▄▄

续表

序号	名　称	图　例	附　注
34	可屈挠橡胶软接头		
35	金属软管		也可表示为：
36	绝热管		
37	保护套管		
38	伴热管		
39	固定支架		
40	介质流向	→或	在管道断开处时,流向符号宜标注在管道中心线上,其余可同管径标注位置
41	坡度不坡向	$i=0.003$ 或 $i=0.003$	坡度数值不宜与管道起、止点标高同时标注,标注位置同管径标注位置

二、采暖设备（见表 1-11）

采暖设备图例　　　　　　　　　　　　　　表 1-11

序号	名　称	图　例	附　注
1	散热器及手动放气阀		左为平面图画法,中为剖面图画法,右为系统图,Y 轴侧图画法
2	散热器及控制阀		左为平面图画法,右为剖面图画法
3	轴流风机	或	
4	离心风机		左为左式风机,右为右式风机
5	水　泵		左侧为进水,右侧为出水
6	空气加热、冷却器		左、中分别为单加热、单冷却,右为双功能换热装置
7	板式换热器		
8	空气过滤器		左为粗效,中为中效,右为高效

续表

序号	名　称	图　例	附　注
9	电加热器		
10	加湿器		
11	挡水板		
12	窗式空调器		
13	分体空调器		
14	风机盘管		可标注型号:如
15	减振器	○　△	左为平面图画法,右为剖面图画法

三、调控装置及仪表(见表1-12)

调控装置及仪表图例　　　　　　　　　　　　　　表 1-12

序号	名　称	图　例	附　注
1	温度传感器	T 或 温度	
2	湿度传感器	H 或 湿度	
3	压力传感器	P 或 压力	
4	压差传感器	ΔP 或 压差	
5	弹簧执行机构		如弹簧式安全阀
6	重力执行机构		
7	浮力执行机构		如浮球阀
8	活塞执行机构		
9	膜片执行机构		
10	电动执行机构	～ 或 ○	如电动调节阀
11	电磁(双位)执行机构	M 或 □	如电磁阀
12	记录仪		
13	温度计	T 或	左为圆盘式温度表,右为管式温度计
14	压力表		
15	流量计	F.M. 或	
16	能量计	E.M. 或 T1 T2	
17	水流开关	F	

四、传感元件(见表 1-13)

传感元件图例

表 1-13

序号	名　称	图　例	附　注
1	温度传感元件		
2	压力传感元件		
3	流量传感元件		
4	湿度传感元件		
5	液位传感元件		

第三章　燃气工程常用图例

一、管道与附件(见表 1-14)

表 1-14

管道与附件图例

序号	名　称	图　例	附　注
1	燃气管道		
2	其他管道	—N—	
3	地上煤气管道		
4	地下煤气管道	- - - - -	
5	煤气气流流向		
6	有导管的煤气管道		
7	法兰		
8	法兰盖		
9	盲板		
10	管堵		
11	丝堵		
12	活接头		
13	正四通		
14	正三通		
15	斜三通		
16	大小头		
17	弯头		
18	管道支架		
19	法兰连接管道		
20	螺纹连接管道		
21	焊接连接管道		
22	承插连接管道		
23	管道支座(砖墩)		
24	管道支座(泥土)		

二、阀门及仪表(见表1-15)

阀门及仪表图例   表 1-15

序号	名　称	图　例	附　注
1	闸　阀		
2	截止阀		
3	旋塞阀		
4	止回阀		
5	针形阀		
6	压力表		
7	自动记录压力表		
8	双波纹管差压计		
9	U 形压力表		
10	压力控制器		
11	安全阀		
12	温度计		
13	凝水器		
14	罗茨表		
15	皮膜表		
16	叶轮表		
17	安全水封		
18	放散管口		

续表

序号	名　　称	图　　例	附　　注
19	扁形过滤器		
20	圆筒形过滤器		
21	自力式调压器		
22	T 型调压器		
23	户外调压器		
24	雷诺式调压器		
25	灶　具		

第二篇

定 额 应 用

第一部分 定额应用释义

第一章 管道安装

第一节 说明应用释义

一、本章适用于室内外生活用给水、排水、雨水、采暖热源管道、法兰、套管、伸缩器等的安装。

[应用释义] 生活用水：是指人类日常生活活动所用的水。可分为饮用水和非饮用水两种。在给排水工程设计时，常有居民生活用水、综合生活用水、城市综合用水和工业企业职工生活用水等。

① 居民生活用水是指城市中居民的饮用、烹调、洗涤、冲厕、洗澡等日常生活用水。

② 综合生活用水是指包括城市居民日常生活用水和公共建筑及设施用水两部分的总水量；公共建筑及设施用水包括娱乐场所、宾馆、医院，浴室、商业、学校和机关办公楼等用水，但不包括城市浇洒道路、绿地和其他市政用水。

③ 城市综合用水是指包括综合生活用水、工业用水、市政用水及其他用水。

④ 职工生活用水是指工业企业职工在从事生产活动中所需的生活用水及淋浴用水。

室外生活用给水：是指企业、事业单位以城市自来水为水源的室外给水或者由单位自设水源而形成的独立室外生活用给水。

室内生活用给水：是指供家庭、机关、学校、部队、旅馆等居住建筑、公共建筑及工业企业内部的饮用、烹调、盥洗、洗涤、淋浴等生活用水。

雨水：是指在地面上形成径流的雨水和冰雪融化水。径流量大而急，若不及时排除，往往会积水成灾，阻塞交通，淹没房屋，造成生命和财产的损失，尤其是山洪水危害更甚。

采暖热源管道：是指在暖通工程中，供采暖及提供热源所使用的管道。

法兰：是指固定在管口上的带螺栓孔的圆盘。法兰连接是将固定在管门上的一对法兰，中间放入垫片，再用螺栓接紧使其连接起来的一种可拆卸的接门。法兰连接严密性好，拆卸安装方便，结合强度高，但耗用钢材多，工时多，价格贵，成本高。法兰可分为平焊法兰、对焊法兰、松套法兰、螺纹法兰四种类型。种类如图 2-1 所示。

① 平焊法兰：是指法兰与管道直接焊在一起。多用于钢板制作，加工较易，成本低，但法兰刚度差，一般用于压力 $P \leqslant 1.6\text{MPa}$，温度 $t \leqslant 250℃$ 的管道连接中。

② 对焊法兰：是指法兰的颈部与管道对接焊接在一起。多用于铸钢或锻钢件制造，刚度大，适用于压力 $P \leqslant 16\text{MPa}$，温度 $t \leqslant 350 \sim 450℃$ 的管道连接。

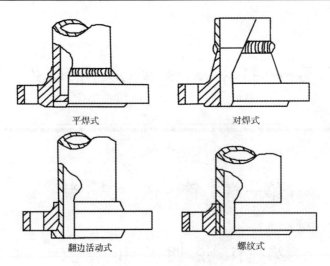

平焊式　　　　　　　　　　对焊式

翻边活动式　　　　　　　　螺纹式

图 2-1　法兰的种类

③ 松套法兰：是指法兰本身不与管道固接，只是利用碳钢强度高、价格低的优点，制成法兰，用于有色金属管道和不锈钢管道的连接中，法兰本身不与管内介质接触。

④ 螺纹法兰：是指法兰与管子间利用螺纹连接在一起。二者螺纹严格按公差配合在车床上加工，保障连接严密，用于高压管道或镀锌钢管、铸铁法兰的管道连接中。

套管：是指给排水管道（或工艺管道）在穿越建筑物基础、墙体和楼板之处时，预先配合土建工程所预埋的一种衬套管，其作用是避免打洞和方便管道安装，这种衬套管直径一般较其穿越管道本身的公称直径大一至二级。常见的防水套管如图 2-2 所示，安装套管尺寸见表 2-1～表 2-4。

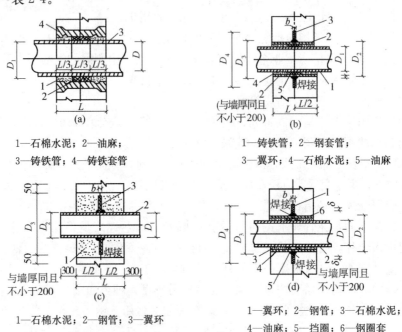

1—石棉水泥；2—油麻；
3—铸铁管；4—铸铁套管

1—铸铁管；2—钢套管；
3—翼环；4—石棉水泥；5—油麻

1—石棉水泥；2—钢管；3—翼环

1—翼环；2—钢管；3—石棉水泥；
4—油麻；5—挡圈；6—钢圈套

图 2-2　常见防水套管示意图
（a）Ⅰ型刚性防水套管；（b）Ⅱ型刚性防水套管；
（c）Ⅲ型刚性防水套管；（d）Ⅳ型刚性防水套管

安装说明：

1. Ⅰ型及Ⅱ型防水套管，适用于铸铁管，也适用于非金属管，但应根据采用管材的管壁厚度修正有关尺寸。

2. Ⅰ型及Ⅱ型套管穿墙处的墙壁，如遇非混凝土墙壁时应改用混凝土墙壁，其浇筑混凝土范围，Ⅰ型套管应比铸铁套管外径大300mm，Ⅱ型套管应比翼环直径（D_4）大200mm，而且必须将套管一次浇固于墙内。套管内的填料应紧密捣实。

3. Ⅰ型和Ⅱ型防水套管处的混凝土厚，应不小于200mm，否则应在墙壁一边或两边加厚，加厚部分的直径，Ⅰ型应比铸铁套管外径大300mm，Ⅱ型应比翼环直径（D_4）大200mm。

4. Ⅰ型套管只在墙厚不小于或使墙壁一边或两边加厚为所需铸铁套管长度时采用。

5. Ⅱ型套管尺寸表中所列尺寸为翼环和钢套管重量之和。

Ⅰ型套管尺寸表（mm）（部分） 表2-1

公称直径	75	100	125	150	200	250	300	350	400	450	500	600	700	800	900
穿墙管最大外径D	93	118	143	169	220	271.6	3228	374	425.6	476.8	528	630.8	733	836	939
铸铁套管外径D_1	113	138	163	189	240	294	345	396	448	499	552	655	757	860	963
铸铁套管长度L	300	300	300	300	300	300	350	350	350	350	350	400	400	400	400
铸铁套管重量（kg）	15.9	19.1	22.1	25.4	34.3	43	59.1	71.8	85.6	100	110	156	189	236	288

Ⅱ型套管尺寸表（mm）（部分） 表2-2

DN	50	75	100	125	150	200	250	300	350	400	450	500	600	700	800	900
D_1	60	93	118	143	169	220	271.6	322.8	374	425.6	476.8	528	630.8	733	836	939
D_2	114	140	168	194	219	273	325	377	426	480	530	579	681	783	886	991
D_3	115	141	169	195	220	274	326	378	427	481	531	580	682	784	887	992
D_4	225	251	289	315	340	394	446	498	567	621	671	720	822	924	1027	1132
δ	4	4.5	5	5	6	7	8	9	9	9	9	9	9	9	9	9
b	10	10	10	10	10	10	10	15	15	15	15	15	15	15	15	15
h	4	4	5	5	6	7	8	9	9	9	9	9	9	9	9	9
重量（kg）	4.48	5.67	7.41	8.43	10.44	14.13	18.22	26.06	31.38	35.17	38.68	42.14	49.31	56.47	63.71	71.10

安装说明：

1. Ⅲ型翼环尺寸表的材料重量为翼环重量，Ⅳ型材料表中的重量为钢套管、翼环、钢圈重量。

2. Ⅳ型穿套管处的墙壁必须为混凝土墙壁，若遇非混凝土墙壁时，要将其改为；并且浇筑混凝土范围应比翼环直径大200mm，而且必须将套管一次浇固于墙内。套管内的填料应紧密捣实。

3. Ⅲ型及Ⅳ型穿管处的混凝土墙厚，应不小于200mm，Ⅳ型套管加厚部分的直径，应比翼环直径至少大200mm，如图2-2（d）所示。

Ⅲ型翼环尺寸表（mm）　　　　　表 2-3

DN	25	32	40	50	70	80	100	125	150	200	250	300	350	400	450	500	600	700	800	900	1000
D_1	33.5	38	50	60	73	89	108	133	159	219	273	325	377	426	480	530	630	720	820	920	1020
D_2	35	39	51	61	74	90	109	134	160	220	274	326	378	427	481	531	631	721	821	921	1021
D_3	95	99	111	121	134	150	209	234	260	320	374	476	528	577	631	681	831	921	1021	1121	1221
b	5	5	5	5	5	5	5	5	5	8	8	8	8	8	8	9	9	9	9	10	10
重量(kg)	0.24	0.26	0.30	0.34	0.38	0.44	0.98	1.13	1.29	2.66	3.20	5.93	6.71	7.42	8.22	8.97	16.21	18.27	20.43	25.19	27.65

Ⅳ型套管尺寸表（mm）（部分）　　　　　表 2-4

DN	50	80	100	125	150	200	250	300	350	400	450	500	600	700	800	900	1000
D_1	60	89	108	133	159	219	273	325	377	426	480	530	630	720	820	920	1020
D_2	114	140	159	180	203	273	325	377	426	480	530	579	681	770	870	927	1072
D_3	115	141	160	181	204	274	326	378	427	481	531	580	682	771	871	923	1073
D_4	225	251	280	301	324	394	446	498	567	621	671	720	822	911	1011	1113	1213
δ	4	4.5	4.5	6	6	7	8	9	9	9	9	9	9	9	9	9	9
b	10	10	10	10	10	10	10	15	15	15	15	15	15	15	15	15	15
h	4	4	4	5	6	7	8	9	9	9	9	9	9	9	9	9	9
重量(kg)	4.98	6.37	7.52	8.90	10.93	15.73	20.22	28.42	34.11	38.24	42.13	45.88	53.81	60.76	68.43	76.30	83.96

　　补偿器又叫伸缩器，是指能够吸收管道因工作温度与安装时环境温度以及工作时周围环境温度的不同而引起的热胀冷缩的热变形量的一种装置。其规格见表 2-5。管道中的补偿器有：方形补偿器、波形补偿器、波纹管补偿器、套筒式补偿器、球形补偿器等。其多用于蒸气管道中，一般常见的有方形补偿器和套筒式补偿器。如图 2-3 所示，为方形补偿器的变形图和受力图。方形补偿器应采取与管道相同的管材煨制或与弯头组合焊接成型，但最好选用一根质量好的无缝钢管，煨制而成。其制作简单，安装方便，补偿量大，工作安全可靠，因而用途较广。但其又具有外形尺寸大，安装占用面积大，不太美观等缺点。在安装时应注意。

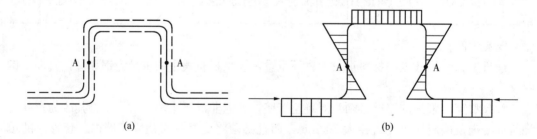

图 2-3　方形补偿器
（a）变形器；（b）受力器

表 2-5

补偿器规格尺寸

Δx	型号	管径 DN25 R=134							管径 DN32 R=169						
		a	b	c	h	l	展开长度	重量(kg)	a	b	c	h	l	展开长度	重量(kg)
25	Ⅰ	780	520	252	1248	2058	4.98	830	580	492	242	1368	2238	7.00	—
	Ⅱ	600	600	332	332	1068	2038	4.93	650	650	312	312	1186	2198	6.89
	Ⅲ	470	660	202	392	938	2028	4.91	530	720	192	382	1068	2218	6.95
	Ⅳ	—	800	—	532	736	2106	5.10	—	820	—	482	876	2226	6.97
50	Ⅰ	1200	720	932	452	1668	2878	6.97	1300	800	962	462	1838	3148	9.86
	Ⅱ	840	840	572	572	1308	2758	6.68	920	920	582	582	1458	3008	9.42
	Ⅲ	650	980	382	712	1118	2848	6.90	700	1000	362	662	1238	2948	9.20
	Ⅳ	—	1250	—	982	736	3006	7.28	—	1250	—	912	876	3086	9.66
75	Ⅰ	1500	880	1232	612	1968	3498	8.47	1600	950	1262	612	2138	3748	11.73
	Ⅱ	1050	1050	782	782	1518	3388	8.20	1150	1150	812	812	1688	3698	11.58
	Ⅲ	750	1250	482	982	1218	3488	8.44	830	1320	492	982	1368	3718	11.5
	Ⅳ	—	1550	—	1282	736	3606	8.73	—	1650	—	1312	876	3886	12.16
100	Ⅰ	1750	1000	1482	732	1128	3988	9.65	1900	1100	1562	762	2438	4348	13.61
	Ⅱ	1200	1200	932	932	1668	3838	9.29	1320	1320	982	982	1858	4208	13.18
	Ⅲ	860	1400	592	1132	1328	3898	9.40	950	1550	612	1212	1488	4298	13.46
	Ⅳ	—	—	—	—	—	—	—	—	1950	—	1612	876	4486	14.04
150	Ⅰ	2150	1200	1882	932	2618	4788	11.59	2320	1320	1982	982	2852	5208	16.31
	Ⅱ	1500	1500	1232	1232	1968	4738	11.47	1640	1640	1302	1302	2178	5168	16.18
	Ⅲ	—	—	—	—	—	—	—	1150	1920	812	1582	1688	5238	16.40
	Ⅳ	—	—	—	—	—	—	—	—	—	—	—	—	—	—
200	Ⅰ	—	—	—	—	—	—	—	2370	1530	2392	1192	3268	6038	18.90
	Ⅱ	—	—	—	—	—	—	—	1900	1900	1562	1562	2438	5948	18.53
	Ⅲ	—	—	—	—	—	—	—	—	—	—	—	—	—	—
	Ⅳ	—	—	—	—	—	—	—	—	—	—	—	—	—	—

续表

Δx	型号	DN48×3.5 R=192							DN60×3.5 R=240							DN76×3.5 R=304							DN8.9×3.5 R=356						
		a	b	c	h	l	展开长度	重量(kg)	a	b	c	h	l	展开长度	重量(kg)	a	b	c	h	l	展开长度	重量(kg)	a	b	c	h	l	展开长度	重量(kg)
25	I	860	620	476	236	1444	2354	9.04	820	650	340	140	1500	2388	11.65	—	—	—	—	—	—	—	—	—	—	—	—	—	—
	II	680	680	296	296	1364	2294	8.81	700	700	220	220	1380	2368	11.56	—	—	—	—	—	—	—	—	—	—	—	—	—	—
	III	570	740	186	356	1154	2304	8.85	620	750	140	270	1300	2388	11.65	—	—	—	—	—	—	—	—	—	—	—	—	—	—
	IV	—	830	—	446	968	2298	8.82	—	840	—	360	1160	2428	11.85	—	—	—	—	—	—	—	—	—	—	—	—	—	—
50	I	1280	830	896	446	1864	3194	12.27	1280	880	800	400	1960	3308	16.14	1250	930	642	322	2058	3396	21.26	1290	1000	578	288	2202	3591	26.50
	II	970	970	586	586	1554	3169	12.15	980	980	500	500	1660	3208	15.66	1000	1000	392	392	1808	3286	20.57	1050	1050	338	338	1962	3451	25.47
	III	720	1050	336	666	1304	3074	11.80	780	1080	300	600	1460	3208	15.66	860	1100	252	492	1668	3346	20.95	930	1150	218	438	1842	3531	26.06
	IV	—	1280	—	896	968	3198	12.28	—	1300	—	820	1160	3348	16.34	—	1120	—	512	1416	3134	19.62	—	1200	—	488	1624	3431	25.19
75	I	1660	1020	1276	636	2244	3954	15.18	1720	1100	1240	620	2400	4188	20.44	1700	1150	1092	542	2508	4286	26.83	1730	1220	1018	508	2642	4471	33.00
	II	1200	1200	816	816	1784	3854	14.80	1300	1300	820	820	1980	4168	20.34	1300	1300	692	692	2108	4186	26.20	1350	1350	638	638	2262	4351	32.11
	III	890	1380	506	996	1474	3904	14.99	970	1450	490	970	1650	4138	20.19	1030	1450	422	842	1838	4216	26.39	1110	1500	398	788	2022	4411	32.55
	IV	—	1700	—	1316	968	4038	15.51	—	1750	—	1270	1160	4248	20.37	—	1500	—	892	1416	3894	24.38	—	1600	—	888	1624	4213	31.09
100	I	1920	1150	1536	766	2504	4474	17.18	2020	1250	1540	770	2700	4788	23.37	2000	1300	1392	692	2808	4886	30.59	2130	1420	1418	708	3042	5271	38.90
	II	1400	1400	1016	1016	1984	4454	17.10	1500	1500	1020	1020	2180	4768	23.27	1500	1500	892	892	2308	4786	29.96	1600	1600	888	888	2512	5101	37.65
	III	1010	1630	626	1246	1594	4524	17.37	1070	1650	590	1170	1750	4638	22.63	1180	1700	572	1092	1988	4866	30.46	1280	1850	568	1138	2192	5281	38.97
	IV	—	2000	—	1616	968	4638	17.81	—	2050	—	1570	1160	4848	23.66	—	1850	—	1242	1416	4594	28.76	—	1950	—	1238	1624	4913	36.26
150	I	2420	1400	2036	1016	3004	5474	21.20	2520	1500	2040	1020	3200	5788	28.25	2600	1600	1992	992	3408	6086	38.10	2790	1750	2078	1038	3702	6591	48.64
	II	1730	1730	1346	1346	2314	5444	20.91	1800	1800	1320	1320	2480	5668	27.66	1850	1850	1242	1242	2608	5886	36.36	2000	2000	1288	1288	2912	6301	46.50
	III	1210	2030	826	1646	1794	5524	21.21	1290	2100	810	1620	1970	5758	28.10	1460	2300	852	1692	2268	6364	39.73	1580	2450	868	1738	2492	6781	50.04
	IV	—	—	—	—	—	—	—	—	2650	—	2170	1160	6048	29.51	—	2400	—	1792	1416	5694	35.64	—	2550	—	1838	1624	6113	45.11
200	I	2860	1620	2476	1236	3444	6354	24.40	3020	1750	2540	1270	3700	6788	33.13	3100	1850	2492	1242	3908	7086	44.36	3390	2050	2678	1338	4302	7791	57.50
	II	2000	2000	1616	1616	2584	6254	24.02	2100	2100	1620	1620	2780	6568	32.05	2200	2200	1592	1592	2908	6886	43.11	2350	2350	1638	1638	3262	7351	54.25
	III	1350	2300	966	1916	1934	6214	23.86	1480	2400	1000	2000	2160	6708	32.74	1680	2750	1072	2142	2488	7466	46.74	1860	3000	1148	2288	2772	8161	60.23
	IV	—	—	—	—	—	—	—	—	—	—	—	—	—	—	—	2950	—	2342	1416	6794	42.53	—	3100	—	2388	1624	7213	53.23
250	I	—	—	—	—	—	—	—	—	—	—	—	—	—	—	3500	2050	2892	1442	4308	7886	49.37	3900	2300	3188	1588	4812	8801	64.95
	II	—	—	—	—	—	—	—	—	—	—	—	—	—	—	2450	2450	1842	1842	3258	7636	47.80	2700	2700	1988	1988	3612	8401	62.00
	III	—	—	—	—	—	—	—	—	—	—	—	—	—	—	1900	3150	1292	2542	2708	8486	53.12	2110	3500	1398	2788	3022	9411	69.45

续表

管径		DN48×3.5							DN60×3.5							DN76×3.5							DN8.9×3.5						
半径		R=192							R=240							R=304							R=356						
Δx	型号	a	b	c	h	l	展开长度	重量(kg)	a	b	c	h	l	展开长度	重量(kg)	a	b	c	h	l	展开长度	重量(kg)	a	b	c	h	l	展开长度	重量(kg)
50	I	1400	1130	536	266	2464	3982	40.86	1550	1400	486	236	2814	4501	57.30	1550	1400	278	128	3022	4730	81.12	—	—	—	—	—	—	—
	II	1200	1200	336	336	2264	3922	40.24	1400	1400	236	236	2564	4250	54.12	1400	1400	128	128	2872	4580	78.55	—	—	—	—	—	—	—
	III	1060	1250	196	386	2124	3882	39.83	1350	1400	136	236	2454	4151	52.84	1350	1400	78	128	2822	4530	77.69	—	—	—	—	—	—	—
	IV	—	1300	—	436	1928	3786	38.48	—	1400	—	236	2328	4015	51.15	—	1400	—	128	2744	4452	76.35	—	—	—	348	3704	—	—
75	I	1800	1350	936	486	2864	4822	49.47	2080	1550	986	486	3314	5501	70.03	2080	1680	808	408	3552	5820	99.81	2450	2100	698	348	4402	7098	223.73
	II	1450	1450	586	586	2514	4672	41.93	1750	1600	536	536	2864	5151	65.75	1750	1750	478	478	3222	5630	96.55	2100	2100	348	348	4052	6748	212.70
	III	1260	1650	396	786	2324	4882	50.09	1550	1750	346	686	2674	5261	66.97	1550	1800	278	528	3022	5530	94.84	1950	2100	198	348	3902	6598	207.97
	IV	—	1700	—	836	1928	4586	47.05	—	1800	—	736	2328	5015	63.84	—	1900	—	628	2744	5452	93.50	—	2100	—	548	3704	6400	201.73
100	I	2350	1600	1486	736	3414	5872	60.25	2650	1750	1386	686	3714	6301	80.21	2650	1950	1378	678	4122	6930	118.50	2850	2300	1098	548	4802	7898	248.94
	II	1700	1700	836	836	2764	5422	55.63	2050	1900	836	836	3164	6051	77.03	2050	2050	778	778	3522	6530	11.99	2380	2380	628	628	4332	7588	23.917
	III	1460	2050	596	1186	2524	5882	60.35	1750	2100	536	1036	2864	6151	78.30	1750	2200	478	928	3222	6530	11.99	2380	2380	628	628	4332	7588	23.917
	IV	—	2100	—	1236	1928	5386	55.26	—	2150	—	1086	2328	5715	72.75	—	2300	—	1028	2744	6252	107.22	—	798	—	728	3704	7300	230.10
150	I	2950	1900	2086	1036	4014	7072	72.56	3250	2150	2186	1086	4514	7901	100.58	3550	2400	2278	1128	5022	8730	149.72	3750	2750	1998	998	5702	9698	305.68
	II	2150	2150	1286	1286	3214	6772	69.48	2600	2450	1386	1386	3714	7701	98.03	2600	2600	1328	1328	4072	8180	140.29	2950	2950	1198	1198	4902	9298	293.07
	III	1760	2650	896	1786	2824	7382	75.74	2080	2800	886	1736	3214	7901	100.58	2080	2880	808	1608	3552	8220	140.97	2480	3200	728	1448	4432	9328	294.02
	IV	—	2150	—	1886	1928	6686	68.60	—	2850	—	1786	2328	7115	90.57	—	3000	—	1728	2744	7652	131.23	—	3250	—	1498	3704	8700	274.22
200	I	3550	2200	2686	1336	4614	8272	84.87	3850	2500	2886	1436	5214	9301	118.40	4550	2800	3078	1528	5822	10330	177.16	4550	3150	2798	1398	6502	11298	356.11
	II	2550	2550	1686	1686	3614	7972	81.79	2800	2800	1736	1736	4064	8751	111.40	3500	3050	1778	1778	4552	9530	163.44	3500	3500	1748	1748	5452	10948	345.08
	III	2060	3250	1196	2386	3124	8882	91.13	2200	3300	1136	2236	3464	9151	116.49	2850	3500	1128	2222.8	3872	9780	167.73	2850	3900	1098	2148	4802	11098	349.80
	IV	—	3300	—	2436	1928	7786	77.88	—	3450	—	2386	2328	8315	105.85	—	3600	—	2328	2744	8852	151.81	—	4000	—	2248	3704	10200	321.50
250	I	4050	2450	3186	1586	5114	9272	95.13	4550	2800	3486	1736	5814	10500	133.67	4950	3100	3678	1828	6422	11530	197.74	5250	3500	3498	1748	7202	12698	400.24
	II	2850	2850	1986	1986	3914	8872	91.03	3200	3200	2136	2136	4644	9951	126.68	3500	3500	2228	2228	4972	10880	186.59	4000	4000	2248	2248	5952	12448	392.36
	III	2350	3800	1486	2936	3414	10272	105.39	2450	3900	1386	2836	3714	10601	134.95	2750	4200	1478	2928	4222	11530	197.74	3180	4600	1428	2848	5132	12828	404.34
	IV	—	3850	—	2986	1928	8886	91.17	—	4050	—	2986	2328	9515	121.13	—	4250	—	2978	2744	10152	174.11	—	4700	—	2948	3704	11600	365.63

1）方形补偿器水平安装时，垂直臂应水平放置，平行臂应与管道坡度相同。

2）方形补偿器垂直安装时，不得在弯管上开孔安装放气管和排水管。

3）补偿器处滑托的预偏移量应符合设计图纸的规定。

4）补偿器垂直臂长度偏差及平面歪扭偏差不应超过±10mm。

套筒式伸缩器靠插管和套管的相对运动来补偿管道的热变形量，它由套管、插管以及密封填料三部分组成。其结构简单、紧凑、补偿能力大，占地面积小，施工安装方便，但其轴向推力大，易渗漏，需要经常维修和更换填料。套筒式伸缩器根据其连接方式的不同可分为螺纹法兰式和焊接法兰式；根据其壳体材料的不同，可分为铸铁制和钢制；根据套筒的结构的不同，可分为单向套筒和双向套筒。

室内生活用排水：是指室内的生活污水、工业废水和屋面雨、雪水等，需及时畅通无阻地排至室外排水管网或处理构筑物，为人们提供良好的生活、生产、工作和学习环境。

室外生活用排水：是指在工业企业内部、公共建筑及居住区内，生活和生产中使用的水，在使用过程中受到污染而成为污水，需要及时、妥善地进行处理和排放，也就是将企业、事业单位的各种污水经济合理地输送到城市排水管道中去。

二、界线划分

1. 给水管道

（1）室内外界线以建筑物外墙皮 1.5m 为界，入口处设阀门者以阀门为界；

（2）市政管道界线以水表井为界，无水表井者，以与市政管道碰头点为界。如图 2-4 所示。

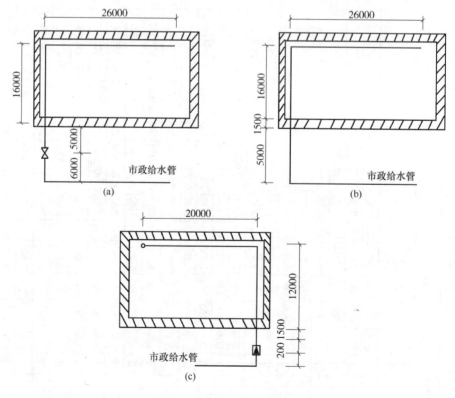

图 2-4　室内外给水管道图

[应用释义] 阀门：是在流体输配系统中用以控制管道内介质流动的具有可动机构的装置。其在管道中起到启闭管路，调节管内介质压力、流量以及流向等作用。通常放在分处、穿越障碍物和过长的管线上，一般设在配水支管的下游，以便关阀门时不影响支管的供水。阀门的种类多，但一般按其动作特点分为两大类：一是驱动阀门，指借用外力（人力或其他动力）来操纵的阀门，如闸阀、旋塞阀等。二是自动阀门，指借助介质流量、参数能量变化而动作的阀门，如止回阀、安全阀等。阀门一般由阀体、阀瓣、阀盖、阀杆和手轮等部件组成。

水表：是用来计量用水量多少的仪表。在所有水表类型中，流速式水表应用十分广泛。它是根据管径一定时，通过水表的水流速度与流量成正比的原理来测水量的，当水流通过水表时推动叶轮旋转，流量越大，叶轮旋转越快，旋转次数经轮轴联动齿轮传递到记录装置，在计量表盘上便可读到流量累计值。按叶轮构造不同又可分为旋翼式（叶轮式）和螺翼式两种，流速式水表如图 2-5 所示。

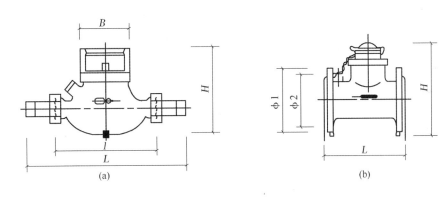

图 2-5 流速式水表
(a) 旋翼式水表；(b) 螺翼式水表

① 旋翼式水表是指叶轮转轴与水流方向垂直的用来计量用水量的水表。其最小起步流量及计算范围较小，水力阻力较大，适用于用水量及其逐时变化幅度小的用户，且只适用于计量单向水流，安装时应注意其方向性。一般情况下，公称直径小于或等于 50mm时，应采用旋翼式水表。按计数机件所处的状态又分为干式和湿式两种。干式水表的计数机件和表盘与水隔开其计数机构不受口杂质污损，但精度较低，湿式水表的计数机件和表盘浸没在水中，机件较简单，计算较准确，阻力比干式水表小，应用较广泛，但只能用于水中无固体杂质的横管上。湿式水表按材质又分为塑料表（$DN15 \sim DN25$）与金属表（$DN15 \sim DN150$）两类。

② 螺翼式水表是指叶轮转轴与水流方向平行的用来计量用水量的水表。其最小起步流量及计量范围较大，水流阻力小，适用于用水量大的用户，其也只限于计算单向水流，安装时也须注意其方向性。一般情况下，公称直径大于 50mm 时，应采用螺翼式水表。依其转轴方向又分为水平螺翼和垂直螺翼式两种。前者又分为干式和湿式两类，但后者只有干式一类。

水表井：是指用来设置、安装、检查水表的井类构筑物。

水表及其前后的附件一般设在水表井中，如图 2-6 所示。当建筑物只有一条引入管

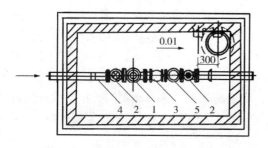

图 2-6　水表节点

1—水表；2—阀门；3—伸缩节；4—承盘短管；5—止回阀

时，宜在水表井中设旁通管，如图 2-7 所示。温暖地区的水表井一般设在室外，寒冷地区为避免水表冻裂，可将水表井设在采暖房间内。在建筑内部的给水系统中，除了在引入管上安装水表外，在需计量水量的某些部位和设备的配水管上也要安装水表。为利于节约用水，住宅建筑每户的进户管上均应安装分户水表。分户水表或分户水表的数字显示宜设在户门外的管道井中，走道的壁龛内或集中于水箱间，以便于查表。

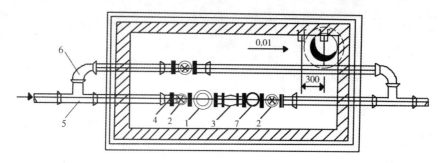

图 2-7　有旁通管的水表节点

1—水表；2—阀门；3—伸缩节；4—承盘短管；5—三通；6—弯头；7—止回阀

2. 排水管道：

（1）室内外以出户第一个排水检查井为界；

（2）室外管道与市政管道界线以与市政管道碰头井为界，如图 2-8 所示。

［应用释义］　检查井：是指为了对管道系统作定期检查和清通，而必须在管道适当位置上设置的井类附属构筑物。

检查井由基础、井底、井身、井盖和盖座等部分组成。井底材料一般采用低强度等级混凝土，基础采用碎石、卵石、碎砖或低强度等级混凝土。井身的材料可采用砖、石、混凝土或钢筋混凝土。井身的平面形状一般是圆形或方形，当管径小于 500mm 时，混凝土井身用圆形，砖砌井身常用方形，也有用圆形的；当管径大于

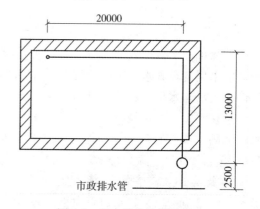

图 2-8　室内外排水管道图

500mm 时，井身用方形。检查井井口和井盖的直径采用 0.65~0.70m，在车行道上和经常启闭的检查井常采用铸铁井盖和井座，在人行道或绿化地带内亦可用钢筋混凝土制造。一般在管道交汇、转弯、管道尺寸或坡度改变、跌水等处以及相隔一定距离的直线管段上，均应设置检查井。检查井、污水池、化粪池等构筑物按当地土建定额计算及套用

定额。

3. 采暖热源管道：

（1）室内外以入口阀门或建筑物外墙皮 1.5m 为界；

（2）与工业管道界线以锅炉房或泵站外墙皮 1.5m 为界；

（3）工厂车间内采暖管道以采暖系统与工业管道碰头点为界；

（4）设在高层建筑内的加压泵间管道与本章项目的界线，以泵间外墙皮为界。

〔应用释义〕 锅炉：是指利用燃料燃烧后所释放出的热量与水进行热交换而产生出蒸汽及热水的设备。主要是由"锅"和"炉"两部分组成的。"锅"是指特制的装有水并密闭的压力容器，容器上接有对流循环管束以增大其换热效率，它的作用是吸收燃料放出的热量，并传递给水。可分为立式和卧式、单锅筒和双锅筒等类型。"炉"是指由炉排及烟道管束等组成，使燃料充分燃烧，让燃烧放出的热量充分地与锅内水进行热交换，使水加热为热水及蒸汽。锅炉按热煤性质分有蒸汽及热水锅炉；按锅炉本体的结构形式分为组装锅炉及快装锅炉。

泵站：又称泵房，按水泵机设置的高程和地面高程的相对位置分为地面式泵站，地下式泵站和半地下式泵站。泵站即是为了保护水泵而筑建的水泵附属构筑物。

加压泵：是指利用空气压缩和排放，使管道升压的设备。加压泵的扬程和流量均应满足试压管道的需要。

采暖热源管道的安装与给水管道有许多相似之处，都有室内外管道之分，联接方式都分为螺纹联接、焊接、承插口联接。从材质上均为镀锌钢管、焊接钢管和普通钢管。工作内容和主要工序也基本相同。不同的是，给水管道需进行水压实施，而采暖热源管道需进行气压实验。

三、本章定额包括以下工作内容：

1. 管道及接头零件安装。

2. 水压试验或灌水试验。

3. 室内 DN32 以内钢管包括管卡及托钩制作安装。

4. 钢管包括弯管制作与安装（伸缩器除外），无论是现场煨制或成品弯管均不得换算。

5. 铸铁排水管、雨水管及塑料排水管均包括管卡及托吊支架、臭气帽、雨水漏斗制作安装。

6. 穿墙及过楼板铁皮套管安装人工。

〔应用释义〕 接头零件：是指管路延长连接用配件（如管箍、外丝、外螺及接头）。管路分支连接用配件（如三通、四通）、管路转弯用配件（如 90°弯头、45°弯头）、节点碰头连接用配件（如根母、活接头、带螺纹法兰盘）、管子变径用配件（加补心、异径管箍）、管子堵口用配件（如丝堵、竹堵头）等管道安装工程中，所使用的管子配件。

水压试验（灌水试验）：是指施工单位用钢板卷制焊接的钢管，要求按生产制造钢管的有关技术标准进行强度检验和严密性检验的试验。试验压力可按下式计算：

$$P_s = \frac{200S}{RD_w - 2S} \ (\text{MPa})$$

式中　S——表示管壁厚度（mm）；

　　　R——表示管材许用应力（MPa）；

　　　D_w——表示骨子外径（mm）。

钢管分为无缝钢管和有缝钢管。

（1）有缝钢管：指按冶金部《水煤气输送钢管》（YB234）标准制造，因有焊缝故称为有缝钢管，亦称水煤气管。一般由 Q235 号钢制造。这种管材多采用螺纹连接。为了便于螺纹加工，管材多用碳素软钢制造，故俗称熟铁管。按其壁厚分两种规格：普通管，适用于公称压力 $PN{\leqslant}1.0\text{MPa}$；加厚管，适用于公称压力 $PN{\leqslant}1.6\text{MPa}$。规格以公称直径表示，如 $DN25$。根据管材是否镀锌，又分为镀锌钢管（俗称白铁管）和不镀锌钢管（俗称黑铁管）。镀锌钢管常用于输送介质要求比较洁净的管道；不镀锌钢管常用于输送蒸汽、煤气、压缩空气和冷凝水等。

（2）无缝钢管：按冶金部《无缝钢管》（YB231）标准，用普通碳素钢、优质碳素钢、普通低合金钢和合金结构钢生产的无缝钢管，有冷拔和热轧两种。冷拔管：公称直径 5～200mm，壁厚 0.25～14mm。热轧管：公称直径 32～630mm，壁厚 2.5～75mm。按制造材质的不同，无缝钢管可分碳素无缝钢管、低合金无缝钢管和不锈、耐酸无缝钢管。按公称压力可分为低压（$0{<}PN{\leqslant}1.6\text{MPa}$）、中压（$1.6{<}PN{\leqslant}10\text{MPa}$）、高压（$PN{>}10\text{MPa}$）三种。

钢管出厂长度分为普通长度、定尺长度和倍尺长度。普通长度即不定尺长度，热轧管为 3～12.5m，冷拔管为 1.5～9m，定尺长度即在普通长度范围内规定一个或几个固定长度供货；倍尺长度是在普通长度范围内按某一长度的倍数供货。一般无缝钢管适用于各种压力级别的城市燃气管道和制气厂的工艺管道。对于具有高压高温要求的制气厂设备，例如炉管、热交换器管等可根据不同的技术要求分别选用专用无缝钢管。

1）碳素无缝钢管：是运用 10 号，20 号，35 号钢的钢坯进行热扎或冷拔后制作而成。通常公称直径 $DN{<}50$ 的无缝钢管为冷拔管，公称直径 $DN{\geqslant}50$ 的无缝钢管为热扎管。其广泛运用于输送对钢无腐蚀性的介质（如蒸汽、氧气、压缩空气和油品、油气等）管道。该无缝钢管的规格范围为 $DN15$～$DN800$，适用温度范围为—40～45℃，其单根管的长度一般为 4～12m。

2）低合金无缝钢管：是运用 12CrMo，15CrMo，Cr5Mo 等钢坯经穿扎或拉制而成的管道，该管道中含有一定比例的铬钼金属，故也称为铬钼钢管。其广泛用于输送各种温度较高的油品、油气及腐蚀性不强的化工介质（如盐水、低浓度有机酸）等。该无缝钢管的规格范围为 $DN15$～$DN800$，适用温度范围为—40～570℃，其单根管的长度一般也为 4～12m。

3）不锈耐酸无缝钢管：是运用 1Cr13，Cr17Ti，Cr18Ni12M02Ti，1Cr18Ni9Ti 等钢号的钢坯经冷扎或热挤压后而制成的，其常用的材质为 1Cr18Ni9Ti 钢。该无缝钢管具有很高的耐腐蚀性能，特别是能抵抗各种酸类介质的腐蚀，同时其适用温度范围广，为—196～700℃，而且能承受各种压力，故其广泛应用于化肥、化纤、医药、炼油等工业管道，特别是在化学生产中输送各种腐蚀性较强的介质。

4）高压无缝钢管，其制造材质与上面介绍的无缝钢管基本相同，只是管壁比中低压无缝钢管要厚，最厚的管壁在 60mm 以上。其规格范围为管外径 24～325mm，单根管长度 4~12m，适用压力范围 10~32MPa，工作温度－40~400℃。在石油化工装置中用以输送原料气、氨气、合成气、水蒸气、高压冷凝水等介质。无缝钢管的供货长度分为普通长度、定尺长度和倍尺长度三种。普通长度，热轧管为 3~12.5m；冷拔管为 1.5~9m。定尺长度，即用户提出的管长尺寸订货。倍尺长度，按某一长度的倍数供货。

托钩：是指将管道支承固定于墙柱上的支承铁件，主要用来支托管子悬于墙柱，多用于水平管。

管卡：是指将管道支承固定于墙柱上的支承铁件。它不仅起支托作用，还可将管子卡住固定不动，也可以制成固定两根管子的双卡子，一般用于支承立管。

弯管：是管道安装工程中应用较多的管件之一，除水煤气钢管有比较齐全的成品管件生产外，其他管材目前只有冲压无缝弯管和冲压焊接弯管等两种规格不多的管件，是管道接夹零件的一种，用来改变管道的走向。常见的有以下几种：

（1）焊接弯管：是指由若干个带有斜截面的直管段对接、焊接起来的弯管。不受弯管管径大小、管壁厚度的限制，其弯曲角度、弯曲半径、组成节数根据设计要求或实际情况确定。由于采用直管段管节焊制而成，管壁厚度、长度无变化，断面形状无变化，无加工变形和加工应力，故弯管的强度、刚度比较好。但由于弯头是多边体焊件，中间有多条环形焊缝，弹性差，弯矩大，焊缝工作条件差，故焊接弯管不能作自然补偿器用。

（2）折皱弯管：是指在弯曲管道的弯曲面凹侧，利用加热挤压，形成若干个皱褶而弯曲成的弯头。折皱弯管的明显特点是：弯头无焊口，弯头弯曲面外侧管道管壁厚度和长度无变化，内侧形成波纹形皱褶，故弯管的刚度小，弹性好，能吸收弯曲变形，可作自然补偿器用。弯头的水力学特性比光滑管差，流体阻力为光滑管的 1.5 倍左右，与焊接弯头差不多。折皱弯头，刚度较小，强度较低，用于工作压力不大于 2.5MPa 且没有沉淀介质的管制中，由于制作工艺比光滑弯曲简单省力，多用在 $DN100$~$DN600$，管壁较薄的弯头制作中。

（3）光滑弯曲弯管：是由直管段直接弯曲成形制成，无焊口，无皱纹，水力学性能好，机械弹性好，在管道工程中得到广泛应用和优先采用。

（4）模压弯管：又称压制弯，它是根据一定的弯曲半径制成模具，然后将下好料的钢板在管段加热炉中加热至 900℃ 左右，取出放在模具中用锻压机压制成型。用板材压制的为有缝弯管，用管段压制的为无缝弯管，模压弯管已实现了工厂化生产，不同规格、不同材质，不同弯曲半径的模压弯管都有产;品，它具有成本低、质量好等优点，已逐渐取代了现场各种弯管方法。

（5）冲压弯管：是采用与管材相同材质的板材用冲压模具冲压成半块环形弯头，然后将两块半环弯头进行组对焊接成型。由于各种管道的焊接标准不同，通常是按组对点固的半成品出厂，现场施工根据管道焊缝等级进行焊接，故亦称为两半焊接弯头。其弯曲半径同无缝管弯头，规格范围为公称直径 200mm 以上，公称压力在 4.0MPa 以下。

弯管制作：弯管是管道安装工程中应用较多的管件之一，其他大部分管件都是在施工现场和管道加工厂制作的，除了冲压无缝弯头和冲压焊接弯头两种规格不多的管件。弯管制作的方法有冷弯法和热弯法。

（1）冷弯法：是管段在常温下进行弯曲加工的方法。它的特点是：无须加热，操作简便，生产效率高，成本较低，所以在施工安装中得到广泛的应用。但它也有不足之处，即动力消耗大，有冷加工残余应力，限制了它的应用范围。目前冷弯弯管机的最大弯管直径是 $\phi219$，根据弯管的驱动力分为人工弯管和机械弯管。

① 人工弯管：是指借助简单的弯管机具，由手工操作进行弯管作业。利用弯管板搣弯，弯管板一般是用厚度 30～40mm、宽度 250～300mm，长度 1500mm 左右的硬质木板制作，在板上按照需要搣管的管子外径开设不同的圆孔。搣管时将管子插入孔中，加上套管作为杠杆，由人力操作压弯。这种搣弯方法，机具简单，操作方便，成本低。但耗费劳力，搣制管件不规范，适用于小管径（$DN15～DN20$）小角度的搣弯，如常用于散热器连接支管来回弯的制作。利用手动弯管器煨弯：手动弯管器形式较多，它由钢夹套、固定导轮、活动导轮、夹管圈等部件构成，以固定导轮之间，一端由夹管圈固定，然后扳动手柄。通过杠杆带动紧压导轮沿胎具转动，把管子压弯。这种弯管方法的特点：弯管机构造简单、结构紧凑、携带方便、操作容易、煨制管件规范，但耗费体力大、工效较低，煨制不同规格的管子需换用不同的胎具，适用于煨制 $DN15～25$ 规格的管道。

② 机械弯管法：是根据人工弯管耗费体力大、工效低，对于管径难以实现人工弯管的条件下生产制造的弯管机械，品种规格繁多，根据驱动方式和弯曲原理分为顶弯式和导轮式两大类。

a. 顶弯式弯管机：它是用具有胎具作用的两个定导轮支点，和一个带有弧形顶胎的顶棒作力点，利用液压带动顶棒运动，将管段压弯。顶弯式弯管机多设计为液压式驱动。常用的液压弯管机有 LWG_2-10B 型小型液压弯管机，以手动液压柱塞泵为动力，煨制 $DN15～DN50$ 的管道，最大活塞行程 300mm，最大弯曲角度 90°。

b. 转动导轮式弯管机：它是由一个具有胎具功能的可转动的导轮，在机械动力作用下带动管子随其一起转动而被弯曲。管子是在夹管圈和压紧滑块的约束条件下，贴附导轮随导轮一起运动的。根据这种原理生产制造的机械弯管机型式规格很多。工程上根据弯管时是否使用芯具分为无芯冷弯弯管机和有芯冷弯弯管机两种。

(a) 无芯冷弯弯管机：指管段弯曲时既不灌砂也不加芯的弯管成形设备。如电动无芯冷弯弯管机，它由机架、管模部件、紧管部件、蜗杆蜗轮活动部件、弯管电动机等部件构成。在 $R=4DN$ 的情况下，可搣制 $DN50～DN100$ 的普通壁厚的碳素钢管，也可用于同规格的无缝管、有色金属管的弯曲成形。

(b) 有芯冷弯弯管机：对于大直径的管道，采用冷弯工艺弯曲加工，不易保证弯曲段的断面变形要求，这种情况，可采用有芯冷弯弯管机进行弯曲加工。有芯弯管机配用的芯棒形式较多，施工现场常用的有两种，即匙式芯棒和球式芯棒。匙式芯棒适用于 $DN75$ 以内的管段煨弯；球式芯棒用于较大管径的煨弯。各种芯棒的表面，即匙式芯棒的表面，都刻有定位标记，用来调节和控制在弯曲过程中与弯曲导轮的相对位置。不同的芯棒规格，安装位置有所不同，可查阅有关手册。为了获得较好的弯管质量，选用芯棒的直径尺寸应与管子内径相匹配。根据管子公称直径不同，芯棒直径比管子内径大于下列数值为宜：$DN35～DN50$，取 0.5～1.0mm；$DN50～DN200$，取 1.0～1.5mm；$DN>200$ 时，取 1.5～3.0mm，有芯冷弯弯管机适用于煨制 $DN100～DN300$ 的管子，常用的规格为 $DN100～DN200$，再大的管径由于冷弯弯管功率较大，宜采用热弯工艺。

(2) 热弯法：热弯法是利用了钢材加热后强度降低，塑性增加，从而可大大降低弯曲动力的特性。热弯弯管机适用于大管径弯曲加工，钢材最佳加热温度为 800～950℃，此温度下塑性便于弯曲加工,强度不受影响。与冷弯法相比,可大大节约动力消耗并提高工效几倍到十几倍。常用的热弯弯管机有火焰弯管机和可控硅中频弯管机两种。

①火焰弯管机:管子的环形加热带是借助于氧—乙炔环形喷嘴烧器加热而成。管子加热至 900℃ 开始煨弯,以后以加热、煨弯、喷水冷却三个工序同步、缓慢、连续进行。直至弯曲角度达到要求。火焰弯管机的关键部件是火焰圈,要求火焰圈燃烧的火焰均匀稳定,保持一定的加热宽度和加热速度。火焰圈,它是由设有氧—乙炔混合气体燃烧喷嘴和冷却水喷嘴的两个环状管组成。火焰喷嘴单排布置,孔径 0.5~0.6mm,孔间距为 3mm;冷却水嘴单排布置,孔径 1mm,孔间距为 8mm,喷射角 45°~60°;喷水圈与火焰圈结合为一体,冷却水喷嘴位于火焰喷嘴下侧,保障冷水圈对火焰圈的均匀冷却,使火焰稳定。加热带的宽窄与喷气孔与管壁的距离有关,一般选用 $a=10\sim14mm$。火焰圈材料一般采用导热性能好,便于机械加工的 59 号黄铜或铝黄铜制作。

火焰弯管的特点:弯管质量好;弯曲半径 R 可以调节,产品的弯曲半径 R 可以标准化,管壁变形均匀,最小曲率半径 $R\geq1.5D$,最大弯管直径可达 $\phi426$;无须灌砂,大大减轻劳作强度和生产条件,工效高,成本低,且管件内壁清洁,不须处理;拖动功率小,机身比冷弯机小,重量轻,便于施工移动装拆;由于晶间腐蚀问题,只适用于普通碳素钢管煨弯,不能用于不锈钢管的煨弯。

② 中频弯管机:其结构可分为四个部分:加热与冷却装置,主要为中频感应圈和冷却水系统;传动结构,由电动机、变速箱、蜗杆蜗轮传动机构等组成;弯管机构,由导轮架、顶轮架、管子夹持器和纵横向顶管机构等部件组成;操纵系统,由电气控制系统、操纵台、角度控制器等部件组成。中频弯管机的工作机理与火焰弯管机相同,只是加热装置用中频感应圈代替了火焰圈。中频感应圈的加热原理:感应圈内通入中频交流电,与感应圈对应处的管壁中产生相应的感应涡流电,由于管材电阻较大,使涡流电能转变为热能,把管壁加热为高温的"红带"。中频感应圈用矩形截面的紫铜管制作,管壁厚 2~3mm,与管子外表面保持 3mm 左右的间隙。感应圈的宽度关系着加热红带的宽度,随弯曲加工的管径而定,当管径为 $\phi68\sim\phi108$ 时,宽度为 12~13mm;当管径为 $\phi133\sim\phi219$ 时,宽度为 15mm。感应圈内通入冷却水,水孔直径 1mm,孔距 8mm,喷水角 45°。管段弯曲成形的加热、煨弯、冷却定型通过自控系统同步连续进行。中频弯管机设有半径角度规,用来测定管子的弯曲半径和弯曲角度。半径角度规由指针、本体、刻度盘、连杆、指标器等部件构成。工作原理如下:指针与半径角度规本体绕轴转动时,在刻度盘上指示出管子的弯曲角度。连杆一端通过铰链,连接到固定于管子上的夹圈,另一端连接于指针,用来测定弯管半径 R 并把测定结果传到指示器显示出来。中频弯管机,除具备火焰弯管机的所有特点外,还根本改善了火焰弯管机火焰不稳定,加热不均匀的缺陷,并且可以用于不锈钢管的弯管加工。

铸铁排水管:是指用灰口铁浇制而成的管材,耐腐蚀性较好,常用于室内排水工程。室内排水铸铁管道安装,套用室内排水铸铁管道相应子目乘 0.3 系数计算。其未计价材料按 10.03m 计算。

铸铁雨水管:是指用灰门铁浇制而成的管道,用来排出雨水。

塑料排水管:是指室内外用于排水的管道,通常是用硬聚氯乙烯塑料管制成的。硬聚氯乙烯塑料管材,分轻型管和重型管两种,其规格范围为 $DN8\sim DN200$。硬聚氯乙烯塑料管,具有耐腐蚀性强、重量轻、绝热、绝缘性能好、易加工安装等特点,可输送多种酸、碱、盐及有机溶剂,使用温度范围为－14～40℃,最高温度不能超过60℃,使用压力范围,轻型管在0.6MPa以下,重型管在1.0MPa以下。这种管材使用寿命比较短,强度较低,耐温性能差。室外排水塑料承插管安装,套用室内塑料排水管子目乘0.5系数计算,其未计价材料按10.02m计算。

另外,室外混凝土及钢筋混凝土排水管道按当地定额规定计算及套用定额。

臭气帽:是指在通气管顶端设置的帽状配件,以防杂物进入管内,又称通气帽。其形式一般有两种:甲型和乙型。甲型通气帽采用20号铁丝顺序编绕成螺旋形网罩,可用于气候较暖和的地区;乙型通气帽采用镀锌铁皮制作而成的伞形通气帽,适于冬季采暖室外温度低于－12℃的地区,它可避免因潮气结冰霜封闭铁丝网罩而堵塞通气口的现象发生。

雨水漏斗:是指收集和迅速排除屋面雨水、雪水和拦截粗大杂质的设备。要求排泄雨水时夹气量最小。雨水漏斗必须是在保证拦截粗大杂质的前提下,承担的汇水面积越大越好;顶部无孔眼,以防止内部和大气相通;结构上要导流畅通、水流平稳、阻力要小,其构造高度一般为50～80mm;制造加工要简单。雨水漏斗的斗前水深一般不宜超过100mm,以免影响屋面排水。雨水漏斗的布置间距,一般为12～24m。

伸缩器、套管的解释见第一章管道安装第一节说明应用释义第一条释义。

四、本章定额不包括以下工作内容:

1. 室内外管道沟土方及管道基础,应执行《全国统一建筑工程基础定额》。

2. 管道安装中不包括法兰、阀门及伸缩器的制作、安装,按相应项目另行计算。

3. 室内外给水、雨水铸铁管包括接头零件所需的人工,但接头零件价格应另行计算。

4. DN32以上的钢管支架按本章管道支架另行计算。

5. 过楼板的钢套管的制作、安装工料,按室外钢管(焊接)项目计算。

[应用释义] 管道土方:建筑工程的土方施工,按工序包括场地平整、挖土、回填土和运土等主要工程内容,而管沟土方工程量是按管沟截面积乘管沟的长度,以 m³ 为单位计算。土方一般较浅的不用放坡,截面积为矩形,较深或土质不好的管沟要进行放坡,管沟截面积为梯形。

管道基础:在建筑工程中,建筑物与土层直接接触的部分叫基础,基础是建筑物的组成部分,它承受着建筑物的全部荷载,并将其传给地基。管道基础是指承受管道以及介质的荷载并防止土质不同而造成的不均匀沉降。常用的管道基础形式有砂土基础、混凝土枕基、混凝土带形基础。

(1)砂土基础:包括素土弧形基础和砂垫层基础,适用于套环及承插连接的管道。弧形基础是在原土层上挖一弧形管槽,管子就铺设在弧形管槽中。砂垫层基础是在挖好的基槽(或弧形坑)内,铺上一层粗砂,砂层厚度通常为100～150mm,管子就铺设在砂层上。

(2)混凝土枕基:是指设置在管道接口处的局部基础,通常在管道接口下用C25混凝土:做成枕状垫块,有预制和现场浇灌两种做法,适用于管径 DN≤600mm 的承插接口管道和管径 DN≤900 的抹带接口管道,枕基长度等于管道外径,宽度为200～300mm。

(3)混凝土带形基础:是沿管道全长铺设的基础,按管座形式分为90°、135°、180°等三种,对带形基础的施工要求是在同一直线段上的基础中心应在一条直线上,并具备设计要求的标高和坡度。

管道支架:是管道的支承结构,它承受管道自重,内部介质和外部保温,保护层等重量，使其保持正确位置，同时又是吸收管道振动，平衡内部介质压力和约束管道热变形的支撑，是管道系统的重要组成部分。除直接埋地的管道外，支架的安装在管道安装中应是第一道工序。根据支架对管道的制约作用不同，可分为活动支架和固定支架；根据其结构形式，可分为托架和吊架。

（1）固定支架：指与管道相互之间不能产生相对位移，将管道固定在确定的位置上，使管道只能在两个固定支架之间胀缩，以保证各分支管路位置一定的支架。固定支架不仅承受管子及其附件、管内流体、保温材料等的重量等静荷载，同时还承受管道因温度压力的影响而产生的轴向伸缩推力和变形应力等动荷载。常用的固定支架有：

①管卡固定支架，适用于 $DN15\sim DN150$ 室内不保温管道；

②焊接角钢固定支架，适用于 $DN25\sim DN400$ 的室外不保温管道；

③曲面槽固定支架，适用于 $DN150\sim DN700$ 的室外保温管道。

（2）活动支架：是指允许管道有位移的支架，包括滑动支架、导向支架、滚动支架、吊架以及用于给水管道等上的管卡。

① 滑动支架是能使管子与支架结构间自由滑动的支架，可分为适用于室内外保温管道上的高位滑动支架和适用于室内外不保温管道上的低位滑动支架。

② 导向支架是为了使管道在支架上滑动时不致偏移管子轴线而设置的，它一般设置在补偿器、铸铁阀门两侧或其他只允许管道做轴向移动的地方。

③ 滚动支架分为滚柱支架和滚珠支架两种，是以滚动摩擦代替滑动摩擦以减小管道热伸缩时的摩擦力的支架。

④ 管道吊架分普通吊架和弹簧吊架两种，普通吊架适用于伸缩性较小的管道，弹簧吊架适用于伸缩性和振动性较大的管道，是使管道悬垂于空间的管架。

第二节　工程量计算规则应用释义

第9.1.1条 各种管道，均以施工图所示中心长度，以"m"为计量单位，不扣除阀门、管件（包括减压器、疏水器、水表、伸缩器等组成安装）所占的长度。但采暖工程中暖气片长度应从延长米中扣除。

[应用释义] 阀门：见第一章管道安装第一节说明应用释义第二条释义。

给水配件：指装在卫生器具及用水点的各式水龙头或进水阀，常用的有普通水龙头、热水龙头、盥洗龙头、皮带水龙头（水龙头嘴有特制的接头）等。另外，还有专用水龙头，如实验室鹅颈龙头、室内洒水龙头等。

引入管、管网连通管，水表前、立管和接有三个及以上配水点支管及工艺要求设置阀门的生产设备均应设阀门。常用的有闸阀、截止阀、止回阀、旋塞阀、浮球阀等。建筑给水管道阀门选用应符合下列要求：①管径不超过 50mm 时，宜采用截止阀。管径超过 50mm 时，宜采用闸阀或蝶阀；②在双向流动的管段上，宜采用闸阀；③在经常启闭的管段上，宜采用截止阀；④不经常启闭而又需要快速启闭的阀门，应采用快开阀；⑤配水点处不宜采用旋塞阀。

疏水器：是由疏水阀和阀前后的控制阀、旁通装置、冲洗和检查装置等组成的阀组的合称。常用的有机械型、热动力型、恒温型等，安装方式有带旁通管和不带旁通管两类。

按不同联接方式（螺纹联接、焊接），不同公称直径，分别以"组"为单位计算工程量。如设计组成与定额不同时，阀门和压力表数量可按设计用量进行调整，其余不变。

减压器：又称减压阀，是靠阀孔的启闭对通过介质进行节流达到减压的。它能使阀后压力维持在要求的范围内，工作时无振动，完全关闭后不漏气，是水暖工程常用的减压设备。减压器安装按高压侧的直径计算。按不同联接方式，不同公称直径，分别以"组"为单位计算工程量。

水表：见第一章管道安装第一节说明应用释义第二条释义。按种类、规格、联接方式、有无旁通管或止回阀，分别以"个"或"组"为单位计算工程量。

伸缩器：见第一章管道安装第一节说明应用释义第一条释义。

【例】 某住宅内散热器布置如图2-9所示，散热器沿窗中布置，进出水为上进下出，所连支管为焊接钢管 $DN20$，连接方式为螺纹连接，钢管经人工除锈（轻锈）后刷防锈漆两道，再刷银粉漆两道。散热器为四柱813型落地安装，其经人工除锈（轻锈）后同样刷防锈漆两道，再刷银粉漆两道。试计算该工程各项项目工程量。

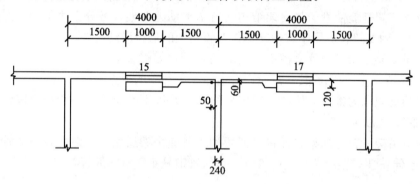

图2-9 室内散热器布置图

【解】 （1）查铸铁散热器构造尺寸及综合性能表可知：

四柱813铸铁散热器：单片长：813mm 宽：164mm 厚：57mm，进出水口中心距为642mm，单片散热面积：0.28m²

工作压力：0.8MPa 单片重量：8kg/片

（2）运用《全国统一安装工程预算定额》计算各项目工程量。

1）室内管道：焊接钢管（螺纹连接）$DN20$ 定额编号：8-99

定额包括工作内容：打洞眼、切管、套丝、上零件、调直、栽钩卡、管道及管件安装、水压试验。

计量单位：10m

$DN20$ 焊接钢管长度：

$$\underbrace{[\underbrace{\frac{4.0+4.0}{2}}_{①}-\underbrace{\frac{0.057\times(15+17)}{2}}_{②}]\times 2m}_{③}+\underbrace{(0.12-0.06)}_{⑤}\times\underbrace{4m}_{⑥}}_{⑦}$$

其中①为两房间窗中心线间距离；

②为两房间窗中心线间距离散热器所占长度；

其中 0.057 为单片散热器厚度

（15＋17）为散热器总片数

除以 2 是因为散热器沿窗中布置，在两房间窗中心线间距离中只有散热器总片数的一半。

③两散热器接管间距离；

④有供回水两根支管；

⑤支管转弯长度；

⑥支管上转弯个数；

⑦支管转弯所增加的长度。若散热器与立管的连接没有乙字弯，在同一水平线上，则不用考虑该项。

故其支管长度为　　（6.176＋0.24）m＝6.416m

室内管道焊接钢管（螺纹连接）DN20 的工程量为：

$$\frac{6.416 （管道长度）}{10 （计量单位）}=0.6416$$

2）供暖器具安装：铸铁散热器组安装（柱型散热器 813 足片），定额编号：8-491

定额包括工作内容：制垫、加垫、组成、栽钩、稳固、水压试验

计量单位：10 片

《全国统一安装工程预算工程量计算规则》GYD$_{GZ}$-201-2000 第 9.5.2 条，长翼、柱型铸铁散热器组成安装以"片"为计量单位，其气垫不得换算；圆翼型铸铁散热器组成安装以"节"为计量单位。

第 9.5.3 条，光排管散热器制作安装以"m"为计量单位，已包括联管长度，不得另行计算。

应注意到其他类型散热器的计量单位是不同的。

光排管散热器制作安装　　　　　计量单位：10m

钢制闭式散热器安装　　　　　　计量单位：片

钢制板式散热器安装　　　　　　计量单位：组

钢制壁板式散热器安装　　　　　计量单位：组

钢制柱式散热器安装　　　　　　计量单位：组

故柱型散热器 813 足片工程量为

$$\frac{(17+15)①}{②}/\frac{10②}{②}=32/10≈3.2$$

其中　　①为散热器总片数；

②为计量单位。

清单工程量计算见表 2-6。

清单工程量计算表　　　　　　　　　　表 2-6

序号	项目编码	项目名称	项目特征描述	计量单位	工程量
1	031005001001	铸铁散热器	四柱 813 型落地安装，人工除锈后刷防锈漆两道，再刷银粉	片	32
2	031001002001	钢管	连接于散热器，焊接，漆两道，钢管 DN 20，人工除锈后刷防锈漆两道，再刷银粉漆两道	m	6.416

3) 除锈、刷油工程

《全国统一安装工程预算工程量计算规则》GYD$_{GZ}$-201-2000 第 12.2.1 条刷油工程和防腐工程中，设备、管道以"m²"为计量单位。一般金属结构和管廊钢结构以"kg"为计量单位；H 型钢制结构（包括大于 400mm 以上的型钢）以"10m²"为计量单位。

第 12.1.1 条，除锈、刷油工程

（1）设备筒体、管道表面积计算公式：$S＝\pi DL$

式中，π——圆周率；D——设备或管道直径；L——设备筒体或管道延长米。

（2）计算设备筒体、管道表面积时已包括各种管件、阀门、人孔、管口凹凸部分，不再另行计算。

注：在给排水、采暖、燃气工程中，管道及设备、管件的安装中均涉及了其刷油、防腐蚀、绝热等工程，故在预算中还需注意第十一册《刷油、防腐蚀、绝热工程》的相关内容。类似，安装中各类工程均是有联系的，不应局限于本专业的定额。例如采暖中集气罐的制作安装，其相应定额却在第六册《工业管道工程》中。

1) 除锈工程　手工除锈　焊接钢管 DN20 除锈（轻锈）

定额编号：11-1　　　计量单位：10m²

工程量：

$$3.1416\times\underset{①}{\underline{0.0268}}\times\underset{②}{\underline{6.416}}/\underset{④}{10}=\underset{③}{0.5402/10}=0.05402$$

其中　①为 DN20 焊接钢管外径；

②为 DN20 焊接钢管长度；

③为钢管除锈总面积；

④为计量单位。

2) 除锈工程　手工除锈　铸铁散热器四柱 813 足片除轻锈

定额编号：11-4　　　计量单位：10m²

工程量：

$$\underset{①}{0.28}\times\underset{②}{（17+15）}/\underset{④}{10}=\underset{③}{8.96/10}=0.896$$

其中　①为铸铁散热器四柱 813 足片单片外表面积；

②为散热器总片数；

③为散热器除锈总面积；

④为计量单位。

3) 刷油工程　管道刷油　焊接钢管 DN20 刷防锈漆第一遍

定额编号：11-53　　计量单位：10m²

工程量：$3.1416\times0.0268\times6.416/10=0.05402$

4) 刷油工程　管道刷油　焊接钢管 DN20 刷防锈漆第二遍

定额编号：11-54　　计量单位：10m²

工程量：$3.1416×0.0268×6.416/10＝0.05402$

5）刷油工程　　管道刷油　　焊接钢管 $DN20$ 刷银粉漆第一遍

定额编号：11-56　　计量单位：10m²

工程量：3.1416×0.0268×6.416/10＝0.05402

6）刷油工程　　管道刷油　　焊接钢管 $DN20$ 刷银粉漆第二遍

定额编号：11-57　　计量单位：10m²

工程量：3.1416×0.0268×6.416/10＝0.05402

7）刷油工程　设备与矩形管道刷油　　铸铁散热器四柱 813 刷防锈漆第一遍

定额编号：11-86　　计量单位：10m²

工程量：0.28×（17＋15）/10＝0.896

8）刷油工程　设备与矩形管道刷油　　铸铁散热器四柱 813 刷防锈漆第二遍

定额编号：11-87　　计量单位：10m²

工程量：0.28×（17＋15）/10＝0.896

9）刷油工程　设备与矩形管道刷油　　铸铁散热器四柱 813 刷银粉漆第一遍

定额编号：11-89　　计量单位：10m²

工程量：0.28×（17＋15）/10＝0.896

10）刷油工程　设备与矩形管道刷油　　铸铁散热器四柱 813 刷银粉第二遍

定额编号：11-90　　计量单位：10m²

工程量：0.28×（17＋15）/10＝0.896

该工程各项目工程量汇总见表2-7

室内散热布置分部分项工程量　　　　　　　　　　表 2-7

序号	定额编号	项目名称	计量单位	工程量
1	8-99	室内管道焊接钢管（螺纹连接）$DN20$	10m	0.6416
2	8-491	供暖器具安装　铸铁散热器组成安装　柱型散热器 813 足片	10 片	3.2
3	11-1	除锈工程　手工除锈　焊接钢管 $DN20$ 除轻锈	10m²	0.05402
4	11-4	除锈工程　手工除锈（除轻锈）　铸铁散热器四柱 813 足片	10m²	0.896
5	11-53	刷油工程　管道刷油　焊接钢管 $DN20$ 刷防锈漆第一遍	10m²	0.05402
6	11-54	刷油工程　管道刷油　焊接钢管 $DN20$ 刷防锈漆第二遍	10m²	0.05402
7	11-56	刷油工程　管道刷油　焊接钢管 $DN20$ 刷银粉漆第一遍	10m²	0.05402
8	11-57	刷油工程　管道刷油　焊接钢管 $DN20$ 刷银粉漆第二遍	10m²	0.05402
9	11-86	刷油工程　设备与矩形管道刷油　铸铁散热器四柱 813 足片刷防锈漆第一遍	10m²	0.896
10	11-87	刷油工程　设备与矩形管道刷油　铸铁散热器四柱 813 足片刷防锈漆第二遍	10m²	0.896
11	11-89	刷油工程　设备与矩形管道刷油　铸铁散热器四柱 813 足片刷银粉第一遍	10m²	0.896
12	11-90	刷油工程　设备与矩形管道刷油　铸铁散热器四柱 813 足片刷银粉第二遍	10m²	0.896

第 9.1.2 条　镀锌铁皮套管制作以"个"为计量单位，其安装已包括在管道安装定额内，不得另行计算。

[应用释义]　套管：见第一章管道安装第一节说明应用释义第一条释义。

【例】　某住宅供水系统供水管穿墙设置防水刚性套管，具体安装图如图2-10所示。防水刚性套管采用的是镀锌铁皮套管，穿墙给水管道铸铁管的公称直径为 $DN75$，防水套管的内径为 113mm，其公称直径为 DN125，试计算套管的制作安装工程量。

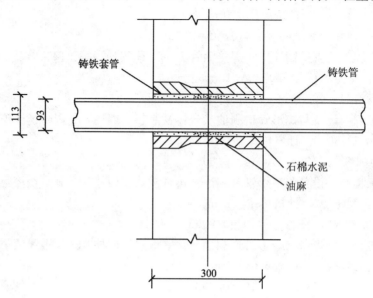

图 2-10　铸铁管穿墙刚性防水套管图（铁皮套管）

【解】　　（1）如图 2-10 中所示类型防水套管适用于铸铁管，也适用于非金属管，但应根据采用管壁厚度修正有关尺寸。套管穿墙处的墙壁，如遇非混凝土墙壁时应改用混凝土墙壁，其浇铸混凝土的范围应比铸铁套管外径大 300mm，且必须将套管一次浇固于墙内。套管内的填料应紧固捣实。防水套管的混凝土墙厚，应不小于 200mm，否则应在墙壁一边或两边加厚，加厚部分的直径应比铸铁套管的管外径大 300mm。

（2）穿墙及过楼板的镀锌铁皮套管的安装已综合在了相应管道安装的定额内，但套管的制作不包括在管道安装的定额中，其还需另行计算。故这里我们仅需计算套管制作的工程量。

镀锌铁皮套管制作 DN125，定额编号 8-176　　　　　　计量单位：个

工程量　$\dfrac{1}{①}\Big/\dfrac{1}{②}=1$

其中①为套管个数；②为计量单位。

【例】　某给水铸铁管穿墙防水套管选用钢套管，其安装如图 2-11 所示，其中铸铁管公称直径为 DN100，钢套管的外径为 168mm，其公称直径为 DN150，试计算防水钢套管制作、安装工程量。

【解】　　（1）此类型防水套管同样适用于铸铁管，也适用于非金属管，也同样需要根据采用管材的管壁厚度修正尺寸。套管穿墙遇非混凝土墙壁时也应改用混凝土墙壁，其浇筑混凝土范围应比翼环直径大 200mm，套管处的混凝土墙厚小于 200mm 时，也在墙壁一边或两边加厚，加厚部分的直径应比翼环直径大 200mm。

（2）管道安装定额中，只包括穿墙及过楼板镀锌铁皮套管的安装，对于钢管材质的穿墙及过楼板套管的安装，以延长米计量，套用室外焊接钢管安装相应子目。钢套管的制作工料，其也采用室外焊接钢管项目的主材费，在定额中其属非计价材料。故这里只需计算钢套管安装的工程量，但应注意在预算中计算主材费时，不应漏掉钢套管的工程数量。

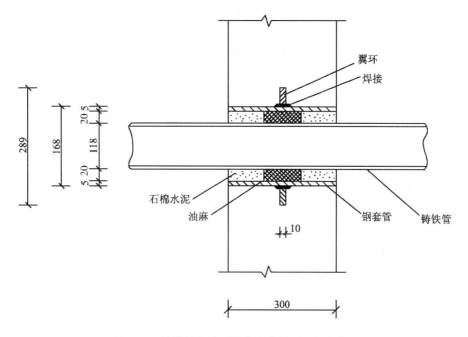

图 2-11 铸铁管穿墙刚性防水套管图（钢套管）

防水钢套管 $DN150$　　定额编号：8-30　　计量单位：10m

工程量：$\underset{①}{0.3}/\underset{②}{10}=0.03$

其中　①为套管的长度；

　　　②为计量单位。

第 9.1.3 条　**管道支架制作安装，均以 100kg，为单位室内管道公称直径 32mm 以下的安装工程已包括在内，不得另行计算。公称直径 32mm 以上的，可另行计算。**

[应用释义]　支架制作安装，室内管道 $DN32$ 以下的安装工程已包括在内，不得另行计算；$DN32$ 以上的，可另行计算。如图 2-12～图 2-14 所示为支架的安装示意图。

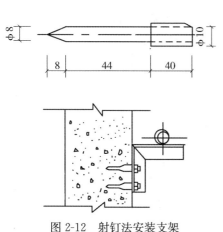

图 2-12　射钉法安装支架

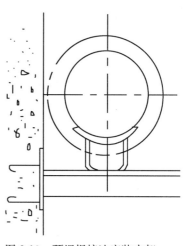

图 2-13　预埋焊接法安装支架

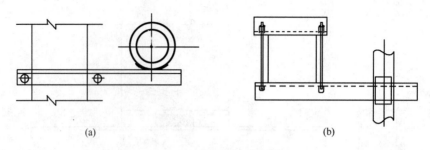

(a)　　　　　　　　　　　　　　(b)

图 2-14　抱柱法安装托架

(a) 断面图；(b) 平面图

【例】　某采暖系统采用上供下回式单管顺流式系统，采暖总立管穿越各层楼板达到顶层。主立管选用材质为焊接钢管，规格为 $DN100$，主立管穿越楼板均设置镀锌铁皮套管，主立管上下两端各设置一固定支架，每层在距地面 1.5m 处安装一管卡，层数为七层，同时支架人工除锈（轻锈）后，刷防锈漆一遍，银粉漆两遍。试计算立管穿墙套管及支架制作安装工程量。

【解】　（1）管道支架制作安装　　定额编号：8-178　　计量单位：100kg

支架总质量　　4.719×2kg＋1.41×7kg＝9.438kg＋9.87kg＝19.308kg

　　　　　　　　①　　　②　　　　　　④　　⑤

　　　　　　　　　　③　　　　　　　　　⑥

其中①为 $DN100$ 固定支架单个重量

②为 $DN100$ 固定支架个数

③为 $DN100$ 固定支架总重量

④为 $DN100$ 管卡单个重量

⑤为 $DN100$ 管卡个数

⑥为 $DN100$ 管卡总重量

故支架制作安装工程量：19.308/100＝0.19308

　　　　　　　　　　　　①　　　②

其中①为支架总重量；②为计量单位。

管道支架制作安装定额包括工作内容：切断、调直、煨制、钻孔、组对、焊接、打洞、安装、和灰、堵洞。管道支架的除锈、刷油、防腐还需另行计算。

（2）除锈工程　手工除锈　一般钢结构（轻锈）　　定额编号：11-7

定额包括工作内容：除锈、除尘　　计量单位：100kg

工程量：19.308/100＝0.19308

　　　　　①　　　②

其中①为支架总重量；②为计量单位。

（3）刷油工程　　金属结构刷油　　一般钢结构　　刷防锈漆第一遍　　定额编号：11-119

定额包括工作内容：调配、涂刷　　计量单位：100kg

工程量：19.308/100＝0.19308

（4）刷油工程 金属结构刷油

一般钢结构刷银粉漆第一遍 定额编号：11-122 计量单位：100kg

工程量：19.308/100＝0.19308

（5）刷油工程 金属结构刷油

一般钢结构刷银粉漆第二遍 定额编号：11-123 计量单位：100kg

工程量：19.308/100＝0.19308

（6）镀锌铁皮套管制作 $DN125$ 定额编号：8-176

定额包括工作内容：下料、卷制、咬口 计量单位：个

工程量：$\underset{①\quad②}{\underline{7}/\underline{1}}=7$

其中①为镀锌铁皮套管个数；②为计量单位。

工程量汇总见表 2-8。

工程量汇总

表 2-8

序号	定额编号	项目名称	计量单位	工程量
1	8-178	管道支架制作安装	100kg	0.19308
2	11-7	除锈工程 手工除锈 一般钢结构（轻锈）	100kg	0.19308
3	11-119	刷油工程 金属结构刷油 一般钢结构 刷防锈漆第一遍	100kg	0.19308
4	11-222	刷油工程 金属结构刷油 一般钢结构 刷银粉漆第一遍	100kg	0.19308
5	11-123	刷油工程 金属结构刷油 一般钢结构 刷银粉漆第二遍	100kg	0.19308
6	8-176	镀锌铁皮套管制作 $DN125$	个	7

清单工程量计算见表 2-9。

清单工程量计算表

表 2-9

项目编码	项目名称	项目特征描述	计量单位	工程量
031002001001	管道支架	采暖系统采用上供下回式单管顺流式系统，采暖总立管穿越各层楼板达到顶层，人工除锈后，刷防锈漆一遍，银粉漆二遍	kg	19.31

第 9.1.4 条 各种伸缩器制作安装，均以"个"为计量单位。但应注意只有当设计、施工及验收规范中有消毒和冲洗要求的工程，才发生此项工程量，否则就不能列项计取此项费用。方形伸缩器的两臂，按臂长的两倍合并在管道长度内计算。

［应用释义］ 方形补偿器：也叫 U 形伸缩器，是补偿器的一种常用形式，其两端与管道焊接。优点是制作容易、方便。方形补偿器的两臂，按臂长的两倍合并在管道长度内计算。方形补偿器的构造如图 2-15 所示。

【例】 某室外供水管线长度为 50m，其上安装一个方形补偿器，安装示意图如图 2-16 所示。管道为钢管（焊接），规格为 $DN100$。试计算该管段工程量。

【解】 （1）管道安装室外管道、钢管（焊接）$DN100$ 定额编号：8-28

定额包括工程内容：切管、坡口、调直、撼弯、挖眼接管、异径管制作、对口、焊

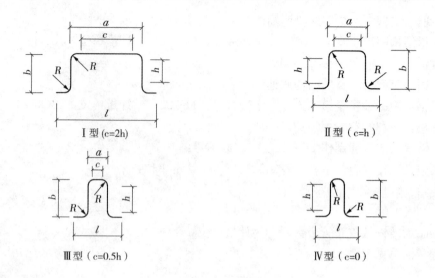

I 型 (c=2h) 　　　　II 型 (c=h)

III 型 (c=0.5h) 　　　　IV 型 (c=0)

图 2-15　方形补偿器

接、管道及管件安装、水压试验。

计量单位：10m

管道长度为：$\underline{(50+1.65 \times 2)}$ m＝（50＋

3.3）m＝53.3m

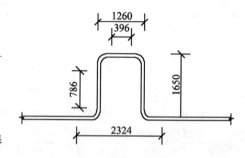

图 2-16　方形补偿器安装示意图

其中　①为管道距离；②为方形补偿器

（伸缩器）臂长；③两臂

④方形补偿器（伸缩器）的两臂合

并到管道长度中的部分。

故管道工程量为　$\underset{①}{\underline{53.3/10}}\underset{②}{}=5.33$

其中①为管道长度；②为计量单位。

（2）补偿器制作安装　方形伸缩器制作安装 DN100　定额编号：8-222

定额包括工作内容：做样板、筛砂、炒砂、灌砂、打砂、制堵、加热、搣制、倒砂、清管腔、组成、焊接、张拉、安装。

计量单位：个

工程量：$\underset{①}{\underline{1/1}}\underset{②}{}=1$

其中①为方形补偿器个数；②为计量单位。

注意：方形补偿器制作，应采用与管道相同的管材煨制或与弯头组合焊制成型。当管道公称直径 $DN \leqslant 40$ 时，应采取整根管子煨制，若煨制需要组接时，肩部不得有焊缝。当管道公称直径 $DN \geqslant 50$ 时，可采取对焊接，组对的补偿器肩部要采用一根管子，臂部也应尽量采用一根管子，臂部管段若需要接长，其焊缝应放在管段的中心。方形补偿器在进行安装前要进行预拉伸，预拉伸允许偏差±10mm，并应取正差。方形补偿器安装时，水平安装肩部管段坡度应与管道一致，垂直安装应有放空或排泄阀。

清单工程量计算见表 2-10。

清单工程量计算表　　　　　　　　　　　　　　　　　表 2-10

项目编码	项目名称	项目特征描述	计量单位	工程量
031003009001	补偿器	方形补偿器安装 DN100，采用与管道相同的管材煨制或与弯头组合焊制成型	个	1

第 9.1.5 条　管道消毒、冲洗、压力试验，均按管道长度以"**m**"为计量单位，不扣除阀门、管件所占的长度。

［应用释义］　压力试验：指为检查管道及其附件机械性能的强度试验和检查其连接状况的严密性实验，以检验系统所用管材和附件的承压能力以及系统连接部位的严密性。其试验程序由充水、升压、强度试验、降压及严密性检查几个步骤组成。

管道清洗：指为了保证管道系统内部的清洁，在经过强度试验和严密试验合格后，投入运行前，应对系统进行吹扫和清洗。

管道消毒：指对管道试压合格后，对管道进行消毒处理，使管道给水水质符合使用要求。

管道消毒、冲洗、压力试验，均按管道长度以"米"为计量单位，不扣除阀门、管件所占长度。

【例】　某采暖系统安装完毕后，在进行管道保温之后即进行水压试验。试压合格后，应对管道进消毒处理。在管路系统投入使用以前应进行对系统的吹扫和清洗。该系统采用的均为焊接钢管，其管件规格均为 DN100 以内，系统管路总长度为 570m。试计算该系统管道进行压力试验、消毒清洗的工程量。

【解】　（1）管道压力试验　　管道公称直径 DN100 以内　　定额编号：8-236

定额包括工作内容：准备工作，刷堵盲板、装设临时泵、灌水、加压、停压检查。

计量单位：100m

工程量：$\underset{①}{570}/\underset{②}{100}=5.7$

其中①为试压管路总长度；

②为计量单位。

（2）管道消毒清洗　　管道公称直径 DN100 以内　　定额编号：8-231

定额包括工作内容：溶解漂白粉、灌水、消毒冲洗

计量单位：100m

工程量：$570/100=5.7$

注意：《建筑给水排水及采暖工程施工质量验收规范》GB 50242—2002 中

8.6.1　采暖系统安装完毕，管道保温之前应进行水压试验。试验压力应符合设计要求。当设计未注明时，应符号下列规定：

1　蒸汽热水采暖系统，应以系统顶点工作压力加 **0.1MPa** 作水压试验，同时在系统顶点的试验压力不小于 **0.3MPa**。

2　高温热水采暖系统，试验压力应为系统顶点工作压力加 **0.4MPa**。

3　使用塑料管及复合管的热水采暖系统，应以系统顶点工作压力加 **0.2MPa** 作水压

试验，同时在系统顶点的试验压力不小于 0.4MPa。

检验方法：使用钢管及复合管的采暖系统应在试验压力下 10min 内压力降不大于 0.2MPa，降至工作压力后检查，不渗、不漏；使用塑料管的采暖系统应在试验压力下 1h 内压力降不大于 0.05MPa，然后降至工作压力的 1.15 倍，稳压 2h，压力降不大于 0.03MPa，同时各连接处不渗不漏。

8.6.2 系统试压合格后，应对系统进行清洗并清扫过滤器及除污器。

检验方法：现场观察，直至排出水不含沙、铁屑等杂物，且水色不浑浊为合格。

第三节 定额应用释义

一、室外管道

1. 镀锌钢管（螺纹连接）。

工作内容：切管、套丝、上零件、调直、管道安装、水压试验。

定额编号 8-1～8-11 镀锌钢管 P5-P8

螺纹连接的使用范围：

（1）镀锌焊接钢管的连接；

（2）设计文件或施工验收规范允许的非镀锌焊接管的连接。如：给排水、采暖、燃气、压缩空气支管等。

（3）管道与螺纹阀件、仪表附件以及带管螺纹的机械管口的连接。

［应用释义］ 公称直径：又叫公称通径，是管材和管件规格的主要参数。公称直径是为了设计、制造、安装和维修的方便而人为规定的管材，管件规格的标准直径。公称直径在若干情况下与制品接合端的内径相似或者相等，但在一般情况下，大多数制品其公称直径既不等于实际外径，也不等于实际内径，而是与内径相近的一个整数。所以公称直径又叫名义直径，是一种称呼直径。公称直径的符号是 DN，单位是 mm。制定公称通径的目的，是使管道安装连接时，接口保持一致，具有通用性和互换性。公称通径从 1～400mm 共分 51 个级别，其中 15、20、40、50、50、65、100、125、200、250、300、400、500、600、700 等 18 个规格是工程上常用的公称通径规格。

镀锌钢管：指接螺纹连接方式的镀锌钢管。是一种焊接钢管，一般由 Q235 号碳素钢制造。它表面镀锌发白，又称白铁管；表面不镀锌的焊接钢管为普通焊接钢管。螺纹连接是钢管连接的常见方式，焊接管在出厂时分两种，管端带螺纹和不带螺纹。一般每根长度为 4～9m，不带螺纹的焊接钢管，每根管材长度为 4～12m。螺纹连接靠各种带螺纹的管件和管端带螺纹的管端，相互吻合旋紧而连接起来的。

切管：是指在管子安装之前，根据所要求的长度将管子切断。切断过程常称为下料。切管时，下料尺寸应严格按照划线进行，保证下料尺寸准确无误。切口质量的好坏直接关系到下道工序，套丝、焊接、粘结的作业条件和质量，因而切口要平整，断面与管道轴线垂直，切口内外无毛刺和铁渣，断面不变形以免影响介质流动。以免减小管子的有效断面积从而减少流量。根据管道直径大小的不同，加工批量的不同以及加上场所的不同（工厂、现场、制安、维修等）需采用不同的管道切断方法。

管道的切断方法可分为手工切断和机械切断两类。手工切断主要有钢锯切断、錾断、管子割刀切断、气割；机械切断主要有砂轮切割机切断、套线机切断、专用管子切割机切断等。

（1）人工切断法

① 钢锯切断：是工地上应用最普遍的切断方法。主要用手工钢锯锯断管子。钢管、铜管、塑料管都可采用，尤其适合于 $DN50$ 以下钢管、铜管的切断。铜锯的规格一般根据锯条规格进行标定。常用的锯条规格有 12″（300mm）×18 牙；和 12″（300mm）×24 习：两种牙数为 1m 长度内牙的个数，18 牙用于厚壁管子截断，24 牙用于薄壁管子截断。手工钢锯的特点是，构造简单、轻巧，携带和使用方便，切口不气化、不收缩，但速度慢、费力、切口不易平整，切口质量受操作人员技术水平影响较大。一般用来切断直径不大的管材。

② 滚刀切管器切断：是用带有刃口的圆盘形刀片，在压力作用下，边进刀边沿管壁旋转，将管子切断，必须使滚刀垂直管子，否则易损坏刀刃。滚刀切管器与钢锯相比，切割速度快，切口平整，但切口产生缩口变形，需进行刮口。适用于切断 $DN40\sim DN150$ 管径的管子。

③ 錾断：主要用于铸铁管、混凝土管、钢筋混凝土管、陶管。所用工具为手锤和扁錾。錾切效率较低，切口不够整齐，管壁厚薄不匀时，极易损坏管子。通常用于缺乏机具条件下或管径较大情况下使用。

（2）机械切断

① 砂轮切断机切断：是工地上常用的切割设备。不但用来切割管子，还可用来切断角钢等型钢材料。切断原理是：高速旋转的砂轮片与管壁接触，在压力作用下产生摩擦切削，最后将管壁磨透切断，特点是：结构紧凑、体积小、搬运方便、速度快、省劳力、工效高，但噪声大、切口常有毛刺，速度快时切口有高温淬火变硬现象，由于加工时噪声较大，不宜大批量加工时使用，常用于维修加工。

在加工操作时，应注意安全生产，操作者的位置应站在砂轮的侧面，而不要面对砂轮，以防意外，使用砂轮切割机切割时，应使砂轮片与管子保持垂直，用夹管器夹紧勿动，手把加压进刀不能太猛太快。砂轮切割机适合于切割机适合于切割 $DN150$ 以下的金属管材，它既可切直口也可切斜口。砂轮机也可用于切割塑料管和各种型钢。

② 切断坡口机联合切断：具备切断和坡口两种功能，适用于施工工地管道切断坡口，主要用来切断大口径 $DN75\sim DN600$ 的管材。设备构造比较复杂，由单相电机、主体、齿轮传动装置和刀架等部分构成，采用三角定位，相对来说，较为方便，切割速度快，切口质量好，可切割壁厚 12～20mm 的管材。

③ 套丝机切管：适合于施工现场的套丝机均配有切管器，因此它同时具有切管、坡口、套丝的功能。套丝机用于 $DN\leqslant100$ 焊接钢管的切断和套丝，切割速度快，切口质量好，可切割壁厚 12～20mm 的管材。

④ 专用管子切割机：国内外用于不同管材、不同口径和壁厚的切割机很多。国内已开发生产了一些产品，如用于大直径钢管切断机，可以切断 $DN75\sim DN600$，壁厚 12～20mm 的钢管。这种切断机较为轻便，对埋于地下的管道或其他管网的长管中间切断尤为方便。还有一种电动自爬割管机，可以切割管径 133～1200mm，壁厚≤39mm 的钢管、铸铁管。在自来水、煤气、供热及其他管道工程中广泛应用。

（3）热力切割法

① 氧气-乙炔焰切断法：是目前施工中广泛应用的方法之一。它不受切割地点、空间的限制，又不受切割断面几何图形的限制，既可以实现机械化操作进行定点切割，又可以人工操作进行随意切割。其工作原理是：靠氧气-乙炔混合气体燃烧产生的高温（3100～3300℃）来加热，点燃金属，使其在纯氧中燃烧，生成的氧化物熔渣，又同时被高压氧气流吹落形成切割缝隙，实现切断。手工气割采用射吸式割炬也称为气割枪或割刀。气割的速度较快，但切口不整齐，有铁渣，需要用钢锉或砂轮打磨和除去铁渣。用于切断较粗直径的管道，常用于维修安装工程中，对管道切割断面的精度和粗糙度要求不高时，气割常用于 DN100 以上的焊接钢管、无缝钢管的切断。

氧气-乙炔焰切割要使用的设备：

a. 常用的主要工具是割枪（割炬）。

b. 氧气瓶：容量 38～40L。工作压力 15MPa。长度 1450mm，内径 219mm，重量约 60kg，主要用来提供切割用氧量。

c. 减压器（氧气表）：起把瓶内高压气体调节成工作需要的低压气体，并保持输出气体的压力和流量稳定不变的作用。

d. 乙炔发生器：按电石与水接触方法的不同，乙炔发生器分为排水式、浮桶式、电石入水与排水联合式也可使用钢装乙炔气体。

② 等离子切割法：是利用气体在电弧高温下被电离成电子和正离子，这两种粒子组成的物质流称为等离子体。等离子体流又同时经过"热收缩效应"和"磁收缩效应"变成一束温度高达 15000℃高能量密度的热气流，气流速度可以控制，能在极短的时间内熔化金属材料，可用来切割合金钢、有色金属和铸铁等，称为等离子切割。我国生产的等离子切割机，适用于施工安装中用的有手把式、自动式两种。手把式，常用的型号有 LG_1-400、LG_3-400 型，由手动割炬、控制箱、直流电源等部分组成。可进行直线和各种几何形状的手工切割。钍钨电极直径 $\phi5$，切割厚度 $\delta=40mm$，切割电压 70～150V，电流 400A，冷却水耗量 3L/min。自动式，常用的型号有 LG1-400-1、LG2-300，由自动割炬、控制箱、直流电源等部分组成。钍钨电极直径 $\phi5.5$，切割厚度 $\delta=80mm$，切割电压100～150 V，电流 400A，自动切割速度 3～150m/h，氮气纯度 99.9%，冷却水耗量 3L/min。

套丝：是指在管道安装过程中，要给管端加工使之产生螺纹以便连接，管螺纹加工过程即套丝。一般可分为手工和机械加工两种方法，即采用手工绞板和电动套丝机。这两种套丝机构基本相同，即绞板上装有四块板牙，用以切削管壁产生螺纹。套出的螺纹应端正，光滑无毛刺，无断丝缺口，螺纹松紧适宜，以保证螺纹接口的严密性。

（1）人工绞板：由绞板和板牙组成。绞板上有板牙架，上设 4 个板牙孔，用来装置板牙。板牙，即管螺纹车刀，每副 4 个，编有序号，应按序号装入板牙孔中，不能装错。板牙有不同规格，用来加工不同管径的螺纹，使用时，应按管径规格选用。人工绞板有一些缺陷，如螺纹不正，细丝螺纹，断丝缺扣，螺纹裂缝等。

（2）电动套丝机：是由人力拖动改成机械电力拖动，增设了电动机，齿轮变速箱系统和进刀量控制系统。用电动套丝机加工螺纹，由于车削速度均匀，可调，进刀量可控、可调，车成的螺纹尺寸正确、标准，质量好。同时由机械代替了人力操作，减轻了体力劳动，大大提高了工效，在工地得到了广泛的应用。

调直：是指钢管具有塑性，在运输装卸过程中容易产生弯曲，弯曲的管子在安装时必须调直。调直的方法有冷凋直和热凋直两种。冷凋直用于管径较小且弯曲程度不大的情况，否则宜用热凋直。

(1) 冷凋直：管径小于 50mm，弯曲度不大时，可进行冷调直。调直时需选用合适的设备和辅助器具，如卷扬机、千斤顶、导链或专用的调直机。在现场维修、安装时，当有管道需要调直时，可利用地形地物及现有的工具、人力巧妙地找出冷调直的方法。

卷扬机分手掘和电动两种，既是单独的牵引工具又是起重机的主要组成部分。

手动卷扬机（手摇绞车）起重力为 5～100kN。

电动卷扬机常用的超重力为 5～100kN，具有速度快和轻便等优点。

千斤顶：常用的有螺旋式和液压式二种。螺旋式的起重力在 50～500kN，它有自锁作用，重物不会因停止操作而突然下降或回弹，可向任何方位顶进。在管道施工中用它校正管位，安装柔性接口铸铁管或铸铁燃气管道试压时做端部堵头的活动支撑等用途。

液压式的起重力较大常用的为 30～500kN。最大可达 5000kN。

手拉葫芦（导链）：可分为蜗杆传动和齿轮传动两种装置。冷调直可分为人工校直法和机械校直法。

① 人工校直法：用两把手锤敲打进行校直。方法是用一锤顶在管子弯里起弯点作支点，另一锤敲打凸面处，直至校直为准。注意，两锤不能对着敲打，锤击处宜垫硬木板，防止把管子打扁。对螺纹连接管的结点处弯曲校直，采用此法校直时，不能敲打管件，只能敲打管件两端的管子。此法应用于在 DN50 以下、弯曲变形不大的管子。

② 机械校直法：借助于机械压力将管子校直。将管子放入压力校直机内，然后调节垫块的间距至合适的位置，再利用丝杆千斤顶顶压管子弯曲处，直至校直为止。此法适用于管径大于 DN50，弯曲变形不大的管子。

(2) 热调直：是将弯曲的管子放在炉上，加热到 600～800℃，然后抬出放置在用多根管子组成的平台上滚动，热的管子在平台上反复滚动，在重力作用下，达到调直目的。调直后的管子，应平放，避免产生新的弯曲。此方法适用于管径大、弯曲变形大的管子校直，应防止调正不到位或超过需要的调正度。

(3) 残缺割除法：对于因碰撞等原因造成的局部凹坑之类的变形残缺，无法采用上述方法校直时，或由于采用更为复杂的修复方法经济上不合算时，一般将残缺部分割除掉，将完好部分连接起来应用。

管道安装：室外镀锌管道安装，一般有下管和稳管工序。

(1) 下管：可分为人工下管和机械下管。可根据管材种类、单节管重及管长、机械设备、施工环境来选择。

①人工下管：多用于施工现场狭窄、重量不大的中小型管子。对于管径小于 400mm 的小管，可采用绳钩下管或杉木溜下法下管，但如管径较大的混凝土管或铸铁管，一般采用压绳法下管。

② 机械下管：一般是用汽车式或履带式起重机械下管。下管时，起重机沿沟槽开行。机械下管一般为单机单管节下管。

(2) 稳管：是将管子按设计的高程与平面位置稳定在地基或基础上。压力流管道铺设的高程和平面位置的精度都可低些，重力流管道的铺设高程和平面位置应严格符合设计要求，一般以逆流方向进行铺设。稳管时，相邻两管节底部应齐平。

水压试验：是指对船体、锅炉、管件的密封性能及管道安装时接头密封性能进行检查的实验，亦是指施工单位用钢板卷制焊接的钢管，要求按生产制造钢管的有关技术标准进行强度检验，检验管道的机械强度和严密性，检验检查管道连接的严密性的试验。

管道试压前，管道接口处不应进行防腐及保温，埋地敷设的管道，一般不应覆土，以便试压时检查。

试压前应将不应参与试验的设备、仪表、阀件等临时拆除，管道系统中所有开口应封闭，系统内阀门应开启，水压试验时系统最高点装放气阀，最低点设排水阀。如发现泄露，应泄压后进行修理，不得带压修理。泄露或其他缺陷消除后重新试验。如图 2-17 所示为给水铸铁管道水压试验前的准备工作。

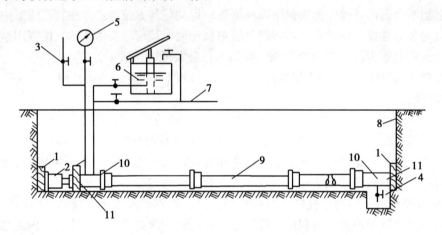

图 2-17　给水铸铁管道水压试验前的准备工作
1—道木；2—千斤顶；3—放空气阀；4—放水阀；5—压力表；6—手压泵；
7—临时上水管道；8—沟壁；9—被试压管道；10—钢短管；11—钢堵板

管道系统的压力试验一般以水为试验介质，但当管道的设计压力小于或等于 0.6MPa 时，也可采用气体为试验介质，但应采取有效的安全措施。水压试验压力见表 2-11。

室外给水管道水压试验压力（MPa）　　　　　表 2-11

管材种类		工作压力 P	试验压力 P_s
钢　　管		P	$P+0.5$ 且不应小于 0.9
钢铁及球墨铸铁管		$\leqslant 0.5P$	$2P$
		$>0.5P$	$P+0.5P$
预应力，自应力混凝土管		$\leqslant 0.6P$	$1.5P$
		$>0.6P$	$P+0.3P$

水压试验的步骤及要求：水压试验应用清洁的水作介质，其试验程序由充水、升压、强度试验、降压及严密性检查几个步骤组成，对位差较大的管道系统，应考虑试压介质的静压影响，最低点的压力不得超过管道附件及阀门的承受能力。

钢管螺纹连接：又称丝扣连接。常用于 $DN \leqslant 100$，$PN \leqslant 1MPa$ 的冷、热水管道。是指在管子端部按照规定的螺纹标准加工成外螺纹与带有内螺纹的管件拧接在一起。由于螺纹的形式有圆柱管螺纹、圆锥管螺纹之分。随着管子和管件上加工的外螺纹和内螺纹是锥螺纹，或是柱螺纹的不同，决定了螺纹连接的形式不同，效果也不一样。

（1）圆柱螺纹接圆柱螺纹：指管端的外螺纹与管件的内螺纹都是圆柱管螺纹，由于制造公差，外螺纹直径略小于内螺纹直径。圆柱螺纹连接只是全部螺纹齿面间的压接，压接面积大，强度高，但压接面上的压强小、严密性差。主要用在长丝根母的接口连接，代替活接头。

（2）圆锥螺纹接圆柱螺纹：指管端的外螺纹是锥螺纹与管件的内螺纹是柱螺纹之间的连接，由于只有锥螺纹的基面与柱螺纹直径相等，所有螺纹之间的连接既有齿面接触向上的压接，又有基面上的压紧作用，螺纹连接的强度和严密性都较好，是管道螺纹连接的主要接口形式。

（3）圆锥螺纹接圆锥螺纹：指管端的外螺纹与管件的内螺纹都是圆锥管螺纹，随着连接件间的拧紧，螺纹之间的连接，既有全部齿面间的压接，又有全部齿面上的压紧，接口的强度和严密性都很好，但由于内锥螺纹加工的困难，这种接口形式应用在对接口强度和严密性要求都比较高的中高压管道工程中或具有特定要求的油气管道中。

机油：是指在管道切割时，为了降低工作时摩擦阻力并降低温度的一种润滑油，一般常用的有 5 号～7 号机油。

铅油：又称厚漆、厚铅油、厚油、白油膏，漆膜柔软，光亮度差，坚硬性差。

管子切断机：是指根据不同管径、不同材质使用不同的刀片将管材切断的一种机器。国内已开发生产了一些产品，如用于大直径钢管切断机，可以切断 DN75～DN600、壁厚12～20mm 的钢管，这种切断机较为轻便，对埋于地下的管道或其他管网的长管中间切断尤为方便。还有一种电动自爬割管机，可以切割 $\phi33～\phi1200$、壁厚≤39mm 的钢管、铸铁管。

普通车床：是最常用的金属切削机床，主要用来做内圆、外圆和螺纹等成型面的加工。工作时工件旋转，车刀移动着切削，所以也叫旋床。

管子切断套丝机：是指一种具有切管、套丝、坡口功能的管子切割机器。适合于施工现场的套丝机均配有切管器，常用于 DN≤100 焊接钢管的切断和套丝，是施工现场常用的机具。

2. 焊接钢管（螺纹连接）

工作内容： 切管、套丝、上零件、调直、管道安装、水压试验。

定额编号 8-12～8-22 焊接钢管 P9～P12

［应用释义］ 焊接钢管：即有缝钢管，常见的有螺旋缝焊接钢管和自缝卷制焊接钢管。

（1）螺旋缝焊接钢管：一般用 Q215、Q235、Q225 等普通碳素钢和 16Mn 低合金钢焊接制造而成的。根据《管道元件的公称通径》（GB1047-95）标准，采用自动电弧焊接。生产规格系列为：管径 $\phi219～\phi720$、厚度 $\delta=7～10mm$，具中 $\phi529～\phi720$ 有平面焊和双面焊两种。在暖通空调工程中，一般用于蒸汽、凝水、热水和煤气等室外管道和长距离输送管道。适用于介质压力 P≤2MPa，介质温度 t≤200℃ 范围。螺旋缝焊接钢管的规格和无缝钢管一样，不用公称直径表示，而用外径×壁厚表示。如 $\phi219×8$。

（2）直缝卷制焊接钢管：是指由钢板卷制焊接而成的钢管。按照（YB242-63）标准生产，其公称直径规格为 DN50～DN1200，壁厚 3～12mm。在暖通空调工程中多用在室外汽、水和废气等管道上，适用于压力 $PN \leqslant 1.6MPa$，温度 $t \leqslant 200℃$ 范围。

3. 钢管（焊接）

工作内容：切管、坡口、调直、煨弯、挖眼接管、异径管制作、对口、焊接、管道及管件安装、水压试验。

定额编号　8-23～8-35 钢管（焊接）　P13～P18

[应用释义]　焊接：从广义上讲，是将两个分离物体接触面上的原子之间接近到能够相互作用、相互结合，从而结合为一个整体的过程。既能用于金属，也能用于非金属。实现这个目的，既可通过加热，也可依靠加压，或同时加热加压。首先应用的焊接技术是氧-乙炔焰焊接和电弧焊接。随着焊接技术的进步，在加热焊方面出现了电渣焊、气体保护焊、等离子焊等；在加压焊方面出现了接触焊、摩擦焊、冷压焊等。

（1）电弧焊：简称电焊。分为自动焊接和手工电弧焊两种方式，大直径管道及钢制给排水容器采用自动焊既节省劳动力又可提高焊接质量和速度。手工电弧焊常用于施工现场钢管的焊接。手工电弧焊可采用直流电焊机或交流电焊机。用直流电焊机焊接时电流稳定，焊接质量好。电焊的焊接机理：是焊条与母材之间产生的电弧高温，将焊条和母材熔化、融合，并固结在一起。根据电弧的燃烧条件，分为明弧焊接和埋弧焊接；根据电弧的电源不同亦可分类；根据电极的材料性质，分为熔化电极弧焊和不溶化电极弧焊。电弧焊接，设施简单，操作容易，应用广泛，焊缝强度高，在管道安装工程中得到普遍的应用。

①电焊机：由变压器、电流调节器及振荡器等部件组成。

a. 变压器：即提供焊接电源。当电源的电压为 220V 或 380V 时，经变压器后输出安全电压 55～65V，供焊接使用。对焊接电源的要求，是能提供不同功率的电弧，且具备下列技术经济特点：焊接电压、焊接电流稳定，保证焊接电弧均匀稳定；构造简单、制造容易，移动方便，耗材少；操作方便，安全可靠，维护容易，耗电少。除焊接变压器外，还有焊接发电机。

（a）焊接变压器：是个具有特定功能的降压变压器，具有陡降的外特性曲线。交流电焊机，为了保障焊接过程稳定，要求具有较大的感抗，根据获得感抗的方法不同，分为漏磁型和电抗线圈型。电焊机没有电流调节指示器和调节手柄，用于不同要求的电流大小调定。

（b）焊接电流机：是一种适应焊接要求的特殊发电机，具有陡降的外特性曲线。焊接电流能在较大范围内均匀调节，而空载电压变化不大，具有良好的动态特性。直流电焊机根据其获得下降特性的方法不同，在三电刷列极式、间极去磁式、多站式等数种。如 AX_1-500 型直流弧焊机，有粗、细两种电流调节方法。粗调节是改变串激退磁线圈的匝数。分两级，一级调节 300A 以内焊接电流，另一级调节 300A 以上焊接电流。细调节是利用变阻器改变并激线圈的大小电流进行调节，设有调节手柄，操作方便。特点是可以选择极性，工作电压不受电网电压波动的影响，电弧稳定。尤其是小电流、薄壁件效果更佳。常用于有一定极性要求的焊接。缺点是噪声较大。

b. 电流调节器：指金属焊件的厚薄不同，而需对焊接电流进行调节的仪器。焊接电流大小的选定，是根据常年工程实践积累的经验方法进行：按照焊件尺寸选择焊条直径，根据焊条直径确定焊接电流，再根据焊接内容和焊缝空间位置不同，调节电流大小。

c. 振荡器：指用以提高电流的频率，将电源 50Hz 的频率提高到 250000Hz，使交流电的交变间隔趋于无限小，增加电弧的稳定性，以利提高焊接质量。

②电焊条：由金属焊条芯和焊药层两部分组成。金属焊条芯的作用，既起电极作用，又是熔化后填充焊缝的金属，要求有一定的化学成分，机械力学性能和几何尺寸，满足施焊工艺要求。焊药层的作用，在高温下熔解成熔渣形成保护层，隔断焊缝与空气接触避免气化或氮化。熔渣保护层有助于稳定熔炼温度，减缓焊缝冷却速度，减少焊缝应力，改善机械力学性能和条件。焊药中含有不同的少量其他金属元素，改善焊缝熔炼的物理化学条件，提高焊缝质量。焊药层易受潮，受潮的焊条在使用时不易点火起弧，且电弧不稳定易断弧，因此电焊条一般用塑料袋密封存放在干燥通风处，受潮的焊条不能使用或经干燥后使用。

电焊条：见第一章管道安装第三节定额应用释义第一条释义。

焊条的分类：根据焊条的金属芯和外包药皮的种类和性质进行划分：

①根据焊条金属芯的不同，按照国标（GB980－984－76）规定，分为九类。

第一类，结构钢焊条（包括普通低合金钢），国家标准代号为 J；

第二类，钼及铬钼耐热钢焊条，代号为 R；

第三类，不锈钢焊条，代号为 B；

第四类，堆焊焊条，代号为 D；

第五类，低温钢焊条，代号为 W；

第六类，铸铁焊条，代号为 Z；

第七类，镍及镍合金焊条，代号为 N；

第八类，铜及铜合金焊条，代号为 T；

第九类，铝及铝合金焊条，代号为 L

②根据焊条药皮的种类和性能不同，按照国标（GB980－76）分为九类。

第一类，钛型直流或交流焊条；

第二类，钛钙型直流或交流焊条；

第三类，钛铁矿型直流或交流焊条；

第四类，氧化铁型直流或交流焊条；

第五类，锰型直流或交流焊条；

第六类，低氢型直流或交流焊条；

第七类，低氢型直流焊条；

第八类，石墨型直流或交流焊条；

第九类，盐基型直流电焊条。

焊条的型号表示方法和选用。碳钢焊条型号编制如下：字母"E"表示焊条；前两位数学表示熔敷金属抗拉强度的最小值，单位为 kgf/mm^2（9.8MPa）；第三位数学表示焊条的焊接位置，"0"及"1"表示焊条适用于全位置焊接（平、立、仰、横），"2"表示焊条适用于平焊及平角焊，"4"表示焊条适用于向下立焊；第三位和第四位数字组合时表示焊接电流种类及药皮类型。

焊条的选用：应当根据焊件的材质，焊件的尺寸，焊缝的位置，焊缝的工作条件，来选定焊条金属芯的种类、药皮的类型和焊条直径。

电是国民经济各部门和社会生活中的主要能源和动力。电能是由发电厂生产的，发电厂又多建在一次能源所在地，可能距离城市及工业企业很远，现将电能产生到使用的几个环节加于说明。发电厂是生产电能的工厂，是将自然界蕴藏的各种一次能源转变为电能。电力网是输送和分配电能的渠道。变电站是变换电压和交换电能的场所，由变压器和配电装置组成。按变压的性质和作用又可分为外压变电站和降压变电站。电能用户是电能消耗的场所。所有用电单位称为电能用户。

（2）气焊：是用氧—乙炔进行焊接。由于氧气和乙炔的混合气体燃烧温度达3100～3300℃，工程上借助此高温熔化金属进行焊接。气焊应注意事项：

①氧气瓶及压力调节器严禁沾油污，不可在烈日下曝晒，应置阴凉处注意防火；

②乙炔气为易燃气体，防止焊炬回火造成事故；

③在焊接过程中，若乙炔胶管脱落，破裂或着火时，应首先熄灭焊枪火焰，然后停止供气；

④施焊过程中，操作人员应戴口罩、防护眼镜和手套；

⑤焊枪点火时，应先开氧气阀，再开乙炔阀。灭火、回火或发生多次鸣爆时，应先关乙炔阀再关氧气阀；

⑥对水管进行气割前，应先放掉管内水，禁止对承压管道进行切割。

氧气：即O_2，焊接用氧气要求纯度达到98%以上。氧气厂生产的氧气以15MPa的压力注入专用钢瓶或氧气瓶内，送至施工现场或用户使用。氧气瓶是高压容器，由优质碳素钢和低合金钢制造，内径为219mm，瓶长1450mm，容积38～40L，重量为60kg，外设两个防振胶圈。氧气瓶的充气压力为15MPa，氧化纯度98%以上，配用的氧气表型号有：QD-1-0～259/0-40，氧气流量80m³/h，压力调节范围0.1～2.5MPa；QD-2A-0～250/0-1.6，氧气流量40m³/h，压力调节范围0.1～1.0MPa。氧气瓶的使用：装上氧气表，拧紧接头螺丝，打开氧气阀，查看压力表，高低压正常无漏气时，即可接上氧气胶管使用。

乙炔气：即C_2H_2，是一种可燃性气体，并能释放大量的热。常用乙炔发生器生产乙炔气。按乙炔发生器产生乙炔压力的高低，分为低压和中压两种，低压≤0.045MPa，中压0.045～0.15MPa。国内目前生产的乙炔发生器有固定式和移动式两种，固定式多为中压，主要应用于加工厂中；移动式多为低压罩式，广泛应用于施工工地中。乙炔是由电石与水作用分解产生的，聚积在乙炔发生器容器中。其中的电石是石灰石和焦炭在电炉中焙烧化合而成的化工产品。每1kg电子进行水解作用需水5～15dm³，可产气230～280dm³。乙炔发生器有浸水式和滴水式两种。滴水式即向电石中滴水产生乙炔气。这样，可靠调节滴水量控制产气量，既可节约电石，又有利于安全生产。乙炔是爆炸性气体，使用中应严格遵守安全操作规程，配置保险罐，防止割炬回火造成事故。

坡口：指为了保障焊缝的熔深和填充金属量而设置管道斜坡。创造良好的熔炼空间，使焊缝与母材良好结合，便于操作，减少焊接变形，保障焊缝的几何尺寸，管壁厚度在6mm以内，采用平焊缝；管壁厚度在6～12mm，采用V形焊缝；管壁厚度大于12mm，而且管径尺寸允许工人进入管内焊接时，应采用X形焊缝。后两种焊缝必须进行管子坡口加工。管子坡口有I形、V形、X形、U形几种。

坡口的加工方法：

a. 人工坡口：主要应用手锉磨削，用于小管径、壁厚$\delta \leqslant 4mm$，工作量不大的场合。

b. 坡口机坡口：用于管径较大、壁厚 4～10mm，要求坡口较规整的管道坡口。有手提砂轮磨口机和管子切坡口机。前者体积小、重量轻、使用方便，适合现场使用；后者坡口速度快，质最好，适宜于大直径管道坡口，一般在预制管加工厂使用较为普通。

c. 火焰切割坡口：用于大管径和厚壁管，现场作业的坡口，有氧—乙炔焰和等离子坡口，这种坡口往往形成表面氧化层，须进一步打磨修正。

对口：是指钢管焊接时，管子与管子相对，对口应使两管中心线在一条直线上，也就是被施焊的两个管口必须对准，允许的错口量不得超过规定值。对口时，两管端的间隙应在允许范围内。

(1) 异径骨也是接头零件的一种。它的作用是管道变径，按流体运动方向来讲，多数是由大变小，也有的由小变大，如蒸汽回水管道和下水管道的异径管就是由小变大。以下是几种常见的异径管：

①玛钢异径管：大体上分两种，一种是内螺纹异径管也称外接头；另一种是内螺纹和外螺纹结合的管件，称作补芯，它虽然不叫做异径管，但是能起到异径管的作用。玛钢异径管的规格范围比较小，常用的为 DN15～DN50，DN50 以上的不常见。

②钢制异径管：分为无缝和有缝两种。无缝异径管用无缝钢管压制，有缝异径管用钢板下料，经卷制焊接而成，也称焊制异径管，都包括同心和偏心两种。偏心异径管的底部有一个直边，使用时能使管底成一个水平面，便于停产检修时排放管中物料。无缝异径管的规格范围为 $\phi25～\phi400$，使用压力 10MPa 以下；有缝焊接异径管的规格范围为 DN32～DN1600，使用压力为 4.0MPa 以下。

③其他异径管：如铸铁异径管和高压异径管。其制造方法、规格和压力范围，基本上与铸铁弯头和高压弯头相同。

(2) 异径管制作：

异径管制作：异径管又称为变径管，俗称大小头。常见的异径管有正心和偏心两种。可用钢板卷制，也可以用钢管锤制。一般管径较大的多采用钢板卷制；管径较小的多采用锤制。

①钢管锤制：对于管径较小的大小头，常采取钢管锤制。一般采用氧—乙炔焰加热管端至 900℃ 左右进行锤打。锤正心异径管时，应在加热后边转动管子边锤打，由大到小向圆弧均匀过渡。如果异径管管径相差较大，就要采用抽条焊接的方法。

②钢板卷制：管径较大的异径管可用钢板卷制。根据异径管的高度及两端管径画出展开图，先制成样板，再在钢板上下料，然后将扇形板料用氧—乙炔焰或炉火加热后卷制，最后采用焊接成型。

撖弯：是指在管道安装中，遇到管线交叉或某些障碍时，需要改变线走向，而采用各种角度弯管来解决。制作各种不同角度的弯管即是煨弯。煨弯的方法有冷弯和热煨弯。

(1) 冷弯：是指钢管不加热，在常温状态下，管内不装砂，用手动弯管器或电动弯管机弯制。手动弯管的结构形式较多。它是由固定滚轮、活动滚轮、管子夹持器及手柄组成。手动弯管法效率低，劳动强度大，且质量难以保证，管径大于 25mm 的钢管弯管，应采用电动弯管机。无芯冷弯弯管机是指钢管弯管时，既不灌砂也不加入芯子进行弯管。当管径在 100mm 以下，最小弯曲半径 $R=2DN$ 的管子弯后无明显椭圆现象，为防止冷弯产生椭圆断面，可先将管子弯曲段加压，产生反向预变形。当管子冷弯后，反向预变形消除，使得弯曲处保持圆形。无芯冷弯机可以加工有缝、无缝及有色金属管。当管径较大、管壁较厚，用预变形法消耗动力较大，机构复杂，这时可采用有芯弯管机。加工的最大管径可达 323mm，最小弯曲半径 $R=2.25DN$。可弯制有缝、无缝、不锈钢管等。有芯弯管机在管子弯曲段加入芯棒，弯管时可随着弯曲或移动，防止管子弯曲处被压扁。冷弯的优点在于不需加热设备，无烫伤危险，便于操作，管内也不充砂，缺点在于弯制的管子公称直径一般不超过 200mm。由于弯管时不用加热，对弯制合金钢管，不锈钢管、铝管及铜管更为适宜，可以避免奥氏体不锈钢在可能条件下尽量用冷煨法制作弯管。

（2）热煨弯：将钢管加热到一定温度后进行弯曲加工，制成需要的形状，称为热煨弯。钢管热煨弯在工程上最早使用灌砂热煨法。近年来出现火焰弯管机，可控硅中频电弯管机，减轻了劳动强度，提高了生产效率。为了防止管子弯曲时断面变形，采取管内装砂，砂子有蓄热作用，管子出炉后可延长冷却时间，以利于煨弯操作。在弯曲过程中，用力应均匀、连续和不间歇的进行。速度以缓慢为宜，切忌用力过猛和速度过快。

压制弯头：又称模压弯管或冲压弯头或无缝弯头。他是用优质碳素钢、不锈耐酸钢和低合金钢、无缝钢管根据一定的弯曲半径制成模具，然后将下好料的钢板或管段放入加热炉中加热至 900℃ 左右，取出放在模具中用锻压机压制成型的。其弯曲半径为公称直径的一倍半，在特殊场合下也有一倍的。其规格范围在公称直径 200mm 以内。其压力范围，常用的为 4.0MPa、6.4MPa 和 10MPa。

压制弯头都是由专业制造厂和加工厂用标准无缝钢管加工而成的标准成品，出厂时弯头两端应加工好坡口。用板材压制的为有缝弯管，用管段压制的为无缝弯管。目前，模压弯管已实现了工厂化生产，不同规格，不同材质，不同弯曲半径的模压弯管都有产品，它具有成本低、质量好等优点，已逐渐取代了现场各种弯管方法，广泛地用于管道安装工程之中。

石棉橡胶板：是用橡胶、石棉及其他填料经过压缩制成的优良垫圈材料。广泛地应用于热水、蒸汽、煤气、液化气以及酸、碱等介质的管路上。石棉橡胶板分为普通石棉橡胶板和耐油石棉橡胶板两种。普通石棉橡胶板按其性能又分为低、中、高压三种。低压石棉橡胶板适用于温度不超过 200℃、公称压力小于或等于 1.6MPa 的给排水管路上。中、高压石棉橡胶板一般用于工业管路上。

橡胶板：具有较高的弹性，所以密封性能良好。橡胶板按其性能可分为普通橡胶板、耐热橡胶板、夹布橡胶板、耐酸碱橡胶板等。在给排水管道工程中，常用含胶量为 30% 左右的普通橡胶板和耐酸橡胶板作垫圈。这类橡胶板，属中等硬度，既具有一定的弹性，又具有一定的硬度，适用于温度不超过 60℃、公称压力小于或等于 1MPa 的水、酸、碱及真空管路的法兰上。

电焊条：见第一章管道安装第三节定额应用释义第一条释义。

角钢：是供热空调工程中应用广泛的型钢。角钢可分为等边角钢和不等边角钢两种。等边角钢也叫等肢角钢，是以肢宽和肢厚表示，如 L100×10 即为肢宽 100mm，肢厚10mm 的等边角钢。不等边角钢则是以两肢的宽度和厚度表示，如 L100×80×8，即为长肢宽 100mm，短肢宽 80mm，肢厚 8mm 的不等边角钢。我国目前生产的等边角钢肢宽 20～200mm，肢厚 3～24mm，不等边角钢肢宽 25mm×16mm～200mm×125mm，肢厚 3～18mm。角钢长度一般为 3～19m。角钢可用作受力构件或连接零件。

汽车式起重机：是将起重机构安装在普通载重汽车或专用汽车底盘上的一种自行式全回转起重机，由于采用汽车底盘，所以具有汽车的行驶通过性能，运行速度快，能迅速转移，机动灵活，对路面破坏性很小。因此特别适用于流动性大，不固定作业的场合。但吊装作业时必须支腿，因而不能负荷行驶，且不适合松软或泥泞地面作业。总体部分由于受汽车底盘的限制，一般本身较长，转弯半径大，并且只能在起重机左右两侧和后方作业。国产汽车起重机有：Q_2-8 型、Q_2-12 型、Q_2-16 型等。最大起重量为 8t、12t、16t。国产重型汽车式起重机有 Q_2-31 型，起重臂长 30m，最大起重量为 32t。可用于一般厂房的构件安装。Q_3-100 型，起重臂长 12～60m，最大起重量 100t。

4. 承插铸铁给水管（青铅接口）

工作内容：切管、管道及管件安装、挖工作坑、熔化接口材料、接口、水压试验。

定额编号 8-36～8-45 承插铸铁给水管 P9～P20

[应用释义] 青铅接口：是用铅作为普通铸铁管的填料。如图 2-18 所示（青铅接口图），将熔化好的青铅灌入铅口内，待冷却凝固后再打实，接口用铅的纯度应在 99％以上，在操作中必须注意安全。另外铅接口的通水性好，接口操作完毕即可通水，损坏时容易修理；且抗震性好，抗弯性好，接口的地震破坏率远较石棉水泥接口低，具有柔性，当铅接口的管道渗漏时，不必剔

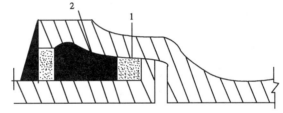

图 2-18 铸铁管承插青铅接口图
1—浸油线麻；2—青铅

口，只需将铅用麻錾锤击即可堵漏。但由于在热铅接口时，熔铅应严禁遇水，否则将出现爆炸事故，因此热铅接口不宜在雨雪天露天作业，同时青铅接口价格昂贵来源又少，基于这些优缺点，青铅接口现在基本上已被石棉水泥或膨胀水泥所代替，而只有在穿越铁路、公路或震动大的地区应用或抢修等特殊情况下用。

给水承插铸铁管采用青铅接口的历史很长远：其施工时首先要打承口深度一半的油麻，热后用卡箍或涂黄油的麻瓣封住承口，并在上部留出浇注口、常采用 Pb-6 牌号的青铅，在铅锅中加热熔化至表面呈紫红色，铅液表面杂质应在浇注前除去，浇灌时用的容器应预热，并且浇注应缓慢进行，一个接口一次性完成不能中断，注意在操作过程中要防止铅中毒。

挖工作坑：指在管道安装工程中掘进顶管等工序需要的工作坑活动空间，是顶管施工时在现场设置的临时性设施。工作坑包括后背、导轨和基础等。工作坑是人、机械、材料较集中的活动场所。

按工作坑的使用功能有单向坑、双向坑、多向坑、转向坑、交汇坑。单向坑的特点是管道只朝一个方向顶进，工作坑利用率低，只适用于穿越障碍物；双向坑的特点是在工作坑内顶完一个方向管道后，调过头来利用顶于管道作后背再顶进相对方向的管道。工作坑利用率高，适用于直线式长距离顶进；多向坑，一般用于管道拐弯处，或支管接干管处，

在一个工作坑内，向二至三个方向顶进，工作坑利用率较高；转向坑类似于多向坑；交汇坑是在其他两个工作坑内，从两个相对方向向交汇坑顶进，在交汇坑内对口相接，适用于顶进距离长，或一端顶进出现过大误差时使用。但工作坑利用率最低，一般情况下不用。工作坑的尺寸是指工作坑底的平面尺寸，它与管径大小、管节长度、覆土深度、顶进形式、安装方法有关，并受土的性质、地下水等条件影响，还要考虑各种设备布置位置、操作空间、工期长短、垂直运输条件等多种因素。

（1）挖工作坑常用的方法有开槽式、沉井式及连续墙式等。

①开槽式工作坑：是应用比较普遍的一种称为支撑式的工作坑。这种工作坑的纵断面形状有直槽式、梯形槽式。工作坑支撑宜采用板桩撑。工作坑支撑时首先应考虑撑木以下到工作坑的空间，此段最小高度应为 3.0m，以利操作。支撑式工作坑适用于任何土质，与地下水无关，且不受施工环境限制，但覆土太深操作不便，一般挖掘深度不大于 7m。

②沉井式工作坑：在地下水位以下修建工作坑，可采用沉井法。沉井法即在钢筋混凝土井筒内挖土、随井筒内挖土，井筒靠自重或加重使其下沉，直至沉至要求的深度，最后用钢筋混凝土封底。沉井式工作坑平面形状有单孔圆形和单孔矩形。

③连续墙式工作坑：采取先钻深孔成槽，用泥浆护壁，然后放入钢筋网，浇筑混凝土时将泥浆抽出形成连续墙段，再在井内挖土封底而形成工作坑。

（2）工作坑的基础：基础形式取决于地基土的种类、管节的轻重以及地下水位的高低。一般常用的基础形式有三种：

①土槽木枕基础：适用于地基土承载力大，又无地下水的情况。将工作坑底平整后，在坑底挖槽并埋枕木，枕木上安放导轨并用道钉将导轨固定在枕木上。这种基础操作简单，用料不多且可重复使用，造价较低。

②卵石木枕基础：适用于虽有地下水但渗透量不大，而地基土为细粒的粉砂土，为了防止安装导轨时扰动基土，可铺一层 10cm 厚的卵石或级配砂石，以增加其承载能力，并能保持排水流畅。在枕木间填砂找平。这种基础形式简单实用，较混凝土基础造价低，一般情况下可代替混凝土基础。

（3）混凝土木枕基础：适用于地下水位高，地基承载力又差的地方。在工作坑浇筑 20cm 厚的 C10 混凝土，同时预埋方木作轨枕。这种基础能承受较大荷载，工作面干燥无泥泞，但造价较高。

（4）导轨：导轨的作用是引导管子按设计的要求顶入土中，保证管子在将要顶入土中前的位置正确。按导轨使用材料分为钢导轨和木导轨两种。钢导轨是利用轻轨、重轨和槽钢作导轨，具有耐磨和承载力大的特点；木导轨是将方木抹去一角来支承管体起导向作用。

（5）后背与后座墙：后背与后座墙是千斤顶的支承结构，造价低廉，修建简便，原土后座墙是常用的一种后座墙。无法利用原土作后座墙时，可修建人工后座墙。后背的功能主要是在顶管过程中承担千斤顶顶管前进的后座力，后背的构造应有利于减少对后座墙单位面积的压力。后背的构造有很多种，如方木后背，钢板桩后背。方木后背的承载能力可达 3×10^3kN，具有装拆容易、成本低、工期短的优点；钢板桩后背承载能力可达 5×10^3kN，采取与工作坑同时施工方法，适用于弱土层。

铸铁与钢比较有以下特点：

虽然铸铁的机械性能不如钢，但由于石墨的存在，使铸铁有了钢所没有的性能，如：良好的耐磨性、高的消震性、低的缺口敏感性以及很好的切削加工性能等。此外，铸铁的碳含量高，接近于结晶成分，因此铸铁的熔点低，流动性能好，又由于石墨结晶时体积膨胀，故铸造收缩率较小，其铸造性能也优于钢。

承插铸铁给水管：给水铸铁管按材质可分为灰铸铁管和球墨铸铁管。在灰铸铁管中，灰口铸铁中的碳全部（或大部分）不是与铁呈化合物状态，而是呈游离状态的片状石墨，所以灰铸铁管质脆；球墨铸铁管中，碳大部分呈球状石墨存于铸铁中，使之具有优良的机械性能，故又称为可延性铸铁管。

(1) 普通铸铁管：灰铸铁管又称为普通铸铁管，是给水管道中常用的一种管材，与钢管比较，其价格较低，制造方便，耐腐蚀性较好，但质脆、自重大。普通铸铁管管径以公称直径表示，其规格为 $DN75 \sim DN1500$，有效长度为 4m、5m、6m。分砂型离心铸铁管与连续铸铁管两种。砂型离心铸铁管的插口端设有小台，用于挤密油麻、胶圈等柔性接口填料。连续铸铁管的插口端没有小台，但在承口内壁有突缘，仍可挤密填料。

(2) 球墨铸铁管：是以镁或稀土镁合金球化剂在浇筑前加入铁水中，使石墨球化，同时加入一定量的硅铁或硅钙合金作孕育剂，以促进石墨析出球化。石墨呈球状时，对铸铁基体的破坏程度减轻，应力集中亦大大降低，因此它具有较高的强度和延伸率。与普通铸铁管比较：球墨铸铁管抗拉强度是灰铸铁管的 3 倍；水压试验为灰铸铁管的 2 倍；球墨铸铁管具有较高的延伸率，而灰铸铁管无。球墨铸铁管具有铸铁管的耐腐蚀性以及钢管的韧性和强度，耐冲击、耐振动，管壁薄，同样管径时比铸铁管节省材料 30%～40%，是普通铸铁管、钢管和 PVC 管的更新换代产品。

球墨铸铁管是新型金属管材，当前我国正处于一个逐渐取代灰铸铁管的更新换代时期，而在工业发达国家已被广泛采用，我国目前由于价格、推广力度等方面的原因，使用还不十分广泛。球墨铸铁管耐压能力在 3MPa 以上，$DN80 \sim DN2600$，有效长度 4～6m。球墨铸铁管采用离心浇筑。均采用柔性接口，按接口形式分为推人式和机械式两种。

① T 形推人式（滑入式）球墨铸铁管接口：球墨铸铁管采取承插式柔性接口，其 T 形推人式接口，工具配套、操作简便、快速，适用于 $DN800 \sim DN2000$ 的输水管道，在国内外输水工程上广泛采用。

② 机械式（压兰式）球墨铸铁管接口：主要优点是抗震性能较好，并且安装与拆修方便，缺点是配件多，造价高。它主要由球墨铸铁管、管件、压兰、螺栓及胶圈组成。按填入的胶圈种类不同，分为 N_1 型接口、X 型接口和 S 型接口。其中 N_1 型及 X 型接口较为普遍。当管径为 100～350mm 时，选用 N_1 型接口；管径为 100～700mm，选用 X 型接口。

油麻：是指采用松软、有韧性、清洁、无麻皮的长纤维麻，加工成麻辫，浸放在用 5%石油沥青和 95%的汽油配制的溶液中，浸透、拧干，并经风干而成的一种防水性能较好的材料。

试压泵：能吸入和排出液体，把液体抽出或压入容器，也能把液体送到高处，是水压试验中所用的一种设备。泵的扬程和流量应满足试压管段压力和渗水量的需要。一般小口径管道可用手压泵，大中口径管道多用电动柱塞式组合泵，还可以根据需要选用相应的多级离心泵。

5. 承插铸铁给水管（膨胀水泥接口或自应力水泥接口） 如图 2-19 所示承插铸铁管安装图。

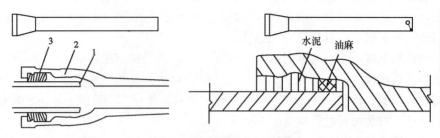

图 2-19　承插铸铁皂安装
1—锥度；2—承口；3—胶圈

工作内容： 管口除沥青、切管、管道及管件安装、挖工作坑、调制接口材料、接口养护、水压试验。

定额编号　8-46～8-55　承插铸铁给水管　P21～P22

[应用释义]　管口除沥青：指在管道管口剔除沥青，以便于接口及填塞填料。

沥青：指石油沥青，是石油原油经蒸馏等提炼出各种轻质油及润滑油以后的残留物，或经加工而得的产品。它是一种有机胶凝材料，在常温下呈固体、半固体或黏性液体，颜色为褐色或黑褐色。石油沥青是由许多高分子碳氢化合物及其非金属衍生物组成的复杂混合物。沥青常作为防腐材料，因而，一般情况下，管道均用沥青防腐防锈。管道用于工程时，为了保证接口质量，而需要将防腐材料除掉也就是上面说的管口除沥青。因为沥青的化学组成复杂，对组成进行分析很困难，而且化学组成还不能反映沥青物理性质的差异。因此一般不作沥青的化学分析，只从使用角度，将沥青中化学成分及性质极为接近，并且与物理力学性质有一定关系的成分，划分为若干个组。

通常石油沥青分成建筑石油沥青、道路石油沥青和普通石油沥青三种。

（1）道路石油沥青：有七个牌号，牌号越高，则黏性越低、塑性越好、温度敏感性越大。主要用于道路路面或车间地面等工程，一般拌制成沥青混凝土、沥青拌合料或沥青砂浆使用。还可作密封材料和胶粘剂以及沥青涂料等，此时一般选用黏性较大和软化点较高的道路石油沥青。如 60 甲。

（2）建筑石油沥青：针入度较小，软化点较高，但延伸度较小，主要用作制造油纸、油毡、防水涂料和沥青嵌缝膏。它们绝大部分用于屋面及地下防水、沟槽防水防腐蚀及管道防腐工程。使用时制成的沥青胶膜较厚，增大了对温度的敏感性。同时黑色沥青表面又是好的吸热体。一般同一地区的沥青屋面的表面温度比其他材料的都高。

（3）普通石油沥青：含有害成分的蜡较多，一般含量大于 5%，有的高达 20% 以上，故又称多蜡石油沥青。以化学结构讲，蜡为固态烷烃，正构烷烃称为石蜡，多为片状或带状晶体；异构烷烃称为地蜡，常为针状晶体。石油沥青中的蜡往往同时含有正构烷烃和异构烷烃，确定它为石蜡基石油沥青或地蜡基石油沥青是按它们的比例而定的。普通石油沥青由于含有较多的蜡，故温度敏感性较大，达到液态时的温度与其软化点相差很小，与软化点大体相同的建筑石油沥青相比，针入度较大即黏性较小，塑性较差。故在建筑工程上不宜直接使用。普通石油沥青可以采用吹气氧化法改善其性能，该法是将沥青加热脱水，加入少量的氧化锌，再加热吹气进行处理的。

接口养护：是指膨胀水泥接口完成后应做的湿养护，养护要求较高。一般地，膨胀水泥接口完成后，应立即用浇湿草袋覆盖，1～2h后定时浇水，使接口保持湿润状态；也可用湿泥养护。这一工序过程即为养护。

硅酸盐膨胀水泥：是由硅酸盐水泥、高铝水泥和石膏按一定比例共同磨细或分别粉磨再经混匀而成。硅酸盐膨胀水泥在硬化过程中不但不收缩，而且有不同程度的膨胀。

膨胀作用是基于硬化初期，高铝水泥中的铝酸盐和石膏遇水化合，生成高硫型水化硫铝酸钙晶体，所生成的钙矾石，起初填充水泥石内部孔隙，强度有所增长。随着水泥不断水化，钙矾石数量增多、晶体长大，就会产生膨胀，削弱和破坏了水泥石结构，强度下降。由此可知，膨胀是削弱、破坏水化产物粒子间的联系，而强度则是强化它们之间的内部联系。如膨胀水泥膨胀成分含量较多，膨胀值较大，在膨胀过程中又受到限制时，则水泥石本身就不会受到压应力。该压力是依靠水泥本身的水化而产生的，所以称为自应力，并以自应力值表示所产生压应力的大小。这类水泥的品种逐渐增多，可以满足各种不同工程的需求，所以应用愈来愈广泛。品种的种类亦较多，如硅酸盐水泥，硅酸盐自应力水泥，低热微膨胀水泥，明矾石膨胀水泥和铝酸盐自应力膨胀水泥等。

6. 承插铸铁给水管（石棉水泥接口）

工作内容： 管口除沥青、切管、管道及管件安装、挖工作坑、调制接口材料、接口养护、水压试验。

定额编号　8-56～8-65　承插铸铁给水管　P23～P25

[应用释义]　石棉水泥接口：是承插铸铁管最常用的一种连接方法。它以石棉绒、水泥为原料，水泥标号不低于325号，水泥强度等级不应低于32.5级，石棉宜用4级或5级。石棉水泥的配合比一般为：石棉：水泥：水＝3：7：1或2：8：2。接口时应先将已拧好的麻股塞入接口，然后将搅和的石棉水泥分层填入接口，并分层用工具打实，打完后同样应做好灰口的湿养护。石棉水泥接口作为普通铸铁管的填料，具有抗压强度较高、材料来源广、成本低的优点。但抗弯曲应力或冲击应力能力很差。

调制接口材料：石棉水泥填料配制时，石棉绒在拌合前应晒干，并用细竹棍轻轻敲打，使之松散。先将称重后的石棉绒和水泥干拌均匀，然后加水拌合。加水多少，现场常凭手感判断，潮而不湿即可。拌好的石棉水泥其色泽藏灰，宜用潮布覆盖。加水拌合后的石棉水泥填料应在1.5h内用完，避免水泥初凝后再填打。整个过程即为石棉水泥接口填料的调制。

石棉绒：是纤维状镁、铁、钙的硅酸盐总称。成分中有12.9％的水，呈纤维状，绿黄色或白色，分裂成絮状时呈白色，丝滑光泽，纤维富有弹性，化学性质不活泼，按化学成分及结晶构造可分为角闪石石棉（青石棉）及蛇纹石石棉（温石棉）两类。石棉耐酸、耐碱、耐高温、又是热和电的不良导体，内部有很多微孔，吸油（沥青）量大，掺入后可提高沥青的抗拉强度和热稳定性。

普通硅酸盐水泥：由硅酸盐水泥熟料、6％～15％混合材料、适量石膏磨细制成的水硬性胶凝材料，称为普通硅酸盐水泥（简称普通水泥），代号P·O。水泥中混合材料掺加量按质量百分比计：掺活性混合材料时，不得超过15％，其中允许用不超过5％的窑灰或不超过10％的非活性混合材料来代替；掺非活性混合材料时，不得超过10％。

普通水泥按照国家标准《硅酸盐水泥、普通硅酸盐水泥》（GB 175—2007）的规定，硅酸盐水泥强度等级分为42.5、42.5R、52.5、52.5R、62.5、62.5R六个等级，普通硅酸盐水泥强度等级分为42.5、42.5R、52.5、52.5R四个等级。各强度等级、各类型水泥的各龄期强度不得低于规定数值。普通水泥的初凝不得早于45min，终凝不得迟于10h。在0.08mm方孔筛上的筛余不得超过10％，沸煮安定性必须合格。普通硅酸盐水泥中绝大部分仍为硅酸盐水泥熟料，其性能与硅酸盐水泥相近。但由于掺入了少量混合材料，与硅酸盐水泥相比，早期硬化速度稍慢，其3d、7d的抗压强度稍低，抗冻性与耐磨性能也稍差。在应用范围方面，与硅酸盐水泥也相同，广泛用于各种混凝土或钢筋混凝土工程，是我国主要水泥品种之一。

7. 承插铸铁给水管（胶圈接口）

工作内容：切管、上胶圈、接口、管道安装、水压试验。

定额编号 8-66～8-74 承插铸铁给水管 P26～P27

［应用释义］ 胶圈接口：是指承插铸铁管使用胶圈来作为连接时内层填料的一种常用接口。如图2-20所示（胶圈接口示意图）。胶圈接口的特点是速度快、省人工、可带水作业。胶圈具有弹性，水密性好，当承口和插口产生一定量的相对轴向位移或角位移时，也不会渗水。因此，胶圈是取代油麻作为承插式刚性接口理想的内层填料。普通铸铁管承插接口用圆形胶圈，外观不应有气孔、裂缝、重皮、老化等缺陷。胶圈的物理性能应符合现行国家标准或行业标准的要求。胶圈的内径一般应为插口外径的0.85～0.87

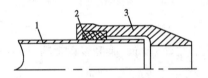

图2-20 铸铁管胶圈接口图
1—承口；2—橡胶圈；3—插口

倍。胶圈应有足够的压缩量。胶圈直径应为承插口间隙的1.4～1.6倍（圆形截面时），或厚度为承插口间隙的1.35～1.45倍，或胶圈截面直径的选择按胶圈填入接口后截面压缩率等于34％～40％为宜。胶圈接口应尽量采用胶圈推入器，使胶圈在装口时滚入接口内。填胶圈时、胶圈压缩率符合要求；胶圈填至小台，距承口外缘距离均匀；无扭曲（"麻花"）及翻转（"跳井"）等现象。

上胶圈：是指先将胶圈套在管子插口上，把管子对正找平后，使插口和胶圈一起被推进承口中，然后用麻捻凿把胶圈均匀地打上插口小台。这一安装过程即为上胶圈。安装过程中不得使胶圈产生弯曲、扭曲、裂纹等现象，更不得使胶圈滚过插口小台，而从承口处落入管内。

橡胶圈：是指由橡胶经加工制作而成承插铸铁管填料。橡胶圈具有弹性，水密性好。橡胶是弹性体的一种，即使在常温下它也具有显著的高弹性能，在外力作用下能很快发生变形，变形可达数倍。但当外力除去后，又会恢复到原来的状态，这是橡胶的主要性质，而且保持这种性质的温度区间范围很大。土建工程中使用橡胶主要是利用它的这一特性。

橡胶可分为天然橡胶和合成橡胶两种。

（1）天然橡胶：主要成分是异戊二烯高聚体：$\{CH_2—C(CH_3)=CH—CH_2\}n$，其他还有少量水分、灰分、蛋白质及脂肪酸等。天然橡胶主要是由橡胶树的浆汁中取得的，加入少量醋酸、氯化锌或氟硅酸钠即行凝固。凝固体经压制后成为生橡胶。生橡胶经硫化处理得到软质橡胶。天然橡胶的密度为 $0.91\sim0.93g/cm^3$，在 $130\sim140℃$ 软化，$150\sim160℃$ 要黏软，$220℃$ 熔化，$270℃$ 迅速分解。常温下弹性很大。天然橡胶易老化失去弹性，一般作为橡胶制品的原料。

（2）合成橡胶：又称人造橡胶，制备时一般可以看作由两步组成：首先将基本原料制成单体，而后将单体合成为橡胶。制成单体的基本原料主要有：石油、天然气、煤、木材和农产品。用这些物质制成乙醇、丙酮、乙醛、饱和的与不饱和的碳氢化合物等，然后再用它们制得各种单体。由单体经聚合、综合作用而得到各种合成橡胶。

安装工程中常用的合成橡胶有如下几种

① 氯丁橡胶：是由单体氯丁二烯聚合而成：$\dashv CH_2-C(C_1)=CH-CH_2\dashv$ 氯丁橡胶除有大分子量呈弹性体的以外，还有低分子量的液态氯丁橡胶。与天然橡胶相比，氯丁橡胶绝缘性较差，但抗拉强度、透气性和耐磨性较好。氯丁橡胶为浅黄色及棕褐色弹性体，密度 $1.23g/cm^3$，溶于苯和氯仿，在矿物油中稍溶胀而不溶解，硫化后不易老化，耐油、耐热、耐臭氧、耐酸碱腐蚀性好，粘结力较高，脆化温度 $-35\sim-55℃$，热分解温度 $230\sim260℃$。氯丁橡胶的硫化剂一般不用硫磺，而用 4% 的氧化镁与 5% 氧化锌的混合物，可在 $90\sim100℃$ 的空气中硫化，并有自硫化的特点。

②丁基橡胶：是由异丁烯 $CH_3-C(CH_2)=CH_2$ 与少量异戊二烯 $CH_2=C(CH_3)-CH=CH_2$ 在低温下加聚而成。其结构式为：$\dashv(C(CH_3)_2-CH_2\dashv_m CH_2-C(CH_2)=CH-CH_2\dashv_n$。丁基橡胶是五色的弹性体，密度为 $0.92g/cm^3$ 左右，能溶于五个碳以上的直链烷烃或芳香烃的溶剂中。它是耐化学腐蚀、耐老化、不透气性和绝缘性最好的橡胶，它具有抗撕裂性能好、耐热性好、吸水率小等优点。他还具有较好的耐寒性，其脆化温度为 $-58℃$。

③乙丙橡胶和三元乙丙橡胶：它是乙烯与丙烯的共聚物。其分子结构式为：$\dashv CH_2-CH_2\dashv_m\dashv CH(CH_3)-CH_2\dashv_P\dashv$。乙丙橡胶的密度仅 $0.85g/cm^3$ 左右，是最轻的橡胶，而且它的耐光、耐热、耐氧及臭氧、耐酸碱、耐磨等都非常好，也是最廉价的合成橡胶。乙烯和丙烯聚合时它们的双键打开，一个接一个地连接起来成为高分子化合物。乙烯和丙烯都只有一个双键。聚合时双键已经打开，聚合物中就再也没有双键了，成为结构完全饱和的橡胶，但硫化困难。为此，在乙丙橡胶共聚反应时，加入第三种非共轭双键的二烯烃单体，借此所得橡胶的分子侧链中引入不饱和键，这样得到三元乙丙橡胶。可用硫酸进行硫化。目前最常用的有双环戊二烯、己二烯－1.4 及乙叉降冰片烯等。

④ 丁腈橡胶：是由丁二烯与丙烯腈 $(CH_2=CH-CN)$ 的共聚物，称为丁腈橡胶。他的特点是对于油类及许多有机溶剂的抵抗力极强。他的耐热、耐磨和抗老化的性能也胜于天然橡胶。它的缺点是绝缘性较差，塑性较低，加工较难，成本较高。

⑤ 再生橡胶：又称再生胶，是由废旧轮胎和胶鞋等橡胶制品或生产中的下脚料经再生处理而得到的橡胶。这类橡胶来源广，价格低。再生处理主要是脱硫。所谓脱硫并不是把橡胶中的硫磺分离出来，而是通过高温使橡胶氧化解聚等，使大体型网状橡胶分子结构被适度地氧化解聚，变成大量的小体型网状结构和少量链状物。并破坏了原橡胶的部分弹性，而获得了部分塑性和黏性。

汽车式起重机：见第一章管道安装第三节定额应用释义定额编号 8—23—8—35 钢管（焊接释义）。

8. 承插铸铁排水管（石棉水泥接口）

工作内容：切管、管道及管件安装、调制接口材料、接口养护、水压试验。

定额编号　8-75～8-80　承插铸铁排水管　P28

〔应用释义〕　承插铸铁排水管：指用于排除生活污水、雨水和生产污水等的重力流管道。接口形式为承插形，用灰口铸铁浇铸而成，壁厚比给水管薄，出厂时不涂刷沥青防腐层。

切管：见第一章管道安装第三节定额应用释义定额编号 8-1～8-11 镀锌钢管释义。

水压实验：见第一章管道安装第三节定额应用释义定额编号 8-1～8-11 镀锌钢管释义。

水压试验方法有落压试验和水压严密性试验两种。开始水压试验时，应逐步升压，每次升压以 0.2MPa 为宜。每次升压后，检查没有问题，再继续升压；升压接近试验压力时，稳压一段时间检查，彻底排除气体，然后升至试验压力。

落压试验法的理论依据是：漏水量与压力下降的速度成正比。因而这种方法只有试压管段内的空气排尽才能作到试验准确，一般情况下，空气是排不尽的，故试验准确性差，但此试验方法简便，故一般用在管径较小，空气容易排除的管段试压中。

水压严密性试验（渗漏水量试验）。水压严密性试验是根据在同一管段内，压力相同，降压相同，则其漏水量亦应相同的原理，来检查管道的漏水情况。水压试验应用清洁的水作介质，其试验程序由充水、升压、强度试验、降压及严密性检查几个步骤组成。对位差较大的管道系统，应考虑试压介质的静压影响，最低点的压力不得超过管道附件及阀门的承受能力。系统充水、水压试验的充水点和加压装置，一般应设在系统或管段的较低处，以利于低处进水，高点排气。充水前将系统阀门全部打开，同时打开各高点的放气阀，关闭最低点排水阀，连接好进水管、压力表和打压泵等。当放气阀不间断出水时，说明系统中空气全部排净，关闭放气阀和进水阀。全面检查管道系统有无漏水现象，如有漏水应及时进行修理。升压及强度试验，管道充满水并无漏水现象后，即可通过加压泵加压，加压泵可用手摇泵、电动试压泵、离心泵等，有条件时也可以用自来水直接加压。压力应逐渐升高，加压到一定数值时，应停下来对管道进行检查，无问题时再继续加压。在规定的时间内管道系统无变形破坏，且压力降不超过规定值时，则强度试验合格。严密性检查，强度试验合格后，将压力降至工作压力，稳压下进行严密性检查。检查的重点在于管道的各类接口、管道与设备的连接处、各类阀门和附件的严密程度，以不渗不漏为合格。受试压管段只有强度试验和严密性检查均合格后，才算水压试验合格。之后，应将管道中的水排净。

石棉绒：见第一章管道安装第三节定额应用释义定额编号 8-56～8-65 承插铸铁给水管释义。

9. 承插铸铁排水管（水泥接口）

工作内容：切管、管道及管件安装、调制接口材料、接口养护、水压试验。

定额编号 8-81～8-86 承插铸铁排水管　P29

〔应用释义〕　管道安装：一般分为下管和稳管两道工序。

（1）下管：管子经过检验，运至沟线。按设计排管，经核对管节、管件位置无误方可下管。下管分人工下管和机械下管两种。可根据管材种类、单节管重及管长、机械设备、施工环境等来选择。

①人工下管：见第一章管道安装第三节定额应用释义定额编号 8-1～8-11 镀锌钢管

释义。

②机械下管：一般是用汽车或履带式起重机械下管。下管时，起重机沿沟槽开行。当沟槽两侧堆土时，其一侧堆土与槽边有足够的距离，以便起重机开行。机械下管一般为单机单节下管。下管时，起重吊钩与铸铁管或混凝土及钢筋混凝土管端相接触处，应垫上麻袋，以保护管口不被破坏。

（2）稳管：是将管子按设计的高程与平面位置稳定在地基或基础上。压力流管道铺设的高程和平面位置的精度都可低些。通常情况下，铺设承插式管节时，承口朝来水方向。在槽底急陡区间，应由低处向高处铺设。稳管工序是决定管道施工质量的重要环节，必须保证管道的中心线与高程的准确性。稳管时，相邻两管节底部应齐平。稳管常用坡度板法和边线法控制管道中心与高程。边线法控制管道中心和高程比坡度板法速度快，但准确度不如坡度板法。

①坡度板法：用坡板法控制安管的中心与高程时，坡度板埋设必须牢固，而且要方便安装管道过程中的使用，因此对坡度板的设置有所要求：

a. 坡度板常用 50mm 厚木板、长度根据沟槽上口宽，一般跨槽每边不小于 500mm，埋设必须牢固。

b. 坡度板间距一般为 10m，最大间距不宜超过 15m，管道转向及检查井处必须设置。

c. 单层槽坡度板设置在槽上口跨地面，坡度板距槽底不超过 3m 为宜，多层槽坡度板设在下层槽上口跨槽台，距槽底也不宜大于 3m。

d. 在坡度板上施测中心与高程时，中心钉应钉在坡度板顶面，高程板一侧紧贴中心钉钉在坡度板侧面，高程钉钉在靠中心钉一侧的高程板上。

e. 坡度板上应标明桩号及高程钉至各有关部位的下返常数。

②边线法：对边线法的设置有如下要求：

a. 在槽底给定的中线桩一侧钉边线铁钎，上挂边线，边线高度应与管中心高度一致，边线距管中的距离等于管外径的 1/2 加上一常数。

b. 在槽帮两侧适当的位置打人高程桩，其间距 10m 左右一对，并施测上高程钉。连接槽两帮高程桩上的高程钉，在连线上挂纵向高程线，用眼"串"线看有无折点，是否正常。

c. 根据给定的高程下返数，在高程尺杆上量好尺寸，刻写上标记，经核对无误，再进行安管。安管时，如管子外径相同，则用尺量取管外皮距边线的距离，与自己选定的常数相比，不超过允许偏差时为正确；如安外径不同的管，则用水平尺找中，量取至边线的距离，与给定管外径的 1/2 加上常数相比，不超过允许偏差为正确。安管中线位置控制同时应控制管内底高程。方法为：将高程线绷紧，把高程尺杆下端放至管内底上，并立直，当尺杆上标记与高程线距离不超过允许偏差时为正确。

二、室内管道

1. 镀锌钢管（螺纹连接）

工作内容：打堵洞眼、切管、套丝、上零件、调查、栽钩卡及管件安装、水压试验。

定额编号　8-87～8-97　镀锌钢管　P30～P33

［应用释义］　螺纹连接：亦称为丝扣连接。广泛用于水、煤气钢管为主的采暖、给排水、煤气工程中，接口口径 DN15～DN150。由于焊接技术的应用和普及，目前的螺纹连接只普遍应用在黑铁管口径 DN15～DN500，白铁管口径 DNl5～DN100 和一些仪表管

路的连接中。

螺纹连接的优点是拆卸安装方便。管道连接采用管螺纹，其齿形及尺寸根据部颁标准冶25-57圆锥形管螺纹规定。管螺纹有圆柱形和圆锥形两种。圆柱形管螺纹其螺纹深度及每圈螺纹的直径都相等，只是螺尾部分较粗一些。管子配件及丝扣阀门的内螺纹均采用圆柱形螺纹（内丝）。圆锥形管螺纹其各圈螺纹的直径皆不相等，从螺纹的端头到根部成锥台形。钢管采用圆锥形螺纹（外丝）。

套丝：即所谓管螺纹加工，在管子的连接端铰制螺纹。螺纹连接实质上是螺齿齿面间的压接，因此，连接质量和螺齿加工的好坏有很大关系。为了保证接口的强度和严密性，对螺纹的加工质量有下列要求：

管螺纹的加工制作，应严格遵照相关规定的技术条件、精度等级、公差标准；断丝缺扣部分的螺纹全长累计不大于1/3圈、螺纹齿牙高度减少量不大于其高度的1/5；螺纹外观自检应端正、光滑、无毛刺、无凹陷、裂纹；螺纹尺寸正确，用螺纹量规检测合格，内、外螺纹连接试验，松紧度适宜。

螺纹的加工制作方法有三种：人工绞板加工；电动套丝机加工；螺纹车床加工。

（1）人工绞板：是用管子铰板在管子上铰出螺纹。一般 $DN15\sim DN20$ 的管子，可以1～2次套成，稍大的管子，可分几次套出。一般用于缺乏电源或小管径的管子套丝。详见第一章管道安装第三节定额应用释义定额编号 8-1～8-11 镀锌钢管释义。

（2）电动套丝机加工电动套丝机的螺纹车削部分与绞板相同。电动套丝机使用时应尽可能安放在平坦的、坚硬的地面上（如水泥地面），如地面为松软的泥土，可在套丝机下垫上木板，以免震动而陷入泥土中。后卡盘的一端应适当垫高一些，以防止冷却液流失及污染管道。

（3）螺纹车床加工：主要用在管件制造厂中的内螺纹加工。

2. 焊接钢管（螺纹连接）

工作内容： 打堵洞眼、切管、套丝、上零件、调直、栽钩卡、管道及管件安装、水压试验。

定额编号 8-98～8-108 焊接钢管 P34～P37

[应用释义] 管道安装：此处是指室内管道安装。主要包括给水系统安装和排水系统安装。

（1）给水系统安装：

①引入管的安装：引入管是指室外给水管网与建筑内部管网之间的连接管段，也可称为进户管，其主要作用是将水接入建筑内部。引入管进入建筑内部可以从建筑的浅基础下通过，也可以从承重墙或基础下穿越，敷设方法如图2-21（a）、（b）所示。引入管穿地下室外墙与基础时，若其所经地区地下水位较高，应采取必要的防水措施，如设防水套管等。

室外埋地引入管其管顶覆土厚度不宜小于0.7m，建筑内埋地管，其管顶离地面高度不宜小于0.3m，同时室外埋地管还要考虑地面活荷载和冰冻的破坏，其应敷设的位置不应高于冰冻线以下20cm。施工时要求与土建配合留洞或预埋套管。引入管安装宜采用管道预埋或预留孔洞的方法。引入管敷设在预留洞内或直接进行引入管预埋，均要保证管顶距孔洞壁的距离小于100mm。预留孔与管道间空隙用黏土填实，两端用M5水泥砂浆封口。引入管上设有阀门或水表时，应与引入管同时安装，并作好防护设施，以防损坏。引入管敷设时，为了便于维修时将室内系统中的水放空，其坡度应不小于0.003，坡向室外。

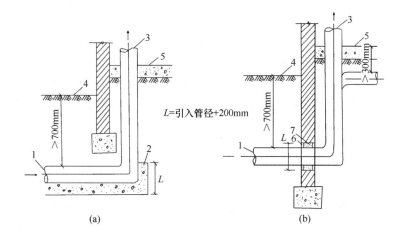

图 2-21　引入管进入建筑物

（a）从浅基础下通过；（b）穿基础

1—给水入口；2—混凝土支座；3—给水出口；4—室外地面；

5—室内地面；6—黏土；7—M5 水泥砂浆封口

②建筑内部给水管道安装：安装方法有直接施工和预制化施工。

直接施工是在已建建筑物中直接实测管道、设备安装尺寸，按部就班进行施工的方法。这种施工方法较落后，施工进度较慢，但由于土建结构尺寸要求不甚严格，安装时宜在现场根据不同部位实际尺寸测量下料，对建筑物主体工程用砌筑法施工时常采用这种方法。

预制化施工是在现场安装之前，按建筑内部给水系统的施工安装图和土建有关尺寸预先下料、加工，部件组合的施工方法。这种方法要求土建结构尺寸正确，预留孔洞及预埋套管、铁件的尺寸、位置无误。

a. 给水干管安装：明装管道的给水干管安装位置，一般在建筑物的地下室顶板下或建筑物的顶层顶棚下。架空敷设的给水干管，应尽量靠墙、柱子敷设，大管径管子装在里面，小管径管子装在外面，同时管道应避开门窗的开闭。干管与墙、柱、梁、设备以及另一条干管之间应留有便于安装的维修的间距，通常管道外壁距墙面不小于 100mm，管道与梁、柱及设备之间的距离可减少到 50mm。暗装管道的干管一般设在设备层、地沟或建筑物的顶棚里，或直接敷设于地面下。

b. 给水立管安装：应根据设计图纸弄清各分支管之间的距离、标高、管径和方向，应十分注意安装支管的预留口的位置，确保支管的方向坡度的准确性。明装管道立管一般设在房间的墙角或沿墙、梁、柱敷设。立管外壁至墙面净距：当管径 $DN \leqslant 32$ 时，应为 $25 \sim 35$mm；当管径 $DN > 32$ 时，应为 $30 \sim 35$mm。明装立管应垂直，其偏差每米不得超过 2mm；高度超过 5m 时，总偏差不得超过 8mm。暗装管道的立管，一般设在管道井内或管槽内，采用型钢支架或管卡固定，以防松动。设在管槽内的立管安装一定要在墙壁抹灰前完成，并应作水压试验，检查其严密性。各种阀门及管道活接件不得埋人墙内，设在管槽内的阀门，应设便于操作和维修的检查门。

c. 横支管安装：横支管的管径较小，一般可集中预制、现场安装。明装横支管，一般沿墙敷设，并设有 0.002—0.005 的坡度坡向泄水装置。横支管安装时，要注意管子的平直度，明装横支管绕过梁、柱时，各平行管上的弧形弯曲部分应平行。水平横管不应有明显的弯曲现象，其弯曲的允许偏差为：管径 $DN \leqslant 100$，每 10m 为 5mm；管径 $DN > 100$ 时，每 10m 为 10mm。冷、热水管上下平行安装，热水管应在冷水管上面；垂直并行安装时，热水管应装在冷水管左侧，其管中心距为 80mm，在卫生器具上，安装冷、热水龙头时，热水龙头应装在左侧。横支管一般采用管卡固定，固定点一般设在配水点附近及管道转弯附近。暗装的横支管敷设在预留或现场剔凿的墙槽内，应按卫生器具接口的位置预留好管口，并应加临时管堵。

③热水管道安装：管材一般为镀锌钢管、螺纹连接。热水供应系统按照干管在建筑内布置位置有下行上给和下行下给两种方式。热水干管根据所选定的方式可以敷设在室内管沟，地下室顶部、建筑物天棚内或设备层内。一般建筑物的热水管道敷设在预留沟槽、管井内。管道穿过墙壁和楼板，应设置铁皮或钢制套管。安装在楼板内的套管，其顶部就高出地面 20mm，底部应与楼板底面相平；安装在墙壁内的套管，其两端应与饰面相平。所有横支管应有与水流相反的坡度，便于泄水和排气，坡度一般 0.003，但不得小于 0.002。横干管直线段应设置足够的伸缩器。一般平管离墙距离远，立管离墙距离近，为了避免热伸长所产生的应力破坏管道，两者连接点可弯曲连接。为了减少散热，热水系统的配水干管、水加热器、贮水罐等，一般要进行保温。

④消防管道安装：消防给水系统按功能上的差异可分为消火栓消防系统、自动喷水消防系统及水幕消防系统三类。消防给水管道的管材选用一般为：单独设置的消防管道系统，采用无缝钢管或焊接钢管，焊接和法兰连接；消防和生活共用的消防管道系统，采用镀锌钢管，管径 $DN \leqslant 100$ 为螺纹连接；管径 $DN > 100$ 时，采用镀锌处理的无缝钢管或焊接钢管，焊接或法兰连接。焊接部分应作防腐处理。

a. 消火栓消防系统管道安装：消火栓消防系统由水枪、水带、消火栓、消防管道等组成。水枪、水带、消火栓一般设在便于取用的消火栓箱内。消火栓消防管道由消防立管及接消火栓的短支管组成。独立的消火栓消防给水系统，消防立管直接接在消防给水系统上；与生活饮用水共用的消火栓消防系统，其立管从建筑给水管上接出。消防立管的安装应注意短支管的预留口位置，要保证短支管的方向准确。而短支管的位置和方向与消火栓有关。即安装室内消火栓、栓口应朝外，栓口中心距地面为 1.1m，允许偏差 20mm。阀门距消防箱侧面为 140mm，距箱后内表面为 100mm，允许偏差 5mm。安装消火栓水龙带，水龙带与水枪和快速接头绑扎好后，应根据箱内构造将水龙带挂在箱内的挂钉或水龙带盘上，以便有火警时，能迅速启动。

b. 自动喷水和水幕消防管道的安装：自动喷水装置是一种能自动作用喷水灭火，同时发出火警信号的消防设备。这种装置多设在火灾危险性较大、起火蔓延很快的场所。自动喷水消防系统由闭式洒水喷头、洒水管网、控制信号阀和水源（供水设备）等组成。水幕消防装置是将水喷洒成帘幕状，用于隔绝火源或冷却防火隔绝物，防止火势蔓延，以保护着火邻近地区的房屋建筑免受威胁。一般由开式洒水喷头、管网、控制设备、水源四个部分组成。横支管应有坡度，充水系统的坡度不小于 0.002，充气系统和分支管的坡度，应不小于 0.004，坡向配水立管，以便泄空检修。不同管径的连接，避免采用补心，而应采用异径管，在弯头上下得采用补心，在三通上至多用一个补心，四通上至多用两个补心。安装自动喷水消防装置，应不妨碍喷头喷水效果。如设计无要求时，应符合下列规定：吊架与喷头的距离，应不小于 300mm；距末端喷头的距离不大于 750mm；吊架应设在相邻喷头间的管段上，当相邻喷头间距不大于 3.6m 时，可设一个，小于 1.8m，允许隔段设置。在自动喷水消防系统的控制信号阀门前后，应设阀门。在其后面管网上不应安装其他用水设备。注意：自动喷水灭火系统可为单独的管道系统，也可以和消火栓消防合并为一个系统，但不能与生活给水系统相关联。

室内消火栓给水系统是建筑物内最广泛采用的一种消防给水装置，由消防箱、消火栓、消防管道和水源所组成。室外给水管网不能满足消防需要时，还须设置消防水箱和消防泵。水枪是灭火的主要工具，其作用在于收缩水流，增加流速，产生击灭火焰的充实水柱。

（2）排水系统安装：最常见的是生活污水排水系统，还有工业废水、雨水、雪水排水系统。如图 2-22、图 2-23 所示，生活污水排水管安装与室外雨水管安装示意图。其中生活污水排水系统是指排除人们日常生活中的盥洗、洗涤污水和粪便污水的排水系统。生活污水排水管道系统，一般由卫生器具排水管、总干管（包括存水弯）、排水支管，立管、排出管、抽升设备、通气设备和清通设备等组成。按敷设方式可分为明装和暗装两种。卫生器具排水管是指连接卫生器具和排水支管之间的短管，除坐式大便器外，通常均设有存水弯。排水支管是连接卫生器具排水管和排水立管的一段管道。排水立管的作用是将各层排水支管的污水收集并排至排出管。排出管是排水立管与室外第一座检查井之间的连接管道。他的作用是接受一根或几根排水立管的污水排水管至室外排水管网的检查井中。通气管是指最高层卫生器具以上并延伸至屋顶以上的一段立管。作用是使室内、外排水管道与大气相通，使排水管道中的臭气与有害气体排至大气中，而且还能防止存水弯中的水封被破坏，保证排水管中的水流畅通。室内雨水系统又称内雨落水系统，主要任务是收集屋面的雨水或雪水并通过立管将其排出室外，与室外的雨水或污水管网连接，主要由屋面的排水口、雨水立管及排出管组成。雨水管的管材选用是：一般埋地部分可采用焊接钢管或给水铸铁管，立管可采用焊接钢管。在高层建筑中，雨水管一般敷设在管井内，并在每根立管的末端设置金属波纹管作为缓冲。在管井内的立管应做好防锈，排出管穿越基础应做钢

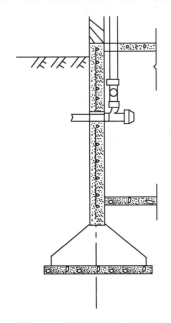

图 2-22 生活污水排水管安装

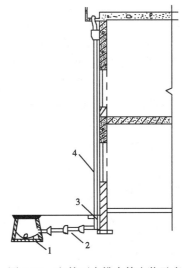

图 2-23 室外雨水排水管安装示意

1—检查井；2—连接管；3—雨水口；4—水落管

性套管，并保证设计的坡度。清通设备是指检查口、清扫口和检查井等。用于清通排水管道，保证水流畅通，是排水系统中不可缺少的部分。

①排出管安装：宜采取排出管预埋或预留孔洞方式。当土建砌筑基础时，将排出管按设计坡度，承口朝来水方向敷设，安装时一般按标准坡度，但不应小于最小坡度，并坡向检查井。为了减小管道的局部阻力和防止污物堵塞管道，排出管与排水立管的连接，应采用两个45°弯头连接。排出管的埋深：在素土夯实等地面，应满足排水铸铁管管顶至地面的最小覆土厚度0.7m；在水泥等路面下，最小覆土厚度不小于0.4m。

②排水立管安装：立管通常沿墙角安装，立管中心距墙面的距离应以不影响美观，便于接口操作为原则。一般立管管径 $DN50\sim DN75$ 时，距墙110mm左右；$DN100$ 时，距墙140mm；$DN150mm$ 时，距墙180mm左右。排水立管一般不允许转弯，立管在分层组装时，必须注意立管上检查口盖板向外，开口方向与墙面成45°夹角（宜用乙字管或两个45°弯头连接）；设在管槽内立管检查口处应设检修门，以便立管清通。

③排水支管安装：通常采取加工场预制或现场地面组装预制，然后现场吊装连接的方法。排水支管预制过程主要有测线、下料切断、连接养护等工序。吊装方法一般由人工绳索吊装，吊装时应不少于二个吊点，以便吊装时使管段保持水平状态，卫生器具排水管穿过楼板调整好，待整体到位后将支管末端插。入立管三通或四通内，用吊架吊好，采取水平尺测量并调整吊杆顶端螺母以满足支管所需坡度。最后进行立管与支管的接口，并进行养护。伸出楼板的卫生器具排水管，应进行有效地临时封堵，以防施工中杂物落入堵塞管道。

3. 钢管（焊接）

工作内容：留堵洞眼、切管、坡口、调直、煨弯、挖眼接管、异径管制作、对口、焊接、管道及管件制作、水压试验。

定额编号　8-109～8-119　钢管　P38～P41

［应用释义］　异径管制作、煨弯、调直及坡口：见第一章管道安装第三节定额应用释义定额编号8-23～8-35钢管释义。

调直：见第一章管道安装第三节定额应用释义定额编号8-1～8-11镀锌钢管释义。

4. 承插铸铁给水管（青铅接口）

工作内容：切管、管道及管件安装、熔化接口材料、接口、水压试验。

定额编号　8-120～8-125　承插铸铁给水管　P42

［应用释义］　青铅接口：见第一章管道安装第三节定额应用释义定额编号8-36～8-45镀锌钢管释义。

氧气、乙炔气的解释见第一章管道安装第三节定额应用释义定额编号8-23～8-35钢管释义。

电动卷扬机：是管道工程中的一种最简单的常用起重设备。他可单独使用，又可作为起重机的组织部分，它由电动机、联轴器、制动器、减速器和卷筒所组成，通过钢丝绳将重物、工程材料、机具、构件等提升到一定高度。卷扬机种类很多，一般分手动、电动、快速、慢速、单筒、双筒。

电动卷扬机又分可逆式卷扬机和摩擦式卷扬机。例如：圆柱齿轮传动慢速可逆卷扬机，是由电动机经联轴器，制动器，齿轮减速箱驱动卷筒。这类卷扬机的制动器多采用短行程常闭式电磁制动器，因此这种卷扬机是利用电动正转重物上升，反转重物或空钩下降，它不能利用重物自重下降。摩擦式卷扬机，动能由电动机经减速器传至摩擦锥，卷筒左侧动盘的里面有从动锥套卷筒空套在定轴上，定轴右端装有楔块。当转动手柄时，楔块锥、压卷筒往左轴向移动，使从动摩擦锥与摩擦锥接合，从而带动卷筒旋转提升物件。若反向旋转手柄时，则楔块向右移动，借助弹簧块的作用使锥套与主动摩擦锥脱离，重物则拖动卷筒反转而下降。为控制反转的转速，在锥套外表面装有带式制动器。由手柄操纵，卷扬机的选用可查建筑机械产品目录及有关手册，其主要技术参数是钢丝绳的额定拉力、卷筒容量、钢丝绳速度和电动机功率等。

5. 承插铸铁给水管（膨胀水泥接口）

工作内容：管口除沥青、切管、管道及管件安装、调制接口材料、接口养护、水压试验。

定额编号　8-126～8-131　承插铸铁给水管　P43

[**应用释义**]　水压试验：见第一章管道安装第三节定额应用释义定额编号 8-75～8-80 承插铸铁排水管释义。

膨胀水泥接口是以膨胀水泥：中砂：水＝1：1：0.3 的比例拌和成水泥砂浆接口。接口时也应将麻股塞入接口内，再将膨胀水泥砂浆填塞接口内捣实，并将灰口表面抹平。接好以后，应做保湿养护。膨胀水泥因其含成分不同又可分为自应力水泥接口和石膏氯化钙水泥接口，自应力水泥为硅酸盐水泥、石膏、矾土水泥的混合物。其成分配合比为 42.5号硅酸盐水泥：32.5 号矾土水泥：二水石膏＝36：7：7，配用时应进行试验，以膨胀率不超过 15％，线膨胀系数 1‰～2‰为宜。膨胀水泥砂浆中的砂用干净中砂，用水量可根据气候条件进行调节，最大水灰比不宜超过 0.35。石膏氯化钙水泥接口材料，是由石膏氯化钙接口材料配合比为 42.5 级硅酸盐水泥：石膏粉：氯化钙＝0.85：0.1：0.05（重量比）；再用 20％的水拌合、石膏粉应用 200 目铜纱网过筛，拌合方法为：先分别将水泥与石膏在一起拌合均匀，氯化钙溶入水中调合成均匀水溶液。再将溶液倒入拌合料中搅拌均匀，成发面糊状，即时填入接口中，并在 12min 内操作完毕，否则会初凝失效。

6. 承插铸铁给水管（石棉水泥接口）

工作内容：管口除沥青、切管、管道及管件安装、调制接口材料、接口养护、水压试验。

定额编号　8-132～8-137　承插铸铁给水管　P44

[**应用释义**]　调制接口材料、普通硅酸盐水泥、石棉绒的解释详见第一章管道安装第三节定额应用释义定额编号 8-56～8-65 承插铸铁给水管释义。

7. 承插铸铁排水管（石棉水泥接口）

工作内容：留堵洞眼、切管、栽管卡、管道及管件安装、调制接口材料、接口养护、灌水试验。

定额编号　8-138～8-143　承插铸铁排水管　P45～P46

[**应用释义**]　切管：见第一章管道安装第三节定额应用释义定额编号 8-75～8-80 承插铸铁排水管释义。

8. 承插铸铁排水管（水泥接口）

工作内容：留堵洞眼、切管、栽管卡、管道及管件安装，调制接口材料、接口养护、灌水试验。

定额编号　　8-144～8-149　　承插铸铁排水管　　P47～P48

［应用释义］　　此种管子为排水管。铸铁类型。接口为承插式水泥接口。

9. 柔性抗震铸铁排水管（柔性接口）

工作内容：留堵洞口、光洁管口、切管、栽管卡、管道及管件安装、紧固螺栓、灌水试验。

定额编号　　8-150～8-154　　柔性抗震铸铁排水管　　P49～P50

［应用释义］　　紧固螺栓：是指在螺纹联接中，用螺栓来紧固连接。螺栓为适应不同需要一端制成六角头、方头、半圆头等多种形状，另一端加工螺纹、螺柱与螺母、垫片配合一起将被连接件锁紧，装拆方便，适用于能两边进行装配的场合。螺栓可分两种：

（1）普通螺栓：又称粗制螺栓或受拉螺栓，靠拧紧后螺栓受拉承受轴向载荷，螺栓杆与被连接件的通孔间有间隙存在，螺栓和通孔加工精度可较低，当要承受横向荷载时靠相互压紧后产生的摩擦力承载。

（2）铰制孔用螺栓：又称精制螺栓或受剪螺栓，靠螺栓光杆部分受剪切和挤压承受横向载荷，螺栓光杆与被连接件上的通孔采用基孔制过渡配合，加工精度要求较高，能精确固定被联件的相对位置。每个螺栓都有一定的强度标准。

灌水试验：指在水压试验前的准备工作。管道注水时，应将管道上的排气阀、排气孔全部开启进行排气，如排气不良（加压时常出现压力表表针摆动不稳，且升压较慢），应重新进行排气。排出的水流中不带气泡，水流连续，速度均匀时，表明气已排净。管内注水后，宜保持 0.2～0.3MPa 水压（不得超过工作压力），充分浸泡。对所有支墩、接口、后背、试压设备和管路进行检查修整。

接口形式：如图 2-24 所示为 RK-1 型柔性抗震排水铸铁管件接口形式。

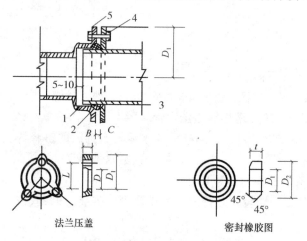

法兰压盖　　　　　　　　　　密封橡胶图

图 2-24　　RK-1 管件接口形式

1—承口端；2—密封橡胶圈；3—直管，管件插口端；4—螺栓紧固件；5—法兰盖件

10. 承插塑料排水管（零件粘接）（如图 2-25 所示）。

工作内容：切管、调制、对口、熔化接口材料、粘接、管道、管件及管卡安装、灌水试验。

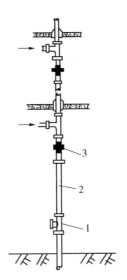

图 2-25 承插塑料排水管

1—检查口；2—排水立管；3—伸缩节

定额编号 8-155～8-158 承插塑料排水管 P51～P52

[应用释义] 对口：见第一章管道安装第三节定额应用释义定额编号 8-23～8-35 钢管（焊接）释义。有胶圈连接和粘接连接两种形式，如图 2-26 所示为塑料管的几种连接形式。

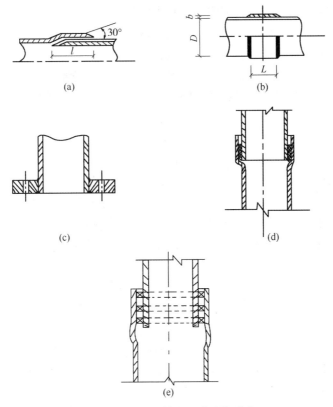

图 2-26 塑料管的几种连接形式

（a）硬聚氯乙烯管承插连接；（b）套管连接；（c）平焊法兰结构形式；（d）填塞接口；（e）补偿接头

（1）胶圈连接：应将管道承口内胶圈沟槽，管端工作面及胶圈清理干净，不得有土或其他杂物；将胶圈正确安装在承口的胶圈区中，不得装反或扭曲。为了安装方便可先用水浸湿胶圈，但不得在胶圈上涂润滑剂；橡胶圈连接的管材在施工中被切断时（断口平整且垂直管轴线），应在插口端倒角，并划出插入长度标线，再进行连接。然后用毛刷将润滑剂均匀地涂在装嵌在承口内的胶圈和管插口端外表面上，但不得将润滑剂涂到承口的胶圈沟槽内；润滑剂可采用 V 型脂肪酸盐，禁止用黄油或其他油类作润滑剂。最后将连接管道的插口对准承口，保持插入管段的平直，用手动葫芦或其他拉力机械将管一次插入至标线。若插入阻力过大，切勿强行插入，以防胶圈扭曲。胶圈插入后，用塞尺顺承插口间隙插入，沿管圆周检查胶圈的安装是否正常。

（2）粘接连接：粘接连接的管道在施工中被切断时，须将插口处倒角，锉成坡口后再进行连接。切断管材时，应保证断口平整且垂直管轴线。加工成的坡口应符合下列要求：坡口长度一般不小于 3mm；坡口厚度是管壁厚度的 1/3～1/2。胶粘时，先用毛刷将胶粘剂迅速涂刷在插口外侧及承口内侧结合面上时，宜先涂承口，后涂插口，宜轴向涂刷，涂刷均匀适量；承插口涂刷胶粘剂后，应立即找正方向将管端插入承口，用力挤压，使管端插入的深度至所划标线，并保证承插接口的直度和接口位置正确，同时必须保持如下规定的时间：当管径为 63mm 以下时，保持时间为不少 30s；当管外径 63～160mm 时，保持时间应大于 60s。粘结完毕后，应及时将挤出的胶粘剂擦拭干净。粘胶粘后，不得立即对结合部位强行加载，其静止固化时间参考相关规定。

管道安装：指承插塑料排水管道安装。首先安装立管，然后安装水平支管，再安装卫生器具支管、存水弯、最后安装卫生器具。预制段的划分，应根据系统管网构造形式和现场安装条件，按照水平管和竖直管的不同安装特点，以将空中接口减少到最低数为原则进行。由于塑料管较轻，安装工作也就显得轻便容易，但塑料管的性能与接口方法和铸铁管不同，因而在安装中要根据其特点施工。塑料管的线胀系数大，管段较长时，常常设有伸缩节。尤其在工业、工艺塑料排水管道中温度变化较大，必须设置伸缩器。塑料排水管的接口形式，有橡胶圈接口和粘结接口两种。橡胶圈接口与承插铸铁给水管橡胶圈接口相似，而且操作简单容易。塑料排水管粘结接口，在根据安装草图进行选料，配料，预制加工时，须进行预组装一次，确定各卫生器具的接管方向和位置，调整好管段的预制加工长度，并在各个接口作好标记。再进行预制段的正式接口粘结预制。管道接口粘结时，要求涂刷胶粘剂动作迅速、均匀饱满，承插口结合面都要涂刷，涂刷后立即插接，并加以挤压，把接口挤出的胶粘剂用抹布除去，然后注意放在平、直和安全稳妥的位置进行养护，避免接口变形，产生弯曲。

扁钢：指厚度为 4～60mm，宽度为 12～200mm，长度为 3～9m 的钢板。

承插塑料排水管：主要是指硬聚氯乙烯塑料管制成的管材。参见第一章管道安装第一章说明应用释义第三条释义。硬聚氯乙烯塑料的工作温度一般为 -10～50℃。无荷载使用温度可达 80～90℃。在 80℃ 以下，呈弹性变形；超过 80℃，呈高弹性状态。至 180℃，呈黏性流动状。热塑加压成型温度为 80～165℃，板材压制温度为 165～175℃。在 220℃ 塑料气化，而在 -30℃ 呈脆性。硬聚氯乙烯塑料线膨胀系数为 6×10^{-5}～8×10^{-5} m/(m，℃)，是碳钢的 5～6 倍，因此热胀冷缩现象非常显著。硬聚氯乙烯塑料在日照、高温环境中极易老化。塑料的老化表现为变色、发软、变黏、变脆、粉化、龟裂、长霉，以及物理、化学、机械和介电性能明显下降。可根据塑料的使用条件，选择加入适当的稳定剂和防老剂的塑料作为制造设备的材料，同样可延缓塑料设备的老化。硬聚氯乙烯在热塑范围内，温度愈高，塑性愈好。但加热到板材压制温度时，塑料分层。因此，成型加热温度应控制在120～130℃。硬聚氯乙烯板、管的机械加工性能优良，可采用木工、钳工、机工工具和专用塑料割刀进行锯、割、刨削、钻等加工。但是加工速度应控制，以防因高速加工而急剧升温，使其软化、分解。机械加工应避免在板、管面产生刻痕。硬聚氯乙烯塑料价格低，有良好的耐腐蚀性、化学稳定性和一定的机械力学性能，内表面光滑，水力学性能好，同时密度小，可进行机械加工和热加工，施工方便，故广泛应用到给排水工程中。

硬聚氯乙烯塑料工业管材，目前国内应用最广泛的有两种系列产品。两系列产品的规格、长度均为4m，分为轻型管和重型管两类。在常温下的使用压力范围是：轻型管 $P \leqslant$ 0.6MPa，重型管 $P \leqslant$ 1.0MPa。但系列产品的型号规格表示方法不同，一种标准以公称直径表示，另一种标准以外径×壁厚表示，且两种产品相同规格的壁厚相差较大，管壁较厚的可用螺纹连接，壁厚较薄的宜用焊接，选用时应注意。硬聚氯乙烯塑料排水管，按照国家《建筑排水用硬聚氯乙烯管材和管件》GB/T 5836·1—92 和 GB/T 5836·2—92 标准制造，为承插接口，有各种配用管件，已系列生产，用于连续排水温度不大于40℃，瞬时排水温度不大于80℃的排水管道工程中。

11. 承插铸铁雨水管（石棉水泥接口）

工作内容：留堵洞眼、栽管卡、管道及管件安装、调制接口材料、接口养护、灌水试验。

定额编号　8-159～8-163　承插铸铁雨水管　P53～P54

[应用释义]　公称直径：见第一章管道安装第三节定额应用释义定额编号 8-1～8-11 镀锌钢管释义。

普通硅酸盐水泥：见第一章管道安装第三节定额应用释义定额编号 8-56～8-65 承插铸铁给水管释义。

12. 承插铸铁雨水管（水泥接口）

工作内容：留堵洞眼、切管、栽管卡、管道及管件安装、调制接口材料、接口养护、灌水试验。

定额编号　8-164～8-168　承插铸件雨水管　P55～P56

[应用释义]　水泥接口：指水泥砂浆作为填料的管道接口。水泥是最重要的建筑材料之一。水泥呈粉末状，与水混合后，经过物理化学反应过程由可塑性浆体变成坚硬的石状体，并能将散粒状材料胶结成整体，所以水泥是一种良好的矿物胶凝材料。就硬化条件而言，水泥浆体不但能在空气中硬化，还能更好地在水中硬化，保持并继续增长其强度，故水泥属于水硬性胶凝材料。水泥及其制品工业高速发展对保证国家建设计划顺利进行起着十分重要的作用。

我国目前常用的水泥主要有硅酸盐水泥、普通硅酸盐水泥、矿渣硅酸盐水泥、火山灰质硅酸盐水泥和粉煤灰硅酸盐水泥。在一些特殊的工程中，还使用高铝水泥、膨胀水泥、快硬水泥，低热水泥和耐硫酸盐水泥等。水泥的品种虽然多，但在讨论他们的性质和应用时，硅酸盐水泥是最基本的。硅酸盐水泥是由硅酸盐水泥熟料，0～5%石灰石或锰化高炉矿渣，适量石膏磨细制成的水硬性胶凝材料，又称为波特兰水泥。硅酸盐水泥分两种类型，不掺加混合材料的称Ⅰ型硅酸盐水泥，其代号为P.Ⅰ。在硅酸盐水泥熟料粉磨时掺加不超过水泥质量5％石灰石或粒化高炉矿渣混合材料的称Ⅱ型硅酸盐水泥，其代号为P.Ⅱ。硅酸盐水泥的原料主要是石灰质原料和黏土质原料两类。石灰质原料主要提供CaO，可以采用石灰石、白垩、石灰质凝灰岩等。黏土质原料主要提供SiO_2、Al_2O_3及少量Fe_2O_3，可以采用黏土、黄土等。

水泥的主要熟料矿物的名称和含量范围如下：硅酸三钙$3CaO \cdot SiO_2$，简写为C_3S，含量为37％～60％；硅酸二钙$2CaO.SiO_2$，简写为C_2S，含量为15％～37％；铝酸三钙$3CaO.Al_2O_3$，简写为C_3A，含量为7％～15％；铁铝酸四钙，$4CaO.Al_2O_3 \cdot Fe_2O_3$简写为$C_4AF$，含量为10％～18％。除主要熟料矿物外，水泥中还含有少量游离氧化钙、游离氧化镁和碱，但其总含量一般不超过水泥量的10％。硅酸盐水泥的强度决定于熟料的矿物成分和细度。四种主要熟料矿物的强度各不相同，他们的相对含量改变时，水泥的强度及其增长速度也随之改变。

电动卷扬机：见第一章管道安装第三节定额应用释义定额编号8-120～8-125承插铸铁给水管释义。

13. 镀锌铁皮套管制作

工作内容： 下料、卷制、咬口。

定额编号　8-169～8-177　镀锌铁皮套管制作　P57～P58

[应用释义]　下料：管道加工的一道工序，指切断的过程、下料要根据套管公称直径的大小，设计要求来确定。下料时，应先将镀锌铁皮用削薄石笔作好标线，根据设计标线，选用细齿锯、割刀和割管机等机具来完成下料工序。

卷制：是指将下料成型的镀锌铁皮制作成套管这一过程。根据套管的大小及两端管径画出展开图，先制成样板，再在铁皮上下料，然后将扇形板料用氧乙炔焰或炉火加热后卷制，最后采用焊接成型。

咬口：指套管卷制后，铁皮交接处处理这一工序。咬口缝外观要求平整和能够提高套管的刚度。咬口的方法有：手工咬口和机械咬口两种。

（1）手工咬口：在折边和压实过程中采用硬质木方块和木槌。先把连接的板边按咬口宽度在板上划线，然后放在有固定槽钢或角钢的工作台上，用木方打板拍打成所需要的折边。当两块板边都曲折成型后使其互相搭接好，用木槌在搭接缝的两端先打紧，然后再沿全长打平打实。最后在咬口缝的反面再打实一遍。这一过程即为人工咬口。劳动量大，效率低，现在较少使用。

（2）机械咬口：由于经济加速发展和科技进步，新技术广泛应用，施工机具生产也得到发展，有多种型号系列咬口折边机等各种通风加工机械，用机械加工代替了手工作业，即减轻了劳动强度，又大大提高了劳动生产率，缩短了施工周期。如SAF-7型单平咬口。折边机，SAF-6型矩形弯头联合角咬口折边机。

镀锌钢板：钢板有厚钢板、薄钢板、扁钢（或带钢）之分。其规格如下：

厚钢板：厚度4.5～60mm，宽度600～3000mm，长度4～12m；

薄钢板：厚度0.35～4mm，宽度500～1500mm，长度0.4～5mm；

此套管的制作所用的镀锌钢板厚度δ＝0.5mm。

14. 管道支架制作安装

工作内容：切断、调直、煨制、钻孔、组对、焊接、打洞、安装、和灰、堵洞。

定额编号　8-178　管道支架制作安装　P59～P60

[应用释义]　管道支架制作安装：支架用于室内外的沿墙柱架空安装管道所需的支架或管架，它包括木垫式管架、滚动滑动管支架以及其他管架用于支承和固定管道。

木垫式管架是用型钢做成框架，然后在框内衬填硬木垫，悬吊于顶棚或固定于墙上，它一般用于制冷工艺的压缩空气管道，其作用是减轻因压缩机组的运转而产生的剧烈振动。

滚动、滑动式支架是在型钢框架度杆上，与管道接触部分设置一个支座，此支座根据需要可做成滑动的或滚动的，它一般用于蒸汽管道或其他热介质管道，其主要作用是当管道热膨胀和冷收缩时不致影响管架的稳定而破坏建筑物的安全。

管道支架的形式按不同要求，可分很多种。在生产装置外部，有些管道支架属于大型管架，有的是钢筋混凝土结构，有的是大型钢结构。

（1）固定支架：他安装在管道不允许有任何位移的地方。如在波形伸缩器需要补偿的直管段两侧，若无大型设备承受推力，也应设固定支架。固定支架应设置在牢固的厂房结构或专设的建筑物上。

（2）活动支架：在水平管路上没有或只有很小垂直位移并允许在轴向和横向有位移的地方，可装设活动支架。包括：

①滑动支架：一般都安装在水平敷设的管道上，它一方面承受管道的重量，另一方面是允许管道受温度影响发生膨胀或收缩时，沿轴向前后滑动。此种管架多数是安装在两个固定支架之间。

②导向支架：在水平管路上只允许有轴向位移而不允许有横向位移的地方，应装设导向支架。在水平管道上安装的导向支架，既起导向作用也起到支承作用；在垂直管道上安装导向支架，只能起导向作用。在铸铁阀件两端。一般应装设导向支架，使铸铁件少受弯矩作用。

③滚动支架：滚柱支架用于直径较大的而无横向位移的管道，滚珠支架用于介质温度较高、管径较大而无横向位移的管道。

④管道吊架：管道受力以后，吊架本身起调节作用。

⑤木垫式管道支架：是用型钢做成框架式管架，然后在框内衬硬木垫，叫做木垫式管架，这个管架分为悬吊式和固定式两种。一般适用于制冷工艺管道、空调冷冻水保温隔热管道。

支架的制作：目前支架的标准化、商品化生产已逐步推广。但在实际施工中，现场制作支架的情况也很普遍，在制作支架时应注意以下问题：管道支架的型式、材质、加工尺寸、精度及焊接等应符合设计要求；支架底板及支架弹簧盒的工作面应平整；管道支架焊缝应进行外观检查，不得有漏焊、欠焊、裂缝、咬肉等缺陷，焊接变形应予矫正，制作完的支架应进行防锈、刷油、妥善保管。合金钢支架应有材质标记。支架的安装：支架安装一般要求如下：

①管道安装时，应及时进行支架的固定和调整工作，支架位置应正确，安装平整牢固，与管子接触良好。

②无热位移的管道，其吊杆应垂直安装。有热位移的管道，吊杆应在位移相反方向，按位移值的一半倾斜安装。两根热位移方向相反或位移值不等的管道，除设计有规定外，不得使用同一吊杆。

③固定支架应严格按设计要求安装，并在补偿器预拉伸前固定。在无补偿装置、有位移的直管段上，安装一个固定支架。

④导向支架或滑动支架的滑动面应洁净平整，不得有歪斜和卡涩现象，其安装位置应从支承面中心向位移反向偏移，偏移值应为位移值之半。保温层不得妨碍热位移。

⑤弹簧支架的弹簧安装高度，应按设计要求调整，并作出记录。弹簧的临时固定件，应待系统安装、试压、绝热完毕后方可拆除。

⑥支架不得有漏焊、欠焊或焊接裂纹等缺陷。管道与支架焊接时，管子不得有咬肉、烧穿等现象。

⑦铸铁、铝、铅及大口径管道上的阀门，应设有专用支架，不得以管道承重。

⑧管架紧固在槽钢或工字钢的翼板斜面时，其螺栓应有相应的斜垫片。

⑨管道安装时不宜使用临时支架。如必要时，应有明显的标记，并不得与正式支架的位置冲突。管道安装完毕后应予拆除。

⑩管道安装完毕后，应按设计要求逐个核对支架的形式、材质和位置。

⑪傅有热位移的管道，在热负荷运行时，应及时对支架进行检查和调整。

管道安装时，支、吊架的位置应正确，支架的间距一般按设计规定，如无规定，可参照表 2-12。

管道最大的吊支架间距（m）　　　　　　　　　　　　表 2-12

公称直径 Dg	外径×壁厚 （mm）	气体管道 （无保温）	氨氟液管道 （无保温）	气体管道 （有保温）	氨氟液管道 （有保温）	水管 （有保温）
6	10×2.0	—	1.0	—	0.3	—
10	14×2.0	—	1.5	—	0.5	—
15	18×2.0	—	1.5	—	0.5	—
20	22×2.0	2.0	2.0	1.0	0.8	0.5
25	32×2.5	2.0	2.0	1.0	1.0	1.0
32	33×2.5	3.0	2.5	1.0	1.5	1.0
40	45×2.5	3.0	3.0	1.5	2.0	1.5
50	57×3.5	4.0	3.5	2.0	2.5	2.0
70	76×3.5	4.5	4.0	2.5	2.5	2.5
80	89×3.5	5.0	4.5	3.0	2.5	2.5
100	103×3.5	5.5	5.0	3.0	3.0	3.0
125	133×4.0	7.0	5.5	3.5	3.5	3.5
150	159×6.0	7.5	6.0	4.5	4.0	4.0
200	219×6.0	9.5	7.0	6.0	—	—
250	273×7.0	11.0	8.5	7.0	—	—
300	325×8.0	12.0	9.5	8.5	—	—
350	377×10	13.5	10.5	10.0	—	8.5
400	426×10	14.8	—	11.7	—	11.2
450	478×10	15.6	—	12.9	—	12.8
500	529×12	16.0	—	13.8	—	13.2
600	630×12	16.4	—	15.9	—	14.9

支架的安装方法主要指支架的横梁在墙体或构体上的固定方法，俗称支架生根。常用方法有栽埋法、预埋件焊接法、膨胀螺栓法或射钉法及抱柱法等。

（1）栽埋法：适用于直型横梁在墙上的栽埋固定。栽埋横梁的孔洞可在土建施工时预留，也可现场打洞，如图 2-27 所示为不保温单管支架栽埋法安装。

采用栽埋法安装时，先在支架安装线上画出支架中心的定位十字线及打洞尺寸的方块线，即可打洞，孔洞要大小适当，孔深不应小于 150mm，且要内外尺寸一致，然后清洗孔洞，用水壶嘴顶住洞口上边沿向洞内浇水，当水从洞下口流出，既浇透，停止浇水，接着，将洞内填满细石混凝土砂浆，要填得密实饱满，再将加工好的支架栽入洞内，再捣实压牢。要注意支架横梁的栽埋应保证平正，不发生倾斜或歪曲，栽埋深度应符合设计要求或相关图集规定。横梁栽埋后应抹平洞口处灰浆，不使之突出墙面。当混凝土强度未达到设计强度的 75% 时，不得安装管道，应采取加强措施，保证安全可靠后再施工。

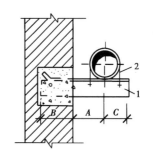

图 2-27 不保温单管支架栽埋法安装
1—支架横梁；2—U 形螺柱

（2）预埋件焊接法：在混凝土内先预埋钢板，再将支架横梁焊接在钢板上，此法适用于不允许打洞或不易打洞的钢筋混凝土构件上安装支架横梁的情况。

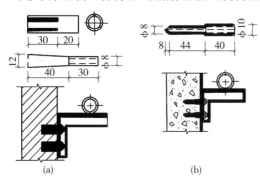

图 2-28 膨胀螺栓法及射钉法安装支架
（a）膨胀螺栓法；（b）射钉法

（3）膨胀螺栓法及射钉法：这两种方法适用于无预留孔洞，又不能现场打洞，也无预埋钢板的情况，用角型横梁在墙上安装，如图 2-28 所示。

两种方法的区别仅在于角型横梁的紧固方法不同。目前，这两种方法在安装工程施工中得到越来越多的应用。

用膨胀螺栓固定支架横梁时，先画线确定横梁的安装位置及标高，再用角型横梁比量，并在墙上画出螺栓的钻洞位置，打孔，再打入膨胀螺栓，套入横梁底部孔眼，将横梁用螺栓的螺母紧固。螺栓规格及钻头直径的选用见表 2-13，钻孔要用手电钻进行。

膨胀螺栓规格及钻头直径的选用（mm）　　　　　　　　表 2-13

管道公称直径	≤70	80～100	125	150
膨胀螺栓规格	M8	M10	M12	M14
钻头直径	10.5	13.5	17	19

射钉法固定支架的方法基本上同膨胀螺栓法，即在定出紧固螺栓位置后，用射钉枪打带螺纹的射钉，最后用螺母将角型横梁紧固，射钉规格为 8～12mm，操纵射钉枪时，应按操作要领进行，注意安全。这两种方法不受建筑物结构和时间的限制，操作灵活很大。

（4）抱柱法：在混凝土或木结构梁、柱上安装支架时，不得钻洞或打洞，这时可以采用抱柱或支架。抱柱法是用型钢和螺栓把柱子夹起来，注意螺栓一定要上紧，以保证支架受力后不松动。具体做法是：用水平尺把柱上的坡度线引至柱的两侧面，弹出水平线作为抱柱托架端面的安装标高线，用两条双头螺栓把托架紧固于柱上。该方法也是在未预埋钢板的混凝土柱上安装横梁的补救方法，又可称之为包箍法安装支架。

切断：见第一章管道安装第三节定额应用释义定额编号 8-1～8-11 镀锌钢管中切管的释义。

调直、煨制的解释见第一章管道安装第三节定额应用释义定额编号 8-23～8-35 钢管释义。

型钢：是指断面呈不同形状的钢材的统称。

断面呈 L 形的叫角钢。

角钢：见第一章管道安装第三节定额应用释义定额编号 8-23～8-35 钢管释义。

断面呈⊔形叫槽钢；槽钢伸出肢比工字钢大，可用作斜弯曲（双向弯曲）构件。由于槽钢的腹板较厚，所以，由槽钢组成的构件用钢量较大。槽钢分普通槽钢和轻型槽钢两种，也是以其截面高度的厘米数编号，例如 [32a 即指截面高度为 320mm，而腹板较薄，槽钢的腹板厚度在 12.6mm 以上也有 a、b 两类或 a、b、c 三类。目前我国生产的槽钢为 5～40 号，长度为 5～19m。轻型槽钢的翼缘比普通槽钢的翼缘宽而薄，回转半径略大，重量也较轻。

断面呈圆形的叫圆钢，呈 T 形叫丁字钢，呈方形的叫方钢。方钢生产较少，应用尚不普遍，有时亦可用双角钢或双槽钢拼接对焊而成。

呈工字形的叫工字钢，有普通工字钢、轻型工字钢和宽翼缘工字钢三种。普通工字钢和轻型工字钢的两个主轴方向的惯性矩相差较大，不宜单独用作轴心受压构件或承受双向弯曲的构件，而宜用作为在其腹板平面内受弯的构件，或由几个工字钢组合成组合构件。宽翼缘工字钢（或称 H 型钢）平面内外的回转半径较接近，宜用作轴心受压柱之类的构件，目前国内外 H 型钢发展较快。普通工字钢用号数表示，例如 I20 表示工字钢高度为 200mm。18 号以上的工字钢，同一号数有两种或三种不同的腹板厚度，分别用 a、b 或 a、b、c 表示，并在号数中注明，例如 I32a，即腹板为 a 的一种。轻型工字钢的翼缘要比普通工字钢的翼缘宽而薄，回转半径也略大些。我国生产的普通工字钢为 10～63 号，轻型工字钢的最大号数为 70 号，长度约为 5～9m。宽翼缘工字钢刚开始试生产。

石棉橡胶板：见第一章管道安装第三节定额应用释义定额编号 8-23～8-35 钢管释义。

木材：是人类使用最早的建筑材料之一。木材具有许多优良性质：轻质高强、易加工、导电、导热性低，有很好的弹性和塑性，能承受冲击和振动等作用，在干燥环境或长期置于水中均有很好的耐久性。木材也有使其应用受到限制的缺点：构造不均匀性，各向异性，易吸湿吸水而导致形状、尺寸、强度等物理、力学性能变化；长期处于干湿交替环境中，其耐久性变差；易燃、易腐、天然疵病较多等。

木材的树种很多，从树叶的外观形状可将木材分为针叶树木和阔叶树木两大类。针叶树树干通直而高大，易得大材，纹理平顺，材质均匀，木质较软而易于加工，故又称软木材。表观密度和胀缩变形较小，耐腐性较强。常用树种有松、杉、柏等。阔叶树树干通直部分一般较短，材质较硬，较难加工，故又名硬木材。一般较重，强度较大，胀缩、翘曲变形较大，较易开裂。有些树种具有美丽的纹理，适于作内部装修、家具及胶合板等。常用树种有榆木、水曲柳、柞木等。

木材的组成主要是一些天然高分子化合物。其化学性质复杂多变。在常温下木材对稀的盐溶液、稀酸、弱碱有一定的抵抗能力，但随着温度升高，木材的抵抗能力显著降低。而强氧化性的酸、强碱在常温下也会使木材发生变色、湿胀、水解、氧化、酯化、降解交联等反应。在高温下即使是中性水也会使木材发生水解等反应。木材的密度各树种相差不大，一般为 $1.48\sim1.56\mathrm{g/cm^3}$。木材的表观密度则随木材孔隙率、含水量以及其他一些因素的变化而不同。一般有气干表观密度、绝干表观密度和饱水表观密度之分。木材的表观密度愈大，其湿胀干缩率也愈大。木材的导热系数随其表观密度增大而增大。干木材具有很高的电阻。木材具有较好的吸声性能，故常用软木板、木丝板、穿孔板等作为吸声材料。木材的韧性较好，因而木结构具有良好的抗震性。木材的硬度和耐磨性主要取决于细胞组织的紧密度，各个截面上相差显著。木材横截面的硬度和耐磨性都较径切面和弦切面为高。

管子切断机：常用的有砂轮切割机、套丝机、专用管子切割机等。见第一章管道安装第三节定额应用释义定额编号 8-1～8-11 镀锌钢管释义。

三、法兰安装（各种法兰的安装均以"副"为计量单位）

1. 铸铁法兰（螺纹连接）

工作内容：切管、套丝、制垫、加垫、上法兰、组对、紧螺丝、水压试验。

定额编号 8-179～8-188 铸铁法兰 P61～P62

［应用释义］ 套丝：即管螺纹加工，在管子的连接端铰制螺纹，该种螺纹加工习惯上称为套丝。参见第一章管道安装第三节定额应用释义定额编号 8-1～8-11 镀锌钢管以及定额编号 8-87～8-97 镀锌钢管释义。

加垫：指法兰连接时，增加垫圈，保证接口严密，不渗不漏。法兰垫圈厚度一般为 3～5mm，垫圈材质根据管内流体介质的性质或同一介质在不同温度和压力的条件下选用。给水管道工程中常采用橡胶板、石棉橡胶板等。各种法兰连接用垫片，均按石棉橡胶板计算，如用其他材料，不得调整。

法兰垫圈的使用要求：

法兰垫圈的内径略大于法兰的孔径，外径应小于相对应的两个螺栓孔内边缘的距离，使垫圈不妨碍上螺栓；为便于安装，用橡胶板垫圈时，在制作垫圈时，应留一呈尖三角形伸出法兰外的手把；一个接口只能设置一个垫圈，严禁用双层或多层垫圈来解决垫圈厚度不够或法兰连接面不平正的问题；法兰连接用的螺栓拧紧后露出的螺纹长度不应大于螺栓直径的一半，安装时，螺栓、螺母的朝向应一致。

水压试验：参见第一章管道安装第一节说明应用释义第三条释义及第三节定额应用释义定额编号 8-75～8-80 承插铸铁排水管释义。水压试验的设备有弹簧压力表、试压泵、排气阀等。

铸铁法兰：法兰是固定在管口上的带螺栓孔的圆盘，由铸铁材质制造而成。

石棉橡胶板：见第一章管道安装第三节定额应用释义定额编号 8-23～8-35 钢管释义。

2. 碳钢法兰（焊接）

工作内容：切口、坡口、焊接、制垫、加垫、安装组对、紧螺栓、水压试验。

定额编号 8-189～8-202 碳钢法兰 P63～P65

[应用释义]　切口是指管道切割时的管口。切口的质量应有所要求：切口要平齐，即断面与管子轴心线要垂直，切口不正会影响套丝、焊接、粘接等接口质量；切口内外无毛刺和铁渣，以免影响介质流动；切口不应产生断面收缩，以免减小管子的有限断面积从而减少流量。

坡口：见第一章管道安装第三节定额应用释义定定额编号 8-23～8-35 钢管（焊接）释义。

焊接：是钢管连接的主要形式。焊接的方法有手工电弧焊、气焊、手工氩弧焊、埋弧自动焊、埋弧半自动焊、接触焊和气压焊等。电焊焊缝的强度比气焊焊缝强度高，并且比气焊经济，因此应优先采用电焊焊接。只有公称通径小于 80mm、壁厚小于 4mm 的管子才用气焊焊接。钢管焊接时，应进行管子对口。对口应使管子中心线在一条直线上，也就是被施焊的两个管口必须对准，允许的错口量有相应规定。

直流电焊机：见第一章管道安装第三节定额应用释义定额编号 8-23～8-35 钢管中焊接电流机的释义。

四、伸缩器制作安装

1. 螺纹连接法兰式套筒伸缩器安装

工作内容：切管、套丝、检修盘根、制垫、加垫、安装、水压试验。

定额编号　8-203～8-206　螺纹连接法兰式套筒伸缩器安装　P66

[应用释义]　伸缩器：见第一章管道安装第一节说明应用释义第一条释义。

螺纹连接法兰式套筒伸缩器：详见第一章管道安装第三节定额应用释义定额编号 8-1～8-11 镀锌钢管中钢管螺纹连接的释义。

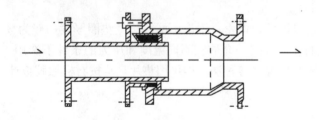

安装：这里指套筒式伸缩器的安装。是以插管和套筒的相对运动来补偿管道的热伸缩，插管与套筒之间以压紧的填料实现密封。分单向式、双向式两种，如图 2-29 所示为单向套筒伸缩器示意图；按制造材料的不同，又分为铸铁和铸钢两种。优点是结构尺寸小，占据空间

图 2-29　单向套筒伸缩器示意图

小，安装简便，补偿能力大，热媒流动阻力小等。但只能用于不发生横向位移的直线管段上，且易泄漏，需经常维修。安装时，必须使伸缩器中心线与管道中心线一致，不得偏斜，否则在管道投入运行时，可能发生伸缩器外壳与导管咬住而扭坏伸缩器的现象；插管应安装在介质流入端；在靠近伸缩器的两侧，至少应各设一个导向支架，使管道运行时不致偏离中心线，以保证伸缩器能自由伸缩。

2. 焊接法兰式套筒伸缩器安装

工作内容：切管、检修盘根、对口、焊接法兰、制垫、加垫、安装、水压试验。

定额编号　8-207～8-216 焊接法兰式套筒伸缩器安装　P67～P69

[应用释义]　焊接法兰：指法兰与管子之间的连接采用焊接形式。管子端面与法兰密封面留有一定距离，进行焊接。焊接法兰时，应在圆周上均匀地点焊四处。首先在上方点焊一处，用法兰弯尺沿上下方向校正法兰位置，合格以后再点焊左右的第三、第四处。

如钢管两端都焊接法兰时，要保证法兰螺栓孔的正确位置。将焊好一端法兰的钢管放置在平台上，用水平尺找正后，用吊线将已焊好的法兰位置找正，使上下孔在一条垂直线上，另一端的法兰用同样方法找正点焊，经过再次检查合格后方可焊接。焊接时要保持管子与法兰垂直，其允许偏差在一定的范围内。管口不得与法兰连接面平齐，应凹进 1.3～1.5 倍管壁厚度或加工成管台。焊接法兰有平焊法兰和对焊法兰两种形式。

（1）平焊法兰：将管子插入法兰内径一定深度后，法兰与管端直接焊接在一起，法兰呈平盘状，多用普通碳素钢制作，成本低，刚度较差，一般用于 $PN \leqslant 1.6MPa$，$t \leqslant 250℃$ 的条件下，是燃气工程应用较多的一种。法兰密封面可制成光滑面、凸凹面和榫槽面 3 种，前两种较为常见，其中光滑面安装简单，但密封性较差，因此为了提高密封效果，一般在密封面上都车制 2～3 条密封线（水线）、凹凸面的优点在于凹面可使垫片定位并嵌住，具有较高的密封性。

（2）对焊法兰：这种法兰本体带有一段短管，法兰与管子的连接实质上是短管与管子的对口焊接，故称对焊法兰。一般用于公称压力 $PN > 4MPa$ 或温度 $t > 300℃$ 的管道上。对焊法兰多采用锻造法制作，成本较高，施工现场大多采用成品。对焊法兰可制成光滑面、凸凹面、榫槽面、梯形槽等几种密封面，其中以前两种形式应用最为普遍。对焊法兰，多用铸钢或锻钢件制造。若用钢板加工，全加工量大，不经济。对焊法兰刚度较大。

综合工日：即人工合计工作日。一般按下式计算：

综合工日＝Σ（劳动定额基本用工＋超运距用工＋辅助用工）×（1＋人工幅度差率）

基本用工以全国统一劳动定额的劳动组织和时间定额为基础按工序计算。凡依据劳动定额的时间定额计算用工数者，均应按规定计入人工幅度差，根据施工实际采用估工增加的辅助用工，不计算人工幅度差。

人工幅度差指定额项目以外所必须增加的直接生产用工附加额。在正常施工组织情况下，工程间的工序搭接及工种之间的正常交叉配合所需停歇时间；施工机械在场内单位工程间变换位置和临时水电线路在施工过程中移动时，所发生不可避免的工人操作间歇时间；工程质量检查及隐蔽工程验收而影响工人的操作时间。现场内单位工程之间操作地点转移影响工人操作时间；施工过程中工程之间交叉作业，造成损坏所需的修理用工；施工中难以预见的少数零星用工。一般情况下，人工工日消耗量均按规定计入人工幅度差，或者用下种简明方式说明人工幅度差：如工程验收影响的时间损失；工程完工、工作面转移造成的时间损失等。

机械幅度差是指在规定的机械台班产量内未包括的，而机械在施工现场的一些必要停歇时间，以及一些不便计算的非直接的机械台班消耗量。在确定预算定额机械台班使用量时，另需增加的附加额度。包括以下内容：施工机械转移工作面及配套机械相互影响损失的时间；在正常施工情况下，机械工作中不可避免的工序间歇；工程结尾工作不饱满所损失的时间；冬季施工期间发动机所需时间；不同规格、型号机械工效差；配合机械的人工在人工幅度差范围内的工作时间间歇从而影响工作时间。

3. 方形伸缩器制作安装

工作内容：做样板、筛砂、炒砂、灌砂、打砂、制堵、加热、搣制、倒砂、清管腔、组成、焊接、张拉、安装。

定额编号　8-217～8-229　方形伸缩器制作安装　P70～P72

[**应用释义**]　方形伸缩器是由几个弯管组成的弯管组,俗称方形胀力,它依靠弯管的变形来补偿管道的热伸缩。它的特点是结构和安装简单,工作的可靠性强,不需要维修,可以现场制作。方形伸缩有四种基本形式,如图 2-30 所示。但占地面积大,材料消耗多,而且介质的流动阻力也大,管道采用地沟敷设时,需将地沟局部加宽,管道架空敷设时,需要设置专门的管架。

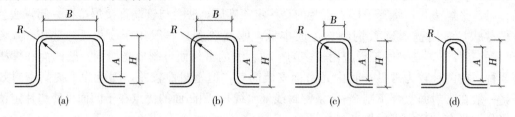

图 2-30　方形伸缩器
(a) 1 型 ($B=2A$); (b) 2 型 ($B=A$); (c) 3 型 ($B=0.5A$); (d) 4 型 ($B=0$)

(1) 方形伸缩器的制作,方形伸缩器的类型和尺寸由设计确定,制作时最好选用质量好的无缝钢管,整个伸缩器最好用一根管子揻制而成。如伸缩器的尺寸较大,一根管子长度不够时,也可以用二根或三根管子焊接而成。但焊口不得留在顶部宽边即平行臂上,只能在垂直臂中点设置焊缝,因为方形伸缩器在变形时,这里所受的弯矩最小。焊接时,当 $DN<200$ 时,焊缝与垂直臂轴线垂直;当 $DN>200$ 时,焊缝与垂直臂轴线成 45°角。$DN≤150$ 的方形伸缩器用冷弯法弯制;$DN>150$ 的用热弯法弯制。而垂直臂的长度必须相等,允许偏差为 ±10mm,平行臂长度允许偏差为 ±20mm,四个角都必须是 90°,并要处于一个平面内,其扭曲误差应不大于 3mm/m,且总偏差不得大于 10mm。

(2) 方形伸缩器的安装:在直管段中设置伸缩器的最大间距即固定支架的间距应按设计规定。伸缩器的安装,应在固定支架固定牢靠,阀件和法兰上螺栓全部拧紧,滑动支架全部装好后进行。在横管上安装伸缩器,通常呈水平安装,只有当空间较窄不能水平安装时,才允许垂直安装。水平安装时,平行臂应与管线坡度及坡向相同,垂直臂应是水平。如方形伸缩器所在的平面是垂直的,应根据管内所流动的介质的性质,在最高点设放气阀,在合适的低点改放水阀或疏水阀。伸缩器两侧的第一个导向支架宜设在距伸缩器弯头的弯曲起点 0.5～1m 处,在靠近弯管处设置的阀门、法兰等连接件的两侧,也应设置导向支架,以防止管段发生横向位移而导致连接件泄漏。方形伸缩器安装应设检查井做法可参见《国家标准图集》。

张拉:指方形伸缩器在工作时,本身将产生很大的变形和应力,为了减小方形伸缩器在工作中的变形和应力,在安装前应对它进行预拉伸,即伸缩器,先拉开一定长度后与管道焊接,这一工序即为张拉。此时管道受力为拉应力,待处于运行状态时,则变为压应力,但绝对值远小于不进行预拉伸时所能达到的应力值。张拉的方法,一种是用千斤顶将方形伸缩器顶开,另一种是常用的拉管器法。在张拉前,先将两端的固定支架焊牢,伸缩器两端的直管与连接管道的末端之间应预留一定的空隙,即接口位置,然后用拉管器安装在两个待焊的接口上,收紧拉管器螺栓,拉开伸缩器直到管子接口对齐,并把它点焊好,方可拆除拉管器。

木材：见第一章管道安装第三节定额应用释义定额编号 8-178 管道支架制作安装释义。

木材的原条：系指除去皮、根、树梢的木料，但尚未按一定尺寸加工成规定直径和长度的材料。木材的原木：系指已经除去皮、根、树梢的木材，并已按一定尺寸加工成规定直径和长度的材料。

板枋材：系指已经加工锯解成材的木料，凡宽度为厚度三倍或三倍以上的称为板材；不足三倍的称为枋材。木材的化学性质复杂多变。在常温下木材对稀的盐溶液、稀酸、弱碱有一定的抵抗能力，但随着温度升高，木材的抵抗能力显著降低。而强氧化性的酸、强碱在常温下也会使木材发生变色、湿胀、水解、氧化、酯化、降解交联等反应。在高温下即使是中性水也会使木材发生水解等反应。木材的密度各树种相差不大，一般为 $1.48\sim1.56g/cm^3$。木材的表观密度则随木材孔隙率、含水量以及其他一些因素的变化而不同。

鼓风机：指产生气流的机械，常见的是蜗牛状的外壳里装叶轮，用于各种炉灶的送风，建筑物和矿井的送风，$8\sim18m^3/min$ 的鼓风机表示每分钟产生 $8\sim18m^3$ 的风力。

五、管道消毒、冲洗

工作内容： 溶解漂白粉、灌水、消毒、冲洗。

定额编号 8-230～8-235 管道消毒冲洗 P73

[应用释义] 灌水：指在管道消毒、冲洗之前，向试验管段内注水。参见第一章管道安装第三节定额应用释义定额编号 8-150～8-154 柔性抗震铸铁排管释义。

管道冲洗：为保证管道系统内部的清洁，在经过强度试验和严密性试验合格后，投入运行前，应对系统进行吹扫和清洗，合称吹洗，以清除管道内的铁屑、铁锈、焊渣、尘土及其他污物。

管道系统的吹洗常使用水、压缩空气成蒸汽等介质。给水和供暖管道系统在使用前，应用水进行冲洗。冲洗用水可根据管道的工作介质及材质选用饮用水、工业用水等。冲洗时，如管道分支较多，末端截面面积较小时，可将干管中的阀门拆除 1～2 个，分段进行冲洗。如果管道分支不多，排水管可从干管末端接出。排水管的截面不应小于被冲洗管截面的 60%，且排水管应接入可靠的排水井或沟中，并保证排泄畅通和安全。冲洗时，以系统内可能达到的最大流量或不小于 $1.5m/s$ 的流速进行。当设计无规定时，则以出口的水的色度和透明度与入口处目测一致为合格。

管道冲洗所用的水，一般选用饮用水、工业用水等。

(1) 生活饮用水：指为保障人们的身体健康，给水系统供应的生活饮用水，必须达到一定的水质指标，以防止水致传染病的流行和消除某些地方病的诱因。生活饮用水对水质的要求是：必须清澈透明、无色、无异臭和异味，即感官良好，人们乐意饮用；各种有害于健康或影响使用的物质的含量都不超过规定的指标。

(2) 工业用水：是指生产过程中所需要用的水。包括间接冷却水、工艺用水和锅炉用水。不同种类的工业用水对水质的要求差异很大。

六、管道压力试验

工作内容： 准备工作、制堵盲板、装设临时泵、灌水、加压、停压检查。

定额编号 8-236～8-240 管道压力试验 P74

[应用释义] 加压：是指管道水压试验中，通过加压泵或高管道内部压力给试验管

道加压。如图 2-31 所示为水压试验设备布置示意图。加压泵可用手摇泵、电动试压泵、离心泵等，有条件时也可用自来水直接加压。压力应逐渐升高，加压到一定数值时，应停下来对管道进行检查，无问题时再继续加压。一般分 2～3 次升至试验压力，停止升压并迅速关闭进水阀。观察压力表，如压力表指针跳动，说明排气不良，应打开放气阀再次排气，并加压至试验压力，然后记录时间，停压检查。在规定的时间内管道系统无变形破坏，且压力降不超过规定值时，则强度试验合格。在试验压力下停压时间一般为 10min 压力降不超过 0.05MPa。室内采暖系统停压时间为 5min，压力降不大于 0.02MPa。

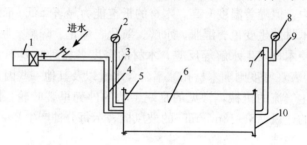

图 2-31 水压强度实验设备布置示意图

1—手摇泵；2、8—压力表；3、9—压力表连接管；4—进水管；
5、10—盖板；6—试验管段；7—放气管

管道压力试验：指水暖管道安装完毕投入使用前，应按设计规定或规范要求对系统进行压力试验，即所谓的试压。压力试验按其试验目的，可分为检查管道及其附件机械性能的强度试验和检查其连接状况的严密性试验，

检验系统所用管材和附件的承压能力以及系统连接部位的严密性。对于非压力管道（如排水管）则只进行灌水试验、渗水量试验或通水试验等严密性试验。水暖工程管道的压力试验，一股采用水压实验。管道压力试验应具备的条件：试压段的管道安装工程已全部完成，并符合设计要求和管道安装施工的有关规定；支、吊架安装完毕，配置正确，紧固可靠；为试压而采取的临时加固措施经检查应确认安全可靠；压力试验可按系统或分段进行，隐蔽工程应在隐蔽前进行，试验用压力表应经过检验校正，其精度等级不应低于1.5 级，表的满刻度为最大被测压力的 1.5～2 倍。水压试验应用清洁的水作介质，其试验程序由充水升压、强度试验、降压及严密性检查几个步骤组成。水压试验的充水点和加压装置，一般应设在系统或管段的较低处，以利于低处进水、高点排气。管道充满水并无漏水现象后，即可通过加压泵加压。强度试验合格后，将压力降至工作压力，稳压下进行严密性检查。

螺纹截止阀：带螺纹的，能够通过螺纹连接方式来连接的截止阀。截止阀不能适应气流方向改变放安装时有一定的方向性，常用于工业管道和采暖管道上，截止阀可以调节流量，它的关闭是靠压盖的提取或压紧阀座来实现的，与闸阀相比，具有结构简单、密封性好，制造维修方便等优点，但对流体阻力较大。阀体的形式分标准式、直流式、直角式，其中直角式截止阀只能安装在垂直相交的管道上。

第二章 阀门、水位标尺安装

第一节 说明应用释义

一、螺纹阀门安装适用于各种内外螺纹连接的阀门安装

[应用释义] 螺纹阀门：是指阀门的连接形式是螺纹，如图 2-32 所示，阀门是用来启、闭管道，使被输送的介质行、止或改变流向、调节被输送介质的流向、压力或间接调节温度，以达到控制介质流动，满足使用要求的重要管道部件，通常螺纹连接又分为内螺纹连接和外螺纹连接，内螺纹连接用阿拉伯数字"1"表示，外螺纹连接用"2"表示。常见的内螺纹连接阀门有明杆楔式单闸板、直通式截止阀、直通式旋塞、浮球式疏水器等等，外螺纹连接阀门有明杆楔式双闸板、调节式旋塞、立式和升降式止回阀，等等。螺纹阀门常见的规格较多，如 $DN15$、$DN20$、$DN25$、$DN32$、$DN40$ 等。

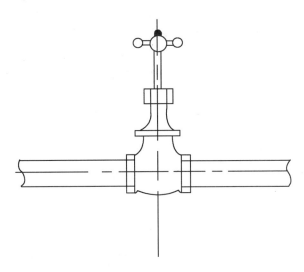

图 2-32 螺纹阀门

二、法兰阀门安装适用于各种法兰阀门的安装，如仅为一侧法兰连接时，定额中的法兰，带帽螺栓及钢垫圈数量减半

[应用释义] 法兰阀门：是阀门连接的又一种形式，法兰是一种标准化的可拆卸连接形式，常用于阀门的连接，法兰连接严密性较好，拆卸安装方便。法兰连接阀门用阿拉伯数字"3"、"4"、"5"表示。常见的以"3"表示的阀门有明杆平行式单闸板，直通螺旋式旋塞、浮桶式疏水器等，以"4"表示的有明杆平行式双闸板、三通螺旋式旋塞，波纹式减压阀等。以"5"表示的有暗杆模式单闸板、保温式旋塞、钟形浮子式疏水器等等。

法兰：是固定在管口上的带螺栓孔的圆盘。依据法兰与管道的固定方法可分为平焊法兰、对焊法兰、螺纹法兰三类，如图 2-33 所示。

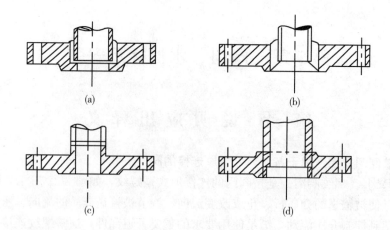

图 2-33 法兰

（a）平焊法兰；（b）对焊法兰；（c）铸铁法兰；（d）铸铁螺纹法兰

平焊法兰和对焊法兰释义见第一章第四节定额编号 8-207～8-216 焊接法兰式套管伸缩器装。

螺纹法兰：法兰的内径表面加工成管螺纹，可用 $DN\leqslant50$ 的低压燃气管道。

带帽螺栓：常用的紧固零件，螺栓的种类很多，带帽螺栓是常见的一种，它是由铸铁经加工车削而成，紧固效果较好。规格大小一般由国家标准而定，如图 2-34 所示为常用的螺栓，其规格尺寸见表 2-14。阀门安装中常用到它。

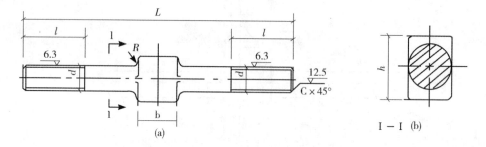

图 2-34 螺栓示意图

（a）平面图；（b）1-1 剖面图

螺栓规格尺寸（mm）   表 2-14

序号	公称直径	d	L	l	h	b	c	R	重量（kg）
1	100	M12	180	140	22	12	2.0	1.5	0.16
2	150	M12	180	45	22	12	2.0	1.5	0.17
3	200	M16	200	55	22	16	2.0	2.0	0.33
4	250	M16	220	65	28	16	2.0	2.0	0.36
5	300	M16	240	70	28	16	2.0	2.0	0.38
6	350	M16	260	75	28	16	2.0	2.0	0.41
7	400	M20	280	85	28	20	2.5	2.5	0.72
8	450	M20	300	90	36	20	2.5	2.5	0.77
9	500	M20	320	95	36	20	2.5	2.5	0.81
10	600	M20	350	100	36	20	2.5	2.5	0.84

　　水柜通常为圆筒形，高度和直径之比约为0.5～1.0，浮漂水位标尺一般设在水柜中间，记录范围在进水口与出水口之间。由液面的升降，带动浮漂水位标尺，从而记录液体变化量。

　　水池浮漂水位标尺：是用于记录水池中水位变化的仪器设备。水池的储水量比水塔要小，浮漂水位标尺的计量亦小于水塔浮漂水位标尺，但其结构是相同的，功能一样。

　　水塔、水池浮漂水位标尽的制作安装内容与浮标液面计的制作安装内容相同。

　　三、浮标液面计 FQ-Ⅱ 型安装是按《采暖通风国家标准图集》N102-3 编制的，如图 2-35 所示。

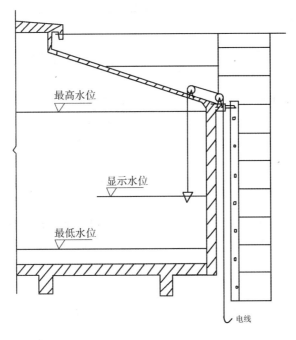

图 2-35　水塔浮漂水位标尺制作安装

　　［应用释义］　浮标液面计：是指利用浮标位置的变化，来记录液体液面高度的仪器。工作原理是：当液位发生变化时，浮标随之升降，与浮标连接的杠杆另一端的磁钢也上下移动，此磁钢与安装在开关活动触头上的同极性磁钢相互排斥，使开关动作，利用这个开关信号发出声光报警，或控制泵的启闭，从而使液位控制在某范围之内。其结构简单，使用方便，价格低廉，在工业中广泛使用。常用到的是 FQ-Ⅱ型浮标液面计。

　　四、水塔、水池浮漂水位标尺制作安装，是按《全国通用给水排水图标集》S318 编制的。如设计与固标不符时，可作调整，如图 2-36 所示。

　　［应用释义］　水塔浮漂水

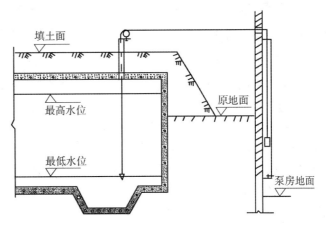

图 2-36　水池浮漂水位标尺示意图（地下式）

位标尺：是指用来观察水塔水柜内的水位变化，而设置的浮漂的水位标尺。水塔主要由水柜、塔身、塔基、进水管和出水管组成。进水管应伸到水柜最高水位附近，在顶端装挡水罩或弯管进水口。出水管应靠近柜底，以保证柜内的水经常流动。

水柜通常为圆筒形，高度和直径之比约为0.5～1.0，浮漂水位标尺一般设在水柜中间，记录范围在进水口与出水口之间。由液面的升降，带动浮漂水位标尺，从而记录液体变化量。

水池浮漂水位标尺：是用于记录水池中水位变化的仪器设备。水池的储水量比水塔要小，浮漂水位标尺的计量亦小于水塔浮漂水位标尺，但其结构是相同的，功能一样。

水塔、水池浮漂水位标尽的制作安装内容与浮标液面计的制作安装内容相同。

第二节　工程量计算规则应用释义

第9.2.1条　各种阀门安装均以"个"为计量单位。应按不同形式，不同联接方式和不同公称直径分别计算。法兰阀门安装，如仅为一侧法兰连接时，定额所列法兰、带帽螺栓及垫圈数量减半，其余不变。

〔应用释义〕　阀门：阀门的种类较多，安装时均以"个"为计量单位。阀门的连接有法兰连接和螺纹连接，当法兰阀门安装时，如仅为一侧法兰连接时，定额所列法兰、带帽螺栓及垫圈数量减半，其余不变。

第9.2.2条　各种法兰连接用垫片，均按石棉橡胶板计算，如用其他材料，不得调整。

〔应用释义〕　石棉橡胶板：是用橡胶、石棉及其他填料经过压缩制成的优良垫圈材料，在安装阀门中，各种法兰连接常用的垫片，均按石棉橡胶板计算，如用其他材料，不得调整。

第9.2.3条　法兰阀（带短管甲乙）安装，均以"套"为计量单位，如接口材料不同时，可作调整。

〔应用释义〕　法兰阀：是以法兰形式连接而成的阀门，常带短管。安装法兰阀门（带短管甲乙）时，均以"套"为计量单位，如接口材料不同时，可作调整。

第9.2.4条　自动排气阀安装以"个"为计量单位，已包括了支架制作安装，不得另行计算。

〔应用释义〕　自动排气阀：是靠阀体内的启闭机构自动排除空气的装置。自动排气阀的种类较多，常用的有 $ZP-\frac{II}{I}$ 和 $WZ0.8-\frac{2}{3}$ 型两种，安装时以"个"为计量单位，已包括了支架制作安装，不得另行计算。如图2-37图2-38所示。

支架：见第一章管道安装第一节说明应用释义第四条管道支架的释义。

【例】　某采暖系统立管与各管段连接，如图2-39所示。该采暖系统管道均采用焊接钢管，管径 $DN>32$ 采用焊接连接，管径 $DN\leqslant32$ 采用螺纹连接。各管均人工除轻锈后刷防锈漆两遍，不保温管段再刷银粉漆两遍。保温管段为供水总立管与供回水干管，保温材料为岩棉管壳，保温层厚度均为40mm。该采暖系统选用自动放气阀，型号为ZP-II，其公称直径为20mm，适用工作压力为1.2MPa，工作温度≤130℃。管径大于32mm的选用Z45-T-10法兰闸阀，管径小于等于32mm的选用Z15T-10K螺纹闸阀。试计算图示采暖系统部分的分项工程量。

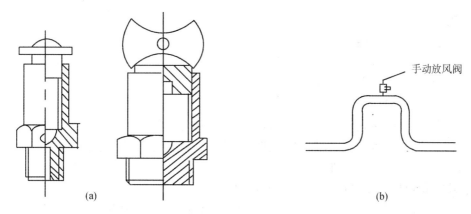

图 2-37 手动放风阀示意图

（a）局部剖切图；（b）安装图

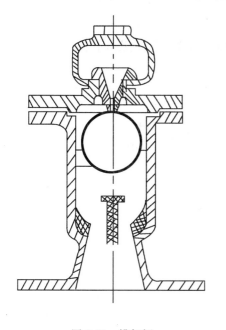

图 2-38 排气阀

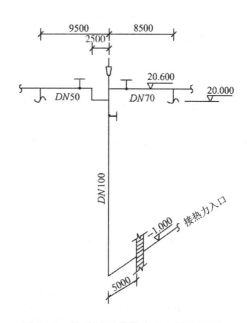

图 2-39 某采暖系统供水总立管示意图

【解】 （1）焊接法兰闸阀安装 计量单位：个

定额包括工作内容：切管、焊接、法兰、制垫、加垫、紧螺栓、水压试验。

①DN100Z45-T-10 法兰闸阀

定额编号：8-261

工程量 1/1＝1

②DN70Z45-T-10 法兰闸阀

定额编号：8-259

工程量 1/1＝1

③DN50Z45-T-10 法兰闸阀

定额编号 8-258

工程量　1/1＝1

（2）自动放气阀安装　　计量单位：个

定额包括工作内容：支架制作安装、套丝、丝堵改丝、安装、水压试验

ZP-Ⅱ型自动放气阀　定额编号：8-300

工程量　1/1＝1

（3）管道安装　室内管道、钢管（焊接）　　计量单位：10m

定额包括工作内容：留、堵洞眼、切管、坡口、调直、煨弯、挖眼、接管、异形管制作、对口、焊接、管道及管件安装、水压试验

①DN100 钢管（焊接）　　定额编号 8-114

DN100 钢管长度：$\underline{1.5}$m＋$\underline{0.37}$m＋$\underline{5.0}$＋$\underline{[20.0-(-1.0)]}$m＝27.87m

　　　　　　　　　　　　a　　　　b　　　　c　　　　d

其中：a 为外墙皮管道长度；注意：采暖热源管道界线的划分：室内外界线以入口阀门或建筑物外墙皮 1.5m 为界；工业管道界线以锅炉房或泵站外墙皮 1.5m 为界；工厂车间内采暖管道以采暖系统与工业管道碰头点为界；设在高层建筑内的加压泵管与管道的界线，以泵间外墙皮为界。

　　b 为外墙厚；c 为室内水平管长；d 为标高差。

故 DN100 钢管（焊接）的工程量为　$\underline{27.87}$/$\underline{10}$＝2.787

　　　　　　　　　　　　　　　　　①　　e

其中①为 DN100 钢管（焊接）长度；e 为计量单位。

②DN70 钢管（焊接）　　定额编号：8-112

工程量：$\underline{[8.5+(20.6-20.0)]}$/$\underline{10}$＝9.1/10＝0.91

　　　　　　　a　　　　　　　b

其中 a 为 DN70 钢管（焊接）长度；b 为计量单位。

③DN50 钢管（焊接）　　定额编号：8-111

工程量：$\underline{[9.5+(20.6-20.0)]}$/$\underline{10}$＝10.1/10＝1.01

　　　　　　　a　　　　　　　b

其中 a 为 DN50 钢管（焊接）长度；b 为计量单位。

（4）管道手工除锈（轻锈）　　计量单位：10m²

定额包括工作内容：除锈、除尘。　　定额编号 11-1

除锈管道外表面积：$\underline{0.114}×3.1416×\underline{27.87}$m²＋$\underline{0.0755}×3.1416×\underline{9.1}$m²＋$\underline{0.060}×$

　　　　　　　　　　　①　　　　　　　②　　　　④　　　　⑤　　　　⑦

　　　　　　　　　　　　　③　　　　　　　　　⑥

　　　　　　　　3.1416×$\underline{10.1}$m²＝9.9814m²＋2.1584m²＋1.9038m²

　　　　　　　　　　　⑧

　　　　　　　　　　　⑨

　　　　　　　　　　＝14.0436m²

其中①管道 DN100 钢管外径；②管道 DN100 钢管长度；

　　③管道 DN100 钢管外表面积；④管道 DN70 钢管外径；

　　⑤管道 DN70 钢管长度；⑥管道 DN70 钢管外表面积；

⑦管道 *DN*50 钢管外径；⑧管道 *DN*50 钢管长度；

⑨管道 *DN*50 钢管外表面积。

所以管道手工除锈工程量为 $\underset{⑩}{\underline{14.0436/\underset{⑪}{\underline{10}}}}=1.40436$

其中⑩为除锈管道外表面积；⑪为计量单位。

（5）管道刷油　　　　计量单位：10m²

定额包括工作内容：调配、涂刷。

①管道刷防锈漆第一遍　　　定额编号：11-53

工程量：$\underset{a}{\underline{14.0436/\underset{b}{\underline{10}}}}=1.40436$

其中 a 为刷油管道外表面积；b 为计量单位

②管道刷防锈漆第二遍　　　定额编号：11-54

工程量：14.0436/10＝1.40436

（6）管道绝热工程　　纤维类制品（管壳）安装　　　　计量单位：m³

定额包括工作内容：运料、开口、安装、捆扎、修理找平

《全国统一安装工程预算工程量计算规则》GYD$_{GZ}$-201-2000 规定：

第 12.1.3 条　绝热工程量

设备筒体或管道绝热、防潮保护层计算公式

$V＝\pi\times(D+1.033\delta)\times1.033\delta\times L$

$S＝\pi\times(D+2.1\delta+0.0082)\times L$

式中　*D*——直径；

1.033，2.1——调整系数；

　　　δ——绝热层厚度；

　　　L——设备筒体或管道长；

　0.0082——捆扎线直径或钢带厚。

故 *DN*100 钢管保温绝热层体积为

$V_1＝3.1416\times$（$0.114+1.033\times0.040$）$\times1.033\times0.04\times27.87$m³

　　$＝3.1416\times0.15532\times1.033\times0.04\times27.87$m³

　　$＝0.5619$m³

*DN*70 钢管保温绝热层体积为

$V_2＝3.1416\times$（$0.0755+1.033\times0.040$）$\times1.033\times0.04\times9.1$m³

　　$＝3.1416\times0.11682\times1.033\times0.04\times9.1$m³

　　$＝0.1380$m³

*DN*50 钢管保温绝热层体积为

$V_3＝3.1416\times$（$0.060+1.033\times0.040$）$\times1.033\times0.04\times10.1$m³

　　$＝3.1416\times0.10132\times1.033\times0.04\times10.1$m³

　　$＝0.1328$m³

①ϕ57mm 以下管道绝热工程岩棉管壳 40mm　　　定额编号：11-1825

工程量　0.1328/1＝0.1328

　　　　　　　a　　b

其中 a 为 DN50 钢管绝热层体积；b 为计量单位。

②φ133mm 以下管道绝热工程岩棉管壳 40mm　　定额编号：11-1833

工程量：(0.5619＋0.1380)/1＝0.6999

　　　　　　　a　　　　b　　　c

其中 a 为 DN100 钢管绝热层体积；

　　b 为 DN70 钢管绝热层体积；

　　c 为计量单位。

清单工程量计算见表 2-15。

由以上计算可汇总该部分采暖系统的工程量见表 2-16。

清单工程量计算表　　　　　　　　　　　　　　表 2-15

序号	项目编码	项目名称	项目特征描述	计量单位	工程量
1	031003003001	焊接法兰阀门	DN100Z45-T-10 DN70Z45-T-10 DN50Z45-T-10	个	3
2	031003001001	自动排气阀	ZP-Ⅱ，公称直径为 20mm，适用工作压力为 1.2MPa	个	1
3	031001002001	钢管	室内管道、焊接，DN100，DN70，DN50，人工除轻锈后刷防锈漆两遍，不保温管段刷银粉漆两遍	m	32.58

图示采暖部分分部分项工程量　　　　　　　　　　　表 2-16

序号	定额编号	项目名称	计量单位	工程量
1	8-261	焊接法兰阀安装　DN100Z45-T-10 法兰闸阀	个	1
2	8-259	焊接法兰阀安装　DN70Z45-T-10 法兰闸阀	个	1
3	8-258	焊接法兰阀安装　DN50Z45-T-10 法兰闸阀	个	1
4	8-300	自动排气阀安装　ZP-Ⅱ型自动排气阀	个	1
5	8-114	管道安装　室内管道　钢管（焊接）DN100	10m	2.787
6	8-112	管道安装　室内管道　钢管（焊接）DN70	10m	0.91
7	8-111	管道安装　室内管道　钢管（焊接）DN50	10m	1.01
8	11-1	管道手工除锈（轻锈）	10m²	1.40436
9	11-53	管道刷防锈漆第一遍	10m²	1.40436
10	11-54	管道刷防锈漆第二遍	10m²	1.40436
11	11-1825	管道绝热工程　纤维类制品（管壳）安装　φ57mm 以下管道绝热岩棉管壳 40mm	m³	0.1328
12	11-1833	管道绝热工程　纤维类制品（管壳）安装　φ133mm 以下管道绝热岩棉管壳 40mm	m³	0.6999

　　第 9.2.5 条　浮球阀安装均以"个"为计量单位，已包括了联杆及浮球的安装，不得另行计算。

　　[应用释义]　浮球阀：是由阀体、球芯、阀盖、连杆、手柄等部分组成，如图 2-40 所示。浮球阀的工作原理是在塞子中间开设孔道，塞子旋转 90°角时即全开启或全关闭。阀芯是球形体，并在球芯中间开孔，借手柄转动球芯达到开、关的目的。安装时，均以

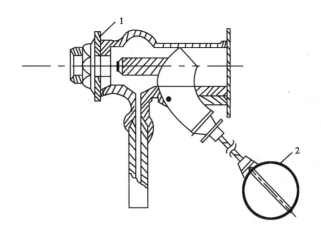

图 2-40 浮球阀

1—箱壁；2—浮球

"个"为计量单位，已包括了联杆及浮球的安装，不得另行计算。

第 9.2.6 条 浮标液面计、水位标尺是按国标编制的，如设计与国标不符时，可作调整。

［应用释义］ 浮标液面计：参见第二章窗门，水位标尺安装第一节说明应用释义第四条释义。

水位标尺：是指记录水位变化的标尺。水位标尺常用于给、排水管路上，记录水位的变化。

浮标液面计，水位标尺均是按国际编制的，如设计与国际不符时，可作调整。

第三节 定额应用释义

一、阀门安装

1. 螺纹阀

工作内容：切管、套丝、制垫、加垫、上阀门、水压试验。

定额编号 8-241～249 螺纹阀 P78～P79

［应用释义］ 阀门安装：阀门是由阀体、阀瓣、阀盖、阀杆及手轮等部件组成，用来启、闭管道，使被输送的介质行、止或改变流向，调节被输送介质的流向、压力或间接调节温度，以达到控制介质流动，满足使用要求的重要管道部件。

阀门种类及相应的基本特点：

常用的阀门种类有：

截止阀如图 2-42 (a) 所示，关闭严密但水流阻力较大，因局部阻力系数与管径成正比，故只适用于管径≤50mm 的管道上。

闸阀，如图 2-42 (b) 所示，全开时水流直线通过，水流阻力小，宜在＞50mm 的管道上采用，但水中若有杂质落入阀座易产生磨损和漏水。

蝶阀，如图 2-42 (c) 所示，阀板在 90°翻转范围内可起调节、节流和关闭作用，操作扭矩小，启闭方便，结构紧凑，体积小。

止回阀，用以阻止管道中水的反向流动。如旋启式止回阀，如图 2-42（d）所示，在水平、垂直管道上均可设置，但因启闭迅速，易引起水锤，不易在压力大的管道系统中采用；开降式止回阀，如图 2-42（e）所示靠上下游压差值使阀盘自动启阀，水流阻力大，宜用于小管径的水平管道上；消声止回阀，如图 2-42（f）所示，当水向前流动时，推动阀瓣压缩弹簧阀门开启，停泵时阀瓣在弹簧作用下在水锤到来前即关闭，可消除阀门关闭时的水锤冲击和引起的极大噪声；棱式止回阀，如图 2-42（g）所示，是由于压差棱动原理制造的新型止回阀，不但水流阻力小，且密闭性能好。

液位控制阀用来控制水箱、水池等贮水设备的水位，以免溢流。如浮球阀，如图 2-42（h）所示水位上升浮球浮起关闭进水口，水位下降浮球下落开启进水口，但有浮球体积大，阀芯易卡住引起。溢水等弊病；液压水压控制阀，如图 2-42（i）所示水位下降时阀内浮筒下降，管道内的压力将阀门密封面打开，水从阀门两侧喷出，水位上升，浮筒上升，活塞上移阀门关闭停止进水，克服了浮球阀的弊病，是浮球阀的升级换代产品。

安全阀是保安器材，为避免管网、用具或密闭水箱超压破坏，需安装此阀，一般有弹簧式、杠杆式两种，分别如图 2-42（j）、（k）所示。

如图 2-41 所示为阀门在管道中的多种连接方式。安装时有如下要求：

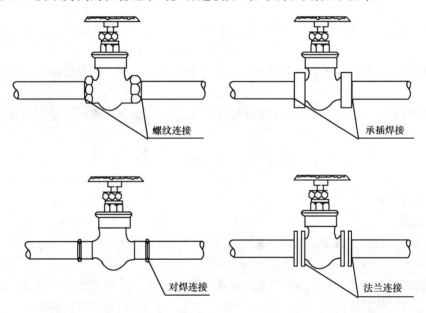

图 2-41　焊接阀门主要用于阀体长期固定安装

应仔细核对阀门的型号、规格是否符合设计要求，一般阀门的阀体上有标志，箭头所指方向即介质的流向，不得装反；有些阀门要求介质单向流通，如安全阀、减压阀、止回阀、疏水阀等，截止阀为了便于开启和检修，也要求介质由下向上通过阀座；水平管道上的阀门，其阀杆一般应安装在上半周范围内，不允许阀杆向下安装，避免仰脸操作；阀门的安装位置不应妨碍设备，管道及阀门本身的拆装和检修：明杆阀门不能埋地安装，以防阀杆锈蚀。阀门安装高度应方便操作和检修，一般距地坪 1.2m 为宜，当阀门中心距地坪

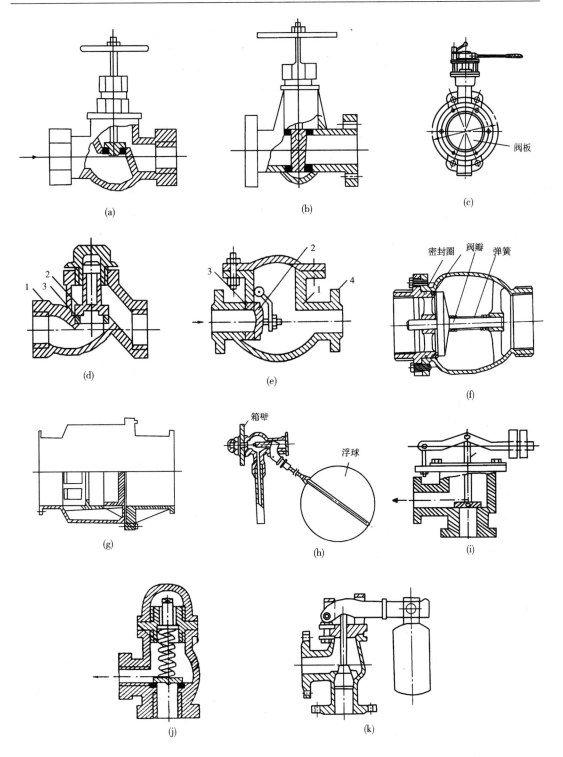

图 2-42 各类阀门

（a）截止阀；（b）闸阀；（c）蝶阀；（d）旋启式止回阀；（e）升降式止回阀；（f）消声止回阀；

（g）棱式止回阀；（h）浮球阀；（i）液压水位控制阀；（j）弹簧式安全阀；（k）杠杆式安全阀

1.8m 以上时，宜集中布置，并设置固定平台。法兰或螺纹连接的阀门应在关闭状态下安装，法兰式阀门应保证连接管上的两法兰端面平行和同心；螺纹连接的阀门在邻近处设活接头，以便拆装。同一工程中宜采用相同类型的阀门，以便于识别及检修时部件的代换。在同一房间内，同一设备上的阀门，应使其排列对称、整齐美观。对并排水平管道上的阀门应错开安装，以减小管道间距；对并排垂直管道上的阀门应装于同一高度上，并保持手轮之间的净距不小于 100mm。应使阀门和两侧连接的管道处在同一中心线上；当因螺纹加工的偏斜，法兰与管子焊接的不垂直，使连接中心线出现偏差时，在阀门处严禁冷加力调直，以免使铸铁阀体损坏。直径较小的阀门，运输和使用时不得随手抛掷；较大直径的阀门吊装时，钢丝绳应系在阀体上，使手轮、阀杆、法兰螺孔受力的吊装方法是错误的。安装法兰阀门时，不要把用作填料的麻丝挤到阀门里面去；安装法兰阀门时，不得使用双垫，紧螺栓时要对称进行，均匀用力。

制垫：指连接中使用的垫圈制作。所制垫圈，厚薄要均匀，规格要合适，以确保接口压合及连接的严密。

加垫：见第一章管道安装第三节定额应用释义定额编号 8-179～8-188 铸铁法兰释义。

螺纹阀门：参见第二章阀门，水位标尺安装，第一节说明应用释义第一条释义。

铅油：是铅丹粉拌干性油（鱼油）的产物。即厚漆、厚铅油、厚油、白油膏。用颜料与干性油混合研磨而成的稠厚状油漆，使用时要加入清油、松节油等调配到可刷涂的程度才能使用，漆膜柔软，但光亮度差，坚硬性也较差，使用时应加适量的清油、溶剂稀释。广泛用作各种面漆前的涂层打底，或单独用作要求不太高的木质、金属表面涂漆。在管螺纹接口中，麻主要起填充止水作用，白铅油初期将麻粘接在管螺纹上，后期干燥后，也起填充作用。使用时，先将铅油用废锯条或排笔涂于外管螺纹上，然后用油麻丝（将油麻用手抖松成薄而均匀的片状）顺螺纹方向缠绕 2～3 圈，拧入阀门或管件，用管钳上紧即可。

2. 螺纹法兰阀

工作内容：切管、套丝、上法兰、制垫、加垫、紧螺栓、水压试验

定额编号　8-250～8-255 螺纹法兰阀　P80～P81

［应用释义］　切管：见第一章管道安装第三节定额应用释义定额编号 8-1～8-11 镀锌钢管释义。

螺纹法兰：是指法兰内径表面加工成管螺纹，可用于 $DN \leqslant 50$ 的低压管道。常见的有 $DN150.6MPa$、$DN200.6MPa$、$DN250.6MPa$、$DN320.6MPa$ 等型号。

3. 焊接法兰阀（如图 2-43）

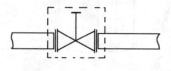

图 2-43　焊接法兰阀门

工作内容：切管、焊接法兰、制垫、加垫、紧螺栓、水压试验。

定额编号　8-256～8-268　焊接法兰阀　P82～P86

［应用释义］　直流电焊机常用的有两种：一种是焊接发电机，另一种是焊接整流器。

（1）焊接发电机：焊接发电机工程时，发生适用合于焊接的直流电，具有引弧容易，飞溅少，电弧稳定，焊接质量高等优点。宜于焊接各种碳钢、合金钢、不锈钢和有色金属。常用的直流电焊机有 AX_1、AX、AX_3、AX_4、AX_7 等。参见第一章管道安装第三节定额应用释义定额编号 8-23～8-35 钢管（焊接）释义。

（2）焊接整流器：系将交流电通过整流元件变为直流电的弧焊设备。由于整流器一般采用硅元件整流，故亦称硅整流弧焊机。还具有噪声小、空载损耗少、效率高、制造和维护容易等优点。常用的焊接整流器为 ZXG-200、ZXG-300、ZXG-500、ZXG-1000 型四种。

直流电焊机的特点是可以选择极性，工作电压不受电网电压波动的影响，电弧稳定，尤其是小电流、薄壁件效果更佳。常用于有一定极性要求的焊接，如合金钢和高合金钢，有色金属及其合金等。直流电焊机缺点是噪声较大。

4. 法兰阀（带短管甲乙）青铅接口

工作内容：管口除沥青、制垫、加垫、化铅、打麻、接口、紧螺栓、水压试验

定额编号 8-269～8-278 法兰阀青铅接口 P87～P90

［应用释义］ 管口除沥青：见第一章管道安装第三节定额应用释义定额编号 8-46～8-55 承插铸铁给水管释义。

青铅接口：见第一章管道安装第三节定额应用释义定额编号 8-36～8-45 承插铸铁给水管释义。

法兰阀门：常见的有明杆平行式单闸板（双闸板）、三通螺旋式旋塞、暗杆模式单闸板等。常用规格有 DN80、DN100、DN150、DN200、DN250 等几种类型。

给水铸铁短管：是由铸铁制成的短管。按制造的材质分为灰铸铁和球墨铸铁。在灰铸铁管中，灰口铸铁的碳全部（或大部）不是与铁呈化合物状态，而是呈游离态的片状石墨，所以灰铸铁管质脆；球墨铸铁管中，碳大部分呈球状石墨存在于铸铁中，使之具有优良的机械性能，故又称为可延性铸铁管。短管又称门短管，常设立于室内排水管上，设置高度距地坪 1.0m，其作用是便于立管的清通。

氧气、乙炔的解释见第一章管道安装第三节定额应用释义定额编号 8-23～8-35 钢管（焊接）释义。

5. 法兰阀（带短管甲乙）石棉水泥接口（如图 2-44）

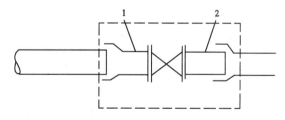

图 2-44 带短管甲乙的法兰阀
1—短管甲；2—短管乙

工作内容：管口除沥青、制垫、加垫、调制接口材料、接口养护、紧螺栓、水压试验。

定额编号 8-279～8-288 法兰阀石棉水泥接口 P91～P94

［应用释义］ 接口养护：见第一章管道安装第三节定额应用释义第一条定额编号 8-46～8-55 承插铸铁给水管释义。

调制接口材料、石棉水泥接口、石棉绒：见第一章管道安装第三节定额应用释义定额编号 8-56～8-65 承接铸铁给水管释义。

6. 法兰阀（带短管甲乙）膨胀水泥接口

工作内容：管口除沥青、制垫、加垫、调制接口材料、接口养护、紧螺栓、水压试验。

定额编号　8-289～8-298　法兰阀膨胀水泥接口　P95～P98

［应用释义］　膨胀水泥接口：见第一章管道安装第三节定额应用释义定额编号 8-46～8-55 承插铸铁给水管释义。

紧螺栓：是指用螺栓将法兰阀门紧固的过程。将接口所用的螺栓穿入螺孔，安上螺母，按上下左右交替紧固程序，均匀地将每个螺栓分数次上紧。

油麻：油麻最适宜作管螺纹的接口填料，也是铸铁管插口的嵌缝填料。见第一章管道安装第三节定额应用释义。定额编号 8-36～8-45 承插铸铁给水管。

硅酸盐膨胀水泥：见第一章管道安装第三节定额应用释义定额编号 8-36～8-45 承插铸铁给水管释义。

电动卷扬机：见第一章管道安装第三节定额应用释义定额编号 8-120～8-125 承插铸铁给水管释义。

7. 自动排气阀、手动放风阀

工作内容：支架制作安装、套丝、丝堵改丝、安装、水压试验。

定额编号　8-299～8-301　自动排气阀　P99～P100

［应用释义］　自动排气阀：见第二章阀门、水位标尺安装第二节工程量计算规则应用释义第 9.2.4 条释义。

角钢：参见第一章管道安装第三节定额应用释义 8-23～8-35 钢管（焊接）释义。

定额编号　8-302　手动放风阀　P99～P100

［应用释义］　手动放风阀：又称为手动排气阀，亦称冷风阀。是靠人工提拉阀体来排除空气的装置。在采暖系统中广泛应用。根据手柄的不同形式，可分为几种类型。

8. 螺纹浮球阀

工作内容：切管、套丝、安装、水压试验。

定额编号　8-303～8-311　螺纹浮球阀　P101～P102

［应用释义］　螺纹浮球阀：是指球阀的阀杆上连接一个具有孔道的球体芯，靠旋转球体芯开启或关闭阀门，并与管道螺纹连接的阀门。常用的型号有 DN50、DN65、DN80 等几种。

9. 法兰浮球阀

工作内容：切管、焊接、制垫、加垫、紧螺栓、固定、水压试验。

定额编号　8-312～8-316　法兰浮球阀　P103～P104

［应用释义］　法兰浮球阀：是浮球阀又一种连接形式，以此命名。球体形式目前有刚性支承球体和浮动球体。刚性支承球体适用于大直径及高中压管道；浮动球体适用于小直径及低压管道。球阀结构较闸阀简单，体积小，阻力小，孔道直径一般与其连接管道内径相等。缺点是球体的制造及维修难度大。法兰连接装卸方便、严密性强，因而法兰浮球阀在实际中得到广泛应用，常见的规格有 DN32、DN50、DN80、DN100、DN150 等几种。

10. 法兰液压式水位控制阀

工作内容：切管、挖眼、焊接、制垫、加垫、固定、紧螺栓、安装、水压试验。

定额编号 8-317～8-321 法兰液压式水位控制阀 P105～P106

[应用释义] 法兰液压式水位控制阀：是指依靠水本身的流量、压力或温度参数发生的变化而自行动作，并以法兰连接的阀门。这种阀门有严格的方向性，受水位的控制，注意水的流向与阀体上箭头的指向一致。常用的规格有 DN50、DN80、DN100、DN150、DN200 等几种。

无缝钢管：是用普通碳素钢、优质碳素钢、普通低合金钢和合金结构钢制造的。按制造方法分为热轧管和冷拔管。无缝钢管规格表示为外径乘壁厚。如外径为 219mm、壁厚为 6mm 的无缝钢管表示为 $\phi219\times6$。在同一外径下的无缝钢管有多种壁厚，管壁越厚，管道所承受的压力越高。冷拔管外径 6～200mm，壁厚 0.25～14mm；热轧管外径 32～630mm，壁厚 2.5～75mm。热轧无缝钢管的长度为 3～12.5m；冷拔管的长度 1.5～9m。在管道安装工程中，管径在 57mm 以内时常用冷拔管，管径超过 57mm 时，常选用热轧管。

二、浮标液面计、水塔及水池浮漂水位标尺制作安装

1. 浮标液面计 FQ-Ⅱ型

工作内容：支架制作安装、液面计安装。

定额编号 8-322 浮标液面计 FQ-Ⅱ型 P107

[应用释义] 浮标液面计：见第二章阀门、水位标尺安装第一节说明应用释义第四条释义。

2. 水塔及水池浮漂水位标尺制作安装

工作内容：预埋螺栓、下料、制作、安装、导杆升降调整。

定额编号 8-323～8-324 水塔浮漂水位标尺 P108～P110

[应用释义] 水塔浮漂水位标尺：见第二章阀门、水位标尺安装第一节说明应用释义第五条释义。

硬聚氯乙烯管：是由有机物质聚氯乙烯制成的塑料管，是目前国内推广应用塑料管中的一种管材。硬聚氯乙烯管的特点是质轻、耐腐蚀好、管内壁光滑，流体摩擦阻力小、使用寿命长。又称 UPVC 管。按采用的生产设备及其配方工艺，UPVC 管分为给水用 UPVC 管和排水用 UPVC 管。UPVC 管不同于金属管材，为保证质量，UPVC 管材及配件在运输、装卸及堆放过程中严禁抛扔或激烈碰撞。

定额编号 8-325～8-327 水池浮漂水位标尺 P108～P110

[应用释义] 水池浮漂水位标尺：见第二章阀门、水位标尺安装第一节说明应用释义第五条释义。

调合漆：分油性和磁性两种。油性调合漆是干性油与颜料调合经研磨后，加入催干剂及溶剂调配而成。这种漆附着力好、不易脱落，不起龟裂，不易粉化，但干燥较慢，涂膜较软，适用于室外面层的施涂。

磁性调和漆又名酯胶调合漆，是用甘油松香酯，干性植物油与各色颜料调合经研磨后，加入催干剂、溶剂配制而成。其干燥性比油性调合漆好，涂膜较硬，光亮平滑，但耐候性比油性调合漆差，易失光、龟裂，一般用于室内的施涂。

防锈漆：一般有油性防锈漆和树脂防锈漆两类。

（1）油性防锈漆：是以精炼干性油、各种防锈颜料经混合研磨后加入溶剂、催干剂而制成的。常用的有红丹油性防锈漆、铁红油性防锈漆。其特点是油脂的渗透性、润滑性较好，涂膜经充分干燥后附着力强，柔韧性好。对于被涂物表面的处理不象树脂防锈漆那样要求严格，其中红丹油性防锈漆的防锈性、涂刷性均较好，但涂膜软、干燥慢、有毒性、不宜喷涂、易沉淀，且价格贵。它的主要成分是用熬炼过的干性油与红丹粉、体质颜料、催干剂、溶剂制成。

（2）树脂防锈漆：是以各种树脂作为主要成膜物质。有红丹酚醛防锈漆、红丹醇酸防锈漆、锌黄醇酸防锈漆、锌灰酯胶防锈漆、磷化底漆等。

①一般的防锈漆对轻金属是不适用的，轻金属的表面除锈打底可使用锌黄醇酸防锈漆。锌黄醇酸防锈漆主要成分是酚醛改性醇酸树脂与铬黄、锌黄等防锈颜料，加入催干剂、200号溶剂汽油、二甲苯等制成。

②锌灰酯胶防锈漆的耐候性较一般调合漆强，干燥速度比油性防锈漆快，耐水性及耐溶剂性能差，与一般防锈漆不同之处是既可作底漆又能作面漆。

③磷化底漆：是由聚乙烯醇缩丁醛树脂溶解于有机溶剂中，并加防锈颜料而制成的，在使用时再加入预先配好的磷化液。磷化底漆兼有磷化处理和防锈漆的双重作用。可增加有机涂层和金属表面的附着力和防锈能力，但不能代替一般采用的底漆。磷化底漆对有色金属和黑色金属底层防锈均适用。

第三章 低压器具、水表组成与安装

第一节 说 明 应 用 释 义

一、减压器、疏水器组成与安装是按《采暖通风国家标准图集》**N108** 编制的，如实际组成与此不同时，阀门和压力表数量可按实际调整，其余不变。

[应用释义] 减压器：见第一章管道安装第二节工程量计算规则应用释义第一条释义。

疏水器：见第一章管道安装第二节工程量计算规则应用释义第一条释义。

阀门：水暖工程中常用的阀门有闸阀、截止阀、旋塞、止回阀、减压阀、疏水阀、安全阀、节流阀、电磁阀等。其中减压阀、疏水阀多为成组附件，当与各类管件组对成组后，分别称为减压器、疏水器。

压力表：水暖工程中最常用的压力表是弹簧管压力表。这种压力表主要由表壳、表盘、弹簧管、连杆、扇形齿轮、指针、轴心架等组成。其工作原理是：接受压力后，弹簧管膨胀至圆形，其自由端向外伸展，通过连杆和扇形齿轮的传动，带动指针旋转，在有刻度的表盘上指出受压的数值。相对压力逐步减少到零时，弹簧管随之收缩，逐渐恢复原形，指针也被带回到零位。一般有单圈弹簧压力表和各圈弹簧管压力表。

单圈弹簧管压力表：单圈弹簧管压表测量范围极广，品种规格繁多，是工业上最广泛使用的一种压力表。它是由弹簧管 4 受压力后变形带动杠杆 6 使指针 5 偏转指示出压力大小，如图 2-45 所示。

弹簧管又称波登管、包端管，是弯成圆弧形的空心管子，截面呈椭圆形。一端封闭为自由端，另一端则固定在表壳口上，通过 1 接人所测压力。

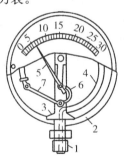

图 2-45 弹簧管式压力表
1—压力表接头；2—表壳；
3—基座；4—弹簧管；5—指针；6—杠杆；7—拉杆

多圈弹簧压力表：为提高弹簧压力表灵敏度，将弹簧管做成螺纹形的多圈弹簧管，它相当于多根单圈弹簧管顺次连接而成。因此，它的自由端的位移比单圈弹簧管大得多，最大转角可达 $45°$ 左右，可用它来制作记录指示型测压仪表的传感器元件。其测压上限为 $1.6×10^7Pa$，还可带电校点装置和气动传送装置等以增加其功能，记录纸可由钟表发条和同步电机驱动。

二、法兰水表安装是按《全国通风给水排水标准图集》**S145** 编制的，定额内包括旁通管及止回阀，如实际安装形式与此不同时，阀门及止回阀可按实际调整，其余不变。

[应用释义] 水表：见第一章管道安装第一节说明应用释义第二条释义。

止回阀：是利用流体的动能来自动阻止管道或设备中介质逆流的一种阀门，也可称为逆止阀、单向阀。该阀门是借助介质作用力控制启闭件来实现阻止介质倒流的。根据其结构的不同，可分为升降式和旋启式两种。升降式止回阀密封性好，噪声小，但对介质的流动阻力较大，只能安装在水平管路上，多用于小口径的水平管道上。旋启式止回阀其密封性相对升降式止回阀较差，但其阻力比升降式止回阀小，其可安装在水平管道和由下向上流动的垂直管道上，多用于垂直管道及大口径管道上。

第二节　工程量计算规则应用释义

第9.3.1条　减压器、疏水器组成安装以"组"为计量单位，如设计组成与定额不同时，阀门和压力表数量可按设计用量进行调整，其余不变。

[应用释义]　减压器组成安装：减压阀的安装是以阀组的形式出现的。阀组由减压阀、前后控制阀、压力表、安全阀、冲洗管、旁通管、旁通阀及螺纹连接的三通、弯头、活接头等管件组成。阀组则称为减压器。减压器的安装当直径较小（DN25~DN40）时，可采用螺纹连接并可进行预制组装，此时，阀组的两侧直线管道上应装活接头，以和管道螺纹连接。用于蒸气系统或介质压力较高的其他系统的减压器，多为焊接连接。

疏水器组成、安装：疏水器与减压器相类似，它是由疏水阀和阀前后的控制阀、旁通装置、冲洗和检查装置等组成的阀组的总称。

带旁通管的疏水器可预制组装后，再和管道安装连接。疏水器的连接有螺纹连接和法兰连接。公称直径小于32mm、公称压力不超过0.3MPa以及公称直径为40~50mm，公称压力不超过0.2MPa时，用螺纹连接，其余为法兰连接。螺纹连接的疏水器应在组装时加活接头，以便拆装。

疏水器的组装结构尺寸力求短小，以使疏水器的安装尽量少占位置。对供气设备排除凝结水时，不论回水总管的位置高低如何，疏水阀均应接于用气设备或管道的下部，以保证疏水阀内经常能有水阻气，并使加热设备和管道内永远不会积存凝结水。

【例】　某采暖总供水管上减压器安装如图2-46所示，管道为DN80焊接钢管，管件连接方式为焊接连接。试计算减压器工程量。

【解】　（1）减压器安装时应注意：

①减压阀的规格、类型及压力等级，应符合设计要求。

②垂直安装在水平管道上，阀体箭头顺介质流向方向安装，切勿倒装。

③系统试压、吹扫时应拆下，试压、吹扫合格后，再恢复到原位。

④旁通阀螺纹连接时，安装活接头。

（2）减压器安装（焊接）DN80　　定额编号：8-342

定额包括工作内容：切口、套丝、上零件、组对、焊接、制垫、加垫、安装、水压试验。

计量单位：组

工程量：$\dfrac{1}{①} \Big/ \dfrac{1}{②} = 1$

其中①为减压器组数；②为计量单位。

注意：定额中减压器组成与安装是按《采暖通风国家标准图集》N108编制的，如实际组成与此不同时，阀门和压力表数量可按实际调整，其余不变。此例中阀门与压力表数

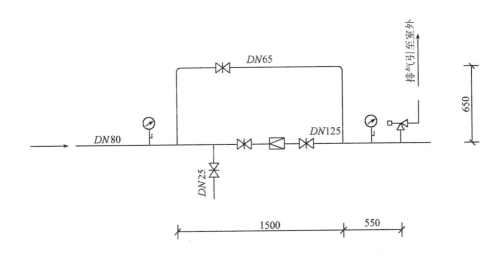

图 2-46　减压器安装图

量与定额中相符，不同的是定额中的安全阀为弹簧安全阀 A27W-10DN80，而本实例中采用的是重锤式安全阀 DN80，在套用定额基价时应作相应调整。

清单工程量计算见表 2-17。

清单工程量计算表　　　　　　　　　　　　　　　表 2-17

项目编码	项目名称	项目特征描述	计量单位	工程量
031003006001	减压器	减压器连接方式为焊接连接	组	1

【例】　某蒸汽凝结水疏水器安装示意图如图 2-47 所示，其管件连接采用焊接连接，而旁通管、放水管管件连接采用螺纹连接，疏水器规格为 DN50，法兰焊接连接。试求疏水器工程量。

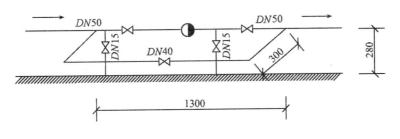

图 2-47　疏水器安装示意图

【解】　（1）疏水器安装时应注意

①采暖工程中，常用的疏水器有浮球式、钟形浮子式、热动力式、浮桶式、恒温式等类型。各类型安装尺寸是不同的。

②安装疏水器的规格、类型、压力等级及组装形式应符合设计要求。

③疏水器的组装形式，一般有不带旁通管水平安装、带旁通管水平安装、旁通管垂直安装（上返）、不带旁通管并联安装、带旁通管关联安装以及旁通管垂直安装等六种形式。

④疏水器安装距地面最小距离，$DN15 \sim DN25$ 为 150mm；$DN32 \sim DN50$ 为 200mm。

⑤旁通管可拆件，螺纹连接为活接头，焊接为法兰。

（2）疏水器组成、安装　　疏水器（焊接）$DN50$　　定额编号：8-353

定额包括工作内容：切管、套丝、上零件、制垫、加垫、焊接、安装、水压试验。

计量单位：组

工程量：$\dfrac{1}{①} \Big/ \dfrac{1}{②} = 1$

其中①为疏水器组数；②为计量单位。

清单工程量计算见表 2-18。

清单工程量计算表　　　　表 2-18

项目编码	项目名称	项目特征描述	计量单位	工程量
031003007001	疏水器	蒸汽凝结水疏水器，规格为 $DN50$，法兰焊接连接	组	1

第 9.3.2 条　　减压器安装按高压侧的直径计算。

［应用释义］　　在使用减压器安装定额项目时，要看高压侧和低压侧直径，套用正确项目为高压侧直径，按高压侧的直径计算。

第 9.3.3 条　　法兰水表安装以"组"为计量单位，定额中旁通管及止回阀如与设计规定的安装形式不同时，阀门及止回阀可按设计规定进行调整，其余不变。

［应用释义］　　水表安装：安装水表应注意以下事项：

1. 选择水表：要根据管径、流速等选择相应规格的水表、避免因负荷过大而损坏。水表的规格为其接口的公称直径，一般按管道的公称直径配置水表，不会使其流量超过其最大流量。

2. 确定安装地点：水表安装在查看方便、不受曝晒、不致受冻和不受污染的地方，一般引入管上的水表装在室外水表井、地下室或专用的房间内。家庭独用的小水表，明装于每户的进水总管上。水表前应有阀门，水表外壳距墙面不得大于 30mm，水表中心距另一墙面（端面）的距离为 $450 \sim 500mm$，安装高度为 $600 \sim 1200mm$。为确保水表计量准确，螺翼式水表的上游端应有 $8 \sim 10$ 倍水表公称直径的直线管段，其他型水表的前后亦应有不小于 300mm 的直线管段。水表前后直管段长度大于 300mm 时，其超出管段应用弯头引靠到墙面，沿墙面敷设，管中心距离墙面 $20 \sim 25mm$。

3. 管道除污：水表安装前，应先除净管道中的污物，以免堵塞，最好在水表前加装过滤器。

4. 方向、位置：水表只能安装在水平管道上、保持刻度盘的水平，并使水表外壳上的箭头方向与水流方向一致，切勿装反。水表前后应装设阀门，对于不允许停水或没有消防管道的建筑，还应设旁通管道，此时水表后侧要装止回阀，旁通管上的阀门要设有铅封。

5. 连接方式：$DN \leqslant 40$ 时，采用螺纹连接；$DN \geqslant 50$ 时，采用法兰连接。

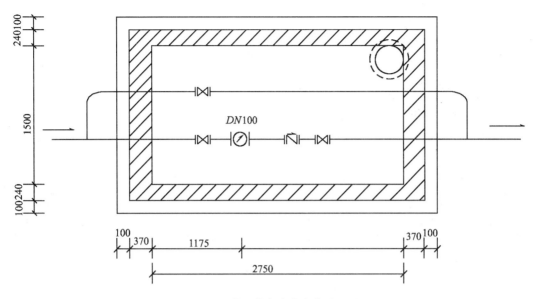

图 2-48 某室外水表井安装平面图

【例】 某室外水表井安装如图 2-48 所示。选用水表型号为螺翼式冷水水表 $DN100$，其连接形式为法兰焊接连接，所连管道为焊接钢管。试计算水表井安装工程量。

【解】 (1) 螺翼式冷水水表的主要技术特性是最小起步流量及计量范围较大，水流阻力小，适用于用水量大的用户，只限于计量单向水流，其规格范围为 $DN80\sim DN400$，对水质要求为温度为 $0\sim40℃$，压力小于 $1000kPa$ 的清洁水。

(2) 焊接法兰水表（带旁通管及止回阀）$DN100$ 安装　　定额编号：8-369

定额包括工作内容：切管、焊接、制垫、加垫、水表、止回阀、阀门安装、上螺栓、水压试验。

工程量：$\dfrac{1}{①}\Big/\dfrac{1}{②}=1$

其中①为组数；②为计量单位。

注：对照本例题与定额中的安装形式相同，其不需要调整。

注意：在做减压器、疏水器、水表等的工程量计算时是以组的形式作为计量单位的，其包括了与其所连的阀门、旁通管等的工程量，在做预算时应注意不可重复计算，同时应注意设计组成是否与定额中的相同，不同时在代入其基价时应做相应调整。其工程量是很容易计算的，但是关键是在能够识别其所包括的安装范围与界线。因此要求预算员对各设备及管件连接的具体方式及相对位置熟悉，且与定额相对应。

清单工程量计算见表 2-19。

清单工程量计算表　　　　　　　　　　　　　　　　表 2-19

项目编码	项目名称	项目特征描述	计量单位	工程量
031003013001	水表	螺翼式冷水水表 $DN100$，其连接形式为法兰焊接连接	组	1

第三节 定 额 应 用 释 义

一、减压器组成、安装

1. 减压器（螺纹连接）

工作内容： 切管、套丝、上零件、组对、制垫、加垫、找平、找正、安装、水压试验。

定额编号 8-328～8-335 减压器（螺纹连接） P114～P119

［应用释义］ 减压器组成、安装：减压阀是靠阀孔的启闭对通过介质进行节流达到减压目的的。常用的减压阀有活塞式减压阀和薄膜式减压阀。为了便于调整减压阀，其两侧应装设高压、低压压力表，另外，为避免减压阀的压力过大或过小，其后应设安全阀，以便不时调节之用，公称直径小于 50mm 以下的减压阀，应装弹簧式安全阀，大于 70mm 以上的减压阀应装设杠杆式安全阀。

减压阀在组装时阀件必须垂直安装在水平管道上，且进出口不得装反。旁通管可水平安装也可垂直安装，其作用是方便检修时使用。减压阀安装示意图如图 2-49 所示。

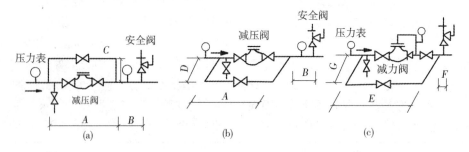

图 2-49 减压阀安装示意图

减压阀前的管径一般与减压阀公称直径相同，减压阀后的管径应比减压阀公称直径大 1～2 级，所有安全阀的直径一般比减压阀公称直径小 2 级。

减压器前后介质的压力相差较大时，如果一级减压达不到设计要求，可采用二级减压，即把两个减压阀串联使用或者串联截止阀（适用于较小范围的压差）。

施工完毕，系统试验后需对减压阀管道冲洗，关闭减压器进口阀，打开冲洗阀进行冲洗切管：见第一章管道安装第三节定额应用释义定额应用释义定额编号 8-1～8-11 镀锌钢管释义。

管子安装之前，根据所要求长度将管子切断，称之为切管。常用的切断方法有锯断、刀割、气割等，施工时可根据管材、管径和现场条件选用适当的切断方法。切断的管口应平正、无毛刺，无变形，以免影响接口的质量。

套丝：见第一章管道安装第三节定额应用释义定额编号 8-1～8-11 镀锌钢管释义。

螺纹连接：见第一章管道安装第三节定额应用释义定额编号 8-87～8-97 镀锌钢管释义。常用于 $DN \leqslant 100$，$PN \leqslant 1MPa$ 的冷热水管道，即镀锌焊接钢管（白铁管）的连接；也可用于 $DN \leqslant 50$，$PN \leqslant 0.2MPa$ 的饱和蒸气管道，即焊接钢管（黑铁管）的连接。此外，对于带有螺纹的阀件和设备，也采用螺纹连接。螺纹连接的优点是拆卸安装方便。

管螺纹的连接有圆柱形管螺纹与圆柱形管螺纹连接（柱接柱）、圆锥形外螺纹与圆柱形内螺纹连接（锥接柱）、圆锥形外螺纹与圆锥形内螺纹连接（锥接锥）。螺栓与螺母的螺纹连接是柱接柱，它们的连接在于压紧而不要求严密。钢管的螺纹连接一般采用锥接柱，这种连接方法接口较严密。连接最严密的是锥接锥，一般用于严密性要求高的管螺纹连接，如制冷管道与设备的螺纹连接。但这种圆锥形内螺纹加工需要专门的设备（如车床），加工较困难，故锥接锥的方式应用不多。

管子与丝扣阀门连接时，管子上加工的外螺纹长度应比阀门上内螺纹长度短 1~2 扣丝，以防止管子拧过头顶坏阀芯或胀破阀体。同理，管子外螺纹长度也应比所连接的配件的内螺纹略短些，以避免管子拧到头接口不严密。

焊接钢管：焊接钢管亦称有缝钢管，其品种有低压流体输送用焊接钢管、螺旋缝电焊钢管和钢板卷制直缝电焊钢管。

（1）低压流体输送用焊接钢管：此种钢管用焊接性较好的低碳钢制造，钢号和焊接方法均由制造厂选择。其管壁有一条纵向焊缝，一般用炉焊法或高频电焊法焊成，所以又称炉焊对缝钢管或高频电焊对缝钢管。钢管表面有镀锌（俗称白铁管）和不镀锌（俗称黑铁管）两种。按出厂壁厚不同分为普通焊接钢管和加厚焊接钢管两类。普通焊接钢管出厂试验水压力为 2.0MPa，用于工作压力<1.0MPa 的管路；加厚焊接钢管出厂试验水压力为 3.0MPa，用于工作压力<1.6MPa 的管路。两者都可用于给排水管道及燃气工程。钢管最小公称直径为 6mm，最大公称直径为 150mm，普通长度为 4~12m。管子两端一般带有管螺纹。采用螺纹连接的燃气管网，一般使用的最大公称直径为 50mm。镀锌钢管安装时不需涂刷防锈漆，其理论重量比不镀锌钢管重 3%~6%。

（2）钢板卷制直缝电焊钢管：此种焊接钢管用中厚钢板采用直缝卷制，以电弧焊方法焊接而成，钢板的弯卷常用三辊或四辊式卷板机。

（3）螺旋缝电焊钢管：此种钢管一般用带钢螺旋卷制后焊接而成。钢号一般为 Q215、Q235、Q255 的普通碳素钢，也可采用 16Mn 低合金碳钢焊制。管子的最大工作压力一般不超过 2.0MPa，最小外径为 219mm，最大外径在当前为 820mm。管子普通长度为 8~18m。

法兰截止阀：带法兰、能够通过法兰连接的截止阀。法兰是固定在管口上的带螺栓孔的圆盘。

螺纹法兰：法兰的一种。法兰是固定在管口上的带螺栓孔的圆盘。法兰连接严密性好，拆卸安装方便，故用于需要检修或定期清理的阀门、管路附属设备与管子的连接。螺纹法兰是一种带螺纹的法兰，这种法兰适用于水煤气输送钢管上，其密封面为光滑面。它的特点是一面为螺纹连接，另一面为法兰连接，螺纹法兰，有高压和低压两种。

低压螺纹法兰，包括钢制和铸铁制造两种，随着工业的发展，低压螺纹法兰已被平焊法兰所代替，除特殊情况外，基本不采用。

高压螺纹法兰，密封面由管端与透镜垫圈形成，对螺纹与管端垫圈接触面的加工要求精密度很高，适用压力 $PN22.0$~$PN32.0$MPa，其规格范围为 $DN6$~$DN150$。

法兰安全阀：带法兰的安全阀。

弹簧安全阀：用于锅炉、容器等设备和管道上。当介质压力超过规定数值时，它能自动开启，排除过剩介质压力。常用的有杠杆式、弹簧式和脉冲式等。

压力表的安装要求是：①安装压力表要考虑视察检修方便，表体位置要端正便于视读，刻度盘上应标有表示工作压力的红线，还要考虑吹洗的方便，避免高温、辐射热、冷冻和振动，防止因此而造成读数误差或损坏压力表。②压力表必须安装存水弯（又称表弯），以免高温蒸汽直接冲击压力表弹簧管，使压力表过热，造成指示误差，还可避免压力表针不能回零，存水弯分蛇型、O 型、U 型、S 型、它是由无缝钢管等热煨弯而成。③压力表和存水弯之间应安装三通旋塞阀，便于清洗、更换和校正压力表，若压力表与旋塞阀的连接螺纹规格不同时，可在中间加配丝扣接头，旋塞阀宜采用三通旋塞阀；④密封系统中的水加热器、热水罐、锅炉均应安装压力表，压力表的精确度应不低于 2.5 级。⑤若管道是保温的，其保温厚度＞100mm 时，压力表安装尺寸 L 应相应加大。⑥压力表宜每年校验一次，校验后应铅封，压力表的表盘直径应不得小于 100mm。⑦装有放气、排水、除尘装置的测压仪表及管道，要定期排气、排液及清除灰尘，以免影响压力表正常工作。⑧测蒸汽压力时，应加装凝液管，以防高温蒸汽与测压元件直接接触。对于腐蚀性介质，应加装充有中性介质的隔离罐等措施。⑨在安装压力表后，必须进行试压和吹洗，安装压力表于管道上，如需钻孔，需征得设计和建设单位同意才能开孔。压力表安装如图 2-50 所示。

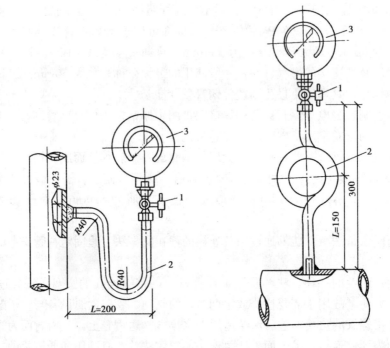

图 2-50　压力表安装示意图

1—压表力；2—存水弯；3—旋塞阀

黑玛钢管箍：管箍，用于连接管道的管件，两端均为内螺纹，分同径和异径两种，以公称直径表示：例如 DN25，DN32×25 管箍。玛钢是制造管子配件主要用到的一种可锻铸铁，俗称玛钢。管件按镀锌或不镀锌分为镀锌管件（白铁管）和不镀锌管件（黑铁管）两种。

黑玛钢弯头：弯头，是管道接头零件的一种，是用来改变管道的走向。常用弯头的弯曲角度为90°、45°和180°。180°弯头也称为V形弯管，也有特殊的角度，但为数极少。

几种常见弯头：

(1) 铸铁弯头：按其连接方式分为承插口式和法兰连接式两种。

(2) 压制弯头：也称为冲压弯头或无缝弯头，是用优质碳素钢，不锈耐酸钢和低合金钢无缝管在特殊制的模具内压制成型的。其弯曲半径为公称直径的一倍半（$r=1.5DN$），在特殊场合下也有一倍的（$r=1.0DN$）。其规格范围在公称直径200mm以内。其压力范围，常用的为4.0MPa、6.4MPa和10MPa。压制弯头都是由专业制造厂和加工厂用标准无缝钢管冲加工而成的标准成品，出厂时弯头两端应加工好坡口。

(3) 冲压焊接弯头：是采用与管材相同材质的板材用冲压模具冲压成半环状弯头，然后将两块半环弯头进行组对焊接成型。由于各类管道的焊接标准不同，通常是按组对点固的半成品出厂，现场施工根据管道焊缝等级进行焊接，因此，也称为两半焊接弯头。其弯曲半径同无缝管弯头，其公称直径在200以上，公称压力在4.0MPa以下。

(4) 焊接弯头：焊接弯头，也称虾米腰或虾体弯头。制作方法有两种，一种是在加工厂用钢板下料，切割后卷制焊接成型，多数用于钢板卷管的配套；另一种是用管材下料，经组对焊接成型，其规格范围一般在$DN200$以上，使用压力在2.5MPa以下，温度不能大于200℃，一般在施工现场制作。

(5) 玛钢弯头：玛钢弯头，也称锻铸铁弯头，是最常见的螺纹弯头，这种玛钢管件，主要用于采暖，上下水管道和煤气管道上，在工艺管道中，除经常需要拆卸的管道外，其他物料管道上很少使用。玛钢弯头的规格很小，常用的规格范围为$DN15\sim DN100$，按其不同的表面处理分镀锌玛钢弯头（白玛钢弯头）和不镀锌玛钢弯头（黑玛钢弯头）。

黑玛钢三通也称不镀锌锻铸铁三通。三通，是主管道与分支管道相连接的管件，根据制造材质和用途的不同，划分为很多种，从规格上划分，要分为同径三通和异径三通。同径三通也称为等径三通。同径三通是指分支接管的管径与主管管径相同；异径三通是指分支管的管径不同于主管的管径，所以也称为不等径三通，一般异径三通用量要多一些。其他常见三通：

(1) 铸铁三通：同铸铁弯头一样，都是用灰铸铁浇铸而成，常用的规格和压力范围也相同。按其连接方式不同，分为承插铸铁三通和法兰铸铁三通两种。承插铸铁三通，主要用于给排水管道，给水管道多采用90°正三通；排水管道，为了减少流体的阻力，防止管道堵塞，通常采用45°斜三通。法兰铸铁三通，一般都是90°正三通，多用于室外铸铁管。

(2) 钢制三通：定型三通的制作，是以优质管材为原料，经过下料、挖眼、加热后用模具拔制而成，再经机械加工，成为定型（钢）成品三通。中、低压钢制成品三通，在现场安装时都是采用焊接。

钢板卷管所用三通有两种情况，一种是焊制高压三通、一种是整体锻造高压三通。焊制高压三通，选用优质高压钢管为材料，制造方法类似挖眼接管，主管上所开的孔，要与相接的支管管径一致。焊接质量要求严格，通常焊前要求预热，然后进行热处理，其规格和压力范围同高压弯头。

整体锻造高压三通，一般是采用螺纹法兰连接。其规格范围为$DN12\sim DN109$，使用温度，25号碳钢高压三通为200℃以下，低合金和不锈耐酸钢高压三通为510℃以下，使用压力在 20.0MPa 以下。

黑玛钢补心外丝：又叫内接头，是管路延长连接用配件。

活接头：又叫由任，节点碰头连接用配件。

补心：又叫内外丝，是管子变径用配件。

管件按其用途，可分为以下 6 种：

(1) 管路延长连接用配件：管箍（套筒）、外丝（内接头）、外螺及接头（短外螺）；

(2) 管路分支连接用配件：三通、四通；

(3) 管路转弯用配件：90°弯头、45°弯头。

(4) 节点碰头连接用配件：根母（六方内丝）、活接头（由任）、带螺纹法兰盘；

(5) 管子变径用配件：补心（内外丝）、异径管箍（大小头）；

(6) 管子堵口用配件：丝堵、管堵头。

铅油：见第二章阀门、水位标尺安装第三节定额应用释义定额编号 8-241～8-249 螺纹阀释义。

机油：见第一章管道安装第三节定额应用释义定额编号 8-1～8-11 镀锌钢管释义。

钢锯条：管子安装前，为了达到所要求长度，往往要求切断管材，钢锯条即是在人工手锯法使用的一种工具。钢锯条长度有 200mm、300mm、500mm 等规格，锯架可根据选用锯条长度调整。锯条按 25mm 长度包括多少齿，可分为 18 齿和 24 齿两种规格。锯薄壁管子用 24 齿锯条，因为这种锯条短齿距小、进口量小，不致卡掉锯齿。操作如下：锯管前，先在锯口处划好线，放在压力钳上将管子压紧，但不得损坏管子，管子伸出压力钳的长度，以管子不颤动和不影响操作为准。锯管时，一手在前握锯架，一手在后紧握锯柄、用力均匀、锯条向前推动时适当加压力，向回拉时不宜加压力。操作时锯条平面保持与管子相垂直，以保证锯口断面平正，不时地向锯口处加适量机油，以减少摩擦力和降低温度。手工钢锯操作方便，切口不收缩，不氧化，而且较平整光滑，所以广泛应用于管子现场切断。只要管子直径不阻碍锯架的往复运动，锯条能锯断的材质，都可以采用手工钢锯的切断方法。

石棉橡胶板：见第一章管道安装第三节定额应用释义定额编号 8-23～8-35 钢管释义。

普通车床：见第一章管道安装第三节定额应用释义定额编号 8-1～8-11 镀锌钢管释义。

2. 减压器安装（焊接）

工作内容：切口、套丝、上零件、组对、焊接、制垫、加垫、安装、水压试验。

定额编号 8-336～8-343 减压器安装（焊接） P120～P125

［应用释义］ 减压器安装：见第三章低压器具、水表组成与安装第三节定额释义定额编号 8-328～8-335 释义。

焊接：在施工现场焊接碳素钢管，常用的是手工电弧焊和气焊。

(1) 手工电弧焊是利用焊条与工件间产生的电弧将工件和焊条熔化而进行焊接的，电弧在焊条与工件之间燃烧，工件熔化形成熔池，焊条的金属滴在各种力的作用下过渡到熔池当中。手工电弧焊的电焊机分交流和直流两种，施工现场多采用交流电焊机。

①焊接接头形式：根据焊件连接的位置不同，焊接接头分对接接头、搭接接头、T 形接头和角式接头。钢管的焊接采取对接接头。焊缝强度应低于母材的强度，需要足够的焊

接面积，并在焊件的厚度方向上焊透，因此应根据焊件的不同厚度，选用不同的坡口形式。管子坡口的目的是保证焊接的质量，因为焊缝必须达到一定熔深，才能保证焊缝的抗拉强度。对接接头的焊缝有平口、V形坡口、X形坡口、单U形坡口和双U形坡口等焊接厚度≤6mm，采取不开坡口的平接。大于6mm，采用U形或X形坡口。当焊件厚度相等时，X形坡口的焊着金属约为V形坡口的1/2，焊件变形及产生的内应力也较小。单U形和双U形坡口的焊着金属较V形和X形坡口都小，但坡口加工困难。搭接接头的搭接长度，一般为3～5倍的焊件厚度，用于焊接厚度12mm以下的焊件，采用双面焊缝管零件的焊接常用T形接头。这种接头的焊缝强度高，装配和加工方法简单。容器拼接装焊接方法采用角式接头。坡口方式有下列几种：较厚的焊件，在现场用气割坡口，但须修整不平整处；手提砂轮机坡口；用风动和电动的扁铲坡口；成批定型坡口可在加工厂用专用机床加工。

管子对口前，应将焊接端的坡口面及内外壁10～15mm范围内的铁锈、泥土、油脂等脏物清除干净。不圆的管口应进行修整。

管子坡口加工可分为手工及电动机械加工两种方法。见第一章管道安装第三节定额应用释义定额编号8-23～8-35钢管（焊接）释义。

②焊缝形式和焊接方法：焊缝方法有平焊、横焊、立焊、仰焊。平焊操作方便，焊接质量容易保证。横焊、立焊、仰焊操作困难，焊接质量较难保证。因此，凡是有条件采用平焊的，都应采用平焊接法。

③焊接应力与变形：管道或容器拼装焊接时，焊件上温度分布极不均匀，使金属的热胀冷缩表现为焊件扭曲、起翘、产生变形。焊接完毕，焊接金属在冷却时收缩，但附近的金属阻止其收缩，导致在焊缝处产生应力和变形。这种应力超过一定值，焊缝金属产生裂缝。焊接温度越高或者连续焊接长度越长，焊接应力就越大。防止焊接应力过大的方法，一是合理地设计焊缝的位置；二是从工艺上减少焊接应力。分段焊接法可减少金属变形。这是因为焊接长度较短时，金属的升温和冷却都较快，产生的变形也较小。分段焊接法是一种常用的焊接法，如钢管焊接时，常将管口周长分成三至四段或更多段进行焊接，分段数随管径增大而增加。圆筒体或管接口采取同时对称焊接也可减少焊接应力。反变形焊接法是减少焊接应力和变形的常用方法。即在焊接前，焊件应按相反的变形进行拼焊，焊后焊接应力互相抵消，从而达到减少变形的目的。容器制造厂常采取焊件退火的应力消除法。退火温度为500～600℃。退火时金属具有很大的塑性，焊接应力在塑性变形后完全消失。

④焊接缺陷及其检验方法：焊缝外观缺陷主要有：焊缝尺寸不符合设计要求、咬边、焊瘤、弧坑、焊疤、焊缝裂缝、焊穿等；内部缺陷有：没焊透、夹渣、气孔、裂纹等。焊接质量检查方法有：外观检查、严密性检查、x或r射线检查和超声波检查等。外观缺陷用肉眼或借助放大镜进行检查。在给水排水工程中，焊缝严密性检查是主要的检查项目。检查方法主要为水压试验和气压试验。对于无压容器，可只作满水试验。即将容器满水至设计高度，焊缝无渗漏为合格。水压试验是按容器工作状态检查，因此是基本的检查内容。水压试验压力当工作压力小于0.5MPa时，为工作压力的1.5倍，但不得小于0.2MPa；当工作压力大于0.5MPa时，为工作压力的1.25倍，但不得小于工作压力加0.3MPa。容器在试验压力负荷下持续5min，然后将压力降至工作压力，并在保持工作压

力的情况下，对焊缝进行检查。若焊缝无破裂、不渗水、没有残余变形，则认为水压试验合格。X射线检查需用X光发射机，常在室内使用。γ射线检查需用γ射线发射机，具有操作简单、射线强度较小、携带方便和经济实用的特点，得到了广泛使用。焊缝射线检查分两种方式，一种是所有焊缝都检查，另一种是焊缝抽样检查。抽样数目按设计规定或有关规范。

（2）氧-乙炔气焊：氧-乙炔气焊简称气焊，是利用乙炔气和氧气混合燃烧后产生3100~3300℃的高温，将两焊缝接缝处的基本金属熔化，形成熔池进行焊接，或在形成焊池后，向熔池内充填熔化焊丝进行焊接。由于这种焊接方法散热快、热量不集中、焊接温度不高，远不及电焊使用普遍。一般仅用于6mm以下薄钢板，DN80以下钢管焊接，或用于切割金属材料，也可以用于焊接有色金属管道及容器。焊接火焰是一种热源，用于加热、熔化焊件和填金属并实行焊接作业。火焰的调节十分重要，它直接影响到焊接质量和焊接效率。火焰可分为中性（正常）焰、过氧（氧化）焰和过快（还原）焰3种。不同的火焰，有不同的火焰外形、化学性能和温度分布。中性焰的氧气与乙炔的比值为1：1.2，它有3个不同的区域，即焰芯、内焰和外焰。焰芯呈尖锥形、色白而明亮、轮廓清楚；内焰呈蓝白色，杏核形；外焰就是最外层的火焰。它是一氧化碳和氢气与大气中的氧完全燃烧后生成的二氧化碳和水蒸气，具有氧化性。气焰火焰内，正常焰时温度相差很大，焰芯顶端高达3500℃，外焰末端一般为1000℃。在焊接中，依靠改变焰嘴与焊件的距离和夹角，以控制焊接的温度。正常焰焰芯末端离工件2~4mm，并且焊嘴垂直于工件所得温度最高，反之加大焰芯与工件的距离或减小焊嘴的夹角，所得温度就低。中性焰适宜焊接黑色金属，也可焊接低合金钢和有色金属。气焊操作可分为焊接方向从右向左的右焊法和焊接方向以左向右的左焊法。左焊法操作方便，易于掌握，是初焊者常用的方法。起焊时，由于刚开始加热，工作温度一时上不去，焊枪倾角要大，并使焊枪在起焊点往复移动，使该处加热均匀；如两焊件厚度不一，则火焰可稍微偏向厚工件一侧，这样才能保证两侧温度平衡，熔化一致。当起焊点形成清晰的熔池时，即可添加表面无油污、除斑等污物的焊丝，并保持速度均匀地向前移动。在整个焊接过程中，需使熔池大小和形状保持一致，这样可得到整齐美观的鱼鳞状焊缝。

法兰减压阀：带法兰的、能够用来焊接的减压阀。减压阀是靠阀孔的启闭对通过介质进行节流达到减压的。它应能使阀后压力维持在要求的范围内，工作时无振动，完全关闭后不漏气，是水暖工程中常用的减压设备。

法兰截止阀：带法兰的、能够用来焊接的截止阀。

钢板平焊法兰：平焊法兰，是最常用的一种。这种法兰与管子的固定形式，是将法兰套在管端，焊接法兰里口和外口，使法兰固定，适用公称压力不超过2.5MPa。用于碳素钢管道连接的平焊法兰，一般用Q235和20号钢板制造；用于不锈耐酸管钢管道上的平焊法兰应用与管子材质相同的不锈耐酸钢板制造。平焊钢法兰密封面，一般都为光滑式，密封面上加工有浅沟槽。通常称为水线。平焊钢法兰的规格范围如下：公称压力PN0.25MPa的为DN10~DN1600；PN0.6MPa的为DN10~DN1000；PN1.0~1.6MPa的为DN10~DN600；PN2.5MPa的为DN10~DN500。

精制六角带帽螺栓：螺栓是有螺纹的圆杆和螺母组合而成的零件，用来连接并紧固，可以拆卸。螺母是组成螺栓的配件。中心有圆孔、孔内有螺纹，跟螺栓的螺纹相啮合，用来使两个零件固定在一起，也叫螺帽。螺栓按加工方法不同，分为粗制和精制两种，粗制螺栓的毛坯用冲制或锻压方法制成、钉头和栓杆都不加工，螺纹用切削或滚压方法制成，这种螺纹因精度较差，多用于土建木、钢结构中。精制螺栓用六角棒料车制而成螺蚊及所有表面均经过加工，精制螺栓又分普通精制螺栓（结构与粗制螺栓相同）和配合（套）螺栓，由于制造精度高，在机械中应用较广。螺柱头一般为六角形，也有方形，这样便于拧紧。常用的螺栓材料有 Q215、Q235 等碳素钢。六角带帽螺栓是指螺帽内外围成呈六边形的螺纹。

管箍：用于连接管道的管件，两端均为内螺纹，分同径和异径两种，以公称直径表示。例如 $DN25$ 管箍，$DN32 \times 25$ 管箍。

直流电焊机：电弧焊所用的电焊机中的一种。电弧焊是利用电弧把电能转化为热能，使焊条金属和母材熔化形成焊缝的一种焊接方法。电弧焊所用的电焊机，分交流电焊机和直流电焊机两种，交流电焊机多用于碳素管的焊接；直流电焊机多用于不锈耐酸钢和低合金钢管的焊接。电弧焊所用的电焊机，电焊条品种的规格很多，使用时要根据不同的情况进行适当的选择。管道焊口分为固定焊口和活动焊口两种。固定焊口是管口组对好以后不能转动的焊口，要靠焊接工人移动焊接位置来完成焊接；活动焊口是管组对点固焊以后，仍能自由转动焊接，使熔接点始终处于最佳位置，为了保证管口的焊接质量，规范要求高压碳素钢管和低合金钢管焊接前要进行预热，焊后要进行热处理。直流电焊机按供给焊工使用人数分为单头直流弧焊机和多头直流弧焊机。单头直流弧焊机只能供给一个焊工使用，而多头直流弧焊机可以同时供给 6～12 个焊工使用。直流弧焊机根据构造与工作原理不同又分为旋转直流电焊机和整流弧焊机。常用的直流电焊机有 AX_1、AX、AX_3、AX_4、AX_7 等。直流直焊机的特点是可以选择极性，工作电压不受电网波动的影响，电弧稳定，尤其是小电流、薄壁件效果更佳。常用于有一定极性要求的焊接，如合金钢和高合金钢、有色金属及其合金等，直流电焊机的缺点是噪音较大。其中整流弧焊机：即是将交流电通过整流元件变为直流电的弧焊设备，它具有噪音小，空载损耗小，效率高，制造和维护容易等优点，建筑工程中常用的焊接整流器为 ZXG-200、ZXG-300、ZXG-10000 四种。旋转直流弧焊机由直流弧焊发电机与动力设备组成。动力设备常用电动机（也可以使用内燃机）。这种焊机电弧焊燃烧稳定，但成本较高，噪声较大，维修也比较复杂，所以这种焊机已部分地被整流弧焊机所代替。

弯管机：是指管道搣弯等工序中所使用的机械。常用的有顶弯式弯管机、转动导轮式弯管机、火焰弯管机和中频弯管机等。顶弯式弯管机具有胎具作用的两个定导轮作支点，和一个带有弧形顶胎的顶棒作力点，利用液压带动顶棒运动，将管段压弯。常见的有 LWG_2-10B 型液压弯管机。

转动导轮式弯管机是由一个具有胎具功能的可转动的导轮，在机械力作用下带动管子随其一起转动而被弯曲。工程上根据弯管时是否使用芯具分为无芯冷弯弯管机和有芯冷弯弯管机两种。

火焰弯管机由四部分组成：加热与冷却装置，主要是火焰圈、氧气乙炔、冷却水系统等；传动机构，由电动机、皮带轮、蜗杆蜗轮变速系统等部件组成；拉弯机构，由传动横臂、夹头、固定导轮等部件组成；操作系统，由电气控制系统、角度控制器、操纵台等部件组成。工作机理是对管子的弯曲部分进行以带状的形式加热至弯管温度，采取边加热、边煨弯、边冷却成形的方法，将管子弯曲成需要的角度。

中频电热弯管机由四部分组成：加热与冷却装置，主要为中频感应圈和冷水系统；传动结构，由发电机、变速箱、蜗杆蜗轮传动机构等部件组成；弯管机构、由导轮架、顶轮架、管子夹持器和纵、横向顶管机构等部件组成；操纵系统，由电气控制系统、操纵台、角度控制器等部件组成。中频感应圈用矩形管子外截面的紫铜管制作，管壁厚 2～3mm，与管子外表面保持 3mm 左右的间隙。弯管的制作方法及所用器具如下：

（1）冷弯弯管：制作冷弯弯头，通常用手动弯管器或电动弯管机等机具，可以弯制 $DN \leqslant 150$ 的弯头，常用于钢管、不锈钢管、铜管、铝管的弯管。

冷弯弯头的弯曲半径 R 不应小于管子公称通径的 4 倍。由于管子具有一定的弹性，当弯曲时施加的外力撤除后，因管子弹性变性的结果，弯头会弹回一个角度。弹回角度的大小与管材、壁厚以及弯头的弯曲半径有关。一般钢管弯曲半径为 4 倍管子公称通径的弯头，弹回的角度约为 3～5°。因此，在弯管时，应增加这一弹角度。手动弯管器的种类较多。弯管板是一种最简单的手动弯管器，它由长 1:2～1.6m、宽 250～300mm、厚 30～40mm 硬质土板制成。板中按需弯管的管子外径开若干圆孔，弯管时将管子插入孔中，管端加上套管作为杠杆，以人工加力压弯。这种弯管器适用于 $DN15 \sim 20$、弯曲角度不大的弯管。如连接冲洗水箱乙字弯（来回弯）。弯管器是施工现场常用的一种弯管器。这种弯管器需要用螺栓固定在工作台上使用，可以弯曲公称通径不超过 25mm 的管子。它由定胎轮、动胎轮、管子夹持器及杠杆组成。把要弯曲的管子放在与管子外径相符的定胎轮和动胎轮之间，一端固定在管子夹持器内，然后推动手柄（可接加套管），绕定胎轮旋转，直到弯成所需弯管。这种弯管器弯管质量要优于弯管板，但它的每一对胎轮只能弯曲一种外径的管子，管子外径改变，胎轮也必须更换，因此，弯管器常备有几套与常用规格管子的外径相符的胎轮。采用机械进行冷弯弯管具有工效高、质量好的特点。一般公称直径 25mm 以上的管子都可以采用电动弯管机进行弯管。

冷弯适宜于中小管径和较大弯曲半径（$R \geqslant 2DN$）的管子，对于大直径及弯曲半径较小的管子需很大的动力，这会使冷弯机机身复杂，使用不便，因此这种情况常采用热弯弯管。

（2）热弯弯管：热弯弯管是将管子加热后进行弯曲的方法。加热的方式有焦炭燃烧加热、电加热、氧乙炔焰加热等。焦炭燃烧加热弯管由于劳动强度大、弯管质量不易保证，目前施工现场已极少采用。

二、疏水器组成、安装

1. 疏水器（螺纹连接）

工作内容：切管、套丝、上零件、制垫、加垫组成、安装、水压试验。

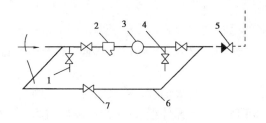

图 2-51　疏水器安装

1—冲洗管；2—过滤器；3—疏水器；4—检查管；
5—止回阀；6—旁通管；7—截止阀

定额编号　8-344～8-348 疏水器组成、安装　P126～P127

[应用释义]　疏水器组成、安装：见第三章低压器具、水表组成与安装第二节工程量计算规则应用释义第 9.3.1 条释义。

疏水器按压力不同可分为高压和低压两种。

疏水器的安装形式有不带旁通管和

带旁通两种。

如图 2-51 所示，为带旁通管的疏水器安装形式。

（1）疏水器安装时，应按照设计要求或标准图组装，疏水器应与水平凝结水干管相垂直，而且注意安装的方向性，按要求安装旁通管、冲洗管和其他部件。

（2）疏水器的安装要求是：疏水器应安装在便于操作和检修的位置，安装应平整，支架应牢固。连接管路应有排水管与凝结水干管（回水），相接时，连接口应在凝结水干管的上方；管道和设备需设疏水器时，必须做排污短管（座），排污短管（座）应不小于150mm 高度，在存水高度线上部开口接疏水器，排污短管（座）下端应设法兰盖；应设置必要的法兰和活接头等，以便于检修拆卸。

螺纹疏水器：带螺纹的、通过螺纹连接方式来连接的疏水器。

法兰疏水器：通过法兰连接方式来连接的疏水器。疏水器的连接有螺纹连接和法兰连接、公称直径小于 32mm，公称压力不超过 0.3MPa 以及公称直径为 40～50mm，公称压力不超过 0.2MPa 的，用螺纹连接，其余为法兰连接。在以蒸汽为介质的供暖系统中，设置疏水器可以自动而迅速有效地排除用气设备和管道中的凝结水，阻止蒸汽漏失和排除空气等非凝性气体，对保证系统正常工作、防止凝结水对设备的腐蚀、气水混合物在系统中的水击、振动结冻胀裂管道都有着重要的作用。

螺纹旋塞（灰铸铁）：旋塞阀，也称转心门，是通过转动阀体中带有透孔的锥形栓塞起到控制介质流量的作用。其连接方式，有螺纹连接和法兰连接两种。制造材质为灰铸铁。旋塞闭的优点是开闭迅速，流体通过时阻力比较小，适用于输送带有沉淀物质的管道上，适用温度不超过 200℃，压力 1.6MPa 以下。

黑玛钢弯头：见第三章低压器具、水表组成与安装第三节定额应用释义定额编号 8-328～8-335 释义。

黑玛钢活接头：主要用锻铸铁（俗称玛钢或韧性铸铁）来制造的用于节点碰头连接用配件。表面未经处理即不镀锌的称黑玛钢活接头。

黑玛钢三通、黑玛钢管箍和钢锯条的解释见第三章低压器具、水表组成与安装第三节定额应用释义定额编号 8-328～8-335 释义减压器。

2. 疏水器（焊接）

工作内容：切管、套丝、上零件、制垫、加垫、焊接、安装、水压试验。

定额编号 8-349～8-356 疏水器（焊接） P128～P131

[应用释义] 切管：见第一章管道安装第三节定额应用释义定额编号 8-1～8-11 镀锌钢管释义。

手工套丝步骤如下：

（1）把要加工的管子固定在管子台钳上，加工的一端伸出 150mm 左右；

（2）将管子绞板套在管口上，拨动绞板后部卡爪滑盘把管子固定，注意不宜太紧，再根据管径的大小调整进刀的深浅；

（3）人先站在管端方向，一手用掌部扶住绞板机身向前推进，一手以顺时针方向转动手把，使绞板入扣；

（4）绞板入扣后，人可站在面对绞板的左、右侧，继续用力旋转板把徐徐而进，在切削过程中，要不断在切削部位加注机油以润滑管螺纹及冷却板牙；

（5）当螺纹加工达到深度及规定长度时，应边旋转边逐渐松开标盘上的固定把，这样既能满足螺纹的锥度要求，又能保证螺纹的光滑。

安放套丝机后，应做好如下准备工作：

（1）取下底盘上的铁屑筛盖子；

（2）清洁油箱，然后灌入足量的乳化液（也可用低黏度润滑油）；

（3）将电源插头插进电源插座；

（4）按下开关，稍后应有油液流出（否则应检查油路是否堵塞）。

做好上述准备工作后，即可进行管子的套丝，其步骤如下：

（1）根据套丝管子的直径，选取相应规格的板牙头的板牙，板牙上的1、2、3、4号码应与板牙头的号码相对应；

（2）拨动把手，使拖板向右靠拢；旋开前头卡盘，插入管子（插入的管长应合适）；然后旋紧前头卡盘，将管子固定；

（3）按下开关，移动进刀把手，使板牙头对准管端并稍施压力，入扣后因螺纹的作用板牙头会自动进刀；

（4）将达到套丝所需长度时，应逐渐松开板牙头上的松紧手把至最大，板牙便沿径向退离螺纹面；

（5）切断电源，移开拖板，松开前头卡盘，整个套丝完成。制垫、加垫：法兰连接必须加垫圈，其作用为保证接口严密，不渗不漏。法兰垫圈厚度选择一般为3～5mm，垫圈材质根据管内流体介质的性质或同一介质在不同温度和压力的条件下选用，给排水管道工程常采用垫圈橡胶板和石棉橡胶板。其解释详见第一章管道安装第三节定额应用释义定额编号8-178管道支架制作安装释义。

法兰垫圈的使用要求见第一章二节工程量计算规则中P59法兰安装所述。

螺纹旋塞（灰铸铁）：见第三章低压器具、水表组成与安装第三节定额应用释义定额编号8-344～8-348疏水器组成、安装释义。

碳钢气焊条：气焊条又称焊丝。焊接普通碳素钢管道可用H08气焊条；焊接10号和20号优质碳素钢管道（$PN \leqslant 6MPa$）可用H08A或H15气焊条。

弯管机：制作弯管（弯头）所用的一种机械用具。采用机械制作弯头具有工效高、质量好的优点。一般公称直径25mm以上的管子都可以采用电动弯管机进行弯管。参见第一章管道安装第三节定额应用释义定额编号8-23～8-35钢管（焊接）释义。

三、水表组成、安装

1. 螺纹水表，如图 2-52 所示。

工作内容：切管、套丝、制垫、安装、水压试验。

定额编号　8-357～8-366　水表组成、安装　P132～P133

[应用释义]　水表组成、安装：见第三章低压器具、水表组成与安装第一节说明应用释义第二条释义。

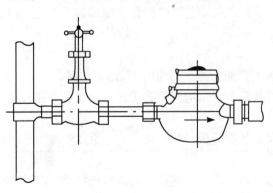

图 2-52　螺纹水表

安装水表应注意以下事项：

（1）水表的选择：包括水表类型的选择和口径的选择：类型的选择考虑下列因素：通过水表的最大、最小及经常流量，水表的工作时间，通过水表的水的浊度，引入管直径等，另外根据管道的公称直径来配置水表，一般情况下，当公称直径小于或等于50mm时，采用旋翼式水表：公称直径大于50mm时，采用螺翼式水表；当通过流量变化幅度很大时，采用复式水表，同等情况下，优先选用湿式水表。

（2）水表应安装在便于检修和读数，不受曝晒、冻结、污染和损伤的地方，一般设在室内或室外的专用水表井中。

（3）水表安装应使表外壳上所指的箭头方向与水流方向一致，水表前后需设检修阀门，以便于故障时检修。其中旋翼式水表和垂直螺翼式水表应水平安装，水平螺翼式和容积式水表可根据实际情况确定水平、倾斜或垂直安装，当采用垂直安装时，水流方向必须自下向上。对于不允许停水或设有消防管道的建筑，还应设旁通管道，在旁通管中装设阀门。

（4）螺翼式水表的上游侧，应满足是长度为8～10倍水表公称直径的直管段，其他类型水表的前后，应有不小于0.3m的直线管段。

（5）水表安装前，应先清洁污道，以除污物堵塞，最好在水表前加装过滤器。

法兰水表：采用法兰为连接方式的水表称之为法兰水表。当$DN \geqslant 50$时，采用法兰连接。水表是一种计量建筑物或设备用水量的仪表，室内给水系统中广泛使用流速式水表。

法兰闸阀：闸阀就其连接方式，有螺纹连接和法兰连接两种。法兰闸阀即以法兰形式连接的闸阀。法兰是在管道上起连接作用的一个重要管件。闸阀是启闭件（闸板）由阀杆带动，沿阀座密封面作升降运动的阀门，也叫阀板阀或板阀。闸阀是管道系统上最常用的闭路阀门，其属于截断类阀门，不宜作调节流量或压力使用。闸阀就是其阀杆运动状况可分为明杆和暗杆两种，明杆阀门的螺杆外露，开启时闸杆伸出手轮，可以从闸杆外伸长度判断阀门的开启程度。而暗杆开启时阀门不上行，无法从外观上判断其开启程度。但其阀门安装空间高度相对明杆低。由于明杆阀门阀杆不与输送介质接触，螺杆便于清洗，其多用于室内或有一定腐蚀性介质的管道上，而暗杆阀门适用于非腐蚀性介质及日常操作位置受限的地方。闸阀的闸板有楔式，平行式等数种，其中楔式闸阀又可分为单阀板、双闸板和弹性闸板。闸阀对介质的流动阻力小，开启和关闭比较方便容易，启闭力小，密封性能比较好，同时又具有介质流动方向不受限制等优点。但其闸板及密封面容易磨损，而且密封面检修困难，同时阀体结构比较复杂，外形尺寸比较大而笨重，阀门安装高度要求也比较大。

法兰止回阀：止回阀就其连接方式，也可分为螺纹连接止回阀和法兰连接止回阀两种。法兰止回阀即以法兰形式连接的止回阀。止回阀是利用流体的动能来自动阻止管道或设备中介质逆流的一种阀门，也可称为逆止阀、单向阀。该阀门是借助介质作用力控制启闭件来确保介质单向流动的。根据其结构的不同，可分为升降式和旋启式两种。升降式止回阀密封性好，噪声小，但对介质的流动阻力较大，只能安装在水平管路上，多用于小口径的水平管道上。旋启式止回阀其密封性相对升降式止回阀较差，但其阻力比升降式止回阀小。其可安装在水平管道和由下向上流动的垂直或倾斜管道上，多用于垂直管道及大口径管道上。

压制弯头：见第一章管道安装第三节定额应用释义定额编号 8-328～8-235 减压器（螺纹连接）释义。

橡胶板：法兰垫圈的一种。详见第一章管道安装第三节定额应用释义定额编号 8-23～8-35 钢管释义。

2. 焊接法兰水表（带旁通管及止回阀）

工作内容：切管、焊接、制垫、加垫、水表、止回阀、阀门安装、上螺栓、水压试验。

定额编号　8-367～8-373　焊接法兰水表（带旁通管及止回阀）　　P134～P137

［应用释义］　焊接法兰水表（带旁通管及止回阀）：水表连接方式规定为：$DN \leqslant 40$时，采用螺纹连接；$DN \geqslant 50$ 时，采用法兰连接。水表前后应装设阀门，对于不允许停水或没有消防管道的建筑，还应设旁通管道，此时水表后侧要装止回阀，旁通管上的阀门要设有铅封。

阀门安装：见第三章阀门、水位标尺安装第三节定额应用释义定额编号 8-241～8-249 螺纹阀释义。

压制弯头：见第三章低压器具、水表组成与安装第三节定额应用释义定额编号 8-357～8-366 焊接法兰水表释义。

无缝钢管：钢管统分为无缝钢管和有缝钢管。无缝钢管是工业建设中用量最大的管材，它广泛用于中、低压工艺管道工程，普通无缝钢管用碳素钢、优质碳素钢、低合金钢或合金钢制成。按制造方法无缝钢管分为热轧和冷拔两种，热轧钢管的规格范围为 $\phi 32 \times 25 \sim \phi 30 \times 50$，冷拔钢钢管规格范围为 $\phi 4 \times 1 \sim \phi 50 \times 12$。一般常用无缝钢管的材质为 10 号或 20 号优质碳素钢。根据需要也可以采用普通低合金钢 16Mn，15MnV 或铬钼合金结构钢。常用无缝钢管为碳素钢无缝钢管。无缝钢管具有承受高压及高温的能力，随着壁厚增加承受压力及温度的能力也增加，用于输送高压蒸气、高温热水、易燃易爆及高压流体等介质。其具体分类详见第一章管道安装第一节说明应用释义第三条释义。

电动卷扬机：电动卷扬机是起重吊装工作中的重要机具，它具有起重能力大、速度快、结构紧凑、操作方便和安全可靠等特点，所以应用广泛。电动卷扬机的起重能力一般为 1～20t。使用电动卷扬机，应注意所选用的钢丝绳直径应与卷筒相匹配，一般卷筒直径应为钢丝绳直径的 16～25 倍。电动卷扬机必须用地锚予以固定，防止工作时产生滑动或倾覆。还要注意卷扬机的卷筒的余绳圈数不得少于 4 圈，卷扬机满负荷工作时，卷筒上余绳圈数不得少于 8 圈。

第四章 卫生器具制作安装

第一节 说 明 应 用 释 义

一、本章所有卫生器具安装项目，均参照《全国通用给水排水标准图集》中有关标准图集计算，除以下说明者外，设计无特殊要求均不作调整。

[应用释义] 卫生器具：是用来满足日常生活中洗涤等卫生用水以及收集、排除生产、生活中产生污水的设备。卫生器具的分类：按卫生器具的功能分为：

1. 排泄污水、污物的器具：大便器、小便器、倒便器、漱口盆等。

2. 沐浴器具：浴盆、淋浴器。

3. 盥洗器具：洗脸盆、净身盆、洗脚盆（槽）。

4. 洗涤器具：洗涤盆（家具盆）、污水池。

5. 备膳器具：洗菜池、洗涤池、洗碗池（机）。

6. 饮水器具：饮水器。

7. 其他特殊器具：化验盆、水疗设备等。

二、成组安装的卫生器具，定额均按标准图集计算了与给水、排水管道连接的人工和材料。

[应用释义] 卫生器具：为满足卫生清洁的要求，卫生器具一般采用不透水、无气孔、表面光滑、耐腐蚀、耐磨损、耐冷热、便于清扫、有一定强度的材料制造，如陶瓷、搪瓷、生铁、塑料水磨石、复合材料等。为防止粗大污物进入管道发生堵塞，除了大便器外，所有卫生器具均应在放水口处设栏栅。常用的卫生器具按其用途可分为：便溺用卫生器具、盥洗、沐浴用卫生器具、洗涤用卫生器具等几类。

（一）卫生器具

1. 便溺用卫生器具

便溺用卫生器具设置在卫生间和公共厕所，用以收集生活污水。便溺用卫生器具有便器和冲洗设备等。

（1）大便器

①蹲式大便器。蹲式大便器多装设在公共卫生间、家庭、旅馆等一般建筑内，多使用高水箱进行冲洗。

大便器的安装应先进行试安装，将大便器试安装在已装好的存水弯上，用红砖在大便器四周临时垫好，核对大便器的安装位置、标高，符合质量要求后，用水泥砂浆砌好垫砖，在大便器周围添入白灰膏拌制的炉渣；再将便器与存水弯接好，最后用楔形砖挤住大便器，顺序安装冲洗水箱、冲洗管，在大便器周围添入过筛的炉渣并拍实，并按设计要求抹好地面。

②坐式大便器。坐式大便器有冲洗式和虹吸式两种，坐式大便器本身构造带有存水弯，排水支管不再设水封设置。坐式大便器冲洗水箱多用低水箱。坐式大便器多装设在家

庭、宾馆、饭店等建筑内。

③大便槽

大便槽用在建筑标准不高的公共建筑（工厂、学校）或城镇公厕中。一般槽宽200～500mm，底宽150mm，起端深度为350～400mm，槽底坡度大于0.015，大便槽末端做有存水门坎，存水深为10～50mm，以使粪便不易粘于槽面而便于冲击。大便槽多用混凝土制成，排水管及存水弯管径一般为150mm。

（2）小便器

小便器装设在公共男厕中，有立式和挂式两种。冲洗设备可采用自动冲洗水箱或阀门冲洗，每只小便器均应设存水弯。小便槽建造简单，造价低，能同时允许多人使用。

（3）小便槽

在同样的设置面积下，小便槽允许同时使用的人数多，且建筑简单经济，故在公共建筑、学校及集体宿舍的男厕中被广泛采用。一般小便槽宽300～400mm，起始端槽深不小于100mm，槽底坡度不小于0.01，槽外侧有400mm的踏步平台，并做0.01坡度坡向槽内，小便槽沿墙1.3m高度以下铺砌瓷砖，以防腐蚀。

（4）冲洗设备

冲洗设备是便溺器具的配套设备，有冲洗水箱和冲洗阀两种。冲洗水箱分高位水箱和低位水箱多采用虹吸式。高位水箱用于蹲式大便器和大小便槽，公共厕所宜用自动式冲洗水箱，住宅和宾馆多用手动式。低位水箱用于坐式大便器，一般为手动式。冲洗阀直接安装在大小便器冲洗管上，多用手公共建筑、工厂及火车厕所内。

2. 盥洗、沐浴用卫生器具

（1）洗脸盆：洗脸盆装置在盥洗室、浴室、卫生间供洗漱用。洗脸盆大多用带釉陶瓷制成，形状有长方形、半圆形及三角形，架设方式有墙架式和柱架式两种。洗脸盆的高度及深度要适宜，减少弯腰，使少溅水。

（2）盥洗槽：盥洗槽大多装设在公共建筑的盥洗室和工厂生活间内，可做成单面长方形和双面长方形，常用钢筋混凝土水磨石制成。

（3）浴盆：浴盆一般用陶瓷、搪瓷、铸铁、玻璃钢、塑料制成，外形呈长方形。浴盆设在住宅，宾馆、医院等卫生间或公共浴室。浴盆配有冷热水管或混合龙头，有的还配有淋浴设备。

（4）淋浴器：淋浴器与浴盆比较，有较多的优点，占地少造价低，清洁卫生，广泛应用在工厂生活间。

地漏：地漏是排水的一种特殊装置。装在地面须经常清洗（如食堂、餐行）或地面有水须排泄处。地漏有扣碗式、多通道式、防回流式、密闭式、无水式、防冻式、侧墙式等多种类型。

3. 洗涤用卫生器具

洗涤用卫生器具供人们洗涤器皿之用，主要有污水盆、洗涤盆、化验盆等。

（二）给水、排水管道

建筑给排水管道常用的管材有钢管、给水铸铁管和塑料管等。生产和消防管道一般用非镀锌管或给水铸铁管。室内地上生活给排水管管径小于或等于150mm时应用镀锌钢管；管径大于150mm时可采用给水铸铁管。埋地敷设的生活给水管，管径等于或大于

75mm 的宜用给水铸铁管。大便器、大便槽和小便槽的冲洗管宜用塑料管。

1. 钢管

钢管有焊接钢管和无缝钢管两种。

焊接钢管,按壁厚分为普通钢管和加厚钢管两种。每种又分为镀锌管(白铁管)和非镀锌钢管(黑铁管)两种。镀锌钢管在表面进行了镀锌处理,可以保护水质,延长管道使用寿命。加厚钢管和普通钢管的外径尺寸相同,管壁加厚,实际内径缩小,这样便于连接时使用统一的管件,并保持外观一致。焊接钢管的规格以公称直径表示。无缝钢管,当焊接钢管不能满足要求时采用无缝钢管。无缝钢管的公称直径与实际内径差异很大,所以其规格用外径×壁厚来表示。

2. 硬聚氯乙烯塑料管

硬聚氯乙烯塑料管是用聚氯乙烯树脂加入稳定剂、润滑剂,挤压成型制造而成的。它的优点是重量轻、不结垢、化学稳定性高、耐腐蚀、内壁光滑、水力条件好;缺点是不能抵抗强氧化剂(如硝酸以及芳香族烃和氯化烃)的作用,强度低,耐热性差。

3. 给水铸铁管

给水铸铁管用灰口铸铁浇铸而成。与钢管比较,铸铁管耐腐蚀性强,使用寿命长;但铸铁性脆,重量大,长度小。铸铁管是目前使用最多的管材,管径在 50~200mm 之间。

(三)给、排水管道连接

给、排水管道连接有几种型式:

1. 钢管的连接

钢管的连接方法有螺纹连接、焊接和法兰连接。

(1)螺纹连接。钢管的螺纹连接是在管段的端部加工螺纹,然后拧上带内螺纹的管子配件和其他管段连接。一般在 100mm 以下管径采用螺纹连接,为避免焊接时锌层破坏,镀锌管均为螺纹连接。螺纹连接常用的管件有管箍、三通、四通、弯头、活接头、补心、对丝、根母、丝堵等。

(2)焊接。常用的焊接方法有手工电弧焊和氧气—乙炔焊,管子公称直径 40mm 以下或薄壁钢管可用气焊,公称直径 50mm 以上的钢管可用电弧焊接。

(3)法兰连接。管道的阀门、水表等管路附属设备与管子连接时,常用法兰盘装在(焊接或螺纹法兰)管端,再用螺栓连接。法兰盘可选用成品或按国家标准加工。

2. 铸铁管承插连接

给水铸铁管的一端为承口,另一端为插口,将一根管的插口放人另一端的承口中,其间的缝隙用填料塞好,将管道连成系统,这种方法称作承插连接。遇到管道的分支、转弯、变径处,使用管件连接,管件的种类有弯头、三通、四通、异径管等。

3. 塑料管的连接

塑料管可用螺纹连接(配件为注塑制品)、热空气焊接、法兰连接、粘接等方法。管道系统安装前,应对材料的外观和接头配合公差进行仔细检查,并清除污垢杂物。施工过程中应避免油漆、沥青等与硬聚氯乙烯管材、管件接触。塑料管之间的连接宜采用胶粘剂粘接;塑料与金属管配件、阀门的连接应采用螺纹连接或法兰连接。

(1)粘接。先用干布将承、插口表面擦净,然后用尼龙刷或鬃刷涂抹胶粘剂。先涂承口,再涂插口,胶粘剂涂抹应均匀并适量。粘接时将插口轻轻插入承口中,对准轴线,迅速完成，粘接完毕将接头处多余的胶粘剂擦揩干净。

（2）螺纹连接。塑料管与金属管配件采用螺纹连接的管道系统，其连接部位管道的管径不大于 63mm。塑料管与金属管配件采用螺纹连接时，必须采用注射成型的螺纹塑料管件，宜将塑料管做成外螺纹，金属管配件为内螺纹；若塑料管件为内螺纹，则宜使用注射螺纹端外部嵌有金属加固圈的塑料连接件。

人工：定额中的人工包括基本用工和其他用工，不分列工种和级别，均以四级工综合工日表示。"综合工同"的工资单价采用北京地区安装工人四级工工资标准，每工日为2.5元，包括标准工资和工资性津贴。

材料：包括直接消耗在安装工作内容的使用量和规定的消耗量。凡定额中未注明单价的材料均未计价，基价中不包括其价格，应按"（）"内所列的定额用量按地区价格计算。用量很少，对基价影响很小的零星材料合并为其他材料费，以"无"表示加入基价。

三、浴盆安装适用于各种型号的浴盆，但浴盆支座和浴盆周边的砌砖、瓷砖粘贴应另行计算。

〔应用释义〕　浴盆：是定期清洁身体，清除疲劳，进行身体保健的主要卫生洁具。浴盆的形式一般为长方形，亦有方形、斜边形。其规格有大型 1830mm×810mm×440mm、中型（1680～1520）mm×750mm×（410～350）mm、小型（1200mm×650mm×360mm）。按其材质有铸铁搪瓷、钢板搪瓷、玻璃钢、人造大理石等。根据不同的功能要求分为裙板式浴盆、扶手式浴盆、防滑式浴盆、坐浴式浴盆及普通式浴盆等类型。

四、洗脸盆、洗手盆、洗涤盆适用于各种型号。

〔应用释义〕　洗脸盆：是卫生器具中常用的一种。一般用于洗脸、洗手、洗头，广泛用于旅馆、公寓卫生间与浴盆配套设置，也用于公共洗手间或厕所内洗手、理发室内洗头、医院各治疗间洗器皿和医生洗手等。洗脸盆的型式按洗脸盆的构造、外形和安装方式可分普通式洗脸盆、台式洗脸盆和立式洗脸盆。

洗涤盆（又称家具盆）：洗涤盆有单格和双格之分，双格洗涤盆一格用于洗涤物品，而另一格可用来泄出污水。较广泛用于住宅的厨房、医院的诊室、治疗室、旅馆或公寓的配餐烹调间、公共服务间等场所。洗涤盆具有清洁卫生、使用灵活等特点，可单个或成排安装，亦可嵌入工作台板，按使用要求不同，可与水磨石台板、瓷砖台板以及塑料贴面的工作台板组合在一起。台板下部为柜子，作为化学实验室洗器皿做实验必备的装备设施。洗涤盆的型式：洗涤盆应是一种外观清洁卫生又便于洗刷的卫生器具，一般均为白色陶瓷制品，分直沿和卷沿两种型式。平面尺寸有 610mm×（410～460）mm、510mm×（350～410）mm、410mm×（300～350）mm。盆高均为203mm。为适合公共大厨房使用，亦有更大型号的不锈钢洗涤盆或钢板搪瓷洗涤盆，用于洗涮餐具。洗涤盆的安装高度，为了便于使用不宜太高，距地 800mm 较为普遍。

五、化验盆安装中的鹅颈水嘴、化验单嘴、双嘴适用于成品件安装。

〔应用释义〕　单指化验盆中鹅颈水嘴、化验单嘴、双嘴适用于成品件，而不是散装零配件，在套用定额时，一定要区分开来。这与平常所说成品，半成品，零配件散袋是一样含义。

化验盆、鹅颈水嘴、化验单嘴、双嘴具体概念释义请看前面应用释义。

六、洗脸盆肘式开关安装不分单双把均执行同一项目。

[应用释义] 洗脸盆肘式开关：是安装在洗脸盆上的一种控制水的排放的装置。开关，这里指的是一种控制管道或管件或配件中水流动的一种装置。

七、脚踏开关安装包括弯管和喷头的安装人工和材料。

[应用释义] 脚踏开关：是一种用脚来控制的开关，主要用于控制水的排放。

弯管：弯管即弯头，是管件中用量最多的一种，它在管道上起改变管路走向的作用。弯头按其弯曲的角度分为 45°、90°、180°三种，工艺管道上常用的为 90°弯头。有时也把弯头称为肘型弯管或肘管。下面介绍几种常用的弯管（弯头）：

1. 可锻铸铁弯头

可锻铸铁弯头，也称为玛钢弯头，是用白口铁经锻化热处理后制成的，适用于螺纹连接的焊接钢管安装，与焊接钢管一样也分为镀锌的和不镀锌的两种，镀锌的与镀锌焊接钢管配合使用。国家标准规定，可锻铸铁管路连接件的规格范围为公称直径 3～150mm，使用压力在 1.6MPa 以下，输送介质最高温度不超过 200℃，适用于输送水、油、空气、煤气和蒸汽等一般管路的安装。可锻铸铁弯头，通常使用最多的都是内螺纹 90°同径弯头，也有少量的 90°异径弯头。

2. 铸铁弯头

铸铁弯头，制造材质和种类与铸铁管基本相同，按其连接形式分两种，一种是承插口铸铁弯头，一种是法兰铸铁弯头，承插铸铁弯头，除了一端是承口，一端是插口的以外，还有两端是承口；法兰铸铁弯头，除了两端都是法兰接口的以外，还有一端是法兰，另一端是插口的。

3. 压制弯头

见第三章低压器具、水表组成与安装第三节定额应用释义定额编号 8-357～8-366 焊接法兰水表释义。

4. 冲压焊接弯头

冲压焊接弯头，是采用与管材相同的优质钢板，经下料、切割、冲压成型，每次只能压半个弯头，将两个半片组合在一起，经焊接后才形成完整的冲压焊接弯头。其制造材质多为碳素钢，由专业生产厂制造。根据订货合同要求，可分片出厂，也可组对点焊出厂。弯头边的纵缝焊接，一般都是在施工现场根据焊缝等级要求进行焊接。其规格范围为直径 200～500mm，适用压力在 4MPa 以下。

5. 焊接弯头

焊接弯头，也称虾米腰或虾体弯头，制作方法有两种，一种是在加工厂用钢板下料经切割、卷制、焊接成型，使用压力在 2.5MPa 以下，使用温度一般不超过 200℃。这种弯头的制作不需要专用机械，因此，通常都是施工现场制作。

6. 高压弯头

高压弯头，是采用优质碳素钢和合金钢锻造而成。根据管道的连接形式，弯头两端可加工成螺纹或坡口，加工的精密度要求很高，因此，都采用机械加工。螺纹的加工是为适用于高压螺纹法兰连接，七十年代以前国内高压管道安装多采用此种连接方法。弯头两端加工成坡口，是为适用于焊接方法连接的高压管道安装。此种高压弯头，都是由专业工厂生产，出厂时要有出厂合格证。高压弯头的规格范围为公称直径 6～200mm，适用压力为

16MPa、22MPa、32MPa。

喷头：是一种直接喷水淋浴或灭火的组件，它的性能好坏直接关系到系统的启动、灭火和控制效果。喷头可分为闭式喷头、开式喷头和特种喷头三种。

闭式喷头是带热敏元件及其密封组件的自动喷头。该热敏元件可在预定范围温度下动作，使热敏元件及其密封组件脱离喷头本体，并按规定的形状和水量在规定的保温面积内喷水灭火。此种喷头按热敏元件划分，分为玻璃球喷头和易熔元件喷头；按安装形式、布水形式又分为直立型、下垂型、边墙型、吊顶型、干式下垂型和通用型等六种。

八、淋浴器铜制品安装适用于各种成品淋浴器安装。

［应用释义］ 淋浴器：最适合用于工厂、学校、机关、部队与单位的公共浴室。也可安装在卫生间的浴盆上，作为配合浴盆一起使用的洗浴设备。与浴盆相比，淋浴器具有占地面积小、设备费用低，耗水量小，消洁卫生，避免疾病传播的优点。因其配水阀件和装置的不同，淋浴器的型式很多，冷热水手调式淋浴器，如一般普通常用淋浴器，它容易产生忽冷忽热，存在不易调节的缺点。单把开关调温式淋浴器，用于较高档淋浴间，或卫生间浴盆上，它是采用高级陶瓷材料作密封零件，通过陶瓷片的相对位置达到开放、关闭、调节冷热水混合温度及流量，以上动作全靠一个手把来控制，此种单把开关一般与镀铬软管淋浴器连结，配上向浴盆放水的混合水嘴，亦可称作三联式单把开关。亦可装在固定式淋浴器上，用单把开关向左右旋转来调节淋浴水温，虽造价稍高，但调温灵敏，便于操作，节水节能。其他如恒温脚踏式淋浴器和光电式淋浴器，均为节能节水型淋浴器。这种淋浴器做到人离水停，较一般淋浴器节水 30%～40%，此类淋浴器最适宜装于公共淋浴室。脚踏式淋浴器，构造简单，便于修理，由脚踏板、弹簧阀、拉杆、淋浴头组成，并适用于单管淋浴系统，应附有自控恒温装置，可根据气候季节的变化，人工定温（一般 37～40℃）。这样就不会因为水温不适宜而浪费水量。光电式淋浴器，利用光电管打出光来，使用时人体挡住光束，淋浴器立即出水，人体离开立即停水，反应灵敏，不需经常管理，只需定时检查电气线路控制是否正常，在集中电气控制盘上均有较明显的显示。

医院水疗使用的淋浴器，根据不同水疗效用。淋浴器表面形状，有针状喷头、射流喷头、雨淋式喷头、蜂窝式喷头、乳头式喷头等，通过水疗操作台，针对不同皮肤疾病，调节不同水压，产生不同强度的射流水柱，进行水疗。借此刺激皮肤，治疗各种疾病。属由头部下淋的全身淋浴器，其安装高度一般离地面 2.2～2.3m。近年来有的国家淋浴器已有所发展，除全身淋浴器外，并按人体各部位，如肩、胸、腿、脚等不同位置和高度设置定位喷头，使用方便，冲洗效果好。

九、蒸汽—水加热器安装项目中，包括了莲蓬头安装，但不包括支架制作安装，阀门和疏水器安装可按相应项目另行计算。

［应用释义］ 蒸汽—水加热器，也称快速水加热器，是用蒸汽来加热水。它是针对容积式水加热器中"层流加热"的弊端，而出现的"紊流加热"：即通过提高热媒和被加热水的流动速度，对提高热媒对管壁、管壁对被加热水的传热系数，以改善传热效果。

根据热媒的不同，快速式水加热器有汽—水（如图 2-53、图 2-54 所示）和水—水两种类型，前者热媒为蒸汽，后者热媒为过热水；根据加热导管的构造不同，又有单管式、多管式、板式、管壳式、波纹板式、螺旋板式等多种型式。

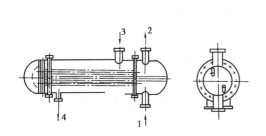

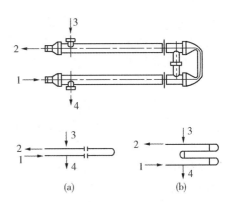

图 2-53 多管式汽—水快速式水加热器
1—冷水；2—热水；3—蒸汽；4—凝水

图 2-54 单管式汽—水快速式水加热器
(a) 并联；(b) 串联
1—冷水；2—热水；3—蒸汽；4—凝水

快速式水加热器具有效率高、体积小、安装搬运方便的优点，缺点是不能贮存热水、水头用水损失大，在热煤或被加热水压力不稳定时，出水温度波动较大，仅适用于用水量大，而且比较均匀的热水供应系统或建筑物采暖系统。如图 2-53 所示为多管式汽—水快速式水加热器，如图 2-54 所示为单管式汽—水快速式水加热器，它可以多组并联或串联。这种水加热器是将被加热水通人导管内，热媒（即蒸汽）在壳体内散热。主要由圆形的外壳、管束、前后管板、水室、蒸汽与凝结水短管、冷热水连接短管等部分组成。管束可采用铜管或锅炉无缝钢管，蒸汽在管束外面流动，被加热水在管内流动，通过管束壁面换热。为增强传热效果，可利用隔板在前后水室把管束分成几个行程，以增大水流速度，一般流速为 1～3m/s。行程为偶数，多采用 2 个和 4 个。

疏水器：也称隔汽具，装在蒸汽—水加热器凝结水出口管上，其作用是阻隔蒸汽，疏通凝结水，保证蒸汽能在水加热器内充分凝结放热。常用的疏水器有倒吊筒式和热动力式等。倒吊筒式疏水器：当凝结水进入时，吊筒下落，阀孔打开，能顺利排出；当蒸汽进入时，吊筒浮起，则关闭阀孔，可以阻止蒸汽流过。动力式疏水器：当凝结水进入可以经阀孔，环形槽，由孔中排出；当蒸汽流人时，则阀板关闭，不能通过。

阀门：见第一章管道安装第一节说明应用释义第二条释义。

支架：见第一章管道安装第一节说明应用释义第四条中管道支架的释义。

十、冷热水混合器安装项目包括了温度计安装，但不包括支座安装，可按相应项目另行计算。

［应用释义］ 冷热水混合器又叫混合式水加热器，是冷、热流体直接接触互相混合而进行换热的。在热水箱内设多孔管和汽—水喷射器，用蒸汽直接加热水，就是常用的混合式水加热器。

十一、小便槽冲洗管制作安装定额中，不包括阀门安装，可按相应项目另行计算。

［应用释义］ 小便槽冲洗管：即小便槽冲洗所用的管子，一般为塑料管。小便槽，小便时所用卫生器具，一般安装在公共建筑、学校及集体宿舍的男厕中。一般小便槽宽 300～400mm，起始端槽深不小于 100mm，槽底坡度不小于 0.01，槽外侧有 400mm 的踏步平台，并做 0.01 度坡度向槽内，小便槽沿墙 1.3m 高度以下铺砌瓷砖，以防腐蚀。

十二、大小便槽水箱托架安装已按标准图集计算在定额内，不得另行计算。

[应用释义]　　大便槽：见第四章卫生器具制作安装第一节说明应用释义第二条释义。

小便槽：见第四章卫生器具制作安装第一节说明应用释义第二条释义。

阀门：是在流体输送系统中用以控制管道内介质流动的具有可动机构的装置。阀门的种类很多，通常有以下分法：按照阀门的功能和用途的不同可分为闭路阀、止回阀、安全阀、调节阀和减压阀等；按照阀门启闭零件以及结构的不同可分为闸阀、截止阀、球阀、蝶阀和旋塞阀等。按照阀门启闭时传动方式的不同可分为人工控制阀门、电磁控制阀门、气动控制阀门和液压控制阀门等，按照阀门连接形式的不同可分为螺纹连接、法兰连接和焊接等；按照阀门制造材质的不同可分为铸铁阀、碳钢阀、铜阀、铬钼合金阀、不锈耐酸钢阀和各种金属阀门等。

闸阀和止回阀的释义见第三章低压器具、水表组成与安装第三节定额应用释义定额编号8-357～8-366水表组成、安装释义。

十三、高（无）水箱蹲式大便器、低水箱坐式大便器安装，适用于各种型号

[应用释义]　　高（无）水箱蹲式大便器：大便器，是排除粪便的卫生器具。其作用是把大便时的粪便和便纸快速地排入下水道，同时还要防臭，因此，大便器由便器本体、冲洗水箱或冲洗装置以及存水弯等构成。冲洗水箱有足够的水量和水压，冲洗时使便器内表面可全部得到清洗，为此，便器本体一般由较坚硬，具有一定强度、表面光滑，不吸水的材料制成，如陶瓷、铸铁搪瓷、塑料、玻璃钢等。大便器按其排泄原理，一般可分为冲洗式、虹吸冲洗式、虹吸喷射式、虹吸旋涡式。按其使用形式可分为坐式和蹲式。按其冲洗形式可分为高水箱、低水箱、液压自闭式冲洗阀、脚踏式冲洗阀等附有多种冲洗形式的大便器。其他，还有多功能大便器、节水型大便器等。

蹲式大便器：一般用于集体宿舍和公共建筑物的公共场所或防止接触传染的医院的厕所内，采用高位水箱或延时自闭式冲洗阀冲洗。医院内厕所设置的蹲式大便器采用脚踏式自闭式冲洗阀者较多。蹲式便器的压力冲洗水流经大便器周边的配水孔，将便器充分洗刷干净。

坐式大便器：坐式大便器有冲洗式和虹吸式两种。坐式大便器本身构造带有存水弯，排水支架不再设水封设置。坐式大便器冲洗水箱多用低水箱，坐式大便器多装设在家庭、宾馆、饭店等建筑内，如图2-55、图2-56所示。

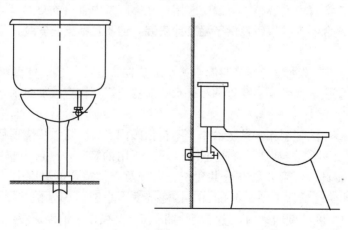

图 2-55　带水箱坐式大便器

十四、电热水器、电开水炉安装定额内只考虑了本体安装、连接管、连接件等可按相应项目另行计算。

[应用释义]　电热水器：又称开式溢流容积式电力水加热器、冷水由自来水供给，加热器要高于浴盆、洗脸盆或洗涤盆，加热器的温度控制装置在水温低于要求温度时会自动接通电源。

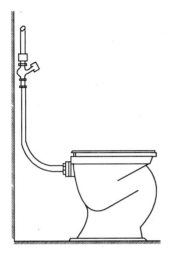

图 2-56　自闭冲洗阀坐式大便器

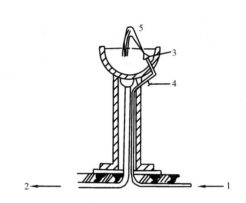

图 2-57　饮水器

1—供水管；2—排水管；3—喷嘴；

4—调节阀；5—水柱

十五、饮水器安装的阀门和脚踏开关安装，可按相应项目另行计算。

[应用释义]　饮水器：饮水器一般设置在工厂、学校、火车站、体育馆（场）和公园等公共场所，供人们饮用冷开水或消毒冷水的器具。如图 2-57 所示。它实质是一个铜质弹簧饮水龙头。饮水器水盘上缘距地板高度为 850mm，饮水龙头安装高度为 1000mm。饮水器的安装见《给水排水标准图集》S342。冷饮水供应系统如图 2-58 所示。

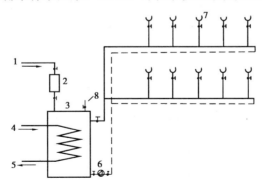

图 2-58　冷饮水供应系统

1—冷水；2—过滤器；3—水加热器（开水器）；4—蒸汽；5—冷凝水；6—循环泵；7—饮水器；8—安全阀

切管：见第三章低压器具、水表组成与安装第三节定额应用释义定额编号 8-328～8-335 减压器释义。

套丝：见第一章管道安装第三节定额应用释义定额编号 8-1～8-11 镀锌钢管释义。

十六、容积式水加热器安装，定额内已按标准图集计算了其中的附件，但不包括安全阀安装、本体保温、刷油和基础砌筑。

［应用释义］　容积式水加热器：是一种既能把冷水加热，又能贮存一定量热水的换热设备，有立式和卧式两种。它主要由外壳、加热盘管、冷热流体进出口等部分构成。同时还装有压力表、温度计和安全阀等仪表、阀件。高压蒸汽（或高温水）从上部进入排管，在流动过程中，即可把水加热，然后变成凝结水（或回水）从下部流出排管了。

容积式水加热器的优点是具有较大的贮存和调节容积，被加热水通过时压力损力较小，用水点处压力变化平稳，出水水温较为稳定，但在该加热器中，被加热水流速缓慢，传热系数小，热交换效率低，且体积庞大占用过多的空间，在热媒导管中心以下约有 30％ 的贮水，是低于规定水温的常温水或冷水，所以，贮罐的容积利用率较低，可把这种层叠式的加热方式称为"层流加热"。卧式容积式水加热器构造如图 2-59 所示。

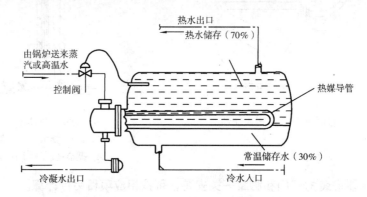

图 2-59　容积式水加热器（卧式）

安全阀：是安装在工艺管道和设备上的安全保险装置。当介质压力超过规定值时能自动开启排气降压，介质压力低于规定值时又能自动关闭。安全阀的种类：根据其构造和工作原理分为杠杆式安全阀和弹簧式安全阀两种。杠杆式安全阀有单杠杆和双杠杆之分，工作原理是靠移动重锤位置来平衡系统内的压力。弹簧式安全阀，有封闭式和开放式之分，工作原理是靠压缩弹簧力来平衡系统内的介质压力。安全阀，进口侧位于高温、高压侧，出口侧处于低温、低压侧。介质由出口排放时，压力降低，体积膨胀，流速增加，出口口径一般大于入口口径，应注意连接法兰口径的选配，不要弄错。排出介质应采用管道排放到安全地点。

弯管：见第一章管道安装第一节说明应用释义第三条释义。

第二节　工程量计算规则应用释义

第 9.4.1 条　卫生器具组成安装以"组"为计量单位，已按标准图综合了卫生器具与给水管、排水管连接的人工与材料用量，不得另行计算。

［应用释义］　　卫生器具：见第四章卫生器具制作安装第一节说明应用释义第一条

释义。

给水管：建筑给水系统的组成部分之一。

建筑给水系统一般由下列各部分组成：

1. 引入管：对一幢单独的建筑物而言，引入管是室外给水管网与建筑给水管道系统联络的管段。必须对水量进行计量的建筑物，引入管上应设水表，必要的阀门及泄水装置。

2. 给水管道：给水水平干管将引入管的水送往立管，然后由给水立管将水分送给水横支管、支管。

3. 用水设备：用水设备包括配水龙头或其他用水器具。

4. 升压和贮水设备：在室外给水管（道）网压力不足或对安全供水、水压稳定有要求时，需设置各种附属设备，如水箱、水池、水泵、气压给水装置等。

5. 消防设备：根据建筑防火要求及规定，需要设置消防给水时，一般应设消火栓设备。有特殊要求时，设自动喷洒或雨淋、水幕消防设备。

排水管：建筑排水系统的组成部分之一。

建筑排水系统一般由污（废）水受水器、排水管道、通气管道、清通设备等组成，如污水需进行处理时还应有局部水处理构筑物：

1. 污（废）水受水器：污（废）水受水器系指各种卫生器具，排放工业废水的设备及雨水斗等。

2. 排水管系统：排水管系统由器具排出管（指连接卫生器具和排水横支管的短管，除坐式大便器外其间应包括存水弯），有一定坡度的横支管、立管及埋设在室内地下的总横干管和排至室外的排出管组成。

按管道埋设地点，条件及污水的性质和成分，排水泵管系统排水管材主要有塑料管（以硬聚氯乙烯塑料管 UPVC 管以主），铸铁管、钢管和带釉陶土管。工业废水还可用陶瓷管、玻璃钢管、玻璃管等。

3. 通气管道系统：建筑内部排水管内是水气两相流，为防止因气压波动造成的水封破坏，使有毒有害气体进入室内，需要设置通气系统。层数不高，卫生器具不多的建筑物，可将排水立管上端延长并伸出屋顶，这一段管叫伸顶通气管。对于层数较高，卫生器具较多的建筑物，因排水量大，空气的流动过程易受排水过程干扰，须将排水管和通气管分开，设专用通气管道。

4. 清通设备：清通设备指疏通管道用的检查口、清扫口检查井及带有清通门的 90°弯头或三通接头设备。如图 2-60 所示。

其中清扫口或 90°弯头及三通设在横支管上，检查口设在立管上，还有检查口井设在室内埋地横支管上，检查口井不同于一般的检查井，为防止管内有害气体外逸，在井内上下游管道之间由带检查口的短管连接。

5. 抽升设备：民用建筑的地下室、人防建筑物、高层建筑的地下技术层等地下建筑内的污水不能自流排至室外时，必须设置污水抽升设备。常用的抽升设备是水泵，其他还有气压扬液器、手扬泵和喷射器等。

6. 局部污水处理构筑物：室内污水未经处理不允许直接排入室外下水管道或严重危及水体卫生时，必须经过局部处理，如粪便污水需经化粪池处理。

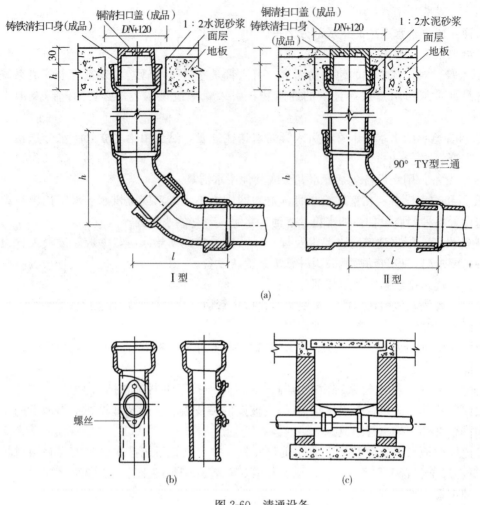

图 2-60　清通设备

（a）清扫口；（b）检查口；（c）检查口井

　　精制六角带帽螺栓：螺栓是有螺纹的圆杆和螺母组合而成的零件，用来连接并紧固，可以拆卸。螺母是组成螺栓的配件。中心有圆孔，孔内有螺纹，跟螺栓的螺纹相啮合，用来使两个零件固定在一起，也叫螺帽。

　　六角带帽螺栓是指螺帽内外围线呈六边形的螺栓。螺栓按加工方法不同分粗制和精制两种。

　　钢板平焊法兰：最常用的法兰，种类很多。

　　1. 平焊法兰是最常用的一种。这种法兰与管子的固定形式，是将法兰套在管端，焊接法兰里口和外口，使法兰固定，适用公称压力不超过 25MPa。用于碳素钢管道连接的平焊法兰，一般用 Q235 和 20 号钢板制造；用于不锈耐酸钢管管道上的平焊法兰应用与管子材质相同的不锈耐酸钢板制造。平焊钢法兰密封面，一般都为光滑式，密封面上加工有线沟槽。通常称为水线。平焊钢法兰的规格范围如下：公称压力 PN0.25MPa 的为 $DN10 \sim DN1600$。$PN0.6MPa$ 的为 $DN10 \sim DN1000$；$PN1.0 \sim 1.6MPa$ 的为 $DN10 \sim DN600$；$PN2.5MPa$ 的为 $DN10 \sim DN500$。

2. 对焊法兰：对焊法兰，也称高颈法兰和大尾巴法兰，它的强度大，不易变形，密封性能较好，有多种形式的密封圈，适用的压力范围很广。光滑式对焊法兰，其公称压力为 2.5MPa 以下，规格范围为 $DN10 \sim DN800$。凹凸式密封面对焊法兰，由于凹凸密封面严密性强，承受的压力大，每副法兰的密封面，必须一个是凹面，另一个是凸面，不能搞错。常用公称压力范围为 $4.0 \sim 16.0$MPa，规格范围为 $DN15 \sim DN400$。榫槽式密封面对焊法兰：这种法兰密封性能好，结构形式类似凹凸式密封面法兰，也是一幅法兰必须两个配套使用。公称压力范围 $1.6 \sim 6.4$MPa，常规范围 $DN15 \sim DN400$。梯形槽式密封面对焊法兰：这种法兰在石油工业管道中比较常用，承受压力大，常用在公称压力为 $6.4 \sim 16$MPa，规格范围为 $DN15 \sim DN250$。上述各种密封对焊法兰，只是按其密封面的形式不同，而加以区别的。从安装的角度来看，不论是哪种形式的对焊法兰，其连接方式是相同的，因而所耗用的人工、材料和机械台班，基本上也是一致的。

3. 管口翻边活动法兰，也称卷边松套法兰。这种法兰与管道不直接焊接在一起，而是以管口翻边为密封接触面，套法兰起紧固作用，多用于铜、铅等有色金属及不锈耐酸钢管道上。其最大优点是由于法兰可以自由活动，法兰穿螺栓时非常方便，缺点是不能承受较大的压力。适用于公称压力 0.6MPa 以下的管道连接，规格范围为 $DN10 \sim DN500$，法兰材料为 Q235 号碳钢。

4. 焊环活动法兰：也称焊环松套法兰。它是将管子相同材质的焊环，直接焊在管端，利用焊环作密封面，其密封面有光滑式和榫槽式两种。焊环法兰多用于管壁较厚的不锈钢管和钢管法兰的连接。法兰的材料为 Q235、Q255 碳素钢。其公称压力和规格范围 $PN0.25$MPa 为 $DN10 \sim DN450$；$PN1.0$MPa 为 $DN10 \sim DN300$；$PN1.6$MPa 为 $DN10 \sim DN200$。

5. 螺纹法兰：见第三章低压器具、水表组成与安装第三节定额应用释义定额编号 8-328 $\sim$ 8-335 减压器释义。

6. 其他法兰：

(1) 对焊翻边短管活动法兰，其结构形式与翻边活动法兰基本相同，不同之处是它不在管端直接翻边，而是在管端焊成一个成品翻边短管，其优点是翻边的质量较好，密封面平整，适用压力在 2.5MPa 以下的管道连接，其规格范围是 $DN15 \sim DN300$。

(2) 插入焊法兰，其结构形式与平焊法兰基本相同，不同之处在于法兰口内有一环形凹凸台，平焊法兰没有这个凸台。插入焊法兰适用压力在 1.6MPa 以下，其规格范围为 $DN15 \sim DN800$。

(3) 铸铁两半式活法兰，这种法兰可以灵活拆卸，随时更换。它是利用管端两个平面紧密结合以达到密封效果，适用压力较低的管道，如陶瓷管道的连接，其规格范围为 $DN25 \sim DN300$。

浴盆安装：按材质不同，浴盆分铸铁搪瓷、钢板搪瓷、陶瓷、玻璃钢以及聚丙烯塑料等产品。按外形尺寸大小，浴盆有大号、小号之分。按安装形式不同，浴盆有带腿和不带腿之分。带腿时可由铸铁盆支承、砌体（外贴瓷砖或陶瓷锦砖）支承。按使用情况，浴盆可分不带淋浴器、带固定或活动淋浴器等。浴盆的外形多呈长方形，如图 2-61 所示。

(1) 浴盆安装：浴盆通常安装在墙角处，盆底本身有 0.02 的坡度，坡向排水孔。安装时，将浴盆腿插在浴盆底的卧槽内靠稳，再按要求位置放正、放平、如果无腿时，可用

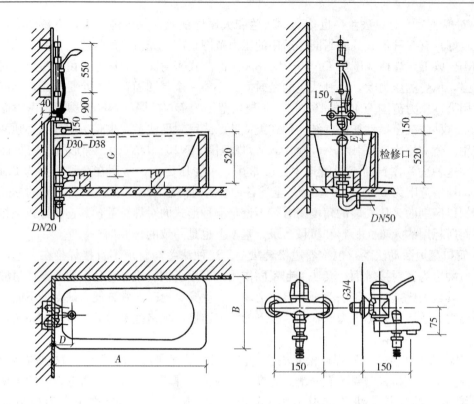

图 2-61　浴盆的安装

砖砌成墩子垫平。

　　(2) 安装排水和溢水口，可将溢水管、弯头、三通等进行预装配，连接时注意截取所需管段的长度。

　　(3) 将浴盆排水栓加胶垫由盆底排水孔穿出，再加垫并用根母紧固，之后将弯头安于已紧固好的排水栓上，弯头另一端装上短管及三通。

　　(4) 将弯头加垫安在溢水口上，然后用一端带长丝的短管将溢水口处的弯头同排水栓外的三通相连接。

　　(5) 将三通号一端，接小短节后直插入存水弯内，存水弯的出口与下水道相连接。

　　最后安装淋浴喷头，和冷、热供水管等。给水管可明装或暗装。暗装时给水配件的连接短管上要先套上护口盘，再同墙内给水管螺纹连接，之后用油灰压紧护口盘。淋浴器喷头与混合器的锁母连接时，加胶垫；固定式喷头立管上需设管卡固定；活动式喷头应设喷头架，且用螺栓（木螺丝）固定于墙上。

　　卫生器具安装：

　　卫生器具的安装分准备工作和安装程序两步。首先，检查给水管和排水管的留口位置，形式是否合适，检查卫生器具的质量状况，包括外形是否光滑，尺寸是否合适，数量是否充足，有无破损。若无损坏，则对卫生器具进行擦洗清理，以免内部污物影响安装。这些检查准备工作是和室内装饰工程同时进行的。当土建装修工程完成以后即进行卫生器具的安装：①根据要安装的卫生器具，按照施工图要求的尺寸划线定位。若采用木螺线固定时，应把做好防腐处理的木砖预埋入墙内，并应使木砖表面凹进墙面抹灰层3～5mm。

②将卫生器具用木螺钉或膨胀螺栓固定在墙上或地面上。木螺钉和膨胀螺栓上紧贴卫生器具的垫圈应用橡胶垫圈。若卫生器具采用支、托架安装时，其支、托架的固定须平整、牢固，与器具接触紧密。固定卫生器具时应保证位置准确，单独卫生器具的允许偏差为10mm，成排卫生器具允许偏差5mm；固定卫生器具应保证安装高度符合相关规定，其允许偏差为：单独器具±10mm，成排器具±5mm。固定卫生器具应平正、垂直，其垂直度的允许偏差不得超过3mm。

③在安装前及外形检查后要对卫生器具的铜活进行预装配。预装时应按照铜活配件组装要求连接好，并应保护铜活表面的光洁，不损伤铜活配件，预装完成后应根据需要进行试水。

④卫生器具应配装必要的附件和冲水设备，各种器具（除大便器）都需在排水口设排水栓，以防大的污物进入管道，另外每个器具（除坐式大便器）的下面必须要装设存水弯。

⑤安装连接卫生器具的排水管，穿过楼板，对没有留洞的预制楼板，打洞位置力求准确无误，以防打断钢筋；对现浇楼板则按要求预留孔洞。

⑥连接卫生器具的给水接口和排水接口。连接时应考虑美观并不影响使用，接口要紧密，不得渗漏。成排卫生器具连接管应均匀一致，弯曲形状相同，不得有凹凸等缺陷，连接管应统一。给水管应横平竖直，排水管应符合设计或规范规定的坡度等。

⑦卫生器具固定及连接完成后应进行试水。采用保护措施，防止损坏或堵塞。

⑧地面的安装位置在所处房间的最低处，避免积水排泄不畅；篦子顶面安装高度相对于地平面—5mm。

⑨冷热水管并列的卫生器具，一般要求热左冷右，即热水管在左手侧，冷水管设在右手侧。

⑩若无特殊规定，连接卫生器具的排水管管径和最小坡度及卫生器具的额定流量、当量、支管管径、流出水头及安装高度等各项均应符合相关的规定。表2-20为卫生器具的安装高度规定。

卫生器具的安装高度　　　　　　　　　　　　表2-20

项次	卫生器具名称		卫生器具安装高度（mm）		备注
			居住和公共建设	幼儿园	
1	污水盆（池）	架空式	800	800	
		落地式	500	500	
2	洗涤盆（池）		800	800	
3	洗脸盆、洗手盆（有塞、无塞）		800	500	自地面至器具上边缘
4	盥洗槽		800	500	
5	浴盆		≯520		
6	蹲式大便器	高水箱	1800	1800	自台阶面至高水箱底
		低水箱	900	900	自台阶面至低水箱底
7	坐式大便器	高水箱	1800	1800	自地面至高水箱底
		低水箱 外露排水管式	510		自地面至低水箱底
		低水箱 虹吸喷射式	470	370	

续表

项次	卫生器具名称		卫生器具安装高度（mm）		备注
			居住和公共建设	幼儿园	
8	小便器	挂式	600	450	自地面至下边缘
9	小便槽		200	150	自地面至台阶面
10	大便槽冲洗水箱		≮2000		自台阶面至水箱底
11	妇女卫生盆		360		自地面至器具上边缘
12	化验盆		800		自地面至器具上边缘

给水管：即引入管，又称进户管，是室外和室内给水系统的连接管。引入管一般采用直接埋地方式，也可从采暖地沟中进入室内，但应布置在热水或蒸汽管道下方，引入管与其他管道要保持一定距离。与污水排出管的水平距离不得小于1m，与煤气管道引入管的水平距离不得小于0.75m，与电线管的水平距离应大于0.75m。引入管应有不小于0.003的坡度，坡向室外管网。

排水管：由器具排水管、排水横支管、排水立管和排出管等组成。

排水管道的布置与敷设应遵循以下原则：

1. 排水畅通，水力条件好；

2. 使用安全可靠，不影响室内环境卫生；

3. 总管线短，工程造价低；

4. 占地面积小；

5. 施工安装，维护管理方便；

6. 美观。

排水管道系统的布置及敷设要求如下：

1. 器具排水管：只连接一个卫生器具的排水管。

（1）器具排水管口应设有水封装置，以防止排水管道中的有害气体进入室内，水封有S型、P型存水弯及水封盒、水封井等。

（2）器具排水管与排水横支管连接时，宜采用45°三通或90°斜三通。

2. 排水横支管、连接二个或二个以上器具排水支管的水平排水管。

（1）排水横支管可沿墙敷设在地板上，也可用间距为1～1.5m的吊环悬吊在天花板上，底层的横支管宜埋地敷设。

（2）排水横支管不宜穿过沉降缝、伸缩缝、烟道和风道。

（3）排水管道容易渗漏和产生凝结水，故悬吊横支管不得布置在遇水的设备和原料上方，卧室内和炉灶上方以及库房、通风室及配电室天棚下。

（4）排水横支管不宜过长，以防因管道过长而造成虹吸作用对卫生器具水封的破坏。

（5）排水横支管应以一定的坡度坡向立管，并要尽量少拐弯，尤其是连接大便器的横支管，宜直线地与立管连接，以减少阻塞及清扫口的数量。

（6）排水横支管与立管连接处应采用45°三通或90°斜三通。

（7）横支管距楼板和墙应有一定的距离，便于安装和维修；

（8）当横支管悬吊在楼板上，接有2个及2个以上大便器，或3个及3个以上卫生器具时，横支管顶端应升至上层地面设清扫口。

3. 排水立管：连接排水横支管的垂直排水管的过水部分。

（1）排水立管一般在墙角处明装，高级建筑的排水立管可暗装在管槽或管井中。

（2）排水立管宜靠近杂质多、水量大的排水点，民用建筑一般靠近大便器，以减少管道堵塞机会。

（3）排水立管一般不允许转弯，当上下层位置错开时，宜用乙字弯或两个45°弯头连接。

（4）排水立管穿过实心楼板时应预留孔洞，预留洞时注意使排水立管中心与墙面有一定的操作距离。排水立管中心与墙面距离及楼板留洞尺寸见相关规定。

（5）立管的固定常采用管卡，管卡间距不得超过3m，但每层至少应设置一个，托在承口的下面。

（6）排水立管不得穿过卧室、病房，也不宜靠近与卧室相邻的内墙，应靠近外墙，以减小埋地管长度，便于清通和维修。

（7）立管应设检查口，其间距不大于10m，但底层和最高层必须设。平顶建筑物可用通气管顶口代替最高层的检查口。检查口中心至地面距离为1m，并应高于该层溢流水位最低的卫生器具上边缘0.15m。

4. 排水干管和排出管：排水干管是连接二个或二个以上排水立管总横管，排水干管一般埋在地下与排出管连接，排出管即室内污水出户管。

（1）为保持水流畅通，排水干管应尽量少拐弯。

（2）排水干管与排出管在穿越建筑物承重墙或基础时，要预留孔洞，其管顶上部的净空高度不得小于沉降量，且不小于0.15m。

第9.4.2条 浴盆安装不包括支座和四周侧面的砌砖及瓷砖粘贴。

［应用释义］ 浴盆安装：浴盆是定期清洁身体，消除疲劳，进行身体保健的主要卫生洁具。作为人们生活水平提高的需要，浴盆不仅用于清洁身体，其保健功能日益显示出来，如利用浴盆进行水力理疗的装有水力按摩装置的旋涡浴盆，附有373W或560W（1/2或3/4马力）的旋涡泵装在浴盆的下面，使水不断通过洗浴者进行循环，有的进水口附有带入空气的装置，气水混合的水流不断对人体起按摩作用，而且水流方向和冲力可以调节，有加强血液循环、松弛肌肉，促进新陈代谢、迅速消除疲劳的功能。

浴盆的形式和类型：见第四章卫生器具制作安装第一节说明应用释义第三条释义。

浴盆的配件：浴盆的进水阀有DN15及DN20两种。不同型式浴盆可配用不同的进水阀，通常采用DN15扁嘴水嘴或三联开关附软管淋浴器。有的附滑式支架，可根据需要调整淋浴器的高度。标准较高的浴室、浴盆可采用嵌入式单把混合阀或装有自控元件的恒温阀，为了防止热水烫人或冷水激人可采用安全自控混合阀，这种阀当冷水或热水突然停止供水时，通过热敏元件能自动关闭热水或冷水，防止其没有通过混合而单独流出。浴盆的排水阀有DN40及DN50两种。普通浴盆采用排水栓附皮塞。标准较高的浴盆其排水和溢水均由单把控制。溢水管和排水管连接后设存水弯以防臭气入内。近年来有不设溢水口的浴盆，如有溢出的浴水由地面地漏排除。

为了达到便于调整浴盆安装高度，又起到保温和隔音作用，有的将不设腿的浴盆放在大于50mm厚的泡沫塑料垫上，使浴盆直接放在地板上，亦可在浴盆外面再加保温壳，既保温又隔音。

浴盆安装：见第四章卫生器具制作安装第二节工程量计算规则应用释义第一条释义。

【例】 某住宅楼共有四个单元，每个单元10户。单元房内卫生器具布置示意图如图2-62所示。浴盆均为冷热水带喷头的搪瓷浴盆，洗脸盆均为钢管组成的冷水洗脸盆，洗涤盆均为单嘴洗涤盆，大便器均为连体水箱坐便器。地漏均为直径为80mm的圆形地漏。试计算该住宅楼卫生器具安装工程量。

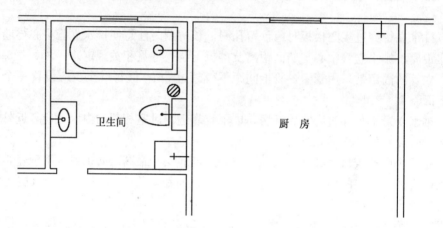

图2-62 某住宅楼单元房卫生器具布置示意图

【解】 （1）搪瓷浴盆安装　　　计量单位：10组

定额包括工作内容：栽木砖、切管、套丝、盆及附件安装、上下水管连接，试水。

冷热水带喷头搪瓷浴盆　　　定额编号：8-376

工程量　　$\underbrace{\underset{①}{1}\times\underset{②}{10}\times\underset{③}{4}}_{④}/\underset{⑤}{10}=40/10=4$

其中①为每户浴盆组数；②为每个单元用户数；③为单元数；

④为浴盆总组数；⑤为计量单位。

（2）洗脸盆安装　　　计量单位：10组

定额包括工作内容：栽木砖、切管、套丝、上附件盆及托架安装、上下水管连接、试水。

钢管组成的冷水洗脸盆　　　定额编号：8-383

工程量　　$1\times10\times4/10=40/10=4$

（3）洗涤盆安装　　　计量单位：10组

定额包括工作内容：栽螺丝、切管、套丝、上零件、器具安装、托架安装、上下水管连接、试水。

单嘴洗涤盆　　　定额编号：8-391

工程量　　$2\times10\times4/10=80/10=8$

（4）大便器安装　　　计量单位：10套

定额包括工作内容：留、堵洞眼、栽木砖、切管、套丝、大便器与水箱及附件安装、上下水管连接、试水。

连体水箱坐便器　　　　定额编号：8-416

工程量　　　$1×10×4/10＝40/10＝4$

（5）地漏安装　　　　计量单位：10个

定额包括工作内容：切管、套丝、安装与下水管道连接

直径80mm圆形地漏安装　　　定额编号：8-448

工程量　　　$1×10×4/10＝40/10＝4$

由此可汇总该工程卫生器具安装的分项工程量见表2-21

某住宅楼卫生器具安装工程量　　　　　表2-21

序　号	定额编号	项目名称	计量单位	工程量
1	8-376	搪瓷浴盆安装：冷热水带喷头搪瓷浴盆	10组	4
2	8-383	洗脸盆安装：钢管组成的冷水洗脸盆	10组	4
3	8-391	洗涤盆安装：单嘴洗涤盆	10组	8
4	8-416	大便器安装：连体水箱坐便器	10套	4
5	8-448	地漏安装：直径80mm的圆形地漏安装	10个	4

清单工程量计算见表2-22。

清单工程量计算表　　　　　表2-22

序号	项目编码	项目名称	项目特征描述	计量单位	工程量
1	031004001001	浴缸	搪瓷浴盆均为冷热水带喷头	组	40
2	031004003001	洗脸盆	冷水洗脸盆	组	40
3	031004004001	洗涤盆	单嘴洗涤盆	组	80
4	031004006001	大便器	连体水箱坐便器	组	40
5	031004014001	地漏	直径为80mm，圆形	个	40

第9.4.3条　蹲式大便器安装，已包括了固定大便器的垫砖，但不包括大便器蹲台砌筑。

［应用释义］　　大便器：见第四章卫生器具制作安装第一节说明应用释义第十三条释义。

由于淡水资源日趋短缺，许多国家均在开展节水措施的研究，因为冲洗粪便水量，占生活用水比重较大，大便器成了节水措施的主要目标，已生产出适用于各种场所使用的节水型大便器，如利用雨水进行冲洗的节水式便器、压缩空气与水联合冲洗式便器、泡沫冲洗式便器、真空式便器、焚化便器、冻结式便器、包装式便器、堆肥式便器等。我国为了适应战地和农村使用，研制的干马桶（即包装便器）已投入生产，这种便器防臭性能好，不用时自动封闭下水口，下部附有塑料袋，定时将塑料袋密封后运出进行处理，我国生产的86JS型节水型低水箱便器，手扳开关分为两档，可将大、小便分开冲洗，节水约60％，如配上面盆式低箱盖接通水嘴，洗手水二次利用，节水效果更好，这种低水箱配件的进水阀带有防虹吸装置，可防止污染上水水源。

不同结构的大便器的排泄原理：

（1）冲洗式坐便器：环绕便器上口是一圈开有很多小孔口冲水槽，冲洗开始时，水进入冲洗槽，由下孔沿便器内表面冲下，便器内水面涌高，将粪便冲出存水弯边缘。冲洗式便器的缺点，受污面积大，水面面积小，每次冲洗不一定能保证将污物冲洗干净。

（2）虹吸式坐便器：是靠虹吸作用，把粪便全部吸出，其构造是在冲水槽进水口处有一个冲水缺口，部分水从这里冲射下来，加快虹吸作用的开始。有的虹吸式坐便器，使存水弯的水直接由便器后面排出，使水封深度增加，优于一般虹吸式大便器。因虹吸式为了要使冲洗水冲下时，愈有力愈好，就会发生较大噪声。

（3）虹吸喷射式大便器：冲洗水的一部分水充满着空心边沿，从孔口中流下，另一部分水从大便器边部的通道冲下来，由通道口中向上喷射，这样很快造成强有力的虹吸作用，把大便器中粪便全部吸出，等水面下降到水封面下限，空气进入虹吸停止。因此虹吸喷射式坐便器的冲洗作用很快，噪声较小。

（4）虹吸旋涡式坐便器：由于它的结构特点，上圈下来的水量很小，其旋转力已不起作用，因此在水道部冲水出口处，做成弧形，水流成切线冲出，形成强大的旋涡，使水封表面飘着的粪便连水一块，借助于旋涡向下旋转的作用，迅速下到水管入口处，紧接着在入口底反作用力的影响下，很快进入排水管道的前段，从而大大加强了虹吸能力，噪声极低。

我国于1983年研制成功的旋涡虹吸式联体坐便器，在瓷件结构和水箱配件上，作了大量改进，解决了由多方面产生的噪声，以达到良好的消音效果，如把水箱泄水口的位置降到便器的水封面以下，解决了水箱冲水时的噪音。并且还解决了圈上冲水进行刷洗时产生的噪声，主要是减少圈上的用水，把水量集中到冲水道使用，改变出水眼的孔径由9mm减少到3～5mm，改变水圈内下壁的结构和孔眼的位置和角度，由与瓷壁面相交改成相切。另外还解决了铜活配件向水箱供水时产生的噪音，改变了水箱配件的开关，将拔把杠杆开关改为较先进的按钮开关，并在进水部分增设了稳压装置，而且在水箱泄水口口部作了一个15°斜面，使密封橡胶塞不是靠导向槽上下活动，而是为双支点90°范围内作弧状活动，下落平稳自如，不渗水、无噪声。旋涡虹吸式联体坐便器，不但噪声小而且具有较高虹吸排污能力，水封高度达80mm，排水道结构前粗后细，排水管前段直径60mm，后段50mm左右，由于前段水量大于后段，能加快后段充水排气，提早产生虹吸作用，大大加强排污能力。

（5）蹲式大便器：蹲式大便器一般用于集体宿舍和公共建筑物的公共厕所及防止接触传染的医院内厕所。蹲式大便器比坐式大便器的卫生条件好。蹲式便器的压力冲洗水流经大便器周边的配水孔，将便器充分洗刷干净。蹲式便器本身一般不带存水弯，接管时需另配置存水弯，造成配管尺寸大，安装不方便。过去蹲式便器中，亦有附有存水弯的，因高度大、土建地面抬高过多不好处理，现已被淘汰。

坐式大便器：坐式大便器一般布置在较高级的住宅、医院、宾馆等卫生间内。

第9.4.4条　大便槽、小便槽自动冲洗水箱安装以"套"为计量单位，已包括了水箱托架的制作安装，不得另行计算。

［应用释义］　高水箱蹲式大便器安装：一般使用蹲式大便器卫生条件较好，单元住宅楼也经常使用。

高水箱蹲式大便器本身不带水封，安装时需另装存水弯。存水弯有陶瓷和铸铁两种。铸铁存水弯又分 S 式和 P 式。陶瓷存水弯一般装在底层；铸铁存水弯一般装于底层埋于地坪内；铸铁 P 式存水层多装在楼层，以缩短横管的吊装敷设高度。其安装图如图 2-63 所示。

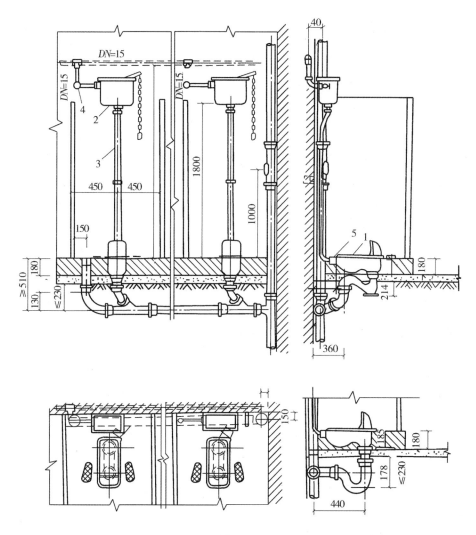

图 2-63 高水箱蹲式大便器安装
1—蹲式大便器；2—高水箱；3—DN32 冲水管；4—DN15 角阀；5—橡胶碗

高水箱冲洗管用橡胶碗与大便器的进水口相联接，并用铜丝扎牢，周围填上干砂，表面抹上水泥砂浆。

蹲式大便器稳装时应将麻丝白灰（或油灰）抹在预留的大便器存水弯管的承口内壁，然后将大便器的排水口插入承口内。稳装应严密，找平摆正大便器后，抹光挤出的白灰。用胶皮碗将冲洗管与大便器进水口用 14 号铜丝绑扎牢固，然后将冲洗管另一端用锁母与水箱排水塞阀或延时自闭式冲洗阀锁紧。

大便槽、小便槽的解释见第四章卫生器具制作安装第一节说明应用释义第十二条释义。

自动冲洗水箱：冲洗设备的一种。便溺用卫生器具要求具有足够的压力来冲洗污物，以保持其自身的洁净，所以需要设置冲洗设备。一个完善的冲洗设备应具备：冲洗要干净，耗水量要少，有足够的冲洗水压，构造上能避免臭气侵入并具有防止回流污染给水管道的能力。

与便溺用卫生器具配套的冲洗设备有冲洗水箱和冲洗阀两大类。

冲洗水箱按冲洗水力原理分为冲洗式和虹吸式两类；按启动方式分为手动和自动两种；按安装位置分为高水箱和低水箱。新型冲洗水箱多为虹吸式，它具有冲洗能力强、构造简单、工作简单可靠、自动作用可以控制的优点。

自动虹吸冲洗高水箱：这种冲洗水箱一般设置在集体使用的卫生间和公共厕所内的大便槽、小便槽及小便器上。它不需人工控制，出水靠流人箱中的水量自动作用，利用虹吸原理进行定时冲洗，其冲洗时间间隔由水箱的容积与进水调节阀进行控制。

皮膜式自动冲洗高水箱工作原理为：随着箱中水位升高，从胆上小孔进入虹吸管内的水位亦上升，当水位到达虹吸管顶点时，水开始溢流，产生虹吸，胆内压力降低，皮膜被吸起，水流冲过皮膜下面经阀口迅速进入冲洗管，冲洗卫生器具，直至箱中的水近于放空时，虹吸被破坏，皮膜回落到原来位置，紧压冲洗管的阀口，冲洗即停止，箱内水位又继续上升。

套筒式手动虹吸冲洗高水箱：这种水箱一般设于住宅、宾馆、旅店和公共建筑等卫生间内，作大便器的冲洗设备。它的特点是：人工控制形成虹吸，水箱出水口无塞，避免了塞封漏水现象；工作可靠，冲洗强度大，当冲洗水量为 7.5～8.5L 时，最大冲洗流量为 1.15～1.3L/s。水箱由浮球阀进水，当充水到达设计水位时，套筒内外及箱内水面的压力均处于平衡状态。使用时将套筒向上提拉高出箱内水面，因套筒空气的比容突然增大、压力骤然降低，水箱中的水在压力作用下进入套筒，并充满弯管形成虹吸进行冲洗。套筒下落以后虹吸继续进行，当箱内水位下降至套筒口以下时，空气进入套筒，虹吸被破坏，冲洗立即停止，箱内水位又重新上升。

提拉盘式手动虹吸冲洗低水箱：这种冲洗水箱一般设置在较高级的卫生间内，是坐式大便器常用的冲洗设备，其特点是人工控制形成虹吸，工作可靠。水箱出口无塞，避免了塞封漏水现象；冲洗强度大，当冲洗水量为 9L/s、10L/s、11L/s 时，最大冲洗流量分别为 2.39L/s、2.40L/s、2.41L/s。

设备由提拉筒、弯管和筒内带橡皮塞片的提拉盘组成。使用时提起提拉盘，当提拉（盘）筒内水位上升到高出虹吸弯管顶部时，水进入虹吸弯管，造成水柱下流，形成虹吸，提拉盘上盖着的橡皮塞片，在水流作用下向上翻起，水箱中的水便通过提拉盘吸人虹吸管冲洗坐便器。当箱内水位降至提拉筒下部孔眼时，空气进入提拉筒，虹吸被破坏，随即停止冲洗。此时提拉盘回落到原来位置，橡皮塞片重新盖住提拉盘上的孔眼，同时浮球阀开启进水，水通过提拉筒下部孔眼再次进入筒内，作下次冲洗的准备。

手动水力冲洗低水箱：这是一种装设在坐式大便器上的冲洗设备，使用时搬动扳手，橡皮球阀沿导向杆被提起，箱内的水位立即由阀口进入冲洗管冲洗坐便器，当箱内的水快要放空时，借水流对橡胶球阀的抽吸力和导向装置的作用，橡胶球阀回落在阀口上，关闭水流，停止冲洗。这种冲洗水箱常因搬动扳手时用力过猛使橡胶球阀错位，造成关闭不严而漏水。冲洗水箱的优点是具有足够冲洗一次用的贮备水容积，可以调节室内给水管网同时供水的负担，使水箱进水管管径大为减小；冲洗水箱起到空气隔断作用，可以防止因水回流而污染给水管道；浮球阀需用的流出水压小（20～30kPa），一般室内给水管网均能满足。所以，一般建筑物的卫生间常采用冲洗水箱做冲洗设备。冲洗水箱的缺点是工作噪声较大，进水浮球阀易漏水，水箱和冲洗管外表面易产生结露现象。

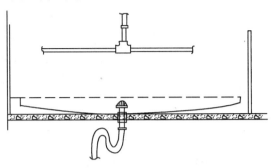

图 2-64 小便槽冲洗管制作安装示意图

第 9.4.5 条 小便槽冲洗管制作与安装以"m"为计量单位，不包括阀门安装，其工程量可按相应定额另行计算。如图 2-64 所示为小便槽冲洗管制作安装示意图。

[应用释义] 冲洗管：见第四章卫生器具制作安装第二节工程量计算规则应用释义第四条释义。

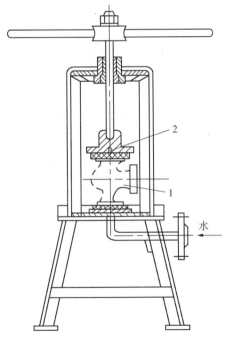

图 2-65 阀门试验台
1—阀门；2—放气孔

1. 阀门的安装

阀门在安装前因存放时间长，运输时损坏或无合格证时，应在安装前重新做强度和严密性试验。阀门试验在如图 2-65 所示的试验台上进行。试验时缓慢升压至试验压力值。在表 2-23 所列出的试验持续时间内，压力应保持不变且不发生渗透为合格、水压强度试验所用的试验压力值一般为阀门公称压力的 1.5 倍。水密性试验所用的试验压力值一般为阀门的公称压力的 1.1 倍。试验压力在试验持续时间内应保持不变，且壳体填料及阀瓣密封面无渗漏。

（1）阀门安装前的检查：

阀门的外形检查，包括：核对阀门的规格及型号是否符合设计要求；阀体及附件应完整齐全，无损坏；各种联接处应灵活可靠，完好无缺；检查较小阀门的严密情况时，可放在嘴上用力吹，看是否漏气。

（2）阀门安装的一般要求：

仔细检查阀门的型号、规格是否满足设计要求，一般阀门的阀体上有标志，箭头所指的方向即介质的流向，不得装反；阀门安装时不允许随手抛掷，以免损坏；在水平管道上安装阀门时，阀杆应垂直向上，不允许阀杆向下安装，安装一般的截止阀时，应使介质从阀盘下面流向上面，也即低进高出，安装单向阀时，应特别注意介质的流向（阀体上箭头的方向表示介质的方向），才能保证阀瓣自动开启。对于升降式单向阀，应保证阀门中心线与水平面垂直；对于旋启式单向阀，应保证

阀门试验持续时间　　　　　　　　　　　　　　　表 2-23

公称直径 DN（mm）	最短试验持续时间（s）		
	严密性试验		强度试验
	金属密封	非金属密封	
≤50	15	15	15
65～290	30	15	60
250～450	60	30	180

其摇板的旋转枢轴的安装水平，阀门应安装在维修，检查和操作方便的地方；法兰或螺纹连接的阀门应在关闭状态下安装，法兰式阀门应保证连接管上的两法兰端面平行或同心，明装阀门不得装在地下潮湿处；另外，还要注意阀门堆放时，不同规格，不同型号的阀门应分别堆放，禁止碳钢阀门、有色金属阀门堆放在一起。

2. 减压器的安装

见第三章低压器具、水表组成与安装第三节定额应用释义定额编号 8-336～8-343 减压器安装释义。

3. 疏水器的安装

在以蒸汽为介质的供暖系统中，设置疏水器可以自动而迅速有效地排除用汽设备和管道中的凝结水，阻止蒸汽漏失和排除空气等非凝性气体，对保证系统正常工作，防止凝结水对设备的腐蚀，汽水混合物在系统中的水击、振动、冻结胀裂管道都有着重要作用。

第 9.4.6 条　脚踏开关安装，已包括了弯管与喷头的安装，不得另行计算。

［应用释义］　喷头和闭式喷头的解释见第四章卫生器具制作安装第一节说明应用释义第七条释义。

【例】　某办公楼为六层建筑，各层卫生间卫生器具安装示意图如图 2-66 所示，洗手盆均为冷水洗手盆，洗涤盆为双嘴洗涤盆，大便器为蹲式瓷高水箱大便器，小便器为一联自动冲洗挂斗式小便器，地漏每层有两个直径为 100mm 的圆形地漏和两个直径为 80mm 的圆形地漏。试计算该办公楼卫生器具安装工程量。

【解】　（1）洗手盆安装　　　　　　　　计量单位：10 组

定额包括工作内容：栽木砖、切管、套丝、上附件、盆及托架安装、上下水管连接、试水。

冷水洗手盆　　　　　　　　　　定额编号 8-390

工程量　　$\underset{③}{6 \times 6} / \underset{}{10} = 36/10 = 3.6$

① ② ④　　　③

其中①为每层洗手盆组数；②为楼层数；

③为洗手盆总组数；④为计量单位。

（2）洗涤盆安装　　　　　　　　　计量单位：10 组

定额包括工作内容：栽螺栓、切管、套丝、上零件、器具安装、托架安装、上下水管连接、试水。

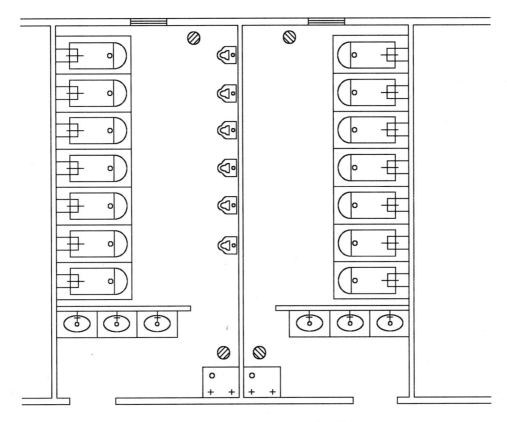

图 2-66 某办公楼卫生器具安装示意图

双嘴洗涤盆   定额编号：8-392

    工程量：$\underset{①}{2}\times\underset{②}{\underset{③}{\underline{6}}}/\underset{④}{\underline{10}}=12/10=1.2$

其中①为每层洗涤盆组数；②为楼层数；

    ③为洗涤盆总组数；④为计量单位；

    （3）蹲式大便器安装   计量单位：10 套

    定额包括工作内容：留、堵洞眼、栽木砖、切管、套丝、大便器与水箱及附件安装、上下水管连接、试水。

瓷高水箱蹲式大便器安装   定额编号：8-407

    工程量：$\underset{①}{14}\times\underset{②}{\underset{③}{\underline{6}}}/\underset{④}{\underline{10}}=84/10=8.4$

其中①为每层大便器套数；②为楼层数；

    ③为大便器总套数；④为计量单位。

    （4）挂斗式小便器安装   计量单位：10 套

    定额包括工作内容：栽木砖、切管、套丝、小便器安装、上下水管连接，试水。

一联自动冲洗挂斗式小便器   定额编号：8-419

工程量：$\underline{6\times\underline{6}}/\underline{10}=36/10=3.6$

   ① ② ④

    ③

其中①为每层小便器套数；②楼层数；

  ③为小便器总套数；④为计量单位。

（5）地漏安装 计量单位：10个

定额包括工作内容：切管、套丝、安装、与下水管道连接。

①直径为100mm的圆形地漏 定额编号：8-449

工程量：$2\times\underline{6}/\underline{10}=12/10=1.2$

   $\underline{a}\ \underline{b}\ d$

   c

其中a为每层100mm直径地漏个数；b为楼层数；

  c为地漏总个数；d为计量单位。

②直径为80mm的圆形地漏 定额编号：8-448

工程量：$2\times6/10=12/10=1.2$

由以上计算可汇总办公楼卫生器具安装工程见表2-24。

表2-24

序 号	定额编号	项目名称	计量单位	工程量
1	8-390	冷水洗手盆安装	10组	3.6
2	8-392	双嘴洗涤盆安装	10组	1.2
3	8-407	瓷高水箱蹲式大便器安装	10套	8.4
4	8-419	一联自动冲洗挂斗式小便器安装	10套	3.6
5	8-449	直径为100mm的圆形地漏安装	10个	1.2
6	8-448	直径为80mm的圆形地漏安装	10个	1.2

清单工程量见表2-25。

清单工程量计算表   表2-25

序号	项目编码	项目名称	项目特征描述	计量单位	工程量
1	031004003001	洗手盆	冷水洗手盆	组	36
2	031004004001	洗涤盆	双嘴洗涤盆	组	12
3	031004006001	大便器	蹲式瓷高水箱大便器	组	84
4	031004007001	小便器	一联自动冲洗挂斗式	组	36
5	031004014001	地漏	直径为100mm圆形	个	12

  第9.4.7条 冷热水混合器安装以"套"为计量单位，不包括支架制作安装及阀门安装，其工程量可按相应定额另行计算。

  ［应用释义］ 冷热水混合器：见第四章卫生器具制安装第一节说明应用释义第十条释义。

  第9.4.8条 蒸汽—水加热器安装以"台"为计量单位，包括莲蓬头安装，不包括支架制作安装及阀门、疏水器安装，其工程量可按相应定额另行计算。

  ［应用释义］ 蒸汽—水加热器：见第四章卫生器具制作安装第一节说明应用释义第

九条释义。

疏水器：疏水器是蒸汽系统中能自动排放凝结水，同时又阻止蒸汽通过的器具。是蒸汽系统能否正常运行和节能的关键设备。常用的疏水器有以下几种：

1. 机械型疏水器有浮桶式、倒吊桶式等。浮桶式疏水器由浮桶、套管、排水阀杆、排水阀孔、止回阀等部件组成。靠浮桶在凝水中的升降，带动排水阀杆，启用排水阀孔，排出凝水。浮桶式疏水器：背压高、阻力小、体积大、排量小、活动件多、易磨损、易集污垢锈渣、维修量大。用于高压蒸汽系统中。

2. 热动力型疏水器有脉冲式、圆盘式等。圆盘式疏水器由阀体、阀片、阀盖、过滤器等部件组成。靠蒸汽、凝水的比容不同、流速不同，造成的流道动、静压不同，使阀片开启，达到排放凝水和阻止排汽的目的，热动力型疏水器体积小、重量轻、结构简单、安装维修方便。但压差小时可能会连续漏气。要求环境散热条件好，否则蒸汽凝结慢，阀片不易打开，影响排水量，阀片振动有噪声，用在高压蒸汽系统中。

3. 热静力型疏水器有波纹管、双金属片等。波纹管式疏水器，由阀体、波纹管、阀座、阀瓣等部件构成。靠波纹内充入对温度升降敏感的流体带动波纹管伸缩和阀瓣的启闭，达到排放凝水阻止蒸汽的目的。波纹管式疏水器，体积小，安装方便，可用于低压蒸汽采暖系统。最适用于排除过冷凝水，不宜安装在环境温度高的场合，不受安装位置限制。

第 9.4.9 条 容积式水加热器安装以"台"为计量单位，不包括安全阀安装、保温与基础砌筑可按相应定额另行计算。

［应用释义］ 容积式水加热器：见第四章卫生器具制作安装第一节说明应用释义第十六条释义，其示意图如图 2-67 所示。

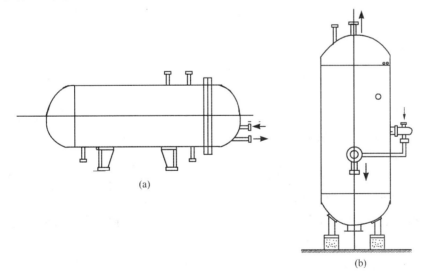

图 2-67 容积式水加热器示意图
(a) 卧式；(b) 方式

第 9.4.10 条 电热水器、电开水炉安装以"台"为计量单位，只考虑本体安装，连接管、连接件等工程量可按相应定额另行计算。

[应用释义]　电热水器：某些建筑物内只需要局部的少量的热水供应，可采用电热水器。

主要是通过在容器内的电阻丝通电来加热冷水，电阻丝设在绝缘材料内，并装有自动控温或能切断与接通电源的装置。安装简单、灵活、无污染。可适合安装在小型企业或工厂又无法解决热源的医务室及小型理发室，或供较少人员的洗浴用水，型号可根据不同水容量进行选择，安装及使用时应严格按产品说明书操作，避免出现触电或电控失灵的事故。

电开水炉：与电热水器的加热水原理相同，适合于一些不能全年供热源的单位使用，供水量不大，可根据使用人数选择炉体型号。

第9.4.11条　饮水器安装以"台"为计量单位，阀门和脚踏开关工程量可按相应定额另行计算。

[应用释义]　饮水器：见第四章卫生器具制作安装第一节说明应用释义第十五条释义。

阀门：见第四章卫生器具制作安装第一节说明应用释义第十二条释义。

消毒器、消毒锅、饮水器安装。

消毒器：用于消毒的器具。消毒器中装有氯片消毒剂，下部有格栅使氯片定位。氯片是为以漂白粉精为主要原料压制而成的。漂白粉精中次氯酸钙的含量较普通漂白粉要高得多，有效氯含量在65％以上。污水流过消毒器时，与氯片接触，使氯片溶入水中。氯片的溶解速度与水流速度、水深及它本身的成分等有关。水量越大，则流速越快；水深越大，氯片溶得就越快，反之溶得就越慢。利用这一原理，使流过消毒器后的污水中保持相对稳定的余氯量，达到有效消毒的目的。为了使氯片与水量成比例溶化，污水的进口和出口水面必须要有0.2～0.3m以上的高差。消毒器后必须有接触池，以保证污水和氯有足够的接触时间，其数值应符合《医院污水排放标准》GBJ 48—83（试行）规定。这种清毒方法操作简单，管理方便，只需要定期往消毒器中加入氯片和定期检查消毒系统的工作情况和消毒效果即可。此外，它占地面积小，初次投资小，使用安全，氯片便于运输和贮存。缺点是氯片的价格高，消毒后的出水中余氯量没有传统的液氯消毒和次氯酸钠消毒的稳定。因此，建议氯片消毒法只在污水量很小的地方（如门诊所）采用。

湿式消毒器：即煮沸消毒器，广泛设置在医院的各个部位。可做为医疗器械、餐具及便器的消毒之用。国内目前常见的规格有：360mm×200mm×240mm、450mm×360mm×300mm、560mm×400mm×350mm、610mm×430mm×430mm等数种。由于湿消毒器须承受高温、高湿不利条件，决不能用一般钢板制造，而应该用铜或不锈钢板制成。用钢板制成的煮沸消毒器不但使用时间不长，更主要的是容易对被消毒物造成污染。

煮沸消毒器的箱底设有紫铜盘管，通过高压蒸气后，使箱内水沸腾，从而使被置于器内的器物达到消毒的目的。

还有一种传染病房用的双盖煮沸消毒器，置于污物室和清洁室的隔墙中，一个房间一个箱盖，被消毒的器物由污物室送进去，消毒完毕以后，再由清洁的房间取出来。在蜡疗室化蜡用的煮沸消毒器容水量比较大。由于湿消毒器的容量不同，蒸气的消耗量也有差异，在设计及计算中应该特别注意大型湿消毒器的蒸汽消耗量。湿消毒器附有高压蒸汽管、高压回水管、上水管及溢水管。溢水管还同时作为排气之用。湿消毒器的排水管不能与一般下水管直接连接，必须在排水管上设置喇叭口，湿消毒器的排水管与喇叭口之间应有 100mm 的间距。上水管上应设置隔断器，以免污水进入上水管内造成污染。排气和溢水管也不能与一般下水管道相连接。一般单独设置一根排气管，上端出屋顶作排气用，下端设 250～300mm 弯管作为水封，再接至附近地漏作消毒器溢水管的排水之用。煮沸消毒器的管道连接方法。

一般消毒器 12～15min 内沸腾，大型湿消毒器 15～20min 内沸腾。

干式湿消毒器：干消毒器设于手术室、中心供应室等处，做为消毒医疗器械、敷料以及衣物之用。在传染病医院、结核病医院的洗衣房也必须装置此项设备。干消毒器的种类很多，有卧式和立式之分，在卧式中又有圆形和方形之别。此外，有采用蒸气的，也有气电两用的。

方形干消毒器有 910mm×910mm×1270mm、610mm×610mm×680mm 等多种。卧式圆形者有 φ506×760 等，立式圆形者有 φ300×405。

干消毒器还有单层和双层两种。单层干消毒器只做消毒用，双层干消毒器则除了做消毒之用以外，还可以对被消毒的手术器械、敷料等进行烘干。使用这种干消毒器必须特别注意安全，因此，干消毒器必须装设安全阀及压力表，并应定期对这些设备进行检查。

干消毒器的消毒效果，与进气管和排气管的装接方法关系十分密切，只有排气管将干消毒器内的冷空气彻底排除，方能保证高压蒸气进入消毒器，保证消毒效果。否则，即或延长消毒时间，也无法达到消毒的目的。

干消毒器的消毒时间一般为 30min，烘干时间为 20～25min，干消毒器的温度上升情况和排气程度关系十分密切。在没有排气的情况下，消毒器内虽然高压蒸气压力已达 0.14MPa，但温度只有 109℃。但完全排气的情况下，则器内温度则高达 126℃。因此，对干消毒器的各种管道连接方法必须十分注意。

干消毒器的蒸气耗量，国内外意见颇不一致，根据实测，一个 φ700×1200 的圆形消毒器每分钟凝结水量只有 1200m/L 左右，每小时凝结水量为 7200mL，敷料及其他被消毒物料吸收水分 4000mL，蒸发水分 3000mL，则实际凝结水量为 1420mL。因此，可知干消毒器高压蒸气耗汽量为 15kg/h。为安全计，在设计高压蒸气供汽及回水管道时，一般干消毒器的耗汽量可以按 25～30kg/h 台计算。

由于干消毒器内的高压蒸气已经接触到了被消毒的器物，因此，其凝结水不回收，应该排入下水道。

第三节 定 额 应 用 释 义

一、浴盆、净身盆安装

1. 搪瓷浴盆、净身盆安装

工作内容：栽木砖、切管、套丝、盆及附件安装上下水管连接、试水。

定额编号 8-374～8-377 搪瓷浴盆、净身盆安装 P143～P144

[应用释义] 净身盆：亦称下身盆，供便溺后洗下身用，更适合妇女或痔疮患者使用，一般与大便器配套安装，属大便器的附属设备。标准较高的旅馆卫生间、疗养院和医院放射科中心肠胃诊疗室均应配置净身盆。净身盆的型式：根据其外形分立式及墙挂式两种。按出水方式不同，可分为放水式和喷水式。水从边沿后面直冲前沿放入盆内，称为放

水式。耗水量大，目前已很少使用。另一种是由盆底所装的小喷头向上喷射水称为喷水式。这种喷水式利用流动水进行冲洗，最符合卫生要求，由于出水喷头装在底部，冲洗后的脏水及沉在底部的脏物，必须防止其进入配水口，因此喷水式净身盆其进水阀装置涌现出不同的安装形式，满足了防护和卫生要求。净身盆安装如图2-68所示。

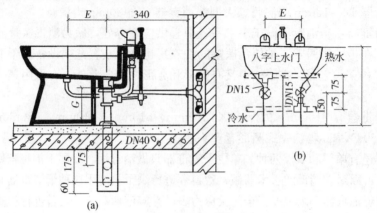

图 2-68　净身盆安装

(a) 纵剖面图；(b) 立面图

浴盆存水弯：排水管排出的生活污水中，含有较多的污物，污物腐化会产生有恶臭且有害的气体，为防止排水管道中的气体侵入室内，在排水系统中需设存水弯。存水弯的形状有 P 弯、S 弯、U 弯、瓶形、钟罩形、间壁形等多种形式。实际工程中应根据安装条件选择使用。镀锌弯头 DN15，表示公称直径为 15mm 的镀锌弯头。镀锌钢管 DN15 表示公称直称为 15mm 的镀锌焊接钢管。

机油和铅油的解释见第一章管道安装第三节定额应用释义定额编号 8-1～8-11 镀锌钢管释义。

普通硅酸盐水泥 42.5 级：指定额"承插铸铁给水管石棉水泥接口"中材料普通硅酸盐 425$^{\#}$ 的使用量和消耗量。

橡胶板和石棉橡胶板的解释见第一章管道安装第三节定额应用释义定额编号 8-1～8-11 镀锌钢管释义。

浴盆排水配件：见第四章卫生器具制作安装第二节工程量计算规则应用释义第 9.4.2 条释义。

2. 玻璃钢浴盆、塑料浴盆安装

工作内容： 栽木砖、切管、盆及附件安装、上下水管连接、试水。

定额编号　8-378～8-387　玻璃钢浴盆塑料浴盆安装　P145

[应用释义]　浴盆：浴盆一般用钢板搪瓷、铸铁搪瓷、玻璃钢等材料制成，其外形呈长方形。设置在住宅、宾馆、医院等卫生间和公共浴室内，供人们沐浴用。其颜色应与周围的其他用具及环境协调为佳。浴盆的一端配有冷、热水龙头或混合龙头，浴盆的排水口及溢水中均设在装置水龙头的一端，盆底有 0.02 的坡度坡向排水口，有的浴盆还配置固定式或活动式淋浴喷头。以玻璃钢为主要材料制成的浴盆叫玻璃钢浴盆；以塑料为主要材料制成的浴盆叫做塑料浴盆。安装如图 2-69 所示。

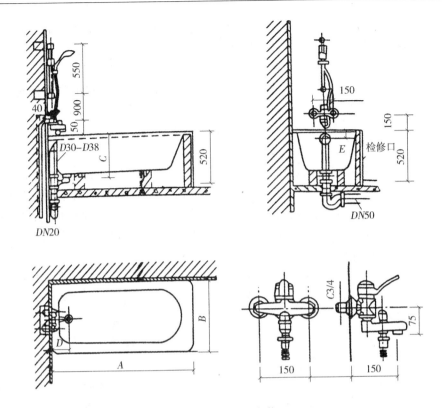

图 2-69 浴盆安装

浴盆安装：见第四章卫生器具制作安装第二节工程量计算规则应用释义第一条释义。

二、洗脸盆、洗手盆安装（如图 2-70 所示为墙架式洗脸盆安装）

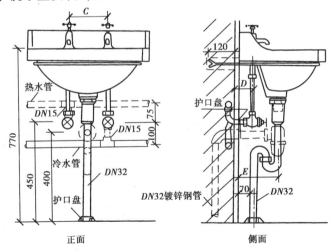

图 2-70 墙架式洗脸盆安装

工作内容： 栽木砖、切管、套丝、上附件、盆及托架安装、上下水管连接、试水

定额编号 8-382～8-385 洗脸盆、洗手盆安装 P146～P149

[应用释义] 栽木砖：砌墙时，根据卫生器具安装部位，将浸过沥青的木砖嵌入墙体内。土建施工时，应密切配合及时进行预理。木砖应削出斜度，小头朝里，突出毛墙

10mm 左右，以减薄木砖处的抹灰厚度，使木螺丝能安装牢固。如果事先未埋木砖，可采用木楔，木楔直径一般为 40mm 左右，长度为 50～75mm 左右。其做法是在墙上凿一段较木楔直径稍小的洞，将它打人洞内，再用木螺丝将器具固定在木楔上。

托架：支架的一种。其支架的解释详见第一章管道安装第一节说明应用释义第四条释义。托架分为单管托架和双管托架。

支架安装：详见第一章管道安装第三节定额应用释义定额编号 8-178 管道支架制作安装释义。

其中膨胀螺栓法和射钉法的具体做法是：①按支架在墙、柱上的安装位置用电钻钻孔或用射钉枪射入射钉，钻孔深度与膨胀螺栓相等，孔径与膨胀螺栓套管外径相等；射钉直径为 8～12mm。②采用膨胀螺栓法时，清除孔洞内碎屑后，装入套管或膨胀螺栓，将支架横梁安装在螺栓上，拧紧螺母使螺栓锥形尾部胀开。采用射钉法可直接套上角型横梁，用螺母紧固，使用射钉枪应严格掌握操作要领，注意安全。

汽水嘴（金铜磨光）、立式水嘴属于洗脸盆的配件。普通洗脸盆一般采用铜镀铬的洗脸盆水嘴，台式或立式洗脸盆配合洗脸盆的色彩和造型，一般选用冷热水混合水嘴或单把调温式混合水嘴，理发室内洗头用的洗脸盆采用冷热水混合的软管喷头，医院用的洗脸盆采用脚踏式冷热水混合鹅颈水嘴和调温脚踏式冷热水混合水嘴，或时式混合水嘴。

铜截止阀：截止阀是阀门的一种。截止阀由阀体、阀座、阀瓣、阀杆、阀盖和手轮等部分组成。有螺纹和法兰接口两种形式。工作原理是借改变阀瓣与阀座间的距离即流体通道截面的大小，达到开启、关闭和调节流量大小的目的这种阀门的特点是结构简单、严密性高、制造维修方便。但流体流过阀门时低进高出改变流动方向，阻力大。安装时应注意方向，不能装反。截止阀一般用于热水、蒸汽等严密性要求较高的管道中。

管箍、活接头：属于水煤气输运钢管件一类。水煤气管管件，由可锻铸铁和软钢制造，多为圆柱内螺纹，用作管道接头连接用，根据是否镀锌分为黑铁管件和白铁管件。可锻铸铁管件，适用于公称压力 $PN \leqslant 0.8MPa$，为增加其机械强度，管件两端部有环形内凸沿。软钢管件，适用于公称压力 $PN \leqslant 1.6MPa$。为了便于连接作业，设有纵向对称两个凸棱。管件规格用公称直径 DN 表示，管件按照用途的分类见第三章低压器具，水表组成与安装第三节定额应用释义中所阐述。

管箍又称外接头，用于连接同径通长钢管。

镀锌三通：详见第三章低压器具、水表组成与安装第三节定额应用释义定额编号 8-328～8-335 减压器中黑玛钢三通的释义。

木材：详见第一章管道安装第三节定额应用释义定额编号 8-178 管道支架制作安装释义。目前，木材用于结构相应减少，但由于木材具有美丽的天然花纹，给人以淳朴、古雅亲切的质感，因此木材作为装饰与装修材料，仍有其独特的功能和价值，因而被广泛应用。

白水泥一级：白水泥即白色硅酸盐水泥，系指用含极少量着色物质（氧化铁、氧化锰、氧化钛、氧化铬等）的原料，如纯净的高岭土、纯石英砂、纯石灰石或白垩等，在较高温度（1500～1600℃）烧成熟料。其熟料矿物成分主要还是硅酸盐。为了保持白水泥的白度，在煅烧、粉磨和运输时均应防止着色物质混入，常采用天然气、煤气或重油作燃料，在磨机中用硅质石材或坚硬的白色陶瓷作为衬板及研磨体，不能用作铸钢板和钢球。在熟料磨细时可加入 5% 以内的石灰石或窑灰。白色硅酸盐水泥的性质与普通硅酸盐水泥相同，按照国家标准《白色硅酸盐水泥》（GB 2015—91）规定，白色硅酸盐水泥分为 325、425、525 和 625 四个标号。按白度分为特级、一级、二级和三级四个级别。白水泥的初凝时间不得早于 45min，终凝不得迟于 12h。对细度、煮沸安定性和三氧化硫含量的要求与普通硅酸盐水泥相同。熟料中氧化镁的含量不得超过 45％。白色硅酸盐水泥熟料、石膏和耐碱矿物颜料共同磨细，可制成彩色硅酸盐水泥。耐碱矿物颜料对水泥不起有害作用，常用的有：氧化铁（红、黄、褐、黑色）、氧化锰（褐、黑色）、氧化铬（绿色）、赭石（赭色）、群青（蓝色）以及普鲁士红等，但制造红色、黑色或棕色水泥时，可在普通硅酸盐水泥中加入耐碱矿物颜料，而不一定用白色硅酸盐水泥。白色硅酸盐水泥和彩色硅酸盐水泥，主要用于建筑物内外的表面装饰工程上，如地面、楼面、楼梯、墙、柱及台阶等。可做成水泥拉毛、彩色砂浆、水磨石、水刷石、斩假石等饰面，也可用于雕塑及装饰部件或制品。使用白色或彩色硅酸盐水泥时，应以彩色大理石、石灰石、白云石等彩色石子或石屑和石英砂作粗细骨料。制作方法可以在工地现场浇制，也可以在工厂预制。

洗涤盆：见第四章卫生器具制作安装第一节说明应用释义第四条释义。

三、洗涤盆、化验盆安装

1. 洗涤盆安装

工作内容：栽螺栓、切管、套丝、上零件、器具安装、托架安装、上下水管连接、试水。

定额编号 8-391～8-395 洗涤盆安装 P150～P152（其中双格洗涤盆安装如图 2-71 所示）。

[应用释义] 卫生器具在安装上要求做到：平稳、牢固、准确、不漏、适用、方便等六个方面的要求。

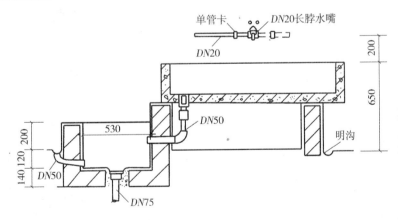

图 2-71 双格洗涤盆安装

（1）平稳：卫生器具都是可能存满水的容器，安装时，一要水平勿斜，保持受力平衡；二是稳固不摇晃，防止接口受震动。

（2）牢固：卫生器具上连给水管、下接排水管，承受着流体的冲击和重量，若支架不牢，将会使卫生器具失去平稳，接口脱落，造成渗漏。

（3）准确：卫生器具安装的标高、位置、尺寸应作到准确无误，这样才能保证质量，发挥其良好的性能，同时又能起到装饰上的美观效果。尤其对多组器具安装，还必须做到上下左右整齐一致。

（4）不漏：有两个含义，一是指卫生器具本身不渗不漏；二是指与上、下水管的接口不渗不漏。

（5）适用：卫生器具是保障人们卫生清洁，健康美容的设施，要求其排泄通畅、应用舒适，便于清洁，功能良好，施工时应防止砖石木块落人排水管中造成堵塞。

（6）方便：卫生器具是人们日常生活中起居必用的设施，使用方便是对其安装质量的基本要求，否则，不便使用或不好使用，就起不到应有的效果。

卫生器具安装：包括两个方面，一是在土建结构上的安装固定；另一方面是与管道的接口连接。

①在土建结构上的安装固定：在土建结构上的安装，有两种情况，一是砌筑在土建结构上，如小便槽、浴缸等砌筑在楼板上。二是通过支架固定在土建结构上，如洗脸盆、化验盆通过支架固定在墙壁上。

②与管道的接口连接：卫生器具与管道的接口连接，亦可分为两种情况；一种是借助排水栓和管道连接；另一种是卫生器具的排出口直接与排水管相接。

焊接钢管：也称有缝钢管或水煤气管，一般由 Q235 号碳素钢制造。按管材的表面处理形式分为镀锌和不镀锌的两种。表面镀锌的发白色又称为白（色）铁管或镀锌钢管；表面不镀锌的即普通焊接钢管。镀锌焊接钢管，常用于输送介质要求比较洁净的管道。不镀锌的焊接钢管，用于输送蒸汽、煤气、压缩空气和冷凝水等。焊接管在出厂时分两种，一种是管端带螺纹的。管端带螺纹的焊接钢管，每根管材长度为 4～9m，不带螺纹的焊接钢管，每根长度为 4～12m。焊接钢管按器壁厚度不同，分为薄壁钢管、加厚钢管和普通钢管。工艺管道上用量最多的是普通钢管，试验压力为 2.0MPa。加厚钢管的试验压力为 3.0MPa。焊接管的连接方法较多，有螺纹连接、法兰连接和焊接。法兰连接又分螺纹法兰连接和焊接法兰连接，焊接方法中又分为气焊和电弧焊。常用焊接钢管的规格范围为公称直径 6～150mm。

2. 化验盆安装

工作内容：切管、套丝、上零件、托架器具安装、上下水管连接、试水。

定额编号　8-398～8-402　化验盆安装　P153

化验盆安装如图 2-72 所示。

[应用释义]　切管：见第三章低压器具、水表组成与安装第三节定额应用释义定额编号 8-328～8-335 减压器释义。

上下水管连接：指卫生器具上连给水管，下接排水管。

排水栓：排水栓与卫生器具的连接，有两种情况。一种是排水栓与混凝土制成的盥洗池、槽之间的连接。其安装方法，宜采用当盥洗槽由土建施工完毕后，将排水栓先与管道连接起来，连接排水栓时，注意保证排水口标高，待排水栓与排水管安装连接妥当后，再采用二次灌浆的方法，将排水栓与盥洗槽浇注在一起。另一种是排水栓与成品卫生器具之间的安装、连接。即将排水栓安装到卫生器具的排水口上，安装固定主要靠上下压盖和锁紧螺母将排水栓固定安装在排出口上，安装时，上下压盖与器具壁接触面间垫上软橡胶板垫，锁紧螺母时，注意保持排水栓垂直于器壁表面。排水栓与排水管之间的连接，属于管道安装中的碰头连接，中间需采用碰头连接件如活接或长丝根母等。在排水栓与下水管的连接中，因浴盆有两个排水口，即一个溢流口和一个排水口。所以用两个排水栓，借助两

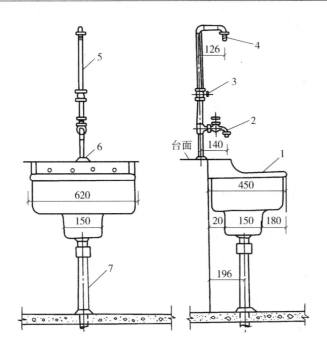

图 2-72　化验盆安装

1—化验盆；2—DN15 化验龙头；3—DN15 截止阀；4—螺纹接口；

5—DN15 出水管；6—压盖；7—DN50 排水管

个活接头通过两组短管连接到下水管道上。

四、淋浴器组成、安装

工作内容：留堵洞眼、栽木砖、切管、套丝、淋浴器组成与安装、试水。

定额编号　8-403～8-406 淋浴器组成、安装　**P154**

［应用释义］　淋浴器的组成与安装如图 2-73 所示。

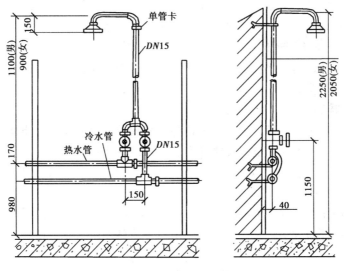

图 2-73　淋浴器安装

淋浴比盆浴有以下优点：

1. 淋浴是采用水流冲洗，一次流过使用比较卫生，可以避免各种皮肤疾病的传染。

2. 淋浴占地比盆浴小，同样面积洗淋浴比盆浴人次多。因淋浴器装得多洗得快，一般淋浴时间约为 15～25min。

3. 洗淋浴比盆浴节水，洗淋浴时间短，一人耗水量约为 135～180L，而盆浴每人次耗水量约为 250～300L。

4. 淋浴设备费用低，其产品单价和装置的建造费用比浴盆省得多。

螺栓：螺栓按加工方法不同，分为粗制和精制两种，粗制螺栓的毛坯用冲制或锻压方法制成，钉头和栓杆都不加工，螺纹用切削或滚压方法制成，这种螺栓因精度较差，多用于土建钢、木结构中。精制螺栓用六角棒料车制而成，螺纹及所有表面均经过加工，精制螺栓又分普通精制螺栓（结构与粗制螺栓相同）和配合（套）螺栓，由于制造精度高，在机械中应用较广。螺柱头一般为六角形，也有方形，这样便于拧紧。常用的螺栓材料有 Q215、Q235 等碳素钢。

钢锯条：见第三章低压器具、水表组成与安装第三章定额应用释义定额编号 8-328～8-335 减压器（螺纹连接）释义。

管卡子（单立管），即卡子，是指将管道支承固定于墙柱上的支承软件，它不仅起支托作用，还可将管子卡住固定不动。卡子也可以制成固定两根管子的双卡子，一般用于支承立管。

五、大便器安装

1. 蹲式大便器安装

工作内容：留堵洞眼、栽木砖、切管、套丝、大便器与水箱附件安装、上下水管连接、试水。

定额编号　8-407～8-409　蹲式大便器安装　P155～P158

［应用释义］　大便器：见第四章卫生器具制作安装第二节工程量计算规则应用释义第 9.4.3 条释义。

蹲式大便器：见第四章卫生器具制作安装第一章说明应用释义第二条释义。

螺纹截止阀：阀门的一种。详见第三章低压器具、水表组成与安装第三节定额应用释义定额编号 8-328～8-335 减压器释义。

蹲式大便器安装、高位水箱安装：见第四章卫生器具制作安装第二节工程量计算规则应用释义第 9.4.4 条释义。

2. 坐式大便器安装

工作内容：栽木砖、切管、套丝、大便器与水箱及附件安装、上下水管连接、试水。
定额编号　8-414～8-417坐式大便器安装　P159～P160

［应用释义］　坐式大便器安装：坐式大便器是直接安装在室内地坪上的。

其中低位水箱的安装：

应先将箱内铜器组装好，再根据已确定的大便器中心线和安装高度水平线固定在光墙面上；再用锁母拧紧的方法将冲洗管与水箱出口和大便器进水口连接好，安装完毕后进行试水检漏，合格后即可安装大便器的塑料盖、座圈等。

其中低水箱坐式大便箱的安装如图 2-74 所示。

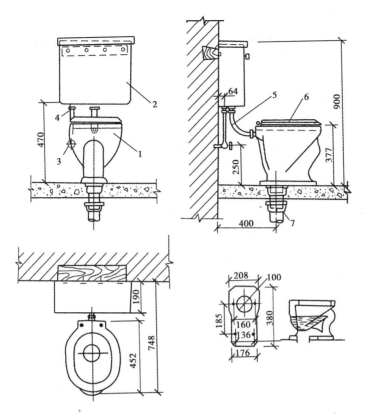

图 2-74 低水箱坐式大便器安装

1—坐式大便器；2—低水箱；3—DN15 角型钢；4—DN15 给水管；

5—DN50 冲水管；6—木盖；7—DN100 排水管

六、小便器安装

1. 挂斗式小便器安装

工作内容：栽木砖、切管、套丝、小便器安装、上下水管连接、试水。

定额编号 8-418～8-424 挂斗式小便器安装 P161～P162

[应用释义] 小便器：一般用于机关、学校、工厂剧院、旅馆等公共建筑。住宅不需要设置小便器。根据不同性质建筑物的要求及标准，分别选用立式小便器、挂式小便器或小便槽，如图 2-75～图 2-77 所示。

（1）小便器冲洗装置及耗水量：小便器冲洗水量与使用管理、调节或控制方式有关。每个小便器采用手动启闭截止阀，耗水量为 3～4L。如采用自闭式冲洗阀，可达到既满足冲洗要求又节水的目的。如采用自动冲洗水箱，7.6L 的自动冲洗水箱可连接 2～3 个小便器，每

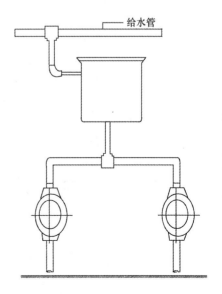

图 2-75 二联挂斗式小便器

157

冲一次就耗 7.6L 水量，由于自动冲洗耗水量较大，为了节水和卫生，传染病医院内的小便器可采用光电控制或自动控制的冲水装置。在小便器侧面墙上装有光电发射器和光电接收器，使用小便器时光束中断，电磁自闭阀打开，便开始冲水，延时后自动停止。

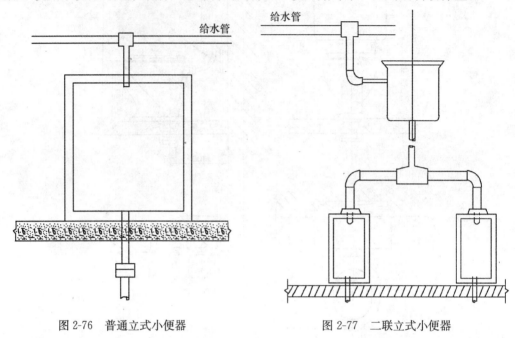

图 2-76　普通立式小便器　　　　　　图 2-77　二联立式小便器

挂式小便器安装：小便器分立式、挂式和角式，常见的是挂式小便器，安装如图2-78 所示。

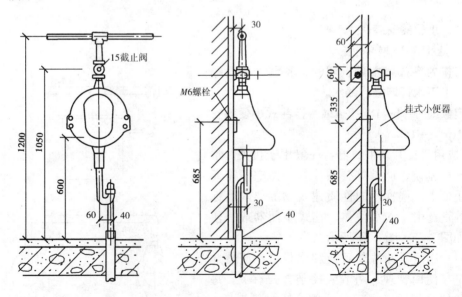

图 2-78　挂式小便器安装范围

（2）安装小便器：根据小便器的位置及安装高度，将小便器就位找平、下边缘距地面为 600mm；用木螺栓通过耳孔将小便器固定在木砖上。

（3）把角阀安装在给水管上，用截好的小铜管穿上铜碗和锁母，上端缠麻抹抹好铅。

油插入角阀门，下端插入小便器的进水口内，再将铜碗压入油灰，从而使小便器进水口与铜管之间密封。

（4）安装存水弯和排水管：卸去存水弯锁母，将存水弯下端插进预留的排水管口内，而存水弯的进水短管则与小便器出水口连接，缝隙用油麻油灰堵塞。

冲洗阀：是直接安装在大便器冲洗管上的冲洗设备。它具有体积小、坚固耐用、外表洁净、美观、安装简单、使用方便，可代替高、低冲洗水箱，延时自闭式冲洗阀，是一种新型的冲洗阀门，具有流量可调（2~12L/s），延时冲洗（2~15s），自动关闭，节约用水和防止回流污染管网水质的功能，以及坚固耐用，灵敏可靠，出流压力为50kPa时仍可工作的特点。

螺母：所有螺栓和双头螺栓联接都需要和螺母配合使用，螺母材料比配用螺栓材料略软为宜。

2. 立式小便器安装

工作内容：栽木砖、切管、套线、小便器安装、上下水管连接、试水。

定额编号　8-422~8-425 立式小便器安装　P163~P164

［应用释义］　立式小便器一般设置在卫生设备标准较高的公共建筑男厕所内，常成组设置。立式小便器靠墙竖立安装在地板上，每个小便器有自己的冲洗水进口，进水口下设有扇形布水口，使冲洗水沿内壁面均匀淋下，如果采用自动冲洗水箱，应每隔15~20min冲洗一次。

承插铸铁排水管：铸铁排水管是用灰口铁浇制而成，耐腐蚀性较好的管材，常用于室内排水工程。承插铸铁排水管，指以承插形式连接的铸铁排水管安装套本项定额。

七、大便槽自动冲洗水箱安装

工作内容：留堵洞眼、栽托架、切管、套丝、水箱安装、试水。

定额编号　8-426~8-432　大便槽自动冲洗水箱安装　P165~P166

［应用释义］　大便槽、自动冲洗水箱、自动虹吸冲洗高水箱、皮膜式自动冲洗高水箱的解释详见第四章卫生器具制作安装第二节工程量计算规则应用释义第9.4.4条释义。

八、小便槽自动冲洗水箱安装

工作内容：留堵洞眼、栽托架、切管、套丝、水箱安装、试水。

定额编号　8-433~8-437 小便槽自动冲洗水箱安装　P167

高位水箱安装及小便槽的解释见第四章卫生具器安装第二节工程量计算规则应用释义第9.4.4条释义。

低位水箱安装：见第四章卫生器具安装第三节定额应用释义定额编号8-414~8-417坐式大便器安装释义。

小便槽自动冲洗水箱托架：是支架的一种。支架的解释详见第一章管道安装第一节说明应用释义第四条释义。

普通硅酸盐水泥：见第一章管道安装第三节定额应用释义定额编号8-56~8-65承插铸铁给水管中普通硅酸盐水泥的释义。

铅油、机油：见第一章管道安装第三节定额应用释义定额编号8-1~8-11镀锌钢管释义。

橡胶板和石棉橡胶板的解释见第一章管道安装第三节定额应用释义定额编号8-23~

8-35钢管释义。

九、水龙头安装

工作内容：上水嘴、试水。

定额编号　8-438～8-440 水龙头安装　P168

［应用释义］　　水龙头：（称水嘴）是指装在给水支管末端，供卫生器具或用水点放水用的各式配水附件，用来调节和分配水流。常用的水龙头有以下几种：

普通水龙头：由可锻铸铁或铜制成，安装在洗涤池、污水盆、盥洗槽上，直径有15mm、20mm、25mm 三种。

热水龙头：一种由铜制成，设在浴室、洗衣房、开水间等处。这种龙头旋转 90°即完全开启，可迅速获得较大的流量，而且阻力较小。但由于启闭迅速，容易产生水锤。

盥洗龙头：设在洗脸盆上专供冷水和热水用。有莲蓬头式、鸭嘴式、角式、长脖式等多种形式。

皮带龙头：水嘴上有特制的接头，安装在需要连接胶管供水的地方。

瓷片式配水龙头，该龙头采用陶瓷片阀芯代替橡胶衬垫，解决了普通水龙头的漏水问题。陶瓷片阀芯是利用陶瓷淬火技术制成的一种耐用材料，它能承受高温及高腐蚀，有很高的硬度，光滑平整，耐磨，是现在广泛推荐的产品，但价格较贵。

混合龙头：这种龙头是将冷水、热水混合调节为温水的龙头，供盥洗、洗涤、沐浴等使用。该类新型龙头式样繁多，外观光亮、质地优良，其价格差异也较悬殊。

此外，还有许多根据特殊用途制成的水龙头。如用于化验室的鹅颈水嘴，用于医院的肘动水嘴，以及小便斗龙头、消防龙头、电子自动龙头等常用水龙头如图 2-79 所示。

十、排水栓安装

工作内容：切管、套丝、上零件、安装、与下水管连接、试水。

定额编号　8-441～8-446 排水栓安装　P169

排水栓安装：见第四章卫生器具制作安装第三节定额应用释义定额编号 8-398～8-402化验安装释义。安装如图 2-80 所示。

存水弯：存水弯是设置在卫生器具排水管上和生产污（废）水受水器的泄水口下方的排水附件（坐式大便器除外）。在弯曲段内存有 60～70mm 深的水，称作水封，其作用是隔绝和防止排水管道内所产生的臭气、有害气体、可燃气体和小虫等通过卫生器具进入室内，污染环境。存水弯有带清通丝堵和不带清通丝堵的两种，清通丝堵是专供清理堵塞污物之用的。按接口方式又分为承插式和丝扣式两类。按其外形还可分为 P 型和 S 型、U 型、瓶型、钟罩型等多种形式。其常用规格有 DN32、DN50、DN100 和 DN125 等四种。

十一、地漏安装

工作内容：切管、套丝、安装、与下水管道连接。

定额编号　8-447～8-450 地漏安装　P170

［应用释义］　　地漏：地漏主要是用来排除地面积水的器具，其一般用铸铁或塑料制成。在排水口处口地漏上盖有算子，可以阻止杂物进入排水支管道，而当地漏安装在排水管的始端时，其同时又起到清扫口的作用。地漏主要设置在厕所、盥洗室、浴室、卫生间及其他需要从地面排水的房间内。其构造有带水封和不带水封的两种。地漏应布置在不透水地面的最低处，地漏算子顶面应比地面低5～10mm，地漏水封深度不得小于50mm，

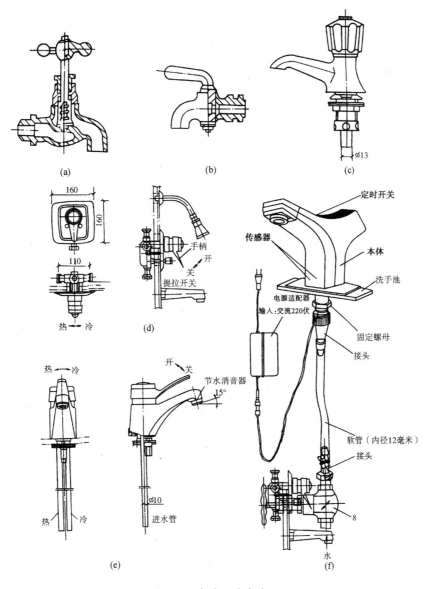

图 2-79 各类配水龙头

(a) 环形阀式配水龙头；(b) 旋塞式配水龙头；(c) 普通洗脸盆配水龙头；

(d) 单手柄浴盆水龙头；(e) 单子柄洗脸盆水龙头；(f) 自动水龙头

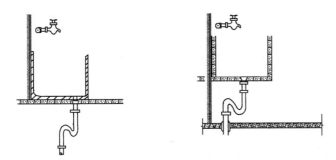

图 2-80 排水栓安装示意

其周围地面应有不小于 0.01 的坡度坡向地漏。$DN50$ 和 $DN100$ 的地漏集水半径分别为 6m 与 12m 左右；一个 $DN50$ 的地漏，可服务 1～2 个淋浴器；4～5 个淋浴器时，可用 1 个 $DN100$ 的地漏；当采用排水沟时，1 个 $DN100$ 的地漏可服务 8 个淋浴器，常用地漏规格为 $DN50$、$DN75$、$DN100$、$DN125$ 和 $DN150$ 等 5 种。几种常见地漏如图 2-81 所示。

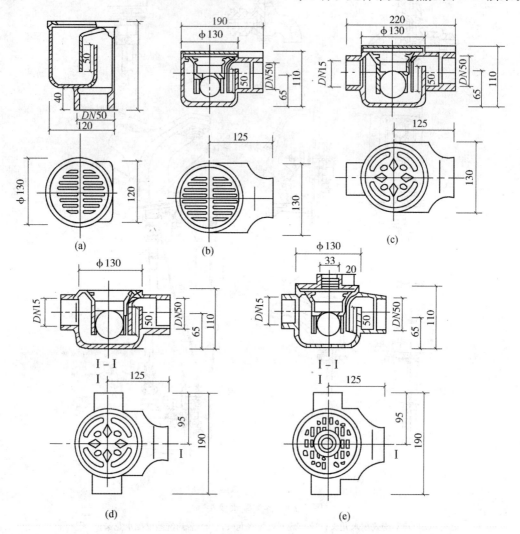

图 2-81 地漏

（a）垂直出口单通道地漏；（b）水平出口单通道地漏；（c）双通道地漏；
（d）三通道地漏；（e）三通道带洗衣机排水接入口地漏

地漏安装：地漏装在地面最低处，室内地面应有不小于 0.01 的坡度坡向地漏。现浇楼板应准确预留出地漏的安装孔洞，预制楼板凿打孔洞，将地漏按要求安装在孔洞中后，进行洞口涂抹，然后在孔洞中均匀灌入细石混凝土并仔细捣实，灌至地漏上沿向下 30mm 处，以便地面施工时统一处理。地漏安装如图 2-82 所示。

十二、地面扫除口安装

工作内容：安装、与下水管连接、试水。

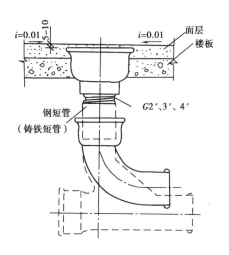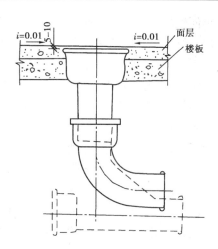

图 2-82 地漏安装

定额编号 8-451～8-455 地面扫除口安装 P171

〔应用释义〕 扫除口：即清扫口，清扫口顶面宜与地面相平。横管始端的清扫口与管道相垂直的墙面距离不得小于 0.15m。采用管堵代替清扫口时，为了便于拆装和清通操作，与墙面的净距不得小于 0.4m。在水流转角小于 135°的污水横管上应设清扫口或检查口。直线管段较长的污水横管，在一定长度内亦应设置清扫口或检查口。为便于启用，埋地横管口的检查口，在检查口处应设置检查井。其直径不得小于 0.7m。在直径小于100mm 的排水管道上设清扫口时，宜采用与管道直径相同的清扫口，等于或大于 100mm的排水管道上设清扫口时，应采用 100mm 的清扫口。扫除口安装如图 2-83 所示。

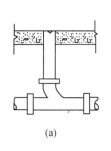　　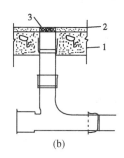

(a)　　　　　　　　　(b)

图 2-83 地面扫除口安装

(a) 塑料地面扫除口；(b) 铸铁地面扫除口

1—地板；2—面层；3—铜清扫口盖（成品）

普通硅酸盐水泥 42.5 级：见第一章管道安装第三节定额应用释义定额编号 8-56～8-65 承插铸铁给水管释义。

十三、小便槽冲洗管制作、安装

工作内容： 切管、套丝、钻眼、上零件、栽管卡、试水。

定额编号 8-456～8-458 小便槽冲洗管制作、安装 P172

〔应用释义〕 小便槽：见第四章卫生器具制作安装第二节工程量计算规则应用释义第 9.4.4 条释义。

小便槽的冲洗装置及耗水量：小便槽因为具有造价低、好管理的特点，因此工厂、学校、运动场等公共厕所采用较多。小便槽宽度 300mm，槽的起点深度 100～150mm，槽底坡度不小于 0.01，排水口下设有水封装置，排水管不小于 35mm，当小便槽长度大于 5m，则冲洗多孔管为 20mm，长度小于 5m，冲洗多孔管可采用 15mm，孔径 2mm 与墙面成 45°角，冲洗方式有采用手动启闭截止阀或设自动冲洗水箱。自动冲洗水箱的冲洗水量和冲洗阀的规格应根据小便槽长度选用，一般按 0.5m 小便槽长度相当于 1 个小便器计算。为了维护卫生，又要做到节约用水，公共场所公共厕所内的小便槽亦有采用红外线数控冲洗装置，其原理同大便槽红外线数控冲洗装置。在学校、工厂、办公楼等公共建筑，亦可采用定时控制的冲洗装置，如学校在放学后可全部关闭，在课间休息时，每 2min 或连续冲洗，上课时间，可每隔 20min 冲洗一次，只要冲洗时间和使用时间基本符合，这种冲洗装置，既符合卫生要求，又可节省水量。

冲洗管安装：见第四章卫生器具制作安装第二节工程量计算规则应用释义第 9.4.4 条释义。

镀锌三通：见第三章低压器具、水表组成与安装第三节定额应用释义定额编号 8-328～8-335 减压器中黑玛钢三通的释义。

管箍：又称外接头，用于连接同径通长钢管，管道接头零件的一种。管道的接头零件又称管子配件或管件。接头零件在管路中起到连接、分支、转弯和变径作用。除焊接的管道外，螺纹连接、承插连接、法兰盘连接的管道均需要不同的接头零件来完成管道系统的连接任务。钢管管道接头零件一般指水、煤气钢管的接头零件。其规格以公称直径表示，无缝钢管与卷焊钢管无统一的通用接头零件。接头零件可用铸铁（又称玛钢）或软钢制成，品种较多，如管箍、异径管接头（也称大小头）、弯头、三通、四通、活接头（也称油任）补心、管堵。

铸铁管接头零件分为给水铸铁接头零件和排水铸铁接头零件，给水铸铁管件有异径管、三通、四通、弯头、乙字管、斜三通、短管等；按连接方式不同分为单承、双承、单盘、双盘等形成。排水铸铁管件有 45°弯头、90°弯头、45°T 形三通、90°T 形三通、90°Y 形三通。检查口、S 形存水弯、P 形存水弯、地漏和扫除口。紧固件亦是紧固接头的零件，指用于紧固法兰的螺栓、螺母和垫片。螺栓、螺母是指六角头的，分为粗制和精制等品种。

管卡子（单立管）：见第一章管道安装第…节说明应用释义第三条中管卡的释义。

立式钻床：用以金属切削机床，用来加工工件上的圆孔，加工时工件固定在工作台上，钻头一面旋转，一面推进。

十四、开水炉安装

工作内容：就位、稳固、附件安装、水压试验。

定额编号　8-459～8-461　水炉安装　P173

［应用释义］　　螺纹截止阀：见第一章管道安装第三节定额应用释义定额编号 8-236～8-240 管道压力试验释义。

开水炉：与电热水器的加热水原理相同，适用于一些不能全年供热源的单位使用，供水量不大，可根据使用人数选择炉体型号。开水炉的材料一般采用铜、不锈钢或镀锌材料作为配管和零件，配水龙头采用铜质旋塞。管道一般明装，开水炉（器）、贮水箱（罐）、开水管道，应保温。按开水供水范围的大小，可分为分散制备局部供应，集中制备分装供应，集中制备管道输送供应等。按加热方式可分蒸气加热、燃气加热、电加热等供热方式。

水压试验：由于管道工作时要承受介质的压力，因此在管道安装完毕后必须进行试压，对焊接的管道还要试压后进行吹洗，以排除遗留在管道中的铁渣、泥砂等杂物，吹洗可用压缩空气进行吹洗，压力不得超过工作压力的 3/4，也不得低于 1/4。试压工作在小型给水系统可以整体进行，大型管道系统可分区（段）进行。试验压力应高于工作压力。当工作压力小于 0.5MPa 时，试验压力为工作压力的 1.5 倍，但不能小于 0.2MPa；当工作压力大于 0.5MPa 时，试验压力为工作压力的 1.25 倍。对于给水管道，试压时将压力升至试验值后，停止加压，观察 10min 后，压力下降值不大于 0.05MPa 时，管道试压即为合格。管网试压完毕后再连同卫生器具进行试压，冷热水管应以不小于 1.0MPa 的压力进行试压，不渗不漏，1.0h 内降压值不超过试验压力的 10％为合格。

十五、电热水器、开水炉安装

工作内容：留堵洞眼、栽螺栓、就位、稳固、附件安装、试水。

定额编号　8-462～8-469　电热水器、开水炉安装　P174～P175

［应用释义］　电热水器：局部热水供应系统中的一种加热设备。局部热水供应系统组成一般由热源或热媒、加热设备、输配管网等三部分组成。局部热水供应系统加热冷水的热源有燃气、蒸汽等热媒，也有用电能、太阳能制备热水。其加热设备有快速热水加热器、容积式热水加热器、电热水器、蒸气热水加热器等。各种加热器置于用水点，配水管很短，只是热媒需要专门敷设输送管道。局部热水供应系统的优点是灵活、管理简单，适用在已建各类房屋局部应用热水场所。在新建房屋如商店、研究所、公共建筑等局部需要热水供应场所，也可设置这种热水供应系统。

十六、容积式热交换器安装

工作内容：安装、就位、上零件、水压试验。

定额编号　8-470～8-472　容积式热交换器安装　P176～P177

［应用释义］　容积式水加热器：见第四章卫生器具制作安装第一节说明应用释义第十六条释义。

水压试验：见第四章卫生器具制作安装第三节定额应用释义定额编号 8-459～8-461 开水炉安装释义。

钢板平焊法兰：在中、高压管路系统和低压大管径管路中，凡是需要经常检修的阀门等附件与管道之间的连接，一般都是采用法兰连接，法兰连接包括法兰盘与管道之间的连接、和法兰与法兰之间的连接。法兰连接的特点是结合强度高、严密性好、拆卸安装方便。但法兰接口耗用钢材多、工时多、价格贵、成本高。对焊法兰，是指法兰的颈部与管道对接焊接在一起。对焊法兰，多用铸钢或锻钢件制造。若用钢板加工，金属加工量大不经济。对焊法兰刚度大，适用于压力 $P \leqslant 16$MPa，温度 $t = 350 \sim 450$℃的管道连接。

石棉橡胶板：见第一章管道安装第三节定额应用释义定额编号 8-23～8-35 钢管释义。

电动卷扬机：见第三章低压器具、水表组成与安装第三节定额应用释义定额编号 8-367～8-373 焊接法兰水表（带旁通管及止回阀）释义。

钢锯条：见第三章低压器具、水表组成与安装第三节定额应用释义定额编号8-328～

8-335 减压器释义。

十七、蒸气—水加热器、冷热水混合器安装

工作内容：切管、套丝、器具安装、试水。

定额编号　8-447～8-479 蒸气—水加热器、冷热水混合器安装　P178

［应用释义］　蒸气—水式加热器：见第四章卫生器具制作安装第二节工程量计算规则应用释义第 9.4.8 条释义。

冷热水混合器安装：混合式水加热器是冷、热流体直接接触互相混合而进行换热的。在热水箱内设多孔管和气—水喷射器，用蒸汽直接加热水，就是常用的混合式水加热器。多孔管上小孔直径为 2～3mm，小孔的总面积取为多孔管断面的 2～3 倍。采用多孔管加热，设备简单，易于加工，费用少。但噪声与振动较大。气—水喷射器主要由喷嘴、引水室、混合室、扩压管等部分组成。其工作原理为：高压蒸汽经喷嘴在其出口处造成很高的流速，压力降低，而把冷水吸入，同时蒸汽被凝结，冷水被加热，并在混合室内充分混合，进行热量与动量的交换，然后进入扩压管。在扩压管内可使流速降低，压力升高，因而能以一定的压力送入系统。喷射器构造简单，便于加工制造，价格低廉，运行安全可靠，但噪音较大。消声气—水混合加热器，有外置式与浸没式两种。它可降低气水混合时的噪音和振动，促进气—水尽快混合。

切管：管子安装之前，根据所要求长度将管子切断。常用切断方法有锯断、刀割、气割等。施工时可根据管材、管径和现场条件选用适当的切断方法。切断的管口应平正，无毛刺，无变形，以免影响接口的质量。

套丝：管子安装过程中，给管端加工使之产生螺纹以便连接。管螺纹加工过程叫套丝。一般可分为手工和机械加工两种方法，即采用手工绞板和电动套丝机。这两种套丝机构基本相同，即绞板上装有四块板牙，用以切削管壁产生螺纹。套出的螺纹应端正、光滑无毛刺、无断丝缺口、螺纹松紧度适宜，以保证螺纹接口的严密性。

镀锌弯头：根据制作的方法和品种分为焊接弯头、折皱弯头和光滑弯曲弯头三种。见第一章管道安装第一节说明应用释义第三条释义。

卷扬机：卷扬机又称绞车，是一种常用的起重和牵引装置，可以独立使用，也可以作为起重机械中的一个机构，由于它构造简单，操作维修方便，应用十分广泛。卷扬机的构成：①动力装置：一般多为电动机，称电动卷扬机，也有内燃机、液压、气压驱动的，还有手动卷扬机。②传动卷扬机结构：现国产卷扬机一般多为齿轮转动，常采用一般圆柱齿轮、蜗轮、蜗杆和行星齿轮等传动形式。③制动装置：常用块式制动器、带式制动器和棘轮停止器等基本形式。④工作装置：由卷筒和钢丝绳滑轮组成，有单卷筒、双卷筒及三卷筒等不同的构造形式。卷扬机种类有电动快速、电动慢速和手动等。

十八、消毒器、消毒锅、饮水器安装

工作内容：就位、安装、上附件、试水。

定额编号　8-480～8-482　消毒器、消毒锅、饮水器安装　P179～180

［应用释义］　饮水器：见第四章卫生器具制作安装第一节说明应用释义第十五条释义。

第五章 供暖器具安装

第一节 说 明 应 用 释 义

一、本章系参照 1993 年《全国通用暖通空调标准图集》T9N112 "采暖系统及散热器安装"编制的。

[应用释义] 采暖系统：采暖也称供热，是给室内提供热量并保持一定温度，以达到适宜生活条件或工作条件的技术。采暖系统是指为使建筑物达到采暖目的，而由热源或供热装置、散热设备和管道等组成的网络。采暖系统的分类：

1. 按热媒种类划分：据采暖系统使用热媒的不同，可分成热水采暖、蒸气采暖和热风采暖三类。

2. 据采暖系统服务的区域分类：

（1）集中采暖：热源和散热设备分别设置，由热源通过管道向一个或几个建筑物供给热量的采暖方式。

（2）全面采暖：为使整个房间保持一定温度要求而设置的采暖。

（3）局部采暖：当使局部区域或工作地点保持一定温度要求而设置的采暖。例如火炉采暖、电热采暖等。这种采暖系统的优点在于：热源、管道、散热设备合为一体，有的甚至可以没有管道，很简单。

3. 按采暖时间分类：

（1）连续采暖：对于全天使用的建筑物，为使其室内平均温度全天均能达到设计温度的采暖方式。

（2）间歇采暖：对于非全天使用的建筑物，仅使室内平均温度在使用时间内达到设计温度，而在非使用时间内可自然降温的方式。

（3）值班采暖：在非工作时间或中断使用的时间内，为使建筑物保持最低室温要求以免冻结，而设置的采暖。

4. 按散热器的散热方式分类：

对流采暖和辐射采暖；按介质管道数量分类：单管采暖系统和双管采暖系统；按供热范围分类：局部采暖、集中采暖和区域采暖；按系统热煤分配形式分类：上分式系统、下分式系统、中分式系统。其中热水供暖系统依系统循环动力又分为自然（重力）循环系统和机械循环系统，如图 2-84～图 2-91 所示为供暖系统的几种不同供暖方式。

散热器：是利用对流和辐射两种方式能够补偿房间的热损失，使室内保持所需的温度，从而达到采暖的目的。用来向室内散热的设备，采暖散热器是采暖系统的末端装置，装在房间内，作用是将热媒携带的热量传递给室内的空气，以补偿房间的热量损耗。散热器必须具备一定的条件：首先，能够承受热媒输送系统的压力；其次要有良好的传热和散热能力；还要能够安装于室内，不影响室内的美观和必要的使用寿命。散热器的制造材料有铸铁、钢材和其他材料（铝、塑料、混凝土等）；其结构形状有管型、翼型、柱型和平

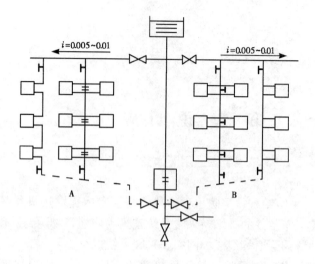

图 2-84　自然循环单管上供下回式系统

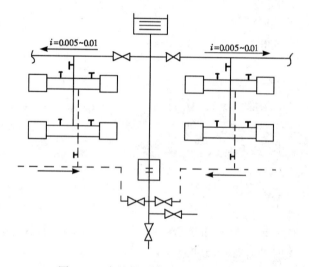

图 2-85　自然循环双管上供上回式系统

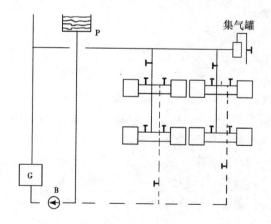

图 2-86　机械循环上供下回式双管系统

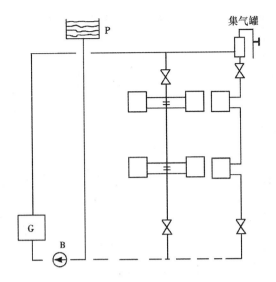

图 2-87　机械循环上供下回式单管热水供暖系统

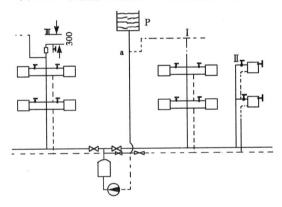

图 2-88　机械循环下供下回式双管系统

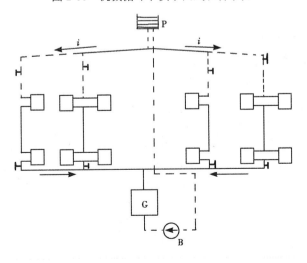

图 2-89　单管下供上回式热水供暖系统

板型等，水平串联系统按连接方式分为水平顺流式和水平跨越式，其系统如图 2-90、图 2-91 所示。

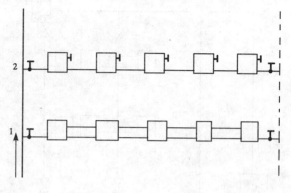

图 2-90　水平顺流式系统

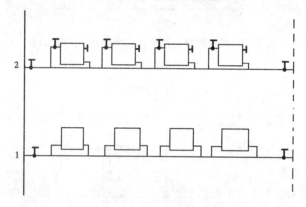

图 2-91　水平跨越式系统

如图 2-92 所示为几种常见的散热器；其传热方式有对流和辐射。

散热器安装：

散热器安装时的注意事项：

（1）采暖散热器一般多沿外墙装于窗台的下面，并应使其垂直中心线与窗的垂直中心线重合。这样，沿散热器上升的对流热气流能阻止和改善从玻璃窗下降的冷气流和玻璃冷辐射的影响，使流经室内的空气比较暖和舒适。

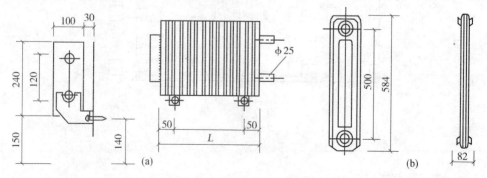

图 2-92　常见的散热器形状

（a）闭式对流串片散热器；（b）二柱 M-132 型散热器

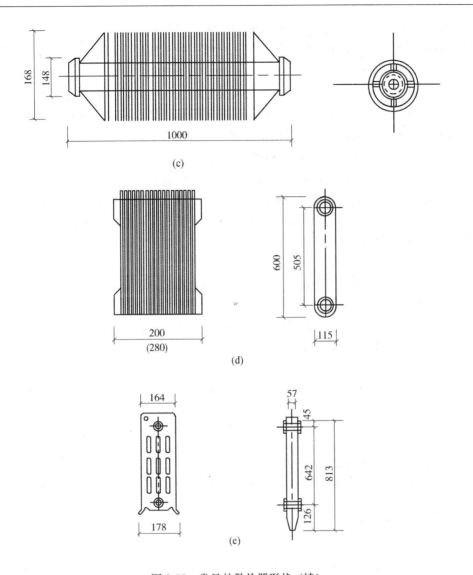

图 2-92 常见的散热器形状（续）

(c) 圆翼型散热器；(d) 小 60（大 60）型长翼式散热器；(e) 四柱 813 型散热器

（2）为防止冻坏散热器，二道外门之间，不准设置散热器。在楼梯或其他有冻结危险的场所，其单热器应有单独的立、支管供热，且不能装调节阀。

（3）在垂直单管或双管热水供暖系统中，同一房间的两组散热器可以串联连接，贮藏室、盥洗室，厕所和厨房等辅助用室及走廊的散热器，可同邻室串联连接。两串联散热器之间的串联管直径应与散热器接口直径（一般内 $\phi 11/4''$）相同，以便水流畅通。

（4）在楼梯间布置散热器时，应考虑梯间热流上升的特点，应尽量布置在底层或按一定比例分布在下部各层。

（5）散热器一般应明装，布置简单。内部装修要求较高的民用建筑可采用暗装。托儿所和幼儿园应暗装或加防护罩，以防烫伤儿童。

（6）铸铁散热器的组装片数，不宜超过下列数值：二柱（M132 型）20 片；柱型（四柱）——25 片；长翼型——7 片。

散热器的安装形式有明装、半暗装和暗装三种。散热器全部裸露于内墙面的安装形式为明装；散热器全部嵌入墙槽内的安装形式为暗装；散热器的一部分嵌入墙槽内的安装形式为半暗装。一般散热器宜明装，暗装时装饰罩应有合理的气流通道，足够的通道面积，并方便维修。散热器可落地安装，也可挂墙安装。挂墙安装时，在墙上栽埋专用托钩，将散热器挂在托钩上即可。安装具体过程如下：首先确定散热器托钩的数量和位置，其应符合设计或产品说明书要求。然后，采用钢管锯成的斜口管錾子或电钻在墙上打洞，打洞深度一般不小于120mm。栽托钩时，先用水将墙洞浸湿，将托钩放入墙洞内，对正位置后，灌入水泥砂浆，并用碎石挤紧，最后用水泥砂浆填满墙洞并抹平。最后，待墙洞中的水泥砂浆达到强度后，即可安装散热器。若在钢筋混凝土墙上安装散热器，应预先在墙上埋置铁件，安装散热器时，将托钩焊在预埋件上即可。安装时应注意，应保证所有支托架与散热器应紧密结合，不允许出现不接触现象。

散热器安装时，还应注意：

（1）挂墙安装的散热器，距地面高度按设计要求确定。设计若无要求，一般下部距地不低于150mm，上部不高出窗台板下皮。

（2）散热器应平行于墙面，散热器背面与装饰后的墙内表面安装距离应符合设计或产品说明书要求。如设计未说明，应为30mm。一般散热器中心与墙表面的距离应符合下表2-26的规定：

散热器中心与墙表面距离　　　　　　　　　　　表 2-26

散热器型号	60型	M132型	四柱型	圆翼型	扁管、板式（外沿）	串 片 型	
						平 放	竖 放
中心距墙表面距离（mm）	115	115	130	115	80	95	60

二、各类型散热器不分明装或暗装，均按类型分别编制，柱型散热器为挂装时，可执行 M132 项目。

［应用释义］　散热器明装、暗装、挂装：见第五章供暖器具安装第一节说明应用释义第一条释义。

柱型散热器：钢制柱型散热器的外形同铸铁柱型散热器。

以同侧管口中心距为主要参数有 300mm、500mm、600mm、900mm 等常用规格，宽度为 120mm、140mm、160mm，皮长（片距）为 50mm，钢板厚为 1.2mm 和 1.5mm，工作压力分别为 0.6MPa 和 0.8MPa。

三、柱型和 M132 型铸铁散热器安装用拉条时，拉条另行计算。

［应用释义］　铸铁散热器：铸铁散热器用铸铁浇铸而成，主要材料为生铁、焦炭及造型砂。

（1）翼形散热器：翼形散热器有圆翼形、长翼形和多翼形等几种形式。

（2）柱形散热器：铸铁柱形散热器有标准柱形（柱外径约 27mm）、细柱形和柱翼形（又称辐射对流形）等几种型式。

（3）其他形式散热器：铸铁散热器除翼形和柱形外，还有厢翼式散热器和用于厨房、卫生间的栅式散热器等。

铸铁散热器安装：

（1）安装位置，应由具体工程的采暖设计图纸确定。一般多沿外墙装于窗台的下面，对于特殊的建筑物或房间也可设在内墙下。

（2）安装前的准备：铸铁散热器在施工现场应按试验压力进行试验，试压合格后方能安装。对于钢制或铝制散热器，也应据产品样本进行抽检。散热器的安装应在室内地面和墙面装饰工程完成后进行，安装地点不得有障碍物品。

（3）安装：安装时首先明确散热器托钩及卡架的位置，并用画线尺和线坠准确画出，并反复检验其正确性，然后打出孔洞，栽入托钩（或固定卡），经反复用量尺复核后，用砂浆抹平压实。待砂浆达到强度后再进行安装，并找平、找正、找垂直。

铸铁翼型散热器安装须知：

（1）铸铁翼型散热器的翼片，应力求完整，若有残损，须在下列范围内：①长翼型散热器顶部残翼只允许一个，其长度不大于50mm。侧面残翼不超过两个，累计长度不大于200mm，②圆翼型散热器；残翼数不超过两个，累计长度不大于200mm，有残翼的散热器，安装时残损部位需朝下或朝墙安装。

（2）水平安装的圆翼型散热器，接管处应使用偏心法兰盘，以便于顶部排气，下端排水。

（3）散热器安装稳固后，用活接头与支管线上下连接，以便于拆卸检修，若有截门，应装在活接头和立管之间。

四、定额中列出的接口密封材料，除圆翼汽包垫采用石棉橡胶板外，其余均采用成品汽包垫，如采用其他材料，不作换算。

［应用释义］ 石棉橡胶板和橡胶板的解释见第一章管道安装第三节定额应用释义定额编号 8-23～8-35 钢管释义。

五、光排管散热器制作、安装项目，单位每10m 系指光排管长度，联管作为材料已列入定额，不得重复计算。

［应用释义］ 散热器：见第五章供暖器具安装第一节说明应用释义第一条相关释义。

六、板式、壁板式，己计算了托钩的安装人工和材料，闭式散热器，如主材料不包括托钩者，托钩价格另行计算。

［应用释义］ 板式、壁板式散热器、板型散热器、钢制板型散热器多用 1.2mm 钢板制作，有单板带对流片和双板带对流片两种类型。

闭式散热器、串片散热器、钢制串片（闭式）型散热器是用普通焊接钢管或无缝钢管串接薄钢板对流片，具有较小的接管中心距。

第二节　工程量计算规则应用释义

第 9.5.1 条 热空气幕安装以"台"为计量单位，其支架制作安装可按相应定额另行计算。

［应用释义］ 支架制作安装：见第一章管道安装第一节说明应用释义第四条管道支架的释义。

支架的制作、支架的安装：见第一章管道安装第三节定额应用释义定额编号 8-169～8-177 镀锌铁皮套管制作释义。

支架的安装方法：见第四章卫生器具制作安装第三节定额应用释义定额编号 8-382～8-385 洗脸盆、洗手盆安装释义。

【例】 某综合楼为满足室内舒适性，克服底层门开启的冷风侵入以及冷风渗透的热负荷，在底层大门口均设置热空气幕，其平面布置图及选用型号如图 2-93 所示，试计算其安装工程量。

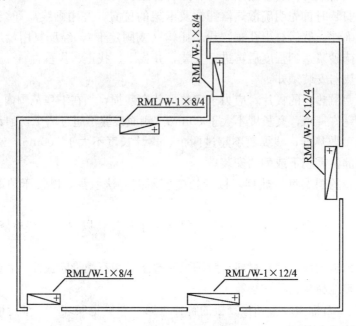

图 2-93 某综合楼底层热空气幕平面布置图

【解】 （1）《采暖通风与空气调节设计规范》GB 50019—2003 规定：

4.6.7 符合下列条件之一时，宜设置热空气幕：

①位于严寒地区、寒冷地区的公共建筑和工业建筑，对经常开启的外门，且不设门斗和前室时。

②公共建筑和工业建筑，当生产和使用要求不允许降低室内温度时或经技术经济比较设置热空气幕合理时。

4.6.8 热空气幕的送风方式：公共建筑宜采用由上向下送风。工业建筑，当外门宽度小于 3m 时，宜采用单侧送风；当大门宽度为 3～18m 时，应经技术经济比较，采用单侧、双侧送风或由上向下送风，当大门宽度超过 18m 时，应采用由上向下送风。

（2）热空气幕安装　　　　　　　　　　　　计量单位：台

定额包括工作内容：安装、稳、固、试运转。

①RML/W-1×8/4 型热空气幕安装　　　　　　定额编号：8-534

工程量：$\dfrac{3}{a}\bigg/\dfrac{1}{b}=3$

其中 a 为该型号热空气幕台数；b 为计量单位。

②RML/W-1×12/4 型热空气幕安装　　　　　　定额编号：8-535

工程量：2/1＝2

清单工程量见表 2-27。

清单工程量计算表　　　　　　　　　　　　　表 2-27

项目编码	项目名称	项目特征描述	计量单位	工程量
031005005001	空气幕	RML/W-1×8/4 RML/W-1×12/4	台	5

第 9.5.2 条　长翼、柱型铸铁散热器组成安装以"片"为计量单位，其汽包垫不得换算；圆翼型铸铁散热器组成安装以"节"为计量单位。

[应用释义]　长翼、柱型铸铁散热器：散热器应具有一定的机械强度及承压能力，并具有传热效率高、外形光滑美观、易于清扫、单位散热表面积大等性能。散热器的种类很多，从材质上可分为铸铁及钢制两大类。

铸铁散热器：有长翼铸铁器（大 60 型、小 60 型）散热器、圆翼形散热器、柱形（四柱、五柱及 M132 型）散热器。长翼形：每片长度为 280mm 的叫大 60 型，长度为 200mm 的叫小 60 型，高度均为 595mm。圆翼形：圆管外带有散热翼片，每根长度为 1m，圆管内径有 50mm 及 75mm 两种规格，法兰接口，一般串成几根使用。翼形散热器具有耐腐蚀、散热面积大等优点。但易积灰，不易清扫，外形不美观，因铸造成整片且散热面积大，不易调整成所设计需要的散热面积。适用于灰尘较少的工业厂房车间或需采暖的仓库等。柱形散热器：柱形散热器是浇注的单片，每片可含有几个中空的立柱并上下端连通，可采用对丝将所需的片数组对在一起。柱形铸铁散热器可根据每片的立柱数分五柱、四柱、二柱（即 M132 型）型。其中，四柱又有 813 型、760 型、500 型等不同的高度类型。柱型散热器根据安装方法不同有带足片及中片之分，如散热器落地安装应根据片数的多少配置带足片，如散热器挂装则选用不带足的中间片即可。铸铁散热器承压较差，一般使用不应超过 0.4MPa。为了适宜高层建筑使用，采用高稀铸铁散热器，即在灰口铸铁中加入稀土元素提高其承压能力，工作压力可提高到 0.8MPa，试验压力可到 1.2MPa。柱型散热器具有外形较美观、光滑、不易积灰、易组合所需的散热面积等优点，民用建筑及其他建筑中广泛使用。

另外，还有其他型式散热器，如厢翼式散热器和用于厨房、卫生间的栅式散热器等。目前市场上的新型铸铁散热器有：柱翼型定向对流式、板翼式、凹凸板型、壁挂式、铸铁装潢精品散热器等。

【例】　某采暖系统其中一立管的连接情况如图 2-94 所示，其上面散热器在房间内的布置情况如图 2-95 所示。散热器型号为铸铁 M132 型，其进出水管间距为 600mm，单片厚度为 60mm。立支管管道选用的是焊接钢管，连接方式为螺纹连接，其规格如图 2-94 所示。其上阀门均为 Z15T-10K，螺纹闸阀 DN20。试计算该立管上管道安装，散热器安装，阀门安装等工程量。

【解】　（1）铸铁散热器组成安装　　　　　　　　计量单位：10 片

定额包括工作内容：制垫、加垫、组成、栽钩、稳固、水压试验。

铸铁散热器 M132　　　　　　　　　　　　　　　定额编号：8-490

散热器总片数为：（17＋15＋14＋11＋11＋12＋13）片＝93 片

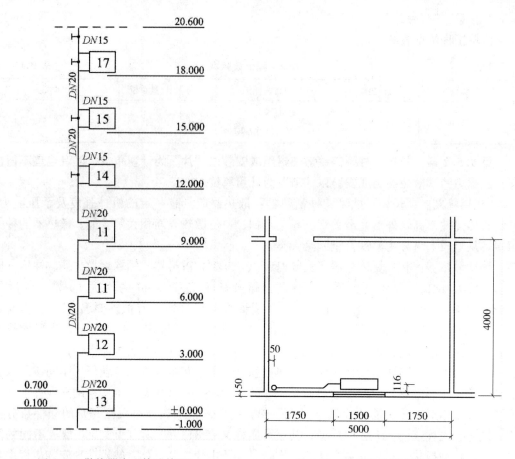

图 2-94 散热器支立管连接图　　　　图 2-95 室内散热器布置图

故铸铁散热器 M132 组成安装工程量为 $\underset{①\quad②}{93/10}=9.3$

其中①为散热器总片数；②为计量单位。

应注意：不同型号散热器的计量单位是不同的，其工程量计算也是不同的。光排管散热器制作安装，计量单位：10m；钢制闭式散热器安装，计量单位：片；钢制板式散热器安装，计量单位：组；钢制壁板式散热器安装，计量单位：组；钢制柱式散热器安装，计量单位：组。

（2）室内管道安装，焊接钢管（螺纹连接）　　　　　　计量单位：10m

定额包括工作内容：打堵洞眼、切管、套丝、上零件、调直、栽钩卡、管道及管件安装、水压试验。

①焊接钢管 DN20　　　　　　　　　　　　　　　　定额编号：8-99

$DN20$ 立管长度：$\underset{a}{20.6\text{m}-(-1.000)\text{m}}-\underset{d}{\underset{b\qquad\qquad c}{(0.700-0.100)\text{m}\times4}}\text{m}$

其中 a 为标高差；b 为散热器进出水间距；

　　c 为通过散热器管段为顺流式的散热器的个数；

d 为流经散热器所占管段长度。

故 $DN20$ 立管长度为：$21.6m-0.6m\times4=19.2m$

$DN20$ 支管长度：$(5.0\div2\underline{-0.12}\underline{-0.05})\ m\underline{\times2}\underline{-4}-\underline{(11+12+13+11)}\times0.06m$

$$\quad\quad\quad\quad\quad\quad\underline{a'}\quad\underline{b'}\quad\quad\quad\underline{d'}\ \underline{e'}\quad\quad\quad\underline{h'}\quad\quad\quad\quad\underline{i'}$$
$$\quad\quad\quad\quad\quad\underline{c'}\quad\quad\quad\quad\quad\quad\quad\quad\quad\quad\quad\underline{j'}$$

其中 a' 为半墙厚；b' 为立管中心线距墙面的距离；

$\quad c'$ 为立管中心线与散热器中心的距离；d' 为供回水两根管；

$\quad e'$ 支管规格为 $DN20$ 的散热器个数；h' 支管规格为 $DN20$ 的散热器的总片数；

$\quad i'$ 单片散热器厚度；j' 散热器所占长度。

故 $DN20$ 支管长度为：$2.33m\times8-47\times0.06m$

$$=18.64m-2.82m$$

$$=15.82m$$

故 $DN20$ 焊接钢管长度为 $19.2m+15.82m=35.02m$

所以焊接钢管 $DN20$ 工程量为 $\underline{35.02}/\underline{10}=3.502$

$$\quad\quad\quad\quad\quad\quad\quad\quad\quad\quad①\quad\ e$$

其中①为焊接钢管 $DN20$ 的长度；e 为计量单位。

②焊接钢管 $DN15$ 　　　　　　　　　　　　　定额编号：8-98

$DN15$ 焊接钢管长度：

$$\underline{(5.0\div2-0.12-0.05)}\underline{\times2}\underline{\times3}-\underline{(17+15+14)}\times\underline{0.06}$$
$$\quad\quad a\quad\quad\quad\quad\quad\quad b\ \ c\quad\quad\underline{d}\quad\quad\quad e$$
$$\quad\quad\quad\quad\quad\quad\quad\quad\quad\quad\quad\quad\quad\quad f$$

其中 a 为立管中心线与散热器中心的间距；

$\quad b$ 为供水回两根支管；c 为支管规格为 $DN15$ 的散热器个数；

$\quad d$ 为支管规格为 $DN20$ 的散热器的总片数；

$\quad e$ 为单片散热器厚度；f 为散热器所占长度。

故 $DN15$ 焊接钢管的长度为：$2.33\times6m-46\times0.06m$

$$=13.98m-2.76m$$

$$=11.22m$$

所以 $DN15$ 焊接钢管工程量为

$\underline{11.22}/\underline{10}=1.122$

$\quad ②\quad\ e'$

其中②为 $DN15$ 焊接钢管长度；e' 为计量单位。

(3) 阀门安装　螺纹阀　　　　　　　　　　　计量单位：个

定额包括工作内容：切管、套丝、制垫、加垫、上阀门、水压试验。

$Z15T$-$10K$ 螺纹闸阀 $DN20$：　　　　　　　　　定额编号：8-242

工程量：$4/1=4$

其各项工程量汇总见表 2-28。

立管上分部分项工程量 表 2-28

序号	定额编号	项目名称	计量单位	工艺程量
1	8-490	铸铁散热器组成安装 M132 型	10 片	9.3
2	8-99	室内管道安装，焊接钢管（螺纹连接）DN20	10m	3.502
3	8-98	室内管道安装，焊接钢管（螺纹连接）DN15	10m	1.122
4	8-242	阀门安装螺纹阀 Z15T—10K 螺纹闸阀 DN20	个	4

清单工程量见表 2-29。

清单工程量计算表 表 2-29

序号	项目编码	项目名称	项目特征描述	计量单位	工程量
1	031005001001	铸铁散热器	铸铁 M132 型，单片厚度为 60mm	片	93
2	031001002001	钢管	螺纹连接，焊接钢管 DN15、DN20	m	46.22
3	031003001001	螺纹阀门	Z15T-10K 螺纹闸阀 DN20	个	4

第 9.5.3 条 光排管散热器制作安装以"m"为计量单位，已包括联管长度，不得另行计算。

[应用释义] 光排管散热器：光管型散热器的一种。光管型散热器是用钢管焊制而成，构造简单，可由施工单位自行制作。表面光滑，制作简便但耗钢材量大，如用于热水采暖时水容量大，一般用于工业厂房或临时采暖系统使用，多采用高压蒸气作为热媒。光管的排数、管径由设计选定，可分为排管型及回形管形。光排管散热器采用蒸汽作热源时，蒸汽管与凝结水宜异侧连接。排管型又称为 A 型，回型管型称为 B 型。光管散热器要求焊接外观美观，焊缝均匀，无夹渣咬肉。

【例】 一 B 型钢光排管散热器由无缝钢管切管焊接而制成。其具体尺寸如图 2-96 所示。其所选用无缝钢管的规格为 φ89×3.5，材质为 10 号钢。散热器在经人工除锈（轻锈）后，刷防锈漆两遍，银粉漆两道。试计算其工程量。

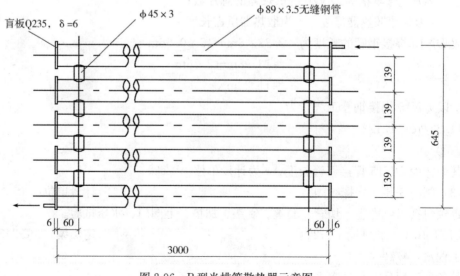

图 2-96 B 型光排管散热器示意图

【解】 （1）光排管散热器制作安装 　　B 型（2~4m） 　　　　计量单位：10m

定额包括工作内容：切管、焊接、组成、打眼、栽钩、稳固、水压试验。

B 型光排管散热器制作安装 　　　L＝3m 　　*DN*80 　　　　定额编号 8-506

工程量：$\underline{3\times5}/\underline{10}＝1.5$
　　　　　　①　　②

其中①为光排管长度；②为计量单位。

注意：光排管散热器制作、安装项目，单位每 10m 系指光排管长度，联管已作为材料列入定额，不得重复计算。

（2）手工除锈 　　　　　　　　　　　　　　　　　　　　计量单位：10m²

定额包括工作内容：除锈、除尘

B 型光排管散热器 　　*L*＝3m，*DN*80 　除轻锈 　　　　定额编号：11-4

散热器外表面积为：

$3.1416\times\underline{0.089}\times\underline{3\times5}\text{m}^2+[3.1416\times\underline{0.235}\times\underline{0.006}+\underline{3.1416\times(0.235/2)^2\times2}-$
　　　　　　　①　　　　②　　　　　　④　　　　⑤　　　　　　⑥
　　　　　　　　③　　　　　　　　　　　　　　　⑦

$\underline{3.1416\times(0.089/2)^2}]\,\text{m}^2\times\underline{10}+3.1416\times\underline{0.045}\times\underline{(0.139-0.089)}\times\underline{8}\,\text{m}^2$
　　　⑧　　　　　　　⑨　　　　　⑩　　　⑪　　　　　　⑫
　　　　　　　　　　　　　　　　　　　　⑬

其中①为光排管外径；②为光排管的总长度；
　　③为光排管外表面积；④为盲板直径；
　　⑤为盲板厚度；⑥为盲板面积；
　　⑦为盲板外表面积；⑧为以光排管外径为直径的圆面积；
　　⑨为盲板个数；⑩为联管外径
　　⑪为两相邻光排管的中心线距离；⑫为联管段数；
　　⑬为联管外表面积。

故散热器的外表面积为 　　（4.1940＋0.8496＋0.0565）m²＝5.1001m²

所以散热器人工除轻锈工程量为：$\underline{5.1001}/\underline{10}＝0.51001$
　　　　　　　　　　　　　　　　a　　　*b*

其中 *a* 为散热器外表面积；*b* 为计量单位。

（3）设备与矩形管道刷油 　　　　　　　　　　　　　　计量单位：10m²

定额包括工作内容：调配、涂刷。

①B 型光排管散热器刷防锈漆第一遍 　　　　　　　　　定额编号：11-86

工程量：$\underline{5.1001}/\underline{10}＝0.51001$
　　　　　a　　　*b*

其中 *a* 为散热器外表面积；*b* 为计量单位。

②B 型光排管散热器刷防锈漆第二遍 　　　　　　　　　定额编号：11-87

工程量：5.1001/10＝0.51001

③B 型光排管散热器刷银粉漆第一遍 　　　　　　　　　定额编号：11-89

工程量：5.1001/10＝0.51001

④B型光排管散热器刷银粉漆第二遍　　　　　　　　定额编号：11-90

工程量：5.1001/10＝0.51001

注意：在计算光排管散热器除锈、刷油时应考虑联管所占的工程量。

清单工程量计算见表2-30。

清单工程量计算表　　　　　　　　　　　　　　表2-30

项目编码	项目名称	项目特征描述	计量单位	工程量
031005004001	光排管散热器	无缝钢管 $\phi89×3.5$，材质为10号钢，人工除锈后，刷防锈漆两遍	m	15

第三节　定额应用释义

一、铸铁散热器组成安装

工作内容：制垫、加垫、组成、栽钩、稳固、水压试验。

定额编号　8-488～8-491　铸铁散热器组成安装　P184～P185

[**应用释义**]　　铸铁散热器：采暖散热器的一种。采暖散热器是采暖系统的末端装置，装在房间内，作用是将热媒携带的热量传递给室内的空气，以补偿房间的热量损耗。其详见第五章供暖器具安装第二节工程量计算规则应用释义第9.5.2条释义。

散热器的安装包括：组对、试压、支架预制及安装、挂装等。

散热器的组对是按设计要求的片数，组对各单片散热片，使之成为散热器组的操作。

不同房间因其热负荷不同，散热器的布置数量也不同，因此，在安装铸铁散热器时，首先工作是根据设计片数进行组对。组对散热器的材料有散热器对丝、垫片、散热器补芯和丝堵等。

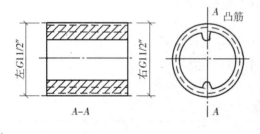

图 2-97　散热器对丝

（1）散热器对丝（汽包对丝），如图2-97所示，是两片散热器之间的连结件，它是一个全长上都有外螺纹的短管，一端为左螺纹一端为右螺纹。实际工程中，一般将左螺纹（正扣螺纹）与热水或蒸汽支管连接，将右螺纹（反扣螺纹）与回水支管或凝结支管连接，使得安装统一，检修方便。

（2）散热器垫片（垫圈），一般用石棉或橡胶垫片套在左右螺纹的分界处，以免散热器组对漏气，厚度大约2mm。

（3）散热器补芯，（汽包补芯）是散热器支管口和散热器支管之间的连结件，起变径的作用。外线拧入散热器内螺丝接口中，内丝用以连接散热器支管，其外、内螺纹规格有如下四种：40×32（$1'/2''×1'/4''$）（$1'/4''$一读作英寸二），40×25（$1'/2''×1''$）、40×20（$1'/2''×3/4''$）（$3/4''$——读作6分），40×15（$1'/2''×1'/2''$）（$1/2''$——读作4分），即以下的一般说法：外螺纹规格为d40，以便和散热器接口相连接，内螺纹d32、d25、d20、d15这四种规格，来和不同管径的支管相配合。

（4）散热器丝堵 C，用于散热器不接支管的管口堵口。由于每片或每组散热器两侧接口一为左螺纹，一为右螺纹，因此，散热器补芯和丝堵也都有左螺纹和右螺纹之分以便对应使用。散热器组对用的工具称为散热器钥匙。如图 2-98 所示。

散热器组对前，应对每片散热器内部和管口清理干净，除去表面锈蚀，刷上防锈漆。

组对：

（1）组对时，先把一片散热器放在组对架上，如图 2-99 所示。

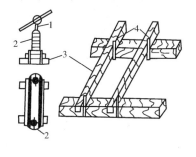

图 2-98　散热器组对专用

（2）将两个对丝的正扣分别拧入散热器片的接口内 1～2 扣，并套上石棉橡胶垫。

（3）把第二片散热器的反扣对正组对架上的对丝，找正以后，将两把专用钥匙插入两个对丝孔中并卡在对丝的突缘处，向回徐徐倒退，然后正转，使对丝的两端入扣，且缓缓地均衡施力拧紧，逐片组对，直至所需片数。

图 2-99　散热器组对器
1—钥匙；2—散热器（暖气片）；
3—木架；4—地板

（4）根据设计要求的进、出水方向，装设散热器补心和丝堵；

（5）将组对好的散热器从组对架上拿下，以便进行水压实验，合格之后再喷刷一道防锈漆和一道银粉，然后待安装。

散热器组对的要求是：

（1）散热器组对前应检查。散热器的翼片数及尺寸，应满足安装及今后安全方便地使用要求；

（2）散热器的对丝应用手逐个拧紧，但不宜过松或过紧；

（3）组对散热器，应平直紧密，垫片不得露出颈外；

（4）已组对的散热器一般不应平放，若必须平堆放时，堆放高度不应超过十层，且每层间应用木片隔开。竖向堆放时，也应用木片或草绳隔开。

散热器安装：如图 2-100 所示为散热器安装方式示意图。

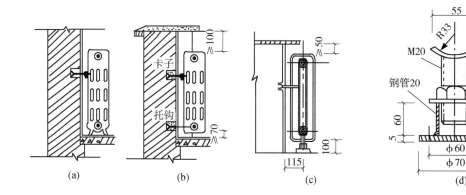

图 2-100　散热器安装方式示意图
（a）柱型散热器的直立安装；（b）托架安装；（c）支座、卡件固定散热器；（d）支座结构图

（1）散热器位置的确定：散热器一般布置在外窗下面（如图 2-102 所示），这样，从窗外渗入的冷风与从散热器上升的热气流混合后流入室内，给人以舒适之感。散热器中心距墙面的尺寸见第五章第一节说明应用释义。散热器安装时，窗台距地面的距离应考虑散热器下面是否布置回水管道。

（2）埋栽散热器托钩：散热器可安装在墙上的托钩上，也可安装在地上的支架上。以前者为例说明安装程序，托钩可用圆钢或扁钢制作，如图 2-101 所示。托钩长度见表 2-31。

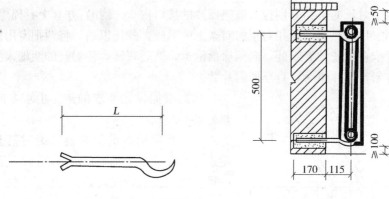

图 2-101 散热器托钩   图 2-102 散热器窗台下布置

散热器托钩长度   表 2-31

散热器名称	托钩长度 L/（mm）	散热器名称	托钩长度 L/（mm）
长翼型	≥235	四柱	≥262
圆翼型	≥255	五柱	≥284
M132	≥246		

首先确定散热器托钩的数量和位置，其数量因散热器的型号、组装片数不同而异，而且每组散热器上下托钩的数量也不相同，因为上托钩主要保证散热器垂直度，故数量少，下托钩主要承重，故数量多。表 2-32 给出了常见的几种型散热器支托钩的数量。散热器托钩位置取决于散热器安装位置，具体布置如图 2-103 所示，散热器窗台下布置如图 2-102 所示。在墙上划线时，要注意两点：上下托钩中心就是散热器上下接口中心和散热器接口的缝隙值一般为每个 2mm。

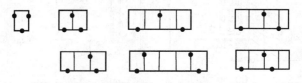

图 2-103 散热器托钩布置

打墙洞时，可用钢管锯成斜口管錾子，亦可用电锤，打洞深度一般不小于 120mm。

散热器支架、托架数量   表 2-32

项次	散热器型式	安装方式	每组片数	上部托钩或卡架数	下部托钩或卡架数	合计
1	长翼型	挂墙	2～4	1	2	3
			5	2	2	4
			6	2	3	5
			7	2	4	6
2	柱型柱翼型	挂墙	3～8	1	2	3
			9～12	1	3	4
			13～16	2	4	6
			17～20	2	5	7
			21～25	2	6	8
3	柱型柱翼型	带足落地	3～8	1	—	1
			8～12	1	—	1
			13～16	2	—	2
			17～20	2	—	2
			21～25	2	—	2

栽托钩时，先用水将墙洞浸湿，将托钩放人墙洞内，对正位置后，灌入水泥砂浆，并用碎石挤紧，最后用水泥砂浆填满墙洞并抹平。

（3）安装散热器：待墙洞中的水泥砂浆达到强度后，即可安装散热器。安装时，要轻抬轻放，避免碰坏散热器托钩。安装后的散热器应满足表 2-33 的要求。

散热器安装的允许偏差和检验方法   表 2-33

项 目		允许偏差（mm）	检验方法
散热器	背面与墙内表面距离	3	用水准仪（水平尺）、直尺、拉线和尺量检查
	与窗口中心线	20	
中心线垂直度		3	吊线和尺量检查
侧面倾斜度		3	
60 型散热器全长内的弯曲	2～4 片	4	用水准仪（水平尺）、直尺、拉线和尺量检查
	5～7 片	6	
MB2 型散热器全长内的弯曲	3～14 片	4	
	15～24 片	6	

散热器组对后，必须做水压试验，合格后方可投入安装。散热器单组试压的试验压力应符合表 2-34 的规定。单组试压的加压泵装置如图 2-104 所示。经试压合格的散热器组，应涂刷一道面漆（如银粉漆）待安装后，经系统水压试验合格后，最后再刷第二道面漆。面漆的类型由设计确定。

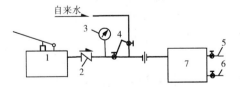

图 2-104　散热器单组试压装置

1—手压泵；2—止回阀；3—压力泵；4—截止阀；
5—放气管；6—放水管；7—散热器组

散热器试验压力 表 2-34

散热器型号	60 型、M132 型 柱型、圆翼型		扁管型		板式	串片	
工作压力 (MPa)	小于或 等于 0.25	大于 0.25	小于或 等于 0.25	大于 2.5	—	小于或 等于 0.25	大于 0.25
试验压力 (MPa)	0.4	0.6	0.6	0.8	0.75	0.4	1.4

散热器水压试验的标准是：水压试验时间为 2～3min，不漏不渗为合格。

铅油：见第二章阀门、水位标尺安装第三节定额应用释义定额编号 8-241～8-249 螺纹阀释义。

二、光排管散热器制作安装

1. A 型（2～4m） 如图 2-105 所示，为光管散热器示意图。

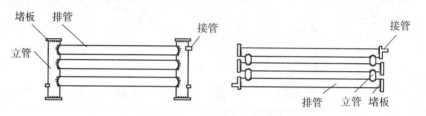

图 2-105 光管散热器

工作内容：切管、焊接、打眼栽钩、稳固、水压试验。

定额编号 8-492～8-497 光排管散热器 A 型（2～4m）制作安装 P186～P187

〔应用释义〕 切管：见第三章低压器具、水表组成与安装第三节定额应用释义定额编号 8-328～8-335 减压器释义。

焊接：焊接联结是钢结构的主要联结方式，在工业与民用建筑的钢结构中，焊接结构占 90% 以上。焊接大量应用于钢筋接头、钢筋网、钢筋骨架和预埋件的焊接，以及装配式构件的安装。焊接有氧乙炔焊和电弧焊，它一般多适用于不镀锌钢管，很少用于镀锌钢管，用焊接时镀焊层易破坏脱落加快锈蚀。建筑钢材的焊接方法最主要的是钢结构焊接用的电弧焊和钢筋联接用的接触对焊。焊件的质量主要取决于选择正确的焊接工艺和适宜的焊接材料，以及钢材本身的焊接性能。电弧焊的焊接接头是由基体金属和焊缝金属通过二者间的熔合线部分联接而成。焊缝金属是在焊接时电弧的高温之下由焊条金属熔化而成，同时电弧的高温也使基体金属的边缘部分熔化，与熔融的焊条金属通过扩散作用均匀地密切熔合，有助于金属间的牢固联结。接触对焊的焊接接头亦相类似。因不用焊条，故其联结是通过接触端面上由电流熔化的熔融金属冷却凝固而成。焊接过程的特点是：在很短的时间内达到很高的温度，金属熔化的体积很小。由于金属传热快，故冷却的速度很快。因此，在焊件中常产生复杂的、不均匀的反应和变化，存在剧烈的膨胀和收缩。因而易产生变形、内应力和组织的变化。

焊接钢管：见第一章管道安装第一节说明应用释义第三条释义。

无缝钢管：见第一章管道安装第一节说明应用释义第三条释义。

定额材料中出现的氧气指用于氧炔吹管火焰焊接金属材料，是一种燃性气体。电弧焊结：电弧焊用的焊条中的一种型号。

焊条的分类型号表示方法和选用：见第一章管道安装第三节定额应用释义定额编号 8-23～8-35 钢管释义。

直流电焊机：见第三章低压器具、水表组成与安装第三节定额应用释义定额编号 8-328～8-335 减压器（螺纹连接）释义。

2. A 型（4.5～6.0m）

工作内容：切管、焊接、组成、打眼栽钩、稳固、水压试验。

定额编号 8-504～8-509 光排管 A 型（4.5～6.0m）散热器制作安装 P192～P193

[应用释义] 焊接：焊接一般是把两件金属连接起来。焊接的方法有手工电弧焊、手工氩弧焊、自动埋弧焊和接触焊。施工现场常采取手工电弧焊和气焊。见第三章低压器具、水表组成与安装第三节定额应用释义定额编号 8-336～8-343 减压器安装（焊接）释义。

乙炔气：见第三章低压器具、水表组成与安装第三节定额应用释义定额编号 8-336～8-343 减压器安装（焊接）释义。

普通钢板：薄钢板中的一种，属于风道材料，风道材料种类常用的有普通薄钢板、镀锌钢板、硬质聚乙烯板（塑料板）、铝合金板、不锈钢板、石棉水泥板等材料。

（1）薄钢板：包括普通钢板（黑铁皮）及镀锌钢板（白铁皮），具有良好的可加工性，可制成圆形、矩形及各种管件，连接简单，安装方便，质轻并具有一定的机械强度及良好的防火性能，密封性能也好。但薄钢板的保温性能差，运行时噪声较大，防静电差。镀锌铁皮可有良好的耐腐蚀性能。

（2）塑料板：具有良好的耐腐蚀性，易于加工，但质脆不利于运输及堆放，不宜输送高温介质，制作时需专用的加工设备。

（3）石棉水泥板：具有良好的防火及耐高温性能，适合于与土建工程配合施工，严密性较差，但造价低，可作为垂直送排风风道用。

（4）铝合金、不锈钢板：具有较强的耐腐蚀性能，适用于强酸、碱性的气体，造价高不易加工，铝板适用于防爆系统，摩擦不易起火。

熟铁管箍：管箍，是用于连接管道的管体，两端均为内螺纹，分同径及异径两种，以公称直径表示，例如 DN25、DN32～DN25。管箍。

3. B 型（2～4m）

工作内容：切管、焊接、组成、打眼栽钩、稳固、水压试验。

定额编号 8-504～8-509B 型（12～4m） P192～193

[应用释义] 光管型 B 型散热器：光管型散热器中的一种。光管型散热器是用钢管焊制而成，构造简单，表面光滑，制作简便，可由施工单位自行制作。但耗钢材量大。由于热水采暖时水容量大，一般用于工业厂房或临时采暖系统使用，多采用高压蒸汽作为热媒。光管的排数、管径由设计选定。可分为排管型及回形管型。光排管散热器采用蒸汽作热源时，蒸汽管与凝结水宜异侧连接。排管型又称为 A 型；回型管型称为 B 型。光管散热器要求焊接外观美观，焊缝均匀，无夹渣咬肉。

4. B 型（4.5～6.0m）

工作内容：切管、焊接、组成、打眼栽钩、稳固、水压试验。定额编号 8-510～

8-515　公称直径　P192～P193

[应用释义]　焊接钢管：见第一章管道安装第一节说明应用释义第三条释义。

三、钢制闭式散热器安装

工作内容：打堵墙眼、安装、稳固。

定额编号　8-516～8-519　钢制闭式散热器安装　P194

[应用释义]　钢制闭式散热器是钢制散热器的一种。

钢制闭式（串片）散热器的尺寸如图 2-106 所示，技术性能见表 2-35。

钢制闭式散热器　表 2-35

安装尺寸图	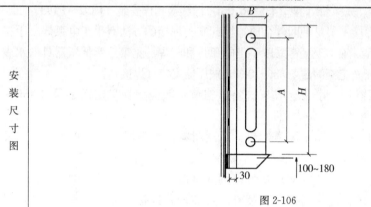 图 2-106

技术性能	规格型号	外形尺寸(mm)				重量 (kg)	金属热强度 [W(kg·℃)]	传热系数 K [W(m³·℃)]	散热量 [Δt=64.5℃]	压力(MPa)		散热量与计算温差关系
		H	B	A	L					工作	试验	
	SYGCB70-1.2	150	80	70	400～2000间隔100	9.65	1.24	3.73	773	1.2	165	$Q=5.32\Delta t^{1.264}$
	SYGCB220-1.2	300	80	220		19	0.99	3.16	1221	1.2	1.5	$Q=7.176\Delta t^{1.260}$
	SYGCB120-1.2	240	100	120		17.15	0.94	2.6	1042	1.2	1.5	$Q=6.904\Delta t^{1.204}$
	SYGCB360-1.2	480	100	360		36	0.68	2.41	1577	1.2	1.5	$Q=6.831\Delta t^{1.306}$
	SYGCB460-1.2	580	100	460		32.6	0.80	2.28	1682	1.2	1.5	$Q=6.905\Delta t^{1.319}$
	SYGCB500-1.2	600	120	500		64	0.86	2.32	2040	1.2	1.5	$Q=7.176\Delta t^{1.356}$

钢制闭式散热器安装：安装位置、安装前的准备、安装见第五章供暖器具安装第一节说明应用释义第三条释义中铸铁散热器安装的释义。

安装要求：

（1）需组装的散热器片在组装前应检查有无缺损或铸造砂眼，然后再进行组装。铸铁四柱、五柱、M132 型组装应平整。组装完毕需逐组进行水压试验，合格后方可进行安装。

（2）土建粗装修前应预埋勾、卡子或专用托架，同一房间内的散热器高度应相同，散热器垂直度、水平度、距墙距离应符合验收规范。

（3）散热器布置在外墙窗下位置，因散热器的传热过程很复杂，而其中的热对流、热辐射是同时存在的。当散热器布置在外窗下时，室外冷风渗透进室内，散热器所散发的热量加热了周围的冷空气，热空气向上流动，室内冷空气迅速补充形成循环，人处于暖流区而感到舒适。

（4）对带有壁龛的暗装散热器，暖气罩应有足够的散热空间及与散热器的间距，以保证散热效果，暖气罩应留有检修的活门或可拆装的面板。

（5）散热器与进出口支管连接时，应保证有一定的坡度。

普通硅酸盐水泥：见第一章管道安装第三节定额应用释义定额编号8-56～8-65承插铸铁给水管释义。

铅油：见第一章管道安装第三节定额应用释义定额编号8-1～8-11镀锌钢管释义。

钢制闭式散热器：钢制散热器中的一种。钢制散热器大部分是用薄钢板冲压而成的，它具有外形光滑美观、可作装饰艺术品使用、耐高压、重量轻、占地面积小等优点。但不耐腐蚀，易出现穿孔现象，对水质要求较高，使用寿命比铸铁散热器短，多用于高层建筑中的采暖系统。常用的钢制散热器有闭式钢串片、折边对流钢串片、钢柱散热器、板式散热器、壁板式散热器、扁管散热器等类型。闭式钢串片：由钢管、封头及串片等组成。闭式钢串片根据串片断面尺寸有300mm×80mm、240mm×100mm、150mm×80mm几种规格。其中150mm×80mm和240mm×100mm的可单排安装或双排安装。钢串片的长度分别有0.4m、0.5m、0.6m、0.7m、0.8m、0.9m、1.0m、1.1m、1.2m、1.3m、1.4m等多种规格。

四、钢制板式散热器安装

工作内容：打堵墙眼、栽钩、安装。

定额编号 8-520～8-521 钢制板式散热器安装 P195

[应用释义] 钢制板式散热器：见第一章管道安装第三节定额应用释义定额编号8-516～8-519钢制闭式散热器安装释义。

板式散热器：由钢板冲压成有单面水道槽和双面水道槽的散热板。如图2-107所示，板后有四个水口接头，可根据情况任意选择连接方式，封堵其他两个接口。板式散热器可根据需要有不同颜色的彩板。

五、钢制壁板式散热器安装

工作内容：预埋螺栓、汽包及钩架安装、稳固。

定额编号 8-522～8-523 钢制壁板式散热器安装 P196

[应用释义] 圆钢托架：用圆钢制成的托钩。散热器安装在墙上，必须使用托钩。

钢制壁板式散热器：一种安装在墙壁上的板式散热器，由面板、背板、进出水口接头、放水门、固定套及上下支架组成。背板有带对

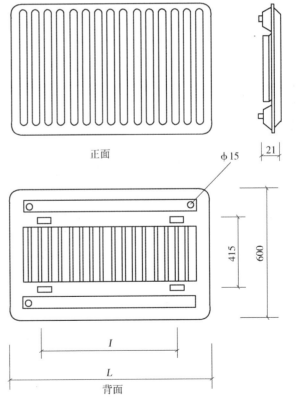

图 2-107 板式散热器

流片和不带对流片两种板型。面板、背板多用1.2～1.5mm厚的冷轧钢板冲压成型，在面板直接压出呈圆弧形或梯形的散热器水道。水平联箱压制在背板上，经复合滚焊形成整体。为增大散热面积，在背板后面焊上0.5mm的冷轧钢板对流片。

六、钢制柱式散热器安装

工作内容： 打堵墙眼、栽钩、安装、稳固。

定额编号 8-524～8-525 钢制柱式散热器安装 P197

〔应用释义〕 钢制柱型散热器：其构造与铸铁柱型散热器相似，每片也有几个中空立柱，如图2-108所示。这种散热器是采用1.25～1.5mm厚冷轧钢板冲压延伸形成片状半柱型，将两片片状半柱型经压力滚焊复合成单片，单片之间经气体弧焊联接成散热器。

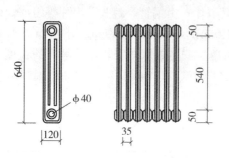

图2-108 钢制柱式散热器

散热器丝堵：见第五章供暖器具安装第三节定额应用释义定额编号8-488～8-491铸散热器组成安装释义。

石棉橡胶板：见第一章管道安装第三节定额应用释义定额编号8-23～8-35钢管释义。

机油：见第一章管道安装第三节定额应用释义定额编号8-1～8-11镀锌钢管释义。

托钩：散热器在墙上安装过程中所用到的一种装置。

七、暖风机安装

工作内容： 吊装、稳固、试运转。

定额编号 8-526～8-533 暖风机安装 P198～P199

〔应用释义〕 暖风机安装：暖风机是由吸风口、风机、空气加热器和送风口等部件组成的热风供暖设备。采用蒸汽或热水为热媒，通过暖风机设备将室内空气加热，以达到采暖目的，称为热风采暖。暖风机的工作原理是热媒通过空气加热器内的盘管及盘管上的翼片散热，轴流风机将室内空气通过加热器散热进行热交换，并将热空气送出，不断地循环以达到采暖要求。一般适用于允许空气再循环的工业厂房、车间采暖或有大量局部排风的厂房，可兼作补风用，也可用于局部分散的采暖区域。

在生产厂房内布置暖风机时，应考虑车间的几何形状、工作区域、工艺设备位置以及暖风机气流作用范围等因素。

采用小型暖风机供暖，为使车间温度而均匀，保持一定的断面速度，布置时宜使暖风机的射流互相衔接，使供暖房间形成一个总的空气环流；同时，室内空气的循环次数每小时不宜小于1.5次。

常见的小型暖风机布置方案：

（1）直吹布置：暖风机布置在内墙一侧，射出热风与房间短轴平行，吹向外墙或外窗，以减少冷空气渗透。如图2-109（a）所示。

（2）斜吹布置：暖风机在房间中部沿纵轴方向布置，把热空气向

(a) (b) (c)

图2-109 轴流式暖风机布置方案

(a) 直吹；(b) 斜吹；(c) 顺吹

外墙斜吹。此种布置用在沿房间纵轴方向可以布置暖风机的场合。如图 2-109 (b) 所示。

（3）顺吹布置：若暖风机无法在房间纵轴线上布置，可使暖风机沿四边墙串联吹射，避免气流互相干扰，使室内空气温度较均匀。2-109 (c) 所示。在高大厂房内，如内部隔墙和设备布置不影响气流组织，宜采用大型暖风机集中送风。在选用大型暖风机供暖时，由于出口速度和风量都很大，一般沿车间长度方向布置，气流射程不应小于车间供暖区的长度。在射流区域内不应有高大设备或遮挡，以免造成整个平面上的温度梯度达不到设计要求。

小型暖风机的安装高度（指其出风口离地面的高度），当出口风速小于或等于 5m/s 时，宜采用 3～3.5m，当出口风速大于 5m/s 时，宜采用 4～5.5m，这样可保证生产厂房的工作区的风速不大于 0.3m/s。暖风机的送风温度，宜采用 35～50℃。送风温度过高，热射流呈自然上升的趋势，会使房间下部加热不好；送风温度过低，易使人有吹冷风的不舒适感。

当采用大型暖风机集中送风供暖时，暖风机的安装高度应根据房间的高度和回流区的分布位置等因素确定，不宜低于 3.5m，但不得高于 7.0m，房间的生活地带或作业地带应处于集中送风的回流区；生活地带或作业地带的风速，一般不宜大于 0.3m/s，送风口的出口风速，一般可采用 5～15m/s。集中送风的送风温度，宜采用 30～50℃，不得高于 70℃，以免热气流上升而无法向房间工作地带供暖。当房间高度或集中送风温度较高时，送风口处宜设置向下倾斜的导流板。

暖风机：在风机的作用下，空气由吸风口进入机组，经空气加热器加热后，从送风口送至室内，以维持室内要求的温度。

暖风机分为轴流式与离心式两种，常称为小型暖风机和大型暖风机。根据其结构特点及适用的热媒不同，又可分为蒸汽暖风机、热水暖风机，蒸汽、热水两用暖风机以及冷热水两用暖风机等。目前国内常用的轴流式暖风机主要有蒸气、热水两用的 NC（如图 2-110 所示）型和 NA 型；离心式大型暖风机主要有蒸气、热水两用的 NBL 型暖风机（如图 2-111 所示）。轴流式暖风机体积小，结构简单，安装方便，但它送出的热风气流射程短，出口风速低。轴流式暖风机一般悬挂或支架在墙上或柱子上，热风经出风口处百叶调节板，直接吹向工作区。离心式暖风机是用于集中输送大量热风的供暖设备。由于它配用离心式通风机，有较大的作用压头和较高的出口速度，轴流式暖风机的气流射程长，送风量和产热量大，常用于集中送风供暖系统。

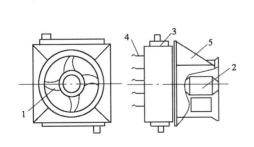

图 2-110 NC 型轴流式暖风机

1—轴流式风机；2—电动机；3—加热器；

4—百叶片；5—支架

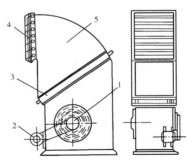

图 2-111 NC 型离心式暖风机

1—离心式风机；2—电动机；3—加热器；

4—导流叶片；5—外壳

暖风机是热风供暖系统的备热和送热设备。热风供暖是比较经济的供暖方式之一，对流散热几乎占 100%，因而具有热惰性小，升温快的特点。轴流式小型暖风机主要用于加热室内再循环空气，离心式大型暖风机除用于加热室内再循环空气外，也可用来加热一部分室外新鲜空气，同时用于房间通讯和供暖上。但应注意：对于空气中含有燃烧危险的粉尘、产生易燃易爆气体和纤维未经处理的生产厂房，从安全角度考虑，不得采用再循环空气。此外，由于空气的热惰性小，车间内设置暖风机热风供暖时，并由散热器散热维持生产车间工艺所需的最低室内温度（最低不得低于 5℃），称值班采暖。

熟铁管箍：管箍是用于连接管道的管件，两端均为内螺纹，分同径和异径两种，以公称直径表示，例如 DN25、DN32×25 管箍。

铅油、精制六角带帽螺栓：见第五章供暖器具安装第三节定额应用释义定额编号 8-492～8-497 光排管散热器 A 型制作安装释义。

机油：见第一章管道安装第三节定额应用释义定额编号 8-1～8-11 镀锌钢管释义。

电动卷扬机：见第四章卫生器具制作安装第三节定额应用释义定额编号 8-470～8-472 容积式热交换器安装释义。

八、热空气幕安装

工作内容：安装、移固、试运转。

定额编号　8-534～8-536　热空气幕　P200

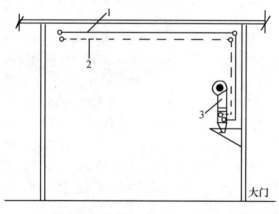

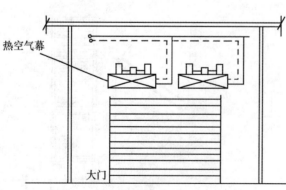

图 2-112　热空气幕安装示意图

1—进水管；2—出水管；3—热空气幕

[应用释义]　热空气幕是供暖器具的一种设备，按其型号可分为 150kg 以内、150～200kg、200kg 以上。其特征为利用热水或蒸气作热媒，进口风温在 15℃ 左右，出口风温在 40～80℃，形成一种热空气幕作用。无散热量的为等空气幕。其安装示意图如图 2-112 所示。

空气幕：是一种局部送风装置，它利用条缝形送风口喷出一定温度和速度的幕状气流，用来封住门洞，减少或隔绝外界气流的侵入，从而保证室内或某一工作区的温度环境。其种类有按照空气分布器的安装位置分为侧送式、上送式和下送式。其作用为：①防止室外冷、热气流侵入，多用于运输工具，材料出入的工业厂房或商店、剧场等的公共建筑物需要经常开启的大门。在冬季由于大门开启将大量的冷风侵入室内而使空气温度骤然下降。为防止冷气流的侵入，可设空气幕。炎热的夏季，为防止室外空气热气流对室内的影响，可设置喷射冷风的空气幕来阻热。②防止余热和有害气体的扩散。为了防止余热和有害气体向室外或其他车间扩散蔓延，也可设空气幕进行阻隔。

空气幕的设置原则：

（1）不论是否属于严寒地区，也不论大门开启的时间长短，当工艺或使用要求不允许降低室内温度时必须设置空气幕。

（2）位于严寒地区（当室内外计算温度低于或等于－20℃时）的公共建筑和生产厂房，当大门开启频繁不可能设置门斗或前室，且每班开启时间超过40min时必须设置空气幕。

（3）位于严寒地区的公共建筑和生产厂房，确属经济合理时须设置空气幕。

第六章　小型容器制作安装

第一节　说明应用释义

一、本章系参照《全国通用给水排水标准图集》S151、S342 及《全国通用采暖通风标准图集》T905、T906 编制，适用于给排水、采暖系统中一般低压碳钢容器的制作和安装。

[应用释义]　建筑给水系统：建筑给水系统的任务是根据生活、生产、消防等用水对水质、水温、水量的要求，将室外给水引入建筑物内部并送至各个配水点（如配水龙头、生产设备、消防设备）。建筑给水系统的分类按其用途可分为生活、生产和消防给水系统三类。

1. 生活给水系统：是指住宅、公共建筑和工业企业建筑内部饮用、烹调、盥洗、洗涤沐浴等生活用水的建筑给水系统。水质必须符合国家现行的《生活饮用水卫生标准》的要求。水量根据建筑物类型的不同，按《建筑给水排水设计规范》的要求计算确定。

2. 生产给水系统：供生产设备的冷却、原料及产品的洗涤、锅炉及某些工业原料用水等的给水系统称作生产给水系统。生产供水的水量、水压及用水水质应按生产工艺设计的要求确定。在技术经济比较合理时，可采用循环或重复利用给水系统。

3. 消防给水系统：供民用建筑、公共建筑、国家级文物保护单位、古建筑及某些生产车间的消防设备用水的给水系统，称为消防给水系统。消防给水系统对水质要求不高，按《（民用）建筑设计防火规范》应保证有足够的水量和水压。

上述三种给水系统，实际并不一定需要单独设置，可以根据建筑用水设备的要求，结合室外给水系统综合考虑，经技术经济比较组成共用系统。如：生活——生产给水系统；生活——消防给水系统；生活——生产——消防给水系统。或进一步按供水用途的不同和系统功能的差异分为：饮用水给水系统、杂用水给水系统（中水系统）、消火栓给水系统、自动喷水灭火系统和循环或重复使用的生产给水系统等。系统的选择应根据生产、生活、消防等各项用水对水量水温、水压的要求，结合室外给水系统的实际情况，经技术经济比较或者采用综合评判法确定。综合评判法是结合有关工程的各项因素，包括技术、经济、社会、环境等因素，统筹兼顾，综合考虑的评判方法，对以上各种因素，并列其优缺点进行定性分析，其评判结果易受人为因素影响和带主观随意性，为使各项因素都能用统一标准来衡量，目前都采用模糊变换作为工具，用定量分析进行综合评判，其结果更为正确、合理。近年来，模糊综合评判法在各个领域多因素的综合评判方面已被广泛应用。

建筑给水系统的组成：建筑内部给水系统图如图 2-113 所示。

（1）引入管：对一幢单独的建筑物而言，引入管是室外给水管网与建筑给水管道系统联络的管段。必须对水量进行计量的建筑物，引入管上应设水表、必要的阀门及泄水装置。

（2）水表节点：是安装在引入管上的水表及其前后设置的阀门和泄水装置的总

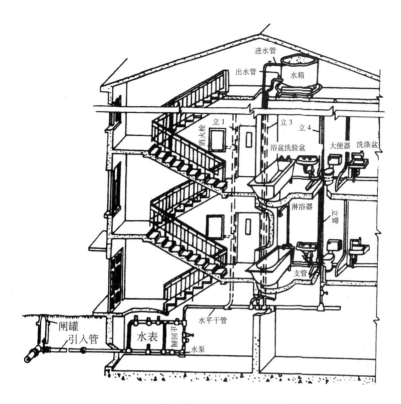

图 2-113 某建筑内部给水系统图

称。水表用以计量建筑用水量，在建筑内部的给水系统中，广泛采用流速式水表。
水表前后的阀门用以水表检修、拆换时关闭管路，泄水口主要用于系统检修时放空
管网中的余水，也可用来检测水表精度和测定管道进户时的水压值。水表及其前后
的附件一般设在水表井中。

（3）给水管道：给水管道包括干管、立管和支管。给水水平干管将引入管的水送往立
管，然后由给水立管将水分送给水横支管、支管。

（4）配水和用水设备：用水设备包括各种配水龙头或其他水器具（生产和消防用
的）。

（5）升压和贮存设备：在室外给水管网压力不足或对安全供水水压稳定有要求时，需
设置各种附属设备，如水箱、水池、水泵、气压给水装置等。

（6）消防设备：根据建筑防火要求及规定，需要设置消防给水时，一般应设消火栓设
备。有特殊要求时，设自动喷洒或雨淋、水幕消防设备。

（7）给水附件：管道系统中调节水量、水压，控制水流方向，以及关断水流，便于管
段、仪表和各类设备检修的各种阀门。常用的阀门有截止阀、蝶阀、止回阀，控制阀等。

（8）排水系统：建筑排水系统的任务，是将房屋卫生设备和生产设备排除出来的污水
（废水），以及降落在屋面上的雨雪水，通过室内排水管道排到室外排水管道中去。排水系
统的分类：按所排除的污（废）水的性质，建筑物内部装设的排水管道分成三类。

①生活污（废）水系统：人们日常生活中排泄的洗涤水称作生活废水，粪便污水和生
活废水总称为生活污水。排除生活污水的管道系统称作生活污水系统。当生活污水需经化

粪池处理时，粪便污水宜与生活废水分流；有污水处理厂时，生活废水与粪便污水宜合流排出。含有大量油脂的生活废水应分流排出以便处理回收利用。

②工业废水系统：生产过程中排出的水，包括生产废水和生活污水。其中生产废水系指未受污染或轻微污染以及水温稍有升高的工业废水（如使用过的冷却水）。生产污水是指被污染的工业废水，还包括水温过高排放后造成热污染的工业废水。工业废水一般均应安排水的性质分流，化学成分复杂，如污水中含有强酸、强碱、氰、铬等对人体有害成分时均应分流，以便回收利用处理。

③雨水系统：屋面上排泄水的雨水和融化的雪水，应由管道系统排除。工业废水如不含有机物，而仅带大量泥沙矿物质时，经机械处理后（如无沉淀池）方可排入非密闭系统的雨水管道。

排水系统的组成：建筑排水系统一般由污（废）水受水器、排水管道、通气管、清通设备污（废）水抽升设备、室外排水管道等组成，如污水需进行处理时还应有污水局部处理构筑物。室内排水系统基本组成如图 2-114 所示。

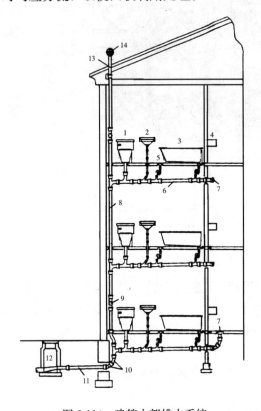

图 2-114　建筑内部排水系统

1—大便器；2—洗脸盆；3—浴盆；4—洗涤盆；5—地漏；6—横支管；7—清扫口；8—立管；9—检查口；10—45°弯头；11—排出管；12—检查井；13—通气管；14—通气帽

1. 污（废）水受水器：污（废）水受水器系指各种卫生器具、排放工业废水的设备及雨水斗等。

2. 排水系统：排水系统由器具排出管（如连接卫生器具和排水横支管的短管，除坐式大便器外其间应包括存水弯），有一定坡度的横支管、立管及埋设在室内地下的总横干管和排至室外的排出管所组成。

3. 通气管系统：一般层数不多，卫生器具较少的建筑物，仅设排水立管上部延伸出屋顶的通气管；对于层数较多的建筑物或卫生器具设置较多的排水管系统，应设辅助通气管及专用通气管，以使排水系统气流畅通，压力稳定，防止水封破坏。

4. 清通设备：指疏通管道用的检查口、清扫口检查井及带有清通门的 90°弯头或三通接头设备。

5. 抽升设备：民用建筑的地下室、人防建筑物、高层建筑的地下技术层等地下建筑内的污水往往不能自流至室外，这时必须考虑使其汇于污废水集水池吸水坑，再设置抽升设备，排于室外。一般用的抽升设备是水泵，通常采用的水泵类型是潜水排污泵。还可以采用气压扬液器、手摇泵以及喷射器等抽升设备。

6. 局部污水处理构筑物：室内污水未经处理不允许直接排入室外下水管道或严重危

及水体卫生时，必须经过局部处理，如粪便污水需经化粪池处理。

建筑内部排水体制也分为合流制和分流制两种，分别称为建筑分流排水和建筑合流。在确定建筑内部排水体制和设置建筑内部排水系统时应考虑下列因素：污废水的性质，根据污废水中所含污染物的种类来确定分流还是合流；污废水污染程度，同类型污染物，但浓度不同的两种污水宜分流排除，既有利于轻污染废水的回收利用，又有利于重污废水的处理，室外排水体制，指污水和雨水的分流还是合流，而室内排水体制是指污水与废水的分流还是合流。当室外只有雨水管道时，室内宜分流，当室外有污水管网和污水厂时，室内宜合流。工业废水中含有大量污染物质，其中含有能回收利用的贵重工业原料。为减轻环境污染，变废为宝，室内排水体制宜清浊分流，分质分流，否则会影响回收价值和处理效果。

建筑内部排水系统的组成应满足下面三个要求：

（1）系统能够迅速畅通地将污废水排到室外；

（2）排水管道系统气压稳定，有毒有害气体不进入室内，保持室内环境卫生；

（3）管线布置必须合理，简短顺直，工程造价低。

低压碳素钢：建筑钢材中钢的种类之一。建筑钢材是指用于钢结构的各种型材（如圆钢、角钢、工字钢等）、钢板、钢管和用于钢筋混凝土中的各种钢筋、钢丝等。钢材具有强度高，有一定塑性和韧性，有承受冲击和振动荷载的能力，可以焊接或铆接，便于装配等特点，因此在建筑工程中大量使用钢材作为结构材料。用型钢制作钢结构，安全性大，自重较轻，适用于大跨度及多层结构。用钢筋制作的钢筋混凝土结构，自重较大，但用钢量较少，还克服了钢结构因易锈蚀而维护费用大的缺点，因而钢筋混凝土结构在建筑工程中采用尤为广泛。钢筋是最重要的建筑材料之一。钢的主要成分是铁和碳，含碳量在2％以下。钢按化学成分可分为碳素钢和合金钢两大类。碳素钢中除铁和碳以外，还含有在冶炼中难以除净的少量硅、锰、磷、硫、氧和氮等。其中磷、硫、氧、氮等对钢材性能产生不利影响，为有害杂质。碳素钢根据含碳量可分为低碳钢（含碳小于0.25％）、中碳钢（含碳0.25％～0.6％）和高碳钢（含碳大于0.6％）。合金钢中含有一种或多种特意加入或超过碳素钢限量的化学元素如锰、硅、钒、钛等。这些元素称为合金元素。合金元素的作用是改善钢的性能，或者使其获得某些特殊性能。合金钢按合金元素的总含量可分为低合金钢（合金元素总含量小于5％）、中合金钢（合金元素总含量为5％～10％）和高合金钢（合金元素总含量大于10％）。根据钢中有害杂质的多少，工业用钢可分为普通钢、优质钢和高级优质钢。根据用途的不同，工业用钢常分为结构钢、工具钢和特殊性能钢。建筑上所用的主要是属碳素结构钢的低磷钢和属普通钢的低合金结构钢。

防腐油：即臭油，又称为"柏油"，具有强烈的臭气，稀释如水一样的黑色液体，在建筑上多用于木材防腐及白铁、生铁构件的防腐涂料。国家的标准名称为防腐油。

油灰：亦称"腻子"，是油漆施工中填嵌缺陷和平整表面的膏状材料，由老粉（大白粉）或石膏粉加猪血或骨胶或桐油与老粉或清漆配制而成的。以猪血为粘结剂与石膏粉调拌而成的叫"猪血老粉"，以熟桐油与花粉或石膏粉调制而成的叫"油灰"。腻子经常用于固定门窗玻璃。

二、各种水箱连接器，均未包括在定额内，可执行室内管道安装的相应项目。

［应用释义］ 水箱：高层建筑给水系统中，水箱是主要的给水设备，设在建筑物给

水系统的最高处，在系统中起贮存用水，调节用水量和稳定水压的作用，是重要的给水设备。根据水箱的用途不同，有高位水箱、减压水箱、冲洗水箱、断流水箱等多种类别。制作材料有钢板（包括：普通、搪瓷、镀锌、复合和不锈钢板等）；钢筋混凝土；塑料和玻璃钢等。水箱有圆形和矩形两种，其中钢板水箱自重小，容易加工，可现场焊制，目前工程上较多采用。但其外表面均应防腐，并且水箱内表面涂料不应影响水质。钢筋混凝土水箱经久耐用，维护方便，不存在腐蚀问题。但自重较大，如果建筑物结构允许，应尽量考虑采用。水箱一般设置在顶层房间、闷顶或平屋顶上的水箱间内。水箱间的净高不得小于2.2m，采光、通风良好，保证不冻结，如有冻结可能时，要有保温措施。水箱之间及其与建筑物结构之间的距离应符合相关的规定。水箱的配管包括进水管、出水管、溢流管、池水（排污）管及自动控制装置等。进水管上宜采用液压控制阀或自动控制阀。水箱上配管可按标准图集及产品安装要求安装。

三、各类水箱均未包括支架制作安装，如型钢支架，执行本册定额"一般管道支架"项目，混凝土或砖支座可按土建相应项目执行。

[应用释义]　型钢：型钢是指断面呈不同形状的钢材的统称。断面呈 L 形的叫角钢，呈 U 形的叫槽钢，呈圆形的叫圆钢，呈方形的叫方钢，呈工字形的叫工字钢，呈 T 形的叫 T 字钢。

支架制作安装：见第一章管道安装第一节说明应用释义第四条管道支架的释义。

支架的制作及支架的安装：见第一章管道安装第三节定额应用释义定额编号 8-178 管道支架制作安装释义。

混凝土：混凝土是由胶凝材料、水和粗、细骨料按适当比例配合、拌制成混合物，经一定时间硬化而成的人造石材。混凝土常按照表观密度的大小分类，一般可分为：

重混凝土：干表观密度（试件在温度为 105±5℃ 的条件下干燥至恒重后测定）大于 2800kg/m³，是用特别密实和特别重的骨料制成的。如重晶石混凝土、钢屑混凝土等，它们具有不透 X 射线和 Y 射线的性能。

普通混凝土：表观密度为 1950～2500kg/m³，是用天然的砂、石作骨料配制成的。这类混凝土在土建工程中常用，如房屋及桥梁等承重结构，道路建筑中的路面等。

轻混凝土：表观密度小于 1950kg/m³。它又可以分为三类：①轻骨料混凝土，其表观密度范围是 800～1950kg/m³，是用轻骨料如浮石、火山渣、陶粒、膨胀珍珠岩、膨胀矿渣、煤渣等配制成。②大孔混凝土（普通大孔混凝土、轻骨料大孔混凝土）：其组成中无细骨料。普通大孔混凝土的表观密度范围为 1500～1900kg/m³，是用碎石、卵石、重矿渣作骨料配制成的。轻骨料大孔混凝土的表观密度范围为 500～1500kg/m³，是用陶粒、浮石、碎砖、煤渣等作骨料配制成的。

此外，还有为满足不同工程的特殊要求而配制成的各种特种混凝土，如高强混凝土、流态混凝土、防水混凝土、耐热混凝土、耐酸混凝土、纤维混凝土、聚合物混凝土和喷射混凝土等。混凝土具有许多优点，可根据不同要求配制各种不同性质的混凝土；在凝结前具有良好的塑性，因此可以浇制成各种形状和大小的构件或结构物；它与钢筋有牢固的粘结力，能制作钢筋混凝土结构和构件；经硬化后有抗压强度高与耐久性良好的特性；其组成材料中砂、石等地方材料占 80% 以上，符合就地取材和经济的原则。但混凝土也存在着抗压强度低、受拉时变形能力小、容易开裂、自重大等缺点。

由于混凝土具有上述各种优点，因此是一种主要的建筑材料，无论是工业与民用建筑、给水与排水工程、水利工程以及地下工程、国防建设等都广泛地应用混凝土。因此，混凝土在国家基本建设中占有重要地位。一般对混凝土质量的基本要求是：具有符合设计要求的强度；具有与施工条件相适应的施工和易性；具有与工程环境相适应的耐久性。

砖是用于墙体的材料的品种之一。砖按孔洞率分有无孔洞或孔洞率小于15％的实心砖（普通砖）；孔洞率等于或大于15％，孔的尺寸小而数量多的多孔砖，孔洞率等于或大于15％，孔的尺寸大而数量少的实心砖等。砖按制造工艺分有：经焙烧而成的烧结砖，经蒸汽（常压或高压）养护而成的蒸养（压）砖，以及自然养护而成的烧结砖等。

四、水箱制作包括水箱本身及入孔的重量。水位计、内外人梯均未包括在定额内，发生时，可另行计算。

［应用释义］ 水箱是供贮藏水、供水压不足时的应用。水箱主要是指给水箱。给水箱在系统中起贮存用水、调节用水量和稳定供水水压的作用。

水箱有圆形和矩形两种，可用钢板和钢筋混凝土制成。

水箱主要含有进水管、出水管、溢水管、泄水管、信号管等构配件组成。

在定额中、水箱制作包括水箱本身及入孔的重量。水位计，内外人梯均未包括在定额内，如发生时，可另行再计算。避免漏算、重算。

第二节　工程量计算规则应用释义

第9.6.1条　钢板水箱制作，按施工图所示尺寸，不扣除入孔、手孔重量，以"kg"为计量单位，法兰和短管水位计可按相应定额另行计算。

［应用释义］ 法兰：法兰是管道上起连接作用的一种部件。这种连接形式的应用范围非常广泛，如管道与工艺设备连接，管道上法兰阀门及附件的连接。采用法兰连接既有安装拆卸的灵活性，又有可靠的密封性。法兰种类很多。

第9.6.2条　钢板水箱安装，按国家标准图集水箱容量"m³"，执行相应定额。各种水箱安装，均以"个"为计量单位。

［应用释义］ 钢板水箱：即用钢板加工制成的水箱。水箱是室内给水系统贮存、调节水量和稳定水压的设备。水箱一般有圆形和矩形两种，室内给水箱一般采用碳素钢板焊接而成，它具有重量轻、加工安装方便的优点，有关结构尺寸详见《给水排水标准图集》S151。设于地下的室内贮水池可采用钢筋混凝土结构。碳素钢板水箱的内外表面均需进行防腐处理。生活用水水箱内表面的防腐涂料不得影响给水水质。在有条件时可采用不锈钢、玻璃钢或复合材料制作。为了保证水箱的正常工作，水箱上需设置下列配管及附件：进水管、出水管、泄水管、溢水管和水位信号等。

【例】 某生活、消防共用给水系统，其所选用水箱为方形给水箱，如图2-115所示。该水箱公称容积为2.0m³，有效容积为2.27m³，其主要尺寸长×宽×高＝1800mm×1200mm×1200mm。其重量为539.3kg，其上玻璃管水位计长度为900mm，水位计数量$n=2$,其内人梯重量为21.26kg，外人梯重量为46.43kg。同时箱外刷两遍防锈漆。试计

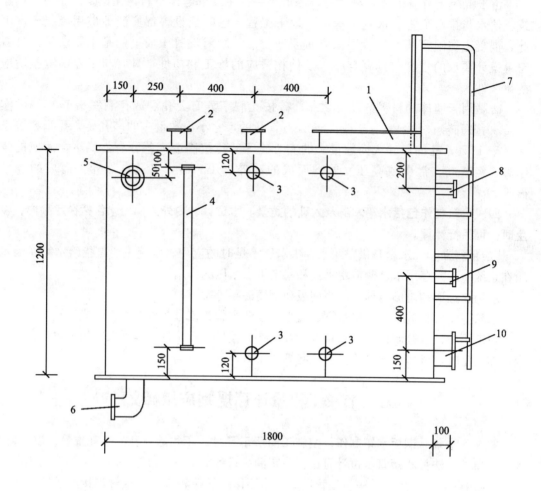

图 2-115　方形给水箱

1—人孔；2—液位传感器（在箱上安装）；3—液位传感器（在箱外安装）；

4—玻璃管水位计；5—溢流管；6—排水管；7—外人梯；8—进水管；

9—生活出水管；10—消防出水管

算该水箱制作安装工程量。

　　【解】　（1）矩形钢板水箱制作　　　　　　　　　　计量单位：100kg

　　定额包括工作内容：下料、坡口、平直、开孔、接板组对、装配零部件、焊接、注水试验。

　　2.0m³ 公称容积的方形给水箱制作　　　　　　　定额编号：8-538

　　工程量　$\underset{\textcircled{1}}{539.3}/\underset{\textcircled{2}}{100}=5.393$

　　其中①为水箱重量；②为计量单位。

　　注意：水箱制作包括水箱本身及人孔的重量，水位计、内外人梯均未包括在定额内，发生时，可另行计算。

　　（2）水位计安装　　　　　　　　　　　　　　　计量单位：组

定额包括工作内容：清洗检查、水位计安装。

玻璃管水位计安装　　　　　　　　　　　　　　　　　定额偏号：6-2981

工程量：$\dfrac{2}{①}$／$\dfrac{1}{②}$＝2

其中①为水位计组数；②为计量单位。

（3）梯子、栏杆扶手制作安装　　　　　　　　　　　计量单位：t

定额包括工作内容：放样、号料、切割、剪切、调直、型钢煨制、坡口、修口、组对、焊接、吊装、就位、找正、焊接、紧固螺栓。

内外人梯制作安装　　　　　　　　　　　　　　　　定额编号：5-2160

工程量：$\underset{①}{(21.26}＋\underset{②}{46.43)}／\underset{③}{1000}＝67.69/1000＝0.06769$

其中①为内人梯重量；②为外人梯重量；③为计量单位。

（4）矩形钢板水箱安装　　　　　　　　　　　　　　计量单位：个

定额包括工作内容：稳固、装配零件。

2.0m³ 公称容积的方形给水箱安装　　　　　　　　　定额编号：8-552

工程量：$\dfrac{1}{①}$／$\dfrac{1}{②}$＝1

其中：①为水箱个数；②为计量单位。

（5）设备与矩形管道刷油　　　　　　　　　　　　　计量单位：10m²

定额包括工作内容：调配、涂刷

①2.0m³ 公称容称方形给水箱刷防锈漆第一遍　　　定额编号：11-86

工程量：$\dfrac{(\underset{a}{1.8}\times\underset{b}{1.2}+1.2\times\underset{c}{1.2}+1.8\times1.2)}{d}\times2/\underset{e}{10}$

其中 a 为方形水箱的长；b 为方形给水箱的宽；

　　　c 为方形给水箱的高；d 为方形给水箱外表面积；

　　　e 为计量单位。

所以水箱刷防锈漆第一遍工程量为　11.52/10＝1.152

②2.0m³ 公称容积方形给水箱刷防锈漆第二遍　　　定额编号；11-87

工程量：$\underset{a}{11.52}/\underset{b}{10}＝1.152$

其中 a 为方形给水箱的外表面积；b 为计量单位。

注意：水箱的制作安装定额是不同的，而且定额编号划分也是不同的。水箱的制作定额划分标准以水箱重量来分类，其计量单位也为重量单位即 100kg；水箱的安装定额划分标准是以水箱总容量来分类的，而其计量单位为：个。注意其与其他类型设备与管件定额的不同。

根据以上计算可汇总其工程量见表 2-36。

清单工程量见表 2-37。

方形给水箱制作安装分部分项工程量   表 2-36

序号	定额编号	项目名称	计量单位	工程量
1	8-538	矩形钢板水箱制作	100kg	5.393
2	6-2981	水位计安装：玻璃管水位计	组	2
3	5-2160	梯子、栏杆扶手制作安装：内外人梯制作安装	t	0.068
4	8-552	矩形钢板水箱安装	个	1
5	11-86	方形给水箱刷防锈漆第一遍	10m²	1.152
6	11-87	方形给水箱刷防锈漆第二遍	10m²	1.152

清单工程量计算表   表 2-37

项目编码	项目名称	项目特征描述	计量单位	工程量
031006015001	水箱	方形给水箱，长×宽×高＝1800mm×1200mm×1200mm	台	1

第三节 定额应用释义

一、矩形钢板水箱制作

工作内容：下料、坡口、平直、开孔、接板组对、装配零部件、焊接、注水试验。

定额编号 8-537～8-542 矩形钢板水箱制作 P204

〔应用释义〕 如图 2-116 所示为水箱示意图，下料：管子与罐身下料前，必须要在钢板上划线。划线是确定管子、罐身和零件在钢板上被切割或被加工的外形，内部切口的位置，罐身上开孔的位置，卷边的尺寸，弯曲的部位，机械切削或其他加工时的界限。划线时，要考虑切割与机械加工的余量，管节、罐身划线时还要留出焊接接头所需的焊接余量。

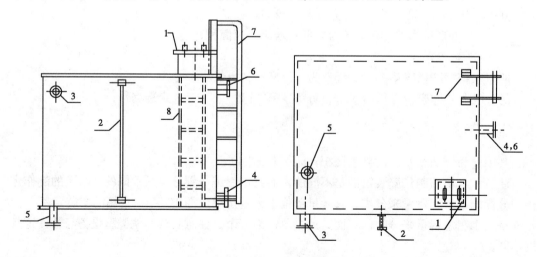

图 2-116 水箱示意图

1—人孔；2—玻璃管水位计；3—溢水管；4—出水管；

5—排水管；6—进水管；7—外人梯；8—内人梯

　　卷圆：制作管子和罐身，有用一块钢板卷成整圆的管子和罐身；也有卷成弧片，再由若干弧片拼焊圆。卷成整圆的钢板宽度 B 的计算式为：

$$B = \pi \ (D+d)$$

式中　D——管子或罐身的内径（mm）；

　　　　d——钢板厚度（mm）。

　　由若干弧片成圆，并采用 X 形焊缝的钢板宽度 B' 为

$$B' = \frac{B}{n}$$

式中　B——卷成管子或罐身钢板宽度（mm）；

　　　　n——卷成管子或罐身的弧片数。

　　划线可在工作平台或平坦地面上进行。根据需要，也可在罐身或其他表面进行。一般是在钢板边缘划出基准线，然后从此线开始按设计尺寸逐渐划线。零件应按平面展开图划线。管子与罐身制作质量要求应符合设计或有关规范规定。钢板毛料采用各种剪切机、切割机剪裁。但在施工现场，多采用氧—乙炔气割。氧—乙炔气割面不平整，还需用砂轮机或风铲修整。毛料在卷圆前，应根据壁厚进行焊缝坡口的加工。毛料一般采用三辊对称式卷板机滚弯成圆。滚弯后的曲度取决于滚轴的相对位置、毛料的厚度和机械的性能。滚弯前，应调整滚轴之间的相对距离 H 和 B，但 H 值比 B 值容易调整，因此都以调整 H 来满足毛料滚弯的要求。滚轴直径，毛料厚度和卷圆直径之间，可按 $B' = \frac{B}{n}$ 求出 H 值。但由于材料的回弹量难以精确确定，因此在实际卷圆中，都采用经验方法，逐次试滚调整 H 值，以达到所要求的卷圆半径。毛料也可在四辊卷板机上卷圆。在三辊卷板机上卷圆，首尾两处滚不到而产生直线段，因此可采取弧形势板消除直线段。四辊卷板机卷圆时，毛料首尾两段都能滚到，不存在直线段的问题。毛料卷圆后，可用弧形样板检查椭圆度。椭圆度校正方法是在卷板机上再滚弯若干次，也可在弧度误差处用氧—乙炔气割枪加热校正。三辊机上辊和四辊机侧倾斜安装后还可卷制大小头等锥形零件，但辊筒倾角均不大于 $10°\sim12°$。大直径管子或罐身卷圆后堆放及焊接时，为了防止变形，保证质量，并采取米字形活动支撑固定，还可校正弧度误差。

　　坡口：见第一章管道安装第三节定额应用释义定额编号 8-23～8-35 钢管（焊接）释义以及第三章低压器具、水表组成与安装第三节定额应用释义定额编号 8-236～8-343 减压器安装（焊接）释义。

　　水位计：水位计与锅筒的汽空间和水空间相连接，形成一个水连通器，因而能够指示锅筒内水位，是保证蒸气锅炉正常工作的一种安全附件。水位计上应准确标明"最高水位"、"最低水位"和"正常水位"的标记。水位计玻璃管的最低可见边缘应比"最低水位"低 25mm；最高可见边缘应比"最高水位"高出 25mm。

　　电动卷扬机：见第四章卫生器具制作安装第三节定额应用释义定额编号 8-470～8-472 容积式热交换器安装释义。

　　普通钢板：见第五章供暖器具安装第三节定额应用释义定额编号 8-504～8-509 光排管 A 型散热器制作安装释义。

氧气：见第五章供暖器具安装第三节定额应用释义定额编号 8-510～8-515 公称直径释义。

尼龙砂轮片：砂轮切割机上的一种重要部件。砂轮切割机的工作原理是高速旋转的砂轮片与管壁接触磨削，将管壁磨透切断。砂轮切割机适合于切割 DN150 以下的金属管材，它既可切直口也可切斜口。砂轮机也可用于切割塑料管和各种型钢，是目前施工现场使用最广泛的小型切割机具。

焊接、乙炔气：见第五章供暖器具安装第三节定额应用释义定额编号 8-504～8-509 光排管 A 型散热器制作安装释义。

直流电焊机：见第三章低压器具、水表组成与安装第三节定额应用释义定额编号 8-336～8-343 减压器安装释义。

扁钢：指厚度 4～60mm，呈条形的钢材，宽厚＞100mm 的为大型，60～100mm 的为中型，壁厚＜60mm 为小型。

管子切断机：管子切断机是指根据不同的刀片将管材切断的一种机器，在自来水、煤气、供热及其他管道工程中广泛应用。需要说明的是这些割管机均具有在完成切管的同时进行坡口加工。

二、圆形钢板水箱制作

工作内容：下料、坡口、卷圆、找圆、组对、焊接、装配、注水试验。

定额编号　8-543～8-548　圆形钢板水箱制作　P205

[应用释义]　圆形钢板水箱：圆形水箱结构合理，节省材料，造价比较低，但布置不太方便，占用空间较大；方形和矩形水箱布置方便，占地也较少，但大型水箱结构较复杂，材料耗量较大，造价较高，钢制水箱比重小，容易加工，制作方便，可现场焊制，但不耐腐蚀，又由于钢板水箱把加强肋放在水箱内部，使得清洗困难，不利于防腐，加工也不大方便。

圆形钢板水箱制作：容器制作的一种。大直径低压输送钢管一般采用钢板卷制的卷焊钢管，现场制作的为直缝卷焊钢管，螺旋缝卷焊钢管一般在加工厂用带形钢板制造。卷焊钢管单节管长一般为 6～8m。管线中各种零件也用钢板卷制拼装焊接成型。碳钢容器按外型分为圆形、矩形、锥形等，以圆形和矩形最普遍；按密闭形式分为敞口和闭式两类；按容器内的压力分为有压和无压两类。有压容器按耐压高低，分为低压（0.5MPa 以下）、中压和高压（0.5MPa 以上）三种。施工现场制作的碳钢容器一般为无压或低压容器，中、高压碳钢容器通常在容器制造厂生产。矩形碳钢容器一般由上底、下底和壁板三部分组成，下料、焊接比较容易。

圆形碳钢容器一般由罐身、封头和罐顶三部分组成，如图 2-117 所示为圆形膨胀水箱示意图。其制作方法为：先分别制作罐身、封头、罐底和接管法兰，然后将各部分焊接成型。制作用钢材应满足设计及有关规范要求。

下料和卷圆的解释见第六章小型容器制作安装第三节定额应用释义定额编号 8-537～8-542 矩形钢板水箱制作释义。

角钢：见第一章管道安装第三节定额应用释义定额编号 8-23～8-35 钢管释义。

电焊条结 422ϕ3.2：电弧焊用的焊条中的一种型号。有关焊条的解释见定额编号 8-492～8-497 光排管 A 型制作安装释义。

卷板机：毛料滚圆过程中所采用的一种机器。毛料一般采用三辊对称式卷板机滚弯成

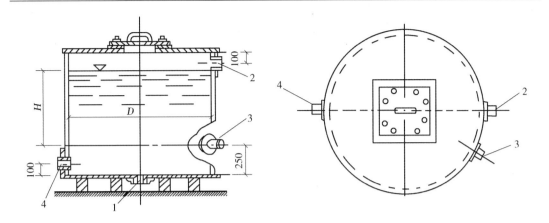

图 2-117　圆形膨胀水箱
1—膨胀管；2—溢流管；3—信号管；4—循环管

圆。滚弯后的曲度取决于滚轴的相对位置，毛料的厚度和机械的性能。滚弯前、应调整滚轴之间的相对距离 H 和 B，但 H 值比 B 值容易调整，因此都以调整 H 来满足毛料滚弯的要求。但由于材料的回弹量难以精确确定，因此，在实际卷圆中，都采用经验方法，逐次试滚调整 H 值，以达到所要求的卷圆半径。毛料也可在四辊卷板机上卷圆。在三辊卷板机上卷圆，首尾两处滚不到而产生直线段，可采取弧形垫板清除直线器。四辊卷板机卷圆时，毛料首尾两段都能滚到，不存在直线段的问题。

三、大、小便槽冲洗水箱制作

工作内容：下料、坡口、平直、开孔、接板组对、装配零件、焊接、注水试验。

定额编号　8-549～8-550　大小便槽冲洗水箱制作　P206

[应用释义]　大便槽、小便槽：见第四章卫生器具制作安装第一节说明应用释义第十二条释义。

平直：即调直，管子在运输和工地堆放过程中，会由于各种原因或管理不善发生弯曲变形等缺陷。这些管子在进行施工安装之前，应先进行变形检查和变形矫正。

1. 管道的弯曲变形检查

（1）目测检查法（即光学检查）这是工地上应用最广泛最普遍的检查管材弯曲变形的方法。检查者用手将管子的一端抬起，另一端自然触地，抬起高度因人而异，以管子的两个端点和检查者的眼睛三点成一直线为准。然后，边转动管子、边用眼睛看管端的管壁外围素线是否成一直线，是直线，则无弯曲变形。否则，有弯曲变形。这种方法，十分简便适用，由于是检查者一人操作，只能用在管径较小重量较轻的管材检查中。

（2）滚动检查法：将被检查的管子，平放在两根水平且平行的轨道架上（轨道架一般是用工字钢、槽钢或钢管临时架设）然后轻轻滚动管子数次，并细心观察管子在轨道上停下来的位置，若每次滚动时在任一位置能停下，说明管子无弯曲。反之，若总是在某点停下，说明有弯曲变形，且凸弯朝下。

2. 管道的变形校正（调直）见第一章管道安装第三节定额应用释义定额编号 8-1～8-11 镀锌钢管释义。

焊接：见第五章供暖器具安装第三节定额应用释义定额编号 8-504～8-509 光排管 A

型散热器制作安装释义。

注水试验：即灌水试验（又称闭水试验）。室内外排水管道为无压流管道，试验时不需进行压力试验，只做灌水试验（又称闭水试验），以检验管道、管件及接口的严密性。室内暗装或埋地排水管道，在隐蔽或覆土前做灌水试验。操作程序是：对底层排水管道，封死各卫生器具短管管口及排出管管口，自一层立管检查口灌水至检查口承口面。其灌水高度应不低于底层地面高度，但不得超过 8m。对楼层屋顶或吊顶内需要隐蔽的管道，用球胆充气堵死下部立管检查口，从上部检查口灌水至检查口承口面，以检查夹在中间需隐蔽的排水横管。对室内雨水管道，灌水高度为每根立管最顶部的雨水漏下面。试验标准是，灌水 15m 后，再灌满并延续 5m，以液面不下降为合格。

室内卫生器具的排出管，应采取通水试漏的方式，检验排水器具的短管与卫生器具连接的严密性，以不漏或无严重漏水为合格。排水系统经过通水试验后还应做通球试验。试验所用皮球直径约为排水管径的 3/4，皮球从排水立管顶端投入，以落到阴井处浮起为合格，否则要查明堵塞位置，用重锤疏通或用水流冲刷堵塞部位。对于高层建筑的排水管道试验，若采用分层灌水的方法，工时耗费量大，比较麻烦。为了缩短工期，在有关部位的同意下，可作烟气试验。烟压为 25mmH$_2$O，试验时间不应少于 15min。作法是：燃烧装置发生的烟气由吸烟罩吸收，经风机加压送入排水管道系统，在排水管道末端即透气管顶部设置泄烟阀和 U 形压力计，调节烟压，使系统内部的烟压保持在额定值上，稳定烟压 15min 后，检查系统各部位，如无烟冒出则为合格。

排水管横支管：连接二个或二个以上器具排水支管的水平排水管。

排水横支管可沿墙敷设在地板上，也可用间距为 1~1.5m 的吊环悬吊在地板上，底层的横支管宜埋地敷设。

排水横支管不宜穿过沉降缝、伸缩器、烟道和风道。排水管道容易渗漏和产生凝结水，故悬吊横支管不得布置在不能遇水的设备和原料上方、卧室内和炉灶上方以及库房、通风室及配电室天棚下。排水横支管不宜过长，以防因管通过长而造成虹吸作用对卫生器具水封的破坏。排水横支管应以一定的坡度坡向立管，并要尽量少拐弯，尤其是连接大便器的横支管，宜直线地与立管连接，以减少阻塞及清扫口的数量。

排水横支管与立管连接处应采用 45°三通或 90°斜三通。

排水立管：连接排水横支管的垂直排水管的过水部分。

排水立管一般在墙角处明装，高级建筑的排水立管可暗装在管槽或管井中。

排水立管一般宜靠近杂质多、水量大的排水点，民用建筑一般靠近大便器，以减少管道堵塞机会。排水立管一般不允许转弯，当上下层位置错开时，宜用乙字弯或两个 45°弯头连接。排水立管穿过实心楼板时应预留孔洞，预留洞时注意使排水立管中心与墙面有一定的操作距离。立管的固定常采用管卡，管卡间不得超过 3m，但每层至少应设置一个，托在支承的下面。

清扫口：是装设在排水管道起端的为防止排水横管被堵塞而安装的一种进行清通打扫的设施。注意清通时只能从一个方向清通，安装应注意其只能装设在排水管道的起端。清扫口顶面宜与地面相平。

检查口：是为了进行疏通工作而设置在排水管道侧带有盖板的开口管子设施。一般情况下，检查口设在排水立管上，使疏通工作可以从上下两个方向进行。检查口没有复杂的零件，结构简单，其工程量已包含在了排水管道定额中，在预算中不需另行计算。

碳钢气焊条：气焊条不称焊丝。焊接普通碳素钢管道可用 H08 气焊条；焊接 10 号和 20 号优质碳素钢管道（$PN \leqslant 6MPa$）可用 H08A 或 H15 气焊条。

冲洗水箱及冲洗水箱的分类详见第四章卫生器具制作安装第二节工程量计算规则应用释义第 9.4.4 条释义。

氧气：见第五章供暖器具安装第三节定额应用释义定额编号 8-510～8-515 公称直径释义。

尼龙砂轮片：见第六章小型容器制作安装第三节定额应用释义定额编号 8-537～8-542 矩形钢板水箱制作释义。

角钢：见第一章管道安装第三节定额应用释义定额编号 8-23～8-35 钢管释义。

管子切断机：见第一章管道安装第三节定额应用释义定额编号 8-1～8-11 镀锌钢管释义。

四、矩形钢板水箱安装

工作内容： 稳固、装配零件。

定额编号　8-551～8-556 矩形钢板水箱安装　P207

[应用释义]　　矩形钢板水箱安装：高层建筑给水系统中，水箱是主要的给水设备。水箱按制作材料分有钢制水箱、钢筋混凝土水箱、塑料水箱、玻璃钢水箱等；按形状又可分为矩形、圆形和球形水箱，特殊情况下也可设计成任意形状；根据水箱的用途不同，有高位水箱、减压水箱、冲洗水箱、断流水箱等多种类别，这里主要介绍在给水系统中使用广泛的高位水箱。

钢制水箱制作方便，但不耐腐蚀，内外表面均应作防腐处理，其制作可参见《给水排水国家标准图集》S120 进行。钢筋混凝土水箱经久耐用、维修方便，但自重大，属土建结构。

塑料水箱的安装通常采用工字梁或钢筋混凝土支墩支承。为防止水箱底与支承接触面的腐蚀，中间要垫石棉橡胶板等绝缘材料。水箱底应有不小于 400mm 的净空，以便管道安装和检修。钢筋混凝土水箱常为现浇结构，可直接设置在楼板或屋面上。

塑料水箱和玻璃钢水箱可根据产品安装要求，设置在型钢或混凝土支墩上。

钢筋混凝土水箱配管宜采取预埋防水套管或直接预埋管道的方法施工，应十分注意做好水箱的防止水处理，以免渗漏影响正常使用。

水箱安装：水箱设在建筑物给水系统的最高处，在系统中起贮存用水，调节用水量和稳定供水水压的作用，是重要的给水设备。

水箱一般设置在净高不低于 2.2m，采光通风良好的水箱间内，其安装间距见表 2-38，大型公共建筑或高层建筑为避免因水箱清洗，检修时断水、宜净水箱分格或分设两个水箱，水箱底距地面间距应大于等于 800mm 净空，以便于管道检修，水箱底可置于工字钢或混凝土支墩上，金属箱底与金属支墩接触面之间应衬橡胶板或塑料胶片等绝缘材料以防腐蚀。水箱有冻结、结露可能时，要采取保温措施。

水箱之间及水箱与建筑结之间的最小距离　　　　　　　　　　表 2-38

水箱形式	水箱至墙面距离（m）		水箱之间净距（m）	水箱顶至建筑结构最低点间距离（m）
	有阀侧	无阀侧		
圆　形	0.8	0.5	0.7	0.6
矩　形	1.0	0.7	0.7	0.6

水箱在安装前，应做漏水试验，以不漏为合格。水箱上所设配管及其安装要求如下：

1. 进水管：由水箱直接由室外给水管进水时，为防止溢流，进水管上应安装水位控制阀如液压阀、浮球阀，并在进水端设检修用的阀门。液压水位控制阀体积小，且不易损坏应优先采用，若采用浮球阀不宜少于 2 个。进水管入口距箱盖的距离应满足浮球阀的安装要求，一般进水管中心距水箱顶应有 150～200mm 的距离。当水箱由水泵供水并采用自动控制水泵启闭的装置时，可不设水位控制阀。进水管径可按水泵出水量或管网设计秒流量来计算确定。

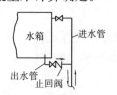

图 2-118　水箱进、出水管合用示意图

2. 出水管：出水管从水箱侧壁接出时，其管底至箱底距离应大于 50mm，若从池底接出其管顶入口距离箱底的距离也应大于 50mm，若从池底接出其管顶入口距箱底的距离也应大于 50mm，以防沉淀物进入配水管网。出水管上应设阀门以利于检修。为防短流，进出水管宜分设在水箱两侧，若合用一条管道。如图 2-118 所示，则应在出水管上增设阻力较小的止回阀防止从水箱底部向水箱中进水。当进出水管各用一条管道时，出水管口，需设一个阀门即可，其标高应低于水箱最低水位 1.0m 以上，以保证止回阀开启所需的压力。出水管管径应按管网设计秒流量确定。

3. 溢流管：溢流管出口应在水箱设计最高水位以上 50mm 处，管径按水箱最大流入量确定，一般应比进水管大一级。溢流管上不允许设阀门，其设置应满足水质防保要求。

4. 水位信号装置：是反映水位控制失灵报警的装置，接在水箱一侧，其高度与溢流管相同或在溢流管口下 10mm，直通往值班室的洗涤盆等处，来随时查知控制水箱的水位情况。信号管管径 15～20mm 即可，管路上不得装设阀门。若水箱液位与水泵联锁，可在水箱侧壁或顶盖上安装液位继电器或信号器，采用自动水位报警装置，这时可不设信号管。

5. 泄水管：泄水管从管底接出，用以排除检修或清洗时排出的积累污废水、杂质或定期排出的清水。管上应设阀门，管径为 40～50mm，可与溢流管相连接，相连后用 1 根管排水。

6. 通气管：供生活饮用水的水箱设有密封箱盖，其贮水量一般较大，为使水箱内空气流通，箱盖上应设有通气管。通气管可伸至室内或室外，但不得伸到有有害气体的地方，管口应有防止灰尘、昆虫和蚊蝇进入的滤网，一般应将管口朝下设置。注意通气管上不应装设阀门、水封等妨碍通气的装置。通气管不得与排水系统和通风道连接。通气管管径一般不小于 50mm。

水箱配管、附件示意图如图 2-119 所示。

水泵是室内给水系统中的主要设备，是给水系统的升压设备。水泵的类型有很多，有离心泵、轴流泵、活塞泵、水轮泵等。目前水暖工程中常用的是离心泵式水泵，按其抽升液体含有杂质的情况可分为清水泵、污水泵和泥浆泵等。离心式清水泵广泛用于城市给水排水、高层建筑给水加压、绿地浇洒、消防工程、制冷循环等，热水泵可用于采暖水循环及锅炉水循环的动力。离心泵有卧式和立式两种型式，按其叶轮的个数又可分成单级泵和多级泵。

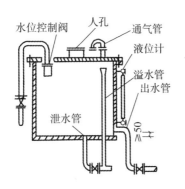 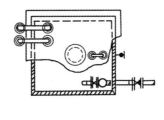

图 2-119　水箱配管、附件示意图

1. 卧式离心泵：泵由吸水室、叶轮、泵盖、泵轴、挡水圈及密封材料组成，泵轴处于水平位置。水泵驱动前，将泵腔和吸水管都充满水，然后驱动电机，使轴带动叶轮高速旋转，水在离心力作用下甩向叶轮外缘，汇集到泵壳内，经蜗壳式通流道流人压水管路，叶轮中心由于水被甩出而形成真空，水由吸入侧流入。

2. 立式泵：电机与泵为一体式结构，外形美观，占地面积小，泵站土建造价低，泵的进出口直径相同，可以像阀门一样直接装在管道上，又称管道泵。

3. 水泵安装：水泵基础是作为固定水泵机组的位置，并承受水泵机组的重量以及动转时所引起的振动力，所以要求基础不仅施工尺寸正确，还必须有足够的强度和刚度。水泵机组基础采用混凝土灌注。首先确定基础尺寸，然后进行基础放线开挖，最后进行基础灌注。

基础的尺寸应按设计要求或随设备带来的基础资料确定。基础的长度和宽度要比设备底座的长和宽各大 100～150mm，而基础高度应为地脚螺栓在基础内的长度再加 150～200mm，但总的高度不得小于 500～700mm。地脚螺栓埋入深度为 200～400mm，螺栓直径越大，埋入的深度也越深。

基础放线开挖是根据水泵机组确定的基础尺寸进行放线，用石灰标出其范围，然后按照要求进行基坑开挖。

基础地脚螺栓灌浆分一次灌注和二次灌注两种。一次灌注是在灌注混凝土前，将地脚螺栓（钩式螺栓）按各部分尺寸先固定在基础模板框架上，然后一次将其浇灌在基础内。采用这种方法施工，地脚螺栓与混凝土黏接坚实牢固，抗拉、抗震能力强，但浇灌混凝土时由于不可避免的振动和碰撞，加上地脚螺栓安装时的误差，容易产生地脚螺栓的偏移，给水泵的安装工作带来困难，因此，一次灌注法不适合用于大中型水泵机组的基础施工。二次灌注法是指在浇灌基础时，在基础中预留地脚螺栓孔，等机组安装就位后，再向预留孔内灌注水泥砂浆，将地脚螺栓固定在基础内。该方法的优点是设备安装和调整方便，但预留孔内浇灌的水泥砂浆与基础的结合不够牢固，为了克服此不足，第二次浇灌混凝土时，需对预留孔壁进行凿毛，湿水，以加强黏结力。由于二次灌注法设备易安装调整，因此大多采用该方法。

二次灌注法施工时，先按基础尺寸支好模板，再把预先准备好的短木桩、竹筒、方木桩或砖模置于地脚螺栓的位置上并加以固定，然后浇灌混凝土。浇灌时应保持短木桩等的尺寸位置准确，当浇灌到一定的深度时应进行一次复核，以便及时纠正出现的偏差。浇灌完毕后，基础表面不必抹光。等混凝土凝固后，应及时抽出短木桩等物体。并用盖板将孔盖好，以免杂物堵塞。

设备基础的混凝土在常温下养护 48h 后即可拆模，然后继续养护达到设计强度的 70%，即可进行设备的就位安装。

水泵机组的安装顺序为：先安装水泵，然后安装电动机和传动机构。

水泵机组安装：水泵机组分带底座和不带底座两种形式。通常小型离心泵在出厂时均与电动机装配在同一铸铁底座上。大中型水泵出厂时不带底座，水泵与电动机直接安装在混凝土基础上。

①带底座水泵的安装：先在基础面和底座面上划出纵横中心线，再将底座吊放在基础上，套上地脚螺栓和螺母，调整底座位置，使底座上的中心线和基础上的中心线一致。然后用水平尺在底座加工面上检查水平，不水平时，可在底座下靠近地脚螺栓处用平垫铁、斜垫铁或开口垫铁找平，找平后，拧紧地脚螺栓的螺母，并对水平度进行一次复核。底座装好后，把水泵吊放在底座上，并对水泵的轴线，进出水口中心线和水泵的水平度进行检查和调整。

如出厂时水泵和电动机已装在底座上，并且又是采取二次浇灌法，在安装前同样需先在基础和底座上划出纵横中心线，再把水泵机组就位穿好地脚螺栓和用垫铁对机组进行找平，找平之后用混凝土浇灌地脚螺栓孔。数天后，当混凝土达到设计强度的 70% 时，即可对机组进行精度找平找正，直至拧紧地脚螺栓符合安装质量要求为止。最后用水泥砂浆进行基础抹面。

②无底座水泵的安装：无底座水泵的安装顺序是先安装水泵后安装电动机。水泵就位后，先找正，内容包括中心线、水平和标高。水泵中心线找正的目的是使水泵位置摆放正确，不歪斜。找正前，用墨线在基础表面弹出水泵安装时的纵横中心线，然后在水泵的进出水口中心和轴的中心分别悬吊线垂，移动水泵，使线垂尖和基础表面的纵横中心线相关。水平找正可用 0.1~0.3mm/m 精度以水平仪测量。测量的基准面一般是主轴、进出口法兰。标高找正应事先在建筑物上定出标高基准点。水泵的进出口法兰也需预先划出水平中心线，通过拉线用水平尺测量或用钢卷尺直接测量。

水泵找平找正后，即可向地脚螺栓孔灌注混凝土，并待基凝固后再拧紧地脚螺栓，同时对水泵的位置和水平度进行复查。机组的水平要求可通过垫铁的调整予以满足，而绝不能用松紧地脚螺栓的方法进行调整。

电动机的安装：电动机的安装除电动机的横向水平外，其平面位置、纵向中心、标高都是以水泵作为基准的。调整时，应使电动机轴中心线调整到与水泵的轴中心线在同一条直线上。一般的小型机组，可通过测量水泵与电动机联接处的两联节的相对位置来完成，即把两联轴节调整到既同心又相互平行，两联轴节的间隙保持在 2~3mm 为宜，可用塞尺在此间隙的上下左右四点进行测量，如各点间隙的松紧度一致，即表明两联轴节平行。测定径向位移或轴向倾斜时，可用钢直尺靠在联轴器上，并沿此项轮缘四周移动，如直尺各点都和两个轮缘的表面靠紧，表明联轴器同心。电动机找正后，拧上联轴器的连接螺栓，水泵机组安装即告结束。

水泵机组管道安装：水泵机组管道主要包括水泵吸水管道和压水管道两部分。安装前，应检查水泵的位置、标高、水平等应符合安装质量要求。水泵机组管道安装时，应从泵的进出水口开始分别向外延伸进行配管。

①吸水管道安装：吸水管管材宜采用无缝钢管焊接安装。如采用给水铸铁管，应确保接口的严密性。吸水管水平部分的管段，应有不小于 0.005 仰向水泵的坡度。靠近泵吸入口的吸水管，应有 2～3 倍管径的直管段。

大型水泵吸水管路上的闸阀应向上或水平安装，这样可避免在闸阀上部积存空气。吸水管路中的大小头，应采用偏心大小头。安装时，大小头上边呈水平状，以防止在大小头上部形成气囊。为了减少吸水口处的阻力损失，大型水泵吸水口常制成喇叭型。为防止水中漂浮物吸入进水管，喇叭口需设置具有足够过水面积的格栅。采用引水启动的水泵，吸水管末端应设底阀。其作用为停泵时阀瓣因自重而自行关闭，使吸水管中的水不会漏掉；水泵启动时，因吸水管内的真空状态可直接开启。

水泵吸水管安装时，吸水立管应设支架；吸水喇叭口或底阀应设混凝土支墩或钢支架承重，防止损坏水泵，同样便于泵的维修。

吸水管在水池内安装无设计要求时，应符合下列规定。

a. 吸光管进口在水池最低的水位深度不应小于 0.5～1.0m。

b. 吸水管喇叭口离地低不应小于 0.8D，D 为吸水管喇叭口（或底阀）扩大部分的直径。一般取 D 为吸水管管径的 1.3～1.5 倍。

c. 吸水管喇口边缘距池壁不应小于 0.75～1.0D，同一水池中设有几根吸水管时，各吸水喇叭口之间的距离不小于 1.5～2.0D。

②压水管道安装：水泵压水管一般采用无缝钢管，焊接和法兰连接。为了减少管路上的水头损失，压水管路宜直而短，附件也应尽量少。水泵出口应设大小头。大小头安装在垂直管路上，应制作成同心形式，其中心线与立管中心线在同一直线上，如安装在水平管路上，则采用偏心形式，直边在上、水泵进、出水管口所用大小头，有些与水泵成套供应，不需另行制作。

如压水管的管径在 150mm 以内，一般都是架空敷设，其管底距地面不应小于 1.8m，且不许架设在水泵、电动机及电气设备上方，以免管道漏水或结露时，影响电气设备的安全运行。

水泵管路附件有底阀、放气阀、止回阀、闸阀或蝶阀、压力表、真空表等，安装时应按有关规定进行。

水泵机组的试运行：

①水泵机组试运行的检查，水泵试运行前，应按规范要求进行检查。主要检查内容有电动机的转向应符合泵的转向要求、各紧固连接部分不应松动，安全保护装置应灵敏可靠等。

②水泵机组启动：在进水管和泵内部全部充满水后，即可准备启动电动机。启动前，应关闭压力管路上的阀门，启动后，立即关闭排气阀，待机组达到额定转速时，才能把压力管阀门打开，这时，压力表的指针应徐徐下降至出水管的压力值，而电流表则逐渐上升至正常运行数值，这表明水泵启动正常。

引水管：即引入管，又称进户管，是室外和室内给水系统的连接管。引入管一般采用直接埋地方式，也可从采暖地沟中进入室内，但应布置在热水或蒸气管道下方，引入管与其他管道要保持一定距离。与污水排出管的水平距离不得小于 1m，与煤气管道引入管的水平距离不得小于 0.75m，与电线管的水平距离应大于 0.75m。引入管应有不小于 0.003 的坡度，坡向室外管网。

电动卷扬机：见第四章卫生器具安装第三节定额应用释义定额编号8-470～8-472容器式热交换器安装释义。

五、圆形钢板水箱安装

工作内容：稳固、装配零件。

定额编号　8-557～8-563　圆形钢板水箱安装　P208～P209

[应用释义]　圆形钢板水箱：高层建筑给水系统中，水箱是主要的给水设备。水箱按制作材料分有钢制水箱、钢筋混凝土水箱、塑料水箱、玻璃钢水箱等；按形状又可分为矩形、圆形和球形水箱。

水箱应设置在便于维护、通风和采光良好，且不冻结的地方、水箱应加盖开采取保护水质不受污染的措施。水箱与水箱之间，水箱与墙壁之间的净距不宜小于1.0m，水箱顶至建筑结构的最低净距不得小于1.0m，钢板水箱的四周应有不小于0.7m的检修通道。设置水箱的房间净高不得低于2.2m，设置水箱的承重结构应为非燃烧体，室内温度不低于5℃。

钢制水箱制作方便，但不耐腐蚀，内外表面均应做防腐处理，其制作可参见《给水排水国家标准图集》S120进行。

钢筋混凝土水箱经久耐用，维护方便，但自重大，属土建结构。塑料水箱和玻璃钢水箱质轻耐腐蚀，美观耐用，是水箱的发展方向，一般为工厂化生产现场安装。

钢筋混凝土水箱常为现浇结构，可直接设置在楼板或屋面上。塑料水箱和玻璃钢水箱可根据产品安装要求，设置在型钢或混凝土支墩上。

水箱的配管包括进水管、出水管、溢流管、泄水（排污）管及自动控制装置等。进水管上宜采用液压控制阀或自动控制阀。水箱上配管可按标准图集及产品安装要求安装。

钢筋混凝土水箱配管宜采取预埋防水套管或直接预埋管道的方便施工，应十分注意作好水箱的防水处理，以免渗漏影响正常使用。

钢装水箱的安装通常采用工字梁或钢筋混凝土支墩支承。为防止水箱底与支承接触面的腐蚀，中间要垫石棉橡胶板等绝缘材料。水箱底应有不小于800mm的净空，以便管道发装和检修。水箱的安装应位置正确、端正平稳、所用支架、枕木应符合标准图规定。见第六章小型容器制作安装第三节定额应用释义定额编号8-551～8-556矩形钢板水箱安装释义。

电动卷扬机：见第四章卫生器具制作安装第三节定额应用释义定额编号8-470～8-472容器式热交换器安装释义。

第七章 燃气管道、附件、器具安装

第一节 说 明 应 用 释 义

一、本章包括低压镀锌钢管、铸铁管、管道附件、器具安装。

[应用释义] 铸铁管：规格习惯以公称直径 DN 表示，国内生产的铸铁管（件）直径在 DN50～DN1500 之间，铸铁管按材质可分为普通铸铁管、高级铸铁管和球墨铸铁管。在普通铸铁管中，铸铁中的碳全部（或大部）不是与铁呈化合物状态，而是呈游离状态的片状石墨，所以普通铸铁管质脆；球墨铸铁管中，碳大部分呈球状石墨存在于铸铁中，使之具有优良的机械性能，故又称为可延性铸铁管。

普通铸铁管：又称为灰铸铁管。化学成分中 C＝3％～3.3％，Si＝1.5％～2.2％，Mn＝0.5％～0.9％，S≤0.12％，P≤0.4％。抗拉强度应不少于 140MPa。按工作压力大小分为高压管（PN≤1.0MPa）、中压管（PN≤0.75MPa）和低压管（PN≤0.45MPa）。管径以公称直径表示，其规格为 DN75～DN1500，有效长度（单节）为 4m、5m、6m。普通铸铁管分砂型离心铸铁管与连续铸铁管两种。砂型离心铸铁管的插口端设有小台，用于挤密油麻、胶圈等柔性接口填料。连续铸铁管的插口端没有小台，但在承口内壁有突缘，仍可挤密填料，其价格较低，制造方便，耐腐蚀性较好。但质脆、自重大。燃气管道可采用高压管和普压管。

高级铸铁管：又称可锻铸铁管，它对铸铁化学成分提出了严格要求，进一步采取脱硫和脱磷措施，铸造方法上亦有适当改进。铸铁组织密，韧性增强，抗拉强度可达 250MPa。

球墨铸铁管：简称球铁管，是以镁或稀土镁合金球化剂在浇筑前加入铁水中，使石墨球化，同时加入一定量的硅铁或硅钙合金作孕育剂，以促进石墨析出球化。石墨呈球状时，对铸铁基体的破坏程度减轻，应力集中亦大大降低，因此他具有较高的强度和延伸率。与普通铸铁管相比、球铁管抗拉强度是灰铸铁管的 3 倍；水压试验为在铸铁管的 2 倍；球铁管具有较高的延伸率，而灰铸铁管很小。球铁管是 20 世纪 50 年代发展起来的新型金属管材，被认为是耐腐蚀性好，强度高，具有较强韧性的较理想管材，正逐步替代普通铸铁管。铸铁管的铸造方法可采用离心铸造法和连续铸造法在铸管厂铸造。离心铸造法适用于各种直径的铸铁管铸造。铸造模型可采用砂模型或金属模型。砂模型是在钢模内用含酚醛树脂和型砂的择合物涂成一定厚度的衬里，或在钢模内制成一定厚度的铸造砂衬，然后离心铸造。砂模型适用于较大直径。采用金属模型时，可在模型外采用喷水或设置水套的降温措施，管材铸造后需经热处理，一般用于小直径铸铁管的铸造。离心铸铁管插口端有凸缘。连续铸造法是将熔融的铁水，连续浇入称作结晶器的特制水冷金属模中，铁水经冷凝形成的管子不断从结晶器中拉出。生产中，一般只间断地浇铸一定长度的管子，实际为半连续铸造。连续铸铁管插口端无凸缘。

管道附件：是管道安装中的连接配件，用于管道变径，引出分支，改变管道走向，管道末端封堵等。有的管件则是为了安装维修时拆卸方便，或为管道与设备的连接而设置。管件的种类和规格随管子材质、管件用途和加工制作方法而变化。如低压流体输送用焊接钢管上用的螺纹连接管中，铸铁燃气管道上用的是铸铁管件、无缝钢制管件和塑料管件。

1. 螺纹连接管件：室内燃气管道的管径不大于 50mm 时，一般均采用螺纹连接管件。管件有两种材质，可锻铸铁管件（$PN \leqslant 1.0MPa$）和钢制管件（$PN \leqslant 1.0MPa$）。可锻铸铁管件外观上的特点是较厚，端部有加厚边；钢制管件的管壁较薄，端部平整无加厚边。经常使用的螺纹连接管件有管箍、活接头、外螺纹接头、内外螺母、锁紧螺母、弯头、三通、四通和丝堵等。管件应有规则的外形、平滑的内外表面，没有裂纹、砂眼等缺陷。

2. 铸铁管件：一般用普通灰铸铁铸造，也可采用高级铸铁或球墨铸铁。管件外表面应有规格、额定工作压力、制造日期、商标。所有管件在出厂前均应通过气压法检验，检验压力为 0.3MPa，要求承压 10min 不渗漏为合格。常用的铸铁管件有双承套管、承盘短管、插盘短管、承插乙字管、承堵或插堵，以及三通、四通、渐缩管和弯头等。

3. 无缝钢制管件：将无缝管段放于特制的模型中，借助液压传动机将管段冲压或拔制成管件。由于管件内壁光滑，无接缝，所以介质流动阻力小，可承受较高的工作压力。目前生产的无缝钢制管件有弯头、大小头和三通。无缝弯头的规格为 $DN40 \sim DN400$，弯曲半径 $R = (1 \sim 1.5)DN$，弯曲角度有 $45°$、$60°$ 和 $90°$ 三种，工地使用时可切割成任意角度。

器具：指在燃气工程中所用到的一系列燃气用具。如燃气表、开水炉、采暖炉、沸水器、热水器等，均有一定的工作范围。

低压镀锌钢管：指在钢管表面镀锌，用于传递低压流体的钢管管道。

二、室内外管道分界：

1. 地下引入室内的管道以室内第一个阀门为界。

2. 地上引入室内的管道以墙外三通为界。

［应用释义］　阀门：见第一章管道安装第一节说明应用释义第二条释义。

三通：见第三章低压器具、水表组成与安装第三节定额应用释义定额编号 8-328～8-335 减压器中黑玛钢三通的释义。

三、室外管道与市政管道以两者碰头点为界。

［应用释义］　市政管道是指用于城镇道路和市政绿地等所需要的管道。

四、各种管道安装定额包括下列工作内容：

1. 场内搬运，检查清扫，分段试压。

2. 管件制作（包括机械煨弯、三通）。

3. 室内托钩角钢卡制作与安装。

［应用释义］　分段试压：是指管道水压试验时，对管道进行分段试验，每个试压段的管道安装工程均已全部完成，并都符合设计要求和管道安装施工的有关规定。

管件：包括螺纹连接管件、铸铁管件、无缝钢制管中、塑料管件等燃气管道管件。

托钩角钢卡：用于管道支托、支架中，起固定、支托管道作用，型号及形式较多种。

五、钢管焊接安装项目适用于无缝钢管和焊接钢管。

［应用释义］　无缝钢管：见第一章管道安装第一节说明应用释义第三条释义。

六、编制预算时，下列项目应另行计算：

1. 阀门安装,按本册定额相应项目另行计算。

2. 法兰安装,按本册定额相应项目另行计算（调长器安装、调长器与阀门联装、燃气计量表安装除外）。

3. 穿墙套管:铁皮管按本册定额相应项目计算;内墙用钢套管按本章室外钢管焊接定额相应项目计算;外墙钢套管接第六册《工业管道工程》定额相应项目计算。

4. 埋地管道的土方工程及排水工程,执行相应预算定额。

5. 非同步施工的室内管道安装的打、堵洞眼,执行《全国统一建筑工程基础定额》。

6. 室外管道所有带气碰头。

7. 燃气计量表安装,不包括表托、支架、表底基础。

8. 燃气加热器具只包括器具与燃气管终端阀门连接,其他执行相应定额。

9. 铸铁管安装,定额内未包括接头零件,可按设计数量另行计算,但人工、机械不变。

[应用释义] 阀门安装:见第四章卫生器具制作安装第二节工程量计算规则应用释义第五条释义。

法兰:是一种标准化的可拆卸连接形式,广泛用于燃气管道与工艺设备、机泵、燃气压缩机、调压器及阀门等的连接。法兰标准有三种,化工部法兰标准（HG5008～5028-58）,原一机部法兰标准（JB 78～u95—59）和石油部标准（SYJ4—64）。对燃气工程而言,一般情况下,三种部颁标准具有互换性。

法兰材质一般应与钢管材质一致或接近,常用钢号为Q235,10号和20号碳素结构钢。法兰的结构尺寸按所选用的法兰标准号确定。在选用法兰标准号时须注意法兰内孔尺寸是大外径还是小外径。例如,DN100的法兰,石油部标准曾有108mm和114mm两种尺寸,法兰内孔应略大于实际安装的管子外径。法兰结构尺寸符合法兰标准号,其内孔尺寸却小于标准号规定的法兰称为异径法兰;不具有内孔的法兰称为法兰盖。

套管:指给排水管道或工艺管道在穿越建筑物基础、墙体和楼板之处时,预先配合土建施工所预埋的一种衬套管,其作用是避免打洞和方便管道安装,这种衬套管直径一般较其穿越管道本身的公称直径大一至二级。不同类型的套管,用处各一。如穿墙套管、钢套管等由不同材质加工而成。

土方工程:指场地平整,基坑、基槽开挖,管沟人防工程,地坪、路基及基坑填筑等工程。特点是:施工条件复杂、面广量大、劳动繁重,是一切其他工程的先导和基础。土方工程多为露天作业,种类繁多,成分复杂,受地区气候条件影响,工程地质水文变化多,对施工有较大影响。因此,施工前要做好调查研究,搜集足够的资料,充分了解施工形域地形地物,水文地质和气象资料;掌握土壤的种类和工程性质;明确土方施工质量要求等条件,据此作为施工方案。在工程上通常把地壳表层所有的松散堆积物统称为土。按其堆积条件可分为残积土、沉积土和人工填土三大类。残积土是指地表岩石经强烈的物理、化学及生物风化作用,并经成土作用残留在原地而组成的土。沉积土是指地表岩石的风化产物,经风、水、冰或重力等因素搬运,在特定环境下沉积而成的土。人工填工则是指人工填筑的土。土是颗粒、水和气体组成的三相分散体系。

工程上根据土的颗粒联结特征将土分成砂土、黏土和黄土。黄土是在干旱条件下由砂和粘土组成的特种土,凡是具有遇水下沉特性的黄土称为湿陷性黄土。具有一定体积岩土层或若干土层的综合体称为土体。岩石是由单体矿物在一定地质条件作用下，按一定规律组合成具有某种联结作用的集合体。按其成因可分为沉积岩、变质岩和岩浆岩三大类。按土的人工开挖难易程度将土体分为松软土（一类），普通土（二类）、坚土（三类）和砂砾坚土（四类）。按岩石的坚硬程度分为软石（五类）、次坚石（六类）、坚石（七类）和特坚石（八类）。

调长器：又称波形补偿器，是采用普通碳钢的薄钢板经冷压或热压而制成半波节，两段半波焊成波节，数波节与颈管、法兰、套管组对焊接而成。如图 2-120 所示波形补偿器示意图，因为套管一端与颈管焊接固定，另一端为活动端，故波节可沿套管外壁作轴向移动，利用连接两端法兰的螺杆，可使调长器拉伸或压缩。

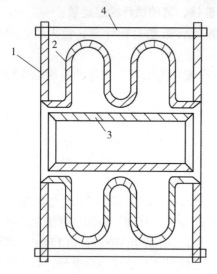

图 2-120　波形补偿器
1—法兰盘；2—波节；3—套管；4—螺杆

调长器可由单波或多波组成，但波节较多时，边缘波节的变形大于中间波节，易造成波节受力不均匀，因此波节不宜过多，燃气管道上用的一般为二波。波形补偿器的特点是结构紧凑，不需要经常检修。但是它的补偿能力小，工作压力低，制作较为复杂。因此，这种补偿器只用于大直径、低压力的输送煤气、空气等介质的管道上。

燃气计量表：是指用于测量燃气流量（瞬时流量、累积流量）的仪表。燃气计量表的种类较多，根据其工作原理可分为容积式流量计、速度式流量计、差压式流量计等种类。

（1）容积式流量计：是指被测流体不断充满一定容积的测量室，并推动薄膜、活塞、转鼓或齿轮转动，再由计算机构累计流体充满测量室的次数，即可得出流体体积的总量的仪表。如家用煤气表、椭圆齿轮流量计、计量大流量燃气的罗茨式流量计等均为容积式流量计，在生活中得到广泛的应用。

（2）速度式流量计：是利用被测物体流过管道时的速度，使流量计的翼形计轮或螺旋叶轮转动，其转速与流体的流量成正比。只要测得叶轮的转速，就能测得流量。如常用的水表、涡轮流量计就属于这种类型。水表简单可靠，涡轮流量计精度高，能远传，测量范围大。

（3）差压流量计：又称节流式流量计，在流体流动的管道上加一特制的设备（节流装置），利用流体动压和静压相互转换原理测量流量。节流装置前后差压大小和流量有一定关系，测出差压，即可测流量。差压流量计又可分为定差压大小和流量有一定关系，测出差压，即可测出流量。差压流量计又可分为定差压式和变差压式（节流式）流量计。生产上常用的转子流量计是属于定差压流量计，它是通过测量流通面积的方法测量流量；而变差压式流量计是用固定节流面积测量差压的方法测量流量。其中由节流装置和差压计所组成的差压式流量计是目前工业生产中应用最广、历史最为悠久的测量流量装置。它的 U 型管与微压计精度高，但使用不方便，自动化水平低。现在仅在一些压力低、介质为干气体、差压不大的地方使用，使用最多的是电动或气动差压变送器与变送器配套的显示仪表。而差压计是压差信号即流量的显示仪表，应选择温度、湿度、腐蚀性及振动符合要求的地点安装，便于维护，以保证它有足够的实际测量精度。

各种流量计分类见表2-39。

各种计量表分类 表 2-39

名 称		测量范围	精度	适 用 场 合	相对价格	特 点
差压式	节流装置流量计	$(60 \sim 25000mm$ $H_2O)$	1	非强腐蚀的单向流体流量测量，允许有一定的压力损失	较便宜	1. 使用广泛 2. 结构简单 3. 对标准节装置不必个别标定即可使用
	均速管流量计			大口径大流量的各种气体、液体的流量测量	较便宜	1. 结构简单 2. 安装、拆卸、维修方便 3. 压损小，能耗少 4. 输出差压较低
流速式	旋翼式水表	0.045～2800m³/h	2	主要用于水的计量	便宜	1. 结构简单、表型小、灵敏度高 2. 安装使用方便
	涡轮流量计	0.04～6000 m³/h（液） 2.5～350 m³/h（气）	0.5～1	适用于黏度较小的洁净流体，在宽测量范围内的高精度则量	较贵	1. 精度较高，适于计量 2. 耐温耐压范围较广 3. 变送器体积小，维护容易 4. 轴承易磨损，连续使用周期较
	旋涡流量计	0～3m³/h（水） 0～30m³/h	1.5	适用于各种气体和低黏度液体测量	贵	1. 量程变化范围宽 2. 测量部分无可动件，结构简单、维修方便 3. 压损较小
	电磁流量计	2～5000m³/h	1	适用于导电率＞10^{-4} S/cm 的导电液体的流量测量	贵	1. 只能测导电液体 2. 测量精度不受介质黏度、密度、温度、导电率变化的影响 3. 几乎没有压损。 4. 不适合测量铁磁性物质
	分流旋翼式蒸汽流量计	0.05～12t/h	2.5	精确计量饱和水蒸气的质量流量	便宜	1. 安装方便 2. 直读式、使用方便 3. 可对饱和水蒸气流量进行压力较正补偿
容积式	椭圆齿轮流量计	0.05～120m³/h	0.2～0.5	适用于高黏度介质流量的测量	较贵	1. 精度较高 2. 计量稳定 3. 不适用于含有固体颗粒的液体

燃气加热器具：是指家用燃气热水器、燃气红外线辐射器、燃气沸水器等用于加热或热水燃气器具，在燃气工程中较常见。

支架：是管道承重的结构，它承受管道自重、内部介质和外部保温、保护层管重量，使其保持正确位置的依托，同时又是吸收管道振动、平衡内部介质压力和约束管道热变形的支撑，是管道系统的重要组成部分。

室外管道：是指用于室外输送燃气、暖气以及给排水管道。

打、堵洞眼：是燃气管道安装的两道工序。打洞眼是指安装管道前，根据设计管道的线路，需穿墙或楼板而打的墙洞，以便安装管道。堵洞眼是指管道安装好后，堵塞 洞眼中管道周围的空隙，固定管道且使之较为美观。

七、承插煤气铸铁管以和 N 型和 X 型接口形式编制的。如果采用 N 型和 SMJ 型接口时，其人工乘系数 1.05，当安装 X 型、φ400 铸铁管接口时，每个口增加螺栓 2.06 套，人工乘系数 1.08。

［应用释义］　承插煤气铸铁管：按材质可分为灰铸铁管和球墨铸铁管。在灰铸铁管中碳全部（或大部）不是与铁呈化合物状态，而是呈游离状态的片状石墨，所以灰铸铁管质脆；球墨铸铁管中，碳大部呈球状石墨存在于铸铁中，使之具有优良的机械性能，故又称为可延性铸铁管。

球墨铸铁管是 20 世纪 50 年代发展起来的新型金属管材，当前我国正处于一个逐渐取代灰铸铁管的更新换代时期，而发达国家已广泛使用。煤气铸铁管的接口形式，有 N 型、X 型、SMJ 型，编制、安装时均有所不同，费工、费时亦均不同。

八、燃气输送压力大于 0.2MPa 时，承插煤气铸铁管安装定额中人工乘以系数 1.3。燃气输送压力（表压）等级见表 2-40。

燃气输送压力（表压）分级

表 2-40

名　称	低压燃气管道	中压燃气管道		高压燃气管道	
		B	A	B	A
压力 (MPa)	$P \leqslant 0.005$	$0.005 < P \leqslant 0.2$	$0.2 < P \leqslant 0.4$	$0.4 < P \leqslant 0.8$	$0.8 < P \leqslant 1.6$

［应用释义］　压力：是指公称压力，工程上所用的管材足以在一定介质温度条件下（200℃）承受介质压力的允许值，作为管材的耐压强度标准，称为"公称压力"，用符号 PN 表示。我国管材公称压力的分级，根据 GB 1048—70 规定，共有 26 个级别：0.5、1、2.5、4、6、10、16、25、40、64、80、100、130、160、200、250、320、400、500、640、800、1000、1250、1600、2000、2500 等，其中：2.5、4、6、10、16、25、40、64、100、160、200、320 等 12 个级别是工程上常用的公称压力级，也是常温下的工作压力，单位 μPa。

试验压力，是管材出厂前，为检验其机械强度和严密性能，用来进行压力试验的压力标准，称为试验压力，以符号 Ps 表示。试验压力一般为公称压力的 1.5～2 倍，是在常温条件下制定的检验管材机械强度和严密性的标准。

工作压力、管材不但承受介质的压力作用，同时还承受介质的温度作用。材料在不同温度条件下具有不同的机械强度，因而其允许承受的介质工作压力是随介质温度不同而不同的。根据介质温度确定管材承受压力的强度标准，称为工作压力，以符号 Pt 表示，t

取介质温度数值的 $\dfrac{1}{10}$ 整数值，例如 P_{20}，P_{30}……分别表示管材在介质温度为 200 ℃，300℃时允许的工作压力。

对于碳素钢管材，工程上将其工作温度应用范围 0～450℃分为 8 级，每级的公称压力与工作压力的换算对应关系如下：

Ⅰ级温度 0～20℃，工作压力＝1.20×公称压力；

Ⅱ级温度 20～200℃，工作压力＝1.0×公称压力；

Ⅲ级温度 200～250℃，工作压力＝0.92×公称压力；

Ⅳ级温度 250～300℃，工作压力＝0.82×公称压力；

Ⅴ级温度 300～350℃，工作压力＝0.73×公称压力；

Ⅵ级温度 350～400℃，工作压力＝0.64×公称压力；

Ⅶ级温度 400～425℃，工作压力＝0.58×公称压力；

Ⅷ级温度 425—450℃，工作压力＝0.45×公称压力。

第二节　工程量计算规则应用释义

第 9.7.1 条　各种管道安装，均按设计管道中心线长度，以"m"为计量单位，不扣除各种管件和阀门所占长度。

〔应用释义〕　管件：此处是指燃气管道中所应用的管件，主要有螺纹连接管件、铸铁管管件、无缝钢制管件、塑料管件等。管件在管道安装中，作连接配件，用于管道变径，引出分支，改变管道走向，管道末端封堵等。有的管件则是为了安装维修时拆卸方便，或为管道与设备的连接而设置。管件的种类和规格随管子外径、管子材质、管子用途和加工制作方法而变化。

阀门：见第三章低压器具、水表组成与安装第一节说明应用释义第一条释义。

第 9.7.2 条　除铸铁管外，管道安装中已包括管件安装和管件本身价值。

〔应用释义〕　管道安装：此处主要指燃气管道安装。安装视不同材质的管道，安装程序各不相同，工程量计算亦不同。如铸铁管安装时，不包括管件安装和管件本身价值，而其他类管道安装则已包括。

第 9.7.3 条　承插铸铁管安装定额中未列出接头零件，其本身价值应按设计用量另行计算，其余不变。

〔应用释义〕　接头零件，此处是指承插铸铁管安装时所使用的接头零件，主要有三通、四通、弯头、管箍、法兰盖、套管等。承插铸铁管安装中未列出的接头零件，工程量计算时，其本身价值应按设计用量另行计算，其余均不变。

第 9.7.4 条　钢管焊接挖眼接管工作，均在定额中综合取定，不得另行计算。

〔应用释义〕　钢管焊接：焊接是钢管连接的主要形式。焊接的方法有手工电弧焊、气焊、手工氩弧焊、埋弧自动焊、埋弧半自动焊、接触焊和气压焊等。常用的是手工电弧焊、气焊。手工氩弧焊由于成本较高，一般用于不锈钢管的焊接。电焊焊缝的强度比气焊焊缝强度高，并且比气焊经济，因此应优先采用电焊焊接。只有公称通径小于 80mm，壁厚小于 4mm 的管子才用气焊焊接。电焊分为自动焊接和手工电弧焊两种方式，大直径管道及钢制给排水容器采用自动焊接,既省劳动力又可提高焊接质量和速度。气焊是用氧—乙炔进行焊接。由于氧气、乙炔的混合气体燃烧温度达 3100～3300℃,工程上借助此高温熔化金属进行焊接。

第 9.7.5 条　调长器及调长器与阀门连接,包括一副法兰安装。螺栓规格和数量以压力为 0.6MPa 的法兰装配,如压力不同可按设计要求的数量、规格进行调整,其他不变。

[应用释义]　调长器:是作为燃气管道调节胀缩量的一种装置。埋地燃气管道阀门出口端常装设一种调长器,利用其调节 10mm 的伸缩性能,方便闸井中阀门装卸和检修。如低压燃气管道橡胶—卡普隆调长器,其主要特点是水平、垂直方向均可变形。

法兰:见第七章燃气管道、附件、器具安装第一节说明应用释义第六条释义。

螺栓:常用的紧固件,按不同形状,常见的有六角头螺栓、方头螺栓、沉头螺栓、T形槽用螺栓和地脚螺栓。

1. 六角头螺栓:规格范围为直径 3～100mm(粗制)、长度 4～500mm(粗制)。按加工精度分为精制、半精制、粗制;按规格分有六角头和小六角头;按用途分有多种特殊功能的各种专用螺栓。

2. 方头螺栓:规格范围为直径 5～48mm,长度 10～30mm。常用在一些比较粗糙的结构上,便于扳手口卡住或靠住其他零件起止转作用。有时也用于 T 形槽中,便于螺栓在槽中固定位置。

3. 沉头螺栓:规格范围为直径 6～24mm,长度为 25～200mm。多用于结构受限制,不能用其他螺栓头或零件表面要求较光滑的部位。

4. T 形槽用螺栓:规格范围为直径 5～48mm,长度 25～300mm。多用于螺栓只能从被联接件一边进行联接的地方,此时螺栓从被联接件的 T 形孔中插入将螺栓转动 90°,也用于结构要求紧凑的地方。

5. 地脚螺栓:粗制地脚螺栓规格范围为:直径 6～48mm,长度为 80～1500mm。直角地脚螺栓规格范围为:直径 16～56mm,长度 300～2600mm。T 形头地脚螺栓规格范围为:直径 24～64mm,长度 200～1000mm。用于水泥基础中固定机架、机座。螺栓的下半部分和头部埋在地面以下,并用混凝土固定。

【例】　某燃气输配管道阀门井安装图如图 2-121 所示。管道连接方式选用法兰焊接连接,材质为焊接钢管,规格为 DN150。试计算该阀门井安装工程量。

【解】　(1)室外管道安装钢管(焊接)DN150　　　　　定额编号:8-578

定额包括工作内容:切管、坡口、调直、弯管制作、对口、焊接、磨口、管道安装、气压试验。

计量单位:10m

工程量计算:阀门井内管道长度为 (0.1+0.37)×2m+1.8m=2.74m

工程量:2.74/10=0.274
　　　　　① 　②

其中①为管道长度;②为计量单位。

注:工程量计算规则规定:各种管道安装,均按设计管道中心线长度,以"m"为计量单位,不扣除各种管件和阀门所占长度。在阀门井管道安装工程量计算中尽管调长器与阀门所占长度已达到了 0.329m+0.394m=0.723m,但仍不能扣除其所占长度。

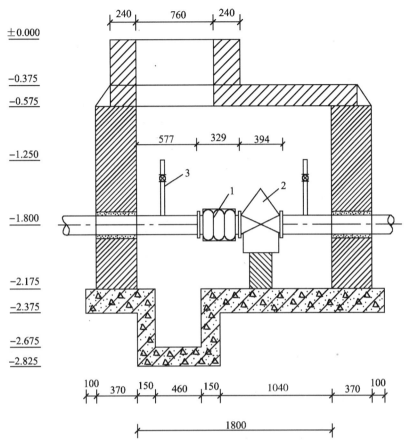

图 2-121 燃气输配管道阀门井安装图
1—调长器 *DN*150；2—切断阀 *DN*150；3—放散管 *DN*32

（2）室外管道安装　钢管（焊接）*DN*32　定额编号：8-565　计量单位：10m

工程量：$\dfrac{[-1.250-（-1.800）]×2}{10}=0.11$

     ①   ②④

      ③

其中①为单个放散管长；②为放散管个数；③为 *DN*32 管长；④为计量单位。

（3）调长器与阀门连装 *DN*150　定额编号：8-617

定额包括工作内容：连接阀门、灌沥青、焊法兰、加垫、找平、找正安装、紧固螺栓。

计量单位：个

工程量：$\dfrac{1}{①}\Big/\dfrac{1}{②}=1$

其中①为调长器与阀门连装个数；②为计量单位。

注意：在调长器与阀门连装工程量应注意其定额中已包含了法兰安装、调长器的安装、阀门的安装等，其与疏水器、减压器计算类似，应注意在工程量计算中是否有遗漏或者重复计算。

清单工程量见表 2-41。

清单工程量计算表　　　　　　　　　　　　表 2-41

序号	项目编码	项目名称	项目特征描述	计量单位	工程量
1	031001002001	钢管	室外管道，法兰焊接，材质为焊接钢管，规格为 DN150，DN32	m	28.5
2	031007010001	燃气管道调长器	DN150	个	1

第 9.7.6 条　燃气表安装按不同规格、型号分别以"块"为计量单位，不包括表托、支架、表底垫层基础，其工程量可根据设计要求另行计算。

[应用释义]　燃气表安装：这里主要介绍膜式燃气表和罗茨式燃气表。

1. 膜式燃气表：规格一般按其公称流量 Q_g 进行划分。居民用户安装的燃气表（简称民用表），其规格一般为 $2.0m^3/h$，$3.0m^3/h$ 和 $4.0m^3/h$，表管接头有单管和双管之分。公共建筑用户安装的燃气表（简称公用燃气表），其规格一般为 $25m^3/h$、$40m^3/h$、$65m^3/h$ 和 $100m^3/h$，均为双管接头。公称流量 $Q_g \leqslant 25m^3/h$ 的燃气表，其进出管接口一般均为螺纹连接，$Q_g \geqslant 40m^3/h$ 的燃气表一般均为法兰连接。单管膜式燃气表的进出口为三通式，进气口位于三通一侧的水平方向，出气口位于三通顶端的垂直方向，进出管直径一般均为 DN15。双管膜式燃气表的进出口位置一般为"左进右出"，即面对燃气表的数字盘，左边为进气管，右边为出气管。燃气表只要铅封完好，外表无损伤，即可进行安装。

（1）民用燃气表：安装应在室内燃气管网压力试验合格后进行，安装在用户支管上，简称锁表。

根据锁表位置分高锁表、平锁表和低锁表。①高锁表：即把燃气表安装在燃气灶一侧的上方，其高度应便于查表人员读数。为防止使用燃气灶时，热烟熏烤燃气表，影响计量精确度，燃气表与燃气灶之间应保持不小于 0.3m 的净距，表背面应距墙面不小于 0.1m，表底一般设托架支撑。管网压力试验后，把表位的连通管拆下，然后安装燃气表。对于单管式燃气表，其进出口三通可作为压力试验时的连通管，安装时，用三通口下端的锁紧螺母把燃气表锁紧即可。对于双管式燃气表，一般用鸭颈形接头上的紧螺母把燃气表锁紧，鸭颈形表接头可调整表进出管间距的安装误差。②平锁表：即把燃气表安装在燃气灶的一侧，用户支管、灶具支管和灶具连接管均为水平管。燃气表可用支架托住，或用砖块垫起一定的高度。③低锁表：即把燃气表安装在燃气灶的灶台板下方，表底应垫起 50mm。表的出口与灶的连接均为垂直连接，而表的进口应根据具体情况采用水平连接或垂直连接。

（2）公用膜式燃气表：尽量安装在单独的房间内，温度不低于 5℃，通风良好，安装位置应便于查表和检修。燃气表距烟囱、电器、燃气用具和热水锅炉等设备应有一定的安全距离，引入管安装固定后即可进行公用燃气表的安装。公用燃气表一般均坐落在地面砌筑的砖台上，也可以用型钢焊制表支架，如图 2-122 所示，砖台或支架的高度应视燃气表的安装高度确定，原则上应方便查表读数和表前后控制阀的启闭操作。数台燃气表并联时，表壳之间的净距不应小于 1.0m。

2. 罗茨式燃气表：工作压力较高，额定流量较大，多为中压工业燃气用户所使用。罗茨表一般安装在立管上，按表壳上的垂直箭头方向，进口在上方，出口在下方。罗茨表的正面应朝向明亮处。罗茨表可以一台单独安装，也可以数台并联安装，而且都应设置旁通管，旁通管和进、出口管上都应设阀门。如图 2-123 所示罗茨表进出口管道中心距一般为 1.0～1.2m，数台表并联安装时，其中心距为 1.2～1.5m。

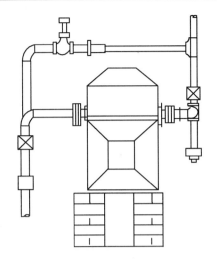

图 2-122 燃气表安装示意

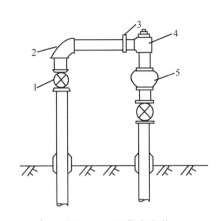

图 2-123 罗茨表安装

1—闸阀；2—弯头；3—法兰；4—丝堵；5—罗茨表

第9.7.7条 燃气加热设备、灶具等按不同用途规定型号，分别以"台"为计量单位。

[应用释义] 灶具：可分为民用灶具和公用灶具两大类。

1. 民用灶具：又称家用燃气用具，是指居民家庭使用燃气制作食品、热水及采暖时的用具。主要的家用燃气用具有家用灶、热水器、烤箱灶、燃气饭煲、燃气火锅、燃气灯、燃气辐射器等。这些产品结构简单实用，外形美观大方、操作灵活方便、污染少、耗能低、价格适中，可选范围大，为广大燃气用户所接受。

（1）家用灶：家用燃气灶是指居民家庭用燃气蒸、炸、煮、炒、馏等方法制作食品的燃具，种类很多。按使用燃气种类可分为人工燃气灶、天然气灶、液化石油气灶和沼气灶；按火眼数和功能可分为单眼灶、双眼灶和多眼灶等；按结构可分为台式灶和落地式灶；按灶面材料和灶面板表面处理方式可分为不锈钢灶、搪瓷灶和铸铁灶。

家用灶由四个部分组成：燃烧系统、供气系统、辅助系统、点火系统。燃气通过配气管至燃气阀、燃气阀开启后燃气从喷嘴流出，进入引射器，靠燃气自身的能量从一次空气口吸入空气，在引射器的混合段进行两种气体的充分混合，再经扩压管和燃气器头部，自火孔流出，遇点火源后进行燃烧。燃烧产生的热量加热了放在锅支架上的容器，用户便可烹调各种食品。带有烘烤器的燃具是燃气经配气管、燃气阀、引射器、头部、火孔燃烧后所产生的烟气直接与食物接触，通过辐射和对流方式加工食品。

灶具中的燃烧器是最重要的部件，它的作用是稳定、安全、高效地燃烧燃气。家用灶一般采用大气式燃烧器，其材质是铸铁或黄铜。灶眼燃烧器的头部一般均为圆形、火盖式。

火孔形式有圆形、梯形、方形、缝隙形。供气系统包括燃气阀和输气管。它的作用是控制燃气通路的关与闭，要求经久耐用，密封性能可靠，其材质一般为铝合金或黄铜。输气管一般用紫铜管等材料制成。辅助系统有框架、灶面、锅支架等。

框架选材有铸铁、钢板。锅支架中，一种有三个支爪，每个支爪可120°角上下翻动，一种是整个支架整体翻转，一面放平底锅，一面放尖底锅。

点火系统，包括点火器和点火燃烧器。常用的还有压电陶瓷火花点火和电脉冲火花点火。

灶具型号的编制由四个部分组成：代号、燃气种类、火眼数、改型序号。代号用汉语拼音字母表示为JZ。燃气种类分别为汉语拼音字母表示：R——人工燃气；T——天然气；Y——液化石油气；Z——沼气。火眼数用阿拉伯数字1、2、3……表示。改型序号用阿拉伯数字1、2、3……表示。燃具是国家强制检定产品。

（2）燃气烤箱灶：是家庭、公寓和小型食堂使用的一种燃气加热设备，除具有蒸煮、烹、炸、炒等功能又具有烘烤性能，可以制作各种中、西餐主食，烹制、烘烤各种菜肴及肉类食品。

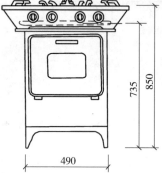

图 2-124　三火眼烤箱灶

烤箱灶主要由输气系统、烹调灶眼、烤箱和点火部件组成。一般燃气烤箱灶上都有2～4个火眼，各火眼热强度不同。灶的下部设烤箱，灶的外壳及主要部件均以搪瓷、烤漆或电镀处理，不同厂家具有不同的外形及尺寸。如图 2-124 所示为三火眼烤箱灶。常用的烤箱灶有落地式和台式两种。烤箱部分的工作原理：对于直接加热式烤箱，点燃燃烧器后，高温烟气首先将烤箱底部的辐射板加热，然后流入烘烤箱的空间内，以对流传热方式对食品加热。下部的辐射板以辐射传热方式对食品加热。经过热交换后的低温烟气流经烤箱的烟道排出箱体，为了使烘烤室内的温度场均匀，有的在烘室的上部设置一个热负荷较小的红外线辐射器，使食品上下受热均匀。间接加热式烤箱，高温烟气不进入烘烤室内，而是通过烘烤室的热交换器，将热量传给热交换器，利用热交换器的辐射传热方式对食品加热，由热交换器排出的烟气经烟道排出箱体外。烤箱内的温度调节是通过燃烧器的旋钮和恒温器的旋钮进行控制。特点是用途广泛，具有家用灶和燃气烤箱的双重功能，包括用于烹制各类菜肴和中、西式食品。控制部件设置齐全，造型美观，既能满足性能优良、结构合理、功能齐全的要求，又达到造型美观、大方之目的。

（3）燃气红外线辐射器。燃气采暖方式大致分为三种：热水采暖、热风采暖和红外线辐射采暖，燃气红外线辐射采暖以其体积小、价格低、热效率高，使用灵活方便等优点而被广泛采用。燃气红外线辐射器按燃气种类可分为液化石油气辐射器、人工燃气辐射器、天然气辐射器、沼气辐射器；按燃气压力可分为低压燃气辐射器和中压燃气辐射器；按燃气和空气的混合方式可分为引射式辐射器、扩散式辐射器和鼓风式辐射器；按红外线波长可分为近红外线辐射器和远红外线辐射器，近红外线辐射器的表面热强度较高，一般在 $38～63kJ/（cm^2 \cdot h）$，其红外线波长以 $2～6\mu m$ 为主，辐射器表面的温度一般在 800～900℃，远红外线辐射器又称为低温催化 燃烧式辐射器，其表面热强度低，一般为 3.5～$10.5kJ（cm^2 \cdot h）$，辐射表面温度为 300～500℃，红外线波长以 $6～10\mu m$ 为主，其辐射能量约占 48％～62％；按辐射面的材质可分为金属网式辐射器、陶瓷板式辐射器、金属网—陶瓷板式辐射器和硅酸铝纤维板辐射器；按燃气的燃烧方式可分为表面燃烧和辐射管式两种，表面燃烧式包括陶瓷板式、金属网式、混合式及催化燃烧式。

红外线辐射器的结构主要由燃气喷嘴、引射器、外壳体、反射罩和燃气分流板组成，各种样式所不同的是在于燃烧板的材质不一样。金属网式是在燃烧部位设置了两层或多层金属网，其材质是铁铬铝、内网的丝径为个 $\phi0.213\sim\phi0.35mm$，网眼的目数为 44～22 目 $/in^2$，为防止回火，使用焦炉煤气、油制气、发生炉煤气的辐射器一般采用 44 目 $/in^2$ 的内网。外网是采用丝径为 $\phi0.8\sim\phi1.0mm$，数目为 10～8 目 $/in^2$ 的铁铬铝网。内径与外径的距离为 8～10mm，金属网红外线辐射器结构较简单。多孔陶瓷板式辐射器的辐射板是用耐高温，并能经受剧烈温度变化的耐火黏土加水泥或长石粉加石棉灰制成的。其孔径因使用的燃气而异，人工燃气，发生炉煤气的陶瓷板孔径为 $\phi0.85\sim\phi0.90$，液化石油气、天然气陶瓷板孔径为 $\phi1.0\sim\phi1.2$。辐射器的陶瓷板数目根据热负荷的大小而定，一般为 4块、6 块和 8 块。每块陶瓷板之间使用与板材配方相同的粉料拌以水玻璃等粘结剂粘接。

红外线辐射器特点为：采暖效果好，热效率高；辐射器的结构简单，节省金属，节约能耗；燃气燃烧完全，燃烧产物中的一氧化碳等有害物质低，可以减少对环境的污染；辐射器的体积小，占地面积少，可以根据需要安放或移动辐射器位置，使用灵活方便；辐射器燃烧稳定，抗风性能强，适用范围广；辐射器表面无火焰，使用安全。

（4）燃气饭煲：是近年来研制出来的家用炊具，它虽不如灶具使用范围广泛，但以其专用化程度高、效果佳而在燃具市场上独树一帜，可用于煮饭等。按适用燃气种类可分为人工燃气、天然气、液化石油气、沼气和通用型饭煲；按用途可分为专用型和兼用型两种；按保温性能可分为保温和无保温的两种。饭煲的结构包括燃烧系统、配气系统、点火系统、自动熄火系统和锅体部分。从整体上讲整个饭煲分上下两层，上层为锅、下层为灶。饭煲的工作过程：打开燃气阀门，同时自动熄火装置进入工作状态，燃气通过配气管和阀门，一路经喷嘴、引射器至主燃烧器头部；另一路径输气管将常明火或点火燃烧器点燃后，主燃烧器也点燃，饭煲即进入使用状态。特点是：灶、锅合一，加热系统与受热系统结合在一起，形成一个整体；能够达到要求后自动熄火，不用操作者随时在旁边观察；热效率高、燃烧安全。饭煲的加热形式与民用灶极为近似，热效率一般在 55％以上，是一般煤炉的 3.5 倍，且燃烧炉膛处于较封闭状态，热量损失相对减少，热效率高，燃烧安全，减少了环境污染又节省了能源；自动化程度高；美观、卫生、易清扫；一机多用。

2. 公用燃气用具：又称为大型燃气用具，是指宾馆、饭店、餐馆、企事业单位等烧水、烹制中西式菜肴，制作中西式主食和餐具消毒用的燃气设备，其中包括炒菜，灶、大锅灶、饼炉、沸水器等。

（1）炒菜灶按使用燃气种类可分为人工燃气炒菜灶、天然气炒菜灶、液化石油气炒菜灶和沼气炒菜灶等。按炒菜灶的火眼数量可分为单眼炒菜灶、双眼炒菜灶、三眼炒菜灶和多眼炒菜灶等；按排烟方式可分为直接排烟式炒菜灶和带烟道式炒菜灶。

炒菜灶由燃气供应系统、灶体和炉膛等几大部分组成。燃气供应系统包括进气管、燃气阀、主燃烧器、常明火和自动点火装置等。灶体包括灶架、围板、灶面板等。炉膛包括灶膛、锅支架和烟道等。对于单眼、双眼和多眼炒菜灶的结构基本与三眼炒菜灶相同，只是灶眼数目和燃烧器的负荷不同。一般炒菜灶设主火、次火和子火。主火燃烧器热负荷大，火力集中，作爆炒用，同时也能满足炸、煎、煸、熘等用途。子火燃烧器热负荷较小，用作炖、煨鱼、肉类或高汤。二眼以上的炒菜灶可设次火，其热负荷介于主火和子火之间，当菜量不大时，也能满足中餐炒菜、爆、炸等功能，也可用作炖、煨等。一般二眼灶设一个主火、一个子火或一个主火、一个次火；三眼灶设两个主火、一个子火或一个主火、一个次火、一个子火；四眼灶设两个主火，一个次火一个子火或两个主火、两个子火。其他依次类推，一般来说主火灶眼使用 $\phi400\sim\phi500$ 的煽锅，也可使用 $\phi300\sim\phi320$ 的炒勺；次火灶眼的使用 $\phi300\sim\phi320$ 的炒勺为主；子火使用平底锅。主火的热负荷以 $20\sim40kW$ 为佳，国家标准规定炒菜灶燃烧器的热负荷系列为 $7kW$、$14kW$、$21kW$、$28kW$、$35kW$、$42kW$，次火的热负荷为 $14kW$ 左右，子火的热负荷一般为 $8\sim10kW$。

炒菜灶的燃烧器基本上都采用大气式燃烧器。适用于炒菜灶的大气式燃烧器头部主要有三种，即多喷嘴立管式燃烧器、多火孔式燃烧器、缝隙形大气式燃烧器。还有一种鼓风式炒菜灶，燃烧时所需的空气全部由鼓风机强制送入。其优点是热负荷大、热强度高、火力集中。适用于大型宾馆及饭店，但噪声很大，目前用此种灶的不多。

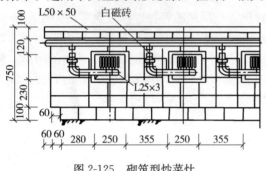

图 2-125　砌筑型炒菜灶

炒菜灶的工作原理：打开燃气管路上的燃气总阀后，带自动点火装置的，先启动点火装置点燃常明火或立火燃烧器。无自动点火装置时，则光点燃点火棒。打开所需要使用灶眼的燃气阀，燃气喷嘴向引射器的入口喷射燃气流，吸入燃烧所需要的 $40\%\sim80\%$ 的空气。燃气与空气在引射器内均匀混合后流入燃烧器头部，在出火孔处被点燃。在燃烧过程中从周围大气中吸入所需要的其余空气量，火焰直接对炒菜锅等加热，炒菜灶的结构如图 2-125 所示。

（2）炊用燃筷大锅灶：又称蒸锅灶，以下简称大锅灶，是中餐厨房中必不可少的燃气用具之一，它既能满足蒸、煮主副食，又能烧炒菜肴、油炸食品、烧制汤水等，它兼有蒸煮灶、蒸箱、炸锅灶、炒菜灶的功能、用途广，操作方便，适用于工厂、企业、机关、学校、旅馆和饭店等。

大锅灶可分为以下几种：按燃气种类，分为人工燃气大锅灶、天然气大锅灶、液化石油气大锅灶和沼气大锅灶；按供风方式分为自然引风式锅灶，强制鼓风式燃烧大锅灶；按燃烧方式分为扩散燃烧式大锅灶、大气式燃烧大锅灶、无焰式燃烧大锅灶、平焰燃烧大锅灶；按灶的结构形式分为金属结构组装式大锅灶和砖砌式大锅灶；按排烟方式分为间接排烟式大锅灶和烟道排烟式大锅灶。大锅灶还可按锅的公称直径、用途等分类。

大锅灶由灶体、燃烧器、锅、烟囱、供气系统等部分组成。高档大锅灶还包括自动点火及安全装置。选择大锅灶的时候要根据用户性质、使用范围、用途、就餐人数、使用场合、经济条件综合考虑。安装大锅灶的厨房高度不低于 2.8m，而且通风、换气良好。大锅灶最大热负荷约 80kW，每小时需要空气 $70m^3$。

（3）燃气蒸箱：以下简称蒸箱，是一种箱式或柜式大型炊事燃气用具。其特点是将灶，锅和盛放热食品的抽屉等组装在一个箱内，蒸箱内设有蒸制食品的成套设施，具有独立完成蒸制食品的功能，适用于工厂、企业、机关、学校、旅馆、饭店等。蒸箱可用作蒸制米、面等多种主食和鸡、鸭、鱼、肉等副食，还可用于餐具消毒。具有安装简单，操作方便，外形美观、节省燃气等特点。

蒸箱可按以下几种方法分类：按燃气种类分为人工燃气蒸箱、天然气蒸箱、液化石油气蒸箱和沼气蒸箱；按排气方式有直接排烟式蒸箱，它是燃烧后的烟气排放在室内，然后由排烟装置将室内气体排送至室外。还有烟道排烟式蒸箱，将烟气由烟道直接排送到室外,可以靠自燃抽力,也可采用机械抽风;按用锅形式可分为平底锅蒸箱、成型锅蒸箱、小型锅蒸箱。平底锅蒸箱用的锅底是平的,形状可长、可方,由蒸箱要求而异。成型锅蒸箱用的成型锅的锅底一般是通过专用成型设备加工成一定的形状如波纹形、弧形等。小型锅炉蒸箱的热源是用一个小型燃气锅炉产生蒸汽,而不是普通敞口大锅;按燃烧方式及加热方式可分为大气式燃烧蒸箱、无焰式燃烧蒸箱、火管式燃烧蒸箱和余热利用式蒸箱。按单台蒸箱一次加工干面粉量可分为20kg、40kg、80kg、100kg系列。还可按照蒸箱容积、门的数量或箱内格室的多少等分类,如单开门、双开门、三开门或一格式、二格式等等。

蒸箱的品种规格很多,结构形式多样,基本上由灶体、箱体、排烟装置、供气系统、安全装置等组成。蒸箱用锅有平底锅、成型锅、小型锅炉等,采用较多的为平底锅,平底锅结构比较简单。小锅炉内设列管,当加热列管时,管内水受热沸腾,产生蒸汽,进入蒸箱。为了保证安全,防止干锅、爆炸等事故,蒸箱上应设有自动点火装置、熄火保护装置、自动补水装置、自动计时装置。蒸箱的热负荷为30～150kW之间,蒸馒头比较费火,要保证在30min内蒸熟。因此单独用来蒸菜的蒸箱应适当增大负荷。

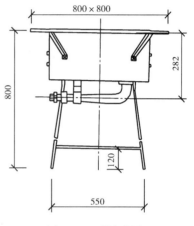

图 2-126 燃气饼炉

(4)燃气饼炉:是我国中餐饭馆及食堂烙、煎面食必不可少的一种燃气用具,它适合制备各种传统风味的面食,如大饼、馅饼等。如图2-126所示为钢板结构的饼炉,也可现场砌筑。

按使用燃气的不同,可分为人工燃气饼炉、天然气饼炉、液化石油气饼炉和沼气饼炉。根据火眼数目可分为单眼饼炉和双眼饼炉。按炉体材料及制作方法又可分为金属饼炉和砖砌体饼炉。

饼炉主要由燃气供应系统、炉体飞排烟系统等组成。双眼饼炉的结构与单眼基本相同,只是多一个放置饼铛的灶眼。为了充分利用烟气的热能,有的饼炉膛设有三层,一、二层走热烟气,外层充填硅酸铝纤维保温。为了提高热能利用率及使饼铛表面温度均匀,有的饼炉在燃烧器上部设一均温网,以减少火焰对饼铛的直接热辐射,增加炉膛中间部位的热烟气直接向上流动的阻力,使饼铛底部受热均匀,并增加均温网对饼铛的热辐射。饼炉每个灶眼的热负荷为10～16kW。饼炉燃烧器一般采用大气式燃烧器。

(5)燃气炸锅灶:是一种大型油炸食品的燃气用具。用作炸制点心、油条、鸡等多种食品,用途广、操作方便,它适用于工矿企业、机关等。

按使用燃气种类的不同可分为人工燃气炸锅灶、天然气炸锅灶和液化石油气炸锅灶。液化石油气炸锅灶又分为丁烷气炸锅灶和丙烷气炸锅灶。按燃烧方式可分为大气式燃烧炸锅灶、鼓风式燃烧炸锅灶、脉冲式燃烧炸锅灶、红外线辐射加热炸锅灶;按炸锅的形式可分为尖底锅炸锅灶、成型锅炸锅灶。成型锅炸锅灶又分为带油槽的和不带油槽的炸锅灶;根据油槽的形状可分为"U"型单槽式炸锅灶和倒"U"型双槽式炸锅灶及棱柱形炸锅灶;按油炸方式可分为敞开式炸锅灶和密闭式炸锅灶;按排烟式可分为直接排烟式炸锅灶和烟道排烟式炸锅灶。热负荷大于80kW的炸锅灶,必须采用烟道排烟方式。按安装位置可分为壁挂式炸锅灶、落地式炸锅灶。

炸锅灶主要由架子、锅、燃烧器、油路系统、控制系统、食用油输送系统组成。炸锅灶用锅有尖底火锅、平底锅和带油沉淀槽的锅三种。炸锅灶是一种炸制食品的专用燃气设备。油温可调，炸制食品范围广，是油炸食品行业较理想的设备之一。炸锅灶有冷、热区之分，同时有排渣装置、滚油装置。炸锅灶造型美观大方，操作方便，便于清洁。由于结构比较复杂，目前价格较贵。

（6）燃气沸水器：是供应开水或温开水的燃气用具。一般供公共建筑用或商业设施用。小型沸水器也适用于家庭。

按使用燃气的种类可分为人工燃气沸水炉、天然气沸水炉、液化石油气沸水炉和沼气沸水炉；按设置方式可分为壁挂式沸水炉和座型沸水炉。壁挂式沸水炉为挂在墙上使用的小型沸水炉，一般热负荷不大于 20kW。座型沸水炉为安放在台面或地板上使用的沸水炉，沸水产率较大，热负荷大于 12kW。按排气方式可分为直接排气式沸水炉、烟道排气式沸水炉和平衡式沸水炉。直接排气式沸水炉运行时燃烧所需的空气取自室内，烟气也排至室内，一般为小型的沸水炉。烟气排放式沸水炉运行时燃烧所需的空气取自室内，烟气通过排气筒排至室外，可自然排出，也可用机械强制排出。平衡式沸水器运行时燃烧所需的空气取自室外，燃烧后的废气也排至室外，可自然排出，也可用机械强制排出。它的燃烧系统与室内隔开，运行时很安全，结构较复杂。按控制方法可分为容积式沸水器和连续式沸水器。沸水器主要由水路系统、燃气供给系统、热交换系统和安全自动控制系统等四部分组成。一般小型沸水器炉壁为单层，这样结构比较简单、重量轻，但热损失较大，且保温性能差，停火后沸水温度下降快。一般大型沸水器炉体均设保温层，加保温层后沸水存放约 4h，水温仍能维持在 77℃。

沸水器的燃烧器一般采用大气式燃烧器，以直管式为多，且有多个组合而成，这样便于加工。沸水器的热负荷随容积与沸水产率而异，一般为 8～60kW，容积为 20L 的容积式沸水器及沸水产率为 50L/h 的连续式沸水器热负荷为 8kW 以下。容积为 300L 的容积式沸水器及沸水产率为 410L/h 的连续式沸水器的热负荷为 60kW 以下。

沸水器的换热器有火管式、水管式、板箱式等多种，一般来说异形板箱式换热器的换热效果较好。

沸水器有以下特点：体积小、沸水产率大、热效率高；连续式沸水器与自动控制容积式沸水器均能连续不断地供应沸水；体积小的沸水炉可顶替大容积炉子使用，可节省投资和燃料；一般燃气沸水炉都具有自动点火、水温自动控制、进水以及水位自动控制等装置，可减轻操作人员的劳动强度；现代先进的沸水炉都有自动熄火保护装置，使用安全可靠，一般燃气沸水器均为敞开式结构，维修与清洗水垢方便，安装也方便；燃气沸水器重量轻、规格型号多，选择的灵活性大。

（7）燃气消毒柜：是一种供公共建筑和商业设施用的消毒设备。适用于机关、学校、宾馆、部队等单位的食堂，大中型宾馆客房，消毒效果好，操作方便、造型美观。消毒的器具有消毒柜、消毒箱、消毒锅等多种。消毒器的工作介质一般分为开水和蒸汽两种。消毒的效果与消毒的温度、消毒介质和消毒时间密切相关。据有关资料介绍，大肠杆菌、葡萄球菌在 100℃开水中 30min 内被杀死，在 100℃蒸汽中很快被杀死。而病毒病菌要在 1.5～2.0h 以上杀死，在 120℃蒸汽中乙肝病毒在 20min 内被杀死。时间长则效果好。燃气消毒箱的分类与燃气蒸箱相同。目前国产的燃气消毒箱有 MXD-R 型、MXD-T 型、

MXD-Y 型燃气消毒箱。

燃气加热设备：主要是指燃气热水器。可为家庭炊事、各种洗涤、洗澡等提供温度适宜的热水，也可用于用水量少，而使用次数频繁的小型公用事业用户，如化验室、医务室、理发室等。

热水器分类如下：按使用燃气的种类可分为人工燃气热水器、天然气热水器、液化石油气热水器、沼气热水器和通用型热水器；按结构形式可分为容积式热水器和快速热水器。容积式热水器的贮水筒体分为开放式和封闭式两种。开放式热水器在大气压下把水加热，其热损失较大，但易清除水垢。封闭式热水器能承受一定的蒸汽压力，其热损失较小，筒体壁厚，不易清除水垢。一般居民生活用户采用直流式快速热水器，即水流经过热水器后迅速被加热至温度为 40~60℃，适用于浴用或洗涤，水温可按需要自行调节。热水器按控制水温的方法可分为前置式（设冷水进口控制阀）和后制式（冷水进口和热出口均设控制阀）。快速热水器能快速、连续供给热水。按排气方式可分为直接排气式热水器、烟道排气式热水器和平衡式热水器。直接排气式热水器运行时燃烧所需要空气直接取自室内，燃烧后废气也排至室内，这种热水器容易污染空气，因此都是小型的，国家标准规定，其热负荷不大于 11.6kW。烟道或排气式热水器运行时燃烧所需的空气取自室内，燃烧后的烟气通过烟道排至室外。平衡式热水器运行时燃烧所需的空气取自室外，燃烧后的废气通过烟道也排至室外，整个燃烧系统与室内隔开；国家规定，当热水器的额定热负荷大于 41.86MJ/h 时，必须安装烟道排气式或平衡式，按控制方式可分为前制式热水器和后制式热水器。前制式热水器的运行是用装在冷水进口处的冷水阀进行控制，热水出口端为自由放水，不得设置阀片、后制式热水器的运行可以用装在冷水进口处的冷水阀，也可以用装在热水出口处的热水阀进行控制；按供水压力可分为低压热水器，中压热水器和高压热水器。低压热水器的供水压力不大于 0.4MPa，中压热水器的供水压力不大于 1.0MPa，高压热水器的供水压力不大于 1.6MPa。

任何种类的热水器都由以下五部分组成：水供应系统、燃气供应系统、热交换系统、烟气排除系统和安全控制系统。由于快速热水器比容积式热水器具有体积小，升温快、使用方便等优点，目前国内生产的家用热水器基本上都是快速热水器。快速热水器的水温调节是靠热水阀或燃气阀的开度大小来实现的，它的调节范围极小，当关小时，由于没有定位而易于熄火。根据国家标准规定，我国快速热水器的额定热水产率（在燃气额定压力及 0.1MPa 水压下，冷水流过热水器温升 $\Delta t = 25$℃时，每分钟流出的热水量）系列为：4L/min、5L/min、6L/min、8L/min、10L/min、12L/min、16L/min、20L/min。其相应的热负荷为 10~70kW。目前国内用得最多的快速热水器的额定热水产率为 5L/min，热负荷为 10~12kW。

热水器的安全是一个十分重要的问题，由于热负荷较大，一旦发生漏气，引起爆炸，会危及人民的生命财产。常见的热水器安全保护装置有：

熄火保护装置：目前热水器上最常用的是热电偶电磁阀式熄火保护装置，此外还有双金属机械式熄火保护安全装置及火焰棒式熄火保护安全装置；

缺氧保护装置：如果安装热水器的房间通风不良，室内空气中氧含量降低至 17%~19%时，缺氧保护装置可自动切断燃气供应，使热水器停止运行，避免室内空气中氧含量继续降低时造成事故。热水器上常用的缺氧保护装置是在熄火保护装置回路中串接一个反向热电偶；

过压保护装置：当意外原因造成热水器给水压力过高时，过压保护装置即会自动减压，保护热水器及使用者的安全；

过热保护装置：当热水器的热交换器的温度过高时，关闭燃气通路，起到停止热水器工作的作用，它一般装在浴盆或大型热水器上。这些防过热保护装置都是和点火燃烧器安全装置组合起来使用，当检测出温度异常时，就切断防过热保护装置开关，同时切断点火器安全装置的回路，使点火燃烧器及主燃烧器都熄火。过热保护装置一般有三种类型，双金属片式、液体膨胀式和易熔金属式，易熔金属采用铋、铅、锡的合金，熔点为 60～180℃。无论哪一种，其原理都是检测高温后，将其作为切断接点的电气开关使用。

快速热水器的特点为：体积小、热水产量大；水温调节方便，可满足家庭多种用途，用户可根据需要随意调节热水温度，同一热水器接上三通，即可将热水管通人厨房，满足洗净用热水，又可通入浴室。对于热水产率为 5L/min 的热水器，水量偏小，厨房与浴室不能同时使用；容易安装，对于直接排气式热水器，只要牢固地悬挂在墙上，接通燃气和自来水即可使用，工程量不大。对于烟道排气式热水器及平衡式热水器，需要安装烟道和进排气管，比较麻烦些；使用安全可靠，热水器烟气中的一氧化碳含量低，经检验合格的热水器，并按规定要求安装的，就能保证在使用中安全可靠。

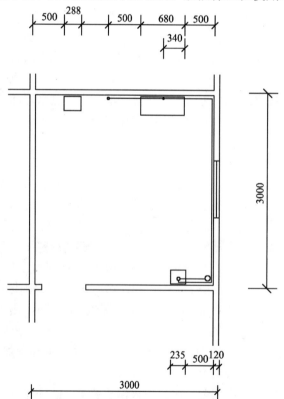

图 2-127　某单元房室内燃气管道平面布置图

为了满足不同家庭用户的需要并确保安全，选择快速热水器有一定的选择原则：要根据家庭用户所使用的燃气种类选型，一般一种热水器只适用于一种燃气；要根据家庭对热水的用途、用热水量的多少、浴室或厨房的面积、经济情况等综合考虑。对于要求热水来得快，用水量大，但对水温又没有严格要求的用户，宜选用快速热水器，对热水用量大，且对水温有严格要求的用户，宜选用容积式热水器。烟道排气式及平衡式热水器安全可靠，但价格较贵，安装也较复杂，用户应根据厨房或浴室的条件来选型。所选用的热水器燃气耗量应与燃气计量表范围和管道的直径相适应，如一般计量表的通过能力为 2～3m³/h，液化石油气减压阀为 0.6m³/h，当需选用大型热水器时，应取得当地燃气管理部门的同意，并需要更换相应的设备。

【例】　某单元房一室内燃气管道平面布置图与安装示意图如图 2-127、图 2-128 所示。室内燃气支管均采用镀锌钢管，其连接方式为螺纹连接，规格都为 DN15。用户所采用灶具为 JZJ2-1 家用天然气灶，其外形尺寸为长×宽×高＝680mm×360mm×130mm；所采用燃气表为 JBR-3 型燃气表，其外形尺寸为长×宽×高＝235mm×212mm×358mm；所采用热水器为 ST-5 型燃气快速热水器，其外形尺寸为长×宽×厚＝407mm×288mm×220mm。室内阀门均为 XBT-10 型内螺纹旋塞阀，其规格为 DN15。图中燃气立管中心线距墙面为 80mm，燃气支管距墙面为 30mm。试计算该单元房用户室内燃气支管及设备安装工程量。

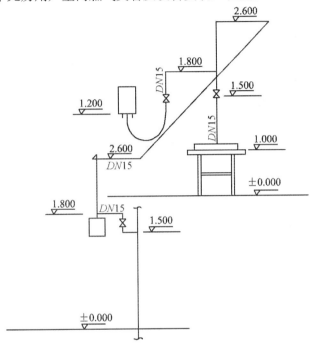

图 2-128　某单元房室内燃气管道安装示意图

【解】　（1）室内镀锌钢管（螺纹连接）安装 DN15　　　　　定额编号：8-589

定额包括工作内容：打堵洞眼、切管、套丝、上零件、调直、栽管卡及钩钉、管道及管件安装、气压试验。

计量单位：10m

室内镀锌钢管 DN15 长度：

$$\left[\left(\underset{④}{\underset{①}{0.5}+\underset{②}{0.235/2}-\underset{③}{0.08}}\right)+\underset{⑥}{(0.5+0.235/2-\underset{⑤}{0.03})}+\underset{⑨}{(3\underset{⑦}{.0}-0\underset{⑧}{.0}24-0\underset{⑬}{.03\times2})}+\underset{⑭}{(0.5+0.68+0.5-0.03)}\right.$$

$$\left.+\left[\underset{⑰}{\underset{⑮}{(2.6-1.5)}+\underset{⑯}{(2.6-1.8)}}+\underset{⑲}{\underset{⑱}{(1.8-1.5)}}\times\underset{⑳㉒}{\underset{㉑}{2}}\right]\right]m$$

式中

第一个中括号内为支管水平管长；

第二个中括号内为支管的竖直管长；

①为燃气表一侧距外墙内墙面的距离；②为燃气表进出口距燃气表侧面的距离；

③为燃气立管距墙面的距离；④为进燃气表支管水平横管长；

⑤为燃气支管距墙面的距离；⑥为出燃气表的水平横管长；

⑦为房间的宽度；⑧为一墙厚；

⑨为安装外墙内墙面上的水平纵管长；⑩为灶具一侧距外墙内墙面的距离；

⑪为灶具的长度；⑫接向热水器的竖直管距灶具另一侧的距离；

⑬接向灶具和热水器的水平横管长；⑭燃气立管中心线与燃气支管中心线间的距离；

⑮燃气立管绕墙安装高度；⑯支管与立管接口处高度；

⑰接出燃气表的竖直管长；⑱接入热水器的水平管高度；

⑲标高差管分支处竖直管长；⑳灶具控制阀旋塞阀高度；

㉑分支处与旋塞阀门的竖直管长

㉒由分支处接向灶具旋塞阀与接向热水器旋塞阀的竖直距离是相等的。

故：室内镀锌钢管长度为 5.525m＋2.5m＝8.025m

所以室内燃气支管安装工程量为：$\underline{8.025}/\underline{10}=0.8025$

$$a \qquad b$$

其中 a 为室内燃气支管长度；b 为计量单位。

（2）燃气表　民用燃气表安装

JBR-3 型燃气表　　　　　　　　　　　　定额编号：8-624

定额包括工作内容：连接接表材料、燃气表安装。

计量单位：块

工程量：1/1＝1

（3）燃气加热设备安装　　快速热水器

ST-5 型快速热水器　　　　　　　　　　定额编号：8-645

定额包括工作内容：快速热水器安装、通气、通水、试水、调试风门

计量单位：台

工程量：1/1＝1

（4）民用灶具　　天然气灶具安装

JZTZ-1 家用天然气灶具　　　　　　　　定额编号：8-658

定额包括工作内容：灶具安装、通风、试水、调风门。

计量单位：台

工程量：1/1＝1

（5）阀门安装　　螺纹阀

XBT-10 型内螺纹旋塞阀 $DN15$　　　　　定额编号：8-241

定额包括工作内容：切管、套丝、制垫、上阀门、水压试验

计量单位：个

工程量：$(\underline{1}+\underline{1}+\underline{1})\ /\underline{1}=3$

　　　　　　① ② ③ ⑤

　　　　　　　　④

其中①为燃气进户切断阀个数；②为灶具开启切断阀；

　　③为热水器开启切断阀；④阀门总个数；

　　⑤为计量单位。

户内燃气管道、设备安装工程量汇总见表 2-42。

户内燃气管道、设备安装工程量　　　　　　表 2-42

序号	定额编号	项目名称	计量单位	工程量
1	8-589	室内镀锌钢管（螺纹连接）安装 DN15	10m	0.8025
2	8-624	燃气表民用燃表安装、JBR-3 型燃气表	块	1
3	8-645	燃气加热设备安装、快速热水器、ST-5 型快速热水器	台	1
4	8-658	民用灶具　天然气灶具安装　JZTZ-1 家用天然气灶具	台	1
5	8-241	阀门安装螺纹阀 XB-T 型内螺纹旋塞阀 DN15	个	3

清单工程量见表 2-43。

清单工程量计算表　　　　　　表 2-43

序号	项目编码	项目名称	项目特征描述	计量单位	工程量
1	031001001001	镀锌钢管	室内镀锌管螺纹连接 DN15	m	8.03
2	031007004001	燃气热水器	ST-5 型	台	1
3	031007006001	燃气灶具	JZTZ-1 型家用天然气灶具	台	1
4	031003001001	螺纹阀门	XBT-10 型内螺纹旋塞阀 DN15	个	3

第 9.7.8 条　气嘴安装按规格型号连接方式，分别以"个"为计量单位。

　［应用释义］　气嘴：是指各类炊具中，输气管端部分装置，控制燃气通路的关与闭等。安装时以"个"为计量单位。

第三节 定额应用释义

一、室外管道安装

1. 镀锌钢管（螺纹连接）

工作内容：切管、套丝、上零件、调直、管道及管件安装、气压试验。

定额编号　8-564～8-567 镀锌钢管　P215～P216

　［应用释义］　切管：见第一章管道安装第三节定额应用释义定额编号 8-1～8-11 镀锌钢管释义。

　套丝：见第一章管道安装第三节定额应用释义定额编号 8-87～8-97 镀锌钢管释义。

　调直：见第一章管道安装第三节定额应用释义定额编号 8-87～8-97 镀锌钢管释义。

　管道及管件安装：此处是指室内燃气管道、管件的安装。安装由几个程序完成。掌握燃气管网系统的燃气流程，各种管道的高程、位置和交叉物等情况。熟悉图纸，必须与现场勘察和设计交底配合，若出现图纸差错可及时纠正。

　放线打洞：放线是按设计图把构成管网的各部位，尤其是管件、阀门和管道穿越的准确位置标注在墙面或楼板上。打洞是利用手动工具或电钻、风镐等将穿越位置的墙洞或楼板洞钻透。孔洞直径略大于燃气管道或套管外径，不宜过大，否则难于修补。在打透孔洞后，按放线位置准确地测量出管道的建筑长度，并绘制管网安装草图。所谓建筑长度是指

231

管道中各相邻管件的中心距离。

配管，是通过对管子进行加工把实测后绘制的安装草图中的各种不同形状和不同建筑长度的管段配置齐全，并在每一管段的一端配置相应的管件或阀门。室内燃气管道的安装顺序一般是按照燃气流程，从总立管开始，逐段安装连接，直至灶具支管末端的灶具控制阀。燃气表使用连通管临时接通。压力试验合格后，再把燃气表与灶具接入管网。

管子安装后，应牢固地固定于墙体上。对于水平管道可采用托勾或固定托卡，对于立管可采用立管卡或固定卡。托卡间距应保证最大挠度时不产生倒坡。立管卡一般每层楼设置一个。托卡与墙体的固定一般采用射钉，射钉是一种特制钢钉，利用射钉枪中弹药爆炸能量，将其直接射入墙体中。射钉是靠对墙体材料的挤压所产生的摩擦力而紧固的，所以不适用于承受振动荷载或冲击荷载的托卡固定。

螺纹接口填料的选用和调制对螺纹接口严密性是个关键。人工燃气道可使用铅油或厚白漆和亚麻作填料。天然气管道或液化石油气管道则采用耐油膏、聚四氯乙烯或聚四氟乙烯薄膜胶条作填料。活接头的密封垫应采用石棉橡胶板垫圈或耐油橡胶垫圈，垫圈表面薄而均匀地涂一层黄油，增强密封性能。

弯管机：是指管道煨弯等工序中所使用的机械。常用的有顶弯式弯管机、转动导轮式弯管机、火焰弯管机和中频弯管机等。

顶弯式弯管机他是具有胎具作用的两个定导轮作支点和一个带有弧形顶胎的顶棒作力点，利用液压带动顶棒运动，将管段压弯。常见的有 LWG$_2$-10B 型液压弯管机。转动导轮式弯管机是由一个具有胎具功能的可转动的导轮，在机械动力作用下带动管子随其一起转动而被弯曲。工程上根据弯管时是否使用芯具分为无芯冷弯弯管机和有芯冷弯弯管机两种。

火焰弯管机由四部分组成：加热与冷却装置，主要是火焰圈、氧气乙炔、冷却水系统等；传动机构，由电动机皮带轮、蜗杆蜗轮变速系统等部件组成；拉弯机构，由传动横臂、夹头、固定导轮等部件组成；操作系统，由电气控制系统、角度控制器、操纵台等部件组成。工作机理是对管子的弯曲部分进行以带状的形式加热至弯管温度，采取边加热、边煨弯、边冷却成形的方法，将管子弯曲成需要的角度。

中频电热弯管机由四部分组成：加热与冷却装置，主要为中频感应圈和冷水系统；传动结构，由发电机、变速箱、蜗杆蜗轮传动机构等部件组成；弯管机构，由导轮架、顶轮架、管子夹持器和纵、横向顶管机构等部件组成；操纵系统，由电气控制系统操纵台、角度控制器等部件组成。中频感应圈用矩形截面的紫铜管制作，管壁厚 2～3mm，与管子外表面保持 3mm 左右的间隙。

2. 钢管（焊接）

工作内容：切管、坡口、调直、弯管制作、对口、焊接、磨口、管道安装、气压实验。

定额编号　8-568～8-583 钢管　P217～P222

[应用释义]　坡口：见第一章管道安装第三节定额应用释义定额编号 8-189～8-200 碳钢法兰释义。

弯管制作：弯管是管道安装工程中应用较多的管件之一。其他的大部分管件都是在施工现场和管道加工厂制作的，除了冲压无缝弯头和冲压焊接弯头等两种规格不多的管件。

弯管制作的方法有冷弯法和热弯法。

（1）冷弯法：是管段在常温下进行弯曲加工的方法。他的特点是：无须加热，操作简便，生产效率高，成本较低，所以在施工安装中得到广泛的应用。但动力消耗大，有冷加工残余应力，限制了的应用范围。目前冷弯弯管机的最大弯管直径是φ219，根据弯管的驱动力分为人工弯管和机械弯管。

①人工弯管：是指借助简单的弯管机具，由手工操作进行弯管作业。利用弯管板煨弯，弯管板一般是用厚离 30～40mm、宽度 250～300mm、长度 1500mm 左右的硬质木板制作，在板上按照需要煨管的管子外径开设不同的圆孔。煨管时将管子插入孔中，加上套管作为杠杆，由人力操作压弯。这种煨弯方法，机具简单，操作方便，成本低。但耗费劳力，煨制管件不规范，适用于小管径（DN15～DN20）小角度的煨弯，常用于散热器连接支管来回弯的制作。利用手动弯管器煨弯：手动弯管器形式较多，它由钢夹套、固定导轮、活动导轮、夹管圈等部件构成。以固定导轮作胎具，通过杠杆作用，利用压紧导轮将管子沿胎具压弯。煨弯时，将管子插入两导轮之间，一端由夹管圈固定，然后扳动手柄，通过杠杆带动紧压导轮沿胎具转动，把管子压弯。

这种弯管方法的特点：弯管机构造简单、结构紧凑、携带方便、操作容易、煨制管件规范，但耗费体力大、工效较低、煨制不同规格的管子需换用不同的胎具，适用于煨制 DN15～DN25 规格的管道。

②机械弯管法：是根据人工弯管耗费体力大、工效低，对于管径难以实现人工弯管的条件下生产制造的弯管机械，品种规格繁多，根据驱动方式和弯曲原理分为顶弯式和导轮式两大类。

a. 顶弯式弯管机：它是用具有胎具作用的两个定导轮作支点，和一个带有弧形顶胎的顶棒作力点，利用液压带动顶棒运动，将管段压弯。顶弯式弯管机多设计为液压式驱动的弯管机械。常用的液压弯管机有 LWG_2-10B 型小型液压弯管机，以手动液压柱塞泵为动力，煨制 DN15～DN50 的管道，最大活塞行程 300mm。最大弯曲角度 90°

b. 转动导轮式弯管机：它是由一个具有胎具功能的可转动的导轮，在机械动力作用下带动管子随其一起转动而被弯曲。管子是在夹管圈和压紧滑块的约束条件下，贴附导轮随导轮一起运动的。根据这种原理生产制造的机械弯管机型式规格很多，工程上根据弯管时是否使用芯具分为无芯冷弯弯管机和有芯冷弯弯管机两种。

（a）无芯冷弯弯管机：指管段弯曲时既不灌砂也不加芯的弯管成形设备。如电动无芯冷弯弯管机，由机架、管模部件，紧管部件，蜗杆蜗轮结动部件，弯管电动机等部件构成。在 R＝4DN 的情况下，可煨制 DN50～DN100 的普通壁厚的碳素钢管。也可用于同规格的无缝管，有色金属管的弯曲成形。

（b）有芯冷弯弯管机：对于大直径的管道，采用冷弯工艺弯曲加工，不易保证弯曲段的断面变形要求，这种情况，可采用有芯冷弯弯管机进行弯曲加工。有芯弯管机配用的芯棒形式较多，施工现场常用的有两种，即匙式芯棒和球式芯棒。匙式芯棒适用于 DN75mm 以内的管段煨弯；球式芯棒用于较大管径的煨弯。各种芯棒的表面，都刻有定位标记，用来调节和控制在弯曲过程中与弯曲导轮的相对位置。不同的芯棒规格，安装位置有所不同，可查阅有关手册。为了获得较好的弯管质量，选用芯棒的直径尺寸应与管子内径相匹配。根据管子公称直径不同，芯棒直径比管子内径小于下列数值为宜：DN＝35

~50mm 时，取 0.5~1.0mm；$DN=50~200mm$ 时，取 1.0~1.5mm；$DN=200~300mm$ 时，取 1.5~3.0mm。有芯冷弯弯管机适用于煨制 $DN100~DN300mm$ 的管子，常用的规格为 $DN100~DN200$，再大的管径由于冷弯弯管功率较大，宜采用热弯工艺。

（2）热弯法：热弯曲是利用钢材加热后强度降低，塑性增加，从而可大大降低弯曲动力的特性。热弯弯管机适用于大管径弯曲加工，钢材最佳加热温度为 800~950℃，此温度下塑性便于弯曲加工，强度不受影响。与冷弯法相比，可大大节约动力消耗并提高工效几倍到十几倍。常用的热弯弯管机有火焰弯管机和可控硅中频弯管机两种。

①火焰弯管机：管子的环形加热带是借助于氧—乙炔环形喷嘴燃烧器加热而成。管子加热至 900℃ 开始煨弯，比后以加热、煨弯、喷水冷却三个工序同步、缓慢、连续进行。直至弯曲角度达到要求。火焰弯管机的关键部件是火焰圈，要求火焰圈燃烧的火焰均匀稳定，保持一定的加热宽度和加热速度。火焰圈，它是由没有氧—乙炔混合气体燃烧喷嘴和冷却水喷嘴的两个环状管组成。火焰喷嘴组成单排布置，孔径 0.5~0.6mm 孔间距为 3mm。冷却水嘴单排布置，孔径 1mm，孔间距为 8mm，喷射角 45°~60°，喷水圈与火焰圈结合为一体，冷却水喷嘴位于火焰喷嘴下侧，保障冷水圈对火焰圈的均匀冷却，使火焰稳定。加热带的宽窄与喷气孔与管壁的距离 α 有关，一般选用 α=10~14mm。火焰圈材料一般采用导热性能好，便于机械加工的 59 号黄铜或铝黄铜制作。

火焰弯管的特点：弯管质量好；弯曲半径 R 可以调节，产品的 R 可以标准化，管壁变形均匀，最小曲率半径 $R \geqslant 1.5D$，最大弯管直径可达 $\phi 426mm$；无须灌砂，大大减轻劳作强度和生产条件，生产工效高，成本低，且管件内壁清洁，不须处理；拖动功率小，机身体比冷弯机小，重量轻，便于施工移动装拆；由于晶间腐蚀问题，只适用于普通碳素钢管煨弯，不能用于不锈钢管的煨弯。

②中频弯管机：其结构可分为四个部分：加热与冷却装置，主要为中频感应圈和冷水系统；传动结构，由电动机、变速箱、蜗杆蜗轮传动机构等组成；弯管机构，由导轮架、顶轮架、管子夹持器和纵横向顶管机构等部件组成；操纵系统，由电气控制系统、操纵台、角度控制器等部件组成。中频弯管机的工作机理与火焰弯管机相同，只是加热装置用中频感应圈代替了火焰圈。中频感应圈的加热原理：感应圈内通人中频交流电，与感应圈对应处的管壁中产生相应的感应涡流电，由于管材电阻较大，使涡流电能转变为热能，把管壁加热为高温的"红带"。中频感应圈用矩形截面的紫铜管制作，管壁厚 2~3mm，与管子外表面保持 3mm 左右的间隙。感应圈的宽度关系着加热红带的宽度，随弯曲加工的管径而定，当管径为 $\phi 68~\phi 108mm$ 时，宽度为 12~13mm；当管径为 $\phi 133~\phi 219mm$ 时，宽度为 15mm。感应圈内通入冷却水，水孔直径 1mm，孔距 8mm，喷水角 45°。管段弯曲成形的加热、煨弯、冷却定型通过自控系统同步连续进行。中频弯管机设有半径角度规，用来测定管子的弯曲半径和弯曲角度。半径角度规由指针、本体、刻度盘、连杆、指标器等部件构成。

工作原理如下：指针、与半径角度规本体、绕轴转动时，在刻度盘上指示出管子的弯曲角度。连杆一端通过铰链，连接到固定于管子上的夹圈，另一端连接于指针，用来测定弯管半径 R 并把测定结果传到指示器显示出来。中频弯管机，除具备火焰弯管机的所有特点外，还根本改善了火焰弯管机火焰不稳定，加热不均匀的缺陷，并且用于不锈钢管的弯管加工。

焊接：见第一章管道安装第三节定额应用释义定额编号8-23～8-35钢管焊接释义。

气压试验：是指利用空气压缩机向燃气管道内充入压缩空气，借助空气压力来检验管道接口和材质的致密性的试验。根据检验目的又分强度试验和气密性试验。气压试验一般采用移动式空气压缩机供应压缩空气。压缩机的额定出口压力一般为最大强度试验压力的1.2倍，压缩机排气量的选择则与试验的充气时间有关。小型移动式空气压缩机一般为电力驱动，排气量0.6～0.9m³/min；大型空气压缩机有电动和柴油内燃机驱动两种，排气量为6～9m³/min。气压试验用的空气压缩机，其额定出口压力一般均选用0.7MPa即可满足城市烯气管道的施工要求。强度试验的空气压力一般采用弹簧压力表测定，而气密性试验则采用U型玻璃管压力计。管内压缩空气的温度可采用金属套管温度计测定。铸铁燃气管道末端应安装试压盖堵，临时性盖堵可采用承盘或插盘短管上紧法兰盖堵，若是永久性管盖可采用承堵或插堵管盖再加支撑。

（1）强度试验：就是用较高的空气压力来检验管道接口的致密性。试验压力视管道输气压力级制及管道材质而定。一般情况下，试验压力为设计输气压力的1.5倍。但钢管不得低于0.3MPa，塑料管不得低于0.1MPa，铸铁管不得低于0.05MPa。当压力达到规定值后，应稳压一小时，然后用肥皂水对管道接口进行检查，全部接口均无漏气现象认为合格，若有漏气处，可放气后进行修理，修理后再次试验，直至合格。强度试验布接口安装完成后即可进行。燃气管道的强度试验长度一般不超过一公里。

（2）气密性试验：就是燃气管道在还处于输气条件下用空气压力来检验管材和接口的致密性。因此，气密性试验需在燃气管道全部安装完成后进行。若是埋地敷设，必须回填土至管顶以上0.5m后才能进行。气密性试验压力根据管道设计输气压力而定，当设计输气压力$P \leqslant 5kPa$时，试验压力为20kPa；当$P > 5kPa$时，试验压力为1.15kPa，但不得低于0.1MPa。向管道内注入的压缩空气达到试验压力后，为了使管道内的空气温度与环境温度一致，压力稳定，必须根据管径大小进行一段时间的稳压。环境温度是指架空敷设时的大气温度或埋地敷设时的管道埋深处的土壤温度。经过稳压后开始观测管内空气压力变化情况。燃气管道的气密性试验持续时间一般少于24h，实际压力降可根据公式确定。因水银U形压力计可计量范围有限，对于输气压力不小于次高压的燃气管道进行气密性试验时，U形水银压力计的安装可采用多种形式，但控制钢瓶的气密性应极好。

压制弯头、电焊条、石棉橡胶板、汽车式起重机、乙炔气、氧气：见第一章管道安装第三节定额应用释义定额编号8-23～8-35钢管释义。

直流电焊机：见第一章管道安装第三节定额应用释义定额编号8-178管道支架制作安装释义及第二章阀门、水位标尺安装第三节定额应用释义定额编号8-256～8-268焊接法兰阀释义。

3. 承插煤气铸铁管（柔性机械接口）
工作内容：切管、管道及管件安装、挖工作坑、接口、气压试验。
定额编号 8-584～8-588 承插焊气铸铁管 P223～P224
[应用释义] 挖工作坑：见第一章管道安装第三节定额应用释义定额编号8-36～8-45承插铸铁给水管释义。

工作坑内应有足够的工作面，其尺寸和深度取决于套管直径、每根管长、接口方式和顶进长度等因素。选择工作坑时应尽量选择在管线上的附属构筑物位置上，如闸门井或检查井：有可利用的坑壁原状土作后背；单向顶进时工作坑宜设置在管线下游。

工作台：位于工作坑顶部地面上，由型钢支架而成，上面铺设方木和木板。在承重平台的中部设有下管孔道，盖有活动盖板。下管后，盖好盖板。管节堆放平台上，卷扬机将管提起，然后推开盖板再向下吊放。

工作棚：位于工作坑上面，目的是防风、雨、雪以利操作。工作棚覆盖面积要大于工作坑平面尺寸。工作棚多采用支拆方便、重复使用的装配式工作棚。

顶进口装置：管子入土处不应支设支撑。土质较差时，在坑壁的顶入口处局部浇筑素混凝土壁，混凝土壁当中预埋钢环及螺栓，安装处留有混凝土台，台厚最少为橡胶垫厚度与外部安装环厚度之和。在安装环上将螺栓紧固压紧橡胶垫止水，以防止采用触变泥浆顶管时，泥浆从管外壁外溢。

柔性机械接口：是指接口间隙采用特制的密封橡胶圈作填料，用螺栓和压轮实现承插口的连接，并通过压轮将密封胶圈紧紧塞在承插间隙中的一种接口形式。如 SMJ 型接口和 N 型接口均属于柔性机械接口，柔性机械接口施工简便，因为它不需要进行繁锁而复杂的接口填料操作。机械柔性接口的严密性，尤其是接口处于动态状态下的严密性远远超过承插式接口。即使在接口在外荷载作用下出现弯曲或反复的振动、只要不超过允许最大弯曲角仍可保持严密性，因此，能适应抗震和管道地基沉降的要求。柔性机械接口应用越来越广泛。

接口：离心连续浇注的铸铁管，由承口和插口组成承插管接口。承插口之间的间隙填以各种填料，常用的填料有麻—膨胀水泥；橡胶圈—膨胀水泥；橡胶圈—麻—膨胀水泥和橡胶圈—麻—青铅等等。凡是不用水泥作填料的接口称作柔性接口，反之称为刚性接口。

常见的接口有石膏水泥接口、膨胀水泥接口、青铅接口。石膏水泥接口是将标号不低于 42.5 的硅酸盐水泥、石膏粉、氯化钙和水按一定比例配制成接口材料，分三层用打灰钢钻捻紧打严而成的接口。石膏水泥凝固速度快，为了在初凝前使用完毕，一个接口的用量可分三次拌合，三次分配量依次为 1/2、1/3 和 1/6。接口填料拌合要快而充分。膨胀水泥接口是指用膨胀水泥、细河砂和水按一定比例拌合均匀使用，分三层用灰钻捻紧打严，养护两星期后再试压。青铅接口一般都用熔化的铅，其打口操作工序依次为安装封口模具，用黏土将承口和卡具之间的缝隙抹严、化铅，把铅灌入接口、拆下封口模具，用铅钻捻紧打实而成的接口。青铅接口能较好地承受震动和弯曲，损坏时易于修理。但青铅价高，且系稀有金属，故一般均不使用，只有在特殊要求时方才采用。

橡胶圈：是由橡胶制成的接口填料，常用于承插接口中。橡胶圈一般采用胶圈推入器，使胶圈以翻滚方式进入接口内。胶圈具有弹性，水密性较好，当承口和插口产生一定量的相对轴向位移或角位移时，也不会渗气，胶圈的内径一般应为插口外径的 0.85～0.87 倍。胶圈应有足够的压缩量。胶圈的直径应为承插口间隙的 1.4～1.6 倍，或其厚度为承插口间隙的 1.35～1.45 倍，或胶圈截面直径的选择按胶圈填入接口后截面压缩率等于 34%～40% 为宜。

橡胶是弹性体的一种，即使在常温下它也具有显著的高弹性能，在外力作用下它很快发生变形，变形可达百分之数百。但当外力除去后，又会恢复到原来的状态，这是橡胶的主要性质，而且保持这种性质的温度区间范围很大。橡胶易于老化，老化是指橡胶在阳光、热、空气或机械力的反复作用下，表面会出现变色、变硬、龟裂、发黏，同时机械强度降低。老化的基本原因是橡胶分子氧化，从而使橡胶大分子链断裂破坏的结果，一般橡胶均要防止老化。

橡胶可分天然橡胶、合成橡胶。

天然橡胶、合成橡胶：见第一章管道安装第三节定额应用释义定额编号 8-66～8-74 承插铸铁给水管释义。

电动空气压缩机：主要是靠改变工作腔的容积、周期性地吸入定量气体进行压缩。它是压缩和输送气体的设备，一般称为主机，目前应用最广泛的是活塞式压缩机。压缩机气缸的布置方式有 Z 型（立式），U 型（气缸中心线夹角 90°），W 型（夹角 60°）和 S 型（夹角 45°）等几种形式。电动空气压缩机的安装常分为安装和试车两个阶段，只有试车无故障后方能交付验收。排气量一般为 0.6m³/min，供气压力不小于 0.2MPa。

二、室内镀锌钢管（螺纹连接）安装

工作内容：打堵洞眼、切管、套丝、上零件、调查、栽管卡及钩钉、管道及管件安装、气压试验。

定额编号 8-589～8-597 室内镀锌钢管安装 P225～P228

[应用释义] 打洞堵眼：打洞是指利用手动工具或电钻、风镐等将穿越位置的墙洞或楼板洞钻透。孔洞直径略大于燃气管或套管外径，不宜过大，否则难于修补。打洞是根据放线来确定位置。放线是按设计图把构成管网的各部位，尤其是管件、阀门和管道穿越的准确位置标注在墙面或楼板上。堵眼是指孔洞中安装好管道之后的空隙需要再堵填好。

气压试验：见第七章燃气管道、附件、器具安装第三节定额应用释义定额编号 8-568～8-583 钢管释义。

螺纹连接：也称为丝扣连接。广泛应用在水、煤气钢管为主的采暖、给水、煤气工程中，接口口径 DN15～DN150。此外，对于带有螺纹的阀件和设备，也采用螺纹连接。管子与丝扣阀门连接时，管子上加工的外螺纹长度应比阀门上内螺纹长度短 1～2 扣丝，以防止管子拧过头顶坏阀芯或胀破阀体。同理，管子外螺纹长度也应比所连接的配件的内螺纹略短些，以避免管子拧到头接口不严密的问题。

螺纹连接的形式主要有以下 3 种：

1. 圆柱螺纹接圆柱螺纹（柱接柱）：见第一章管道安装第三节定额应用释义定额编号 8-1～8-11 镀锌钢管释义。

2. 圆锥螺纹接圆柱螺纹（柱接柱）：见第一章管道安装第三节定额应用释义定额编号 8-1～8-11 镀锌钢管释义。

3. 圆锥螺纹接圆锥螺纹锥接锥：见第一章管道安装第三节定额应用释义定额编号 8-1～8-11 镀锌钢管释义。

但这种圆锥形内螺纹加工需要专门的设备，加工较困难，故锥接锥的方式应用不多。圆柱形管螺纹其螺纹深度及每圈螺纹的直径都相等，只是螺尾部分较粗一些，管子配件及丝扣阀门的内螺纹均采用圆柱形螺纹（内丝）。圆锥形管螺纹其各圈螺纹的直径皆不相等，从螺纹的端头到根部成锥台形。钢管采用圆锥形螺纹（外丝）。

切管：见第一章管道安装第三节定额应用释义定额编号 8-1～8-11 镀锌钢管释义。

调直：见第六章小型容器制作安装第三节定额应用释义定额编号 8-549～8-550 大、小便槽冲洗水箱制作释义中平直的释义。

　　管道及管件安装：室内燃气管道的安装顺序：一般是按照燃气流程，从总立管开始，逐段安装连接，直至灶具支管末端的灶具控制阀，燃气表使用连通管临时接通。压力试验合格后，再把燃气表与灶具接入管网。连接时，螺纹接口的拧紧程度应与配管时相同，否则将产生累计尺寸误差和累计偏斜、影响安装质量。管子安装后应牢固地固定于墙体上。对于水平管道可采用托勾或固定托卡，对于立管可采用立管卡或固定卡。托卡间距应保证最大挠度时不产生倒坡。立管卡一般每层楼设置一个。托卡与墙体的固定一般可采用射钉。

　　综合工日：见第一章管道安装第三节定额应用释义定额编号 8-207～8-216 焊接法兰式套筒伸缩器安装释义。

　　普通硅酸盐水泥：见第一章管道安装第三节定额应用释义定额编号 8-56～8-65 承插铸铁给水管释义。

　　汽车式起重机：见第一章管道安装第三节定额应用释义定额编号 8-23～8-35 钢管释义。

　　普通车床、管子切断机：见第一章管道安装第三节定额应用释义定额编号 8-1～8-11 镀锌钢管释义。

三、附件安装

1. 铸铁抽水缸（0.005MPa 以内）安装（机械接口）

工作内容： 缸体外观检查、抽水管及抽水立管安装、抽水缸与管道连接。

定额编号　8-598～8-603　铸铁抽水缸安装　P229～P230

　　［应用释义］　机械接口：是指接口间隙采用特制的密封材料橡胶圈作填料，用螺栓和压轮实现承插口的连接，并通过压轮将密封胶圈紧紧塞在承插间隙中的一种接口形式。常见的有 SMJ 型接口和 N 型接头口。机械接口的严密性，尤其是接口处于动态状态下的严密性远远超过承插接口。即使接口在外荷载作用下出现弯曲或反复的振动，只要不超过允许最大弯曲角仍可保持严密性，所以，能适应抗震和管道地基沉降的要求。

　　铸铁抽水缸：是一种用铸铁制成的储水设备。抽水缸用于燃气系统中，供应所需要的水。铸铁按其中碳的形态可分为灰口铸铁和球墨铸铁。在灰口铸铁中，碳全部（或大部）不是与铁呈化合物状态，而是呈游离状态的片状石墨。球墨铸铁中，碳大部分呈球状石墨。铸铁抽水缸制作简单，价格低，因而，常用于燃气工程中。

　　聚四氟乙烯生料带：是以聚四氟乙烯树脂与一定量的助剂相混合，并制成厚度为 0.1mm、宽度 30mm 左右、长度 1～5m（缠绕在塑料盘上）的薄膜带。它具有优良的耐化学腐蚀性能，对于强酸、强碱、强氧化剂，即使在高温条件下也不会发生作用；它的热稳定性好，能在 25Q～C 高温下长期工作，它的耐低温性能也很好。其工作温度为 -180～+250℃。聚四氟乙烯生料带使用方便，使用时，将生料带倾外管螺纹方向贴紧缠绕 1.5～2 圈，拧入后上紧即可，经生料带接口的管道不但美观，而且还有保护管道（因套丝而受损）接头处免受腐蚀的作用。因此，除了价格因素外，聚四氟乙烯生料带最有希望取代油麻作管道螺纹接口的填料。

2. 碳钢抽水缸（0.005MPa 以内）安装

工作内容： 下料、焊接、缸体与抽水立管组装。

定额编号　8-604～8-610　碳钢抽水缸安装　P231～P232

　　［应用释义］　碳钢抽水缸：用于燃气工程中，是用碳钢精制而成的储水设备。碳钢

因含碳量的不同，而使钢的性质有所不同。在加工抽水缸时，一般选用优质碳素结构钢，保证抽水缸的性能。碳钢抽水缸适合要求较高的燃气工程中。

3. 调长器安装

工作内容：灌沥青、焊法兰、加垫、找平、安装、紧固螺栓。

定额编号　8-611～8-615　调长器安装　P233～P234

［应用释义］　灌沥青：指在波形补偿器的内套管上，有一个注油孔，通过此孔向波形补偿器的波节中注入石油沥青。灌沥青的目的是防止波节锈蚀，沥青是由多种极其复杂的碳氢化合物及其非金属（主要为氧、硫、氮）衍生物所组成的一种混合物。因为沥青的化学结构极为复杂，对其进行成分分析很困难，因此一般不作沥青的化学分析，仅从使用角度将沥青划分为若干"组分"。油分、树脂和沥青质是沥青中的三大主要组分，此外，还含有 2%～3% 的沥青碳和似碳物。油分和树脂可以互溶，树脂可以浸润沥青质，在沥青质的超细颗粒表面形成薄膜。以沥青质为核心，周围吸附部分树脂和油分，构成胶团，无数胶团分散在油分中而形成胶体结构。在这个分散体系中，分数相为吸附部分树脂的沥青质，分数介质为溶有树脂的油分，沥青质与树脂之间无明显界面。

沥青的性质随各组分的数量比例不同而变化，当油分和树脂较多时，胶团外膜较厚，胶团之间相对运动较自由，沥青的流动性、塑性和开裂后自行愈合的能力较强，但温度稳定性较差。当油分和树脂含量不多时，胶团外膜较薄，胶团靠近聚集，相互吸引力增大，因此沥青的弹性、黏性和温度稳定性较高，但流动性和塑性较低，沥青在热、阳光、空气和水等外界因素作用下，各个组分不断递变。

焊法兰：指焊接法兰这一工序。一般在法兰圆周上均匀地点焊法兰。首先在上方点焊一处，用法兰弯尺沿上下方向校正法兰位置，使法兰密封面垂直于管子中心线；然后在下方点焊第二处，用法兰弯尺沿左右方向校正法兰位置，合格以后再点焊左右的第三、第四处。这一焊接过程即为焊法兰。

加垫：指在法兰连接的波形补偿器中，两法兰密封面间放置垫片。垫片应按设计规定选用。垫片的表面应薄涂一层石墨粉与机油的调和物。放置垫片应与法兰保持同一中心，不得偏斜。凹凸式密封面的法兰，垫片应嵌入凹槽内，不应同时用两层垫片。法兰密封垫片应根据燃烧特性、温度及工作压力进行选择，燃气管道和燃气储罐所用的法兰垫片种类很多，常用的有橡胶石棉板垫片、金属包石棉垫片、缠绕式垫片。此外还有齿形垫和金属垫圈等。

（1）橡胶石棉垫片：常用的有高压、中压、低压和耐油橡胶石棉板垫片，以及高温耐油橡胶石棉板垫片。橡胶石棉板使用温度一般在 350℃ 以下，耐油橡胶石棉板一般用于 200℃ 以下，而高温耐油橡胶石棉板使用温度可达 350～380℃。橡胶石棉板经浸蜡处理，也可用于低温，最低温度可达 -190℃。垫片适用压力范围与法兰密封面型式有关，最高使用压力可达 6.4MPa。对于光滑密封面法兰，一般不超过 2.5MPa。为了增加回弹能力，安装前应将垫片放入机油中浸泡一定时间，晾干后使用。

（2）金属包石棉垫片：常用的金属外壳有镀锡钢板、合金钢及铝、铅等；内芯为向石棉板或橡胶石棉板，厚度为 1.5～3.0mm 总厚度为 2～3.5mm。宽度可按橡胶石棉垫片标准制作，或接法兰密封面尺寸制作，不宜过宽。其截面形状有平垫片和波形垫片两种。使用温度为 300～450℃，压力可达 4.0MPa。金属包石棉垫片对法兰及其安装要求较高。公称压力小于 2.5MPa 的平焊法兰，由于法兰刚度不够，螺栓拧紧力小，一般不采用镀锡薄钢板包（简称铁包）石棉垫片。使用铁包石棉垫片时，必须严格保证法兰安装质量，垫片尺寸合适，摆放位置正确，螺栓均匀拧紧，高温下还需热紧，才能保证密封。

（3）缠绕式垫片：此种垫片是用"M"型截面的金属带及非金属填料带间隔地按螺旋状缠绕而成，所以具有多道密封作用，密封接触面积小，所需螺栓上紧力小。因金属带截面呈"M"形，弹性较大，当温度和压力发生波动，螺栓松弛或有机械振动时，因垫片回弹，仍能保持密封。此种垫片适用压力可达 4.0MPa，适用温度取决于金属带材料，08 号和 15 号钢为 −40～300℃，最高可达 450℃。填料可用石棉板或橡胶石棉板。垫片厚度一般为 4.5mm。当燃气压力小于 2.5MPa 时，法兰密封面可用无水线的光滑面；压力不小于 2.5MPa 时，采用凹凸形密封面，缠绕式垫片在使用中易松散，内芯填料在高温条件下易变脆，甚至断裂而造成泄漏；安装要求严格，法兰不能有较大偏口，螺栓上紧力必须均匀，否则造成垫片压偏，丧失弹性，影响密封。

阀门腰也属于法兰垫片，但腰垫法兰的紧固螺栓多采用单头螺栓，不易上紧，因此，最好选用凹凸形密封面。由于腰垫密封面小，可选用缠绕式垫片。

调长器安装：调长器采用法兰连接，为避免补偿时产生的震动使螺栓松动，螺栓两端可加弹簧垫圈。一般为水平安装，其轴线应与管道轴线重合。可以单个安装，也可以两个以上串联组合安装。单独安装时，应在补偿器两端设导向支座，使补偿器在运行时仅沿轴向运动，而不会径向移动。安装在地下时应砌筑井室加以保护、安装时，应根据补偿零点温度定位，所谓补偿零点温度就是管道最高工作温度与最低工作温度的平均值。当安装环境温度等于零点温度时，波纹管可不必预拉伸或预压缩；当安装环境温度大于零点温度时，应预先压缩；当安装环境温度小于零点温度时，应预先拉伸。波形补偿（伸缩）结构如图 2-129 所示。

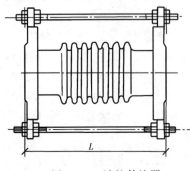

图 2-129　波纹伸缩器

安装时应注意以下几个方面：

（1）波形补偿器的预拉和预压应在平地上进行，作用力应分 2～3 次施加，尽量保证各波节的周围面受力均匀；

（2）波形器的安装，应在两侧管道与固定支架连接牢固后进行；

（3）要注意安装方向，必须使补偿器的导管与外壳焊接的一端迎向介质流向，对垂直管应置于上部，目的是为防止冷凝水大量流到波形皱褶的凹槽里；

（4）波形补偿器在安装前应进行单体的压力试验，试验压力与所在管道系统相同，压力试验时，应注意两端的固定，不使其在试验时过分变形；

（5）吊装波形补偿器时，不能把吊索绑扎在波节上，也不能把支撑件焊接在波节上。

石油沥青：是石油原油经蒸馏等提炼出各种轻质油（如汽油、柴油等）及润滑油以后的残留物，或再经加工而得的产品，它是一种有机胶凝材料，在常温下呈固体、半固体或黏性液体，颜色为褐色或黑褐色。通常石油沥青又分成建筑石油沥青、道路石油沥青、普通石油沥青三种。石油沥青是由许多高分子碳氢化合物及其非金属衍生物组成的复杂混合物。因为沥青的化学组成复杂，对组成进行分析很困难，同时化学组成还不能反映沥青物理性质的差异。沥青中各组分的主要特性如下：

（1）油分：为淡黄色至红褐色的油状液体，是沥青中分子量最小和密度最小的组分，密度介于 $0.7\sim1g/cm^3$ 之间。在 170℃较长时间加热，油分可以挥发。油分赋予沥青以流动性。

（2）树脂（沥青脂胶）：沥青脂胶为黄色至黑褐色黏稠状物质（半固体），分子量比油分大（600～1000），密度为 $1.0\sim1.1g/cm^3$。沥青和脂胶中绝大部分属于中性树脂。它赋予沥青以良好的粘结性、塑性和可流动性。

（3）地沥青质：地沥青质为深褐色至黑色固态无定形物质（固体粉末），分子量比树脂更大（1000 以上），密度大于 $1g/cm^3$，不溶于酒精、正戊烷，但溶于三氯甲烷和二硫化碳，染色力强，对光的敏感性强，感光后就不能溶解。

石棉橡胶板：见第一章管道安装第三节定额应用释义定额编号 8-1～8-11 镀锌钢管释义。

直流电焊机：见第七章燃气管道、附件、器具安装第三节定额应用释义定额编号 8-568～8-583 钢管释义。

4. 调长器与阀门连接：

工作内容：连接阀门、灌沥青、焊法兰、加垫、找平、找正安装、紧固螺栓。

［应用释义］ 阀门：见第七章燃气管道，附件、器具安装第一节说明应用释义第二条释义。

连接阀门：是指调长器与阀门的连接。在燃气管道上的阀门，阀门后一般连接波形补偿器（调长器），阀门与调长器可以预先组对好，然后与套在管子上的法兰组对，组对时应使阀门和补偿器的中心轴线与管道一致，并用螺栓将组对法兰紧固到一定程度后，进行管道与法兰的焊接。最后加入法兰垫片把组对法兰完全紧固，此过程即为连接阀门。

法兰油封旋塞阀：旋塞阀是一种最古老的阀门品种，具有结构简单，外形尺寸小，启闭迅速和密封性能好等优点。又名考克（或转心门）由阀体与塞子两大部分组成。根据有无填料，分为有填料旋塞和无填料旋塞两种。工作原理是在塞子中间开设孔道，塞子旋转 90°角时，即全开启或全关闭。根据开设孔道的形式不同，有三通旋塞和四通旋塞。旋塞特点是无安装方向要求，但严密性较差、密封面容易磨损、启闭用力较大，多用在压力、温度不高且管径较小的管道上。法兰油封指的是旋塞阀的密封性油法兰油封赋手，加强旋塞阀的密封性能。

电焊条：见第一章管道安装第三节定额应用释义定额编号 8-23～8-35 钢管释义。

四、燃气表

1. 民用燃气表

工作内容：连接接表材料、燃气表安装。

定额编号 8-621～8-625 民用燃气表 P237

［应用释义］ 燃气表安装：此处指民用燃气表（民用膜式燃气表）的安装，如图 2-130 所示。安装应在室内燃气管网压力试验合格后进行，安装在用户支管上，简称锁表，根据锁表位置分高锁表、平锁表和低锁表、一般采用高锁表，环境条件不允许时也可采用平锁表或低锁表。

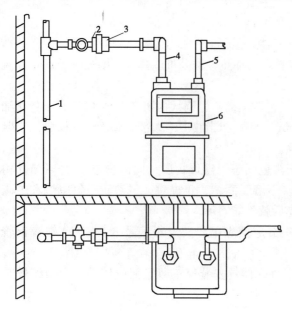

图 2-130 民用燃气表安装
1—煤气立管；2—旋塞阀；3—活接头；
4—煤气进气管；5—煤气出气管；6—煤气表

关于高锁表，平锁表和低锁表见第七章燃气管道、附件、器具安装第二节工程量计算规则应用释义第六条释义。

燃气：燃气的种类有很多，习惯上分为天然气、人工燃气和液化石油气三大类。

(1) 天然气：是指通过生物化学作用及地质变质作用，在不同地质条件下生成、运移，在一定压力下储集的可燃气体。

① 按形成条件不同可分为以下几种：气田气：主要是甲烷，含量约为 80%～90%，乙烷至丁烷含量一般不大，戊烷及戊烷以上的重烷烃含量甚微。其低热值约为 36MJ/Nm³。油田伴生气：指与石油共生的气体，它包括气顶气和溶解气两类。油田伴生气的特征是乙烷和乙烷以上的烃类含量较高，其低热值约 48MJ/Nm³。凝析气田气：这是一种深层的天然气，它除含有大量甲烷以外，戊烷及戊烷以上的烃类含量较高，并含有汽油和煤油组分。煤层气：也称煤田气，是成煤过程所产生并聚集在合适地质构造中的可燃气体。其主要组分为甲烷，同时含有少量的二氧化碳等气体，热值约 40MJ/Nm³。矿井气：也称为矿井瓦斯，是成煤过程中的伴生气与空气混合形成的可燃气体。一般是当煤层采掘口形成自由空间时，煤层伴生气移动动到该空间与空气混合形成的矿井气。其组成为：甲烷 30%～55%，氮气 30%～55%，氧气 3%～10%，二氧化碳 4%～7%。低热值 12～20MJ/Nm³。

② 按天然的组成可分为以下几种：干气：1m³（压力为 0.1MPa，温度为 20℃状态）井口流出物中，C_5 以上重烃液体含量低于 13.5cm³ 的天然气。湿气：1m³ 井口流出物中，C_5 以上重烃液体含量超过 13.5cm³ 的天然气，一般湿气需分离出液态烃中产品和水后才能进一步加工利用。蓄气：1m³ 井口流出物中，C_3 以上烃类液体含量超过 94cm³ 的天然气。贫气：1m³ 井口流出物中，C_3 以上烃类液体含量低于 94cm³ 的天然气。酸性气体：含有较多的 H_2S 和 CO_2 等气体，需要进行净化处理，才能达到管输标准的天然气。洁气：H_2S 和 CO_2 含量甚微，不需要净化处理的天然气。

(2) 人工燃气：以固体或液体可燃物为原料经各种热加工制得的可燃性气体称为人工燃气。主要有干馏煤气、气化煤气和油制气等。

① 干馏煤气：以煤为原料利用焦炉或直立式炭化炉等进行干馏，所获得的可燃性气体称为干馏煤气。焦炉煤气是炼焦过程的副产品。焦炉煤气中氢气约占 60%，甲烷在 20% 以上，一氧化碳 8% 左右，其低热值 17MJ/Nm³。连续式直立炭化炉煤气是干馏煤气与部分水煤气组合成的混合气体。其中氢气约为 55% 左右，甲烷占 17%～18%，一氧化碳占 17%～18%。其低热值为约 15MJ/Nm³。干馏煤气生产历史较长，工艺成熟，是我国目前

城市燃气的主要来源之一。

②气化煤气：以固体燃料为原料，在气化炉中通入气化剂（空气、氧气、水蒸汽等），在高温条件下经过气化反应得到的可燃气体称为气化煤气。通常有发生炉煤气、水煤气、蒸汽—氧气煤气。煤在常压下，以空气、水蒸汽作为色化剂经气化后所得的煤气称为发生炉煤气。其中氮气占 50% 以上，其余为一氧化碳和氢气，其低热值为 5.4MJ/Nm³。煤在常压下，以水蒸气作为气化剂所制得的煤气称为水煤气。其中氢气约占 50%，一氧化碳占 30% 以上，其低热值约为 10MJ/Nm³，发生炉煤气和水煤气这两种煤气热值低，一氧化碳含量高、毒性大，不适宜单独作为城市燃气的气源。焦炉和连续式直立炭化炉生产中需要加热，消耗掉大量自身产生的煤气，若用低热值焊气加热，可以顶替出热值较高的干馏煤气，从而可增加城市煤气的供应量。水煤气与干馏煤气掺混可作为城市煤气的调峰气源。以煤为原料在 2.0～3.0MPa 的压力下，以纯氧和水蒸汽作为气化剂制成的煤气称为蒸汽——氧气煤气，也叫压力气化煤气。煤气中氢气含量超过 70%，甲烷占 15%，氢气和甲烷是煤气的主要成分，低热值为 17MJ/Nm³ 可以作为城市燃气。

③两段式完全气化炉煤气：包括发生炉型两段炉煤气和水煤气型两段炉煤气。水煤气型两段式完全气化炉，上段为干馏段，下段为气化段。煤气的主要成分是氢气和一氧化碳，其低热值在 12MJ/Nm³ 左右。由于一氧化碳含量在 30% 左右，经过处理，可采用部分一氧化碳变换及加臭等技术措施可作为中、小城市气源。也可作掺混或调峰气源。

④油制气：以石油及其产品作为原料，经过高温裂解而制成的可燃气体。按制取方法的不同又可分热裂解、催化裂解、部分氧化和加氢裂解等四种油制气。目前，我国以重油或减压油渣的原料，用蓄热式热裂解法或蓄热式催化裂解法制气。它是将原料油喷入蓄热器内，使油受热而裂解生成热裂解油制气，或将热裂解气通过催化剂反应器生成催化裂解石油制气。热裂解气的主要成分是 CH_4、C_2H_6、C_3H_6 等，热值为 41.7MJ/Nm³，产气率为 500～550m³/t 油，主要作为化工原料气。

在有催化剂存在条件下，使原料油进行催化裂解反应而制得的燃气称为催化裂解油制气。其组成以氢为主，并含有相当数量的甲烷和一氧化碳，其低热值为 19MJ/Nm³，产气率为 1100～1300m³/t 油。此种气体无论组成还是发热值，以及燃烧性能均与炼焦煤气相似。故可以作为城市燃气的气源，也可以与低热值煤气掺混，增加煤气供应量，或作为城市的调峰气源。将原料油、蒸汽和氧气混合，在较高温度下进行部分氧化反应而制成的燃气称为部分氧化油制气，其组成以氢和一氧化碳为主，低热值约为 10MJ/Nm³。

⑤高炉煤气：钢铁厂在炼铁过程中由高炉排放出来的气体，主要成分是一氧化碳和氢气、发热值约为 4MJ/Nm³。高炉气可用于焦炉加热，顶替出焦炉煤气供应城市。也可用作锅炉燃料或与焦炉气掺混作为钢铁厂加热工艺的燃料。

（3）液化石油气：以凝析气田气、石油伴生气或炼厂气为原料气，经加工而得的可燃物质为液化石油气。但液化石油气大部分来自石油炼制过程中的副产品。由于生产工艺和操作条件不同，制取的液化石油气的组分也有所差异，由油田伴生气和天然气中得到的液化石油气中烷烃较多。液化石油气的主要组分是丙烯、丙烷、丁烷、丁烯。这些碳氢化合物在常压下的沸点为 -42.7～-0.5℃，所以在常温常压下以气体状态存在，而当压力升高或温度降低时，很容易使之转化为液体状态，所以称这类碳氢化合物为液化石油气。液化石油气的热值为 108.44MJ/Nm³ 左右。由于液化石油气运输、储存和供应方便、热值高、可完全燃烧，因此已成为我国绝大多数城市燃气的主要气源之一。从石油炼制过程得到的液化石油气中：除烷烃外还有烯烃和二烯烃、有的液化石油气中含有少量戊烷、戊烯，这些组分的沸点高（27～36℃），在常温常压下不易气化，我们把这部分称为残液。

（4）生物气：又称为沼气。是各种有机物质在隔绝空气条件下发酵，在微生物作用下，经生化作用产生的可燃性气体。其主要组分为甲烷和二氧化碳，还有少量氮和一氧化碳。沼气的生产原料为粪便、垃圾、杂草、落叶等，热值约为22MJ/Nm³。由于用气设备是按确定的燃气组成设计的、城市燃气的组分必须维持稳定。我国城市燃气设计规范规定时，作为城市的人工燃气，其低位发热值应大于14700MJ/Nm³。输送高发热值的燃气、输配系统较为经济。

燃气计量表：燃气计量仪轮表的种类较多，根据其工作原理可分为容积式流量计、速度式流量计、差压式流量计、涡街式流量计等种类。凡由管道供气的燃气用户应设燃气表，住宅应每户设一台燃气表，公共建筑应按每个计量单位设置燃气表。

（1）差压式流量计：又称节流式流量计，在燃气行业中应用很广，它是利用流体流经节流装置时所产生的压力差来实现流量测量的。它通常由节流装置及用来测量压差而显示出流量的差压计组成。

在单元组合仪表中，由节流装置产生的压差信号，经常通过差压变送器转换成相应的电或气信号，以供显示、记录或调节用、国内外最常用的节流装置——孔板、喷嘴、文丘里管已经标准节，并称为"标准节流装置"，根据统一标准进行设计和制造的标准节流装置可直接用来测量流量。但对于非标准化特殊节流装置，如双重孔板、圆缺孔板等，在使用时应逐个进行标定。简单地说，流量测量原理就是流体通过直线管道进入节流装置，该装置的中间有一圆孔，孔径比管道直径小，由于管道截面积突然减小，在流量相同的情况下，流通面积减小，流速必然上升，因此，使流体的部分势能转变为动能。势能的变化引起静压力差的变化可用差压计来测量，也就是说，流体收缩截面内的平均流速急剧增加，因而在该截面内的静压力就变得小于节流装置前的静压力。这两个压力差愈大，说明流过介质的流量就愈大，所以借助压力降的变化，可以测量介质的流量。

标准节流装置的结构形式、尺寸要求、取压方式、使用条件等均有统一规定。不同形式的标准节流装置，是适应工业生产的不同需要而设计制造的，因而在具体结构和特性方面各有其特点。孔板是最简单的，也是最常用的一种节流装置，是一片中间开有圆孔的薄圆盘，开孔中心和管道中心必须重合。孔板的开孔在流速进入的一面做成圆柱形，而在孔板排出的一面则呈圆锥形扩散，圆锥角度通常成45°，孔板厚度一般是3～10mm。

标准喷嘴的结构相当于在孔板的后面增加了一个特殊曲面的收缩圆管段，它将引导流速在喷嘴内完全收缩，减少了涡流区，因而也减少了流体流过节流元件的静压力损失。在相同的流量和压差条件下，使用喷嘴有较高的测量精度。测量某些容易使节流装置脏污、腐蚀及磨损的介质时，喷嘴比孔板优越。

标准文丘里管相当于在喷嘴后又增加一个扩散圆管段。它使流速从收缩到扩散都有一定型面引导，涡流减少更多，因而流体通过节流元件时静压损失更小。

（2）容积式流量计：一般由壳体和置于壳体内的转子组成。转子在流入口流体作用下转动，随着转子的转动，使流体从流入口流向流出口，转子转动过程中，与流量计壳体之间形成一定容积的空间，使流体充满这一空间。随着转子的转动，把流体送向流出口，转子每旋转一周，把转子与壳体之间所构成的具有一定容积的计量室内的流体的四倍体积从流入口送到流出口。因此，只要测出转子转数，就可以测量流体的体积流量。一般常用的容积式流量计有两种。

①椭圆齿轮流量计：对相互啮合的椭圆齿轮在流体差压作用下，交替地相互带动绕各自的轴旋转，如图 2-131 所示。齿轮与箱体形成的空间，经过开启，而将液体自进口带到出口，在图 2-131（a）中，$P_1 > P_2$，B 轮上力矩平衡，A 轮上液体压力迫使 A 作逆时针旋转，A 为主动带动 B 轮旋转。在图 2-131（b）中，A、月轮均受力旋转，方向相反，A、B 轮为主动。图 2-131（c）中 B 为主动轮，如此循环往复，以月牙形空间 V_0 作计算单位，每转一周，则通过椭圆齿轮流量计的流量为：

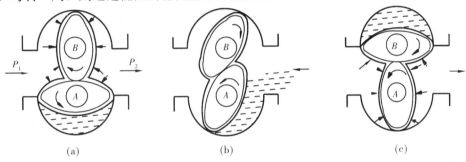

（a）　　　　　　　　　　（b）　　　　　　　　　　（c）

图 2-131　椭圆齿轮流量计工作原理

$$Q = 4V_0 n = qn$$

式中　Q——流量（m^3/min）；

　　　　V_0——月牙形空间体积（m^3）；

　　　　q——流量计排量，$q = 4V_0$；

　　　　n——每分钟转速。

据此，只需知转速即可确定通过流量计的流量大小。

由于齿轮流量计直接按照固定的容积计量流量，所以只要加工精细，配合紧密，并防止使用中的腐蚀和磨损，便可获得非常高的精度，一般为 0.5～1.0 级，故可作为标准表和精密测量使用。使用时被测流体中不能有固体颗粒，否则很容易将齿轮卡住或引起严重磨损。另外，流体温度不能超出规定范围，否则将由于热胀冷缩可能发生卡死或增加测量误差。

②罗茨流量计。罗茨流量计测量流体的基本原理与椭圆齿轮流量计相同，只是运动部件的形状略有不同。两个转子不是互相啮合滚动进行接触旋转，转子表面无齿。它是靠套在伸出壳体的两轴上齿轮啮合的。从流入口流入流体时，左侧转子受到流体压力按箭头方向旋转，而对右侧转子则不产生旋转力。但是通过导向齿轮与左侧转子进行转动，因此随着左侧转子转动而按箭头方向旋转。同理，转子旋转一周，也是排出四倍的半月形容积的液体。罗茨流量计广泛用于测量大流量气体，常用于计量燃气流量。由于转子上无齿，所以对流体中的固体杂质没有椭圆齿轮流量计那样敏感。

③涡轮流量计：如图 2-132、图 2-133 所示。

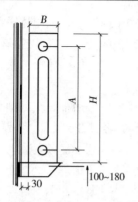

图 2-132　涡轮流量计方框图

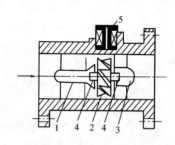

图 2-133　涡轮流量计
1、3—导流器；2—涡轮；4—轴承；5—磁电转换器

当流体流经变送器时，便推动安装在摩擦力很小的滚珠轴承上的涡轮，在磁钢和感应线圈组成的磁电装置（电磁转换器）上感应出电脉冲信号，这一电信号变化的频率 f 就是涡轮旋转的频率，它和涡轮的转速成正比，被测介质的流速愈高（即流量愈大），涡轮的转速也相应愈高，电信号的频率即反映了被测介质流量的大小。

涡轮流量计准确度比较高，误差在 $\pm 0.25\% \pm 1.5\%$ 之间，量程比一般为 10，有的可达 30，惯性小，时间常数为 1～50ms，耐高压可达 5×10^3kPa，使用温度为 $-20℃$～120℃，口径有 4～500mm，可测流量范围 $(0.01～7) \times 10^3$m³/h，仪表安装要求应与标定情况相同，要求水平安装，介质洁净，以减少轴承摩擦，增加使用寿命，为防止涡轮卡死，应在涡轮变送器前装过滤器。

2. 公商用燃气表

工作内容：连接接表材料、燃气表安装。

定额编号　8-626～8-630　公商用燃气表　P238

〔应用释义〕　燃气表安装：公用燃气表应尽量安装在单独的房间内，室温不低于 5～C，通风良好，安装位置应便于查表和检修。燃气表距烟囱、电器、燃气用具和热水锅炉等设备应有一定的安全距离，禁止把燃气表安装在蒸汽锅炉房内。距出厂检验期超过半年的燃气表需要重新检验合格后方可安装。引入管安装固定后即可进行公用燃气表的安装。公用燃气表一般均落在地面砌筑的砖台上，也可用型钢焊制表支架，砖台或支架的高度应视燃气表的安装高度确定，原则上应方便查表读数和表前后控制阀的启闭操作。额定流量 Qg≥40m³/h 的燃气表应设导通管，旁通管和进出管上的阀门应采用明杆阀门，阀门不能与表进出口直接连接，应采用连接短管过渡，并设支架支撑，防止阀门和进出管的重力压在燃气表上。额定流量 Qg＜40m³/h 的燃气表，若是螺纹接口可不设旁通管，一般采用挂墙安装。数台燃气表并联时，表壳之间的净距不应小于 1.0m。

3. 工业用罗茨表

工作内容：下料、法兰焊接、燃气表安装、紧固螺栓。

定额编号　8-631～8-635　工业用罗茨表　P239

〔应用释义〕　法兰焊接：是指在工业用罗茨表的安装中的一道工序。法兰焊接时，管子插入法兰内，管子端面应与法兰密封面留有一定距离，以保证焊接时不损坏法兰密封面。法兰应先焊内焊缝，后焊外焊缝。$DN \geqslant 150$ 和 $PN \leqslant 1.0$MPa 的法兰焊接前应装上相应的法兰或法兰盖，并将螺栓全部拧紧，以防止焊接变形。

燃气表安装：此处指工业用罗茨表的安装。罗茨表工作压力较高，额定流量较大，多为中压工业燃气用户所使用。罗茨表一般安装在立管上，按表壳上的垂直箭头方向，进口在上方，出口在下方。罗茨表的正面应朝向明亮处。罗茨表可以一台单独安装，也可以数台并联安装，而且都应设置旁通管，旁通管和进、出口管上都应设阀门。当燃气中的杂质成分可能在管壁内结垢时，应在进气管阀门后安装过滤器，并在进口阀门前和出口阀门后的立管上安装清扫口，清扫口用丝堵封堵。罗茨表进出口管道中心距一般为 1.0～1.2m，数台并联安装时，其中心距为 1.2～1.5m。

工业用罗茨表：工作压力较高、额定量较大，多为中压工业燃气用户所使用。罗茨表两个转子不是互相啮合滚动进行接触旋转，转子表面无齿。他是靠套在伸出壳体的两轴上齿轮啮合的。从流入口流入流体时，左侧转子受到流体压力按箭头方向旋转。而对右侧转子则不产生旋转力。但是通过导向齿轮与左侧转子进行连动，因此随着左侧转子转动而按箭头方向旋转，同理，转子旋转一周，也是排出四倍的半月形容积的流体。罗茨表广泛用于测量大流量气体，常用于计量燃气流量。由于转子上无齿，所以对流体中的固体杂质没有椭圆齿轮流量计那样敏感。

螺纹法兰：是指法兰内径表面加工成管螺纹，可用于 $DN \leqslant 50$ 的低压燃气管道上。

氧气、乙炔：见第一章管道安装第三节定额应用释义定额编号 8-23～8-35 钢管释义。

电焊条：手工电弧焊用的焊条是由焊条芯和药皮（涂料）两部分组成。

（1）焊条芯：是一根具有一定直径和长度的金属丝。焊接时起两种作用：一是作为电极，起传导电流，产生电弧的作用；二是熔化后作内填充金属，与熔化的母材一起形成焊缝。常用焊条芯直径（即焊条直径）为 3～6mm，长度为 350～450mm。

（2）焊条药皮：是矿石粉和铁合金粉等原料按一定比例配制而成的。焊条药皮的作用是使电弧容易引燃和保持电弧燃烧的稳定性。在电弧的高温作用下，焊条药皮产生保护性气体和熔渣，保护熔化金属不被氧化，从而保证焊缝的质量，并能使焊缝脱氧和得到所需的化学成分。药皮易受潮，受潮的焊条在使用时不易点火起弧，且电弧不稳定易断弧，因此电焊条一般用塑料袋密封存放在干燥通风处，受潮的焊条不能使用或经干燥后使用。

（3）焊条的分类和牌号：根据国家标准（GB 5117—85），焊条共分九大类，即结构钢焊条（包括普通低碳钢焊条）、钼和铬钼耐热钢焊条、不锈钢焊条、堆焊焊条、低温钢焊条、铸铁焊条、镍及镍合金焊条、铜及铜合金焊条、铝及铝金属焊条等。其中用得最多的是结构钢焊条。

电焊条的型号分类按国家标准（GB 5117—85），但生产上仍习惯应用统一牌号。以牌号表示相当的国标型号。牌号中，J 表示结构钢焊条，A 表示不锈钢焊条，T 表示铜及铜合金焊条等。左起第一、第二位数字表示熔敷金属的最低抗拉强度（kgf/mm^2），第三位数字表示焊条药皮类型和适用电源种类。如 J422 焊条，J 表示结构钢焊条，42 表示焊缝抗拉强度（420MPa），2 表示药皮为钛钙型，弧焊电源为交直流两用。国标型号中，E 表示焊条，左起第一，第二位数字表示熔敷金属的最低抗拉强度（kgf/mm^2）；第三位数字表示焊接位置；第四位数字表示焊条的药皮类型及适用电源。如 E4303，E 表示焊条，43 表示熔敷金属抗拉强度的最小值，0 表示平、立、仰、横焊；3 表示交流或直流正、反接。牌号中 J422 焊条相当于国标中 E4303。

焊条药皮类型虽然很多，根据化学性质，可分为酸性和碱性两种，因而焊条也分为酸性焊条和碱性焊条两类。组成药皮的成分中，酸性氧化物比碱性氧化物多的，称为酸性焊条，反之则称为碱性焊条，又称低氢型焊条。酸性焊条焊缝的塑性和冲击韧性虽比碱性焊条低，但它能用交直流进行焊接，并且有优良的焊接工艺性能，因此仍获得广泛的应用。

焊条的选用是否恰当会直接影响焊件质量，为此必须合理选择。电焊条的选择主要取决于焊件的厚度，同时还考虑焊缝位置及焊件的化学成分、机械性能等因素。一般焊件越厚，所选用的焊条直径越粗。但立焊时焊条直径不应超过 5mm，仰焊、横焊时不应超过 4mm。

直流电焊机：根据构造与工作原理不同又分为焊接发电机（旋转直流弧焊机）和整流弧焊机。旋转直流电焊机是由直流弧焊发电机与动力设备组成，动力设备常用电动机（也可以使用内燃机）。旋转直流弧焊机是一种适应焊接要求的特殊发电机。具有陡降的外特性曲线。焊接电流能在较大范围内均匀调节，而空载电压变化不大，具有良好的动态特性，旋转直流弧焊机根据其获得下降特性的方法不同，有三电刷列极式、间极去磁式、多站式等数种。常用的一种旋转直流电弧焊机 AX$_1$-500 型，有粗、细两种电流调节方法。粗调节是改变串激退磁线圈的匝数。分两级，一级调节 300A 以内焊接电流，另一级调节 300A 以上焊接电流。细调节是利用变阻器改变并激线圈的大小电流进行调节，设有调节手柄，操作方便。特点是可以选择极性，工作电压不受电网电压波动的影响，电弧稳定。尤其是小电流、薄壁件效果更佳。常用于有一定极性要求的焊接，如合金钢和高合金钢，有色金属及其合金等。缺点是成本较高、噪声较大、维修也比较复杂。

五、燃气加热设备安装重

1. 开水炉

工作内容： 开水炉安装、通气、通水、试火、调试风门。

定额编号　8-636～8-637　开水炉　P240

[应用释义]　开水炉：为各种公共建筑用户都可采用的饮用水开水炉，烟管与炉体之间为贮水容积，燃烧器置于炉底，炉体上都设有一个汽笛，当水被加热至沸腾时，蒸汽冲击汽笛发出音响，操作人员即关闭燃烧器。开水炉容量 80～200L，烧至沸腾时间约 45min 左右。某些厂家还生产自动燃气开水炉，即自动补水，水沸腾后自动关闭燃烧器，具有熄火保护装置等。燃气开水炉结构如图 2-134 所示。

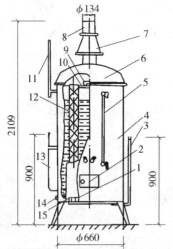

图 2-134　燃气开水炉
1—燃烧器；2—炉门；3—煤气管；4—炉体；5—水位计；6—炉帽；7—风帽；8—烟筒；9—酸洗机法兰盘；10—炉顶板；11—汽笛；12—烟管；13—上水管；14—排污丝堵；15—小火

通气：指由风门与外界联通，以供应燃气燃烧时需要的氧气，达到完全燃烧。

通水：指由水管向炉体内加水，补给炉体内水量，满足开水的供应量。

调试风门：指调节风门大小，以满足燃烧时空气的供应量，达到燃烧完全。

石棉胶橡板：见第一章管道安装第三节定额应用释义定额编号 8-23～8-35 钢管释义。

2. 采暖炉

工作内容： 采暖炉安装、通气、试火、调风门。

定额编号　8-638　箱式采暖炉　P240

［应用释义］ 试火：指调试炉头的大小，以达到采暖炉需要的标准，而合理利用燃料。
箱式采暖炉：其体积较小，采暖效果较好，适用于小面积采暖。

定额编号 8-639 THRQ 型红外线 P241

［应用释义］ THRQ 型红外线采暖炉。常见的有陶瓷板式红外线和金属网式红外线，它们在结构上的共同特点是都有燃气喷嘴、引射器、外壳体、反射罩和燃气分流板，所不同的是在于燃气燃烧板的材质不一样。特点是体积小、价格低、热效率高、使用灵活方便等，红外线还可分为近红外线和远红外线。

定额编号 8-640 辐射采暖炉 P241

［应用释义］ 辐射采暖炉：指利用热量辐射进行采暖的炉体，采暖效果好，热效率高，燃气燃烧完全；辐射器的体积小，占地面积少；辐射器燃烧稳定，抗风性能强，适用范围广。

3. 沸水器

工作内容：沸水器安装、通气、通水、试火、调试阀门。

定额编号 8-641 容积式沸水器 P242

［应用释义］ 容积式沸水器：是供应开水或温开水的燃气用具，沸水器主要由水路系统、燃气供给系统、热交换系统和安全自动控制系统等四部分组成，容积式沸水器的热负荷随容积与沸水产率而异，一般为 8～60kW，容积为 20L 的容积式沸水器的热负荷为 8kW 以下。容积为 300L 的容积式沸水器热负荷为 60kW 以下。我国容积式沸水器的系列为：20L，40L，60L，90L，120L，150L，200L，250L，300L。

定额编号 8-642 自动沸水器 P242

［应用释义］ 自动沸水器：是沸水器的又一种形式，自动控制沸水器能连续不断地供应沸水。体积小的沸水炉可顶替大容积炉子使用，较好地节省投资和燃料，具有自动点火，水温自动控制，进水水位自动控制等装置，可减轻操作人员的劳动强度。

定额编号 8-643 消毒器 P242

［应用释义］ 消毒器：见第四章卫生器具制作安装第二节工程量计算规则应用释义第 9.4.11 条释义。

4. 快速热水器

工作内容：快速热水器安装、通气、通气、试火，调试风门。

定额编号 8-644 直排式快速热水器 P243

［应用释义］ 直排式快速热水器：是指热水器运行时燃烧所需空气直接取自室内、燃烧后废气也排至室内，这种热水器容易污染室内空气，因此都是小型的，国家标准规定，其热负荷不得大于 11.6kW。安装时，只要牢固地悬挂在墙上，接通燃气和自来水即可使用，工程量不大。

定额编号 8-645 平衡式快速热水器 P243

［应用释义］ 平衡式快速热水器：是指热水器运行时燃烧所需的空气取自室外，燃烧后的废气通过烟道也排至室外，整个燃烧系统与室内隔开，安装时，需要安装烟道和进排气管，比较麻烦些。

定额编号 8-646 烟道式快速热水器 P243

［应用释义］ 烟道式快速热水器：是指热水器运行时燃烧所需的空气取自室内，燃

烧后的烟气通过烟道排至室外（可自然排出，也可利用风机强制排出）。如图 2-135 所示安装时，需要安装烟道和进排气管，比直排式要麻烦一些。

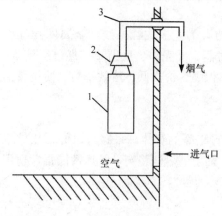

图 2-135　烟道直流式快速热水器
1—机体；2—安全排气罩；3—排气筒
道上。

闸板阀：是指闸板启闭方向和闸板平面方向平行的阀门，它是燃气工程中使用最多的一种阀门。闸阀具有阻力小，启闭力较小，燃气可反向流动等优点。其结构复杂，体积大而笨重，密封面容易擦伤而又难以修复。在燃气管网中，一般 $DN \leqslant 400$ 的闸阀均采用手轮启动。$DN \geqslant 500$ 的闸阀一般采用齿轮传动。

旋塞阀：是一种结构简单、开启及关闭迅速、阻力较小的阀门，用手柄操作，当手柄与阀体成平行状态则为全启位置，当手柄与阀体垂直时，则为全闭位置。因此不宜当做调节阀使用，密封面容易磨损，启闭用力较大，适用于小直径的管

六、民用灶具

1. 人工煤气灶具

工作内容：灶具安装、通气、试火、调试风门。

定额编号　8-647　JZ-1 单眼灶　P244

［应用释义］　灶具安装：此处是指民用灶具安装。民用灶具指居民家庭生活用灶具，一般有单眼灶、双眼灶、烤箱灶、热水器等等。民用灶具安装在室内燃气管道压力试验合格，立管水平管，用户支管和炉具支管均牢牢固定后进行，即用灶具连接管道把灶具与用户支管接通，并使灶具牢固定位，此安装过程简称锁灶。安装分高锁灶、平锁灶和低锁灶。高锁灶的灶具连接管自灶具接口垂直向上，用活接头与灶具支管连接；平锁灶为灶具连接管水平安装；低锁灶是指灶具连接管垂直向下与灶板下的燃气表连接。

根据灶具连接管的材质分硬连接和软连接，硬连接是指灶具连接管为钢管，软连接的灶具连接管为金属可挠性软管。不带支架的灶具放在灶台上，灶台可用金属橱柜面，也可由钢支架与水磨石板构成。灶台面应各方向水平稳固。热水器可采用木螺钉，膨胀螺栓或普通螺栓牢牢悬挂在墙上。一般采用可挠性软管与灶具支管接通，采用钢管与上水管接通。

单眼灶：是指只设一个主火的灶具，主火燃烧器热负荷大，火力集中，作爆炒用，同时也能满足炸、煎、煸、熘等用途。设备简单、体积较小、使用较方便。

定额编号　8-648　JZ-2 双眼灶　P244

［应用释义］　JZ-2 双眼灶：是指设一个主火，一个子火或和一个主火，一个次火的灶具，常用的家庭生活用灶为双眼灶。由炉体、工作面和燃烧器组成。燃具宜设在有自然通风和自然采光的厨房内，不得设在地下室或卧房内。利用卧室的套间或用户单独使用的走廊作厨房时，应设门并与卧室隔开。设置灶具的房间高度不得低于 2.2m。

定额编号　8-649　JZR-83 自动点火灶　P244

［应用释义］　JZR-83 自动点火灶：是指带自动点火装置，打开所需使用灶眼的燃气

阀，燃气喷嘴向引射器的入口喷射燃气流，吸入燃烧所需的 40%～80% 的空气，燃气与空气在引射器内均匀混合后流入燃烧器头部，由自动点火装置点燃，在燃烧过程中从周围大气中吸入所需要的其余空气量，火焰直接对炒菜锅加热。

定额编号　8-650　SB-2 水煤气、半水煤气灶炉　P244

[应用释义]　SB-2 水煤气、半水煤气灶炉：是指燃烧的燃气种类为水煤气的灶炉，优点是结构简单实用，外形美观大方，操作灵活方便。污染少、耗能低，价格适中，可选范围大。燃气来源较广，为广大燃气用户所接受。

定额编号　8-651　F-1 发生炉煤气灶炉　P244

[应用释义]　F-1 发生炉煤气灶炉：是指使用发生炉煤气作为燃气燃料的灶炉，发生炉煤气既清洁，又使用方便。用他作热加工或供热热源，不但可提高产品的质量，减轻劳动强度，而且能改善环境污染，因此，发生炉煤气灶炉应用极为广泛。

2. 液化石油气灶具

工作内容：灶具安装、通风、试火、调风门。

定额编号　8-652　JZY1-W 单眼灶　P245

[应用释义]　JZY1-W 单眼灶：是以液化石油气为燃料，只设一个主火的灶具。此系列产品较多，如型号 JZY1-W，热负荷大，火力集中，适用于人数较少的炊具。

定额编号　8-653　YZ2 双眼灶　P245

[应用释义]　YZ2 双眼灶：是以液化石油气为燃料，一般设一个主火，一个子火或一个主火，一个次火。主火燃烧器热负荷大，火力集中，作爆炒用，同时也能满足炸、剪、煸、熘等用途。子火燃烧器热负荷较小，用作炖、煨鱼、肉类或高汤。次火，其热负荷介于主火和子火之间，当菜量不大时，也能满足中餐炒菜爆、炸、煎、煸等功能，也可用来炖、煨等。双眼灶较适合家庭使用，双眼灶型号较多，如 YZ2 型，是一种较常用的双眼灶。

定额编号　8-654　YZ3 三眼灶　P245

[应用释义]　YZ3 三眼灶：是指设两个主火，一个次火或一个主火，一个次火，一个子火的灶具。使用燃料常为液化石油气。灶眼数目为三，热负荷比双眼灶要大些。YZ3 是常见的常用的一种型号，结构简单、实用。

定额编号　8-655　JZYZ-83 自动点火灶　P245

[应用释义]　JZYZ-83 自动点火灶：是指型号为 JZYZ-83，能够自动点火的灶具，燃料是采用液化石油气。一般地，启动点火装置点燃常明火燃烧器或立火燃烧器，燃烧时从周围大气中吸入所需的空气量，火焰直接对菜锅加热。

定额编号　8-656　YZ2A、B 双眼灶　P245

[应用释义]　YZ2A、B 双眼灶：是指设一个主火，一个次火或一个主火，一个子火，以液化石油气为燃料的灶具。是双眼灶的一种常用型号。YZ2A、B 型一种较先进的双眼灶，由 YZ2 型发展起来的，更实用，更方便。

3. 天然气灶具

工作内容：灶具安装、通风、试火、调风门

定额编号　8-657　JZT2 双眼灶　P246

[应用释义]　JZT2XJ 双眼灶：燃料是使用天然气。这种灶具设一个主火，一个子

火或一个主火，一个次火。由炉体、工作面和燃烧器组成。安装此种灶具时，注意通风效果要良好。

定额编号　8-658　JZT2-1 双眼灶　P246

［应用释义］　JZT2-1 双眼灶：是了 JZT2 的又一种型式，功能与 JZT2 差不多，燃料是天然气。

定额编号　8-659　JZY2 双眼灶　P246

［应用释义］　JZY2 双眼灶：燃料为天然气，亦由炉体、工作面和燃烧器组成，工作效率较高。

定额编号　8-660　JZT2-83 自动点火灶　P246

［应用释义］　JZT2-83 自动点火灶：是与 JZY2-83 自动点火灶同系列的，只是使用的燃料是天然气，同样是由炉体、工作面和燃烧器组成。样式较好，结构简单，实用性强。

定额编号　8-661　JZY2-85A 51 双眼灶　P246

［应用释义］　JZY2-85A 双眼灶：设一个主火，一个子火或是一个主火，一个次火的双眼灶灶具。燃料亦是天然气。安装时，应注意通风效果。此型双眼灶热负荷较大，工作效率较高。

七、公用炊事灶具

1. 人工煤气灶具

工作内容：灶具安装，通风，试火，调试风门。

定额编号　8-662～8-665　人工煤气炉　P247

［应用释义］　灶具安装：是指公用灶具安装。公用灶具由灶体、燃烧器和配管所组成。灶具的安装主要是燃烧器配管。

燃烧器的配管是指燃烧器的管接头与灶具支管之间的灶具连接管、灶前管和燃烧器连接管的配管安装。砌筑型蒸锅灶和炒菜灶的燃烧器可采用高配管和低配管两种方式。高配管就是把灶前管安装在灶沿下方，从灶前管上开孔并焊一个带有外螺纹的管接头，垂直向下接燃烧器连接管。

低配管则是将炉前管安装在灶体的踢脚位置（或上方），向上连接配管。配管安装的顺序是把灶具连接管和灶前管预先装配好，然后用活接头与安装固定好的灶具支管进行连接，此过程称为锁灶。待室内管道压力试验合格后，用活接头与燃烧器连接管连接，此为锁燃烧器。

通风：是指送风与排风两部分内容，送风可提供燃烧需要的氧气；排风是把燃烧后的有害气体排出室外。

人工煤气灶炉：常见型号有 MR3-1，MR3-2，MR3-3，MR3-4 四种。是指宾馆、饭店、企事业单位等烧水，烹制菜肴，制作主食等燃气设备。由燃气供应系统、灶体和炉膛等几大部分组成。使用的燃气为人工煤气。安装时，应注意灶具的通风效果。

2. 液化石油气灶具

工作内容：灶具安装、通气、试火、调试风门。

定额编号　8-666～8-673　液化石油气灶炉　P248～P249

［应用释义］　液化石油气灶炉：是由燃气供应系统、灶体和炉膛等几大部分组成，

燃气供应系统包括进气管、燃气阀、主燃烧器，常明火和自动点火装置等，提供的燃料以液化石油气为主，灶体包括灶架、围板、灶面板等，炉膛包括灶膛、锅支架和烟道等。常见的类型有 YR-2，YR-2.5，YR-4，YR-6，YZT3，Y2-S32，Y2-3，GZY3-W 等种，液化石油气来源较广，因而，这一系列的灶炉实用性很强。

3. 天然气灶具

工作内容：灶具安装，通气，试火，调试风门。

定额编号 8-674～8-677 天然气灶具 P250

[应用释义] 天然气灶炉：是指以天然气为燃料的灶具，型号有 MR_3-1、MR_3-2、MR_3-3、MR_3-4 四种型号，组成与其他灶具相同，以天然气为燃料，热值高，经济效益高，在城市中，得到广泛的应用。

石棉橡胶板：见第一章管道安装第三节定额应用释义定额编号 8-23～8-35 钢管释义。

八、单双气嘴

工作内容：气嘴研磨、上气嘴。

定额编号 8-678～8-681 单双气嘴 P251

[应用释义] 单双气嘴：指燃气灶具输送气体的设备，有单嘴和双嘴两种样式。单双气嘴可控制气体输送的大小，为燃烧作好供应。型号有 XW15 和 XN15 两种，而 XW15 型又可分为单嘴外螺纹和单嘴双螺纹；XN15 型又可分为双嘴内螺纹和双嘴内螺纹两种；单双气嘴广泛用于燃气管道中。

第二部分 全国统一安装工程预算定额交底资料

第一章 1986 年版定额交底资料问答

1. 本册规定工作物操作高度是多少？超过规定是否可以计取超高增加费？

答：给排水、采暖、煤气工程的工作物操作高度均以 3.6m 为限，如超过 3.6m，其超高增加费按其超过部分（指由 3.6m 至操作最高点）的定额人工费乘以下表 2-44 所列系数。

表 2-44

标高（m）	3.6~8	3.6~12	3.6~16	3.6~20
超高系数	1.10	1.15	1.2	1.25

2. 主体结构为现场浇注采用钢模施工的工程，内外浇注的定额人工乘以 1.05，内浇外砌的定额人工乘以 1.03，是否包括其附属工程的给排水、采暖、煤气工程全部项目？

答：本系数指的是土建工程主体结构为现场浇注，采用大块整体钢模施工的工程，不包括附属工程。

3. "管廊"的具体定义是什么？

答：所谓的"管廊"，与工艺金属结构中的管廊不同。是指在宾馆或饭店内封闭的天棚、竖向通道内（或称管道间）铺设给排水、采暖、煤气管道，应将其定额人工费乘以系数 1.3。

4. 定额中未包括铜管、不锈钢管安装项目，是否可执行第六册"工业管道工程"定额？

答：可执行第六册"工业管道工程"定额有关项目。

5. 承插铸铁给水管铺设项目中，只有铸铁给水管，没有管件，如何计算？

答：室内外给水、雨水铸铁管包括接头零件安装所需人工，但接头零件按设计需要量，另行计算管件材料价。

6. 定额中室内给水丝接部分，设计要求的附属零件大多超过定额数量，可否调整？

答：给水管道丝接的附属零件是综合计算的，不得调整。

7. 塑料室内给水管道安装工程应套用什么定额？

答：白色塑料室内给水管道安装，设计具有一定压力，区别于塑料排水管安装，应按补充定额项目执行。

8. 本定额第一章说明中无给出排水管工程量计算规则，如何计算排水管道工程量？

答：各种管道的工程量均按图示中心线延长米计算，阀门及管件所占长度均不扣除。

9. 本册第一章管道安装说明第三条第 4 款"钢管包括弯管制作与安装（伸缩器除外），无论是现场煨制还是成品弯管均不得换算"，是否包括圆型补偿器制作？

答：不包括圆型补偿器。

10. 管道消毒、冲洗定额子目的适用范围和条件是什么？

答：适用于设计和施工验收规范中有要求的工程。

11. 配合土建施工的留洞留槽，修补洞的材料和人工，定额是如何考虑的？

答：本定额中已考虑了打堵洞眼所需的材料（因为材料量很少，列在其他材料费内）和人工。

12. 定额钢管（焊接）安装中，$\phi32$、$\phi40$、$\phi50$、每 10m 管道中未包括压制弯头，该零件应怎样计算？

答：本定额中 $\phi30$、$\phi40$、$\phi50$ 全部管道弯管考虑使用煨制弯，不用压制弯头，制弯的工料已包括在定额内。

13. 碳钢法兰丝接安装，可否执行铸铁法兰丝接定额？

答：可执行本定额铸铁法兰丝接项目。

14. 管道安装中是否扣除暖气片所占长度？

答：应扣除暖气片所占长度。

15. 采暖工程暖气片安装是否包括其两端阀门？

答：定额中没有包括其两端阀门，可以按其规格，另套用阀门安装定额相应项目。

16. 给排水管道穿楼板设计要求作防水处理，套用"刚性防水套管制安"定额是否妥当？

答：不妥。刚性防水套管适用于穿水池、地下室壁、屋面管道。管道穿楼板作防水处理也不同于一般的穿楼板钢套管制安。因此，可按第六册刚性套管制安定额子目，按不同的楼板厚度乘相应的系数。当楼板厚度≤100mm，相应子目定额乘以 0.2；当楼板厚度≤200mm，相应子目定额乘以 0.4；当楼板厚度>200mm 时，相应子目定额乘以 0.6。

17. 钢管丝接中，接口填料与定额不同时，是否可以换算？

答：不允许换算。

18. 上水管道绕房屋周围 1m 以内敷设，按什么计算？

答：按室外管道计算。

19. 透气帽制作与安装执行什么定额？

答：透气帽已包括在室内排水管道内，不另计算。

20. 埋置于墙内的给排水管道安装如何套用定额？

答：墙内管道安装不分明、暗敷设形式，均按管道安装定额相应项目执行。

21. 铸铁、塑料排水管安装中，透气帽的用量大于定额规定，能否换算？

答：定额是综合考虑的，不得换算。

22. 镀锌给水管线中，丝扣阀门安装定额含量是黑玛钢活接头，实际设计采用镀锌活接头是否可以换算？

答：若设计有特殊要求的，也可以换算。

23. 铸铁法兰螺栓连接未列铅油、填料是否有误？

答：油、麻填料已包括在其他材料费内。

24. 系统水压试验如何计算？

答：本定额已包括水压试验，不论用何种形式作水压试验，均不作调整。

25. 器具安装中有的使用膨胀螺栓，是否可以调整？

答：非设计要求用膨胀螺栓者，不得调整。

26. 室内排水铸铁管安装检查口的橡胶板、螺栓定额是否考虑？

答：已考虑，均包括在其他材料费内。

27. 减压器、疏水器单体的安装，执行什么项目？

答：可执行相应阀门安装项目。

28. 消火栓中的水龙带，实际采用与定额所含的材质不同时，能否调整？

答：定额中水龙带的材质是苎麻，如果与施工图设计的材质不同时，可以进行换算。

29. 厂房柱子突出墙面，管道绕柱子是否套用补偿器定额子目？

答：如属于补偿器形式的，可以套用。

30. 雨水管和雨水管与下水管合用时，是否执行同一定额子目？

答：应分别执行管道安装工程的雨水管和排水管定额相应项目。

31. 管道安装已包括接头零件安装，其中活接头计价是否按设计图用量计入？

答：丝接管道安装已包括了接头零件的安装，定额是按长丝考虑的，如设计要求必须用活接头时，也可以换算。

32. 第一章"管道安装"定额说明第三条第 3 款"DN32 以内钢管包括管卡及托钩制作安装"适用于哪些管道？

答：这条说明仅适用于室内丝接钢管安装。

33. 定额中气焊用的电石，是否可以换算乙炔气？

答：允许换算，换算办法详见第五册"静置设备与工艺金属结构制作安装工程"定额的解释。

34. 煤气工程系统压力试验是否另外计算？

答：定额中已包括了煤气工程的气压试验，不再另行计算压力试验。

35. 镀锌钢管的调直，定额中是否已考虑？

答：镀锌钢管、焊接钢管调直均包括在定额内。

36. 本册定额冷热水混合器按大小分两种型号，定额是怎样取定的？

答：冷热水混合器定额是按全国通用给排水标准图集小、大型编制的。

37. 集气罐、分气筒安装套用什么定额？

答：集气罐、分气筒制作安装执行第六册"工业管道工程"第六章定额的相应项目。

38. 除污器安装套用什么定额？

答：若单独安装的除污器可套用第六册"工业管道工程"相同口径的阀门安装定额，如为成组安装时，可按其构成的部件分别套用第六册相应项目。

39. 地漏安装中所需的焊接管量比定额中规定的量大，能否调整？

答：定额已综合考虑，不得调整。

40. 下水管、雨水管支架定额用角钢立管卡，有的省用墙锚可否调整？

答：不论使用什么种类，支架定额不得调整。

41. 单体安装的安全阀，能否套用相应口径的阀门安装定额？

答：安全阀安装（包括调试定压）可按阀门安装相应定额项目乘以系数 2.0 计算。

42. 铸铁雨水管定额中无雨水漏斗数量及管件量，应如何计算？

答：雨水漏斗及雨水管件按设计需用量，另计主材价。

43. 脚踏大便器定额是按与设备配套组装的，单独安装脚踏门应套用什么定额？

答：可以套用阀门安装定额的相应项目。

44. 采暖工程系统调整费是属于子目系数还是综合系数？它的计算基数人工费是否包括脚手架搭拆费中的人工费及高层建筑增加费中的人工费？

答：系统调整费属于综合系数。计算基数包括高层建筑增加费系数，但不包括脚手架搭拆系数。本定额说明中的六个系数，除脚手架搭拆系数和采暖工程系统调整费系数是综合系数外，其他均属于子目系数。

45. 管道支架的预埋件应执行什么定额？

答：管道支架预埋件应按设计图纸范围确定，如设计在土建施工图上，则执行土建工程定额，如设计在安装施工图上，则执行安装工程安额。

46. 采暖工程定额规定可以收取系统调整费，热水管的安装工程是否也可以收取该项费用？

答：热水管道安装不属于采暖工程，不能收取系统调整费。

47. 本册定额中，管道安装中包含了水压试验，但材料费中为何没有水费？有些项目为何没有列试压泵的台班费？

答：水压试验的水费已包括在其他材料费用。定额项目凡没有列试压泵的，是按手动试压泵考虑的，这部分费用已在费用定额其他直接费的生产工具用具使用费中考虑了，所以不得另行计算。

48. 水处理间离子交换器安装套用什么定额？

答：应根据容器的结构形式套用第五册"静置设备与工艺金属结构制作安装工程"定额的相应项目。

49. 不带旁通管的法兰式水表安装，如何执行定额？

答：不带旁通管的法兰式水表安装，可按带旁通管的法兰水表安装定额项目执行，但阀门、法兰数量可按实调整，其余不变。

50. 水箱底座所垫枕木执行什么定额？

答：可执行各地建筑工程预算定额中的相应项目。

51. 本册第一章规定，管道安装中不包括伸缩器制作安装，执行估价表时按相应项目计算，应如何理解？

答：此条系指采暖、热力管道中，按设计要求需安装的伸缩器，要按相应项目另行计算。但塑料排水管中的伸缩节（或称伸缩接头）则不得另行计算，因为塑料排水管中的伸缩节属管件，已计算到估价表中，虽然起伸缩作用，但不是伸缩器，是一个成品件，跟采暖、热力管道中的伸缩器不一样，所以，管道安装中未包括伸缩器的制作安装。

52. 洗涤盆、蹲式大便器的存水弯的品种与设计要求不同时，可否调整？

答：可以调整。

53. 大便槽、小便槽自动冲洗水箱的制作应执行什么定额？

答：大便槽、小便槽自动冲洗水箱（铁制）可执行钢板水箱制作定额。

54. 钢制柱式散热器安装有无损耗系数？

答：钢柱式散热器在出厂时是组装成组的合格产品，安装时不再考虑损耗。

55. 管沟内的管道安装能否视同管廊内的管道安装？

答：管沟内的管道安装，不能视同管廊内的管道安装，应执行第一章"管道安装"定额的相应项目。

56. 普通阀门冲洗蹲式大便器，其工程量计算是以阀门位置尺寸为准，还是水平管交叉为准（即自水平管至阀门，此段工程量是否可计）？

答：以水平管与分支管的交叉处为准。但给水支管与水平管交叉的地点标高定额是按1m考虑的，附图中标高是2m，可以换算找差。

57. 请标出一联挂斗式小便器工程量计算的具体位置。

答：一联挂斗式小便器高水箱冲洗安装以"组"为计量单位，定额是全国通用给水排水标准图集S342第54页编制的。每组工程量计算的具体位置如图2-136、图2-137所示，给水是水平管与支管的交接处，排水到塑料存水弯处。每组主要材料见表2-45。

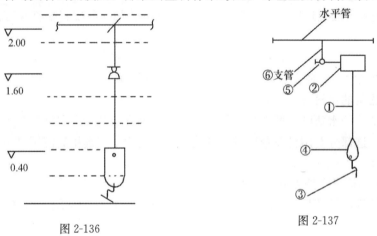

图 2-136

图 2-137

一联挂斗式小便器高水箱每组主要材料 表 2-45

编　号	名　称	规　格	材　料	单　位	数　量
①	小便器	（挂斗）	陶　瓷	个	1
②	高水箱		陶　瓷	个	1
③	存水弯	DN32	塑　料	个	1
④	自动冲管配件	（一联）	铜管镀铬	套	1
⑤	螺纹阀	DN15		个	1
⑥	水箱进水嘴	DN15	塑　料	个	1
⑦	水箱冲洗阀	DN32	铜	个	1
⑧	钢　管	DN15	镀　锌	m	0.3

58. 请标出冷热水钢管淋浴器工程量计算的具体位置。

答： 冷热水钢管淋浴器安装以"组"为计量单位，定额是按全国通用给水排水标准图集 S342 第 54 页编制的。每组工程量计算的具体位置是水平管与支管的交接处（如图 2-138 所示）每组主要材料见表 2-46。

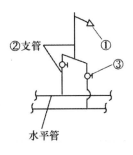

图 2-138

冷热水钢管淋浴器每组主要材料　　　　表 2-46

编　号	名　　称	规　格	材　料	单　位	数　量
①	莲蓬头	DN15	铜	个	1
②	支管	DN15	镀锌	m	2.5
③	螺纹阀	DN15	铜	个	2
④	弯头	DN15	镀锌	个	3
⑤	活接头	DN15	镀锌	个	2
⑥	三通	DN15	镀锌	个	1

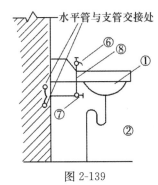

图 2-139

59. 请标出冷热水钢管洗脸盆工程量计算的具体位置。

答： 冷热水钢管洗脸盆安装以"组"为计量单位，定额是按全国通用给水排水标准图集 S342 第 20 页编制的。每组工程量计算的具体位置如图 2-139 所示。给水是水平管与支管的交接处，排水到塑料存水弯处。每组主要材料见表 2-47。

冷热水钢管洗脸盆每组主要材料　　　　表 2-47

编　号	名　　称	规　格	材　料	单　位	数　量
①	洗脸盆		陶　瓷	个	1
②	存水弯	DN32	塑料	个	1
③	排水栓	DN32	铜或塑料	个	1
④	洗脸盆架			副	1
⑤	木螺钉	2		个	6
⑥	立式水嘴	DN15	铜镀铬	个	2
⑦	截止阀	DN15	铜	个	2
⑧	支管	DN15	镀锌	m	0.8
⑨	弯头	DN15	镀锌	个	2
⑩	活接头	DN15	镀锌	个	2

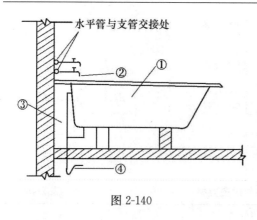

水平管与支管交接处

图 2-140

60. 软化水处理间管道执行什么定额？

答：可执行第六册"工业管道工程"定额有关项目。

61. 请标出冷热水浴盆安装工程量计算的具体位置。

答：冷热浴盆安装以"组"为计量单位，定额堤按全国通用给水排水标准图集 S342 第 36 页编制的。每组工程量计算的具体位置如图 2-140 所示，给水是水平管与支管的交接处，排水到铸铁存水弯处。每组主要材料见表 2-48。

冷热水浴盆每组主要材料   表 2-48

编　号	名　称	规　格	材　料	单　位	数　量
①	浴盆		铸铁搪瓷	个	1
②	浴盆水嘴	DN15	铜	个	2
③	浴盆排水配件	DN40	铜	配	1
④	浴盆存水弯	DN50	铸铁	个	1
⑤	钢管	DN15	镀锌	m	0.3
⑥	弯头	DN15	镀锌	个	2

62. 带存水弯的地漏如何套用定额？

答：可套用地漏安装定额，但存水弯应另计主材费。

63. 水磨石洗涤盆支座如为土建砌筑，套用洗涤盆安装定额时，是否应扣除洗涤盆托架价值？

答：应该扣除洗涤盆托架及螺栓价值。

64. 定额给出的给排水脸盆存水弯是塑料的，实际采用铜镀铬的，是否允许换算？

答：可以换算。

65. 煤气工程设计要求阀门解体检查和研磨，怎样处理？

答：阀门研磨、抹密封油已综合在煤气管道安装定额内。

66. 本册采暖工程系统调整费取费基数包括哪些？

答：包括采暖工程中的管道、散热器、阀门安装及刷油等全部安装人工费。

67. 室内、外管道沟土方及管道基础应按什么工程类别计取管理费？

答：管道沟挖填土方及管道基础施工应区别不同情况，按下列规定执行定额：

（1）室内管道人工挖填土方项目，并入安装工程人工费，按照安装工程类别计取费用。

（2）室外管道沟挖填土方、混凝土垫层和砌筑工程，按照建筑工程类别的相应费率取费。

（3）如单独承包室外管道挖填土石方，应根据挖填土石方工程数量，确定相应工程类别，按照单独人工土石方费用定额执行。

68. 光排管散热器项目中，排管的公称直径都比联管公称直径小是什么原因？

答：本定额是按国标 A 型排管考虑的，所以联管都比排管的直径大，如果联管直径小，也可执行此项定额。

69. 请标出低水箱坐式大便器安装工程量计算的具体位置。

答：低水箱坐式大便器安装以"组"为计量单位，定额是按全国通用给水排水标准图集 S342 第 27 页编制的。每组工程量计算的具体位置如图 2-141 所示。一给水是水平管与支管的交接处，排水是与排水管的交接处。每组主要材料见表 2-49。

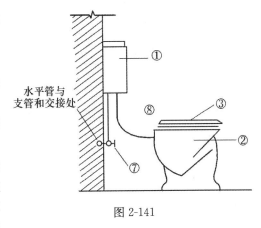

水平管与
支管和交接处

图 2-141

编 号	名　称	规　格	材　料	单 位	数 量
①	低水箱		陶瓷	个	1
②	坐式便器		陶瓷	个	1
③	坐式便器坐盖		电木	套	1
④	镀锌钢管	DN15	镀锌	m	0.3
⑤	弯头	DN15	镀锌	个	1
⑥	活接头	DN15	镀锌	个	1
⑦	角式截止阀	DN15	铜	个	1
⑧	冲洗管及配件	DN50	铜或塑料	套	1

低水箱坐式大便器每组主要材料　　表 2-49

70. 如图 2-142 所示为水箱冲洗三联立式小便器安装（单、二联同），工程量计算的具体位置如何确定？

答：小便器安装的工程量计算的具体位置，给水是从水平管与进水箱分支管交叉处（包括进水阀门）；排水是存水弯与排水管道的交接处。

71. 蹲式高水箱大便器工程量计算的具体位置如何确定？

答：蹲式高水箱大便器安装以"组"为计量单位，定额是按全国通用给水排水标准图集 S342 第 33 页编制的。每组工程量计算的具体位置如图 2-142 和图 2-143 所示，给水是水平管与支管的交接处，排水到陶瓷存水弯处。每组主要材料见表 2-50。

蹲式高水箱大便器每组主要材料　　表 2-50

编 号	名　称	规　格	材　料	单 位	数 量
①	蹲式大便器		陶瓷	个	1
②	高水箱		陶瓷	个	1
③	冲洗管	DN25	焊接管	m	2.5
④	螺纹阀	DN15		个	1
⑤	存水弯	DN100	陶瓷	个	1
⑥	镀锌管	DN15		m	0.3
⑦	镀锌弯头	DN15		个	1
⑧	镀锌活接头	DN15		个	1

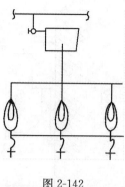

图 2-142

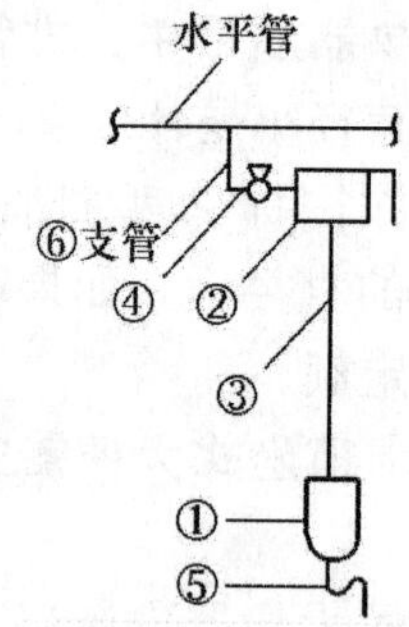

图 2-143

72. 煤气管道安装中，哪些情况可以执行市政定额？哪些情况应执行安装定额？

答：（1）若为城市煤气管道应执行市政定额，住宅小区内应执行安装第八册定额。具体讲从城市煤气发生厂（站）至分配站执行市政定额，分配站至住宅小区及住宅区内执行安装第八册定额。住宅区至城市煤气主管道间无配站时，可按小区煤气管道与城市主管道碰头的第一个阀门为界，阀门至城市煤气主管道间的管道执行市政定额，阀门以后的管道执行安装第八册定额。

（2）生产生活共用的主管道在市区内施工执行市政定额。

（3）生产用的煤气管道，执行安装第六册"工业管道工程"定额。

73.《全国统一安装工程预算定额》第一、二册说明中都列有安装与生产同时进行增加费按人工费的 10%，有害身体健康的环境中施工降效增加的费用按人工费的 10%，这对给排水、采暖、煤气工程预算定额是否适用？

答：这两项费用如果施工中确定发生，对此也适用。

74. 过墙铁皮套管材料是否包括在管道安装定额之中？

答：过墙铁皮套管有制作项目，执行本定额第 44 页相应项目。

第二章 2000年版定额交底资料

第一节 定 额 说 明

一、定额的编制依据及参考资料

新定额是以国家计委1986年颁发的《全国统一安装工程预算定额》第八册"给排水、采暖、煤气工程"(以下简称旧定额)为基础进行修编的。定额项目的增减是根据定额内容的调整和国家现行规范、规程、标准图的改变,新产品以及各省、直辖市、自治区提出的项目、资料条件成熟后进行修编的。

二、定额的项目设置

新定额主要内容包括:管道安装;阀门、水平标尺安装;低压器具、水表组成与安装;卫生器具制作安装;供暖器具安装;小型容器制作安装;燃气管道、附件、器具安装,以及几项必要的系数。

新修编的定额共设7章681个子目,旧定额为627个子目,新定额比旧定额新增子目171个,减少子目117个。

增减项目中主要有以下几种情况:

1. 增加了定额短缺的常用项目。如:室外排水铸铁管安装增加12个子目。

2. 为适应高层建筑和地震多发地区实际情况,编入了柔性抗震铸铁排水管安装,增加5个子目。

3. 加大子目范围。如:给水铸铁管胶圈接口,增加DN100～DN250规格,疏水器、减压器、水表增加小规格,光排管散热器制作安装"A"型制作安装,长度2～4m和长度4～6m分列,新编了国家标准图中"B"型光排管散热器制作安装,燃气公用灶具安装等。以上计增加87个子目,扩大了定额覆盖面。

4. 国标修改的变化,新编卫生器具、矩形、圆形钢板水箱的制作安装,计增加62个子目。

5. 为了简明适用,新定额减掉了管道支架木垫式、滚动滑动式不常用项目,以及旧国标中钢板水箱制作安装、倒便器安装、太阳能集器安装等,减少子目102个。

6. 项目调整室内外消火栓、消防水泵接合器,减少子目15个。列入消防及安全防范设备安装工程定额。

7. 为了方便使用定额,移用工业管道工程定额中的一般管道支架和管道压力试验,增加子目5个。

三、定额的适用范围

本册定额适用于新建、扩建工程项目中的生活用给水、排水、燃气、采暖热源管道以及附件配件安装、小型容器制作安装工程。

四、定额中消耗量确定

新定额材料水平运距与旧定额保持一致,还是取定300m,执行时运距不得调整。施工高度仍为 6 层或 20m，但操作高度由旧定额 4.5m 改为 3.6m。

新定额用劳动定额确定的人工工日的幅度差为 12%，与劳动定额保持一致。

新定额主材、辅材损耗率按建设部（97）建标经字第 4 号文件规定，已计入定额数量。

新定额调整了脚手架搭拆费与高层建筑增加费系数。

五、工程量计算规则

详见《全国统一安装工程预算定额工程量计算规则》。

六、其他说明

1. 需进一步说明的问题

（1）各种管道的工程量均按"延长米"计算，阀门管件（包括减压器、疏水器、水表等）均不从管道延长米中扣除。

（2）安装的设计规格与定额子目规格不符时，使用接近规格的项目，居中时按大者，超过本定额最大规格的作补充定额。

（3）铸铁排水管、雨水管及塑料排水管均包括管卡及托吊支架、臭气帽、雨水漏斗制作安装，但未包括雨水漏斗的本身价格，雨水漏斗及雨水管件按实用数量另计主材价。

（4）铸铁法兰（螺纹连接）已计算了带帽螺栓的安装人工和材料，如主材价不包括带帽螺栓者，带帽螺栓价格另计。

（5）各种水箱连接管，均未包括在定额内，可按室内管道安装的相应项目执行。各类水箱均未包括支架制作安装，如为型钢支架执行本册项目，如为混凝土或砖支座可按地区"建筑工程预算定额"相应项目执行。

2. 关于几项费用系数的说明

（1）脚手架搭拆费按人工费的 5% 计算，其中人工工资占 25% 是综合考虑的，施工中操作搭不搭脚手架都照给。

（2）高层建筑增加费是指高度在 6 层以上的多层建筑（不含 6 层），单层建筑物自室外设计正负零至檐口高度在 20m 以上（不含 20m）不包括屋顶水箱间、电梯间、屋顶平台出入口等的建筑物。由于高层建筑增加系数是按全部建筑面积的工程量综合计算的，因此在计算工程量时，不扣除 6 层或 20m 以下的工程量。

（3）超高增加费：定额中工作物操作高度均以 3.6m 为界限，如超过 3.6m 时，其超过部分工程量增加系数，3.6m 以内的工程量不增加系数。

（4）采暖工程系统调整费按采暖工程人工费的 15% 计算，其中人工工资占 20%。

（5）设备管道间、管廊内的管道阀门、法兰、支架，其定额人工乘以 1.3。是指一些采暖、给排水、燃气管道、阀门、法兰、支架等进入管道间内的工程量部分在管道间内操作的那部分。

（6）主体结构为现场浇注采用钢模施工的工程，内外浇注的定额人工乘以 1.05，内浇外砌的定额人工乘以 1.03。这里钢模指的是大块钢模。

3. 关于定额中的缺项问题

由于我国地域广阔，地理环境、气候条件、建筑型式等有很大差异，各地的设计、施工不尽相同。因此，新定额仍然不能全部满足个别地区的特殊需要，不适用项目、缺项情况在所难免。随着我国建筑业改革步伐的不断发展，新结构、新技术、新产品、新的施工方法会不断涌现，新定额要不断补充完善，对于新的编制全国定额尚未成熟的项目，允许各地区编制一次性补充估价表。

4. 本册定额与有关定额的划分界线

（1）给水管道：

1）室内外界线以建筑物外墙皮 1.5m 为界，入口处设阀门者以阀门为界。

2）与市政管道界线以水表井为界，无水表井者，以与市政管道碰头点为界。

（2）排水管道：

1）室内外以出户第一个排水检查井为界。

2）室外管道与市政管道以室外管道与市政管道碰头井为界。

（3）采暖热源管道：

1）室内外以入口阀门或建筑物外墙皮 1.5m 为界。

2）与工业管道界线以锅炉房或泵站外墙皮 1.5m 为界。

3）工厂车间内采暖管道以采暖系统与工业管道碰头点为界。

4）设在高层建筑内的加压泵间管道以泵间外墙皮为界。

（4）燃气管道：

1）室内外管道地下引入室内的管道以室内第一个阀门为界。地上引入室内的管道以墙外三通为界。

2）室外管道和市政管道以两者的碰头点为界。

5. 定额的编制

新定额是按国内大多数施工企业采用的施工方法、机械化程度、合理的工期、施工工艺和合理的劳动组织条件进行编制的，除编制说明和章节另有说明外，均不得因上述因素有差异而对定额进行调整换算。

6. 本册定额与相关定额的内容划分

（1）工业管道。生产生活共用的管道、锅炉房和泵类配管以及高层建筑内加压泵间的管道使用第六册"工业管道工程"定额。

（2）刷油、绝热部分使用第十一册"刷油、绝热、防腐蚀工程"定额。

（3）埋地管道的土石方及砌筑工程执行建筑工程预算定额。

（4）有关各类泵、风机等传动设备安装使用第一册"机械设备安装工程"定额。

（5）锅炉安装执行第三册"热力设备安装工程"定额。

（6）消火栓及消防报警设备安装执行第七册"消防及安全防范设备安装工程"定额。

（7）压力表、温度计执行第十册"自动化控制仪表安装工程"定额。

七、定额的水平

本着符合社会必要劳动量的原则，新定额在编制过程中，注意了严格控制总水平，以其中可比性的子目，通过测算对比结果总水平降低1‰，各类工程的总水平及人工、材料、机械变化情况见表2-51。

表 2-51

工程名称	测算图纸份数	总水平（％）	其中（％）		
			人工	材料	机械
给排水工程	10	−2.1	−0.9	−2.1	−47.6
采暖工程	7	+0.7	+8.2	+0.2	−37.5
燃气工程	5	+0.3	+4.2	−0.04	−8.4
合　计	22	−1.0	+2.3	−1.2	37.6

注：表中定额水平为自分数，提高为正，降低为负。

从表中可以看出，定额总水平和材料消耗水平、机械水平都降低了，人工水平提高了，其原因是：

1. 卫生器具制作安装，辅材损耗量增加，定额材料水平降低。

2. 新定额管道安装，由于调整少部分分项工程施工方法，管径DN50以上的机械操作比例增加，定额机械水平降低了。

3. 旧定额6层或20m以内人力垂直运输定额用工量，在新定额中减掉。特别是M132、柱型散热器组成安装用工量减少，变化越大，然而M132、柱型散热器安装，在采暖工程中所占比例比较大，人工水平提高的幅度也比较大，使得定额人工水平提高。

4. 燃气管道安装，人工水平提高原因有以下两条：

(1) 新定额减除阀门研磨的人工工日。

(2) 镀锌钢管丝接的机械化水平提高，效率提高了，定额工日减少。管道安装人工工日变化比附件、器具安装变化大，是定额变化主要因素，所以燃气定额人工水平提高。

总的看，尽管人工水平提高，但由于材料和机械在定额中所占比重大，因而新定额的总水平仍然是降低。

第二节　各章节说明

一、管道安装

本定额各项施工工序的施工方法，是根据当前大部分地区现有的施工技术、能力、方法及国家现行的施工验收规范，操作规程综合确定的。各项施工工序的施工方法见表2-52～表2-61。

1. 室内、外镀锌钢管及焊接钢管安装（丝接）见表2-52。

表 2-52

施工工序	施工方法
场内水平运输	手推车
场内垂直运输	人工
管材清理检查	人工
管材调直	DN15～DN50手锤，DN65～DN150丝杠调直器

续表

施工工序	施 工 方 法
切管	DN15～DN20 手锯，DN25～DN40，手锯占 70%，管子切断机 30%，DN50 手锯占 30%，管子切断机占 70%，DN65～DN125 管子切断机，DN150 普通车床
套丝	DN15～DN20 手工绞板，DN25～DN50 手工绞板占 70%，套丝机占 30%，DN65～DN80 手工绞板占 30%，套丝机占 70%，DN100～150 普通车床
管件	成品
安装	手动工具
水压试验	手动试压泵
打堵洞眼	人工

2. 室内钢管安装（焊接）见表 2-53。

表 2-53

施工工序	施 工 方 法
场内水平运输	DN32～DN150 人力、手推车，DN200～DN300 汽车吊、载重汽车
场内垂直运输	DN32～DN150 人力，DN200～DN300 卷扬机
管材清理检查	人工
调直	DN32～DN50 手锤，DN65～DN150 手动丝杆调直器，DN200～DN300 氧乙炔焰
切管	DN32～DN50 手锯切割占 20%，手工氧气切割占 80%，DN65～DN125 手工氧气切割占 70%，管子 切断机切断占 30%，DN150～DN300 手工氧气切割
坡口	DN32～DN40 不坡口，DN50～DN300 手工氧气坡口
弯管	DN32～DN50 液压弯管机，DN65～DN100 液压弯管机占 60%，压制弯头占 40%，DN125～DN300 全部采用压制弯头
异径管制作	DN32～DN100 氧炔焰焊制，DN125～300 氧炔焰切割抽条，电焊焊接
管道安装	人工
焊接	DN32～50 手工氧气焊接，DN65～300 手工电弧焊接
水压试验	DN32～150 手动试压泵，DN200～300 电动试压泵

3. 室外钢管安装（焊接）见表 2-54。

表 2-54

施工工序	施 工 方 法
场内水平运输	DN32～DN150 人力、手推车，DN200～DN400 汽车吊、载重汽车
场内垂直运输	DN32～DN150 人力，DN200～DN400 汽车式起重机
管材清理检查	人下
调直	DN32～DN50 手锤，DN65～DN150 手动丝杆调直器，DN200～DN400 氧—乙炔焰
切管	DN32～DN50 手锯切割占 20%，手工氧气切割占 80%，DN65～DN125 手工氧气切割占 70%，管子切断机切断占 30%，DN150～DN400 手工氧气切割
坡口	DN32～DN40 不坡口，DN50～DN400 手工氧气坡口

续表

施工工序	施 工 方 法
弯管	DN32～DN50 液压弯管机，DN65～DN100 液压弯管机占 60%，采用压制弯头占 40%，DN125～DN400 全部采用压制弯头
异径管制作	DN32～DN100 氧炔焰焊制，DN125～DN400 氧炔焰切割抽条，电焊焊接
焊接	DN32～DN50 手工氧气焊接，DN65～DN400 手工电弧焊接
管道安装	人工
水压试验	DN32～DN150 手动试压泵，DN200～DN400 电动试压泵

4. 室内承插给水铸铁管安装见表 2-55。

表 2-55

施工工序	施 工 方 法
场内水平运输	DN75～DN150 人力、手推车，DN200～DN300 汽车、卷扬机
场内垂直运输	DN75～DN150 人工，DN200～DN300 卷扬机
管材清理检查	人工、氧气除沥青
捻口	人工、手锤
熔化及调制接口材料	人工
管道安装	DN75～DN150 人工，DN200～DN300 卷扬机
打堵洞眼	人工
水压试验	DN75～DN150 手动试压泵，DN150～DN300 电动试压泵

5. 室内承插排水铸铁管安装见表 2-56。

表 2-56

施工工序	施 工 方 法
场内水平运输	人力、手推车
场内垂直运输	人工
管材清理检查	人工
切管	人工剁管
接口	手锤打口，人工配制接口材料
养护	人工
管件	成品
管道安装	人工
灌水试验	人工

6. 室内承插雨水铸铁管安装见表 2-57。

表 2-57

施工工序	施 工 方 法
场内水平运输	DN100～DN150 手推车，DN200～DN300 汽车吊，汽车
场内垂直运输	DN100～DN150 人工，DN200～DN300 卷扬机

续表

施工工序	施　工　方　法
管材清理检查	人工、氧气除沥青
切管	人工剁管
管件	成品
管道安装	DN100～DN150 人工，DN200～DN300 卷扬机
接口	人工、手锤，人工配制接口材料
养护	人工
水压试验	DN100 手动试压泵，DN150～DN300 电动试压泵

7. 室内承插排水塑料管安装见表 2-58。

表 2-58

施工工序	施　工　方　法
场内水平运输	人工
场内垂直运输	人工
管材清理检查	人工
管材调直	电炉加热
管件	成品
管道及管件粘接	人工
配制接口材料	人工、电炉熔化接口材料
打堵洞眼	人工
切管	手工锯
栽管卡支架	人工、电锤打眼
灌水试验	人工

8. 燃气室内、外钢管安装（丝接）见表 2-59。

表 2-59

施工工序	施　工　方　法
场内水平运输	手推车
场内垂直运输	人工
管材清理检查	人工
调直	DN15～DN50 手锤，DN65～DN100 丝杠调直器
切管	DN15～DN20 手锯切割，DN25～DN40 手锯切割占 70%，管子切断机占 30%
	DN50 手锯切割占 30%，管子切断机占 70%，DN65～DN100 管子切断机
套丝	DN15～DN20 手工绞板，DN25～DN40 手工绞板占 70%，套丝机占 30%
	DN50～DN80 手工绞板占 30%，套丝机占 70%，DN100 普通车床
弯管	室内：DN15～DN20 弯管机。室外：DN25～DN50 弯管机
管件	成品
安装	人工
打堵洞眼	人工
气压试验	空气压缩机

9. 燃气室外钢管安装（焊接）见表 2-60。

表 2-60

施工工序	施 工 方 法
场内水平运输	DN15～DN150 手推车，DN200～DN400 汽车吊，汽车
场内垂直运输	DN15～DN150 人工，DN200～DN400 汽车吊
管材清理检查	人工
调直	DN15～DN50 手锤，DN65～DN150 丝杠调直器
切管	DN15～DN50 手锯切割占 20%，手工氧气切割占 80%，DN65～DN125 手工氧气切割占 70%，管子切断机占 30%，DN150～DN400 手工氧气切割
坡口	手工氧气坡口
焊口	DN15～DN50 氧—乙炔焊，DN65～DN400 手工电弧焊
磨口	DN15～DN50 不磨口，DN65～DN400 砂轮机磨口
异径管制作	DN15～DN100 氧炔焰焊制，DN125～DN400 氧气抽条切割手工电弧焊
弯管	DN15～DN40 液压弯管，DN50～DN100 液压弯管机占 60%，压制弯头 40% DN125～DN400 全部用压制弯头
挖眼接管	氧-乙炔焰切割，DN15～DN50 氧气焊接，DN65～DN400 手工电弧焊接
打堵洞眼	人工
管道安装	人工
气压试验	空气压缩机

10. 燃气承插铸铁管安装见表 2-61。

表 2-61

施工工序	施 工 方 法
场内水平运输	DN150 以内手推车，DN200～DN400 汽车吊，汽车
场内垂直运输	DN150 以内人工，DN200 汽车吊，DN300～DN400 汽车式起重机
管材清理检查	人工
切管	人工剁管
管道安装	DN150 以内人工，DN200 汽车吊，DN300～DN400 汽车式起重机
接口	人工机械接口
气压试验	空气压缩机

二、阀门、水位标尺安装

1. 各种管道的管件含量及工序含量，均为 10m 管道内所含的管件及工序含量，它是计算各种管道安装所需工、料、机械消耗量的基础之一。

2. 管件含量、工序含量取定依据是：选择有代表性的各类施工图和定型图进行测算、统计、分析，然后按加权平均方法取定。

3. 各种管道的管件含量及工序含量取定如下：

（1）各种管道长度规格及厚度取定见表 2-62。

表 2-62

管道名称	取定长度 (m)	规 格 及 厚 度						
焊接钢管	6	10×2.25	15×2.75	20×2.75	25×3.25	32×3.25	40×3.50	50×3.50
镀锌钢管	6	10×2.25	15×2.75	20×2.75	25×3.2	32×3.25	40×3.50	50×3.50
无缝钢管	6	42.5×3.25	45×3.5	57×3.5	76×4.0	89×4.5	108×4.5	133×4.5
承插给（雨） 水铸铁管	3	75×9.0	100×9.0					
承插给（雨） 水铸铁管	4	150×9.0	200×9.4	250×9.8	300×10.2			
承插给（雨） 水铸铁管	6	350×10.6	400×11.0	450×11.5	500×12.0			
承插排水铸铁管	1.0	50×5.0	75×5.0	100×5.0	1—50×6.0	200×7.0	250×8.0	
塑料排水管	5	50×2.0	75×2.3	100×3.2	150×4.0			
焊接钢管	6	65×3.75	80×4.00	100×4.00	125×4.50	150×4.50		
镀锌钢管	6	65×3.75	80×4.00	100×4.00	125×4.50	150×4.50		
无缝钢管	6	159×4.5	219×6	219×7	273×7	325×8	377×9	426×9

（2）钢管道及管件的工序计算说明见表 2-63。

表 2-63

项目名称	单位	工序数量			计算说明
		切口	坡口	焊口	
一、直管					
1. 室内管道	10m	0.50	2.00	1.00	
2. 室外管道	10m	0.50	3.34	1.67	
二、三通 挖眼接管	个	2.4	2.4	1.2	马鞍形口的切、坡、焊口，每口均以 1.5 直口计算，主管口与支管口的比为 1：0.8，故 1.5×0.8＝1.2
三、弯管					
1. 揻制弯头	个	2.0	4.0	2.0	按成品
2. 压制弯头	个	1.0	2.0	2.0	按成品带坡口
四、异径管 DN≤180 DN133～159 DN219～325 DN>325	个 个 个 个	1.00 3.60 4.00 6.40	2.00 5.60 6.00 6.40	1.00 2.80 3.00 3.20	DN≤108 用氧气加热捶管，DN>108～426 抽条按大小径差一个步距考虑，DN≤159 抽四条，DN219～235 抽五条，DN>325 抽六条，条的长度按大口径周长的 1/5 计算，一个条按 2 切口 2 坡口 1 个焊口计算 焊口为 2+4×1/5＝2.8 坡口为焊口 2 倍切口为 2+8×1/5＝3.6 焊口为 2+5×1/5＝3 坡口为焊口 2 倍切口为 2+10×1/5＝4 焊口为 2+6×1/5＝3.2 坡口为焊口 2 倍切口为 2+12×1/5＝4.4

（3）室内镀锌钢管（丝接）含量见表 2-64。

表 2-64

单位：10m

项目名称		单位	公 称 直 径 （mm）										
			15	20	25	32	40	50	65	80	100	125	150
管件含量	三通	个	3.17	3.82	3.00	2.19	1.37	1.85	1.62	0.71	1.00	0.40	0.40
	弯头	个	11.00	3.46	3.82	3.00	2.77	3.06	1.67	1.50	0.66	0.51	0.51
	补芯	个	—	2.77	1.51	1.28	1.40	0.59	0.37	0.16	0.20	0.25	0.25
	管箍	个	2.20	1.42	1.41	1.54	1.61	1.00	0.59	1.54	0.81	1.14	1.14
	四通量	个	—	0.05	0.04	0.02	0.01	0.01		—	0.01	—	—
工序含量	切口	口	19.54	15.44	12.86	10.26	8.55	8.38	5.87	4.62	3.70	2.70	2.70
	套丝	个	35.91	21.42	19.62	15.73	12.91	13.71	9.38	8.21	5.98	4.50	4.50
	上零件	个	35.91	24.19	21.13	17.01	14.31	14.30	9.75	8.37	6.18	4.75	4.75

（4）室内焊接钢管含量（丝接）见表 2-65。

表 2-65

单位：10m

项目名称		单位	公 称 直 径 （mm）										
			15	20	25	32	40	50	65	80	100	125	150
管件含量	三通	个	0.83	2.50	3.29	3.14	2.14	1.58	1.63	1.08	1.02	0.70	0.70
	弯头	个	3.20	3.00	2.64	2.41	2.64	2.85	1.26	0.98	1.20	0.80	0.80
	补芯	个	—	0.83	2.46	2.02	0.96	0.59	0.58	0.45	0.33	0.20	0.20
	四通	个	—	0.14	0.34	0.63	0.43	0.16	—	—	—	—	—
	管箍	个	6.40	4.90	3.39	1.91	1.67	1.03	0.88	1.03	0.95	0.90	0.90
	根母	个	6.26	4.76	2.95	0.77	—	—	—	—	—	—	—
	丝堵	个	0.27	0.06	0.07	—	—	—	—	—	—	—	—
工序含量	切口	口	11.26	14.15	16.09	14.51—	10.84	8.11	5.98	4.62	4.52	3.3	3.3
	套丝	个	21.96	23.92	23.36	20.58	16.76	13.14	9.17	7.26	7.36	5.5	5.5
	上零件	个	28.22	29.51	28.77	23.37	17.72	13.73	9.75	7.71	7.69	5.7	5.7
	威打叉弯	个	2.16	4.58	2.88	0.92							

（5）室外焊接钢管含量（丝接）见表 2-66。

表 2-66

单位：10m

项目名称		单位	公 称 直 径（mm）										
			15	20	25	32	40	50	65	80	100	125	150
管件含量	三通	个	—	—	—	—	0.20	0.18	0.14	0.14	0.14	0.14	0.14
	弯头	个	0.75	0.75	0.75	0.75	0.81	0.75	0.70	0.65	0.51	0.45	0.31
	补芯	个	—	0.02	0.02	0.02	0.02	0.02	0.02	0.03	0.03	0.05	0.06
	管箍	个	1.15	1.15	1.15	1.15	0.83	0.90	0.90	0.90	0.95	0.95	1.00
工序含量	切口	口	1.90	1.92	1.92	1.92	2.06	2.03	1.90	1.86	1.77	1.73	1.65
	套丝	个	3.80	3.80	3.80	3.80	3.88	3.84	3.62	3.54	3.34	3.22	3.04
	上零件	个	3.80	3.82	3.82	3.82	3.90	3.86	3.64	3.55	3.37	3.27	3.10

（6）室内钢管（焊接）管件及工序含量见表 2-67。

表 2-67

单位：10m

项目名称			单位	公称直径/mm						
				32	40	50	65	80	100	125
室内钢管	管件含量	弯管 撼制	个	1.94	2.04	2.10	1.04	1.11	1.48	—
		弯管 压制	个	—	—	—	0.70	0.74	0.99	1.75
		三通	个	1.83	1.90	1.98	2.05	1.63	1.60	1.06
		异径管	个	0.53	0.69	0.75	0.85	0.85	0.37	0.30
		直管	10m	1.0	1.0	1.0	1.0	1.0	1.0	1.0
	工序含量	气焊切口	个	9.30	9.83	10.20	9.05	8.22	8.66	5.87
		气焊接口	个	7.61	8.05	8.33	—	—	—	—
		电焊接口	个	—	—	—	7.79	7.51	8.23	6.61
		氧气坡口	个	—	—	16.65	14.18	13.54	14.48	9.72

（7）室外钢管（焊接）管件及工序含量见表 2-68。

表 2-68

单位：10m

项目名称			单位	公称直径（mm）						
				32	40	50	65	80	100	125
室内钢管	管件含量	弯管 撼制	个	0.93	0.94	0.95	0.58	0.34	0.40	—
		弯管 压制	个	—	—	—	0.39	0.22	0.26	0.55
		三通	个	0.05	0.05	0.08	0.10	0.12	0.15	0.18
		异径管	个	0.02	0.02	0.03	0.04	0.05	0.05	0.08
		直管	10m	1.0	1.0	1.0	1.0	1.0	1.0	1.0
	工序含量	气焊接口	个	2.50	2.52	2.62	2.33	1.74	1.97	1.77
		气焊切口	个	3.61	3.63	3.70	—	—	—	—
		电焊接口	个	—	—	—	3.77	2.98	3.22	3.21
		氧气坡口	个	—	—	7.39	6.76	5.53	5.92	5.32

（8）室内钢管（焊接）管件及工序含量见表 2-69。

表 2-69

单位：10m

项目名称			单位	公称直径（mm）					
				150	200	250	300	350	400
室内钢管	管件含量	弯管 撼制	个	—	—	—	—		
		弯管 压制	个	1.80	1.85	1.90	1.91		
		三通	个	0.80	0.75	0.90	0.90	—	—
		异径管	个	0.40	0.42	0.32	0.32	—	—
		直管	10m	1.00	1.00	1.00	1.00		
	工序含量	气焊切口	个	5.66	5.83	5.84	5.85		
		气焊接口	个	—	—	—	—		
		电焊接口	个	6.68	6.86	6.84	6.86		
		氧气坡口	个	9.76	10.02	9.88	9.90	—	—

（9）室外钢管（焊接）管件及工序含量见表 2-70。

表 2-70

单位：10m

项目名称			单位	公称直径（mm）					
				150	200	250	300	350	400
室内钢管	管件含量	弯管	撖制	个	—	—	—	—	—	
			压制	个	0.57	0.56	0.37	0.35	0.54	0.57
		三通		个	0.20	0.20	0.18	0.19	0.20	0.21
		异径管		个	0.09	0.05	0.06	0.06	0.09	0.10
		直管		10m	1.0	1.0	1.0	1.0	1.0	1.0
	工序含量	气焊切口		个	1.87	1.74	1.54	1.55	1.92	2.01
		气焊接口		个	—	—	—	—	—	
		电焊接口		个	3.30	3.18	2。81	2.78	3.28	3.38
		氧气坡口		个	5.46	5.24	4.87	4.86	5.48	5.62

（10）室内、外承插给水铸铁管含量见表 2-71。

表 2-71

单位：10m

项目名称			单位	公称直径（mm）									
				75	100	150	200	250	300	350	400	450	500
室内	管件含量	承插铸铁三通	个	0.20	0.30	0.70	0.70	0.70	0.70	—	—	—	—
		承插铸铁弯头	个	2.00	2.20	1.70	1.70	1.70	1.70	—	—	—	—
		承插铸铁异径管	个	—	0.10	0.30	0.30	0.30	0.30	—	—	—	—
		承插铸铁接轮	个	0.90	1.00	1.40	1.40	1.40	1.40	—	—	—	—
	工序含量	管道敷设	m	10	10	10	10	10	10	—	—	—	—
		捻口	个	7.53	8.23	8.70	8.70	8.70	8.70	—	—	—	—
室外	管件含量	承插铸铁三通	个	0.20	0.20	0.30	0.20	0.20	0.30	0.30	0.30	0.30	0.30
		承插铸铁弯头	个	0.30	0.30	0.40	0.30	0.30	0.40	0.40	0.40	0.40	0.40
		承插铸铁异径管	个	0.20	0.20	0.20	0.20	0.20	0.20	0.20	0.20	0.20	0.20
		承插铸铁接轮	个	0.20	0.20	0.20	0.20	0.20	0.20	0.20	0.20	0.20	0.20
	工序含量	管道敷设	m	10	10	10	10	10	10	10	10	10	10
		捻口	个	4.53	4.53	4.10	3.70	3.70	4.10	3.27	3.27	3.27	3.27

注：燃气裤饮臂台-量同本表。

（11）室内承插排水铸铁管含量见表 2-72。

表 2-72

单位：10m

项目名称		单位	公称直径（mm）					
			50	75	100	150	200	250
管件含量	弯头	个	5.28	1.52	3.93	1.27	1.71	1.60
	三通	个	1.09	1.85	4.27	2.36	2.04	0.45
	四通	个	—	0.13	0.24	0.17	—	—
	接轮	个	—	2.72	1.04	0.92	—	—
	异径管	个	—	0.16	0.30	0.34	—	—
	检查口	个	0.20	2.66	0.77	0.01	—	—

项目名称		单位	公称直径（mm）					
			50	75	100	150	200	250
工序含量	管道安装	m	8.8	9.3	8.9	9.6	9.8	10.13
	管道捻口	个	9.0	9.0	9.0	9.0	9.0	9.0
	管件捻口	个	7.66	13.87	16.34	8.69	5.79	2.50

（12）燃气钢管含量（丝接）见表 2-73。

表 2-73

单位：10m

项目名称		单位	公称直径（mm）室内					
			15	20	25	32	40	50
管件含量	四通	个		0.01			0.01	0.27
	三通	个	0.74	1.79	2.84	3.89	3.48	3.03
	弯头	个	5.65	4.61	3.58	1.03	1.68	3.07
	六角外丝	个	1.97	1.29	0.64	0.97	0.59	0.39
	丝堵	个	—	1.34	0.60	0.82	0.41	0.10
	管箍	个	—	0.05	0.29	0.33	0.33	0.44
	活接	个	1.49	0.07	0.76	0.40	0.56	0.48
	补芯	个			0.27	1.30	1.57	0.74
管件含量	切口	口	7.13	8.27	9.82	10.44	10.57	11.12
	套丝	个	16.50	16.21	18.38	16.01	16.03	18.25
	上零件	个	17.99	16.28	19.41	17.71	18.16	19.47
	搣（45°或90°）弯	个	1.90	1.90	—	—	—	—

项目名称		单位	公称直径（mm）室内			公称直径（mm）室外		
			65	80	100	25	32	40	50
管件含量	四通	个	0.43	0.43	0.43	—	—	—	—
	三通	个	3.12	2.26	1.40	2.24	2.24	1.61	1.61
	弯头	个	2.07	2.07	2.07	1.12	1.12	0.84	0.84
	六角外丝	个	0.30	0.30	0.30	2.24	2.24	1.99	1.99
	丝堵	个	0.79	0.79	0.79	2.24	2.24	1.86	1.86
	管箍	个	0.09	0.09	0.09	1.12	1.12	0.89	0.89
	活接	个	0.01	0.01	0.01	1.12	1.12	0.59	0.59
	补芯		0.02	0.02	0.02	—	—	—	—
工序含量	切口	口	9.71	7.99	6.27	6.72	6.72	4.95	4.95
	套丝	个	16.21	13.63	11.05	15.68	15.68	11.33	11.33
	上零件	个	16.24	13.66	11.08	16.80	16.80	11.92	11.92
	搣（45°或90°）弯	个	—	—	—	1.11	1.11	0.83	0.83

（13）燃气室外钢管含量（焊接）见表2-74。

表 2-74

单位：10m

项目名称		单位	公称直径（mm）								
			15	20	25	32	40	50	65	80	100
管件含量	弯头	个	0.90	0.90	0.90	0.90	1.02	1.02	0.55	0.55	0.55
	三通	个	0.03	0.03	0.03	0.03	0.08	0.08	0.49	0.49	0.66
	异径管	个	—	—	—	0.02	0.02	0.03	0.05	0.05	0.06
工序含量	挖眼接管	个	0.03	0.03	0.03	0.03	0.08	0.08	0.49	0.49	0.66
	揻弯及安装	个	0.90	0.90	0.90	0.90	1.02	0.61	0.33	0.33	0.33
	压制弯头安装	个	—	—	—	—	—	0.41	0.22	0.22	0.22
	异径管制作安装	个	—	—	—	0.02	0.02	0.03	0.05	0.05	0.06
	切口	个	2.37	2.37	2.37	2.39	2.75	2.35	2.61	2.61	3.02
	坡口	个	—	—	—	—	—	—	6.38	6.38	6.80
	焊口	个	3.51	3.51	3.51	3.53	3.83	3.84	3.41	3.41	3.62
	磨口	个	—	—	—	—	—	—	3.41	3.41	3.62

项目名称		单位	公称直径（mm）						
			125	150	200	250	300	350	400
管件含量	弯头	个	0.76	0.76	0.76	0.35	0.35	0.34	0.34
	三通	个	0.66	0.66	0.25	0.25	0.25	0.30	0.30
	异径管	个	0.07	0.07	0.07	0.06	0.06	0.05	0.05
工序含量	挖眼接管	个	0.66	0.66	0.25	0.25	0.25	0.30	0.30
	揻弯及安装	个	—	—	—	—	—	—	—
	压制弯头安装	个	0.76	0.76	0.76	0.35	0.35	0.34	0.34
	异径管制作安装	个	0.07	0.07	0.07	0.06	0.06	0.05	0.05
	切口	个	3.10	3.10	2.14	1.69	1.60	1.78	1.78
	坡口	个	6.84	6.84	5.88	5.00	5.00	5.06	5.06
	焊口	个	4.18	4.18	3.70	2.85	2.85	2.87	2.87
	磨口	个	4.18	4.18	3.70	2.85	2.85	2.87	2.87

（14）室内承插雨水铸铁管含量见表2-75。

表 2-75

单位：10m

项目名称		单位	公称直径（mm）				
			100	150	200	250	300
管件含量	承插铸铁三通	个	0.16	0.60	1.38	1.30	1.30
	承插铸铁弯头	个	0.97	1.55	0.89	0.89	0.89
	承插铸铁雨水斗	个	0.25	0.06	0.05	0.05	0.05
	承插铸铁扫除口	个	0.25	0.51	0.23	0.23	0.23
	承插铸铁异径管	个	—	0.21	0.11	0.11	0.11
	承插铸铁接轮	个	2.0	2.0	1.5	1.5	1.0
工序含量	管道敷设	10m	10	10	10	10	10
	捻口	个	9.09	10.03	9.54	9.38	8.38
	直管捻口	个	3.3	2.5	2.5	2.5	2.5

（15）室内承插排水塑料管含量见表 2-76。

表 2-76

单位：10m

项目名称		单位	公称直径（mm）			
			50	75	100	150
管件含量	塑料承插三通	个	1.15	1.93	4.48	3.45
	塑料承插弯头	个	5.55	1.59	4.14	1.33
	塑料承插四通	个	—	0.13	0.25	0.11
	塑料承插接轮	个	0.25	0.25	0.25	0.25
	塑料承插扫除口	个	0.21	2.72	0.81	0.10
	塑料承插异径管	个	—	0.17	0.25	0.14
	塑料承插伸缩节	个	1.11	2.23	1.92	2.05
工序含量	管道安装	m	9.67	9.66	8.51	9.44
	直管管口粘接	个	2.0	2.0	2.0	2.0
	管件口粘接	个	17.69	20.23	29.18	18.53

三、低压器具、水表组成与安装

1. 本定额人工工日绝大部分采用 1988 年《全国建筑安装工程统一劳动定额》（以下简称"劳动定额"）。

2. 由于劳动定额个别项目不全，根据安装对象的重量、体积、施工的繁简程度，选用类似项目用工进行补充。

3. 个别因工作内容变化大的项目，对劳动定额工日进行了调整。

4. 由于施工方法、施工机械配备的变化，对一部分项目作了调整。

5. 其他用工的确定，系按基础定额或劳动定额中基本用工超运距用工乘系数 0.12。

6. 定额综合工＝∑（基本用工＋超运距用工）×（1＋人工幅度差）。

7. 补充劳动定额见表 2-77～表 2-88。

（1）室内镀锌、焊接钢管（丝接）劳动定额取定见表 2-77。

表 2-77

单位：10m

项 目	公称直径（mm）								
	15～20	25～32	40	50	65	80	100	125	150
管 工	1.58	1.91	2.29	2.34	2.32	2.46	2.81	3.13	3.60
运输工	0.05	0.05	0.05	0.05	0.13	0.13	0.13	0.13	0.13
其他用工	0.20	0.24	0.28	0.29	0.29	0.31	0.35	0.39	0.45
综合工	1.83	2.20	2.62	2.68	2.74	2.90	3.29	3.65	4.18

注：1. 本定额系根据 1988 年《全国建筑安装工程统一劳动定额》制定。

2. 人工幅度差为 12%。

（2）室外镀锌、焊接钢管（丝接）劳动定额取定见表 2-78。

表 2-78

单位：10m

项 目	公称直径（mm）							
	15～32	40	50	65	80	100	125	150
管工	0.53	0.58	0.68	0.73	0.79	0.89	1.05	1.16
水平运输工	0.05	0.05	0.05	0.06	0.06	0.13	0.26	0.26
其他用工	0.07	0.08	0.09	0.09	0.10	0.12	0.16	0.17
综合工	0.65	0.71	0.82	0.88	0.95	1.14	1.47	1.59

注：1. 本定额系根据 1988 年《全国建筑安装工程统一劳动定额》制定。

2. 人工幅度差为 12%。

（3）室内钢管安装（焊接）劳动定额取定见表 2-79。

表 2-79

单位：10m

项 目		公称直径（mm）										
		32	40	50	65	80	100	125	150	200	250	300
管工	管道	1.156	1.20	1.35	1.49	1.69	2.00	2.275	2.63	3.40	2.75	3.60
	撼弯	0.050	0.08	0.08	0.06	0.10	0.20	—	—	—	—	—
气焊工		0.227	0.29	0.30	0.09	0.11	0.137	0.164	0.19	0.24	0.77	0.81
电焊工		—	—	—	0.30	0.31	0.337	0.410	0.45	0.61	1.90	2.04
运输工		0.05	0.05	0.05	0.06	0.06	0.125	0.26	0.26	—	—	—
其他用工		0.18	0.19	0.21	0.24	0.27	0.34	0.37	0.42	0.51	0.65	0.77
综合工		1.66	1.81	1.99	2.24	2.54	3.14	3.48	3.95	4.76	6.07	7.22

（4）室外钢管安装（焊接）劳动定额取定见表2-80。

表 2-80

单位：10m

工 种	公称直径（mm）												
	32	40	50	65	80	100	125	150	200	250	300	350	400
管 工	0.46	0.49	0.52	0.53	0.59	0.62	0.70	0.53	0.63	0.78	0.90	0.99	1.10
气焊工	0.12	0.12	0.06	0.08	0.10	0.12	0.13	0.14	0.15	0.21	0.21	0.23	0.27
电焊工	—	—	0.14	0.16	0.19	0.20	0.22	0.32	0.62	0.66	0.83	1.00	1.12
起重工	—	—	—	—	—	—	—	0.17	0.27	0.32	0.35	0.41	0.47
运输工	0.05	0.05	0.05	0.09	0.12	0.13	0.26	0.35	—	—	—	—	—
其他用工	0.08	0.08	0.09	0.10	0.12	0.13	0.16	0.18	0.20	0.24	0.28	0.32	0.36
综合工	0.71	0.74	0.86	0.96	1.12	1.20	1.47	1.69	1.87	2.21	2.57	2.95	3.32

（5）室内燃气镀锌钢管（丝接）安装劳动定额见表2-81。

表 2-81

单位：10m

工 种	公称直径（mm）								
	15	20	25	32	40	50	65	80	100
管工	1.599	1.60	1.91	1.91	2.41	2.41	2.91	3.43	4.22
水平运输	0.05	0.05	0.05	0.05	0.05	0.05	0.125	0.125	0.125
其他用工	0.198	0.20	0.235	0.240	0.29	0.30	0.364	0.427	0.521
综合工	1.847	1.850	2.195	2.20	2.75	2.76	3.399	3.982	4.866

（6）承插排水塑料管（黏接）劳动定额取定见表2-82。

表 2-82

单位：10m

项 目	公称直径（mm）			
	50	75	100	150
管工	1.37	1.86	2.07	2.92
其他用工	0.16	0.22	0.25	0.35
综合工	1.53	2.08	2.32	3.27

注：1. 本定额系按1988年《全国建筑安装工程统一劳动定额》制定。

2. 人工幅度差为12%。

（7）燃气嘴安装补充劳动定额见表2-83。

表 2-83

单位：10m

项 目	公称直径（mm）			
	XW15 型单嘴外丝	XW15 型双嘴外丝	XN15 型单嘴内丝	XN15 型双嘴外丝
管 工	0.05	0.05	0.05	0.05

注：参考水嘴安装劳动定额。

（8）室外燃气管道（焊接）安装劳动定额见表2-84。

表 2-84

单位：10m

项目	公称直径（mm）								
	15	20	25	32	40	50	65	80	100
管工	0.419	0.42	0.43	0.438	0.474	0.484	0.461	0.48	0.558
气焊工	0.11	0.11	0.11	0.11	0.18	0.18	0.07	0.09	0.11
电焊工	—	—	—	—	—	—	0.15	0.17	0.18
水平运输	0.05	0.05	0.05	0.05	0.05	0.05	0.125	0.125	0.125
起重工									
其他用工	0.061	0.07	0.07	0.072	0.085	0.086	0.094	0.105	0.117
综合工	0.64	0.65	0.66	0.67	0.79	0.80	0.90	0.97	1.09

项目	公称直径（mm）						
	125	150	200	250	300	350	400
管工	0.63	0.48	0.57	0.70	0.80	0.89	0.99
气焊工	0.12	0.13	0.13	0.19	0.19	0.21	0.23
电焊工	0.20	0.28	0.32	0.38	0.48	0.52	0.57
水平运输	0.39	0.389	—	—	—	—	—
起重工	—	0.15	0.24	0.29	0.32	0.37	0.43
其他用工	0.16	0.171	0.15	0.19	0.22	0.24	0.27
综合工	1.50	1.60	1.41	1.75	2.01	2.23	2.49

（9）法兰液压式水位控制阀补充劳动定额见表2-85。

表 2-85

单位：10m

项目	公称直径（mm）				
	50	80	100	150	200
管　工	0.24	0.35	0.46	0.55	0.93
电焊工	0.20	0.35	0.41	0.45	0.99
气焊工	0.02	0.02	0.02	0.04	0.09
运输工	0.05	0.05	0.05	0.163	0.163
其他用工	0.06	0.09	0.11	0.144	0.261
综合工	0.57	0.86	1.05	1.35	2.43

（10）自动排气阀补充劳动定额见表2-86。

表 2-86

单位：10m

工种	公称直径（mm）		
	15	20	25
管工	0.15	0.195	0.24
其他用工	0.02	0.023	0.03
综合工	0.17	0.22	0.27

（11）水塔、水池浮漂水位标尺制作与安装补充劳动定额见表2-87。

表2-87

单位：套

工种	水 塔		水 池		
	（一）	（二）	（一）	（二）	（三）
管工	6.49	8.32	5.83	2.91	2.91
电焊工	0.28	0.33	0.24	—	—
气焊工	1.60	1.60	1.60	—	—
钣金工	3.76	3.76	1.88	—	—
油工	0.94	0.94	0.47	0.94	0.94
车工	0.24	0.24	0.24	0.24	—
运输工	0.25	0.25	0.15	0.05	—
其他用工	1.63	1.85	1.25	0.50	0.46
综合工	15.19	17.29	11.66	4.64	4.31

（12）丝扣水表安装补充劳动定额见表2-88。

表2-88

单位：个

工种	公称直径（mm）									
	15	20	25	32	40	50	80	100	125	150
管工	0.3	0.36	0.43	0.5	0.61	0.714	0.934	1.044	1.154	1.264

四、卫生器具制作安装

（一）材料消耗率的确定

本定额的主材与车辅材损耗率在基础定额中已经考虑的，预算定额不再重复；基础定额没考虑的保持原第八册定额损耗率，新增的项目保持原定额损耗率。

1. 损耗率的内容和范围：

（1）从工地仓库，现场堆放地点或现场加工点至安装地点的运输损耗。

（2）施工操作损耗。

（3）施工现场堆放损耗。

2. 各种材料损耗率取定值见表2-89。

表2-89

序号	材料名称	取定数（%）	序号	材料名称	取定数（%）
1	室外钢管（丝接、焊接）	1.5	8	铸铁散热器	1
2	室内钢管（丝接）	2	9	光排管散热器制作用钢管	3
3	室内钢管（焊接）	2	10	散热器对丝及托钩	5
4	室内煤气用钢管（丝接）	2	11	散热器补芯	4
5	室外排水铸铁管	3	12	散热器丝堵	4
6	室内排水铸铁管	7	13	散热器胶垫	10
7	室内塑料管	2	14	净身盆	1

续表

序号	材料名称	取定数（%）	序号	材料名称	取定数（%）
15	洗脸盆	1	41	木螺钉	4
16	洗手盆	1	42	锯条	5
17	洗涤盆	1	43	氧气	17
18	立式洗脸盆铜活	1	44	乙炔气	17
19	理发用洗脸盆铜活	1	45	铅油	2.5
20	脸盆架	1	46	清油	2
21	浴盆排水配件	1	47	机油	3
22	浴盆水嘴	1	48	沥青油	2
23	普通水嘴	1	49	橡胶石棉板	15
24	丝扣阀门	1	50	橡胶板	15
25	法兰阀门	1	51	石棉绳	4
26	化验盆	1	52	石棉	10
27	大便器	1	53	青铅	8
28	瓷高低水箱	1	54	铜丝	1
29	存水弯	0.5	55	锁紧螺母	6
30	小便器	1	56	压盖	6
31	小便槽冲洗管	2	57	焦炭	5
32	喷水鸭嘴	1	58	木柴	5
33	立式小便器配件	1	59	红砖	4
34	水箱进水嘴	1	60	水泥	10
35	高低水箱配件	1	61	砂子	10
36	冲洗管配件	1	62	胶皮碗	10
37	钢管接头零件	1	63	油麻	5
38	型钢	5	64	线麻	5
39	单管卡子	5	65	漂白粉	5
40	带帽螺栓	3	66	油灰	4

（二）各种辅材取定

1. 水压试验用水，已综合计入管道项目内，其余附件阀件水压试验用水亦不再另计。

2. 各种辅材取定见表 2-90～表 2-102。

（1）室内、外钢管安装（丝接）见表 2-90。

表 2-90

工序	定额单位	材料名称	单位	公称直径（mm 以内）										
				15	20	25	32	40	50	65	80	100	125	150
切口	100 口	锯条	根	19.4	22.1	28.3	35.3	44.6	53.0	—	—	—	—	—
		薄砂轮片	片	—	—	1.33	1.61	2.10	2.60	3.80	4.50	5.70	7.05	—
套丝	100 头	机油	kg	0.35	0.46	0.56	0.71	0.86	1.05	1.37	1.37	—	—	—
切口	100 口	铅油	kg	0.40	0.50	0.60	0.70	0.96	1.00	1.20	1.40	1.80	2.40	3.30
		线麻	kg	0.04	0.05	0.06	0.07	0.09	0.10	0.15	0.20	0.30	0.40	0.50

（2）室内、外钢管焊接安装见表2-91。

表 2-91

工序	定额单位	材料名称	单位	公称直径（mm以内）					
				15	20	25	32	40	50
氧气切断	100口	氧气	m³	—	—	—	2.69	3.35	3.58
		乙炔气	kg	—	—	—	0.89	1.11	1.19
氧气坡口	100口	氧气	m³	—	—	—	—	—	3.75
		乙炔气	kg	—	—	—	—	—	1.25
气焊管口	100口	氧气	m³	—	—	—	0.50	0.63	0.76
		乙炔气	kg	—	—	—	0.19	0.24	0.29
		气焊条	kg	—	—	—	0.20	0.25	0.29
电焊管口	100口	电焊条	kg				—	—	—

（3）室内、外钢管煨管安装见表2-92。

表 2-92

工序	定额单位	材料名称	单位	公称直径（mm以内）					
				15	20	25	32	40	50
撅方形伸缩器	个	焦炭	kg				12.00	16.00	28.0
		木柴	kg				2.0	3.0	4.0
		砂	m³				0.001	0.001	0.003
		铅油	kg				0.02	0.03	0.05
		机油	kg				0.01	0.01	0.02
		木材	m³				0.002	0.002	0.002
		锯条	根				0.05	0.20	0.40
		氧气	m³				0.09	0.11	0.12
		乙炔气	kg				0.03	0.04	0.04
		电焊条	kg						
		气焊条	kg				0.02	0.02	0.03
清扫检查管材	m	铁丝	kg	0.005	0.005	0.005	0.008	0.008	0.008
		破布	kg	0.01	0.01	0.01	0.022	0.022	0.025

工序	定额单位	材料名称	单位	公称直径（mm以内）					
				65	80	100	125	150	200
氧气切断	100口	氧气	m³	5.50	6.20	7.28	10.12	12.17	17.43
		乙炔气	kg	1.83	2.07	2.43	3.37	4.06	5.81
氧气坡口	100口	氧气	m³	6.52	7.38	8.40	11.06	12.55	20.84
		乙炔气	kg	2.17	2.44	2.80	3.68	4.18	6.95

续表

工序	定额单位	材料名称	单位	公称直径（mm 以内）					
				65	80	100	125	150	200
气焊管口	100 口	氧气	m³						
		乙炔气	kg						
		气焊条	kg						
电焊管口	100 口	电焊条	kg	10.38	12.28	15.00	25.34	30.55	55.09

（4）室内、外钢管煨管安装见表 2-93。

表 2-93

工序	定额单位	材料名称	单位	公称直径（mm 以内）					
				65	80	100	125	150	200
摵方形伸缩器	个	焦炭	kg	40.0	52.0	80.00	140.0	180.0	360.0
		木柴	kg	4.0	7.2	8.0	12.0	16.0	56.0
		砂	m³	0.006	0.015	0.026	0.037	0.053	0.094
		铅油	kg	0.05	0.05	0.08	0.08	0.08	0.10
		机油	kg	0.20	0.20	0.20	0.25	0.25	0.30
		木材	m³	0.002	0.002	0.002	0.003	0.003	0.003
		锯条	根						
		氧气	m³	0.36	0.41	0.57	0.96	1.12	1.77
		乙炔气	kg	0.12	0.14	0.16	0.32	0.49	0.59
		电焊条	kg	0.30	0.47	0.57	0.98	1.17	1.61
		气焊条	kg						
清扫检查管材	m	铁丝	kg	0.008	0.008	0.008	0.008	0.008	0.008
		破布	kg	0.028	0.030	0.035	0.038	0.044	0.048

工序	定额单位	材料名称	单位	公称直径（mm 以内）			
				250	300	350	400
氧气切断	100 口	氧气	m³	26.09	29.25	34.16	38.71
		乙炔气	kg	8.70	9.75	11.39	12.90
氧气坡口	100 口	氧气	m³	31.38	30.55	43.60	47.57
		乙炔气	kg	10.46	11.85	14.53	15.86
气焊管口	100 口	氧气	m³				
		乙炔气	kg				
		气焊条	kg				
电焊管口	100 口	电焊条	kg	108.34	129.25	176.76	199.98

（5）室内、外钢管焊接安装见表 2-94。

表 2-94

工序	定额单位	材料名称	单位	公称直径（mm 以内）			
				250	300	350	400
撖方形伸缩器	个	焦炭	kg	560.0	640.0	800.0	1000.0
		木柴	kg	80.0	88.0	100.0	120.0
		砂	m³	0.22	0.32	0.43	0.75
		铅油	kg	0.10	0.12	0.15	0.20
		机油	kg	0.30	0.30	0.35	0.35
		木材	m³	0.004	0.004	0.004	0.004
		锯条	根				
		氧气	m³	3.55	4.31	5.19	5.75
		乙炔气	kg	1.19	1.44	1.73	1.92
		电焊条	kg	3.16	3.77	6.88	9.72
		气焊条	kg				
清扫检查	m	铁丝	kg	0.008	0.008	0.008	0.008
		破布	kg	0.053	0.055	0.058	0.060

（6）室内外承插给水（雨水）铸铁管安装见表 2-95。

表 2-95

单位：每个口

工序	材料名称	单位	公称直径（mm）									
			75	100	150	200	250	300	350	400	450	500
青铅接口	青铅	kg	2.302	2.865	4.215	5.422	7.687	9.082	10.972	12.450	14.527	17.557
	油麻	kg	0.087	0.108	0.159	0.205	0.290	0.343	0.415	0.470	0.549	0.663
	焦炭	kg	1.00	1.18	1.69	2.17	2.78	3.38	4.01	4.64	5.34	6.03
	木柴	kg	0.08	0.10	0.20	0.20	0.30	0.40	0.45	0.50	0.55	0.60
石棉水泥接口	石棉绒	kg	0.178	0.221	0.325	0.418	0.593	0.700	0.846	0.960	1.120	1.354
	水泥	kg	0.415	0.516	0.759	0.976	1.383	1.634	1.974	2.241	2.614	3.160
	油麻	kg	0.087	0.108	0.159	0.205	0.290	0.343	0.415	0.470	0.549	0.663
膨胀水泥接口	膨胀水泥	kg	0.636	0.791	1.163	1.494	2.117	2.502	3.023	3.432	4.002	4.839
	油麻	kg	0.087	0.108	0.159	0.205	0.290	0.343	0.415	0.470	0.549	0.663
管口除沥青	氧气	m³	0.02	0.034	0.046	0.082	0.10	0.12	0.20	0.225	0.26	0.284
	乙炔气	kg	0.008	0.014	0.019	0.034	0.042	0.05	0.083	0.094	0.108	0.118

注：材料净用量是《市政给水》册编制组提供。

（7）室内承插排水铸铁管安装见表 2-96。

表 2-96

单位：每个口表

工序	材料名称	单位	公称直径（mm）					
			50	75	100	150	200	250
石棉水泥接口	水泥	kg	0.148	0.22	0.329	0.472	0.636	1.03
	石棉	kg	0.08	0.10	0.12	0.17	0.22	0.44
	油麻	kg	0.04	0.06	0.088	0.126	0.177	0.21
水泥接口	水泥	kg	0.211	0.342	0.47	0.674	0.947	1.54
	油麻	kg	0.08	0.10	0.12	0.17	0.22	0.21

（8）室内承插排水塑料管粘接材料用量见表 2-97。

表 2-97

单位：kg/口

粘接材料名称	公称直径（mm）			
	50	75	100	150
硬聚氯乙烯热熔密封胶	0.0052	0.0074	0.0074	0.0126

（9）铸铁散热器接头零件数取定见表 2-98。

表 2-98

单位：10 片

项目	数量	需用接头零件数									
		对丝（个）	丝堵（个）	补芯（个）	托钩（个）	带腿炉片（片）	铸铁法兰（付）	带帽螺栓（付）	钢垫（个）	橡胶石帛板/（kg）	汽包胶垫（个）
柱型	1.01	18.92	1.75	1.75		3.19		0.87	1.74		23.52
M132 型	1.01	18.54	1.50	1.50	2.79						22.59
大小 60 型	1.01	14.85	6.02	6.02	10.26						28.17
圆翼型	1.01				12.5		11.67	61.80		1.27	

（10）法兰垫用量计算见表 2-99。

表 2-99

公称直径	法兰尺寸		法兰垫净面积			利用率 K	重量 g	耗用量		
	D^2	d	$F=\pi/4\ (D^2-d^2)$					面积（m²）	面积×密度（kg）	加损耗的重量（kg）
	mm		D^2	d^2	F（m²）					
15	45	18	0.002	—	—	—	6	0.002	0.012	0.014
20	58	25	0.003	—	—	—	6	0.003	0.018	0.021
25	68	32	0.005	—	—	—	6	0.005	0.030	0.035
32	78	38	0.006	—	—	—	6	0.006	0.036	0.041
40	88	45	0.008	—	—	—	6	0.008	0.048	0.055
50	102	57	0.010	—	—	—	6	0.010	0.060	0.069
65	112	76	0.013	—	—	—	6	0.013	0.078	0.090
80	138	89	0.019	—	—	—	6	0.019	0.114	0.131

公称直径	法兰尺寸		法兰垫净面积			利用率 K	重量 g	耗用量		
	D^2	d	$F=\pi/4(D^2-d^2)$					面积 (m²)	面积×密度 (kg)	加损耗的重量 (kg)
	mm		D^2	d^2	F/m^2					
100	158	108	0.025	—	—	—	6	0.025	0.150	0.173
125	188	133	0.035	0.018	0.013	0.40	6	0.033	0.198	0.228
150	212	159	0.045	0.025	0.016	0.40	6	0.040	0.240	0.276
200	268	219	0.072	0.048	0.019	0.40	6	0.048	0.288	0.331
250	320	273	0.102	0.075	0.021	0.40	6	0.053	0.318	0.366
300	378	325	0.143	0.106	0.029	0.50	6	0.058	0.348	0.400
350	438	377	0.192	0.142	0.039	0.50	6	0.078	0.468	0.538
400	496	426	0.246	0.182	0.050	0.50	6	0.100	0.600	0.690
450	550	478	0.303	0.228	0.059	0.50	6	0.118	0.708	0.814
500	610	529	0.372	0.280	0.072	0.60	6	0.120	0.720	0.828

注：1. $\phi5$—100 的 d^2 因数值太小，计算中略去。

2. 利用率 K 为 0.4～0.6。

(11) 燃气室外钢管焊接安装见表 2-100。

表 2-100

工序	定额单位	材料名称	单位	公称直径（mm 以内）					
				15	20	25	32	40	50
手锯切断		锯条	根	1.94	2.21	2.83	3.53	4.46	5.3
氧气切断	10 口	氧气	m³	0.138	0.157	0.187	0.269	0.335	0.358
		乙炔气	kg	0.046	0.052	0.060	0.089	0.111	0.119
管子切断机切断	10 口	砂轮片	片	0.076	0.088	0.116	0.161	0.21	0.26
切坡口	10 口	氧气	m³						
		乙炔气	kg						
组对	10 口	氧气	m³					0.040	0.046
		乙炔气	kg					0.013	0.015
		砂轮片	片	0.016	0.020	0.026	0.30	0.095	0.114
		电焊条	kg						
氧气焊管口	10 口	氧气	m³	0.029	0.033	0.042	0.065	0.083	0.099
		乙炔气	kg	0.011	0.013	0.016	0.025	0.032	0.038
		气焊丝	kg	0.011	0.013	0.016	0.025	0.032	0.038
电焊管口	10 口	电焊条	kg						
磨口		砂轮片	片						
清扫检查管材	10m	铁丝	kg	0.05	0.05	0.05	0.05	0.05	0.05
		破布	kg	0.05	0.05	0.05	0.05	0.05	0.07

续表

工序	定额单位	材料名称	单位	公称直径（mm 以内）				
				65	80	100	125	150
手锯切断		锯条	根					
氧气切断	10 口	氧气	m³	0.550	0.620	0.728	1.012	1.217
		乙炔气	kg	0.183	0.207	0.243	0.337	0.406
管子切断机切断	10 口	砂轮片	片	0.38	0.45	0.57	0.705	
切坡口	10 口	氧气	m³	0.652	0.731	0.840	1.105	1.255
		乙炔气	kg	0.217	0.244	0.280	0.368	0.418
切坡口	10 口	氧气	m³	0.065	0.083	0.095	0.123	0.153
		乙炔气	kg	0.022	0.028	0.032	0.041	0.051
		砂轮片	片	0.174	0.230	0.280	0.439	0.573
		电焊条	kg	0.026	0.042	0.058	0.071	0.106
氧气焊管口	10 口	氧气	m³					
		乙炔气	kg					
		气焊丝	kg					
电焊管口	10 口	电焊条	kg	1.012	1.186	1.442	2.463	2.949
磨口		砂轮片	片	0.567	0.667	0.814	1.203	1.444
清扫检查管材	10mm	铁丝	kg	0.08	0.08	0.08	0.08	0.08
		破布	kg	0.08	0.09	0.10	0.11	0.12

工序	定额单位	材料名称	单位	公称直径（mm 以内）				
				200	250	300	350	400
手锯切断		锯条	根					
氧气切断	10 口	氧气	m³	1.743	2.292	2.925	3.416	3.871
		乙炔气	kg	0.581	0.764	0.975	1.139	1.290
管子切断机切断	10 口	砂轮片	片					
切坡口	10 口	氧气	m³	2.084	279.9	3.555	4.360	4.757
		乙炔气	kg	0.695	0.933	1.185	1.453	1.586
组对	10 口	氧气	m³	0.239	0.314	0.355	0.395	0.431
		乙炔气	kg	0.080	0.105	0.119	0.132	0.144
		砂轮片	片	0.986	1.396	1.667	2.881	2.965
		电焊条	kg	0.147	0.289	0.345	0.472	0.534
氧气焊管口	10 口	氧气	m³					
		乙炔气	kg					
		气焊丝	kg					
电焊管口	10 口	电焊条	kg	5.362	8.847	12.58	17.204	19.464
磨口		砂轮片	片	2.978	4.538	6.386	8.549	9.682
清扫检查管材	10m	铁丝	kg	0.08	0.08	0.10	0.10	0.10
		破布	kg	0.14	0.16	0.17	0.18	0.19

（12）燃气铸铁管（机械接口）安装见表2-101。

表 2-101

工序	定 额 单 位	材 料 名 称	单位	公称直径（mm 以内）				
				100	150	200	300	400
接口	10 口	胶圈	个	10.30	10.30	10.30	10.30	10.30
	10 口	支撑圈	个	10.30	10.30	10.30	10.30	10.30
	10 口	带帽螺栓 M20×100	套	41.2	61.8	61.8	82.4	103.0
	10 口	黄干油	kg	0.56	0.72	0.92	1.33	1.80
	10 口	破布	kg	0.11	0.12	0.14	0.17	0.18
接口	10m	镀锌铁丝 8#～12#	kg	0.06	0.06	0.06	0.06	0.06
	10m	镀锌铁丝 18#～22#	kg	0.024	0.028	0.034	0.048	0.062
	10m	破布	kg	0.25	0.28	0.34	0.39	0.42
	10m	塑料布	m²	0.240	0.328	0.424	0.664	0.944

（13）密封带与铅油、线麻换算表见表2-102。

表 2-102

材料名称	单位	公称直径（mm 以内）								
		15	20	25	32	40	50	65	80	100
密封带	m	1.38	1.700	2.14	2.64	3.02	3.76	4.78	5.60	7.16
铅油	kg	0.04	0.05	0.06	0.07	0.096	0.10	0.12	0.14	0.18
线麻	kg	0.004	0.005	0.006	0.007	0.009	0.01	0.015	0.02	0.03

五、供暖器具安装

1. 本定额的机械台班量，是以原定额第八册为基础，依据《全国统一安装工程基础定额》，按照大部分地区的实际施工情况，进行相应调整。

2. 在确定机械台班时，考虑了以下因素：

（1）机械在施工中，各工序之间不可避免的间歇时间。

（2）机械转移工作面时，影响效率所损失的时间。

（3）机械非满负荷时，影响效率所损失的时间。

（4）检查质量时，影响机械操作的时间。

3. 电焊焊接管道，电焊机台班与人工比例为：电焊机：人工＝1：1

4. 本定额机械台班取定见表2-103～表2-107。

（1）燃气管道安装所需机械台班用量取定见表2-103。

表 2-103

单位：10m

项　目	公称直径（mm 以内）							
	15	20	25	32	40	50	65	80
1. 室外钢管丝接								
管子切断机			0.005	0.011	0.010	0.023		
电动套丝机			0.02	0.02	0.02	0.07		
液压弯管机			0.03	0.03	0.04	0.04		
空气压缩机			0.01	0.01	0.01	0.01		
2. 室外钢管焊接								
直流电焊机							0.259	0.303
电焊条烘干箱							0.024	0.028
管子切断机							0.007	0.011
液压弯管机	0.009	0.009	0.009	0.012	0.018	0.015	0.007	0.008
汽车起重机 5t								
载重汽车 5t								
空气压缩机	0.01	0.01	0.01	0.01	0.01	0.01	0.01	0.01

项　目	公称直径（mm 以内）							
	100	125	150	200	250	300	350	400
1. 室外钢管丝接								
管子切断机								
电动套丝机								
液压弯管机								
空气压缩机								
2. 室外钢管焊接								
直流电焊机	0.40	0.621	0.750	0.889	0.94	1.184	1.431	1.619
电焊条烘干箱	0.038	0.059	0.070	0.082	0.087	0.110	0.136	0.153
管子切断机	0.058	0.023						
液压弯管机	0.016							
汽车起重机 5t				0.05	0.08	0.08	0.08	0.10
载重汽车 5t				0.02	0.02	0.03	0.03	0.04
空气压缩机	0.01	0.01	0.01	0.01	0.01	0.01	0.01	0.01

项　目	公称直径（mm 以内）						
	15	20	25	32	40	50	65
3. 室外铸铁管							
汽车式起重机 16t							
汽车起重机 5t							
载重汽车 5t							
空气压缩机							
4. 室内镀锌钢管丝接							
管子切断机			0.01	0.02	0.02	0.05	0.08
管子套丝机			0.02	0.03	0.09	0.14	0.22
液压弯管机	0.04	0.04					
普通车床							
空气压缩机	0.01	0.01	0.01	0.01	0.01	0.01	0.01

续表

项 目	公称直径（mm 以内）					
	80	100	150	200	300	400
3. 室外铸铁管						
汽车式起重机 16t					0.08	0.09
汽车起重机 5t				0.07		
载重汽车 5t				0.02	0.03	0.04
空气压缩机		0.01	0.02		0.02	
4. 室内镀锌钢管丝接				0.02		0.03
管子切断机	0.08	0.08				
管子套丝机	0.23					
液压弯管机						
普通车床		0.44				
空气压缩机	0.01	0.01				

（2）机械台班使用量取定见 2-104。

表 2-104

项 目	单位	规格（mm）							
		15	20	25	32	40	50	65	80
1. 室外钢管焊接安装	10m								
直流电焊机	台班	—	—	—	—	—	—	0.18	0.18
电焊条烘干箱	台班	—	—	—	—	—	—	0.02	0.02
液压弯管机	台班	—	—	—	0.03	0.03	0.03	0.03	0.03
管子切断机	台班							0.10	0.10
电动试压泵	台班	—	—	—	—	—	—	—	
汽车 5t	台班	—	—	—	—	—	—	—	—
汽车吊 5t	台班	—	—	—	—	—	—	—	—
汽车式起重机 16t	台班	—	—	—	—	—	—	—	—
2. 室内钢管发挥焊接安装	10m	—	—	—					
直流电焊机	台班	—	—	—	0.03	0.04	0.05	0.47	0.52
电焊条烘干箱	台班							0.04	0.05
液压弯管机	台班	—	—	—	0.06	0.06	0.06	0.05	0.06

项 目	单位	规格（mm）							
		100	125	150	200	250	300	350	400
1. 室外钢管焊接安装	10m								
直流电焊机	台班	0.18	0.20	0.28	0.72	0.90	1.05	1.47	1.93
电焊条烘干箱	台班	0.02	0.03	0.04	0.07	0.08	0.10	0.14	0.16
液压弯管机	台班	0.05							
管子切断机	台班	0.01	0.01	0.03	0.04	0.04	0.04	0.05	0.07
电动试压泵	台班				0.02	0.02	0.02	0.02	0.03
汽车 5t	台班				0.02	0.02	0.03	0.03	0.04
汽车吊 5t	台班				0.05	0.08	0。08	0.08	0.10
汽车式起重机	台班				0.05	0.08	0.08	0.08	0.08
2. 室内钢管焊接安装	10rn								
直流电焊机	台班	0.69	0.79	0.93	1.54	2.16	2.60	—	—
电焊条烘干箱	台班	0.06	0.07	0.08	0.14	0.20	0.24		
液压弯管机	台班	0.13	—	—	—	—	—	—	—

续表

项目	单位	规格（mm）							
		15	20	25	32	40	50	65	80
管子切断机	台班	—	—	—	—	—	—	0.03	0.06
电动试压泵	台班	—	—	—	—	—	—	—	—
汽车 5t	台班	—	—	—	—	—	—	—	—
汽车吊 5t	台班	—	—	—	—	—	—	—	—
卷扬机	台班	—	—	—	—	—	—	—	—
3. 室内焊接钢管丝接	10m								
管子切断机	台班	—	—	0.02	0.02	0.04	0.07	0.05	0.05
套丝机	台班	—	—	0.03	0.03	0.03	0.09	0.13	0.08
普通车床	台班	—	—	—	—	—	—	—	—
4. 室外钢管丝接	台班								
管子切断机	台班	—	—	0.01	0.01	0.01	0.02	0.02	0.02
套丝机	台班	—	—	0.02	0.03	0.03	0.04	0.05	0.05
普通车床	台班	—	—	—	—	—	—	0.03	0.04
5. 方型补偿的制作	个								
直流电焊机	台班	—	—	—	—	—	—	0.12	0.12
鼓风机	台班	—	—	—	0.10	0.10	0.15	0.25	0.25
电动卷扬机	台班	—	—	—	—	—	—	—	—

项目	单位	规格（mm）							
		100	125	150	200	250	300	350	400
管子切断机	台班	0.06	0.07				—		—
电动试压泵	台班				0.02	0.02	0.02		
汽车 5t	台班	—	—		0.02	0.02	0.03	—	—
汽车吊 5t	台班				0.05	0.08	0.08		
卷扬机	台班				0.21	0.27	0.27		
3. 室内焊接钢管丝接	10m								
管子切断机	台班	0.06	0.07	0.08	—	—	—		
套丝机	台班	—	—	—					
普通车床	台班	0.10	0.27	0.21					
4. 室外钢管丝接	台班								
管子切断机	台班	0.02	0.03						
套丝机	台班								
普通车床，	台班	0.13	0.20	0.15	—	—			
5. 方型补偿的制作	个								
直流电焊机	台班	0.14	0.23	0.25	0.40	0.67	0.80	0.96	1.09
鼓风机	台班	0.25	0.40	0.50	0.80	1.00	1.12	1.20	1.40
电动卷扬机	台班	—	—	0.40	0.60	1.44	1.44	1.80	1.80

（3）水塔水池浮漂水位标尺制作与安装所需机械台班用量取定见表 2-105。

表 2-105

单位：台班/组

机械名称	水　塔		水　池	
	（一）	（二）	（一）	（二）
直流电焊机 20kW	0.28	0.33	0.24	
普通车床 400×1000	0.24	0.24	0.24	0.24
立式钻床 φ25	0.10	0.10	0.10	0.10

（4）焊接法兰水表（代旁通管及止回阀）安装所需机械台班耗用量取定见表2-106。

表 2-106

单位：台班/组

机械名称	公称直径（mm）						
	50	80	100	150	200	250	300
直流电焊机 20kW	1.11	1.73	2.03	2.25	4.95	7.05	8.55
卷扬机 5t						0.50	0.60
载重汽车 5t						0.06	0.06

（5）阀类安装所需机械台班用量取定见表2-107。

表 2-107

单位：台班/个

项 目	机械名称	公称直径（mm）						
		32	40	50	65	80	100	125
法兰阀门	直流电焊机 20kW 卷扬机单筒慢速 5t 载重汽车 5t	0.13	0.13	0.13	0.23	0.23	0.27	0.28
法兰阀门（带短管甲乙）								
法兰浮球阀	直流电焊机 20kW	0.09		0.09		0.14	0.16	
法兰液压式水位控制阀	直流电焊机 .20kW			0.20		0.35	0.41	

项 目	机械名称	公称直径（mm）							
		150	200	250	300	350	400	450	500
法兰阀门	直流电焊机 20kW 卷扬机单筒慢速 5t 载重汽车 5t	0.30	0.66	0.94 0.10 0.06	1.19 0.10 0.06	1.23 0.12 0.06	1.49 0.15 0.12		
法兰阀门（带短管甲乙）				0.06 0.10	0.06 0.10	0.06 0.12	0.12 0.15	0.12 0.17	0.18 0.20
法兰浮球阀	直流电焊机 20kW	0.02							
法兰液压式水位控制阀	直流电焊机 20kW	0.45	0.99						

六、小型容器制作安装

（一）场内水平运输

1. 场内水平运输，是根据材料重量以人工和机械综合计算的。

2. 场内水平运输，综合了单体建筑和群体建筑的多方面因素，执行定额时运距不作调整。

3. 场内水平运输的材料：管材 DN150 以内钢铁管、铸铁管为人工运输，DN200 以上为机械运输，部件重量 200kg 以内为人工运输，重量 200kg 以上为机械运输。

（二）场内垂直运输

1. 场内垂直运输在建筑物层高 6 层或 20m 以内者，人工、机械台班包括在定额中，层高在 6 层或 20m 以上者综合考虑在高层建筑增加费内。

2. 场内垂直运输在材料重量 200kg 以内者为人工运输，200kg 以上者为机械运输。

定额水平情况：见表 2-108～表 2-112。

新旧定额项目对照表表 表 2-108

定额项目	定额子目数		新旧定额对比变化情况			备　　注
	旧定额	新定额	增加子目	减少子目	综合扩大项目内容	
总项目	627	681	171	117		
室内外钢管丝接	44	44	—	—	综合进一次性水压试验	镀锌与焊接钢管分列
室内外钢管焊接	24	24	—	—	综合进一次性水压试验	搬制弯、压制弯通用。取消现行定额 DN200～400 地炉调直
室内外承插铸铁给、雨水管	58	67	9	—	综合进给水管水压试验	青铅、膨胀水泥、石棉、胶圈接口分列
室内外承插铸铁排水管	12	29	17	—	室内综合进透气帽	石棉水泥、水泥接口、抗震柔性接口分列
室内排水塑料管	4	4	—	—	综合进透气帽	粘接
法兰、伸缩器、套管、支架、消毒冲洗、压力试验	72	72	5	5	法兰、法兰式套筒伸缩器综合进带帽螺栓	钢套管不列项，螺纹、法兰分列，保留管道一般支架，增管道压力试验
室内、外消火栓，消防水泵接合器	15	—	—	15		项目调整本册取消，第七册修编
阀门、排气阀	59	62	3		综合进带帽螺栓、垫圈、法兰	螺纹、法兰式分列
浮球、浮漂液面计、水位标尺	25	25			水塔、水池项目合并，内容分列	按国标图项目分列，电控制另计
减压器、疏水器、水表	35	46	13	2	综合进法兰、带帽螺栓	螺纹、法兰式分列
卫生器具	56	85	35	6	综合进排水配用钢管	配用钢管按标准图
开水炉、加热器、饮水器	29	29			不变	蒸汽一水、热水分列
散热器、暖风机、热风幕	37	49	17	5		光排管散热器 A、B 型分列
矩、圆形钢板水箱	22	27	27	22	包括人孔水箱盖的重量等 27 项新编	矩形、圆形分列。水位计、梯子另计
燃气室内外镀锌钢管丝接	26	13	—	13	镀锌钢管丝接项目保留	钢管丝接不常用取消
燃气室外钢管焊接	16	16	—	—	不变	气密性试验另计。取消现行定额 DN200～400 地炉调直
燃气室外铸铁管	16	5	5	16	综合进压力试验。新增法兰机械接口	气密性试验另计。青铅、水泥接口不常用取消
计量表	10	15	5		新增：200、300、500、600m³/h	很少应用的取消。增加公用、商用分列
燃气开水炉、采暖炉、热水器	3	11	8	—	直排式、平衡式、热水器	箱式、红外线、辐射式、自动沸水器、消毒新增
民用、公用炊事灶具、燃气嘴	21	35	26	12	取消旧有型号	型号变化多，增加新型号
钢管、套管	8	—	—	8	合并定额项目	取消。用室外焊接管安装项目，外墙套管用第六册《工业管道》
抽水缸	17	13	1	5		铸铁、碳钢抽水缸分列
调长器、调长器与阀门联装	18	10	8		取消 80、125、250、350 管径，不常用	调长器、调长器与阀门联装分列

采暖工程定额测算水平比较表　　　　　表 2-109

序号	项目名称	工程性质	层数	基 价			人工费			材料费			机械费		
				旧定额	新定额	水平(%)	旧定额	新定额	水平(%)	旧定额	新定额	水平(%)	旧定额	新定额	水平(%)
1	长春海关业科技务技术楼	科技	14	533117	526321	75727	66857		445345	443550		12045	15914		
2	新大地开发2号综合楼	住宅及公用	6	279424	280378		31469	31962		245764	245204		219工	3212	
3	东北师大住宅9503住宅	住宅	7	116007	116944		16984	16810		97028	97441		1993	2693	
4	长春市永昌小区5号	住宅	8	319162	315653		46798	41709		268010	267554		4354	6390	
5	西藏自治区政协办公楼	公用	6	76934	75090		15535	13578		59845	59322		1554	2190	
6	白城市政府幼儿园	文教	7	72014	72642		11572	11456		59313	59625		1129	1561	
7	西藏自治区体委职工住宅	住宅	3	42957	41815		4711	3847		38123	37777		123	191	
	合计			1439615	1428843	+0.7	202796	186219	+8.2	1213428	1210473	+0.2	23389	32151	−37.5

给排水工程定额测算水平比较表　　　　　表 2-110

序号	项目名称	工程性质	层数	基 价			人工费			材料费			机械费		
				旧定额	新定额	水平(%)	旧定额	新定额	水平(%)	旧定额	新定额	水平(%)	旧定额	新定额	水平(%)
1	长春海关业务技术楼	科技	14	209001	221573		27627	29001		172989	84147		5806	8425	
2	新大地开发2号综合楼	住宅及公用	6	15139	16648		21465	21704		93334	94372		340	572	
3	东北师大9503住宅	住宅	7	23506	25651		20072	20890		103297	104502		137	259	
4	长春市永昌小区5号	住宅	8	213686	236962		31575	32083		199735	203235		1376	1644	
5	西藏自治区政协办公楼	公用	6	150727	49522		15980	16389		132066	30123		2681	3010	
6	白城市政府幼儿园综合楼	文教	7	66671	68834		11144	11313		55483	57424		44	97	
7	西藏自治区体委住宅	住宅	3	64828	66200		9768	9574		54992	56449		68	177	
8	大理鼓楼综合大厦	公用	29	1512357	1544738		195910	196263		1310716	1339058		5731	9415	
9	大理公司华兴大厦	公用	8	166950	169888		30670	31125		135830	138072		450	691	
10	引洱入滨附属工程客房部	公用	2	138536	140985		23094	22587		115135	117679		307	719	
	合计			2780301	2841001	−2.1	387305	390929	−0.9	2373577	2425061	−2.1	16940	25009	−47.6

燃气工程定额测算水平比较表　　　　表 2-111

序号	项目名称	工程性质	层数	基价			人工费			材料费			机械费		
				旧定额	新定额	水平(%)	旧定额	新定额	水平(%)	旧定额	新定额	水平(%)	旧定额	新定额	水平(%)
1	河北省电视中心住宅	住宅	216	197449	197360		16299	15740		178155	178391		2996	3229	
2	石家庄煤矿机械厂住宅	住宅	144	109189	108427		8971	9094		99671	98738		547	595	
3	上海市径南一街坊一块6号	住宅		7494	7558		1838	1739		5468	5595		188	224	
4	上海市沪住七一16型燃气	住宅		3288	3295		674	623		2558	2605		56	67	
5	沈阳市顺通小区4号、5号、7号	住宅	232	108642	107955		21738	20226		85017	85696		1887	2033	
	合　计			426062	424595	+0.3	49520	47422	+4.2	370869	371025	−0.04	5674	6148	−8.4

新旧定额水平测算对比总表　　　　表 2-112

序号	项目名称	基价			人工费			材料费			机械费		
		旧定额	新定额	水平(%)	旧定额	新定额	水平(%)	旧定额	新定额	水平(%)	旧定额	新定额	水平(%)
1	给排水工程	2780301	2841001	−2.1	287305	390929	−0.9	2373577	2425061	−2.1	16940	25009	−47.6
2	采暖工程	1439613	1428843	+0.7	202796	186219	+8.2	1213428	1210473	+0.2	23389	32151	−37.5
3	燃气工程	426062	424595	+0.3	49520	47422	+4.2	370869	371025	−0.04	5674	6148	−8.4
	合计	4645976	4694439	−1.0	639621	624570	+2.3	3957874	4006559	−1.2	46003	63308	−37.6

第三篇

定额预算与工程量清单计价
编制及对照应用实例

【例1】 某学校室外供暖管道（地沟敷设）中有 $\phi133\times4.5$ 的无缝钢管管道一段，管沟起止长度为 120m，管道的供、回水管分上下两层安装，中间设置方形伸缩器一个，臂长 1.2m，该管道刷红丹漆两遍，珍珠岩瓦绝热，绝热厚度为 50mm，试计算该段管道安装的各分项项目的工程量。直接费及人工费（本例根据《单位估价表》计算）。

【解】 （1）$\phi133\times4.5$mm 管道安装。

① 计算工程量。根据题意，管道安装工程量由两部分组成：

供、回水管的长度：$L_1=120\times2=240$（m）

伸缩器两臂的增加长度：$L_2=1.2\times2\times2=4.8$（m）

室外供热管道的安装工程量$=(L_1+L_2)\div10=(240+4.8)\div10=24.48$

② 计算直接费及人工费。根据有关规定，外径 $\phi133$ 的无缝钢管相当于 $DN125$ 焊接钢管规格，于是比照套用定额。

查《单位估价表》，每 10m 管道安装，基价为 10.87 元，其中人工费 4.52 元，基价中未包括无缝钢管（10.15m）材料价格，属于非完全基价。

查《单位估价表》，$\phi133\times4.5$mm 无缝钢管价格每米为 19.11 元，10.15m 无缝钢管的价格$=19.11\times10.15=193.97$（元）

室外供热管道安装直接费$=(10.87+193.97)\times24.48=5014.48$（元）

其中人工费$=4.52\times24.48=110.65$（元）

（2）管道刷红丹漆两遍。

① 计算工程量。管道刷油工程量以"10m²"为单位计算的，查《单位估价表》第十三册附录九可直接求出管道表面积，得 $\phi133$ 无缝钢管每 100m 的表面积为 48.10m²。管道刷红丹漆工程量$=48.10\times（244.8/100）/10=11.78$。

② 计算直接费及人工费。查《单位估价表》得：

刷红丹漆第一遍，定额编号 13-37，每 10m² 基价 8.01 元，其中人工费 1.07 元；

刷红丹漆第二遍，定额编号 13-38，每 10m² 基价 7.21 元，其中人工费 1.07 元，均属完全基价。

管道刷红丹漆两遍的直接费$=(8.01+7.21)\times11.78=179.29$（元）

其中人工费$=(1.07+1.07)\times11.78=25.21$（元）

（3）膨胀珍珠岩瓦绝热。

① 计算工程量。查《单位估价表》，得 $\phi133$ 无缝钢管，绝热 $\delta=50$mm，每 100m 管道，绝热层的体积为 3m³。

管道绝热安装工程量$=3.0\times(244.8\div100)=7.34$

② 计算直接费及人工费。查《单位估价表》，每立方米膨胀珍珠岩绝热安装，基价为 36.76 元，其中人工费 9.22 元，基价中未包括（1.08m³）硬质珍珠岩瓦的材料价格，属于非完全基价。

查"材料预算价格"得：珍珠岩瓦的价格为$=214.81$ 元/m³，1.08m³ 珍珠岩瓦的价格$=214.81\times1.08=231.99$（元）

管道绝热工程直接费$=(36.76+231.99)\times7.34=1972.63$（元）

其中人工费$=9.22\times7.34=67.67$（元）

（4）支架制作与安装。

① 计算工程量。根据管道支架间距设置规定，该段管道每 6m 间距安装单管托架一个，其中包括设置固定支架两处，支架采用 L100×8 角钢制作。

该段管道两端都设托架，方型伸缩器增设托架一个，每处固定支架可减少托架两个。

托架数：$n_1 = (120 \div 6 + 1 + 1) \times 2 - 2 \times 2 = 40$（个）

固定支架：$n_2 = 2$ 个

经计算每个托架需用材料及规格为：

L100×8 角钢 1 根，长为 0.725m；

抱箍 $\phi 8$ 圆钢 1 根，长为 0.5m；

M8 六角螺母 2 个。

经计算每个固定支架需用材料及规格为：

L100×8 角钢 2 根，每根长 0.725m；

立式支柱角钢（L100×8）1 根，长 1.5m；

抱箍 $\phi 8$ 圆钢 2 根，每根长 0.5m；

M8 六角螺母 4 个；

制动板：—6×40，每块长 0.06m，4 块。

查五金手册，这些规格的材料理论重量分别是：

L100×8 角钢，12.276kg/m；

$\phi 8$ 圆钢：0.395kg/m；

M8 六角螺母：5.674kg/1000 个；

—6×40 扁钢：1.88kg/m。

托架和固定支架的用料重量分别是：

托架：$G_1 = 12.276 \times (0.725 \times 40) = 356.004$（kg）

固定支架：$G_2 = 12.276 \times (0.725 \times 2 + 1.5) \times 2 = 72.428$（kg）

抱箍：$G_3 = 0.395 \times [0.5 \times (40 + 2 \times 4)] = 8.69$（kg）

六角螺母：$G_4 = (5.674 \div 1000) \times (2 \times 40 + 4 \times 2) = 0.499$（kg）

扁钢：$G_5 = 1.88 \times (0.06 \times 4 \times 2) = 0.902$（kg）

支架制作与安装工程量：$(G_1 + G_2 + G_1 + G_4 + G_5) \div 1000$

$$= (356.004 + 72.428 + 8.69 + 0.499 + 0.902) \div 1000$$

$$= 438.523 \text{kg} \div 1000$$

$$= 0.439 \text{ (t)}$$

② 计算直接费及人工费。

一般支架制作：查《单位估价表》，制作一般支架 1t，基价为 397.35 元，其中人工费 105.34 元，基价中未包括型钢（1.05t）材料的价格，属于非完全基价。

查"材料预算价格"得，每吨型钢的价格为 726.72 元，1.05t 型钢的材料价格 = 726.72×1.05 = 763.06（元）

支架制作直接费：(397.35 + 763.06) × 0.439 = 509.42（元）

其中人工费 = 105.34 × 0.439 = 46.24（元）

一般支架安装：查《单位估价表》，1t 支架安装基价为 249.66 元，其中人工费 144.50 元。

支架安装直接费＝249.66×0.439＝109.60（元）

其中人工费＝144.50×0.439＝63.44（元）

清单工程量计算见表 3-1。

清单工程量计算表

表 3-1

项目编码	项目名称	项目特征描述	计量单位	工程量
031001002001	钢管	室外供暖管道无缝钢管 ϕ133×4.5mm，刷红丹漆两遍，珍珠岩瓦绝热	m	244.80
031003009001	补偿器	方形伸缩器安装	个	1
031002001001	管道支架制作安装	支架制作安装	kg	431.00

【例 2】　试计算上题室外供热管道中方形伸缩器（ϕ133×4.5）制作安装的工程量、直接费及人工费（根据《单位估价表》计算）。

【解】　1. 计算工程量。根据工程量计算规定，方形伸缩器的工程量计算是按公称直径的不同，以"个"为单位计算，又据上题可知，计算管道段供、回管上各安装方形伸缩器一个。

方形伸缩器制作安装工程量＝1×2＝2（个）

2. 计算直接费及人工费。查《单位估价表》。每个 DN125 方形伸缩器的基价为 69.91 元。其中人工费 25.85 元。方形伸缩器制作的材料费用，按规定已计算在管道安装中了，所以，基价为完全基价。

方型伸缩器（ϕ133×4.5）制作安装直接费＝69.91×2＝139.82（元）

其中人工费＝25.85×2＝51.70（元）

清单工程量计算见表 3-2。

清单工程量计算表

表 3-2

项目编码	项目名称	项目特征描述	计量单位	工程量
031003009001	补偿器	方形伸缩器 ϕ133×4.5mm 安装	个	2

【例 3】　某工程有管道 DN100 长 1380m；DN200 长 850m；用岩棉管壳保温，外缠玻璃布保护层。灰面、布面刷漆。设计规定保温层的厚度 DN100 为 60mm，DN200 为 80mm，保护壳的厚度为 δ＝10mm，如图 3-1 所示。试计算工程量及其费用。

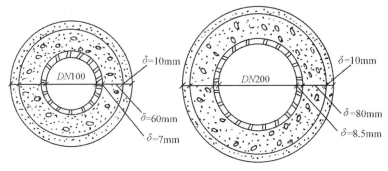

图 3-1　管道保温示意图

已知：$DN100$，保温层 $\delta=60mm$，每米管道保温量为 $0.0343m^3$。

$DN200$，$\delta=80mm$，每米管道保温量为 $0.0783m^3$。

$DN100$，保护壳 $\delta=60mm$，每米管道保护壳的工程量为 $0.7797m^2$。

$DN200$，保护壳 $\delta=80mm$，每米管道保护壳的工程量为 $1.2416m^2$。

【解】 一、《建设工程工程量清单计价规范》GB50500—2003 的计算方法。

1. 管道保温工程量

$1380\times0.0343+850\times0.0783=113.89$（$m^3$）

2. 保护壳（层）工程量

$1380\times0.7797+850\times1.2416=2131.35$（$m^2$）

3. 灰面、布面刷漆的工程量为 2131.35（m^2）

4. 定额计价方式下的工程预算表见表 3-3，工程量清单计价方式下，预算表与清单项目之间的关系分析对照表见表 3-4，分部分项工程量清单计价表见表 3-5，分部分项工程量清单综合单价分析表见表 3-6。

室内燃气工程施工图预算书　　　　表 3-3

| 序号 | 定额单位 | 分项工程名称 | 定额单位 | 工程量 | 单价 | 其中 | | |
						人工费	材料费	机械费
1	8-28	钢管 $DN100$	10m	138	61.09	27.86	20.38	12.85
2	8-31	钢管 $DN200$	10m	85	239.33	43.42	117.12	78.79
3	11-1835	岩棉管壳保温（管道 $\phi133$ 以下，$\delta=60mm$）	m^3	47.33	72.41	46.67	18.99	6.75
4	11-1845	岩棉管壳保温（管道 $\phi325$ 以下，$\delta=80mm$）	m^3	66.56	56.36	30.42	19.19	6.75
5	11-2153	玻璃丝布保护层	$10m^2$	213.14	11.11	10.91	0.20	—
6	11-250	玻璃丝布面刷沥青漆第一遍	$10m^2$	213.14	22.78	19.97	2.81	—
7	11-251	玻璃丝布面刷沥青漆第二遍	$10m^2$	213.14	19.12	16.95	2.17	—

注：定额参考《全国统一安装工程预算定额》第八册给排水、采暖、燃气工程，第十一册 刷油、防腐蚀、绝热工程。

定额预（结）算表（直接费部分）与清单项目之间关系分析对照表　　表 3-4

工程名称：　　　　　　　　　　　　　　　　　　第 页共 页

序号	项目编码	项目名称	清单主项在定额预（结）算表中的序号	清单综合的工程内容在定额预（结）算表中的序号
1	030801002001	钢管 $DN100$，焊接，室外工程，岩棉管壳保温，$\delta=60mm$，外缠玻璃丝布保护层，$\delta=10mm$，外刷两遍沥青漆	1	3+5+6+7
2	030801002002	钢管 $DN200$，焊接，室外工程，岩棉管壳保温，$\delta=80mm$，外缠玻璃丝布保护层，$\delta=10mm$，外刷两遍沥青漆	2	4+5+6+7

分部分项工程量清单计价表　　　　　　　　　　　　　　　表 3-5

工程名称：　　　　　　　　　　　　　　　　　　　　　　　第　页　共　页

序号	项目编码	项目名称	计量单位	工程数量	金额（元）综合单价	金额（元）合价
1	030801002001	钢管 DN100，焊接，室外工程，岩棉管壳保温，δ＝60mm，外缠玻璃丝布保护层，δ＝10mm，外刷两遍沥青漆	m	1380	156.43	215868.26
2	030801002002	钢管 DN200，焊接，室外工程，岩棉管壳保温，δ＝80mm，外缠玻璃丝布保护层，δ＝10mm，外刷两遍沥青漆	m	850	296.71	252200.38

分部分项工程量清单综合单价分析表　　　　　　　　　　表 3-6

工程名称：　　　　　　　　　　　　　　　　　　　　　　　第　页　共　页

序号	项目编码	项目名称	定额编号	工程内容	单位	数量	其中：（元）人工费	材料费	机械费	管理费	利润	综合单价	合价
1	030801002001	钢管 DN100			m	1380						156.43	215868.26
			8-28	钢管 DN100	10m	138	27.86	20.02	12.85	20.65	4.86		86.24 ×138
				钢管 DN100	m	1407.6	—	43.6	—	14.82	3.49		61.91× 1407.6
			11-1835	岩棉管壳保温(δ＝60mm)	m³	47.33	46.67	18.99	6.75	24.62	5.79		102.82 ×47.33
				岩棉管壳	m³	48.75	—	27.6	—	9.38	2.21		39.19 ×48.75
			11-2153	玻璃丝布保护层	10m²	107.60	10.91	0.20	—	3.78	0.89		15.78× 107.60
				玻璃丝布 0.5	m²	1506.4	—	42.3	—	14.38	3.38		60.06× 1056.4
			11-250	布面刷沥青漆第一遍	10m²	107.60	19.97	2.81	—	7.75	1.82		3225× 107.60
				煤焦油沥青漆	kg	559.52	—	8.3	—	2.82	0.66		11.78× 559.52
			11-251	布面刷沥青漆第二遍	10m²	107.60	16.95	2.17	—	6.50	1.53		27.15× 107.60
				煤焦油沥青漆	kg	414.26	—	8.3	—	2.82	0.66		11.78× 411.26
2	030801002002	钢管 DN200			m	850						296.71	252200.38
			8-31	钢管 DN200	10m	85	43.42	117.12	78.79	81.37	19.15		339.85 ×85

续表

序号	项目编码	项目名称	定额编号	工程内容	单位	数量	人工费	材料费	机械费	管理费	利润	综合单价	合价
								其中：（元）					
				钢管 DN200	m	867	—	87.2	—	29.65	6.98		123.83×867
			11-1845	岩棉管壳保温（δ=80mm）	m³	66.56	30.42	19.19	6.75	19.16	4.51		80.03×66.56
				岩棉管壳	m³	68.56	—	27.6	—	9.38	2.21		39.19×68.56
			11-2153	玻璃丝布保护层	10m²	105.54	10.91	0.20	—	3.78	0.89		15.78×105.54
				玻璃丝布 0.5	m²	1477.56	—	42.3	—	14.38	3.38		60.06×1477.56
			11-250	布面刷沥青漆第一遍	10m²	105.54	19.97	2.81	—	7.75	1.82		15.78×105.54
				煤焦油沥青漆	kg	548.81	—	8.3	—	2.82	0.66		11.78×548.81
			11-251	布面刷沥青漆第二遍	10m²	105.54	16.95	2.17	—	6.5	1.53		27.15×105.54
				煤焦油沥青漆	kg	406.33	—	8.3	—	2.82	0.66		11.78×406.33

注：管理费及利润以定额直接费为取费基数，其中管理费费率为 34%，利润率为 8%，仅供参考。（以下同）

二、《建设工程工程量清单计价规范》GB 50500—2008 计算方法（表 3-7～表 3-9）

（套用《全国统一安装工程预算定额》GYD—208—2000，人、材、机差价均不作调整）

分部分项工程量清单与计价表　　　　表 3-7

工程名称：　　　　　　　标段：　　　　　第　页　共　页

序号	项目编码	项目名称	项目特征描述	计量单位	工程量	综合单价	合价	其中暂估价
						金额/元		
1	030801002001	钢管	钢管 DN100，焊接，室外工程岩棉管壳保温，δ=60mm，外缠玻璃丝布保护层，δ=10mm，外刷两遍沥青漆	m	1380	127.46	175894.80	

续表

序号	项目编码	项目名称	项目特征描述	计量单位	工程量	金额/元		
						综合单价	合价	其中暂估价
2	030801002002	钢管	钢管 $DN200$，焊接，室外工程岩棉管壳保温，$\delta=80mm$，外缠玻璃丝布保护层，$\delta=10mm$，外刷两遍沥青漆	m	850	235.59	20025.15	
			本页小计				195919.95	
			合　计				195919.95	

注：根据建设部、财政部发布的《建筑安装工程费用组成》（建标［2003］206 号）的规定，为计取规费等的使用。可在表中增设其中："直接费"、"人工费"或"人工费＋机械费"。

工程量清单综合单价分析表　　　表 3-8

工程名称：　　　　　　　　　　　　标段：　　　　　　　第　　页　共　　页

项目编码	030801002001	项目名称	钢管	计量单位	m

清单综合单价组成明细

定额编号	定额名称	定额单位	数量	单价				合价			
				人工费	材料费	机械费	管理费和利润	人工费	材料费	机械费	管理费和利润
8-28	钢管 $DN100$	10m	0.1	27.86	20.38	12.85	60.01	2.79	2.04	1.29	6.00
11-1835	岩棉管壳保温	m^3	0.034	46.67	18.99	6.75	100.53	1.59	0.65	0.23	3.42
11-2153	玻璃丝布保护层	$10m^2$	0.078	10.91	0.20		23.50	0.85	0.02		1.83
11-250	玻璃丝布面刷沥青漆第一遍	$10m^2$	0.078	19.97	2.81		43.02	1.56	0.22		3.36
11-251	玻璃丝布面刷沥青漆第二遍	$10m^2$	0.078	16.95	2.17		36.51	1.32	0.17		2.85
人工单价			小　计					8.11	3.10	1.52	17.46
23.22 元/(工日)			未计价材料费					97.27			
			清单项目综合单价					127.46			

	主要材料名称、规格、型号			单位	数量	单价/元	合价/元	暂估单价/元	暂估合价/元
材料费明细	焊接钢管 $DN100$			m	1.015	43.60	44.25		
	岩棉管壳			m^3	0.035	27.60	0.97		
	玻璃丝布 0.5			m^2	1.092	42.30	46.19		
	煤焦油沥青漆 L01-17			kg	0.406	8.30	3.37		
	煤焦油沥青漆 L01-17			kg	0.30	8.30	2.49		
	其他材料费					—		—	
	材料费小计					—	97.27	—	

注：1. "数量"栏为"投标方（定额）工程量÷招标方（清单）工程量÷定额单位数量"，如"0.034"为"47.33÷1380"

　　2. 管理费费率为 155.4%，利润率为 60%，均以人工费为基数。

工程量清单综合单价分析表　　　　　　　表 3-9

工程名称：　　　　　　　　　　标段：　　　　　　第　页　共　页

| 项目编码 | 030801002002 | 项目名称 | | 钢管 | | 计量单位 | | m |

清单综合单价组成明细

定额编号	定额名称	定额单位	数量	单价				合价			
				人工费	材料费	机械费	管理费和利润	人工费	材料费	机械费	管理费和利润
8-31	钢管 DN200	10m	0.1	43.42	117.12	78.79	93.53	4.34	11.71	7.88	9.35
11-1845	岩棉管壳保温	m³	0.078	30.42	19.19	6.75	65.52	2.37	1.50	0.53	5.11
11-2153	玻璃丝布保护层	10m²	0.124	10.91	0.20	—	23.50	1.35	0.02	—	2.91
11-250	玻璃丝布面刷沥青漆第一遍	10m²	0.124	19.97	2.81		43.02	2.48	0.35	—	5.33
11-251	玻璃丝布面刷沥青漆第二遍	10m²	0.124	16.95	2.17		36.51	2.10	0.27	—	4.53
人工单价			小　　计					12.64	13.85	8.41	27.23
23.22 元/(工日)			未计价材料费					173.46			
			清单项目综合单价					235.59			

	主要材料名称、规格、型号	单位	数量	单价（元）	合价（元）	暂估单价（元）	暂估合价（元）
材料费明细	焊接钢管 DN200	m	1.015	87.20	88.51		
	岩棉管壳	m³	0.080	27.60	2.21		
	玻璃丝布 0.5	m²	1.736	42.30	73.43		
	煤焦油沥青漆 L01-17	kg	0.645	8.30	5.35		
	煤焦油沥青漆 L01-17	kg	0.477	8.30	3.96		
	其他材料费			—		—	
	材料费小计				173.46		

注：1. "数量"栏为"投标方（定额）工程量÷招标方（清单）工程量÷定额单位数量"，如"0.078"为"66.56÷850"。

2. 管理费费率为 155.4%，利润率为 60%，均以人工费为基数。

三、《建设工程工程量清单计价规范》GB 50500—2013 和《通用安装工程工程量计算规范》计算方法（表 3-10～表 3-12）

（套用《全国统一安装工程预算定额》GYD—208—2000，人、材、机差价均不作调整）

分部分项工程和单价措施项目清单与计价表　　　　　　表 3-10

工程名称：　　　　　　　　　　标段：　　　　　　第　页　共　页

序号	项目编码	项目名称	项目特征描述	计量单位	工程量	金额（元）		
						综合单价	合价	其中 暂估价
1	031001002001	钢管	钢管 DN100，焊接，室外工程岩棉管壳保温，δ=60mm，外缠玻璃丝布保护层，δ=10mm，外刷两遍沥青漆	m	1380	127.46	175894.80	

续表

序号	项目编码	项目名称	项目特征描述	计量单位	工程量	综合单价	合价	其中 暂估价
						金额（元）		
2	031001002002	钢管	钢管 $DN200$，焊接，室外工程岩棉管壳保温，$\delta=$ 80mm，外缠玻璃丝布保护层，$\delta=$ 10mm，外刷两遍沥青漆	m	850	235.59	200251.50	
			本页小计				376146.30	
			合　计				376146.30	

注：根据建设部、财政部发布的《建筑安装工程费用组成》（建标〔2003〕206号）的规定，为计取规费等的使用。可在表中增设其中："直接费"、"人工费"或"人工费＋机械费"。

<h3 style="text-align:center">工程量清单综合单价分析表</h3>

表 3-11

工程名称：　　　　　　　　　　标段：　　　　　　第　页　共　页

项目编码	031001002001	项目名称	钢管	计量单位	m	工程量	1380.00

清单综合单价组成明细

定额编号	定额名称	定额单位	数量	单价				合价			
				人工费	材料费	机械费	管理费和利润	人工费	材料费	机械费	管理费和利润
8-28	钢管 $DN100$	10m	0.1	27.86	20.38	12.85	60.01	2.79	2.04	1.29	6.00
11-1835	岩棉管壳保温	m³	0.034	46.67	18.99	6.75	100.53	1.59	0.65	0.23	3.42
11-2153	玻璃丝布保护层	10m²	0.078	10.91	0.20	—	23.50	0.85	0.02		1.83
11-250	玻璃丝布面刷沥青漆第一遍	10m²	0.078	19.97	2.81	—	43.02	1.56	0.22	—	3.36
11-251	玻璃丝布面刷沥青漆第二遍	10m²	0.078	16.95	2.17	—	36.51	1.32	0.17	—	2.85
人工单价			小　计					8.11	3.10	1.52	17.46
23.22 元/（工日）			未计价材料费					97.27			
清单项目综合单价								127.46			

	主要材料名称、规格、型号	单位	数量	单价（元）	合价（元）	暂估单价（元）	暂估合价（元）
材料费明细	焊接钢管 $DN100$	m	1.015	43.60	44.25		
	岩棉管壳	m³	0.035	27.60	0.97		
	玻璃丝布 0.5	m²	1.092	42.30	46.19		
	煤焦油沥青漆 L01-17	kg	0.406	8.30	3.37		
	煤焦油沥青漆 L01-17	kg	0.30	8.30	2.49		
	其他材料费			—		—	
	材料费小计			—	97.27	—	

注：1. "数量"栏为"投标方（定额）工程量÷招标方（清单）工程量÷定额单位数量"，如"0.034"为"47.33÷1380"

2. 管理费费率为 155.4%，利润率为 60%，均以人工费为基数。

工程量清单综合单价分析表

表 3-12

| 工程名称： | | | | 标段： | | | 第　页　共　页 | | | | |

| 项目编码 | 031001002002 | | 项目名称 | 钢管 | | 计量单位 | m | 工程量 | 85.00 | | |

清单综合单价组成明细

定额编号	定额名称	定额单位	数量	单价				合价			
				人工费	材料费	机械费	管理费和利润	人工费	材料费	机械费	管理费和利润
8-31	钢管 DN200	10m	0.1	43.42	117.12	78.79	93.53	4.34	11.71	7.88	9.35
11-1845	岩棉管壳保温	m³	0.078	30.42	19.19	6.75	65.52	2.37	1.50	0.53	5.11
11-2153	玻璃丝布保护层	10m²	0.124	10.91	0.20	—	23.50	1.35	0.02	—	2.91
11-250	玻璃丝布面刷沥青漆第一遍	10m²	0.124	19.97	2.81	—	43.02	2.48	0.35	—	5.33
11-251	玻璃丝布面刷沥青漆第二遍	10m²	0.124	16.95	2.17	—	36.51	2.10	0.27	—	4.53
人工单价			小　计					12.64	13.85	8.41	27.23
23.22 元/(工日)			未计价材料费				173.46				
清单项目综合单价							235.59				

	主要材料名称、规格、型号	单位	数量	单价(元)	合价(元)	暂估单价(元)	暂估合价(元)
材料费明细	焊接钢管 DN200	m	1.015	87.20	88.51		
	岩棉管壳	m³	0.080	27.60	2.21		
	玻璃丝布 0.5	m²	1.736	42.30	73.43		
	煤焦油沥青漆 L01-17	kg	0.645	8.30	5.35		
	煤焦油沥青漆 L01-17	kg	0.477	8.30	3.96		
	其他材料费			—		—	
	材料费小计			—	173.46	—	

注：1. "数量"栏为"投标方（定额）工程量÷招标方（清单）工程量÷定额单位数量"，如"0.078"为"66.56÷850"。

2. 管理费费率为155.4%，利润率为60%，均以人工费为基数。

四、"03 规范"计算方法、"08 规范"计算方法和"13 规范"计算方法的区别与联系

1. "08 规范"和"03 规范"相比，工程量清单计价表有很大差别。比如本题 08 计算

方法中的"分部分项工程量清单与计价表"就是由"03 规范"中的"分部分项工程量清单"和"分部分项工程量清单计价表"合成的。

2. "13 规范"将"08 规范"中的"分部分项工程量清单与计价表"和"措施项目清单与计价表"合并重新设置，改名为"分部分项工程和单价措施项目清单与计价表"，采用这一表现形式，大大地减少了投标人因两表分设而可能带来的出错概率，说明这种表现形式反映了良好的交易习惯。可以认为，这种表现形式可以满足不同行业工程计价的实际需要。

3. "08 规范"和"03 规范"相比，"08 规范"中的"工程量清单综合单价分析表"和"03 规范"中的"分部分项工程量清单综合单价计算表"的实质是一样的，只是在细节方面有些不同。"工程量清单综合单价分析表"中增加了"材料费明细"一栏，此栏中若本项目编码所包括的定额中含有未计价材料，则在"材料费明细"中只显示未计价材料，并将所有未计价材料费汇总后填入"未计价材料费"一栏中。若本项目编码所包括的定额中都不含未计价材料，则"材料费明细"中应显示以上定额所涉及的全部材料。若不同定额编号所用材料有所相同的，则应在"材料费明细"中合并后计算。

4. "13 规范"和"08 规范"相比，"13 规范"中的"工程量清单综合单价分析表"新增加了"工程量"一栏，使表格中的内容更加清晰、全面，增加了表格的适用性。

【例 4】　一幢六层住宅楼燃气管道，如图 3-2 所示。

（一）工程概况

1. 燃气管道自楼梯间外墙穿墙地下引入，室外埋深为－1.95m，楼的层高为 2.7m。

2. 立管的材质为镀锌钢管，水平干管的材质 DN40 以内的为镀锌钢管，DN50 以外的为无缝钢管，所有管道应按照施工规范进行管道防腐。

3. 各户用灶具采用 JZ64 型双眼灶，并安装 2.5m³/h 燃气表、球心阀等。

（二）按照图纸计算出相应的工程量。

【解】

一、《建设工程工程量清单计价规范》GB50500—2003 的计算方法。

室内燃气管道及灶具安装的工程量计算。

计算该工程的工程量按照图 3-2～图 3-5 所示的燃气管道平面布置图、Ⅰ—Ⅰ剖面图和燃气轴侧图以及前边介绍的工程量计算规则计算工程量如下：

（1）DN50 地下引入口一处

（2）DN50 水平干管　2.7＋4.28＋1.24＋2.4＋1.74×2＝14.1（m）

（3）DN40 立管　2.7×2＝5.4（m）

（4）DN32 立管　2.7×2＝5.4（m）

（5）DN25 立管　8.1×2＝16.2（m）

（6）DN50 阀门一个

（7）各户用灶具工 Z64 型双眼灶 2× 6＝12

定额计价方式下的工程预算表见表 3-13，工程量清单计价方式下，预算表与清单项目之间关系分析对照表见表 3-14，分部分项工程量清单计价表见表 3-15，分部分项工程量清单综合单价分析表，见表 3-16。

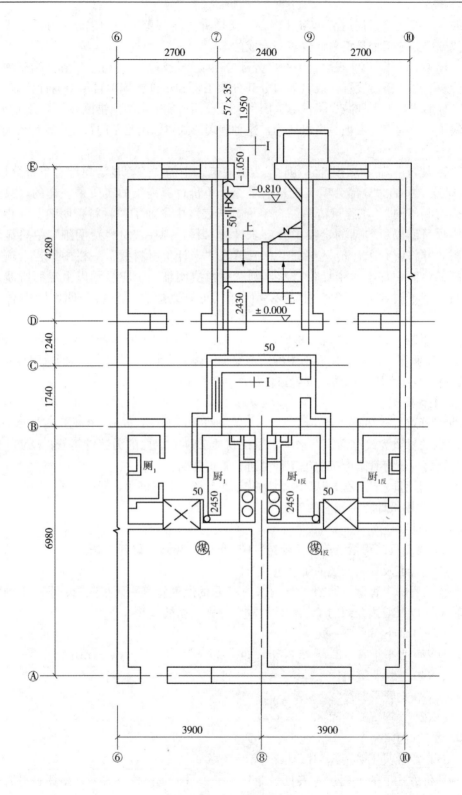

图 3-2　平面图

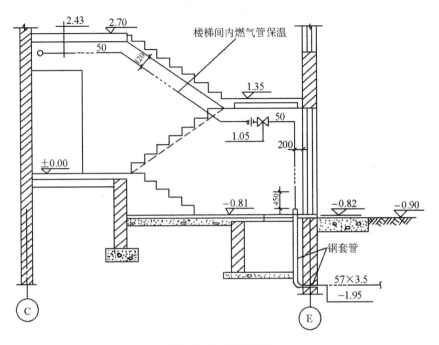

图 3-3　I-I 剖面图

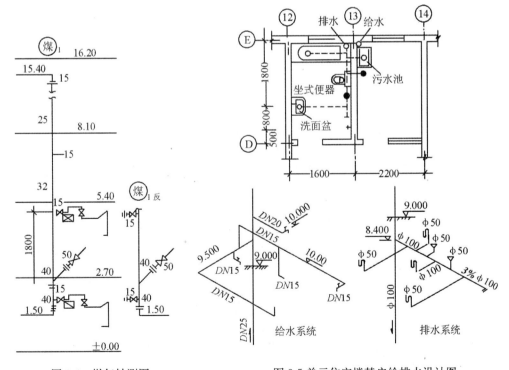

图 3-4　燃气轴测图　　　　　　　　图 3-5 单元住宅楼某户给排水设计图

分部分项工程量清单计价表

表 3-13

工程名称：　　　　　　　　　　　　　　　　　　　　　　　第　页 共　页

序号	项目编码	分项工程名称	定额单位	工程量	单价	其　中		
						人工费	材料费	机械费
1	8-648	JZ64 型双眼灶	台	12	8.68	6.5	2.36	—
2	8-246	阀门 DN50	个	1	15.06	5.80	9.26	—
3	8-624	燃气表（2.5m³/h）	块	12	14.64	14.40	0.24	—
4	8-591	镀锌钢管 DN25	10m	1.62	84.31	50.97	30.95	2.39
5	8-592	镀锌钢管 DN32	10m	0.54	96.94	51.08	43.07	2.79
6	8-593	镀锌钢管 DN40	1.0m	0.54	123.06	63.85	55.10	4.11
7	8-573	无缝钢管 DN50	10m	1.41	26.48	18.58	5.14	7.76

定额预（结）算表（直接费部分）与清单项目之间关系分析对照表

表 3-14

工程名称：　　　　　　　　　　　　　　　　　　　　　　　第　页 共　页

序号	项目编码	项目名称	清单主项在定额预（结）算表中的序号	清单综合的工程内容在定额预（结）算表中的序号
1	030803011001	燃气表，民用，2.5m³/h	3	无
2	030803001001	螺纹阀门，DN50	2	无
3	030806005001	燃气灶具，Z64 型双眼灶	1	无
4	030801001001	镀锌钢管 DN25，室内安装，燃气管道，螺纹连接	4	无
5	030801001002	镀锌钢管 DN32，室内安装，燃气管道，螺纹连接	5	无
6	030801001003	镀锌钢管 DN40，室内安装，燃气管道，螺纹连接	6	无
7	030801001004	无缝钢管 DN57×35，室外安装，燃气管道，螺纹连接	7	无

分部分项工程量清单计价表

表 3-15

工程名称：　　　　　　　　　　　　　　　　　　　　　　　第　页 共　页

序号	项目编码	项 目 名 称	计量单位	工程数量	金额（元）	
					综合单价	合价
1	030803011001	燃气表，民用，2.5m³/h	块	12	277.24	3326.88
2	030803001001	螺纹阀门，DN50	个	1	111.31	111.31
3	030806005001	燃气灶具，JZ64 型双眼灶	台	12	297.74	3572.88
4	030801001001	镀锌钢管 DN25，室内安装，燃气管道，螺纹连接	m	16.2	33.11	536.41
5	030801001002	镀锌钢管 DN32，室内安装，燃气管道，螺纹连接	m	5.4	39.55	213.57
6	030801001003	镀锌钢管 DN40，室内安装，燃气管道，螺纹连接	m	5.4	45.43	245.33
7	030801001004	镀锌钢管 DN57×35，室内安装，燃气管道，螺纹连接	m	14.1	37.79	532.88

分部分项工程量清单综合单价分析表

表 3-16

工程名称：

第　页　共　页

序号	项目编码	项目名称	定额编号	工程内容	单位	数量	人工费	材料费	机械费	管理费	利润	综合单价	合价
1	030803011001	燃气表(2.5m³/h)			块	12						277.74	3326.88
			8-624	燃气表(2.5m³/h)	块	12	14.40	0.24	—	4.98	1.17		20.79 ×12
				燃气表(2.5m³/h)	块	12	—	180.6	—	61.4	14.45		256.45 ×12
2	030803001001	螺纹阀门 DN50			个	1						111.31	111.31
			8-246	螺纹阀门 DN50	个	1	5.80	9.26	—	5.12	1.20		21.38 ×1
				螺纹阀门 DN50	个	1.01	—	62.7	—	21.32	5.02		89.04 ×1.01
3	030806005001	燃气灶具			台	12						297.74	3572.88
			8-648	JZ64 型双眼灶	台	12	6.5	2.36	—	2.95	0.69		12.58 ×12
				JZ64 型双眼灶	台	12	—	201	—	68.34	16.08		285.42 ×12
4	030801001001	镀锌钢管 DN25			m	16.2						33.11	536.41
			8-591	镀锌钢管 DN25	10m	1.62	50.97	30.95	2.39	28.67	6.74		119.72 ×1.62
				镀锌钢管 DN25	m	16.52	—	14.6	—	4.96	1.17		20.73 ×16.52
5	030801001002	镀锌钢管 DN32	8		m	5.4						39.55	213.57
			8-592	镀锌钢管 DN32	10m	0.54	51.08	43.07	2.79	32.96	7.76		137.66 ×0.54
				镀锌钢管 DN32	m	5.51	—	17.8	—	6.05	1.42		25.27 ×5.51
6	030801001003	镀锌钢管 DN40			m	5.4						45.43	245.33
			8-593	镀锌钢管 DN40	10m	0.54	63.85	55.10	4.11	42.84	9.84		174.74 ×0.54

续表

序号	项目编码	项目名称	定额编号	工程内容	单位	数量	人工费	材料费	机械费	管理费	利润	综合单价	合价
							其中：（元）						
				镀锌钢管 DN40	m	5.51	—	19.3	—	6.56	1.54		27.4 ×5.51
7	030801001004	无缝钢管 DN57×35			m	14.1						37.79	532.88
			8-573	无缝钢管 DN50	10m	1.41	18.58	5.14	2.76	9	2.12		37.6 ×1.41
				无缝钢管 DN50	m	14.38	—	23.5	—	7.99	1.88		33.37 ×14.38

二、《建设工程工程量清单计价规范》GB 50500—2008 计算方法（表 3-17～表 3-24）

（套用《全国统一安装工程预算定额》GYD—208—2000，人、材、机差价均不作调整）

分部分项工程量清单与计价表　　　　　　　　　　　表 3-17

工程名称：　　　　　　　　　标段：　　　　　　第　页　共　页

序号	项目编码	项目名称	项目特征描述	计量单位	工程量	综合单价	合价	其中：暂估价
						金额（元）		
1	030803011001	燃气表	民用，2.5m³/h	块	12	246.46	2957.52	
2	030803001001	螺纹阀门	DN50	个	3	90.88	272.64	
3	030806005001	燃气灶具	JZ64 型双眼灶	台	12	223.86	2686.32	
4	030801001001	镀锌钢管	DN25，室内安装，燃气管道，螺纹连接	m	16.20	34.34	556.31	
5	030801001002	镀锌钢管	DN32，室内安装，燃气管道，螺纹连接	m	5.40	38.92	210.17	
6	030801001003	镀锌钢管	DN40，室内安装，燃气管道，螺纹连接	m	5.40	45.83	247.48	
7	030801002001	钢管	DN57×3.5，室内安装，燃气管道，螺纹连接	m	16.10	30.50	491.05	
			本页小计				7421.49	
			合　计				7421.49	

注：根据建设部、财政部发布的《建筑安装工程费用组成》（建标〔2003〕206 号）的规定，为计取规费等的使用，可在表中增设其中："直接费"、"人工费"或"人工费＋机械费"。

工程量清单综合单价分析表

表 3-18

工程名称：　　　　　　　　　　　标段：　　　　　　　第　页　共　页

项目编码	030803011001	项目名称	燃气表	计量单位	块

清单综合单价组成明细

定额编号	定额名称	定额单位	数量	单价				合价			
				人工费	材料费	机械费	管理费和利润	人工费	材料费	机械费	管理费和利润
8-624	燃气表 (2.5m³/h)	块	1	14.40	0.24	—	31.20	14.40	0.24	—	31.02
人工单价		小　计						14.40	0.24	—	31.02
23.22 元/(工日)		未计价材料费						200.8			
清单项目综合单价								246.46			

材料费明细	主要材料名称、规格、型号	单位	数量	单价（元）	合价（元）	暂估单价（元）	暂估合价（元）
	燃气计量表 2.5m³/h 单表头	块	1	180.60	180.60		
	燃气表接头	套	1.01	—		20.00	20.20
	其他材料费				—		—
	材料费小计				—	180.60	—	20.20

注：1."数量"栏为"投标方（定额）工程量÷招标方（清单）工程量÷定额单位数量"如"1"为"12÷12"

2.管理费费率为 155.4%，利润率为 60%，均以人工费为基数。

工程量清单综合单价分析表

表 3-19

工程名称：　　　　　　　　　　　标段：　　　　　　　第　页　共　页

项目编码	030803001001	项目名称	螺纹阀门	计量单位	个

清单综合单价组成明细

定额编号	定额名称	定额单位	数量	单价				合价			
				人工费	材料费	机械费	管理费和利润	人工费	材料费	机械费	管理费和利润
8-246	阀门 DN50	个	1	5.80	9.26	—	12.49	5.80	9.26	—	12.49
人工单价		小　计						5.80	9.26	—	12.49
23.22 元/(工日)		未计价材料费						63.33			
清单项目综合单价								90.88			

材料费明细	主要材料名称、规格、型号	单位	数量	单价（元）	合价（元）	暂估单价（元）	暂估合价（元）
	螺纹阀门 DN50	个	1.01	62.7	63.33		
	其他材料费				—		
	材料费小计				—	63.33		

注：1."数量"栏为"投标方（定额）工程量÷招标方（清单）工程量÷定额单位数量"，如"1"为"3÷3"；

2.管理费费率为 155.4%，利润率为 60%，均以人工费为基数。

工程量清单综合单价分析表　　　　　　　　　　　　　　表 3-20

工程名称：　　　　　　　　　　标段：　　　　　　　第　页　共　页

项目编码	030806005001		项目名称		燃气灶具		计量单位		台

清单综合单价组成明细

定额编号	定额名称	定额单位	数量	单价				合价			
				人工费	材料费	机械费	管理费和利润	人工费	材料费	机械费	管理费和利润
8-648	JZ64型双眼灶	台	1	6.50	2.36	—	14.00	6.50	2.36	—	14.00
人工单价			小　计					6.50	2.36	—	14.00
23.22元/(工日)			未计价材料费					201.00			
清单项目综合单价								223.86			

材料费明细	主要材料名称、规格、型号	单位	数量	单价（元）	合价（元）	暂估单价（元）	暂估合价（元）
	JZ64型双眼灶	台	1	201.00	201.00		
	其他材料费			—			
	材料费小计			—	201.00		

注：1.“数量”栏为“投标方（定额）工程量÷招标方（清单）工程量÷定额单位数量”如“1”，为“12÷12”；

2. 管理费费率为155.4%，利润率为60%，均以人工费为基数。

工程量清单综合单价分析表　　　　　　　　　　　　　　表 3-21

工程名称：　　　　　　　　　　标段：　　　　　　　第　页　共　页

项目编码	030801001001		项目名称		镀锌钢管		计量单位		m

清单综合单价组成明细

定额编号	定额名称	定额单位	数量	单价				合价			
				人工费	材料费	机械费	管理费和利润	人工费	材料费	机械费	管理费和利润
8-591	镀锌钢管 DN25	10m	0.1	50.97	31.31	2.39	109.79	5.10	3.13	0.24	10.98
人工单价			小　计					5.10	3.13	0.24	10.98
23.22元/(工日)			未计价材料费					14.89			
清单项目综合单价								34.34			

材料费明细	主要材料名称、规格、型号	单位	数量	单价（元）	合价（元）	暂估单价（元）	暂估合价（元）
	镀锌钢管 DN25	m	1.02	14.60	14.89		
	其他材料费			—			
	材料费小计			—	14.89		

注：1.“数量”栏为“投标方（定额）工程量÷招标方（清单）工程量÷定额单位数量”，如“0.1”为“1.62÷16.2”；

2. 管理费费率为155.4%，利润率为60%，均以人工费为基数。

工程量清单综合单价分析表　　　　　　　　　　　　表 3-22

工程名称：　　　　　　　　　　标段：　　　　　　　　第　页　共　页

项目编码	030801001002		项目名称		镀锌钢管		计量单位		m

清单综合单价组成明细

定额编号	定额名称	定额单位	数量	单价				合价			
				人工费	材料费	机械费	管理费和利润	人工费	材料费	机械费	管理费和利润
8-592	镀锌钢管 DN32	10m	0.1	51.08	43.67	2.79	110.03	5.11	4.37	0.28	11.00
人工单价		小　计						5.11	4.37	0.28	11.00
23.22 元/（工日）		未计价材料费						18.16			
清单项目综合单价								38.92			

材料费明细	主要材料名称、规格、型号			单位	数量	单价（元）	合价（元）	暂估单价（元）	暂估合价（元）
	镀锌钢管 DN32			m	1.02	17.80	18.16		
	其他材料费					—	—		
	材料费小计					—	18.16		

注：1. "数量"栏为"投标方（定额）工程量÷招标方（清单）工程量÷定额单位数量"，如"0.1"为"0.54÷5.4"；

　　2. 管理费费率为 155.4%，利润率为 60%，均以人工费为基数。

工程量清单综合单价分析表　　　　　　　　　　　　表 3-23

工程名称：　　　　　　　　　　标段：　　　　　　　　第　页　共　页

项目编码	030801001003		项目名称		镀锌钢管		计量单位		m

清单综合单价组成明细

定额编号	定额名称	定额单位	数量	单价				合价			
				人工费	材料费	机械费	管理费和利润	人工费	材料费	机械费	管理费和利润
8-593	镀锌钢管 DN40	10m	0.1	63.85	55.94	4.11	137.53	6.39	5.59	0.41	13.75
人工单价		小　计						6.39	5.59	0.41	13.75
23.22 元/（工日）		未计价材料费						19.69			
清单项目综合单价								45.83			

材料费明细	主要材料名称、规格、型号			单位	数量	单价（元）	合价（元）	暂估单价（元）	暂估合价（元）
	镀锌钢管 DN40			m	1.02	19.30	19.69		
	其他材料费					—	—		
	材料费小计					—	19.69		

注：1. "数量"栏为"投标方（定额）工程量÷招标方（清单）工程量÷定额单位数量"，如"0.1"为"0.54÷5.4"；

　　2. 管理费费率为 155.4%，利润率为 60%，均以人工费为基数。

工程量清单综合单价分析表　　　　　表 3-24

工程名称：　　　　　　　　标段：　　　　　第　页　共　页

项目编码	030801002001	项目名称	钢管	计量单位	m

清单综合单价组成明细

定额编号	定额名称	定额单位	数量	单价				合价			
				人工费	材料费	机械费	管理费和利润	人工费	材料费	机械费	管理费和利润
8-573	无缝钢管 DN50	10m	0.1	18.58	5.14	2.76	40.02	1.86	0.51	0.28	4.00

人工单价		小　计		1.86	0.51	0.28	4.00
23.22 元/（工日）		未计价材料费			23.85		
清单项目综合单价					30.50		

材料费明细	主要材料名称、规格、型号	单位	数量	单价（元）	合价（元）	暂估单价（元）	暂估合价（元）
	无缝钢管 DN50	m	1.015	23.50	23.85		
	其他材料费			—		—	
	材料费小计			—	23.85	—	

注：1. "数量"栏为"投标方（定额）工程量÷招标方（清单）工程量÷定额单位数量"，如"0.1"为"1.61÷16.1"；

　　2. 管理费费率为 155.4%，利润率为 60%，均以人工费为基数。

三、《建设工程工程量清单计价规范》GB 500—2013 和《通用安装工程工程量计算规范》GB 50856—2013 计算方法（表 3-25～表 3-32）

（套用《全国统一安装工程预算定额》GYD—208—2000，人、材、机差价均不作调整）

分部分项工程和单价措施项目清单与计价表　　　　　表 3-25

工程名称：　　　　　　　　标段：　　　　　第　页　共　页

序号	项目编码	项目名称	项目特征描述	计量单位	工程量	金额（元）		其中
						综合单价	合价	暂估价
1	031007005001	燃气表	民用，2.5m³/h	块	12	246.46	2957.52	
2	031003001001	螺纹阀门	DN50	个	3	90.88	272.64	
3	031007006001	燃气灶具	JZ64 型双眼灶	台	12	223.86	2686.32	
4	031001001001	镀锌钢管	DN25，室内安装，燃气管道，螺纹连接	m	16.20	34.34	556.31	

续表

序号	项目编码	项目名称	项目特征描述	计量单位	工程量	金额（元）		
						综合单价	合价	其中：暂估价
5	031001001002	镀锌钢管	DN32，室内安装，燃气管道，螺纹连接	m	5.40	38.92	210.17	
6	031001001003	镀锌钢管	DN40，室内安装，燃气管道，螺纹连接	m	5.40	45.83	247.48	
7	031001002001	钢管	DN57×3.5，室内安装，燃气管道，螺纹连接	m	16.10	30.50	491.05	
			本页小计				7421.49	
			合　计				7421.49	

注：根据建设部、财政部发布的《建筑安装工程费用组成》（建标［2003］206 号）的规定，为计取规费等的使用，可在表中增设其中："直接费"、"人工费"或"人工费＋机械费"。

工程量清单综合单价分析表　　　　　　表 3-26

工程名称：　　　　　　　　　　　　　　　标段：　　　　　　第　页　共　页

项目编码	031007005001	项目名称	燃气表	计量单位	块	工程量	12

清单综合单价组成明细

定额编号	定额名称	定额单位	数量	单价				合价			
				人工费	材料费	机械费	管理费和利润	人工费	材料费	机械费	管理费和利润
8-624	燃气表 (2.5m³/h)	块	1	14.40	0.24	—	31.20	14.40	0.24	—	31.02
人工单价		小　计						14.40	0.24	—	31.02
23.22 元/（工日）		未计价材料费						200.8			
清单项目综合单价								246.46			

材料费明细	主要材料名称、规格、型号	单位	数量	单价（元）	合价（元）	暂估单价（元）	暂估合价（元）
	燃气计量表 2.5m³/h 单表头	块	1	180.60	180.60		
	燃气表接头	套	1.01	—		20.00	20.20
	其他材料费			—	—		
	材料费小计			—	180.60	—	20.20

注：1. "数量"栏为"投标方（定额）工程量÷招标方（清单）工程量÷定额单位数量"如"1"为"12÷12"
　　2. 管理费费率为 155.4%，利润率为 60%，均以人工费为基数。

工程量清单综合单价分析表　　　　　　　　　　表 3-27

工程名称：　　　　　　　　　标段：　　　　　　　　第　页　共　页

| 项目编码 | 031003001001 | 项目名称 | 螺纹阀门 | 计量单位 | 个 | 工程量 | 3 |

清单综合单价组成明细

定额编号	定额名称	定额单位	数量	单价				合价			
				人工费	材料费	机械费	管理费和利润	人工费	材料费	机械费	管理费和利润
8-246	阀门 DN50	个	1	5.80	9.26	—	12.49	5.80	9.26	—	12.49
人工单价			小　计					5.80	9.26	—	12.49
23.22元/(工日)			未计价材料费					63.33			
清单项目综合单价								90.88			

材料费明细	主要材料名称、规格、型号	单位	数量	单价（元）	合价（元）	暂估单价（元）	暂估合价（元）
	螺纹阀门 DN50	个	1.01	62.7	63.33		
	其他材料费			—		—	
	材料费小计			—	63.33	—	

注：1.“数量”栏为“投标方（定额）工程量÷招标方（清单）工程量÷定额单位数量”，如“1”为“3÷3”；

　　2.管理费费率为155.4％，利润率为60％，均以人工费为基数。

工程量清单综合单价分析表　　　　　　　　　　表 3-28

工程名称：　　　　　　　　　标段：　　　　　　　　第　页　共　页

| 项目编码 | 031007006001 | 项目名称 | 燃气灶具 | 计量单位 | 台 | 工程量 | 12 |

清单综合单价组成明细

定额编号	定额名称	定额单位	数量	单价				合价			
				人工费	材料费	机械费	管理费和利润	人工费	材料费	机械费	管理费和利润
8-648	JZ64型双眼灶	台	1	6.50	2.36	—	14.00	6.50	2.36	—	14.00
人工单价			小　计					6.50	2.36	—	14.00
23.22元/(工日)			未计价材料费					201.00			
清单项目综合单价								223.86			

材料费明细	主要材料名称、规格、型号	单位	数量	单价（元）	合价（元）	暂估单价（元）	暂估合价（元）
	JZ64型双眼灶	台	1	201.00	201.00		
	其他材料费			—		—	
	材料费小计			—	201.00	—	

注：1.“数量”栏为“投标方（定额）工程量÷招标方（清单）工程量÷定额单位数量”如“1”，为“12÷12”；

　　2.管理费费率为155.4％，利润率为60％，均以人工费为基数。

工程量清单综合单价分析表 表 3-29

工程名称： 标段： 第 页 共 页

| 项目编码 | 031001001001 | 项目名称 | 镀锌钢管 | 计量单位 | m | 工程量 | 16.20 |

清单综合单价组成明细

定额编号	定额名称	定额单位	数量	单价				合价			
				人工费	材料费	机械费	管理费和利润	人工费	材料费	机械费	管理费和利润
8-591	镀锌钢管 DN25	10m	0.1	50.97	31.31	2.39	109.79	5.10	3.13	0.24	10.98
人工单价		小 计						5.10	3.13	0.24	10.98
23.22 元/（工日）		未计价材料费						14.89			
清单项目综合单价								34.34			

材料费明细	主要材料名称、规格、型号			单位	数量	单价（元）	合价（元）	暂估单价（元）	暂估合价（元）
	镀锌钢管 DN25			m	1.02	14.60	14.89		
	其他材料费					—	—		
	材料费小计					—	14.89	—	

注：1. "数量"栏为"投标方（定额）工程量÷招标方（清单）工程量÷定额单位数量"，如"0.1"为"1.62÷16.2"；

2. 管理费费率为 155.4%，利润率为 60%，均以人工费为基数。

工程量清单综合单价分析表 表 3-30

工程名称： 标段： 第 页 共 页

| 项目编码 | 031001001002 | 项目名称 | 镀锌钢管 | 计量单位 | m | 工程量 | 5.40 |

清单综合单价组成明细

定额编号	定额名称	定额单位	数量	单价				合价			
				人工费	材料费	机械费	管理费和利润	人工费	材料费	机械费	管理费和利润
8-592	镀锌钢管 DN32	10m	0.1	51.08	43.67	2.79	110.03	5.11	4.37	0.28	11.00
人工单价		小 计						5.11	4.37	0.28	11.00
23.22 元/（工日）		未计价材料费						18.16			
清单项目综合单价								38.92			

材料费明细	主要材料名称、规格、型号			单位	数量	单价（元）	合价（元）	暂估单价（元）	暂估合价（元）
	镀锌钢管 DN32			m	1.02	17.80	18.16		
	其他材料费					—	—		
	材料费小计					—	18.16	—	

注：1. "数量"栏为"投标方（定额）工程量÷招标方（清单）工程量÷定额单位数量"，如"0.1"为"0.54÷5.4"；

2. 管理费费率为 155.4%，利润率为 60%，均以人工费为基数。

工程量清单综合单价分析表 表 3-31

工程名称：　　　　　　　　　　标段：　　　　第　页　共　页

项目编码	031001001003	项目名称	镀锌钢管	计量单位	m	工程量	5.40

清单综合单价组成明细

定额编号	定额名称	定额单位	数量	单价				合价			
				人工费	材料费	机械费	管理费和利润	人工费	材料费	机械费	管理费和利润
8-593	镀锌钢管 DN40	10m	0.1	63.85	55.94	4.11	137.53	6.39	5.59	0.41	13.75
人工单价			小　计					6.39	5.59	0.41	13.75
23.22 元/(工日)			未计价材料费					19.69			
清单项目综合单价								45.83			

材料费明细	主要材料名称、规格、型号	单位	数量	单价（元）	合价（元）	暂估单价(元)	暂估合价(元)
	镀锌钢管 DN40	m	1.02	19.30	19.69		
	其他材料费			—			
	材料费小计			—	19.69	—	

注：1．"数量"栏为"投标方（定额）工程量÷招标方（清单）工程量÷定额单位数量"，如"0.1"为"0.54÷5.4"；

2．管理费费率为 155.4%，利润率为 60%，均以人工费为基数。

工程量清单综合单价分析表 表 3-32

工程名称：　　　　　　　　　　标段：　　　　第　页　共　页

项目编码	031001002001	项目名称	钢管	计量单位	m	工程量	16.10

清单综合单价组成明细

定额编号	定额名称	定额单位	数量	单价				合价			
				人工费	材料费	机械费	管理费和利润	人工费	材料费	机械费	管理费和利润
8-573	无缝钢管 DN50	10m	0.1	18.58	5.14	2.76	40.02	1.86	0.51	0.28	4.00
人工单价			小　计					1.86	0.51	0.28	4.00
23.22 元/(工日)			未计价材料费					23.85			
清单项目综合单价								30.50			

材料费明细	主要材料名称、规格、型号	单位	数量	单价（元）	合价（元）	暂估单价(元)	暂估合价(元)
	无缝钢管 DN50	m	1.015	23.50	23.85		
	其他材料费			—	—		
	材料费小计			—	23.85	—	

注：1．"数量"栏为"投标方（定额）工程量÷招标方（清单）工程量÷定额单位数量"，如"0.1"为"1.61÷16.1"；

2．管理费费率为 155.4%，利润率为 60%，均以人工费为基数。

【**例5**】　图 3-5 为某幢单元住宅楼的某户厨房与卫生间的给排水设计图。给水用镀锌焊接钢管（丝接），排水用铸铁承插排水管（水泥接口）。

试计算该户给排水工程的预算工程量。

【**解**】

一、《建设工程工程量清单计价规范》GB 50500—2003 计算方法。

列表分项计算见表 3-33。

某户给排水工程量计算表（实例）　　　　　　　　　　表 3-33

序	分项工程	工程说明及算式	单位	数量
	一、管道敷设			
1	给水：(1) DN20	$0.\overrightarrow{4}+0.\overrightarrow{1}$	m	0.50
	(2) DN15	$1.\overrightarrow{6}+1.8+0.1\uparrow+0.2+0.5\uparrow+2.5+0.1+0.8\downarrow+0.1$	m	7.7
2	排水：(1) DN50	$0.6\downarrow''+1.\overrightarrow{2}+0.8\downarrow''+0.\overrightarrow{5}+0.6\downarrow+0.5+0.6+0.8\downarrow''+1.\overrightarrow{1}$	m	6.7
	(2) DN00	$0.6\downarrow''+0.3+2.1$	m	3
	二、器具			
1	DN15 水龙头	1+1	个	2
2	DN20 水龙头		个	1
3	浴盆		组	1
4	坐式大便器		套	1
5	洗面盆		套	1
6	排水栓	DN50	套	1
7	地漏	DN50	个	2

定额计价方式的工程预算表见表 3-34，工程量清单计价方式下，预算表与清单项目之间关系分析对照表见表 3-35，分部分项工程量清单计价表见表 3-36，分部分项工程量清单综合单价分析表见表 3-37。

室内给排水工程施工图预算表　　　　　　　　　　表 3-34

序号	定额编号	分项工程名称	定额单位	工程量	单价	其　中		
						人工费	材料费	机械费
1	8-88	镀锌钢管 DN20（螺纹连接）	10m	0.05	66.72	42.49	24.23	—
2	8-87	镀锌钢管 DN15（螺纹连接）	10m	0.77	65.45	42.49	22.96	—
3	8-438	水龙头安装 DN15	10 个	0.2	7.48	6.50	0.98	—
4	8-439	水龙头安装 DN20	10 个	0.1	7.48	6.50	0.98	—
5	8-376	浴盆	10 组	0.1	1177.98	258.90	919.08	—
6	8-414	坐式大便器	10 套	0.1	484.02	186.46	297.56	—
7	8-384	洗面盆	10 组	0.1	1449.93	151.16	1298.77	—
8	8-443	排水栓 DN50	10 组	0.1	121.41	44.12	77.29	—
9	8-447	地漏 DN50	10 个	0.2	55.88	37.15	18.73	—
10	8-144	承插铸铁管 DN50（水泥接口）	10m	0.67	133.41	52.01	81.40	—
11	8-146	承插铸铁管 DN100（水泥接口）	10m	0.3	357.39	80.34	277.05	—

定额预（结）算表（直接费部分）与清单项目之间关系分析对照表　表 3-35

工程名称：　　　　　　　　　　　　　　　　　　　　　第　页　共　页

序号	项目编码	项目名称	清单主项在定额预（结）算表中的序号	清单综合的工程内容在定额预（结）算表中的序号
1	031001001001	镀锌钢管 DN20，室内给水工程，螺纹连接	1	无
2	031001001002	镀锌钢管 DN15，室内给水工程，螺纹连接	2	无
3	031001005001	承插铸铁管 DN50，室内排水工程，水泥接口	10	无
4	031001005002	承插铸铁管 DN100，室内排水工程，水泥接口	11	无
5	031004014001	水龙头 DN15，铜水嘴	3	无
6	031004014002	水龙头 DN20，铜水嘴	4	无
7	031004001001	浴盆，搪瓷，冷热水带喷头	5	无
8	031004006001	大便器，坐式，带低水箱	6	无
9	031004003001	洗面盆，钢管组成，冷热水	7	无
10	031004014003	排水栓 DN50，带存水弯	8	无
11	03004014004	地漏 DN50	9	无

分部分项工程量清单计价表　表 3-36

工程名称：　　　　　　　　　　　　　　　　　　　　　第　页　共　页

序号	项目编码	项目名称	计量单位	工程数量	综合单价	合价
1	031001001001	镀锌钢管 DN20，室内给水工程，螺纹连接	m	0.5	28.44	14.22
2	031001001002	镀锌钢管 DN15，室内给水工程，螺纹连接	m	7.7	26.25	202.03
3	031001005001	承插铸铁管 DN50，室内排水工程，水泥接口	m	6.7	30.53	204.57
4	031001005002	承插铸铁管 DN100，室内排水工程，水泥接口	m	3	72.82	218.46
5	031004014001	水龙头 DN15，铜水嘴	个	2	7.81	15.62
6	031004014002	水龙头 DN20，铜水嘴	个	1	10.09	10.09
7	031004001001	浴盆，搪瓷，冷热水带喷头	组	1	575.60	575.60
8	031004006001	大便器，坐式，带低水箱	组	1	396.73	396.73
9	031004003001	洗面盆，钢管组成，冷热水	组	1	431.48	431.48
10	031004014003	排水栓 DN50，带存水弯	组	1	28.74	28.74
11	031004014004	地漏 DN50	个	2	28.53	57.05

分部分项工程量清单综合单价分析表

表 3-37

工程名称： 　　　　　　　　　　　　　　　　　　　第 　　页 共 　　页

序号	项目编码	项目名称	定额编号	工程内容	单位	数量	人工费	材料费	机械费	管理费	利润	综合单价	合价
1	031001001001	镀锌钢管 DN20			m	0.500						28.44	14.22
			8-88	镀锌钢管 DN20	10m	0.050	42.49	24.23	—	22.68	5.34		94.74
				镀锌钢管 DN20	m	0.510	—	13.1	—	4.45	1.05	—	18.6
2	030101001002	镀锌钢管 DN15			m	7.700						26.25	202.03
			8-87	镀锌钢管 DN15	10m	0.770	42.49	22.96	—	22.25	5.24		92.94 ×0.71
				镀锌钢管 DN15	m	7.850	—	11.7	—	3.98	0.94		16.62 ×7.85
3	031001005001	承插铸铁管 DN50			m	6.700						30.53	204.57
			8-144	承插铸铁管 DN50	10m	0.670	52.01	81.40	—	45.36	10.67		189.44 ×0.67
					m	5.900	—	9.27	—	3.15	0.74		13.16 ×5.90
4	031001005002	承插铸铁管 DN100			m	3.000						72.82	218.46
			8-146	承插铸铁管 DN100	10m	0.300	80.34	277.05	—	121.51	28.59		507.49 ×0.3
				承插铸铁管 DN100	m	2.670	—	17.46	—	5.94	1.40		24.8 ×2.67
5	031004014001	水龙头 DN15			个	2						7.81	15.62
			8-438	水龙头安装 DN15	10个	0.2	6.5	0.98	—	2.54	0.60		10.62 ×0.2
				水龙头 DN15	个	2.02	—	4.70	—	1.60	0.38		6.68 ×2.02
6	031004014002	水龙头 DN20			个	1						10.09	10.09
			8-439	水龙头安装 DN20	10个	0.1	6.5	0.98	—	2.54	0.60		10.62×0.1
				水龙头 DN20	个	1.01	—	6.3	—	2.14	0.50		8.94 ×1.01
7	031004001001	浴盆			组	1						575.60	575.60

序号	项目编码	项目名称	定额编号	工程内容	单位	数量	其中（元）					综合单价	合价
							人工费	材料费	机械费	管理费	利润		
			8-376	浴盆（冷热水带喷头）	10组	0.1	258.90	919.08	—	400.51	94.24		1672.73 ×0.1
				搪瓷浴盆	个	1	—	272	—	92.48	21.76	—	386.24 ×1
				浴盆混合水嘴带喷头	套	1.01	—	15.4	—	5.24	1.23		21.87 ×1.01
8	031004006001	大便器			组	1						396.72	396.72
			8-414	低水箱坐便	10套	0.1	186.46	297.56	—	164.57	3.72		687.31 ×0.1
				低水箱坐便器	个	1.01		127.5	—	43.35	10.2		181.05 ×1.01
				坐式低水箱	个	1.01		62.1	—	21.11	4.97		88.18 ×1.01
				低水箱配件	套	1.01		15.6	—	5.30	1.25		22.15 ×1.01
				坐便器桶盖	套	1.01		23.5	—	7.99	1.88		33.37 ×1.01
9	031004003001	洗面盆			组	1						431.48	431.48
			8-384	洗脸盆（钢管冷热水）	10组	0.1	151.16	1298.77	—	492.98	115.99		2058.9 ×0.1
				洗脸盆	个	1.01		157.3	—	53.48	12.58		223.36 ×1.01
10	031004014003	排水栓 DN50			组	1						28.74	28.74
			8-443	排水栓（带存水弯）	10组	0.1	44.12	77.29	—	41.28	9.71		172.4 ×0.1
				排水栓带链堵	套	1	—	8.1	—	2.75	0.65		11.5 ×1
11	031004014004	地漏 DN50			个	2						28.53	57.05
			8-447	地漏 DN50	10个	0.2	37.15	18.73	—	19.00	4.47		79.35 ×0.2
				地漏 DN50	个	2	—	14.5	—	4.93	1.16		20.59 ×2

二、《通用安装工程工程量计算规范》GB 50856—2013 计算方法（表 3-38～表 3-49）

（套用《全国统一安装工程预算定额》GYD—208—2000，人、材、机差价均不作调整）

分部分项工程量清单与计价表　　　　　　　　　　　表 3-38

工程名称：　　　　　　　　　　　标段：　　　　　第　页　共　页

序号	项目编码	项目名称	项目特征描述	计量单位	工程量	金额（元）		
						综合单价	合价	其中暂估价
1	031001001001	镀锌钢管	DN20 室内给水工程，螺纹连接	m	0.50	29.18	14.59	
2	031001001002	镀锌钢管	DN15，室内给水工程，螺纹连接	m	7.70	27.63	212.75	
3	031001005001	承插铸铁管	DN50，室内排水工程，水泥接口	m	6.70	32.70	219.09	
4	031001005002	承插铸铁管	DN100，室内排水工程，水泥接口	m	3.00	68.59	205.77	
5	031004014001	水龙头	DN15，铜水嘴	个	2	6.90	13.80	
6	031004014002	水龙头	DN20，铜水嘴	个	1	8.51	8.51	
7	031004001001	浴盆	搪瓷，冷热水带喷头	组	1	461.12	461.12	
8	031004006001	大便器	坐式，带低水箱	组	1	319.57	319.57	
9	031004003001	洗脸盆	钢管组成，冷热水	组	1	336.43	336.43	
10	031004014003	排水栓	DN50，带存水弯	组	1	29.74	29.74	
11	031004014004	地漏	DN50	个	2	28.09	28.09	
			本页小计				1849.46	
			合　　计				1849.46	

注：根据建设部、财政部发布的《建筑安装工程费用组成》（建标［2003］206 号）的规定，为计取规费等的使用。可在表中增设其中："直接费"、"人工费"或"人工费＋机械费"。

工程量清单综合单价分析表　　　　　　　　　　　表 3-39

工程名称：　　　　　　　　　　　标段：　　　　　第　页　共　页

项目编码	031001001001		项目名称	镀锌钢管		计量单位		m

清单综合单价组成明细

定额编号	定额名称	定额单位	数量	单价				合价			
				人工费	材料费	机械费	管理费和利润	人工费	材料费	机械费	管理费和利润
8-88	镀锌钢管 DN20	10m	0.1	42.49	24.23	—	91.52	4.25	2.42	—	9.15
人工单价		小　　计						4.25	2.42	—	9.15
23.22 元/（工日）		未计价材料费						13.36			
清单项目综合单价								29.18			

续表

	主要材料名称、规格、型号	单位	数量	单价（元）	合价（元）	暂估单价(元)	暂估合价(元)
材料费明细	镀锌钢管DN20	m	1.02	13.10	13.36		
	其他材料费			—	—		—
	材料费小计			—	13.36		—

注：1."数量"栏为"投标方（定额）工程量÷招标方（清单）工程量÷定额单位数量"如"0.1"为"0.05÷0.5"

2. 管理费费率为155.4%，利润率为60%，均以人工费为基数。

工程量清单综合单价分析表

表3-40

工程名称：　　　　　　　　　标段：　　　　　第　页　共　页

项目编码	031001001001		项目名称		镀锌钢管	计量单位		m

清单综合单价组成明细

定额编号	定额名称	定额单位	数量	单价				合价			
				人工费	材料费	机械费	管理费和利润	人工费	材料费	机械费	管理费和利润
8-87	镀锌钢管DN15	10m	0.1	42.49	22.96	—	91.52	4.25	2.30	—	9.15
人工单价			小　计					4.25	2.30	—	9.15
23.22元/工日			未计价材料费					11.93			
清单项目综合单价								27.63			

	主要材料名称、规格、型号	单位	数量	单价（元）	合价（元）	暂估单价(元)	暂估合价(元)
材料费明细	镀锌钢管DN15	m	1.02	11.70	11.93		
	其他材料费			—	—		—
	材料费小计			—	11.93		—

注：1."数量"栏为"投标方（定额）工程量÷招标方（清单）工程量÷定额单位数量"，如"0.1"为"0.77÷7.7"；

2. 管理费费率为155.4%，利润率为60%，均以人工费为基数。

工程量清单综合单价分析表　　　　　　　　　　　表 3-41

工程名称：　　　　　　　　　　　标段：　　　　　　第　　页　　共　　页

项目编码	031001005001	项目名称	承插铸铁管	计量单位	m

清单综合单价组成明细

定额编号	定额名称	定额单位	数量	单价				合价			
				人工费	材料费	机械费	管理费和利润	人工费	材料费	机械费	管理费和利润
8-114	承插铸铁管 DN50	10m	0.1	52.01	81.40	—	112.03	5.20	8.14	—	11.20
人工单价		小　计						5.20	8.14	—	11.20
23.22 元/(工日)		未计价材料费						8.16			
清单项目综合单价								32.70			

材料费明细	主要材料名称、规格、型号	单位	数量	单价（元）	合价（元）	暂估单价（元）	暂估合价（元）
	承插铸铁排水管 DN50	m	0.88	9.27	8.16		
	其他材料费			—			
	材料费小计			—	8.16		

注：1. "数量"栏为"投标方（定额）工程量÷招标方（清单）工程量÷定额单位数量"，如"0.1"为"0.67÷6.7"；

　　2. 管理费费率为 155.4%，利润率为 60%，均以人工费为基数。

工程量清单综合单价分析表　　　　　　　　　　　表 3-42

工程名称：　　　　　　　　　　　标段：　　　　　　第　　页　　共　　页

项目编码	031001005002	项目名称	承插铸铁管	计量单位	m

清单综合单价组成明细

定额编号	定额名称	定额单位	数量	单价				合价			
				人工费	材料费	机械费	管理费和利润	人工费	材料费	机械费	管理费和利润
8-146	承插铸铁管 DN100	10m	0.1	80.34	277.05	—	173.05	8.03	27.71	—	17.31
人工单价		小　计						8.03	27.71	—	17.31
23.22 元/(工日)		未计价材料费						15.54			
清单项目综合单价								68.59			

材料费明细	主要材料名称、规格、型号	单位	数量	单价（元）	合价（元）	暂估单价（元）	暂估合价（元）
	承插铸铁排水管 DN100	m	0.89	17.46	15.54		
	其他材料费			—			
	材料费小计			—	15.54		

注：1. "数量"栏为"投标方（定额）工程量÷招标方（清单）工程量÷定额单位数量"，如"0.1"为"0.3÷3"；

　　2. 管理费费率为 155.4%，利润率为 60%，均以人工费为基数。

工程量清单综合单价分析表

表 3-43

工程名称：　　　　　　　　　标段：　　　　第　页　共　页

项目编码	031004014001	项目名称	水龙头	计量单位	个

清单综合单价组成明细

定额编号	定额名称	定额单位	数量	单价				合价			
				人工费	材料费	机械费	管理费和利润	人工费	材料费	机械费	管理费和利润
8-438	水龙头 DN15	10个	0.1	6.50	0.98	—	14.00	0.65	0.10		1.40
人工单价			小　计					0.65	0.10	—	1.40
23.22元/（工日）			未计价材料费						4.75		
			清单项目综合单价						6.90		

材料费明细	主要材料名称、规格、型号	单位	数量	单价（元）	合价（元）	暂估单价（元）	暂估合价（元）
	铜水嘴 DN15	个	1.01	4.70	4.75		
	其他材料费				—		—
	材料费小计				4.75		—

注：1．"数量"栏为"投标方（定额）工程量÷招标方（清单）工程量÷定额单位数量"，如"0.1"为"0.2÷2"；

2．管理费费率为155.4%，利润率为60%，均以人工费为基数。

工程量清单综合单价分析表

表 3-44

工程名称：　　　　　　　　　标段：　　　　第　页　共　页

项目编码	031004014002	项目名称	水龙头	计量单位	个

清单综合单价组成明细

定额编号	定额名称	定额单位	数量	单价				合价			
				人工费	材料费	机械费	管理费和利润	人工费	材料费	机械费	管理费和利润
8-439	水龙头安装 DN20	10个	0.1	6.50	0.98	—	14.00	0.65	0.10		1.40
人工单价			小　计					0.65	0.10	—	1.40
23.22元/（工日）			未计价材料费						6.36		
			清单项目综合单价						8.51		

材料费明细	主要材料名称、规格、型号	单位	数量	单价（元）	合价（元）	暂估单价（元）	暂估合价（元）
	铜水嘴 DN20	个	1.01	6.30	6.36		
	其他材料费				—		—
	材料费小计				6.36		—

注：1．"数量"栏为"投标方（定额）工程量÷招标方（清单）工程量÷定额单位数量"，如"0.1"为"0.2÷2"；

2．管理费费率为155.4%，利润率为60%，均以人工费为基数。

工程量清单综合单价分析表

表 3-45

工程名称：　　　　　　　　　　标段：　　　　　　　第　页　共　页

| 项目编码 | 031004001001 | | 项目名称 | | | 浴盆 | 计量单位 | | | 组 |

清单综合单价组成明细

定额编号	定额名称	定额单位	数量	单价				合价			
				人工费	材料费	机械费	管理费和利润	人工费	材料费	机械费	管理费和利润
8-376	搪瓷浴盆（冷热水带喷头）	10组	0.1	258.90	919.08	—	557.67	25.89	91.91	—	55.77
人工单价			小　计					25.89	91.91		55.77
23.22 元/（工日）			未计价材料费					287.55			
清单项目综合单价								461.12			

材料费明细	主要材料名称、规格、型号	单位	数量	单价（元）	合价（元）	暂估单价（元）	暂估合价（元）
	搪瓷浴盆	个	1.00	272.00	272.00		
	浴盆混合水嘴带喷头	套	1.01	15.40	15.55		
	其他材料费			—			
	材料费小计			—	287.55		

注：1. "数量"栏为"投标方（定额）工程量÷招标方（清单）工程量÷定额单位数量"，如"0.1"为"0.1÷1"；

　　2. 管理费费率为 155.4%，利润率为 60%，均以人工费为基数。

工程量清单综合单价分析表

表 3-46

工程名称：　　　　　　　　　　标段：　　　　　　　第　页　共　页

| 项目编码 | 030804012001 | | 项目名称 | | | 大便器 | 计量单位 | | | 组 |

清单综合单价组成明细

定额编号	定额名称	定额单位	数量	单价				合价			
				人工费	材料费	机械费	管理费和利润	人工费	材料费	机械费	管理费和利润
8-414	低水箱坐便	10套	0.1	186.64	297.56	—	401.63	18.65	29.76	—	40.16
人工单价			小　计					18.65	29.76	—	40.16
23.22 元/（工日）			未计价材料费					231.00			
清单项目综合单价								319.57			

材料费明细	主要材料名称、规格、型号	单位	数量	单价（元）	合价（元）	暂估单价（元）	暂估合价（元）
	低水箱坐便器	个	1.01	127.50	128.78		
	坐式低水箱	个	1.01	62.10	62.72		
	低水箱配件	套	1.01	15.60	15.76		
	坐便器桶盖	套	1.01	23.50	23.74		
	其他材料费						
	材料费小计			—	231.00	—	

注：1. "数量"栏为"投标方（定额）工程量÷招标方（清单）工程量÷定额单位数量"，如"0.1"为"0.1÷1"；

　　2. 管理费费率为 155.4%，利润率为 60%，均以人工费为基数。

工程量清单综合单价分析表

表 3-47

工程名称：　　　　　　　　　　标段：　　　　　　第　页　共　页

项目编码	031004003001		项目名称		洗脸盆		计量单位		组

清单综合单价组成明细

定额编号	定额名称	定额单位	数量	单价				合价			
				人工费	材料费	机械费	管理费和利润	人工费	材料费	机械费	管理费和利润
8-384	洗脸盆（钢管冷热水）	10 组	0.1	151.16	1298.77	—	325.60	15.12	129.88	—	32.56
人工单价		小　计						15.12	129.88	—	32.56
23.22 元/（工日）		未计价材料费						158.87			
清单项目综合单价								336.43			

材料费明细	主要材料名称、规格、型号	单位	数量	单价（元）	合价（元）	暂估单价（元）	暂估合价（元）
	洗脸盆	个	1.01	157.30	158.87		
	其他材料费			—		—	
	材料费小计			—	158.87	—	

注：1. "数量"栏为"投标方（定额）工程量÷招标方（清单）工程量÷定额单位数量"，如"0.1"为"0.1÷1"；

2. 管理费费率为 155.4%，利润率为 60%，均以人工费为基数。

工程量清单综合单价分析表

表 3-48

工程名称：　　　　　　　　　　标段：　　　　　　第　页　共　页

项目编码	031004014003		项目名称		排水栓		计量单位		组

清单综合单价组成明细

定额编号	定额名称	定额单位	数量	单价				合价			
				人工费	材料费	机械费	管理费和利润	人工费	材料费	机械费	管理费和利润
8-443	排水栓（带存水弯）	10 组	0.1	44.12	77.29	—	95.03	4.41	7.73	—	9.50
人工单价		小　计						4.41	7.73	—	9.50
23.22 元/（工日）		未计价材料费						8.10			
清单项目综合单价								29.74			

材料费明细	主要材料名称、规格、型号	单位	数量	单价（元）	合价（元）	暂估单价（元）	暂估合价（元）
	排水栓带链堵	套	1	8.10	8.10		
	其他材料费			—		—	
	材料费小计			—	8.10	—	

注：1. "数量"栏为"投标方（定额）工程量÷招标方（清单）工程量÷定额单位数量"，如"0.1"为"0.1÷1"；

2. 管理费费率为 155.4%，利润率为 60%，均以人工费为基数。

工程量清单综合单价分析表　　　　　　　　表 3-49

工程名称：　　　　　　　　　标段：　　　　　　　第　页　共　页

项目编码	031004014004		项目名称		地漏	计量单位		个

清单综合单价组成明细

定额编号	定额名称	定额单位	数量	单价				合价			
				人工费	材料费	机械费	管理费和利润	人工费	材料费	机械费	管理费和利润
8-447	地漏 DN50	10 个	0.1	37.15	18.73	—	80.02	3.72	1.87	—	8.00
人工单价		小　计						3.72	1.87	—	8.00
23.22 元/(工日)		未计价材料费						14.50			
清单项目综合单价								28.09			

材料费明细	主要材料名称、规格、型号	单位	数量	单价（元）	合价（元）	暂估单价（元）	暂估合价（元）
	地漏 DN50	个	1	14.50	14.50		
	其他材料费			—		—	
	材料费小计			—	14.50	—	

注：1. "数量"栏为"投标方（定额）工程量÷招标方（清单）工程量÷定额单位数量"，如"0.1"为"0.2÷2"；

　　2. 管理费费率为 155.4%，利润率为 60%，均以人工费为基数。

三、《建设工程工程量清单计算规范》GB 50500—2013 和《通用安装工程工程量计算规范》GB 50856—2013 计算方法（表 3-50～表 3-61）

（套用《全国统一安装工程预算定额》GYD—208—2000，人、材、机差价均不作调整）

分部分项工程和单价措施项目清单与计价表　　　　　　表 3-50

工程名称：　　　　　　　　　标段：　　　　　　　第　页　共　页

序号	项目编码	项目名称	项目特征描述	计量单位	工程量	金额（元）		其中
						综合单价	合价	暂估价
1	031001001001	镀锌钢管	DN20 室内给水工程，螺纹连接	m	0.50	29.18	14.59	
2	031001001002	镀锌钢管	DN15，室内给水工程，螺纹连接	m	7.70	27.63	212.75	
3	031001005001	铸铁管	DN50，室内排水工程，水泥接口	m	6.70	32.70	219.09	
4	031001005002	铸铁管	DN100，室内排水工程，水泥接口	m	3.00	68.59	205.77	
5	031004014001	水龙头	DN15，铜水嘴	个	2	6.90	13.80	

续表

序号	项目编码	项目名称	项目特征描述	计量单位	工程量	金额（元）		其中 暂估价
						综合单价	合价	
6	031004014002	水龙头	DN20，铜水嘴	个	1	8.51	8.51	
7	031004001001	浴盆	搪瓷，冷热水带喷头	组	1	461.12	461.12	
8	031004006001	大便器	坐式，带低水箱	组	1	319.57	319.57	
9	031004003001	洗脸盆	钢管组成，冷热水	组	1	336.43	336.43	
10	031004014003	排水栓	DN50，带存水弯	组	1	29.74	29.74	
11	031004014004	地漏	DN50	个	2	28.09	28.09	
		本页小计					1849.46	
		合　计					1849.46	

注：根据建设部、财政部发布的《建筑安装工程费用组成》（建标［2003］206 号）的规定，为计取规费等的使用。可在表中增设其中："直接费"、"人工费"或"人工费＋机械费"。

工程量清单综合单价分析表　　　　　　　　　表 3-51

工程名称：　　　　　　　　标段：　　　　　第　　页　共　　页

项目编码	031001001001	项目名称	镀锌钢管	计量单位	m	工程量	0.50

清单综合单价组成明细

定额编号	定额名称	定额单位	数量	单价				合价			
				人工费	材料费	机械费	管理费和利润	人工费	材料费	机械费	管理费和利润
8-88	镀锌钢管 DN20	10m	0.1	42.49	24.23	—	91.52	4.25	2.42	—	9.15
人工单价		小　计						4.25	2.42	—	9.15
23.22 元/（工日）		未计价材料费						13.36			
清单项目综合单价								29.18			

	主要材料名称、规格、型号	单位	数量	单价（元）	合价（元）	暂估单价（元）	暂估合价（元）
材料费明细	镀锌钢管 DN20	m	1.02	13.10	13.36		
	其他材料费			—		—	
	材料费小计			—	13.36	—	

注：1. "数量"栏为"投标方（定额）工程量÷招标方（清单）工程量÷定额单位数量"如"0.1"为"0.05÷0.5"

2. 管理费费率为 155.4%，利润率为 60%，均以人工费为基数。

工程量清单综合单价分析表　　　　表 3-52

工程名称：　　　　　　　　　　标段：　　　　　第　页　共　页

| 项目编码 | 031001001002 | 项目名称 | 镀锌钢管 | 计量单位 | m | 工程量 | 7.70 |

清单综合单价组成明细

定额编号	定额名称	定额单位	数量	单价				合价			
				人工费	材料费	机械费	管理费和利润	人工费	材料费	机械费	管理费和利润
8-87	镀锌钢管 DN15	10m	0.1	42.49	22.96	—	91.52	4.25	2.30	—	9.15
人工单价		小　计						4.25	2.30	—	9.15
23.22元/(工日)		未计价材料费						11.93			
清单项目综合单价								27.63			

材料费明细	主要材料名称、规格、型号	单位	数量	单价（元）	合价（元）	暂估单价(元)	暂估合价(元)
	镀锌钢管 DN15	m	1.02	11.70	11.93		
	其他材料费				—		—
	材料费小计				—	11.93	—

注：1. "数量"栏为"投标方（定额）工程量÷招标方（清单）工程量÷定额单位数量"，如"0.1"为"0.77÷7.7"；

　　2. 管理费费率为155.4%，利润率为60%，均以人工费为基数。

工程量清单综合单价分析表　　　　表 3-53

工程名称：　　　　　　　　　　标段：　　　　　第　页　共　页

| 项目编码 | 031001005001 | 项目名称 | 铸铁管 | 计量单位 | m | 工程量 | 6.70 |

清单综合单价组成明细

定额编号	定额名称	定额单位	数量	单价				合价			
				人工费	材料费	机械费	管理费和利润	人工费	材料费	机械费	管理费和利润
8-114	承插铸铁管 DN50	10m	0.1	52.01	81.40	—	112.03	5.20	8.14	—	11.20
人工单价		小　计						5.20	8.14	—	11.20
23.22元/(工日)		未计价材料费						8.16			
清单项目综合单价								32.70			

材料费明细	主要材料名称、规格、型号	单位	数量	单价（元）	合价（元）	暂估单价(元)	暂估合价(元)
	承插铸铁排水管 DN50	m	0.88	9.27	8.16		
	其他材料费				—		
	材料费小计				—	8.16	—

注：1. "数量"栏为"投标方（定额）工程量÷招标方（清单）工程量÷定额单位数量"，如"0.1"为"0.67÷6.7"；

　　2. 管理费费率为155.4%，利润率为60%，均以人工费为基数。

工程量清单综合单价分析表　　　　　表 3-54

工程名称：			标段：		第　页　共　页			
项目编码	031001005002	项目名称	铸铁管	计量单位	m	工程量	3.00	

清单综合单价组成明细

定额编号	定额名称	定额单位	数量	单价				合价			
				人工费	材料费	机械费	管理费和利润	人工费	材料费	机械费	管理费和利润
8-146	承插铸铁管 DN100	10m	0.1	80.34	277.05	—	173.05	8.03	27.71	—	17.31
人工单价			小　计					8.03	27.71	—	17.31
23.22 元/(工日)			未计价材料费					15.54			
清单项目综合单价								68.59			

材料费明细	主要材料名称、规格、型号	单位	数量	单价（元）	合价（元）	暂估单价（元）	暂估合价（元）
	承插铸铁排水管 DN100	m	0.89	17.46	15.54		
	其他材料费				—		—
	材料费小计				—	15.54	—

注：1. "数量"栏为"投标方（定额）工程量÷招标方（清单）工程量÷定额单位数量"，如"0.1"为"0.3÷3"；
　　2. 管理费费率为155.4%，利润率为60%，均以人工费为基数。

工程量清单综合单价分析表　　　　　表 3-55

工程名称：			标段：		第　页　共　页			
项目编码	031004014001	项目名称	水龙头	计量单位	个	工程量	2	

清单综合单价组成明细

定额编号	定额名称	定额单位	数量	单价				合价			
				人工费	材料费	机械费	管理费和利润	人工费	材料费	机械费	管理费和利润
8-438	水龙头 DN15	10个	0.1	6.50	0.98	—	14.00	0.65	0.10	—	1.40
人工单价			小　计					0.65	0.10	—	1.40
23.22 元/(工日)			未计价材料费					4.75			
清单项目综合单价								6.90			

材料费明细	主要材料名称、规格、型号	单位	数量	单价（元）	合价（元）	暂估单价（元）	暂估合价（元）
	铜水嘴 DN15	个	1.01	4.70	4.75		
	其他材料费				—		—
	材料费小计				—	4.75	—

注：1. "数量"栏为"投标方（定额）工程量÷招标方（清单）工程量÷定额单位数量"，如"0.1"为"0.2÷2"；
　　2. 管理费费率为155.4%，利润率为60%，均以人工费为基数。

工程量清单综合单价分析表 表 3-56

工程名称：　　　　　　　　标段：　　　　　第　页　共　页

| 项目编码 | 031004014002 | 项目名称 | 水龙头 | 计量单位 | 个 | 工程量 | 1 |

清单综合单价组成明细

定额编号	定额名称	定额单位	数量	单价				合价			
				人工费	材料费	机械费	管理费和利润	人工费	材料费	机械费	管理费和利润
8-439	水龙头安装 DN20	10 个	0.1	6.50	0.98	—	14.00	0.65	0.10	—	1.40
人工单价		小　计						0.65	0.10	—	1.40
23.22 元/（工日）		未计价材料费						6.36			
清单项目综合单价								8.51			

材料费明细	主要材料名称、规格、型号		单位	数量	单价（元）	合价（元）	暂估单价（元）	暂估合价（元）
	铜水嘴 DN20		个	1.01	6.30	6.36		
	其他材料费				—		—	
	材料费小计				—	6.36	—	

注：1. "数量"栏为"投标方（定额）工程量÷招标方（清单）工程量÷定额单位数量"，如"0.1"为"0.2÷2"；
　　2. 管理费费率为 155.4%，利润率为 60%，均以人工费为基数。

工程量清单综合单价分析表 表 3-57

工程名称：　　　　　　　　标段：　　　　　第　页　共　页

| 项目编码 | 031004001001 | 项目名称 | 浴盆 | 计量单位 | 组 | 工程量 | 1 |

清单综合单价组成明细

定额编号	定额名称	定额单位	数量	单价				合价			
				人工费	材料费	机械费	管理费和利润	人工费	材料费	机械费	管理费和利润
8-376	搪瓷浴盆(冷热水带喷头)	10 组	0.1	258.90	919.08	—	557.67	25.89	91.91	—	55.77
人工单价		小　计						25.89	91.91	—	55.77
23.22 元/（工日）		未计价材料费						287.55			
清单项目综合单价								461.12			

材料费明细	主要材料名称、规格、型号		单位	数量	单价（元）	合价（元）	暂估单价（元）	暂估合价（元）
	搪瓷浴盆		个	1.00	272.00	272.00		
	浴盆混合水嘴带喷头		套	1.01	15.40	15.55		
	其他材料费				—		—	
	材料费小计				—	287.55	—	

注：1. "数量"栏为"投标方（定额）工程量÷招标方（清单）工程量÷定额单位数量"，如"0.1"为"0.1÷1"；
　　2. 管理费费率为 155.4%，利润率为 60%，均以人工费为基数。

工程量清单综合单价分析表　　　　　　　　　　　　　　　表 3-58

工程名称：　　　　　　　　　　　标段：　　　　　　　第　页　共　页

| 项目编码 | 031004006001 | 项目名称 | 大便器 | 计量单位 | 组 | 工程量 | 1 |

清单综合单价组成明细

定额编号	定额名称	定额单位	数量	单价				合价			
				人工费	材料费	机械费	管理费和利润	人工费	材料费	机械费	管理费和利润
8-414	低水箱坐便	10套	0.1	186.64	297.56	—	401.63	18.65	29.76	—	40.16
人工单价		小　计						18.65	29.76	—	40.16
23.22元/(工日)		未计价材料费						231.00			
清单项目综合单价								319.57			

	主要材料名称、规格、型号	单位	数量	单价（元）	合价（元）	暂估单价(元)	暂估合价(元)
材料费明细	低水箱坐便器	个	1.01	127.50	128.78		
	坐式低水箱	个	1.01	62.10	62.72		
	低水箱配件	套	1.01	15.60	15.76		
	坐便器桶盖	套	1.01	23.50	23.74		
	其他材料费			—		—	
	材料费小计			—	231.00	—	

注：1."数量"栏为"投标方（定额）工程量÷招标方（清单）工程量÷定额单位数量"，如"0.1"为"0.1÷1"；

　　2. 管理费费率为155.4%，利润率为60%，均以人工费为基数。

工程量清单综合单价分析表　　　　　　　　　　　　　　　表 3-59

工程名称：　　　　　　　　　　　标段：　　　　　　　第　页　共　页

| 项目编码 | 031004003001 | 项目名称 | 洗脸盆 | 计量单位 | 组 | 工程量 | 1 |

清单综合单价组成明细

定额编号	定额名称	定额单位	数量	单价				合价			
				人工费	材料费	机械费	管理费和利润	人工费	材料费	机械费	管理费和利润
8-384	洗脸盆（钢管冷热水）	10组	0.1	151.16	1298.77	—	325.60	15.12	129.88	—	32.56
人工单价		小　计						15.12	129.88	—	32.56
23.22元/(工日)		未计价材料费						158.87			
清单项目综合单价								336.43			

	主要材料名称、规格、型号	单位	数量	单价（元）	合价（元）	暂估单价(元)	暂估合价(元)
材料费明细	洗脸盆	个	1.01	157.30	158.87		
	其他材料费			—		—	
	材料费小计			—	158.87	—	

注：1."数量"栏为"投标方（定额）工程量÷招标方（清单）工程量÷定额单位数量"，如"0.1"为"0.1÷1"；

　　2. 管理费费率为155.4%，利润率为60%，均以人工费为基数。

工程量清单综合单价分析表　　　　　　　　　　　　　　表 3-60

工程名称：　　　　　　　　　　　　标段：　　　　　　　第　页　共　页

项目编码	031004014003	项目名称	排水栓	计量单位	组	工程量	1

清单综合单价组成明细

定额编号	定额名称	定额单位	数量	单价				合价			
				人工费	材料费	机械费	管理费和利润	人工费	材料费	机械费	管理费和利润
8-443	排水栓（带存水弯）	10组	0.1	44.12	77.29	—	95.03	4.41	7.73	—	9.50
人工单价			小　计					4.41	7.73	—	9.50
23.22元/（工日）			未计价材料费					8.10			
清单项目综合单价								29.74			

材料费明细	主要材料名称、规格、型号	单位	数量	单价（元）	合价（元）	暂估单价（元）	暂估合价（元）
	排水栓带链堵	套	1	8.10	8.10		
	其他材料费			—		—	
	材料费小计			—	8.10		

注：1. "数量"栏为"投标方（定额）工程量÷招标方（清单）工程量÷定额单位数量"，如"0.1"为"0.1÷1"；
　　2. 管理费费率为 155.4%，利润率为 60%，均以人工费为基数。

工程量清单综合单价分析表　　　　　　　　　　　　　　表 3-61

工程名称：　　　　　　　　　　　　标段：　　　　　　　第　页　共　页

项目编码	031004014004	项目名称	地漏	计量单位	个	工程量	2

清单综合单价组成明细

定额编号	定额名称	定额单位	数量	单价				合价			
				人工费	材料费	机械费	管理费和利润	人工费	材料费	机械费	管理费和利润
8-447	地漏 DN50	10个	0.1	37.15	18.73	—	80.02	3.72	1.87	—	8.00
人工单价			小　计					3.72	1.87	—	8.00
23.22元/（工日）			未计价材料费					14.50			
清单项目综合单价								28.09			

材料费明细	主要材料名称、规格、型号	单位	数量	单价（元）	合价（元）	暂估单价（元）	暂估合价（元）
	地漏 DN50	个	.1	14.50	14.50		
	其他材料费			—		—	
	材料费小计			—	14.50		

注：1. "数量"栏为"投标方（定额）工程量÷招标方（清单）工程量÷定额单位数量"，如"0.1"为"0.2÷2"；
　　2. 管理费费率为 155.4%，利润率为 60%，均以人工费为基数。

【例6】 根据图 3-6 室内给水排水管道平面图，图 3-7 室内给水管道系统图，图 3-8 室内排水管道系统图，分析平面图和系统图，可知该室内给排水工程分为 2 个给水系统，3 个排水系统。试计算各工程量。

【解】

一、《通用安装工程工程量计算规范》GB 50856—2013 计算方法

$\dfrac{给}{1}$ 系统：是一条供厕所的给水系统，管径由 $DN32$、$DN25$、$DN20$、$DN15$ 组成。

镀锌钢管 $DN32$（丝扣连接）

1.5m(室内外管道界线)＋0.3m(穿墙)＋(0.9＋2.20)m(立管系统图)＋(1.3＋0.25－0.06)m(平面图)＝6.39m。

立管上 J11T-10$DN32$ 截止阀 1 个。

三个水平支管：　　　连 4 只大便器冲水及洗手盆的支管，

厕所间隔距离的计算：$\dfrac{3900(平面图)－300(墙厚)}{4}＝900(mm)$

镀锌钢管 $DN25$：$\dfrac{0.9}{2}＋0.9×3＋[(2.20－0.20)×4)]$(大便器安装定额含量)＝11.15(m)

镀锌钢管 $DN15$：$\dfrac{0.9}{2}$(大便中至墙)＋(0.25－0.06＋2.5)(平面图)－0.15(半砖墙厚)－0.20(洗手盆长度之半)＋(2.20－0.98)(系统图)－0.5(洗手盆安装定额含量)＝3.51(m)

截止阀 J11T-10$DN25$：4 个(含大便器安装定额中)

水龙头 $DN15$：1 个(含洗手盆安装定额中)　　连接 3 个大便器冲水支管

镀锌钢管 $DN25$：$\dfrac{0.9}{2}＋0.9×2＋(2.20－0.2)×3－(1.5×3)＝3.75(m)$

截止阀 J11T-10$DN25$：3 个(含大便器安装定额中)

连接小便槽冲洗及洗手盆给水支管

镀锌钢管 $DN20$：(1.65＋0.5)(平面图)－0.15(半砖墙厚)＋(1.60－1.00)(系统图)＋1.45(平面图)－0.15(半砖墙)＝3.90(m)

镀锌钢管 $DN15$：1.65(平面图)＋(1.60－1.20)×2(系统图)－0.5(洗手盆安装定额含量)＝1.95(m)

小便冲洗管 $DN15$：[1.45(平面图)－0.15(半砖墙厚)－0.10(小便冲洗管离墙距离)]×2＝2.4(m)

截止阀 J11T-10$DN15$：1 个

水龙头 $DN15$：1 个(含洗手盆安装定额中)

将以上工作量加以整理汇总，即得 $\dfrac{给}{1}$ 系统工程量：

镀锌钢管 $DN32$：6.39(m)
镀锌钢管 $DN25$：11.15＋3.75＝14.90(m)
镀锌钢管 $DN20$：3.90(m)
镀锌钢管 $DN15$：3.51＋1.95＝5.46(m)
小便槽冲洗管 $DN15$：2.4(m)

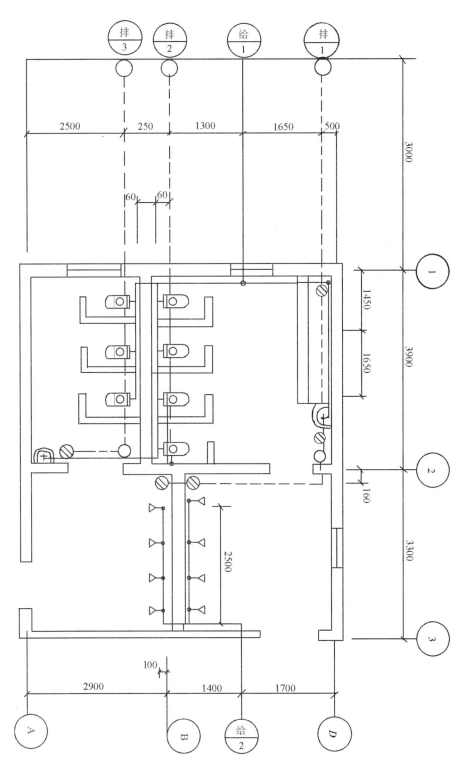

图 3-6　给排水平面图

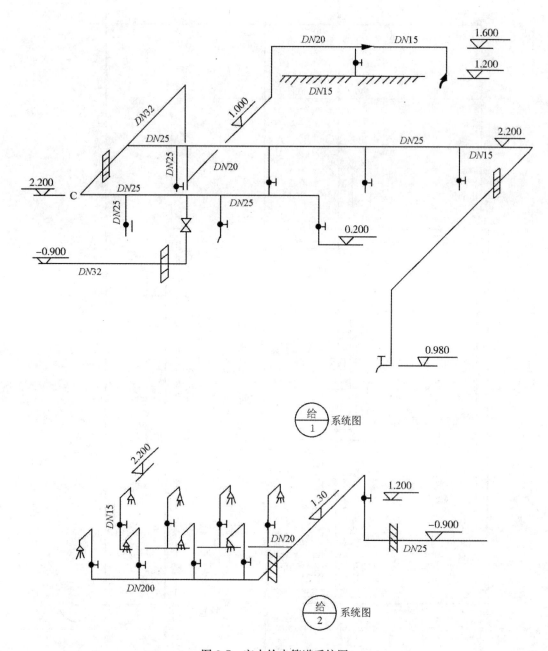

图 3-7　室内给水管道系统图

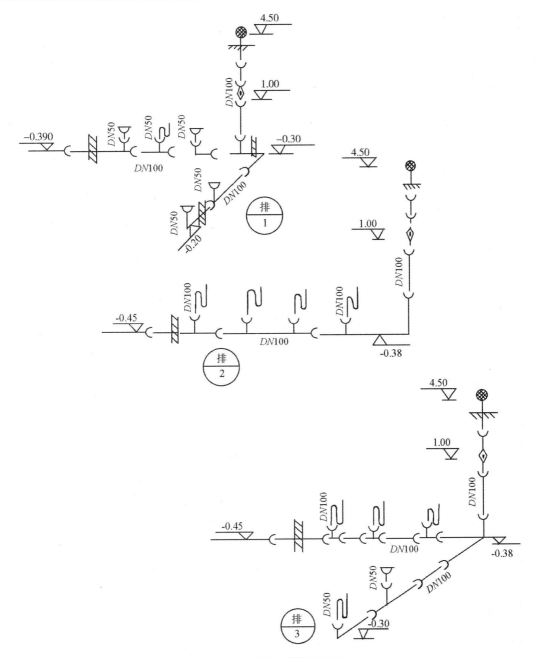

图 3-8　室内排水管道系统图

截止阀 J11T-10DN32：1(个)

截止阀 J11T-10DN25：4+3=7(个)

截止阀 J11T-10DN15：1(个)

水龙头 DN15：1+1=2(个)

$\dfrac{给}{2}$ 系统：是一条供冲凉的给水系统，管径由 DN25、DN20、DN15 组成。

镀锌钢管 DN25：1.5(室内外分界)+0.3(穿墙)+(1.3+0.9)(系统图)+1.4(平面

图)+0.10(水平图)=5.5(m)

镀锌钢管 $DN20$：2.5×2=5m(水平支管)

镀锌钢管 $DN15$：已含淋浴器安装定额内

截止阀 J11T-10 $DN25$：1(个)

截止阀 J11T-10 $DN15$：8个(含淋浴器安装定额内)

塑料淋浴器：8套

将 $\overset{给}{\underset{1}{\bigcirc}}$、$\overset{给}{\underset{2}{\bigcirc}}$ 系统工程量加以汇总，即为该工程给水系统的工程量。然后，分析排水系统，按从污水收集器至排出管的顺序分析计算。

$\overset{排}{\underset{1}{\bigcirc}}$ 地漏 $DN50$：4(个)　　　白瓷洗手盆：1(组)

水平管，排水铸铁管 $DN100$：3.00+3.90+0.16+1.7−0.3(D轴至 $\overset{排}{\underset{1}{\bigcirc}}$ 水平)+1.4+0.1 =9.96(m)

立管，排水铸铁管 $DN100$：0.3+4.5(明装)=4.8(m)

短管，排水铸铁管 $DN50$：0.5×5=2.5(m)

$\overset{排}{\underset{2}{\bigcirc}}$ 排水铸铁管 $DN100$：3+3.90−0.16+0.38(立管)+4.5(立管，明装)+0.5×4 (短管)=13.62m[白瓷蹲式大便器(一般冲水)：4(套)]

$\overset{排}{\underset{3}{\bigcirc}}$ 排水铸铁管 $DN100$：3+3.90−0.16+2.5−0.20(洗手盆中心距墙)−0.15(半砖)+0.38(立管)+4.5(立管明装)+0.5×3=15.27(m)

排水铸铁管 $DN50$：0.5×2=1(m)　　　地漏 $DN50$：1(个)

白瓷洗手盆：1(组)　　　　　　　白瓷大便器(一般冲水)：3(套)

定额计价方式下的工程预算表见表 3-62，工程量清单计价方式下，预算表与清单项目之间关系分析对照表见表 3-63，分部分项工程量清单计价表见表 3-64，分部分项工程量清单综合单价分析表见表 3-65。

室内给排水工程施工图预算表　　　　　　　　表 3-62

序号	定额编号	分项工程名称	定额单位	工程量	单价(元)	其　中(元)		
						人工费	材料费	机械费
1	8-90	镀锌钢管 $DN32$	10m	0.64	85.56	51.08	33.45	1.03
2	8-89	镀锌钢管 $DN25$	10m	2.04	82.91	51.08	30.80	1.03
3	8-88	镀锌钢管 $DN20$	10m	0.89	66.72	42.49	24.23	—
4	8-87	镀锌钢管 $DN15$	10m	0.79	65.45	42.49	22.96	—
5	8-244	截止阀 J11T-10 $DN32$	个	1	8.57	3.48	5.09	
6	8-241	截止阀 J11T-10 $DN15$	个	1	4.43	2.32	2.11	—
7	8-243	截止阀 J11T-10 $DN25$	个	1	6.24	2.79	3.45	
8	8-146	承插铸铁管 $DN100$	10m	4.37	357.39	80.34	277.05	—
9	8-144	承插铸铁管 $DN50$	10m	0.35	133.41	52.01	81.40	

续表

序号	定额编号	分项工程名称	定额单位	工程量	单价（元）	人工费	材料费	机械费
						其 中（元）		
10	8-447	地漏 DN50	10个	0.5	55.88	37.15	18.73	—
11	8-390	白瓷洗手盆（冷水）	10组	0.2	348.58	60.37	288.21	—
12	8-409	白瓷大便器	10套	0.7	733.44	133.75	599.69	—

定额预（结）算表（直接费部分）与清单项目之间关系分析对照表　　　　　表 3-63

工程名称：　　　　　　　　　　　　　　　　　　　　　　　　　　第　页　共　页

序号	项目编码	项目名称	清单主项在定额预（结）算表中的序号	清单综合的工程内容在定额预（结）算表中的序号
1	031001001001	镀锌钢管 DN32，室内给水工程，螺纹连接	1	无
2	031001001002	镀锌钢管 DN25，室内给水工程，螺纹连接	2	无
3	031001001003	镀锌钢管 DN20，室内给水工程，螺纹连接	3	无
4	031001001004	镀锌钢管 DN15，室内给水工程，螺纹连接	4	无
5	031001005001	承插铸铁管 DN100，室内排水工程，水泥接口	8	无
6	031001005002	承插铸铁管 DN50，室内排水工程，水泥接口	9	无
7	031003001001	螺纹阀门，截止阀 J11T-10DN32	5	无
8	031003001002	螺纹阀门，截止阀 J11T-10DN15	6	无
9	031003001003	螺纹阀门，截止阀 J11T-10DN25	7	无
10	031004014001	地漏 DN50	10	无
11	031004006001	大便器，蹲式，白瓷	12	无
12	031004003001	洗手盆，白瓷	11	无

分部分项工程量清单计价表　　　　　　　　　　　　　　　表 3-64

工程名称：　　　　　　　　　　　　　　　　　　　　　　　　　　第　页　共　页

序号	项目编码	分项工程名称	定额单位	工程数量	综合单价	合价
					金额（元）	
1	031001001001	镀锌钢管 DN32，室内给水工程，螺纹连接	m	6.39	37.97	242.60
2	031001001002	镀锌钢管 DN25，室内给水工程，螺纹连接	m	20.4	32.92	671.56
3	031001001003	镀锌钢管 DN20，室内给水工程，螺纹连接	m	8.9	28.45	253.21
4	031001001004	镀锌钢管 DN15，室内给水工程，螺纹连接	m	7.9	26.25	207.38
5	031001005001	承插铸铁管 DN100，室内排水工程，水泥接口	m	43.7	72.82	3182.23

续表

序号	项目编码	分项工程名称	定额单位	工程数量	金额（元）综合单价	金额（元）合价
6	031001005002	承插铸铁管 $DN50$，室内排水工程，水泥接口	m	3.5	30.53	106.86
7	031003001001	螺纹阀门，截止阀 J11T-10$DN32$	个	1	80.72	80.72
8	031003001002	螺纹阀门，截止阀 J11T-10$DN15$	个	1	33.12	33.12
9	031003001003	螺纹阀门，截止阀 J11T-10$DN25$	个	1	48.16	48.16
10	031004014001	地漏 $DN50$	个	5	28.53	142.65
11	031004006001	大便器，蹲式，白瓷，普通阀冲洗	组	7	360.24	2521.71
12	031004003001	洗脸盆，白瓷	组	2	238.96	477.91

分部分项工程量清单综合单价分析表　　　　表 3-65

工程名称：　　　　　　　　　　　　　　　　　　　　　第　页　共　页

序号	项目编码	项目名称	定额编号	工程内容	单位	数量	人工费	材料费	机械费	管理费	利润	综合单价（元）	合价（元）
1	031001001001	镀锌钢管 $DN32$			m	6.39						37.97	242.60
			8-90	镀锌钢管安装 $DN32$	10m	0.64	51.08	33.45	1.03	29.19	6.87		121.62 ×0.64
				镀锌钢管 $DN32$	m	6.52		17.8		6.05	1.42		25.27 ×6.52
2	031001001002	镀锌钢管 $DN25$			m	20.4						32.92	671.56
			8-89	镀锌钢管安装 $DN25$	10m	2.04	51.08	30.80	1.03	28.19	6.63		117.73 ×2.04
				镀锌钢管 $DN25$	m	20.81	1.17	14.6		4.96			20.73 ×20.81
3	031001001003	镀锌钢管 $DN20$			m	8.9						28.45	253.21
			8-88	镀锌钢管安装 $DN20$	10m	0.89	42.49	24.23		22.68	5.34		94.74 ×0.89
				镀锌钢管 $DN20$	m	9.08		13.1		4.45	1.05		18.6 ×9.08
4	031001001004	镀锌钢管 $DN15$			m	7.9						26.25	143.06
			8-87	镀锌钢管安装 $DN75$	10m	0.79	42.49	22.96	—	22.25	5.24		92.94 ×0.545
				镀锌钢管 $DN15$	m	8.06		11.7	—	3.98	0.94		16.62 ×5.56

续表

| 序号 | 项目编码 | 项目名称 | 定额编号 | 工程内容 | 单位 | 数量 | 其中（元） | | | | | 综合单价（元） | 合价（元） |
							人工费	材料费	机械费	管理费	利润		
5	031001005001	承插铸铁管 DN100			m	43.7						72.59	3172.28
			8-146	承插铸铁管 DN100	10m	4.37	80.34	277.05	—	121.51	28.59		507.49 ×4.37
				承插铸铁管 DN100	m	38.49	—	17.46	—	5.94	1.4		24.8× 38.49
6	031001005002	承插铸铁管 DN50			m	3.5						30.52	106.86
			8-144	承插铸铁管 DN50	10m	0.35	52.01	81.40	—	45.36	10.67		189.44 ×0.35
				承插铸铁管 DN50	m	3.08	—	9.27	—	3.15	0.74		13.16 ×3.08
7	031003001001	螺纹阀门 DN32			个	1						80.72	80.72
			8-244	螺纹阀门 DN32	个	1	3.48	5.09	—	2.91	0.69		12.17×1
				螺纹阀门 DN32	个	1.01	—	47.8	—	16.25	3.82		67.87 ×1.01
8	031003001002	螺纹阀门 DN15			个	1						33.12	33.12
			8-241	螺纹阀门 DN15	个	1	2.32	2.11	—	1.51	0.35		6.29×1
				螺纹阀门 DN15	个	1.01	—	18.7	—	6.36	1.50		26.56× 1.01
9	031001001003	螺纹阀门 DN25			个	1						48.16	48.16
			8-243	螺纹阀门 DN25	个	1	2.79	3.45	—	2.12	0.50		8.86×1
				螺纹阀门 DN25	个	1.01	—	27.4	—	9.32	2.19		38.91 ×1.01
10	031004014001	地漏 DN50			个	5						28.53	142.65
			8-447	地漏 DN50	10个	0.5	37.15	18.73	—	19.00	4.47		79.39× 0.5
				地漏 DN50	个	5	—	14.5	—	4.93	1.16		20.59×5
11	031004006001	大便器（蹲式）			组	7						360.24	2521.71

续表

序号	项目编码	项目名称	定额编号	工程内容	单位	数量	人工费	材料费	机械费	管理费	利润	综合单价（元）	合价（元）
									其中（元）				
			8-409	蹲便器（普通阀冲洗）	10套	0.7	133.75	599.69	—	249.37	5a68		1041.49×0.7
				瓷蹲式大便器	个	7.07	—	178.6	—	60.72	14.24		253.56×7.07
12	031004003001	洗脸盆			组	2						238.96	477.91
			8-390	洗脸盆（冷水）	10组	0.2	60.37	288.21	—	118.52	27.89		494.99×0.2
				白瓷洗脸盆	个	2.02	—	132.1	—	44.91	10.57	—	187.58×2.02

二、《通用安装工程工程量计算规范》GB 50856—2013 计算方法（表 3-66～表 3-78）

（套用《全国统一安装工程预算定额》GYD—208—2000，人、材、机差价均不作调整）

分部分项工程量清单与计价表　　　　　　　　表 3-66

工程名称：　　　　　　　　标段：　　　　　　第　页　共　页

序号	项目编码	项目名称	项目特征描述	计量单位	工程量	综合单价	合价	其中暂估价
						金额（元）		
1	031001001001	镀锌钢管	DN32 室内给水工程，螺纹连接	m	6.39	37.78	241.41	
2	031001001002	镀锌钢管	DN25，室内给水工程，螺纹连接	m	14.90	34.24	510.18	
3	031001001003	镀锌钢管	DN20，室内给水工程，螺纹连接	m	3.70	29.18	107.97	
4	031001001004	镀锌钢管	DN15，室内给水工程，螺纹连接	m	16.26	27.63	449.26	
5	031001005001	承插铸铁管	DN100，室内排水工程，水泥接口	m	43.7	68.59	2997.38	
6	031001005002	承插铸铁管	DN50，室内排水工程，水泥接口	m	3.50	32.70	114.45	
7	031003001001	螺纹阀门	截止阀 J11T-10DN32	个	1	64.35	64.35	
8	031003001002	螺纹阀门	截止阀 J11T-10DN15	个	1	28.32	28.32	
9	031003001003	螺纹阀门	截止阀 J11T-10DN25	个	1	39.92	319.36	
10	031004014001	地漏	DN50	个	5	28.09	140.45	
11	031004006001	大便器	蹲式，白瓷，普通阀冲洗	组	7	282.55	1977.85	
12	031004003001	洗脸盆	白瓷	组	2	181.28	362.56	
			本页小计				7313.54	
			合　计				7313.54	

注：根据建设部、财政部发布的《建筑安装工程费用组成》（建标〔2003〕206 号）的规定，为计取规费等的使用。可在表中增设其中："直接费"、"人工费"或"人工费＋机械费"。

工程量清单综合单价分析表　　　　　　　　　　　　　　　　　表 3-67

工程名称：　　　　　　　　　　　标段：　　　　　　　　第　页　共　页

项目编码	031001001001	项目名称		镀锌钢管	计量单位		m

清单综合单价组成明细

定额编号	定额名称	定额单位	数量	单价（元）				合价（元）			
				人工费	材料费	机械费	管理费和利润	人工费	材料费	机械费	管理费和利润
8-90	镀锌钢管安装 DN32	10m	0.1	51.08	34.05	1.03	110.03	5.11	3.41	0.10	11.00
人工单价		小　计						5.11	3.41	0.10	11.00
23.22 元/（工日）		未计价材料费						18.16			
清单项目综合单价								37.78			

材料费明细	主要材料名称、规格、型号	单位	数量	单价（元）	合价（元）	暂估单价（元）	暂估合价（元）
	镀锌钢管 DN32	m	1.02	17.80	18.16		
	其他材料费			—		—	
	材料费小计			—	18.16	—	

注：1. "数量"栏为"投标方（定额）工程量÷招标方（清单）工程量÷定额单位数量"，如"0.1"为"0.64÷6.39"；

　　2. 管理费费率为155.4%，利润率为60%，均以人工费为基数。

工程量清单综合单价分析表　　　　　　　　　　　　　　　　　表 3-68

工程名称：　　　　　　　　　　　标段：　　　　　　　　第　页　共　页

项目编码	031001001002	项目名称		镀锌钢管	计量单位		m

清单综合单价组成明细

定额编号	定额名称	定额单位	数量	单价				合价			
				人工费	材料费	机械费	管理费和利润	人工费	材料费	机械费	管理费和利润
8-89	镀锌钢管安装 DN25	10m	0.1	51.08	31.40	1.03	110.03	5.11	3.14	0.10	11.00
人工单价		小　计						5.11	3.14	0.10	11.00
23.22 元/（工日）		未计价材料费						14.89			
清单项目综合单价								34.24			

材料费明细	主要材料名称、规格、型号	单位	数量	单价（元）	合价（元）	暂估单价（元）	暂估合价（元）
	镀锌钢管 DN25	m	1.02	14.60	14.89		
	其他材料费			—		—	
	材料费小计			—	14.89	—	

注：1. "数量"栏为"投标方（定额）工程量÷招标方（清单）工程量÷定额单位数量"，如"0.1"为"1.49÷14.9"；

　　2. 管理费费率为155.4%，利润率为60%，均以人工费为基数。

工程量清单综合单价分析表

表 3-69

工程名称：　　　　　　　　　　　　标段：　　　　　第　页　共　页

项目编码	031001001003	项目名称		镀锌钢管	计量单位		m

清单综合单价组成明细

定额编号	定额名称	定额单位	数量	单价				合价			
				人工费	材料费	机械费	管理费和利润	人工费	材料费	机械费	管理费和利润
8-88	镀锌钢管安装 DN20	10m	0.1	42.49	24.23	—	91.52	4.25	2.42	—	9.15
人工单价			小　计					4.25	2.42	—	9.15
23.22 元/(工日)			未计价材料费					13.36			
清单项目综合单价								29.18			

材料费明细	主要材料名称、规格、型号	单位	数量	单价(元)	合价(元)	暂估单价(元)	暂估合价(元)
	镀锌钢管 DN20	m	1.02	13.10	13.36		
	其他材料费			—		—	
	材料费小计			—	13.36	—	

注：1. "数量"栏为"投标方(定额)工程量÷招标方(清单)工程量÷定额单位数量"，如"0.1"为"0.37÷3.7"；
　　2. 管理费费率为 155.4%，利润率为 60%，均以人工费为基数。

工程量清单综合单价分析表

表 3-70

工程名称：　　　　　　　　　　　　标段：　　　　　第　页　共　页

项目编码	031001001004	项目名称		镀锌钢管	计量单位		m

清单综合单价组成明细

定额编号	定额名称	定额单位	数量	单价				合价			
				人工费	材料费	机械费	管理费和利润	人工费	材料费	机械费	管理费和利润
8-87	镀锌钢管安装 DN15	10m	0.1	42.49	22.96	—	91.52	4.25	2.30	—	9.15
人工单价			小　计					4.25	2.30	—	9.15
23.22 元/(工日)			未计价材料费					11.93			
清单项目综合单价								27.63			

材料费明细	主要材料名称、规格、型号	单位	数量	单价(元)	合价(元)	暂估单价(元)	暂估合价(元)
	镀锌钢管 DN15	m	1.02	11.70	11.93		
	其他材料费			—		—	
	材料费小计			—	11.93	—	

注：1. "数量"栏为"投标方(定额)工程量÷招标方(清单)工程量÷定额单位数量"，如"0.1"为"1.626÷16.26"；
　　2. 管理费费率为 155.4%，利润率为 60%，均以人工费为基数。

工程量清单综合单价分析表

表 3-71

工程名称：　　　　　　　　　　　标段：　　　　第　页　共　页

| 项目编码 | 031001005001 | 项目名称 | 承插铸铁管 | 计量单位 | m |

清单综合单价组成明细

定额编号	定额名称	定额单位	数量	单价				合价			
				人工费	材料费	机械费	管理费和利润	人工费	材料费	机械费	管理费和利润
8-146	承插铸铁管 DN100	10m	0.1	80.34	277.05	—	173.05	8.03	27.71	—	17.31
人工单价		小　计						8.03	27.71	—	17.31
23.22 元/(工日)		未计价材料费						15.54			
清单项目综合单价								68.59			

材料费明细	主要材料名称、规格、型号	单位	数量	单价(元)	合价(元)	暂估单价(元)	暂估合价(元)
	承插铸铁排水管 DN100	m	0.89	17.46	15.54		
	其他材料费			—		—	
	材料费小计			—	15.54	—	

注：1. "数量"栏为"投标方(定额)工程量÷招标方(清单)工程量÷定额单位数量"，如"0.1"为"4.37÷43.7"；

　　2. 管理费费率为 155.4%，利润率为 60%，均以人工费为基数。

工程量清单综合单价分析表

表 3-72

工程名称：　　　　　　　　　　　标段：　　　　第　页　共　页

| 项目编码 | 031001005002 | 项目名称 | 承插铸铁管 | 计量单位 | m |

清单综合单价组成明细

定额编号	定额名称	定额单位	数量	单价				合价			
				人工费	材料费	机械费	管理费和利润	人工费	材料费	机械费	管理费和利润
8-144	承插铸铁管 DN50	10m	0.1	52.01	81.40	—	112.30	5.20	8.14	—	11.20
人工单价		小　计						5.20	8.14	—	11.20
23.22 元/(工日)		未计价材料费						8.16			
清单项目综合单价								32.70			

材料费明细	主要材料名称、规格、型号	单位	数量	单价(元)	合价(元)	暂估单价(元)	暂估合价(元)
	承插铸铁排水管 DN50	m	0.88	9.27	8.16		
	其他材料费			—		—	
	材料费小计			—	8.16	—	

注：1. "数量"栏为"投标方(定额)工程量÷招标方(清单)工程量÷定额单位数量"，如"0.1"为"0.35÷3.5"；

　　2. 管理费费率为 155.4%，利润率为 60%，均以人工费为基数。

工程量清单综合单价分析表

表 3-73

工程名称： 标段： 第 页 共 页

项目编码	031003001001		项目名称		螺纹阀门	计量单位		个

清单综合单价组成明细

定额编号	定额名称	定额单位	数量	单价				合价			
				人工费	材料费	机械费	管理费和利润	人工费	材料费	机械费	管理费和利润
8-244	螺纹阀门 DN32	个	1	3.48	5.09	—	7.50	3.48	5.09	—	7.50
人工单价			小 计					3.48	5.09	—	7.50
23.22 元/(工日)			未计价材料费					48.28			
清单项目综合单价								64.35			

材料费明细	主要材料名称、规格、型号		单位	数量	单价(元)	合价(元)	暂估单价(元)	暂估合价(元)
	截止阀 J11T-10DN32		个	1.01	47.80	48.28		
	其他材料费					—		
	材料费小计					48.28		

注：1."数量"栏为"投标方(定额)工程量÷招标方(清单)工程量÷定额单位数量"，如"1"为"1÷1"；

　　2.管理费费率为 155.4%，利润率为 60%，均以人工费为基数。

工程量清单综合单价分析表

表 3-74

工程名称： 标段： 第 页 共 页

项目编码	031003001002		项目名称		螺纹阀门	计量单位		个

清单综合单价组成明细

定额编号	定额名称	定额单位	数量	单价				合价			
				人工费	材料费	机械费	管理费和利润	人工费	材料费	机械费	管理费和利润
8-241	螺纹阀门 DN15	个	1	2.32	2.11	—	5.00	2.32	2.11	—	5.00
人工单价			小 计					2.32	2.11	—	5.00
23.22 元/(工日)			未计价材料费					18.89			
清单项目综合单价								28.32			

材料费明细	主要材料名称、规格、型号		单位	数量	单价(元)	合价(元)	暂估单价(元)	暂估合价(元)
	截止阀 J11T-10DN15		个	1.01	18.70	18.89		
	其他材料费					—		
	材料费小计					18.89		

注：1."数量"栏为"投标方(定额)工程量÷招标方(清单)工程量÷定额单位数量"，如"1"为"1÷1"；

　　2.管理费费率为 155.4%，利润率为 60%，均以人工费为基数。

工程量清单综合单价分析表　　　　　　　　　　　　　　　表 3-75

工程名称：　　　　　　　　　　标段：　　　　　第　页　共　页

项目编码	031003001003		项目名称	螺纹阀门	计量单位	个

清单综合单价组成明细

定额编号	定额名称	定额单位	数量	单价				合价			
				人工费	材料费	机械费	管理费和利润	人工费	材料费	机械费	管理费和利润
8-243	螺纹阀门 DN25	个	1	2.79	3.45	—	6.01	2.79	3.45	—	6.01
人工单价			小　计					2.79	3.45	—	6.01
23.22 元/(工日)			未计价材料费					27.67			
清单项目综合单价								39.92			

材料费明细	主要材料名称、规格、型号	单位	数量	单价(元)	合价(元)	暂估单价(元)	暂估合价(元)
	截止阀 J11T-10DN25	个	1.01	27.40	27.67		
	其他材料费			—	—		
	材料费小计			—	27.67	—	

注：1.“数量”栏为“投标方(定额)工程量÷招标方(清单)工程量÷定额单位数量”，如“1”为“8÷8”；

　　2.管理费费率为 155.4%，利润率为 60%，均以人工费为基数。

工程量清单综合单价分析表　　　　　　　　　　　　　　　表 3-76

工程名称：　　　　　　　　　　标段：　　　　　第　页　共　页

项目编码	031004014001		项目名称	地漏	计量单位	个

清单综合单价组成明细

定额编号	定额名称	定额单位	数量	单价				合价			
				人工费	材料费	机械费	管理费和利润	人工费	材料费	机械费	管理费和利润
8-447	地漏 DN50	10 个	0.1	37.15	18.73	—	80.02	3.72	1.87	—	8.00
人工单价			小　计					3.72	1.87	—	8.00
23.22 元/(工日)			未计价材料费					14.50			
清单项目综合单价								28.09			

材料费明细	主要材料名称、规格、型号	单位	数量	单价(元)	合价(元)	暂估单价(元)	暂估合价(元)
	地漏 DN50	个	1	14.50	14.50		
	其他材料费			—	—		
	材料费小计			—	14.50	—	

注：1.“数量”栏为“投标方(定额)工程量÷招标方(清单)工程量÷定额单位数量”，如“1”为“0.5÷5”；

　　2.管理费费率为 155.4%，利润率为 60%，均以人工费为基数。

工程量清单综合单价分析表　　　　　表 3-77

工程名称：　　　　　　　标段：　　　　　第　页　共　页

项目编码	031004006001	项目名称	大便器	计量单位	组

清单综合单价组成明细

定额编号	定额名称	定额单位	数量	单价				合价			
				人工费	材料费	机械费	管理费和利润	人工费	材料费	机械费	管理费和利润
8-409	蹲式大便器安装	10套	0.1	133.75	599.69	—	288.10	13.38	59.97	—	28.81
人工单价			小　计					13.38	59.97	—	28.81
23.22元/(工日)			未计价材料费					180.39			
清单项目综合单价								282.55			

材料费明细	主要材料名称、规格、型号	单位	数量	单价（元）	合价（元）	暂估单价(元)	暂估合价(元)
	瓷蹲式大便器	个	1.01	178.60	180.39		
	其他材料费				—		—
	材料费小计				—	180.39	—

注：1. "数量"栏为"投标方(定额)工程量÷招标方(清单)工程量÷定额单位数量"，如"1"为"0.7÷7"；

　　2. 管理费费率为 155.4%，利润率为 60%，均以人工费为基数。

工程量清单综合单价分析表　　　　　表 3-78

工程名称：　　　　　　　标段：　　　　　第　页　共　页

项目编码	031004003001	项目名称	洗手盆	计量单位	组

清单综合单价组成明细

定额编号	定额名称	定额单位	数量	单价				合价			
				人工费	材料费	机械费	管理费和利润	人工费	材料费	机械费	管理费和利润
8-390	洗手盆（冷水）	10组	0.1	60.37	288.21	—	130.04	6.04	28.82	—	13.00
人工单价			小　计					6.04	28.82	—	13.00
23.22元/(工日)			未计价材料费					133.42			
清单项目综合单价								181.28			

材料费明细	主要材料名称、规格、型号	单位	数量	单价（元）	合价（元）	暂估单价(元)	暂估合价(元)
	白瓷洗手盆	个	1.01	132.10	133.42		
	其他材料费				—		—
	材料费小计				—	133.42	—

注：1. "数量"栏为"投标方(定额)工程量÷招标方(清单)工程量÷定额单位数量"，如"0.1"为"0.2÷2"；

　　2. 管理费费率为 155.4%，利润率为 60%，均以人工费为基数。

三、《建设工程工程量清单计价规范》GB 50500—2013 和《通用安装工程工程量计算规范》GB 50856—2013 计算方法（表 3-79～表 3-91）

（套用《全国统一安装工程预算定额》GYD—208—2000，人、材、机差价均不作调整）

分部分项工程和单价措施项目清单与计价表　　　　　　　　　表 3-79

工程名称：　　　　　　　　　标段：　　　　　　第　页　共　页

序号	项目编码	项目名称	项目特征描述	计量单位	工程量	金额（元）		
						综合单价	合价	其中
								暂估价
1	031001001001	镀锌钢管	DN32 室内给水工程，螺纹连接	m	6.39	37.78	241.41	
2	031001001002	镀锌钢管	DN25，室内给水工程，螺纹连接	m	20.40	34.24	698.50	
3	031001001003	镀锌钢管	DN20，室内给水工程，螺纹连接	m	8.90	29.18	259.70	
4	031001001004	镀锌钢管	DN15，室内给水工程，螺纹连接	m	7.90	27.63	218.28	
5	031001005001	承插铸铁管	DN100，室内排水工程，水泥接口	m	43.7	68.59	2997.38	
6	031001005002	承插铸铁管	DN50，室内排水工程，水泥接口	m	3.50	32.70	114.45	
7	031003001001	螺纹阀门	截止阀 J11T-10DN32	个	1	64.35	64.35	
8	031003001002	螺纹阀门	截止阀 J11T-10DN15	个	9	28.32	254.88	
9	031003001003	螺纹阀门	截止阀 J11T-10DN25	个	8	39.92	319.36	
10	031004014001	地漏	DN50	个	5	28.09	140.45	
11	031004006001	大便器	蹲式，白瓷，普通阀冲洗	组	7	282.55	1977.85	
12	031004003001	洗脸盆	白瓷	组	2	181.28	362.56	
			本页小计				7649.17	
			合　　计				7649.17	

注：根据建设部、财政部发布的《建筑安装工程费用组成》（建标［2003］206 号）的规定，为计取规费等的使用。可在表中增设其中："直接费"、"人工费"或"人工费＋机械费"。

工程量清单综合单价分析表

表 3-80

工程名称： 标段： 第 页 共 页

| 项目编码 | 031001001001 | 项目名称 | 镀锌钢管 | 计量单位 | m | 工程量 | 6.39 |

清单综合单价组成明细

定额编号	定额名称	定额单位	数量	单价				合价			
				人工费	材料费	机械费	管理费和利润	人工费	材料费	机械费	管理费和利润
8-90	镀锌钢管安装 DN32	10m	0.1	51.08	34.05	1.03	110.03	5.11	3.41	0.10	11.00
人工单价			小　计					5.11	3.41	0.10	11.00
23.22 元/(工日)			未计价材料费					18.16			
清单项目综合单价								37.78			

材料费明细	主要材料名称、规格、型号			单位	数量	单价(元)	合价(元)	暂估单价(元)	暂估合价(元)
	镀锌钢管 DN32			m	1.02	17.80	18.16		
	其他材料费					—		—	
	材料费小计					—	18.16	—	

注：1.“数量”栏为“投标方(定额)工程量÷招标方(清单)工程量÷定额单位数量”，如“0.1”为“0.64÷6.39”；
2. 管理费费率为 155.4%，利润率为 60%，均以人工费为基数。

工程量清单综合单价分析表

表 3-81

工程名称： 标段： 第 页 共 页

| 项目编码 | 031001001002 | 项目名称 | 镀锌钢管 | 计量单位 | m | 工程量 | 20.40 |

清单综合单价组成明细

定额编号	定额名称	定额单位	数量	单价				合价			
				人工费	材料费	机械费	管理费和利润	人工费	材料费	机械费	管理费和利润
8-89	镀锌钢管安装 DN25	10m	0.1	51.08	31.40	1.03	110.03	5.11	3.14	0.10	11.00
人工单价			小　计					5.11	3.14	0.10	11.00
23.22 元/(工日)			未计价材料费					14.89			
清单项目综合单价								34.24			

材料费明细	主要材料名称、规格、型号			单位	数量	单价(元)	合价(元)	暂估单价(元)	暂估合价(元)
	镀锌钢管 DN25			m	1.02	14.60	14.89		
	其他材料费					—		—	
	材料费小计					—	14.89	—	

注：1.“数量”栏为“投标方(定额)工程量÷招标方(清单)工程量÷定额单位数量”，如“0.1”为“2.04÷20.40”；
2. 管理费费率为 155.4%，利润率为 60%，均以人工费为基数。

工程量清单综合单价分析表 表 3-82

工程名称： 标段： 第 页 共 页

项目编码	031001001003	项目名称	镀锌钢管	计量单位	m	工程量	8.90

清单综合单价组成明细

定额编号	定额名称	定额单位	数量	单价				合价			
				人工费	材料费	机械费	管理费和利润	人工费	材料费	机械费	管理费和利润
8-88	镀锌钢管安装 DN20	10m	0.1	42.49	24.23	—	91.52	4.25	2.42	—	9.15
人工单价		小 计						4.25	2.42	—	9.15
23.22 元/(工日)		未计价材料费					13.36				
清单项目综合单价							29.18				

材料费明细	主要材料名称、规格、型号	单位	数量	单价(元)	合价(元)	暂估单价(元)	暂估合价(元)
	镀锌钢管 DN20	m	1.02	13.10	13.36		
	其他材料费			—	—		
	材料费小计			—	13.36	—	

注：1. "数量"栏为"投标方(定额)工程量÷招标方(清单)工程量÷定额单位数量"，如"0.1"为"0.89÷8.90"；

2. 管理费费率为 155.4%，利润率为 60%，均以人工费为基数。

工程量清单综合单价分析表 表 3-83

工程名称： 标段： 第 页 共 页

项目编码	031001001004	项目名称	镀锌钢管	计量单位	m	工程量	7.90

清单综合单价组成明细

定额编号	定额名称	定额单位	数量	单价				合价			
				人工费	材料费	机械费	管理费和利润	人工费	材料费	机械费	管理费和利润
8-87	镀锌钢管安装 DN15	10m	0.1	42.49	22.96	—	91.52	4.25	2.30	—	9.15
人工单价		小 计						4.25	2.30	—	9.15
23.22 元/(工日)		未计价材料费					11.93 *				
清单项目综合单价							27.63				

材料费明细	主要材料名称、规格、型号	单位	数量	单价(元)	合价(元)	暂估单价(元)	暂估合价(元)
	镀锌钢管 DN15	m	1.02	11.70	11.93		
	其他材料费			—	—		
	材料费小计			—	11.93	—	

注：1. "数量"栏为"投标方(定额)工程量÷招标方(清单)工程量÷定额单位数量"，如"0.1"为"0.790÷7.90"；

2. 管理费费率为 155.4%，利润率为 60%，均以人工费为基数。

工程量清单综合单价分析表　　表 3-84

工程名称：　　　　　　　　　　　标段：　　　　　　　第　页　共　页

项目编码	031001005001	项目名称	承插铸铁管	计量单位	m	工程量	43.7

清单综合单价组成明细

定额编号	定额名称	定额单位	数量	单价				合价			
				人工费	材料费	机械费	管理费和利润	人工费	材料费	机械费	管理费和利润
8-146	承插铸铁管 DN100	10m	0.1	80.34	277.05	—	173.05	8.03	27.71		17.31
人工单价			小　计					8.03	27.71		17.31
23.22 元/(工日)			未计价材料费					15.54			
清单项目综合单价								68.59			

材料费明细	主要材料名称、规格、型号	单位	数量	单价(元)	合价(元)	暂估单价(元)	暂估合价(元)
	承插铸铁排水管 DN100	m	0.89	17.46	15.54		
	其他材料费			—	—		
	材料费小计			—	15.54		—

注：1. "数量" 栏为 "投标方(定额)工程量÷招标方(清单)工程量÷定额单位数量"，如 "0.1" 为 "4.37÷43.7"；
　　2. 管理费费率为 155.4%，利润率为 60%，均以人工费为基数。

工程量清单综合单价分析表　　表 3-85

工程名称：　　　　　　　　　　　标段：　　　　　　　第　页　共　页

项目编码	031001005002	项目名称	承插铸铁管	计量单位	m	工程量	3.50

清单综合单价组成明细

定额编号	定额名称	定额单位	数量	单价				合价			
				人工费	材料费	机械费	管理费和利润	人工费	材料费	机械费	管理费和利润
8-144	承插铸铁管 DN50	10m	0.1	52.01	81.40	—	112.30	5.20	8.14	—	11.20
人工单价			小　计					5.20	8.14	—	11.20
23.22 元/(工日)			未计价材料费					8.16			
清单项目综合单价								32.70			

材料费明细	主要材料名称、规格、型号	单位	数量	单价(元)	合价(元)	暂估单价(元)	暂估合价(元)
	承插铸铁排水管 DN50	m	0.88	9.27	8.16		
	其他材料费			—	—		
	材料费小计			—	8.16		—

注：1. "数量" 栏为 "投标方(定额)工程量÷招标方(清单)工程量÷定额单位数量"，如 "0.1" 为 "0.35÷3.5"；
　　2. 管理费费率为 155.4%，利润率为 60%，均以人工费为基数。

工程量清单综合单价分析表

表 3-86

工程名称：　　　　　　　　　　标段：　　　　　　　第　页　共　页

| 项目编码 | 031003001001 | 项目名称 | 螺纹阀门 | 计量单位 | 个 | 工程量 | 1 |

清单综合单价组成明细

定额编号	定额名称	定额单位	数量	单价				合价			
				人工费	材料费	机械费	管理费和利润	人工费	材料费	机械费	管理费和利润
8-244	螺纹阀门 DN32	个	1	3.48	5.09	—	7.50	3.48	5.09	—	7.50
人工单价		小　计						3.48	5.09	—	7.50
23.22 元/(工日)		未计价材料费						48.28			
		清单项目综合单价						64.35			

材料费明细	主要材料名称、规格、型号	单位	数量	单价(元)	合价(元)	暂估单价(元)	暂估合价(元)
	截止阀 J11T-10DN32	个	1.01	47.80	48.28		
	其他材料费			—		—	
	材料费小计			—	48.28	—	

注：1. "数量"栏为"投标方(定额)工程量÷招标方(清单)工程量÷定额单位数量"，如"1"为"1÷1"；

　　2. 管理费费率为 155.4%，利润率为 60%，均以人工费为基数。

工程量清单综合单价分析表

表 3-87

工程名称：　　　　　　　　　　标段：　　　　　　　第　页　共　页

| 项目编码 | 031003001002 | 项目名称 | 螺纹阀门 | 计量单位 | 个 | 工程量 | 1 |

清单综合单价组成明细

定额编号	定额名称	定额单位	数量	单价				合价			
				人工费	材料费	机械费	管理费和利润	人工费	材料费	机械费	管理费和利润
8-241	螺纹阀门 DN15	个	1	2.32	2.11	—	5.00	2.32	2.11	—	5.00
人工单价		小　计						2.32	2.11	—	5.00
23.22 元/(工日)		未计价材料费						18.89			
		清单项目综合单价						28.32			

材料费明细	主要材料名称、规格、型号	单位	数量	单价(元)	合价(元)	暂估单价(元)	暂估合价(元)
	截止阀 J11T-10DN15	个	1.01	18.70	18.89		
	其他材料费			—		—	
	材料费小计			—	18.89	—	

注：1. "数量"栏为"投标方(定额)工程量÷招标方(清单)工程量÷定额单位数量"，如"1"为"1÷1"；

　　2. 管理费费率为 155.4%，利润率为 60%，均以人工费为基数。

工程量清单综合单价分析表

表 3-88

工程名称：　　　　　　　　　　标段：　　　　　第　页　共　页

项目编码	031003001003	项目名称	螺纹阀门	计量单位	个	工程量	8

清单综合单价组成明细

定额编号	定额名称	定额单位	数量	单价				合价			
				人工费	材料费	机械费	管理费和利润	人工费	材料费	机械费	管理费和利润
8-243	螺纹阀门 DN25	个	1	2.79	3.45	—	6.01	2.79	3.45		6.01
人工单价			小　计					2.79	3.45		6.01
23.22 元/(工日)			未计价材料费						27.67		
清单项目综合单价									39.92		

材料费明细	主要材料名称、规格、型号	单位	数量	单价（元）	合价（元）	暂估单价（元）	暂估合价（元）
	截止阀 J11T-10DN25	个	1.01	27.40	27.67		
	其他材料费				—		—
	材料费小计			—	27.67		—

注：1. "数量"栏为"投标方(定额)工程量÷招标方(清单)工程量÷定额单位数量"，如"1"为"8÷8"；

　　2. 管理费费率为155.4%，利润率为60%，均以人工费为基数。

工程量清单综合单价分析表

表 3-89

工程名称：　　　　　　　　　　标段：　　　　　第　页　共　页

项目编码	031004014001	项目名称	地漏	计量单位	个	工程量	5

清单综合单价组成明细

定额编号	定额名称	定额单位	数量	单价				合价			
				人工费	材料费	机械费	管理费和利润	人工费	材料费	机械费	管理费和利润
8-447	地漏 DN50	10个	0.1	37.15	18.73	—	80.02	3.72	1.87	—	8.00
人工单价			小　计					3.72	1.87	—	8.00
23.22 元/(工日)			未计价材料费						14.50		
清单项目综合单价									28.09		

材料费明细	主要材料名称、规格、型号	单位	数量	单价（元）	合价（元）	暂估单价（元）	暂估合价（元）
	地漏 DN50	个	1	14.50	14.50		
	其他材料费				—		—
	材料费小计			—	14.50		—

注：1. "数量"栏为"投标方(定额)工程量÷招标方(清单)工程量÷定额单位数量"，如"1"为"0.5÷5"；

　　2. 管理费费率为155.4%，利润率为60%，均以人工费为基数。

工程量清单综合单价分析表

表 3-90

工程名称：　　　　　　　　　　标段：　　　　　　　　第　　页　共　　页

| 项目编码 | 031004006001 | 项目名称 | 大便器 | 计量单位 | 组 | 工程量 | 7 |

清单综合单价组成明细

定额编号	定额名称	定额单位	数量	单价				合价			
				人工费	材料费	机械费	管理费和利润	人工费	材料费	机械费	管理费和利润
8-409	蹲式大便器安装	10套	0.1	133.75	599.69	—	288.10	13.38	59.97	—	28.81
人工单价			小　计					13.38	59.97	—	28.81
23.22 元/（工日）			未计价材料费					180.39			
		清单项目综合单价						282.55			

材料费明细	主要材料名称、规格、型号	单位	数量	单价（元）	合价（元）	暂估单价（元）	暂估合价（元）
	瓷蹲式大便器	个	1.01	178.60	180.39		
	其他材料费				—		—
	材料费小计				—	180.39	—

注：1. "数量"栏为"投标方（定额）工程量÷招标方（清单）工程量÷定额单位数量"，如"1"为"0.7÷7"；

　　2. 管理费费率为 155.4%，利润率为 60%，均以人工费为基数。

工程量清单综合单价分析表

表 3-91

工程名称：　　　　　　　　　　标段：　　　　　　　　第　　页　共　　页

| 项目编码 | 031004003001 | 项目名称 | 洗手盆 | 计量单位 | 组 | 工程量 | 2 |

清单综合单价组成明细

定额编号	定额名称	定额单位	数量	单价				合价			
				人工费	材料费	机械费	管理费和利润	人工费	材料费	机械费	管理费和利润
8-390	洗手盆（冷水）	10组	0.1	60.37	288.21	—	130.04	6.04	28.82	—	13.00
人工单价			小　计					6.04	28.82	—	13.00
23.22 元/（工日）			未计价材料费					133.42			
		清单项目综合单价						181.28			

材料费明细	主要材料名称、规格、型号	单位	数量	单价（元）	合价（元）	暂估单价（元）	暂估合价（元）
	白瓷洗手盆	个	1.01	132.10	133.42		
	其他材料费				—		—
	材料费小计				—	133.42	—

注：1. "数量"栏为"投标方（定额）工程量÷招标方（清单）工程量÷定额单位数量"，如"0.1"为"0.2÷2"；

　　2. 管理费费率为 155.4%，利润率为 60%，均以人工费为基数。

【例7】 按图3-9、图3-10和施工说明，试计算其工程量。

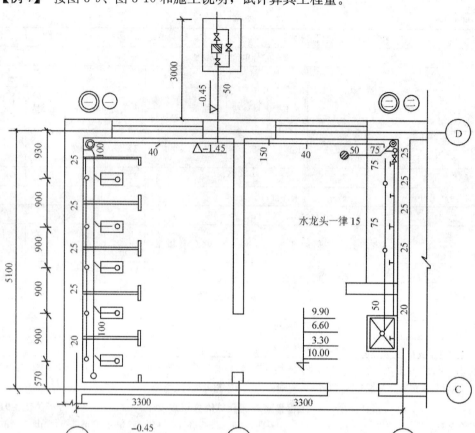

图3-9 一至四层盥洗厕所平面 (1∶100)

注：图中给水和排水立管距墙距离，只作为工程量计算时的参考价值。

本工程的施工说明：

1. 给水管道用镀锌钢管，埋地部分用加强级沥青防腐（牛皮纸保护层）；

2. 排水管道用排水铸铁管，埋地部分刷石油沥青两道；

3. 大便冲洗1-3层用冲洗阀（管径20），4层用瓷高水箱冲洗；

4. 其他未说明事项均按《施工安装图册》有关规定进行施工。

【解】

一、《通用安装工程工程量计算规范》GB 50856—2013 计算方法

（一）管道安装：

在工程预算表中，人们通常把给水管道分为铺设管（埋于±0.000以下的管道）和立支管两部分，把排水管道分为铺设管和立托管两部分。

1. 镀锌钢管（铺设管）

（1）DN50：2.52m，其计算式如下：

3（水表井至外墙距离）－2（DN50丝接带旁通管水表应减长度）＋0.37（外墙厚度）＋0.15（管中心至墙距离）＋1.45（管道标高）－0.45（管道标高）＝2.52（m）

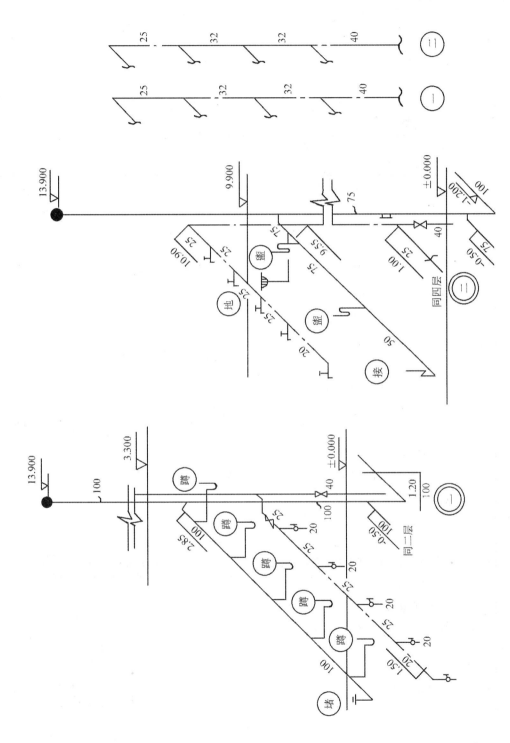

图 3-10　给水、排水立管图和局部系统图

（2）DN40：7.16m，其计算式如下：

3.3×2（①～③轴距）－0.12×2（两个轴线中心至墙面距离）－0.12×2（一号立管中心至墙面距离）－0.05（②号立管中心至墙面距离）＋（0.15－0.05）＋（0.24－0.15）＋0.45×2＝7.16（m）（如图3-11）

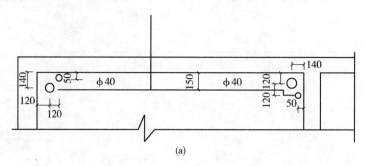

(a)

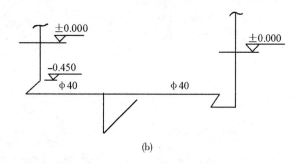

(b)

图 3-11　DN40 管道计算草图

(a)平面图；(b)系统图

2. 镀锌钢管（立管）

（1）本工程只有两根立管，⊖号立管工程量计算如下：

1）DN40：1m（如图3-10）。

2）DN32：6.6m。

3）DN25：4.05m，其计算式如下：

9.9－6.6－1.5＋2.25（见蹲式大便器高水箱安装大样图）＝4.05（m）（如图3-12）

（2）⊖号立管工程量

1）DN40：1m（如图3-10）

2）DN32：6.6m。

3）DN25：3.3m。

（3）立管工程量小计：

1）DN40：2.5m。

2）DN32：13.2m。

3）DN25：7.35m。

3. 镀锌钢管（支管）

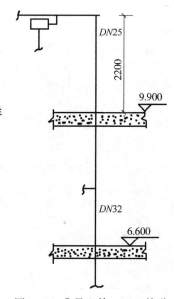

图 3-12　⊖号立管 DN25 管道
计算草图

（1）由于㉁号立管上的所有支管的管径、长度均相同，所以只计算第四层支管的工程量即可。

从平面图可知盥洗台长 2.9m（以图示比例丈量或有条件时可查建筑施工图），从《施工安装图册》（1）可知管道的安装尺寸（本计算按均匀布置，如图 3-13 所示）

1）$DN25$：9.2m，其计算式如下：

$$(2.9-0.24-2.9\times\frac{1}{8})\times4=9.2\ (m)$$

2）$DN20$：5.21m，其计算式如下：

$$(2.9\times\frac{1}{8}+0.24+0.4+0.3)\times4=5.21\ (m)$$

（2）㉁号立管的支管工程量

1）一至三层支管计算

① $DN25$：10.95m，其计算式如下：$(0.93+0.9\times3-0.12-0.05+0.24-0.05)\times3=10.95(m)$（如图 3-9 和图 3-11 所示）

②$DN20$：10.2m。

支管安装高度离地 1.5m。蹲式大便器普通阀门冲洗定额内包括的材料，有 $DN25$ 丝扣闸阀 1 个，$DN25$ 镀锌钢管 1.5m 等，即给水管应算至阀门中心，且阀门已包括在卫生用具安装项目内。本工程阀门安装高度按离地 1m 计算。管道长度计算如下：

$$[0.9(如图 3-9)+(1.5-1)\times5(如图 3-10)]\times3=10.2(m)$$

2）第四层支管计算

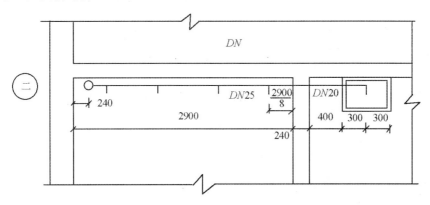

图 3-13　㉁号立管的支管计算草图

①$DN25$：3.65m，其计算式如下：

$$0.93+0.9\times3-0.12-0.05+0.24-0.05=3.65\ (m)$$

②$DN20$：0.55m，其计算式如下：

$$0.9-0.35=0.55\ (m)$$

（3）支管工程量小计

1）$DN25$：23.8m。

2）$DN20$：15.96m。

4. 镀锌钢管（给水管道）工程量汇总见表 3-92 所示。

安装部分	规格	单位	数量	备　注
铺设管	DN50	m	2.52	
铺设管	DN40	m	7.16	
立支管	DN40	m	2.50	
立支管	DN32	m	13.20	
立支管	DN25	m	31.15	
立支管	DN20	m	15.96	
立支管小计		m	62.81	
管长合计		m	72.49	

镀锌钢管工程量汇总表　　　　表 3-92

5. ㊀号立管用排水铸铁管（水泥接口）工程量

(1) DN100（铺设管、排出管部分）：3.21m，其计算式如下：

1.5(室内外管道分界)＋0.37(外墙厚度)＋0.14(如图 3-11)＋1.2(管道标高)＝3.21(m)

(2) DN100（铺设管、一层横管部分）：10.13m，其计算式如下：

连接每个蹲式大便器的排水支管长度（如图 3-14 所示）：0.505＋0.5＝1.005（m）

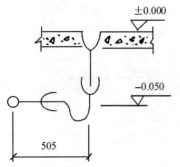

横管工程量为：5.1（ⓒ、ⓓ轴距）－0.12×2－0.14（如图 3-11）－0.12（扫除口中心至墙距离）＋0.5（如图 3-10）＋1.005×5＝10.13（m）

(3) DN100 铺设管小计

3.21＋10.13＝13.34（m）

(4) DN100（托吊管）：29.49m，其计算式如下：

二至四层托吊管与首层铺设管基本相同，只是管道距地面高度不同而已，两者相差 0.05m。

二至四层托吊管工程量计算式如下：

(10.13－0.05×6)×3＝29.49（m）

图 3-14　蹲式大便器排水支管计算

(5) DN100（立管）：13.9m。

6. ㊀号立管系统排水铸铁管（水泥接口）工程量

(1) DN75（铺设管）：5.245m，其计算式如下：

1) 排出管部分（算至±0.000）：3.19m，其计算式如下：

1.5＋0.37＋0.12＋1.2＝3.19（m）

2) 首层管道 2.055m，其计算式如下（图 3-15）：

$2.9 \times \dfrac{3}{4} - 0.12 = 2.055$（m）

3) 铺设管小计　　3.19＋2.055＝5.245（m）

(2) DN50（铺设管、首层管道）：4.125m，其计算式分别如下：

1) 连接拖布池部分　　$2.9 \times \dfrac{1}{4} + 0.24 + 0.4 + 0.3 + 0.5 = 2.165$（m）

2) 连接地漏部分

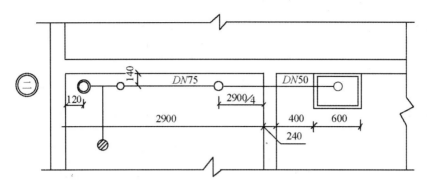

图 3-15　㊀号立管排水横管计算草图

0.6(地漏中心至墙距离—按比例丈量平面图)—0.14(立管中心至墙面距离)+0.5=0.96(m)

3）连接盥洗台存水弯部分：0.5×2=1（m）

4）铺设管小计：2.165+0.96+1=4.125（m）

（3）DN75（立管）：13.9m。

（4）DN75 和 DN50 托吊管（二至四层）与铺设管基本相同，只是其每段垂直管段部分比铺设管少 0.05m。

1）DN75：6.165m，其计算式如下：

2.055×3=6.165（m）

2）DN50：11.775m，其计算式如下：

(4.125－0.05×4)×3=11.775（m）

7. 与 DN50 丝扣存水弯连接用 DN50 焊接钢管数量如下（地面以上部分用其规格表见表 3-93、表 3-94）

（1）接盥洗台

单面盥洗台安装如图 3-16（a）所示。DN50 丝接存水弯尺寸如图 3-16（b）所示。现假设存水弯距池底 40mm。DN50 焊接钢管长度如下：

(0.605－0.04－0.17+0.025+0.06)×2×4=3.84（m）

（2）接拖布池存水弯用 DN50 焊接钢管，因定额内焊接钢管数量已满足需要，故不再计算。

P 形存水弯规格表　　　　　　　　　　　　　　　　　　　　　　　　　表 3-93

管径	尺　寸												
（mm）	D	D_1	H	H_1	H_2	R	R_1	R_2	L	F	E	C	G
40	37.5	62	150	90.5	40	28.75	28.75	5	120	27	5	22	40
50	50	78	155	90	57	27.5	33	8	126	30	5	25	50

S 形存水弯规格表　　　　　　　　　　　　　　　　　　　　　　　　　表 3-94

管径	尺　寸											
（mm）	D	D_1	R	H	H_1	H_2	H_3	H_4	H_5	G	R_1	R_2	L
40	37.5	62	21.25	156	68	139	88	27	22	40	5	5	86
50	50	78	27.5	170	80	155	90	30	25	50	5	8	110

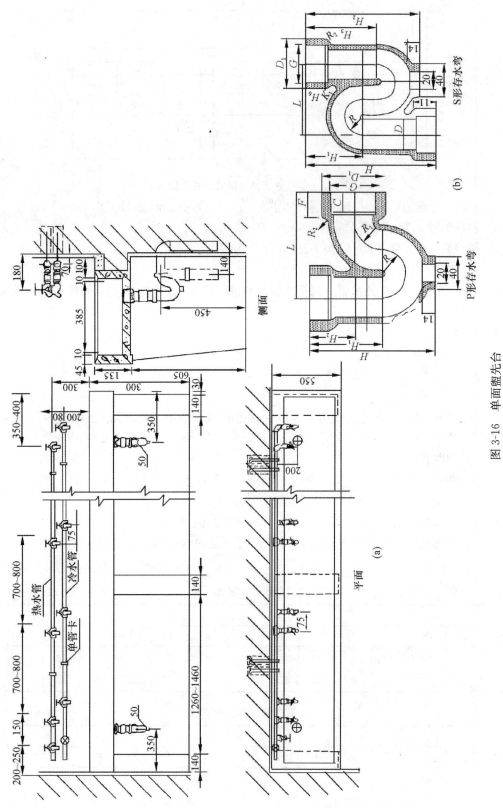

图 3-16　单面盥洗台

(a) 单面盥洗台安装; (b) 存水弯

8. 排水管道工程量汇总见表 3-95 所示。

排水管道工程量汇总表　　　　　　　　　表 3-95

安装部位	规　格	单　位	数　量	备　注
铺设管	DN100	m	13.34	均为排水铸铁管
铺设管	DN75	m	5.245	水泥接口
铺设管	DN50	m	4.125	
立管	DN100	m	13.9	
立管	DN75	m	13.9	
托吊管	DN100	m	29.49	
托吊管	DN75	m	6.165	
托吊管	DN50	m	11.775	
立管	DN50	m	3.84	焊接钢管
立托吊管合计		m	79.05	

（二）卫生器具安装：

1. 蹲式大便器普通阀门冲洗 15 组。

2. 蹲式大器瓷高水箱钢管镶接 5 组。

3. DN50 地漏 4 组。

4. DN100 扫除口（铜盖）4 组。

5. DN100 铅丝球 1 个。

6. DN80 铅丝球 1 个。

7. DN50 排水栓（带存水弯）12 组。

（三）DN50 丝接带旁通管水表安装 1 组。

（四）阀门、水嘴安装工程量见表 3-96 所示。

阀门、水嘴安装工程量表　　　　　　　　　表 3-96

安装部位 \ 规格　数量（个）	截　止　阀（铁壳铜杆铜芯）		DN15 铁长脖 水　嘴	DN20 铁壳碳 铜杆尼龙芯 水　嘴
	DN40	DN25		
○○号立管	2	—	—	—
各层支管	—	8	—	—
各层盥洗台	—	—	16	—
各层拖布池	—	—	—	4
合计	2	8	16	4

（五）刷油工程量：

管道表面积计算方法与采暖工程相同，只是铸铁管的刷油面积为钢管刷油面积的 1.05 倍。

1. DN50 镀锌钢管加强级防腐 2.52m。

2. DN40 镀锌钢管加强级防腐 7.16rn。

3. 镀锌钢管（地上明装部分）刷银粉漆二道，工程量计算见表 3-97 所示。

镀锌钢管（地上部分）刷油工程量表　　　表 3-97

镀锌钢管		刷油面积（m²）
规格	数量（m）	
DN40	2.50	0.1508×2.5＝0.377
DN32	13.20	0.1327×13.2＝1.752
DN25	31.15	0.1052×31.15＝3.277
DN20	15.96	0.084×15.96＝1.341
合　计		6.747

4. $DN50$ 焊接钢管（排水管道用）3.84m，刷一丹二银 0.724m²，0.1885×3.84＝0.724（m²）

5. 排水铸铁管（铺设管）刷沥青漆二道，工程量计算见表 3-98 所示。

排水铸铁管刷沥青工程量表　　　表 3-98

排水铸铁管		刷油面积（m²）
规格	数量（m）	
DN100	13.34	0.3581×13.34×1.05＝5.016
DN75	5.245	0.278×5.245×1.05＝1.531
DN50	4.125	0.1885×4.125×1.05＝0.816
合计		7.363

6. 排水铸铁管（立托管）刷一丹二银，工程量计算见表 3-99 所示。

排水铸铁管刷一丹二银工程量表　　　表 3-99

排水铸铁管		刷油面积/m²
规格	数量/m	
DN100	43.39	0.3581×43.39×1.05＝15.538
DN75	20.07	0.278×20.07×1.05＝5.58
DN50	11.78	0.1885×11.78×1.05＝2.331
合计		23.45

7. 铁件刷一丹二银

(1) 钢管立支管安装用铁件为：6×0.6281＝3.77（kg）

(2) 排水铸铁管（立托管）安装用铁件为：20×0.7905＝15.81（kg）

(3) 铁件刷一丹二银小计：3.77＋15.81＝19.58（kg）

(六) 给水管道冲洗（$DN100$ 以内）72.49m

(七) 挖填土方数量

1. 挖土工程量

(1) 排水管道挖土方工程量

$DN100$ 和 $DN75$ 管道均含室外管道 1.5m。

$DN100$、$DN75$ 和 $DN50$ 排水铸铁管外径分别为 110mm、85mm 及 60mm。

根据土方量计算规则和图中已知条件其土方量计算如下：

$[(0.11+0.6)\times(1.2-0.45)\times1.5+(0.11+0.6)\times0.5\times(13.34-1.5)+(0.085+0.6)\times(1.2-0.45)\times1.5+(0.085+0.6)\times0.5\times(5.245-1.5)+(0.06+0.6)\times0.5\times4.125)]\times1.16=9.77$（m³）

因室内给排水管道土方量较小，故本工程沟底宽为简化计算也可按 0.8m 计算。

（2）给水管道挖土方工程量

本工程槽底宽按 0.7m 计算，水表井尺寸如图 3-17 所示。砖井突出管沟部分的土方量并入管沟土方量内计算，其计算式如下：

$[0.7\times(1.45-0.45)\times3+(1.68+0.6-0.7)\times(1.45-0.45)\times2.48+0.7\times0.45\times(6.6-0.24)]\times1.16=9.31$（m³）

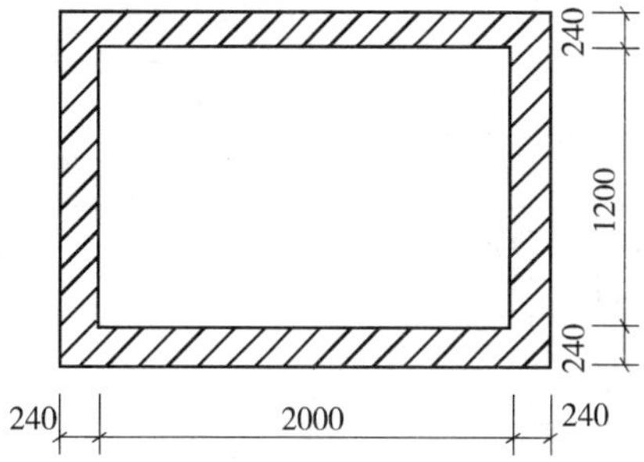

（3）挖土工程量小计

$9.77+9.31\approx19.08$（m³）

2. 填土工程量为：

$19.08-2.48\times1.68\times(1.45-0.45)=14.91$(m³)

图 3-17 $DN50$ 水表井尺寸图

定额计价方式下的工程预算表见表 3-100，工程量清单计价方式下，预算表与清单项目之间关系分析对照表见表 3-101，分部分项工程量清单计价表见表 3-102，分部分项工程量清单综合单价分析表见表 3-103。

室内给排水工程施工图预算表　　　　　　　　　　表 3-100

工程名称：某工程给排水　　　　　　　　　　　　　　第　页　共　页

序号	定额编号	分项工程名称	定额单位	工程量	单价	其　中		
						人工费	材料费	机械费
1	8-92	镀锌钢管安装（埋地）DN50	10m	0.25	110.13	62.23	45.04	2.86
2	8-91	镀锌钢管安装（埋地）DN40	10m	0.72	93.25	60.84	31.38	1.03
3	8-91	镀锌钢管安装 DN40	10m	0.25	93.25	60.84	31.38	1.03
4	8-90	镀锌钢管安装 DN32	10m	1.32	85.56	51.08	33.45	1.03
5	8-89	镀锌钢管安装 DN25	10m	3.12	82.91	51.08	30.80	1.03
6	8-88	镀锌钢管安装 DN20	10m	1.60	66.72	42.49	24.23	—
7	8-111	焊接钢管安装 DN50	10m	0.38	63.68	46.21	11.10	6.37
8	8-146	铸铁管安装（埋地）DN100	10m	1.33	357.39	80.34	277.05	—
9	8-145	铸铁管安装（埋地）DN75	10m	0.52	249.18	62.23	186.95	—
10	8-144	铸铁管安装（埋地）DN50	10m	0.41	133.41	52.01	81.40	—
11	8-146	铸铁管安装 DN100	10m	4.34	357.39	80.34	277.05	—
12	8-145	铸铁管安装 DN75	10m	2.01	249.18	62.23	186.95	—

续表

序号	定额编号	分项工程名称	定额单位	工程量	单价	其中		
						人工费	材料费	机械费
13	8-144	铸铁管安装 DN50	10m	1.18	133.41	52.01	81.40	—
14	8-178	管道支架制作安装	100kg	0.20	653.91	235.45	194.20	224.26
15	11-51	管道刷红丹防锈漆一遍	10m²	2.42	7.34	6.27	1.07	—
16	11-56	管道刷银粉漆第一遍	10m²	3.09	11.31	6.5	4.81	—
17	11-57	管道刷银粉漆第一遍	10m²	3.09	10.64	6.27	4.37	—
18	11-66	管道刷沥青漆第一遍	10m²	0.74	8.04	6.5	1.54	—
19	11-67	管道刷沥青漆第二遍	10m²	0.74	7.64	6.27	1.37	—
20	11-7	支架除锈	100kg	0.20	17.35	7.89	2.50	6.96
21	11-117	支架刷红丹防锈漆一遍	100kg	0.2	13.17	5.34	0.87	6.96
22	11-122	支架刷银粉漆第一遍	100kg	0.2	16.00	5.11	3.93	6.96
23	11-123	支架刷银粉漆第二遍	100kg	0.2	15.25	5.11	3.18	6.96
24	8-409	蹲式大便器（普通阀门）	10 套	1.5	733.44	133.75	599.69	—
25	8-407	蹲式大便器（瓷高水箱钢管）	10 套	0.5	1033.39	224.31	809.08	—
26	8-447	地漏 φ50	10 个	0.4	55.88	37.15	18.73	—
27	8-453	扫除门（铜盖）φ100	10 个	0.4	24.22	22.52	1.7	—
28	8-443	排水栓（带存水弯）φ50	10 组	1.2	121.41	44.12	77.29	—
29	8-367	水表 φ50	组	1	1256.50	66.41	1137.14	52.95
30	8-245	阀门 DN40	个	2	13.22	5.80	7.42	—
31	8-243	阀门 DN25	个	8	6.24	2.79	3.45	—
32	8-438	水龙头 φ15	10 个	1.6	7.48	6.5	0.98	—
33	8-439	水龙头 φ20	10 个	0.4	7.48	6.5	0.98	—
34	（北京）1-4	管沟土方	rn³	19	12.67	12.67	—	—
35	（北京）1-7	回填（夯填）	m³	15	6.82	6.1	—	0.72
36	8-230	给水管道冲洗（φ50 以内）	100m	0.72	20.49	12.07	8.42	—

注：1. 材料费中均不包括主材。

2. 埋地管道（给水）防腐略。

定额预（结）算表（直接费部分）与清单项目之间关系分析对照表　　表 3-101

工程名称：某工程给排水　　　　　　　　　　　　　　　第　　页　共　　页

序号	项目编码	项目名称	清单主项在定额预（结）算表中的序号	清单综合的工程内容在定额预（结）算表中的序号
1	031001001001	镀锌钢管 DN50，给水系统，螺纹连接，埋地，管道冲洗	1	36
2	031001001002	镀锌钢管 DN40，给水系统，螺纹连接，埋地，管道冲洗	2	36

序号	项目编码	项 目 名 称	清单主项在定额预（结）算表中的序号	清单综合的工程内容在定额预（结）算表中的序号
3	031001001003	镀锌钢管 DN40，给水系统，螺纹连接，刷两遍银粉漆，管道冲洗	3	16＋17＋36
4	031001001004	镀锌钢管 DN32，给水系统，螺纹连接，刷两遍银粉漆，管道冲洗	4	16＋17＋36
5	031001001005	镀锌钢管 DN25，给水系统，螺纹连接，刷两遍银粉漆，管道冲洗	5	16＋17＋36
6	031001001006	镀锌钢管 DN20，给水系统，螺纹连接，刷两遍银粉漆，管道冲洗	6	16＋17＋36
7	031001002001	钢管 DN50，排水系统，焊接连接，刷一丹二银	7	15＋16＋17
8	031001005001	承插铸铁管 DN100，排水系统，水泥接口，埋地，刷二遍沥青漆	8	18＋19
9	031001005002	承插铸铁管 DN75，排水系统，水泥接门，埋地，刷二遍沥青漆	9	18＋19
10	031001005003	承插铸铁管 DN50，排水系统，水泥接，埋地，刷二遍沥青漆	10	18＋19
11	031001005004	承插铸铁管 DN100，排水系统，水泥接口，刷一丹二银	11	15＋16＋17
12	031001005005	承插铸铁管 DN75，排水系统，水泥接口，刷一丹二银	12	15＋16＋17
13	031001005006	承插铸铁管 DN50，排水系统，水泥接口，刷一丹二银	13	15＋16＋17
14	031002001001	管道支架制作安装，手工：除轻锈，刷一丹二银	14	20＋21＋22＋23
15	010101007001	管沟土方，给排水管道土方，挖沟平均深度0.85m，原土凹填	34＋35	无
16	031004006001	大便器，蹲式，普通阀门冲洗	24	无
17	031004006002	大便器，蹲式，瓷高水箱，钢管镶接	25	无
18	031004014001	地漏 DN50	26	无
19	031004014002	扫除口 DN100，铜盖	27	无
20	031004014003	排水栓，带存水弯，DN20	28	无
21	031003013001	水表，焊接法兰水表 DN50，带旁通管及止回阀	29	无
22	031003001001	螺纹阀门 DN40，铁壳铜杆铜芯	30	无
23	031003001002	螺纹阀门 DN25，铁壳铜杆铜芯	31	无
24	031004014004	水龙头 DN15，铁长脖	32	无
25	031004014005	水龙头 DN20，铁壳碳钢杆尼龙芯	33	无

分部分项工程量清单计价表

表 3-102

工程名称：某工程给排水

第　　页　共　　页

序号	项目编码	项目名称	计量单位	工程数量	综合单价	合价
1	031001001001	镀锌钢管 DN50，给水系统，螺纹连接，埋地，管道冲洗	m	2.52	47.29	119.18
2	031001001002	镀锌钢管 DN40，给水系统，螺纹连接，埋地，管道冲洗	m	7.16	41.54	297.40
3	031001001003	镀锌钢管 DN40，给水系统，螺纹连接，刷两遍银粉漆，管道冲洗	m	2.5	42.17	105.43
4	031001001004	镀锌钢管 DN32，给水系统，螺纹连接，刷两遍银粉漆，管道冲洗	m	13.2	38.73	511.22
5	031001001005	镀锌钢管 DN25，给水系统，螺纹连接，刷两遍银粉漆，管道冲洗	m	31.15	33.65	1048.05
6	031001001006	镀锌钢管 DN20，给水系统，螺纹连接，刷两遍银粉漆，管道冲洗	m	15.96	29.03	463.35
7	031001002001	钢管 DN50，排水系统，焊接连接，刷一丹二银	m	3.84	38.87	149.26
8	031001005001	承插铸铁管 DN100，排水系统，水泥接口，埋地，刷两遍沥青漆	m	13.34	75.81	1011.29
9	031001005002	承插铸铁管 DN75，排水系统，水泥接口，埋地，刷两遍沥青漆	m	5.25	56.55	296.87
10	031001005003	承插铸铁管 DN50，排水系统，水泥接口，埋地，刷两遍沥青漆	m	4.13	31.97	132.02
11	031001005004	承插铸铁管 DN100，排水系统，水泥接口，刷一丹二银	m	43.39	75.29	3266.81
12	031001005005	承插铸铁管 DN75，排水系统，水泥接口，刷一丹二银	m	20.07	55.59	1115.74
13	031001005006	承插铸铁管 DN50，排水系统，水泥接口，刷一丹二银	m	11.78	31.91	375.92
14	031002001001	管道支架制作安装，手工除轻锈，刷一丹二银	m	19.58	16.12	315.73
15	010101007001	管沟土方，给排水管道土方，挖沟平均深度 0.85m，原土回填	m	34.56	14.2	487.16
16	031004006001	大便器，蹲式，普通阀门冲洗	组	15	435.45	6531.74
17	031004006002	大便器，蹲式，瓷高水箱，钢管镶接	组	5	619.31	3096.55
18	031004014001	地漏 DN50	个	4	21.09	84.34
19	031004014002	扫除口 DN100，铜盖	个	4	5.71	22.84
20	031004014003	排水栓，带存水弯，DN50	组	12	22.78	273.36
21	031003013001	水表，焊接法兰水表 DN50，带旁通管及止回阀	组	1	2192.22	2192.22
22	031003001001	螺纹阀门 DN40，铁壳铜杆铜芯	个	2	94.36	188.72

序号	项目编码	项目名称	计量单位	工程数量	综合单价	合价
					金额（元）	
23	031003001002	螺纹阀门 DN25，铁壳铜杆铜芯	个	8	51.59	412.74
24	031004014004	水龙头 DN15，铁长脖	个	16	9.96	159.36
25	031004014005	水龙头 DN20，铁壳碳钢杆尼龙芯	个	4	11.53	46.10

分部分项工程量清单表　　　　　　　　　　　　　表 3-103

工程名称：某工程给排水　　　　　　　　　　　　　　　　第　页　共　页

序号	项目编码	项目名称	定额编号	工程内容	单位	数量	人工费	材料费	机械费	管理费	利润	综合单价	合价
								其中（元）					
1	031001001001	镀锌钢管 DN50			m	2.52						47.29	119.18
			8-92	镀锌钢骨 DN50	10m	0.25	62.23	45.04	2.86	37.44	5.51		156.39 ×0.25
				镀锌钢管 DN50	m	2.57	—	21.7	—	7.38	1.74		30.82 ×2.57
			8-230	给水管道冲洗、消毒	100m	0.03	12.07	8.42	—	6.97	1.64		29.1 ×0.03
2	031001001002	镀锌钢管 DN40			m	7.16						41.54	297.40
			8-91	镀锌钢管 DN40	10m	0.72	60.84	31.38	1.03	31.71	7.46		132.42 ×0.72
				镀锌钢管 DN40	m	7.3	—	19.3	—	6.56	1.54		27.4 ×7.3
			8-230	给水管道冲洗，消毒	100m	0.07	12.07	8.42	—	6.97	1.64		29.1 ×0.07
3	031001001003	镀锌钢管 DN40			m	2.5						42.17	105.43
			8-91	镀锌钢竹 DN40	10m	0.25	60.84	31.38	1.03	31.71	7.46		132.42 ×0.25
				镀锌钢竹 DN40	m	2.55	—	19.3	—	6.56	1.54		27.4 ×2.55
			8-230	给水竹道冲洗、消毒	100m	0.03	12.07	8.42	—	6.97	1.64		29.1 ×0.03
			11-56＋11-57	管道刷银粉漆网遍	10m²	0.04	12.77	9.18	—	7.46	1.76		31.17 ×0.04
				酚醛清漆芥色	kg	0.03	—	7.8	—	2.65	0.62		11.07 ×0.03
4	031001001004	镀锌钢管 DN32			m	13.2						38.73	511.22

序号	项目编码	项目名称	定额编号	工程内容	单位	数量	人工费	材料费	机械费	管理费	利润	综合单价	合价
										其中（元）			
			8-90	镀锌钢管 DN32	10m	1.32	51.08	33.45	1.03	29.09	6.84		121.49 ×1.32
				镀锌钢管 DN32	m	13.46	—	17.8		6.05	1.42		25.27 ×13.46
			8-230	给水管道冲洗、消毒	100m	0.13	12.07	8.42	—	6.97	1.64		29.1 ×0.13
			11-56＋11-57	管道刷银粉漆两遍	10m²	0.18	12.77	9.18		7.46	1.76		31.17 ×0.18
				酚醛清漆各色	kg	0.12	—	7.8		2.65	0.62		11.07 ×0.12
5	031001001005	镀锌钢管 DN25			m	31.15						33.65	1048.05
			8-89	镀锌钢管 DN25	10m	3.12	51.08	30.80	1.03	28.19	6.63		117.73 ×3.12
				镀锌钢管 DN25	m	31.77	—	4.96		4.96	1.17		20.73 ×31.77
			8-230	给水管道冲洗，消毒	100m	0.32	12.07	8.42	—	6.97	1.64		29.1 ×0.32
			11-56＋	管道刷银粉漆两遍	10m²	0.33	12.77	9.18	—	7.46	1.76		31.17 ×0.33
				酚醛清漆各色	kg	0.23	—	7.8		2.65	0.62		11.07 ×0.23
6	031001001006	镀锌钢管 DN20			m	15.96						29.03	463.35
			8-88	镀锌钢管 DN20	10m	1.60	42.49	24.23	—	22.68	5.34		94.74 ×1.60
				镀锌钢管 DN20	m	16.24	—	13.1		4.45	1.05		18.6 ×16.24
			8-230	给水管道冲洗，消毒	100m	0.16	12.07	8.42	—	6.97	1.64		29.1 ×0.16
			11-56＋11-57	管道刷银粉漆两遍	10m²	0.13	12.77	9.18		7.46	1.76		31.17 ×0.13
				酚醛清漆各色	kg	0.09	—	7.8		2.65	0.62		11.07 ×0.01
7	031001002001	钢管 DN50			m	3.84						38.87	149.26
			8-111	钢管 DN50（焊接）	10m	0.38	46.21	11.10	6.37	21.65	5.09		90.42 ×0.38

续表

序号	项目编码	项目名称	定额编号	工程内容	单位	数量	人工费	材料费	机械费	管理费	利润	综合单价	合价
				钢管 DN50	m	3.92	—	19.84	—	6.75	1.59		28.18 ×3.92
			11-51	刷一遍红丹防锈漆	10m²	0.07	6.27	1.07	—	2.5	0.59		10.43 ×0.07
				醇酸防锈漆	kg	0.10	—	6.8		2.31	0.54		9.65 ×0.10
			11-56＋11—57	管道刷银粉漆两遍	10m²	0.07	12.77	9.18		7.46	1.76		31.17 ×0.09
				酚醛清漆各色	kg	0.05		7.8		2.65	0.62		11.07 ×0.05
8	031001005001	承插铸铁管 DN100			m	13.34						75.81	1011.29
			8-146	铸铁管安装 DN100	10m	1.33	80.34	277.05	—	121.51	28.59		507.49 ×1.33
				铸铁管 DN100	m	11.84	—	17.46	—	5.94	1.40		24.8 ×11.84
			11-66＋11-67	管道刷沥青漆两遍	10m²	0.5	12.77	2.91	—	5.33	1.25		22.26 ×0.5
				煤焦油沥青漆	kg	2.68	—	8.3		2.82	0.66		11.78 ×2.68
9	031001005002	承插铸铁管 DN75			m	5.25						56.55	296.87
			8-145	承插铸铁管安装 DN75	10m	0.53	62.23	186.95	—	84.72	19.93		353.82 ×0.53
				承插铸铁管 DN75	m	4.93	—	13.8		4.69	1.10		19.59 ×4.93
			11-66＋11-67	管道刷沥青漆两遍	10m²	0.15	12.77	2.91	—	5.33	1.25		22.26 ×0.15
				煤焦油沥青漆	kg	0.80	—	8.3		2.82	0.66		11.78 ×0.80
10	031001005003	承插铸铁骨 DN50			m	4.13						31.97	132.02
			8-144	承插铸铁管安装 DN50	10m	0.41	52.01	81.40	—	45.36	10.67		189.44 ×0.41
				承插铸铁管 DN50	m	3.61	—	9.27	—	3.15	0.74		13.16 ×3.61
			11-66＋11-67	管道刷沥青漆两遍	10m²	0.08	12.77	2.91	—	5.33	1.25		22.26 ×0.08

序号	项目编码	项目名称	定额编号	工程内容	单位	数量	其中（元）					综合单价	合价
							人工费	材料费	机械费	管理费	利润		
				煤焦油沥青漆	kg	0.43	—	8.3	—	2.82	0.66		11.78×0.43
11	031001005004	承插铸铁管 DN100			m	43.39						75.29	3266.81
			8-146	承插铸铁管安装 DN100	10m	4.34	80.34	277.05	—	12.51	28.59		507.49×4.34
				承插铸铁管 DN100	m	38.63	—	17.46	—	5.94	1.40		24.8×38.63
			11-198	刷一遍红丹防锈漆	10m²	1.55	7.66	1.19	—	3.01	0.71		12.57×1.55
				醇酸防锈漆	kg	1.63	—	6.8	—	2.31	0.54		9.65×1.63
			1-200+11-201	刷银粉漆两遍	10m²	1.55	15.55	10.05	—	8.70	2.05		36.35×1.55
				酚醛清漆各色	kg	1.33	—	7.8	—	2.65	0.62		11.07×1.33
12	031001005005	承插铸铁管 DN75			m	20.07						55.59	1115.74
			8-145	承插铸铁管安装 DN75	10m	2.01	62.23	186.95	—	84.72	19.93		353.83×2.01
				承插铸铁管 DN75	m	18.69	—	13.8	—	4.69	1.10		19.59×18.69
			11-198	刷一遍红丹防锈漆	10m²	0.56	7.66	1.19	—	3.01	0.71		12.57×0.56
				醇酸防锈漆	kg	0.59	—	6.8	—	2.31	0.54		9.65×0.59
			1-200+1-201	刷银粉漆两遍	10m²	0.56	15.55	10.05	—	8.7	2.05		36.35×0.56
				酚醛清漆各色	kg	0.48	—	7.8	—	2.65	0.62		11.07×0.48
13	031001005006	承插铸铁管 DN50			m	11.78						31.91	375.92
			8-144	承插铸铁管安装 DN50	10m	1.18	52.01	81.40	—	45.36	10.67		189.44×1.18
				承插铸铁管 DN50	m	10.38	—	9.27	—	3.15	0.74		13.16×10.38

续表

序号	项目编码	项目名称	定额编号	工程内容	单位	数量	人工费	材料费	机械费	管理费	利润	综合单价	合价
							其中（元）						
			11-198	刷一遍红丹防锈漆	10m²	0.23	7.66	1.19	—	3.01	0.71		12.57×0.23
				醇酸防锈漆	kg	0.24	—	6.8	—	2.31	0.54		9.65×0.24
			1-200＋11-291	刷银粉漆两遍	10m²	0.23	15.55	10.05	—	8.7	2.05		36.35×0.23
				酚醛清漆各色	kg	0.20	—	7.8	—	2.65	0.62		11.07×0.20
14	031002001001	管道支架制作安装			kg	19.58						16.12	315.73
			8-178	一般管道支架制作安装	100kg	0.20	235.45	194.20	224.26	222.33	5231		928.55×0.20
				型钢	kg	20.75	—	3.7	—	1.26	0.30		5.26×20.75
			11-7	金属结构除轻锈	100kg	0.20	7.89	2.50	6.96	5.90	1.39		26.64×0.20
			11-117	刷红丹防锈漆一遍	100kg	0.20	5.34	0.87	6.96	4.48	1.05		18.7×0.20
				醇酸防锈漆	kg	0.23	—	6.8	—	2.31	0.54		9.65×0.23
			11-122	刷银粉漆第一遍	100kg	0.20	5.11	3.93	6.96	5.44	1.28		22.72×0.20
				酚醛清漆各色	kg	0.05	—	7.8	—	2.65	0.62		11.07×0.05
			11-123	刷银粉漆第二遍	100kg	0.20	5.11	3.18	6.96	5.19	1.22		21.66×0.20
				酚醛清漆各色	kg	0.05	—	7.8	—	2.65	0.62		11.07×0.05
15	010101007001	管沟土方			m	34.56						14.20	487.16
			(北京)1-4	管沟上方	m³	19	12.67	—	—	4.31	1.01		17.99×19
			(北京)1-7	回填（夯填）	m³	15	6.1	—	0.72	2.32	0.55		9.69×15
16	031004006001	大便器（蹲式）			组	15						435.45	6531.71
			8-409	蹲便器（普通阀冲洗）	10套	1.5	133.75	599.69	—	249.37	58.68		1041.49×1.5

序号	项目编码	项目名称	定额编号	工程内容	单位	数量	人工费	材料费	机械费	管理费	利润	综合单价	合价
				蹲便器	个	15.15	—	231	—	78.54	18.48		328.02 ×15.15
17	031004006002	大便器（蹲式）			组	5						619.31	3096.55
			8-407	蹲便器（瓷高水箱）	10套	0.5	224.31	809.08	—	351.35	82.67		1167.41 ×0.5
				蹲便器	个	5.05		231	—	78.54	18.48		328.02 ×5.05
				蹲便器高水箱	个	5.05	—	71.2	—	24.21	5.70		101.11 ×5.05
				蹲便器高水箱配件	套	5.05	—	27.3	—	9.28	2.18		38.76 ×5.05
18	031004014001	地漏 DN50			个	4						21.09	84.34
			8-447	地漏 DN50	10个	0.4	37.15	18.73	—	19.00	4.47		79.35 ×0.4
				地漏 DN50	个	10	—	3.7	—	1.26	0.30		5.26 ×4
19	031004014002	扫除口 DN100			个	4						5.71	22.84
			8-453	地面扫除口 DN100	10个	0.4	22.52	1.70	—	8.23	1.94		34.39 ×0.4
				地面扫除口 DN100	个	4	—	1.6	—	0.54	0.13		2.27 ×4
20	031004014003	排水栓 DN50			组	12						22.78	273.36
			8-443	排水栓 DN50	10组	1.2	44.12	77.29	—	41.28	9.71		172.4 ×1.2
				排水栓带链堵	套	12	—	3.9	—	1.33	0.31		5.54 ×12
21	031003013001	水表 DN50			组	1						2192.22	2192.22
			8-3671	焊接法兰水表 DN50	组	1	66.41	1137.14	52.95	427.21	100.52		1784.23 ×1
				焊接法兰水表 DN50	个	1	—	287.3	—	97.78	23.01		407.99 ×1

续表

序号	项目编码	项目名称	定额编号	工程内容	单位	数量	其中（元）					综合单价	合价
							人工费	材料费	机械费	管理费	利润		
22	031003001001	螺纹阀门 DN41			个	2						94.36	188.72
			8-245	螺纹阀门 DN40	个	2	5.80	7.42	—	4.49	1.06		18.77 ×2
				螺纹阀门 DN40	个	2.02	—	52.7	—	17.92	4.22		74.82 ×2.02
23	031003001001	螺纹阀门 DN25			个	8						51.59	412.74
			8-243	螺纹阀门 DN25	个	8	2.79	3.45	—	2.12	0.5		8.86 ×8
				螺纹阀门 DN25	个	8.08	—	29.8	—	10.13	2.38		42.31 ×8.08
24	031004014004	水龙头 DN15			个	16						9.96	159.36
			8-438	水龙头 DN15	10 个	1.6	6.5	0.98	—	2.54	0.60		10.62 ×1.6
				水龙头 DN15	个	16.16	—	6.2	—	2.11	0.50		8.81 ×16.16
25	031004014005	水龙头 DN20			个	4						11.53	46.10
			8-439	水龙头 DN20	10 个	0.4	6.5	0.98	—	2.54	0.60		10.62 ×0.4
				水龙头 DN20	个	4.04	—	7.3	—	2.48	0.58		10.36 ×4.04

二、《通用安装工程工程量计算规范》GB 50856—2013 计算方法（表 3-104～表 3-130）

（套用《全国统一安装工程预算定额》GYD—208—2000，人、材、机差价均不作调整）

分部分项工程量清单与计价表

表 3-104

工程名称：　　　　　　　　　标段：　　　　　第　页　共　页

序号	项目编码	项目名称	项目特征描述	计量单位	工程量	金额（元）		
						综合单价	合价	其中暂估价
			A.1 土（石）方工程					
1	010101007001	管沟土方	给排水管道土方，挖沟平均深度 0.85m，原土回填	m	34.56	13.62	470.71	
			分部小计				470.71	

续表

序号	项目编码	项目名称	项目特征描述	计量单位	工程量	金额（元）		
						综合单价	合价	其中暂估价
			C.8 给排水、采暖、燃气工程					
2	031001001001	镀锌钢管	DN50，给水系统，螺纹连接，埋地管道冲洗	m	2.52	47.18	118.89	
3	031001001002	镀锌钢管	DN40，给水系统，螺纹连接，埋地管道冲洗	m	7.16	42.64	305.30	
4	031001001003	镀锌钢管	DN40，给水系统，螺纹连接，刷两遍银粉漆，管道冲洗	m	2.50	43.61	109.03	
5	031001001004	镀锌钢管	DN32，给水系统，螺纹连接，刷两遍银粉漆，管道冲洗	m	13.20	39.02	515.06	
6	031001001005	镀锌钢管	DN25，给水系统，螺纹连接，刷两遍银粉漆，管道冲洗	m	31.15	35.29	1099.28	
7	031001001006	镀锌钢管	DN20，给水系统，螺纹连接，刷两遍银粉漆，管道冲洗	m	15.96	30.08	480.08	
8	031001002001	钢管	DN50，排水系统，焊接连接，刷一丹二银	m	3.84	38.10	146.30	
9	03100105001	承插铸铁管	DN100，排水系统，水泥接口，埋地，刷两遍沥青漆	m	13.34	71.88	958.88	
10	031001005002	承插铸铁管	DN75，排水系统，水泥接口，埋地，刷两遍沥青漆	m	5.25	53.66	281.72	
11	031001005003	承插铸铁管	DN50，排水系统，水泥接口，埋地，刷两遍沥青漆	m	4.13	34.40	142.07	
12	031001005004	承插铸铁管	DN100，排水系统，水泥接口，刷一丹二银	m	43.39	72.10	3128.42	
13	031001005005	承插铸铁管	DN75，排水系统，水泥接口，刷一丹二银	m	20.07	53.88	1081.37	
			本页小计				8837.11	
			合　计				8837.11	

注：根据建设部、财政部发布的《建筑安装工程费用组成》（建标〔2003〕206号）的规定，为计取规费等的使用。可在表中增设其中："直接费"、"人工费"或"人工费＋机械费"。

分部分项工程量清单与计价表

表 3-105

工程名称：　　　　　　　　　　　　标段：　　　　　　　　第　页　共　页

序号	项目编码	项目名称	项目特征描述	计量单位	工程量	金额（元）		
						综合单价	合价	其中暂估价
14	031001005006	承插铸铁管	DN50，排水系统，水泥接口，刷一丹二银	m	11.78	34.60	407.59	
15	031002001001	管道支架制作安装	手工除轻锈，刷一丹二银	m	19.58	16.86	330.12	
16	031004006001	大便器	蹲式，普通阀门冲洗	组	15	335.47	5032.05	
17	031004006002	大便器	蹲式，瓷高水箱钢管镶接	组	5	484.45	2422.25	
18	031004014001	地漏	DN50	个	4	17.29	69.16	
19	031004014002	地面扫除口	DN100，铜盖	个	4	8.87	35.48	
20	031004014003	排水栓	带存水弯，DN50	组	12	25.54	306.48	
21	031003013001	水表	焊接法兰水表 DN50，带旁通管及止回阀	组	1	1686.85	1686.85	
22	031003001001	螺纹阀门	DN40，铁壳铜杆铜芯	个	2	78.94	157.88	
23	031003001002	螺纹阀门	DN25，铁壳铜杆铜芯	个	8	42.35	338.80	
24	031004014004	水龙头	DN15，铁长脖	个	16	8.41	134.56	
25	031004014005	水龙头	DN20，铁壳碳钢杆尼龙芯	个	4	9.52	38.08	
			分部小计				19325.70	
			本页小计				10959.30	
			合　计				10959.30	

注：根据建设部、财政部发布的《建筑安装工程费用组成》（建标［2003］206 号）的规定，为计取规费等的使用。可在表中增设其中："直接费"、"人工费"或"人工费＋机械费"。

工程量清单综合单价分析表

表 3-106

工程名称：　　　　　　　　　　　标段：　　　　　　　　　第　页　共　页

| 项目编码 | 010101007001 | | 项目名称 | | | 管沟土方 | | 计量单位 | | | m |

清单综合单价组成明细

定额编号	定额名称	定额单位	数量	单价				合价			
				人工费	材料费	机械费	管理费和利润	人工费	材料费	机械费	管理费和利润
1-4	管沟土方	m³	0.55	12.67	—		5.32	6.97	—		2.93
1-7	回填（分填）	m³	0.43	6.10	—		2.56	2.62	—		1.10
人工单价			小　计					9.59	—		4.03
23.46 元/工日			未计价材料费					13.62			
清单项目综合单价								13.62			

材料费明细	主要材料名称、规格、型号	单位	数量	单价（元）	合价（元）	暂估单价(元)	暂估合价(元)
	其他材料费				—		—
	材料费小计				—		—

注：1. "数量"栏为"投标方（定额）工程量÷招标方（清单）工程量÷定额单位数量"，如"0.55"为"19÷34.56"；

2. 管理费费率为 34%，利润率为 8%，均以人工费为基数。

工程量清单综合单价分析表

表 3-107

工程名称：　　　　　　　　　　　标段：　　　　　　　　　第　页　共　页

| 项目编码 | 031001001001 | | 项目名称 | | | 镀锌钢管 | | 计量单位 | | | m |

清单综合单价组成明细

定额编号	定额名称	定额单位	数量	单价				合价			
				人工费	材料费	机械费	管理费和利润	人工费	材料费	机械费	管理费和利润
8-92	镀锌钢管 DN50	10m	0.1	62.23	46.84	2.86	134.04	6.22	4.68	0.29	13.40
8-230	管道消毒冲洗 DN50	100m	0.01	12.07	8.42	—	26.00	0.12	0.08		0.26
人工单价			小　计					6.34	4.76	0.29	13.66
23.22 元/(工日)			未计价材料费					22.13			
清单项目综合单价								47.18			

材料费明细	主要材料名称、规格、型号	单位	数量	单价（元）	合价（元）	暂估单价(元)	暂估合价(元)
	镀锌钢管 DN50	m	1.02	21.70	22.13		
	其他材料费				—		—
	材料费小计				—	22.13	—

注：1. "数量"栏为"投标方（定额）工程量÷招标方（清单）工程量÷定额单位数量"，如"0.1"为"0.25÷2.52"；

2. 管理费费率为 155.4%，利润率为 60%，均以人工费为基数。

工程量清单综合单价分析表 表 3-108

工程名称：　　　　　　　　　　　标段：　　　　　　第 页 共 页

项目编码	031001001002	项目名称	镀锌钢管	计量单位	m

清单综合单价组成明细

定额编号	定额名称	定额单位	数量	单价				合价			
				人工费	材料费	机械费	管理费和利润	人工费	材料费	机械费	管理费和利润
8-91	镀锌钢管 DN40	10m	0.1	60.84	31.98	1.03	131.05	6.08	3.20	0.10	13.11
8-230	管道消毒冲洗 DN50	100m	0.01	12.07	8.42	—	26.00	0.12	0.08	—	0.26
人工单价			小　计					6.20	3.28	0.10	13.37
23.22 元/(工日)			未计价材料费					19.69			
清单项目综合单价								42.64			

材料费明细	主要材料名称、规格、型号		单位	数量	单价（元）	合价（元）	暂估单价(元)	暂估合价(元)
	镀锌钢管 DN40		m	1.02	19.30	19.69		
	其他材料费				—		—	
	材料费小计				—	19.69	—	

注：1. "数量"栏为"投标方(定额)工程量÷招标方(清单)工程量÷定额单位数量"，如"0.10"为"0.72÷7.16"；
　　2. 管理费费率为 155.4%，利润率为 60%，均以人工费为基数。

工程量清单综合单价分析表 表 3-109

工程名称：　　　　　　　　　　　标段：　　　　　　第 页 共 页

项目编码	031001001003	项目名称	镀锌钢管	计量单位	m

清单综合单价组成明细

定额编号	定额名称	定额单位	数量	单价				合价			
				人工费	材料费	机械费	管理费和利润	人工费	材料费	机械费	管理费和利润
8-91	镀锌钢管 DN40	10m	0.1	60.84	31.98	1.03	131.05	6.08	3.20	0.10	13.11
8-230	管道消毒冲洗 DN50	100m	0.012	12.07	8.42	—	26.00	0.14	0.10	—	0.31
11-56	管道刷银粉漆第一遍	10m²	0.016	6.50	4.81	—	14.00	0.10	0.08	—	0.22
11-57	管道刷银粉漆第二遍	10m²	0.016	6.27	4.37	—	13.51	0.10	0.07	—	0.22
人工单价			小　计					6.42	3.45	0.10	13.86
23.22 元/(工日)			未计价材料费					19.78			
清单项目综合单价								43.61			

续表

材料费明细	主要材料名称、规格、型号	单位	数量	单价(元)	合价(元)	暂估单价(元)	暂估合价(元)
	镀锌钢管 DN40	m	1.02	19.30	19.69		
	酚醛清漆各色	kg	0.01104	7.80	0.09		
	其他材料费				—		—
	材料费小计				19.78		—

注：1. "数量"栏为"投标方(定额)工程量÷招标方(清单)工程量÷定额单位数量"，如"0.012"为"0.03÷2.5"；

2. 管理费费率为155.4%，利润率为60%，均以人工费为基数。

工程量清单综合单价分析表   表 3-110

工程名称：　　　　　　　　　标段：　　　　　　第　页　共　页

项目编码	031001001004	项目名称	镀锌钢管	计量单位	m

清单综合单价组成明细

定额编号	定额名称	定额单位	数量	单价				合价			
				人工费	材料费	机械费	管理费和利润	人工费	材料费	机械费	管理费和利润
8-90	镀锌钢管 DN32	10m	0.1	51.08	34.05	1.03	110.03	5.11	3.41	0.10	11.00
8-230	钢道消毒冲洗 DN50	100m	0.01	12.07	8.42		26.00	0.12	0.08		0.26
11-56	管道刷银粉漆第一遍	10m²	0.014	6.50	4.81		14.00	0.09	0.07		0.20
11-57	管道刷银粉漆第二遍	10m²	0.014	6.27	4.37		13.51	0.09	0.06		0.19
人工单价		小　计						5.41	3.62	0.10	11.65
23.22 元/(工日)		未计价材料费						18.24			
清单项目综合单价								39.02			

材料费明细	主要材料名称、规格、型号	单位	数量	单价(元)	合价(元)	暂估单价(元)	暂估合价(元)
	镀锌钢管 DN32	m	1.02	17.80	18.16		
	酚醛清漆各色	kg	0.00966	7.80	0.08		
	其他材料费				—		—
	材料费小计				18.24		—

注：1. "数量"栏为"投标方(定额)工程量÷招标方(清单)工程量÷定额单位数量"，如"0.014"为"0.18÷13.2"；

2. 管理费费率为155.4%，利润率为60%，均以人工费为基数。

工程量清单综合单价分析表　　　　表 3-111

| 工程名称： | | | | | 标段： | | | 第　　页　共　　页 | | | |

| 项目编码 | 031001001005 | | 项目名称 | | | 镀锌钢管 | | 计量单位 | | m | |

清单综合单价组成明细

定额编号	定额名称	定额单位	数量	单价				合价			
				人工费	材料费	机械费	管理费和利润	人工费	材料费	机械费	管理费和利润
8-89	镀锌钢管 DN25	10m	0.1	51.08	31.40	1.03	110.03	5.11	3.14	0.10	11.00
8-230	管道消毒冲洗 DN50	100m	0.01	12.07	8.42	—	26.00	0.12	0.08	—	0.26
11-56	管道刷银粉漆第一遍	10m²	0.0106	6.50	4.81	—	14.00	0.07	0.05	—	0.15
11-57	管道刷银粉漆第二遍	10m²	0.0106	6.27	4.37	—	13.51	0.07	0.05	—	0.14
人工单价			小　计					5.37	3.32	0.10	11.55
23.22 元/工日			未计价材料费					14.95			
清单项目综合单价								35.29			

材料费明细	主要材料名称、规格、型号		单位	数量	单价（元）	合价（元）	暂估单价（元）	暂估合价（元）
	镀锌钢管 DN25		m	1.02	14.60	14.89		
	酚醛清漆各色		kg	0.0073	7.80	0.06		
	其他材料费				—			
	材料费小计				—	14.95		

注：1. "数量"栏为"投标方（定额）工程量÷招标方（清单）工程量÷定额单位数量"，如"0.0106"为"0.33÷31.15"；

　　2. 管理费费率为 155.4%，利润率为 60%，均以人工费为基数。

工程量清单综合单价分析表　　　　表 3-112

| 工程名称： | | | | | 标段： | | | 第　　页　共　　页 | | | |

| 项目编码 | 031001001006 | | 项目名称 | | | 镀锌钢管 | | 计量单位 | | m | |

清单综合单价组成明细

定额编号	定额名称	定额单位	数量	单价				合价			
				人工费	材料费	机械费	管理费和利润	人工费	材料费	机械费	管理费和利润
8-88	镀锌钢管 DN20	10m	0.1	42.49	24.23	—	91.52	4.25	2.42	—	9.15
8-230	管道消毒冲洗 DN50	100m	0.01	12.07	8.42	—	26.00	0.12	0.08	—	0.26
11-56	管道刷银粉漆第一遍	10m²	0.0081	6.50	4.81	—	14.00	0.05	0.04	—	0.11
11-57	管道刷银粉漆第二遍	10m²	0.0081	6.27	4.37	—	13.51	0.05	0.04	—	0.11
人工单价			小　计					4.47	2.58	—	9.63
23.22 元/工日			未计价材料费					13.40			
清单项目综合单价								30.08			

续表

	主要材料名称、规格、型号	单位	数量	单价（元）	合价（元）	暂估单价（元）	暂估合价（元）
材料费明细	镀锌钢管 DN20	m	1.02	13.10	13.36		
	酚醛清漆各色	kg	0.0056	7.80	0.04		
	其他材料费				—		
	材料费小计			—	13.40	—	

注：1."数量"栏为"投标方（定额）工程量÷招标方（清单）工程量÷定额单位数量"如"0.0081"，为"0.13÷15.96"；

2.管理费费率为155.4%，利润率为60%，均以人工费为基数。

工程量清单综合单价分析表 表 3-113

工程名称：　　　　　　　　　　　标段：　　　　　　　　第　页　　共　页

项目编码	031001002001		项目名称	钢管		计量单位		m

清单综合单价组成明细

定额编号	定额名称	定额单位	数量	单价				合价			
				人工费	材料费	机械费	管理费和利润	人工费	材料费	机械费	管理费和利润
8-111	钢管 DN50（焊接）	10m	0.1	46.21	11.10	6.37	99.54	4.62	1.11	0.64	9.95
11-51	刷红丹防锈漆一遍	10m²	0.018	6.27	1.07	—	13.51	0.11	0.02	—	0.24
11-56	管道刷银粉漆第一遍	10m²	0.018	6.50	4.81	—	14.00	0.12	0.09	—	0.25
11-57	管道刷银粉漆第二遍	10m²	0.018	6.27	4.37	—	13.51	0.11	0.08	—	0.24
人工单价		小　计						4.96	1.30	0.64	10.68
23.22 元/工日		未计价材料费						20.52			
		清单项目综合单价						38.10			

	主要材料名称、规格、型号	单位	数量	单价（元）	合价（元）	暂估单价（元）	暂估合价（元）
材料费明细	焊接钢管 DN50	m	1.02	19.84	20.24		
	醇酸防锈漆 G53-1	kg	0.02646	6.80	0.18		
	酚醛清漆各色	kg	0.01242	7.80	0.10		
	其他材料费				—		—
	材料费小计			—	20.52		—

注：1."数量"栏为"投标方（定额）工程量÷招标方（清单）工程量÷定额单位数量"，如"0.018"为"0.07÷3.84"

2.管理费费率为155.4%，利润率为60%，均以人工费为基数。

工程量清单综合单价分析表

表 3-114

工程名称：　　　　　　　　　标段：　　　　　　第　页　共　页

| 项目编码 | 031001005001 | | 项目名称 | | 承插铸铁管 | 计量单位 | | m | |

清单综合单价组成明细

定额编号	定额名称	定额单位	数量	单价				合价			
				人工费	材料费	机械费	管理费和利润	人工费	材料费	机械费	管理费和利润
8-146	铸铁管安装 DN100	10m	0.1	80.34	277.05	—	173.05	8.03	27.71	—	17.31
11-66	管道刷沥青漆第一遍	10m²	0.0375	6.50	1.54	—	14.00	0.24	0.06	—	0.53
11-67	管道刷沥青漆第二遍	10m²	0.0375	6.27	1.37	—	13.51	0.24	0.05	—	0.51
人工单价		小　计						8.51	27.82	—	18.35
23.22 元/工日		未计价材料费						17.20			
清单项目综合单价								71.88			

材料费明细	主要材料名称、规格、型号	单位	数量	单价（元）	合价（元）	暂估单价（元）	暂估合价（元）
	承插铸铁排水管 DN100	m	0.89	17.46	15.54		
	煤焦油沥青漆 L01-17	kg	0.2006	8.30	1.66		
	其他材料费			—		—	
	材料费小计			—	17.20		

注：1. "数量"栏为"投标方（定额）工程量÷招标方（清单）工程量÷定额单位数量"，如"0.0375"为"0.5÷13.34"；

　　2. 管理费费率为 155.4%，利润率为 60%，均以人工费为基数。

工程量清单综合单价分析表

表 3-115

工程名称：　　　　　　　　　标段：　　　　　　第　页　共　页

| 项目编码 | 031001005002 | | 项目名称 | | 承插铸铁管 | 计量单位 | | m | |

清单综合单价组成明细

定额编号	定额名称	定额单位	数量	单价				合价			
				人工费	材料费	机械费	管理费和利润	人工费	材料费	机械费	管理费和利润
8-145	承插铸铁管安装 DN75	10m	0.1	62.23	186.95	—	134.04	6.22	18.70	—	13.40
11-66	管道刷沥青漆第一遍	10m²	0.02857	6.50	1.54	—	14.00	0.19	0.04	—	0.40
11-67	管道刷沥青漆第二遍	10m²	0.02857	6.27	1.37	—	13.51	0.18	0.04	—	0.39
人工单价		小　计						6.59	18.78	—	14.19
23.22 元/工日		未计价材料费						14.10			
清单项目综合单价								53.66			

续表

	主要材料名称、规格、型号	单位	数量	单价（元）	合价（元）	暂估单价（元）	暂估合价（元）
材料费明细	承插铸铁排水管 DN75	m	0.93	13.80	12.83		
	煤焦油沥青漆	kg	0.1528	8.30	1.27		
	其他材料费			—		—	
	材料费小计			—	14.10	—	

注：1. "数量"栏为"投标方（定额）工程量÷招标方（清单）工程量÷定额单位数量"，如"0.02857"为"0.15÷5.25"；

2. 管理费费率为 155.4%，利润率为 60%，均以人工费为基数。

工程量清单综合单价分析表

表 3-116

工程名称：　　　　　　　　　　标段：　　　　　　第　页　共　页

项目编码	031001005003		项目名称		承插铸铁管	计量单位		m

清单综合单价组成明细

定额编号	定额名称	定额单位	数量	单价				合价			
				人工费	材料费	机械费	管理费和利润	人工费	材料费	机械费	管理费和利润
8-144	承插铸铁管安装 DN50	10m	0.1	52.01	81.40	—	112.03	5.20	8.14	—	11.20
11-66	管道刷沥青漆第一遍	10m²	0.01937	6.50	1.54	—	14.00	0.13	0.03	—	0.27
11-67	管道刷沥青漆第二遍	10m²	0.01937	6.27	1.37	—	13.51	0.12	0.03	—	0.26
人工单价		小　计						5.45	8.20	—	11.73
23.22 元/工日		未计价材料费						9.02			
清单项目综合单价								34.40			

	主要材料名称、规格、型号	单位	数量	单价（元）	合价（元）	暂估单价（元）	暂估合价（元）
材料费明细	承插铸铁排水管 DN50	m	0.88	9.27	8.16		
	煤焦油沥青漆	kg	0.1036	8.30	0.86		
	其他材料费			—		—	
	材料费小计			—	9.02	—	

注：1. "数量"栏为"投标方（定额）工程量÷招标方（清单）工程量÷定额单位数量"，如"0.01937"为"0.08÷4.13"；

2. 管理费费率为 155.4%，利润率为 60%，均以人工费为基数。

工程量清单综合单价分析表

表 3-117

工程名称：　　　　　　　　　　标段：　　　　　　　第　页　共　页

项目编码		031001005004		项目名称			承插铸铁管		计量单位		m

清单综合单价组成明细

定额编号	定额名称	定额单位	数量	单价				合价			
				人工费	材料费	机械费	管理费和利润	人工费	材料费	机械费	管理费和利润
8-146	承插铸铁管安装 DN100	10m	0.1	80.34	277.05	—	173.05	8.03	27.71	—	17.31
11-198	刷一遍红丹防锈漆	10m²	0.03572	7.66	1.19	—	16.50	0.27	0.04	—	0.59
11-200	刷银粉漆第一遍	10m²	0.03572	7.89	5.34	—	17.00	0.28	0.19	—	0.61
11-201	刷银粉漆第二遍	10m²	0.03572	7.66	4.71	—	16.50	0.27	0.17	—	0.59
人工单价		小　计						8.85	28.11	—	19.10
23.22 元/工日		未计价材料费						16.04			
清单项目综合单价								72.10			

	主要材料名称、规格、型号	单位	数量	单价（元）	合价（元）	暂估单价（元）	暂估合价（元）
材料费明细	承插铸铁排水管 DN100	m	0.89	17.46	15.54		
	醇酸防锈漆	kg	0.03751	6.80	0.26		
	酚醛清漆各色	kg	0.03072	7.80	0.24		
	其他材料费			—		—	
	材料费小计			—	16.04		

注：1. "数量"栏为"投标方（定额）工程量÷招标方（清单）工程量÷定额单位数量"，如"0.03572"为"1.55 ÷43.39"；
　　2. 管理费费率为 155.4%，利润率为 60%，均以人工费为基数。

工程量清单综合单价分析表

表 3-118

工程名称：　　　　　　　　　　标段：　　　　　　　第　页　共　页

项目编码		031001005005		项目名称			承插铸铁管		计量单位		m

清单综合单价组成明细

定额编号	定额名称	定额单位	数量	单价				合价			
				人工费	材料费	机械费	管理费和利润	人工费	材料费	机械费	管理费和利润
8-145	承插铸铁管安装 DN75	10m	0.1	62.23	186.95	—	134.04	6.22	18.70	—	13.40
11-198	刷一遍红丹防锈漆	10m²	0.0279	7.66	1.19	—	16.50	0.21	0.03	—	0.46
11-200	刷银粉漆第一遍	10m²	0.0279	7.89	5.34	—	17.00	0.22	0.15	—	0.47
11-201	刷银粉漆第二遍	10m²	0.0279	7.66	4.71	—	16.50	0.21	0.13	—	14.79
人工单价		小　计						6.86	19.01	—	14.79
23.22 元/工日		未计价材料费						13.22			
清单项目综合单价								53.88			

续表

	主要材料名称、规格、型号	单位	数量	单价（元）	合价（元）	暂估单价（元）	暂估合价（元）
材料费明细	承插铸铁排水管 DN75	m	0.93	13.80	12.83		
	醇酸防锈漆	kg	0.0293	6.80	0.20		
	酚醛清漆各色	kg	0.024	7.80	0.19		
	其他材料费			—		—	
	材料费小计			—	13.22	—	

注：1. "数量"栏为"投标方（定额）工程量÷招标方（清单）工程量÷定额单位数量"，如"0.0279"为"0.56÷20.07"；

2. 管理费费率为155.4%，利润率为60%，均以人工费为基数。

工程量清单综合单价分析表 表 3-119

工程名称：　　　　　　　　　标段：　　　　　　第　页　共　页

项目编码	031001005006	项目名称	承插铸铁管	计量单位	m

清单综合单价组成明细

定额编号	定额名称	定额单位	数量	单价				合价			
				人工费	材料费	机械费	管理费和利润	人工费	材料费	机械费	管理费和利润
8-144	承插铸铁管安装 DN50	10m	0.1	52.01	81.40	—	112.03	5.20	8.14	—	11.20
11-198	刷一遍红丹防锈漆	10m²	0.01952	7.66	1.19	—	16.50	0.15	0.02		0.32
11-200	刷银粉漆第一遍	10m²	0.01952	7.89	5.34	—	17.00	0.15	0.10		0.33
11-201	刷银粉漆第二遍	10m²	0.01952	7.66	4.71	—	16.50	0.15	0.09		12.17
人工单价		小　计						5.65	8.35		12.17
23.22元/工日		未计价材料费						8.43			
清单项目综合单价								34.60			

	主要材料名称、规格、型号	单位	数量	单价（元）	合价（元）	暂估单价（元）	暂估合价（元）
材料费明细	承插铸铁排水管 DN50	m	0.88	9.27	8.16		
	醇酸防锈漆	kg	0.0205	6.80	0.14		
	酚醛清漆各色	kg	0.01679	7.80	0.13		
	其他材料费			—		—	
	材料费小计			—	8.43	—	

注：1. "数量"栏为"投标方（定额）工程量÷招标方（清单）工程量÷定额单位数量"，如"0.01952"为"0.23÷11.78"；

2. 管理费费率为155.4%，利润率为60%，均以人工费为基数。

工程量清单综合单价分析表

表 3-120

工程名称：　　　　　　　　　　标段：　　　　　第　　页　共　　页

项目编码	031002001001	项目名称	管道支架制作安装	计量单位	kg

清单综合单价组成明细

定额编号	定额名称	定额单位	数量	单价				合价			
				人工费	材料费	机械费	管理费和利润	人工费	材料费	机械费	管理费和利润
8-178	一般管道支架制作安装	100kg	0.01	235.45	194.98	224.26	507.16	2.35	1.95	2.24	5.07
11-7	金属结构除轻锈	100kg	0.01	7.89	2.50	6.96	17.00	0.08	0.03	0.07	0.17
11-117	刷红丹防锈漆一遍	100kg	0.01	5.34	0.87	6.96	11.50	0.05	0.09	0.07	0.12
11-122	刷银粉漆第一遍	100kg	0.01	5.11	3.93	6.96	11.01	0.05	0.04	0.07	0.11
11-123	刷银粉漆第二遍	100kg	0.01	5.11	3.18	6.96	11.01	0.05	0.03	0.07	0.11
人工单价		小　计						2.58	2.14	2.52	5.58
23.22 元/工日		未计价材料费						4.04			
清单项目综合单价								16.86			

材料费明细	主要材料名称、规格、型号	单位	数量	单价（元）	合价（元）	暂估单价（元）	暂估合价（元）
	型钢	kg	1.06	3.70	3.92		
	醇酸防锈漆	kg	0.0116	6.80	0.08		
	酚醛清漆各色	kg	0.0048	7.80	0.04		
	其他材料费			—		—	
	材料费小计			—	4.04	—	

注：1. "数量"栏为"投标方（定额）工程量÷招标方（清单）工程量÷定额单位数量"，如"0.01"为"0.2÷19.58"；
　　2. 管理费费率为 155.4%，利润率为 60%，均以人工费为基数。

工程量清单综合单价分析表

表 3-121

工程名称：　　　　　　　　　　标段：　　　　　第　　页　共　　页

项目编码	031004006001	项目名称	大便器	计量单位	组

清单综合单价组成明细

定额编号	定额名称	定额单位	数量	单价				合价			
				人工费	材料费	机械费	管理费和利润	人工费	材料费	机械费	管理费和利润
8-409	蹲便器（普通阀冲洗）	10套	0.1	133.75	599.69	—	288.10	13.38	59.97	—	28.81
人工单价		小　计						13.38	59.97	—	28.81
23.22 元/工日		未计价材料费						233.31			
清单项目综合单价								335.47			

续表

	主要材料名称、规格、型号	单位	数量	单价（元）	合价（元）	暂估单价（元）	暂估合价（元）
材料费明细	蹲便器	个	1.01	231.00	233.31		
	其他材料费				—		—
	材料费小计			—	233.31	—	

注：1."数量"栏为"投标方（定额）工程量÷招标方（清单）工程量÷定额单位数量"，如"0.1"为"1.5÷15"；

2. 管理费费率为155.4%，利润率为60%，均以人工费为基数。

工程量清单综合单价分析表

表 3-122

工程名称：　　　　　　　　标段：　　　　　第　页　共　页

项目编码	031004006002	项目名称	大便器	计量单位	组

清单综合单价组成明细

定额编号	定额名称	定额单位	数量	单价				合价			
				人工费	材料费	机械费	管理费和利润	人工费	材料费	机械费	管理费和利润
8-407	蹲便器（瓷高水箱）	10套	0.1	224.31	809.08	—	483.16	22.43	80.91	—	48.32
人工单价		小　计						22.43	80.91	—	48.32
23.22 元/工日		未计价材料费						332.79			
	清单项目综合单价							484.45			

	主要材料名称、规格、型号	单位	数量	单价（元）	合价（元）	暂估单价（元）	暂估合价（元）
材料费明细	蹲便器	个	1.01	231.00	233.31		
	蹲便器高水箱	个	1.01	71.20	71.91		
	蹲便器高水箱配件	套	1.01	27.30	27.57		
	其他材料费				—		—
	材料费小计			—	332.79	—	

注：1."数量"栏为"投标方（定额）工程量÷招标方（清单）工程量÷定额单位数量"，如"0.1"为"0.5÷5"；

2. 管理费费率为155.4%，利润率为60%，均以人工费为基数。

工程量清单综合单价分析表

表 3-123

工程名称：　　　　　　　　　　　　标段：　　　　　　　第　页　共　页

项目编码	031004014001	项目名称	地漏	计量单位	个

清单综合单价组成明细

定额编号	定额名称	定额单位	数量	单价				合价			
				人工费	材料费	机械费	管理费和利润	人工费	材料费	机械费	管理费和利润
8-447	地漏 DN50	10 个	0.1	37.15	18.73	—	80.02	3.72	1.87	—	8.00

人工单价	小　计	3.72	1.87	—	8.00
23.22 元/工日	未计价材料费	3.70			
清单项目综合单价		17.29			

材料费明细	主要材料名称、规格、型号	单位	数量	单价（元）	合价（元）	暂估单价（元）	暂估合价（元）
	地漏 DN50	个	1	3.70	3.70		
	其他材料费			—		—	
	材料费小计			—	3.70	—	

注：1. "数量"栏为"投标方（定额）工程量÷招标方（清单）工程量÷定额单位数量"，如"0.1"为"0.4÷4"；

　　2. 管理费费率为 155.4%，利润率为 60%，均以人工费为基数。

工程量清单综合单价分析表

表 3-124

工程名称：　　　　　　　　　　　　标段：　　　　　　　第　页　共　页

项目编码	031004014002	项目名称	地面扫除口	计量单位	个

清单综合单价组成明细

定额编号	定额名称	定额单位	数量	单价				合价			
				人工费	材料费	机械费	管理费和利润	人工费	材料费	机械费	管理费和利润
8-453	地面扫除门 DN100	10 个	0.1	22.52	1.70		48.51	2.25	0.17	—	4.85

人工单价	小　计	2.25	0.17	—	4.85
23.22 元/工日	未计价材料费	1.60			
清单项目综合单价		8.87			

材料费明细	主要材料名称、规格、型号	单位	数量	单价（元）	合价（元）	暂估单价（元）	暂估合价（元）
	地面扫除门 DN100	个	1	1.60	1.60		
	其他材料费			—		—	
	材料费小计			—	1.60	—	

注：1. "数量"栏为"投标方（定额）工程量÷招标方（清单）工程量÷定额单位数量"，如"0.1"为"0.4÷4"；

　　2. 管理费费率为 155.4%，利润率为 60%，均以人工费为基数。

工程量清单综合单价分析表

表 3-125

工程名称：　　　　　　　　　标段：　　　　　第　页　共　页

项目编码	031004014003	项目名称		排水栓	计量单位		组

清单综合单价组成明细

定额编号	定额名称	定额单位	数量	单价				合价			
				人工费	材料费	机械费	管理费和利润	人工费	材料费	机械费	管理费和利润
8-443	排水栓 DN50	10组	0.1	44.12	77.29	—	95.03	4.41	7.73	—	9.50
人工单价			小　计					4.41	7.73	—	9.50
23.22 元/工日			未计价材料费					3.90			
清单项目综合单价								25.54			

材料费明细	主要材料名称、规格、型号	单位	数量	单价（元）	合价（元）	暂估单价（元）	暂估合价（元）
	排水栓带链堵	套	1	3.90	3.90		
	其他材料费				—		
	材料费小计				—	3.90	—

注：1."数量"栏为"投标方（定额）工程量÷招标方（清单）工程量÷定额单位数量"，如"0.1"为"1.2÷12"；

　　2. 管理费费率为155.4%，利润率为60%，均以人工费为基数。

工程量清单综合单价分析表

表 3-126

工程名称：　　　　　　　　　标段：　　　　　第　页　共　页

项目编码	031003013001	项目名称		水表	计量单位		组

清单综合单价组成明细

定额编号	定额名称	定额单位	数量	单价				合价			
				人工费	材料费	机械费	管理费和利润	人工费	材料费	机械费	管理费和利润
8-367	焊接法兰水表 DN50	组	1	66.41	1137.14	52.95	143.05	66.41	1137.14	52.95	143.05
人工单价			小　计					66.41	1137.14	52.95	143.05
23.22 元/工日			未计价材料费					287.30			
清单项目综合单价								1686.85			

材料费明细	主要材料名称、规格、型号	单位	数量	单价（元）	合价（元）	暂估单价（元）	暂估合价（元）
	法兰水表 DN50	个	1	287.30	287.30		
	其他材料费				—		
	材料费小计				—	287.30	—

注：1."数量"栏为"投标方（定额）工程量÷招标方（清单）工程量÷定额单位数量"，如"1"为"1÷1"；

　　2. 管理费费率为155.4%，利润率为60%，均以人工费为基数。

工程量清单综合单价分析表　　　　　　表 3-127

工程名称：　　　　　　　　　标段：　　　　　第　页　共　页

项目编码	031003001001	项目名称	螺纹阀门	计量单位	个

清单综合单价组成明细

定额编号	定额名称	定额单位	数量	单价				合价			
				人工费	材料费	机械费	管理费和利润	人工费	材料费	机械费	管理费和利润
8-245	螺纹阀门 DN40	个	1	5.80	7.42	—	12.49	5.80	7.42	—	12.49
人工单价			小　计					5.80	7.42	—	12.49
23.22 元/工日			未计价材料费					53.23			
清单项目综合单价								78.94			

材料费明细	主要材料名称、规格、型号			单位	数量	单价（元）	合价（元）	暂估单价（元）	暂估合价（元）
	螺纹阀门 DN40			个	1.01	52.70	53.23		
	其他材料费						—		—
	材料费小计						53.23		—

注：1. "数量"栏为"投标方（定额）工程量÷招标方（清单）工程量÷定额单位数量"，如"1"为"2÷2"；

　　2. 管理费费率为 155.4%，利润率为 60%，均以人工费为基数。

工程量清单综合单价分析表　　　　　　表 3-128

工程名称：　　　　　　　　　标段：　　　　　第　页　共　页

项目编码	031003001002	项目名称	螺纹阀门	计量单位	个

清单综合单价组成明细

定额编号	定额名称	定额单位	数量	单价				合价			
				人工费	材料费	机械费	管理费和利润	人工费	材料费	机械费	管理费和利润
8-243	螺纹阀门 DN25	个	1	2.79	3.45	—	6.01	2.79	3.45	—	6.01
人工单价			小　计					2.79	3.45	—	6.01
23.22 元/工日			未计价材料费					30.10			
清单项目综合单价								42.35			

材料费明细	主要材料名称、规格、型号			单位	数量	单价（元）	合价（元）	暂估单价（元）	暂估合价（元）
	螺纹阀门 DN25			个	1.01	29.80	30.10		
	其他材料费						—		
	材料费小计						—	30.10	—

注：1. "数量"栏为"投标方（定额）工程量÷招标方（清单）工程量÷定额单位数量"，如"1"为"8÷8"；

　　2. 管理费费率为 155.4%，利润率为 60%，均以人工费为基数。

工程量清单综合单价分析表

表 3-129

工程名称：　　　　　　　　　　　　　标段：　　　　　　　第　页　共　页

项目编码	031004014004	项目名称			水龙头		计量单位		个	

清单综合单价组成明细

定额编号	定额名称	定额单位	数量	单价				合价			
				人工费	材料费	机械费	管理费和利润	人工费	材料费	机械费	管理费和利润
8-438	水龙头 DN15	10个	0.1	6.50	0.98	—	14.00	0.65	0.10		1.40
人工单价			小　计					0.65	0.10		1.40
23.22元/工日			未计价材料费					6.26			
清单项目综合单价								8.41			

材料费明细	主要材料名称、规格、型号	单位	数量	单价（元）	合价（元）	暂估单价（元）	暂估合价（元）
	水龙头 DN15	个	1.01	6.20	6.26		
	其他材料费			—			
	材料费小计			—	6.26		—

注：1. "数量" 栏为 "投标方（定额）工程量÷招标方（清单）工程量÷定额单位数量"，如 "0.1" 为 "1.6÷16"；

2. 管理费费率为 155.4%，利润率为 60%，均以人工费为基数。

工程量清单综合单价分析表

表 3-130

工程名称：　　　　　　　　　　　　　标段：　　　　　　　第　页　共　页

项目编码	031004014005	项目名称			水龙头		计量单位		个	

清单综合单价组成明细

定额编号	定额名称	定额单位	数量	单价				合价			
				人工费	材料费	机械费	管理费和利润	人工费	材料费	机械费	管理费和利润
8-439	水龙头 DN20	10个	0.1	6.50	0.98	—	14.00	0.65	0.10	—	1.40
人工单价			小　计					0.65	0.10	—	1.40
23.22元/工日			未计价材料费					7.37			
清单项目综合单价								9.52			

材料费明细	主要材料名称、规格、型号	单位	数量	单价（元）	合价（元）	暂估单价（元）	暂估合价（元）
	水龙头 DN20	个	1.01	7.30	7.37		
	其他材料费			—			
	材料费小计			—	7.37		—

注：1. "数量" 栏为 "投标方（定额）工程量÷招标方（清单）工程量÷定额单位数量"，如 "0.1" 为 "0.4÷4"；

2. 管理费费率为 155.4%，利润率为 60%，均以人工费为基数。

三、《建设工程工程量清单计价规范 GB 50500—2013》和《通用安装工程工程量计算规范》GB 50856—2013 计算方法（表 3-131～表 3-157）

（套用《全国统一安装工程预算定额》GYD-208-2000，人、材、机差价均不作调整）

分部分项工程和单价措施项目清单与计价表　　　表 3-131

工程名称：　　　　　　　　　　标段：　　　　　　　第　　页　共　　页

序号	项目编码	项目名称	项目特征描述	计量单位	工程量	金额（元）		
						综合单价	合价	其中 暂估价
			A. 土（石）方工程					
1	010101007001	管沟土方	给排水管道土方，挖沟平均深度 0.85m，原土回填	m	34.56	13.62	470.71	
			分部小计				470.71	
			K. 给排水、采暖、燃气工程					
2	031001001001	镀锌钢管	DN50，给水系统，螺纹连接，埋地管道冲洗	m	2.52	47.18	118.89	
3	031001001002	镀锌钢管	DN40，给水系统，螺纹连接，埋地管道冲洗	m	7.16	42.64	305.30	
4	031001001003	镀锌钢管	DN40，给水系统，螺纹连接，刷两遍银粉漆，管道冲洗	m	2.50	43.61	109.03	
5	031001001004	镀锌钢管	DN32，给水系统，螺纹连接，刷两遍银粉漆，管道冲洗	m	13.20	39.02	515.06	
6	031001001005	镀锌钢管	DN25，给水系统，螺纹连接，刷两遍银粉漆，管道冲洗	m	31.15	35.29	1099.28	
7	031001001006	镀锌钢管	DN20，给水系统，螺纹连接，刷两遍银粉漆，管道冲洗	m	15.96	30.08	480.08	
8	031001002001	钢管	DN50，排水系统，焊接连接，刷一丹二银	m	3.84	38.10	146.30	
9	031001005001	承插铸铁管	DN100，排水系统，水泥接口，埋地，刷两遍沥青漆	m	13.34	71.88	958.88	
10	031001005002	承插铸铁管	DN75，排水系统，水泥接口，埋地，刷两遍沥青漆	m	5.25	53.66	281.72	
11	031001005003	承插铸铁管	DN50，排水系统，水泥接口，埋地，刷两遍沥青漆	m	4.13	34.40	142.07	
12	031001005004	承插铸铁管	DN100，排水系统，水泥接口，刷一丹二银	m	43.39	72.10	3128.42	
13	031001005005	承插铸铁管	DN75，排水系统，水泥接口，刷一丹二银	m	20.07	53.88	1081.37	
			本页小计				8837.11	
			合　计				8837.11	

注：根据建设部、财政部发布的《建筑安装工程费用组成》（建标［2003］206 号）的规定，为计取规费等的使用。可在表中增设其中："直接费"、"人工费"或"人工费＋机械费"。

分部分项工程量清单与计价表

表 3-132

工程名称：　　　　　　　　　　标段：　　　　　　　第　页　共　页

序号	项目编码	项目名称	项目特征描述	计量单位	工程量	金额（元）		
						综合单价	合价	其中暂估价
14	031001005006	承插铸铁管	DN50，排水系统，水泥接口，刷一丹二银	m	11.78	34.60	407.59	
15	031002001001	管道支架制作安装	手工除轻锈，刷一丹二银	m	19.58	16.86	330.12	
16	031004006001	大便器	蹲式，普通阀门冲洗	组	15	335.47	5032.05	
17	031004006002	大便器	蹲式，瓷高水箱钢管镶接	组	5	484.45	2422.25	
18	031004014001	地漏	DN50	个	4	17.29	69.16	
19	031004014002	地面扫除口	DN100，铜盖	个	4	8.87	35.48	
20	031004014003	排水栓	带存水弯，DN50	组	12	25.54	306.48	
21	031003013001	水表	焊接法兰水表 DN50，带旁通管及止回阀	组	1	1686.85	1686.85	
22	031003001001	螺纹阀门	DN40，铁壳铜杆铜芯	个	2	78.94	157.88	
23	031003001002	螺纹阀门	DN25，铁壳铜杆铜芯	个	8	42.35	338.80	
24	031004014004	水龙头	DN15，铁长脖	个	16	8.41	134.56	
25	031004014005	水龙头	DN20，铁壳碳钢杆尼龙芯	个	4	9.52	38.08	
		分部小计					19325.70	
		本页小计					10959.30	
		合　计					10959.30	

注：根据建设部、财政部发布的《建筑安装工程费用组成》（建标［2003］206 号）的规定，为计取规费等的使用。可在表中增设其中："直接费"、"人工费"或"人工费＋机械费"。

工程量清单综合单价分析表　　　　　　　　　　　　表 3-133

工程名称：　　　　　　　　　标段：　　　　　第 　 页　共 　 页

| 项目编码 | 010101007001 | 项目名称 | 管沟土方 | 计量单位 | m | 工程量 | 34.56 |

清单综合单价组成明细

定额编号	定额名称	定额单位	数量	单价				合价			
				人工费	材料费	机械费	管理费和利润	人工费	材料费	机械费	管理费和利润
1-4	管沟土方	m³	0.55	12.67	—	—	5.32	6.97	—	—	2.93
1-7	回填（分填）	m³	0.43	6.10	—	—	2.56	2.62	—	—	1.10
人工单价			小　计					9.59	—	—	4.03
23.46 元/工日			未计价材料费					13.62			
清单项目综合单价								13.62			

材料费明细	主要材料名称、规格、型号			单位	数量	单价（元）	合价（元）	暂估单价（元）	暂估合价（元）
	其他材料费						—		—
	材料费小计						—		—

注：1. "数量"栏为"投标方（定额）工程量÷招标方（清单）工程量÷定额单位数量"，如"0.55"为"19÷34.56"；

2. 管理费费率为 34%，利润率为 8%，均以人工费为基数。

工程量清单综合单价分析表　　　　　　　　　　　　表 3-134

工程名称：　　　　　　　　　标段：　　　　　第 　 页　共 　 页

| 项目编码 | 031001001001 | 项目名称 | 镀锌钢管 | 计量单位 | m | 工程量 | 2.52 |

清单综合单价组成明细

定额编号	定额名称	定额单位	数量	单价				合价			
				人工费	材料费	机械费	管理费和利润	人工费	材料费	机械费	管理费和利润
8-92	镀锌钢管 DN50	10m	0.1	62.23	46.84	2.86	134.04	6.22	4.68	0.29	13.40
8-230	管道消毒冲洗 DN50	100m	0.01	12.07	8.42	—	26.00	0.12	0.08		0.26
人工单价			小　计					6.34	4.76	0.29	13.66
23.22 元/工日			未计价材料费					22.13			
清单项目综合单价								47.18			

材料费明细	主要材料名称、规格、型号			单位	数量	单价（元）	合价（元）	暂估单价（元）	暂估合价（元）
	镀锌钢管 DN50			m	1.02	21.70	22.13		
	其他材料费						—		
	材料费小计						—	22.13	

注：1. "数量"栏为"投标方（定额）工程量÷招标方（清单）工程量÷定额单位数量"，如"0.1"为"0.25÷2.52"；

2. 管理费费率为 155.4%，利润率为 60%，均以人工费为基数。

工程量清单综合单价分析表

表 3-135

工程名称：　　　　　　　　　　标段：　　　　　　第　　页　　共　　页

| 项目编码 | 031001001002 | 项目名称 | 镀锌钢管 | 计量单位 | m | 工程量 | 7.16 |

清单综合单价组成明细

定额编号	定额名称	定额单位	数量	单价				合价			
				人工费	材料费	机械费	管理费和利润	人工费	材料费	机械费	管理费和利润
8-91	镀锌钢管 DN40	10m	0.1	60.84	31.98	1.03	131.05	6.08	3.20	0.10	13.11
8-230	管道消毒冲洗 DN50	100m	0.01	12.07	8.42	—	26.00	0.12	0.08	—	0.26
人工单价			小　计					6.20	3.28	0.10	13.37
23.22 元/工日			未计价材料费					19.69			
清单项目综合单价								42.64			

材料费明细	主要材料名称、规格、型号	单位	数量	单价（元）	合价（元）	暂估单价（元）	暂估合价（元）
	镀锌钢管 DN40	m	1.02	19.30	19.69		
	其他材料费			—		—	
	材料费小计			—	19.69	—	

注：1. "数量"栏为"投标方（定额）工程量÷招标方（清单）工程量÷定额单位数量"，如"0.10"为"0.72÷7.16"；

2. 管理费费率为 155.4%，利润率为 60%，均以人工费为基数。

工程量清单综合单价分析表

表 3-136

工程名称：　　　　　　　　　　标段：　　　　　　第　　页　　共　　页

| 项目编码 | 031001001003 | 项目名称 | 镀锌钢管 | 计量单位 | m | 工程量 | 2.50 |

清单综合单价组成明细

定额编号	定额名称	定额单位	数量	单价				合价			
				人工费	材料费	机械费	管理费和利润	人工费	材料费	机械费	管理费和利润
8-91	镀锌钢管 DN40	10m	0.1	60.84	31.98	1.03	131.05	6.08	3.20	0.10	13.11
8-230	管道消毒冲洗 DN50	100m	0.012	12.07	8.42	—	26.00	0.14	0.10	—	0.31
11-56	管道刷银粉漆第一遍	10m²	0.016	6.50	4.81	—	14.00	0.10	0.08	—	0.22
11-57	管道刷银粉漆第二遍	10m²	0.016	6.27	4.37	—	13.51	0.10	0.07	—	0.22
人工单价			小　计					6.42	3.45	0.10	13.86
23.22 元/工日			未计价材料费					19.78			
清单项目综合单价								43.61			

续表

	主要材料名称、规格、型号	单位	数量	单价（元）	合价（元）	暂估单价（元）	暂估合价（元）
材料费明细	镀锌钢管 DN40	m	1.02	19.30	19.69		
	酚醛清漆各色	kg	0.01104	7.80	0.09		
	其他材料费			—		—	
	材料费小计			—	19.78	—	

注：1."数量"栏为"投标方（定额）工程量÷招标方（清单）工程量÷定额单位数量"，如"0.012"为"0.03÷2.5"；

　　2.管理费费率为155.4%，利润率为60%，均以人工费为基数。

工程量清单综合单价分析表　　　　　　　　　表 3-137

工程名称：　　　　　　　　　标段：　　　　　　第　页　共　页

项目编码	031001001004	项目名称	镀锌钢管	计量单位	m	工程量	13.20

清单综合单价组成明细

定额编号	定额名称	定额单位	数量	单价				合价			
				人工费	材料费	机械费	管理费和利润	人工费	材料费	机械费	管理费和利润
8-90	镀锌钢管 DN32	10m	0.1	51.08	34.05	1.03	110.03	5.11	3.41	0.10	11.00
8-230	钢道消毒冲洗 DN50	100m	0.01	12.07	8.42		26.00	0.12	0.08		0.26
11-56	管道刷银粉漆第一遍	10m²	0.014	6.50	4.81		14.00	0.09	0.07		0.20
11-57	管道刷银粉漆第二遍	10m²	0.014	6.27	4.37		13.51	0.09	0.06		0.19
人工单价		小　计						5.41	3.62	0.10	11.65
23.22 元/工日		未计价材料费						18.24			
	清单项目综合单价							39.02			

	主要材料名称、规格、型号	单位	数量	单价（元）	合价（元）	暂估单价（元）	暂估合价（元）
材料费明细	镀锌钢管 DN32	m	1.02	17.80	18.16		
	酚醛清漆各色	kg	0.00966	7.80	0.08		
	其他材料费			—		—	
	材料费小计			—	18.24	—	

注：1."数量"栏为"投标方（定额）工程量÷招标方（清单）工程量÷定额单位数量"，如"0.014"为"0.18÷13.2"；

　　2.管理费费率为155.4%，利润率为60%，均以人工费为基数。

工程量清单综合单价分析表

表 3-138

工程名称：　　　　　　　　　　标段：　　　　第　页　共　页

项目编码	031001001005	项目名称	镀锌钢管	计量单位	m	工程量	31.15

清单综合单价组成明细

定额编号	定额名称	定额单位	数量	单价				合价			
				人工费	材料费	机械费	管理费和利润	人工费	材料费	机械费	管理费和利润
8-89	镀锌钢管 DN25	10m	0.1	51.08	31.40	1.03	110.03	5.11	3.14	0.10	11.00
8-230	管道消毒冲洗 DN50	100m	0.01	12.07	8.42	—	26.00	0.12	0.08	—	0.26
11-56	管道刷银粉漆第一遍	10m²	0.0106	6.50	4.81		14.00	0.07	0.05		0.15
11-57	管道刷银粉漆第二遍	10m²	0.0106	6.27	4.37		13.51	0.07	0.05		0.14
人工单价		小　计						5.37	3.32	0.10	11.55
23.22 元/工日		未计价材料费						14.95			
清单项目综合单价								35.29			

材料费明细	主要材料名称、规格、型号	单位	数量	单价（元）	合价（元）	暂估单价（元）	暂估合价（元）
	镀锌钢管 DN25	m	1.02	14.60	14.89		
	酚醛清漆各色	kg	0.0073	7.80	0.06		
	其他材料费			—		—	
	材料费小计			—	14.95	—	

注：1. "数量"栏为"投标方（定额）工程量÷招标方（清单）工程量÷定额单位数量"，如"0.0106"为"0.33÷31.15"；
　　2. 管理费费率为 155.4%，利润率为 60%，均以人工费为基数。

工程量清单综合单价分析表

表 3-139

工程名称：　　　　　　　　　　标段：　　　　第　页　共　页

项目编码	031001001006	项目名称	镀锌钢管	计量单位	m	工程量	15.96

清单综合单价组成明细

定额编号	定额名称	定额单位	数量	单价				合价			
				人工费	材料费	机械费	管理费和利润	人工费	材料费	机械费	管理费和利润
8-88	镀锌钢管 DN20	10m	0.1	42.49	24.23	—	91.52	4.25	2.42	—	9.15
8-230	管道消毒冲洗 DN50	100m	0.01	12.07	8.42	—	26.00	0.12	0.08	—	0.26
11-56	管道刷银粉漆第一遍	10m²	0.0081	6.50	4.81	—	14.00	0.05	0.04	—	0.11
11-57	管道刷银粉漆第二遍	10m²	0.0081	6.27	4.37	—	13.51	0.05	0.04	—	0.11
人工单价		小　计						4.47	2.58	—	9.63
23.22 元/工日		未计价材料费						13.40			
清单项目综合单价								30.08			

续表

主要材料名称、规格、型号	单位	数量	单价（元）	合价（元）	暂估单价（元）	暂估合价（元）
镀锌钢管 DN20	m	1.02	13.10	13.36		
酚醛清漆各色	kg	0.0056	7.80	0.04		
其他材料费			—		—	
材料费小计			—	13.40	—	

左侧合并单元格：材料费明细

注：1. "数量"栏为"投标方（定额）工程量÷招标方（清单）工程量÷定额单位数量"如"0.0081"，为"0.13÷15.96"；

2. 管理费费率为 155.4%，利润率为 60%，均以人工费为基数。

工程量清单综合单价分析表

表 3-140

工程名称： 标段： 第 页 共 页

项目编码	031001002001	项目名称	钢管	计量单位	m	工程量	3.84

清单综合单价组成明细

定额编号	定额名称	定额单位	数量	单价 人工费	单价 材料费	单价 机械费	单价 管理费和利润	合价 人工费	合价 材料费	合价 机械费	合价 管理费和利润
8-111	钢管 DN50（焊接）	10m	0.1	46.21	11.10	6.37	99.54	4.62	1.11	0.64	9.95
11-51	刷红丹防锈漆一遍	10m²	0.018	6.27	1.07	—	13.51	0.11	0.02	—	0.24
11-56	管道刷银粉漆第一遍	10m²	0.018	6.50	4.81	—	14.00	0.12	0.09	—	0.25
11-57	管道刷银粉漆第二遍	10m²	0.018	6.27	4.37	—	13.51	0.11	0.08	—	0.24
人工单价		小 计						4.96	1.30	0.64	10.68
23.22 元/工日		未计价材料费						20.52			
		清单项目综合单价						38.10			

主要材料名称、规格、型号	单位	数量	单价（元）	合价（元）	暂估单价（元）	暂估合价（元）
焊接钢管 DN50	m	1.02	19.84	20.24		
醇酸防锈漆 G53-1	kg	0.02646	6.80	0.18		
酚醛清漆各色	kg	0.01242	7.80	0.10		
其他材料费			—		—	
材料费小计			—	20.52	—	

左侧合并单元格：材料费明细

注：1. "数量"栏为"投标方（定额）工程量÷招标方（清单）工程量÷定额单位数量"，如"0.018"为"0.07÷3.84"

2. 管理费费率为 155.4%，利润率为 60%，均以人工费为基数。

工程量清单综合单价分析表

表 3-141

工程名称： 　　　　　　　　　标段： 　　　　第 页 共 页

| 项目编码 | 031001005001 | 项目名称 | 承插铸铁台 | 计量单位 | m | 工程量 | 13.34 |

清单综合单价组成明细

定额编号	定额名称	定额单位	数量	单价				合价			
				人工费	材料费	机械费	管理费和利润	人工费	材料费	机械费	管理费和利润
8-146	铸铁管安装 DN100	10m	0.1	80.34	277.05	—	173.05	8.03	27.71	—	17.31
11-66	管道刷沥青漆第一遍	10m²	0.0375	6.50	1.54	—	14.00	0.24	0.06	—	0.53
11-67	管道刷沥青漆第二遍	10m²	0.0375	6.27	1.37	—	13.51	0.24	0.05	—	0.51
人工单价			小　计					8.51	27.82	—	18.35
23.22 元/工日			未计价材料费					17.20			
清单项目综合单价								71.88			

材料费明细	主要材料名称、规格、型号	单位	数量	单价（元）	合价（元）	暂估单价（元）	暂估合价（元）
	承插铸铁排水管 DN100	m	0.89	17.46	15.54		
	煤焦油沥青漆 L01—17	kg	0.2006	8.30	1.66		
	其他材料费			—		—	
	材料费小计			—	17.20	—	

注：1. "数量"栏为"投标方（定额）工程量÷招标方（清单）工程量÷定额单位数量"，如"0.0375"为"0.5÷13.34"；

　　2. 管理费费率为 155.4%，利润率为 60%，均以人工费为基数。

工程量清单综合单价分析表

表 3-142

工程名称： 　　　　　　　　　标段： 　　　　第 页 共 页

| 项目编码 | 031001005002 | 项目名称 | 承插铸铁台 | 计量单位 | m | 工程量 | 5.25 |

清单综合单价组成明细

定额编号	定额名称	定额单位	数量	单价				合价			
				人工费	材料费	机械费	管理费和利润	人工费	材料费	机械费	管理费和利润
8-145	承插铸铁管安装 DN75	10m	0.1	62.23	186.95	—	134.04	6.22	18.70	—	13.40
11-66	管道刷沥青漆第一遍	10m²	0.02857	6.50	1.54	—	14.00	0.19	0.04	—	0.40
11-67	管道刷沥青漆第二遍	10m²	0.02857	6.27	1.37	—	13.51	0.18	0.04	—	0.39
人工单价			小　计					6.59	18.78	—	14.19
23.22 元/工日			未计价材料费					14.10			
清单项目综合单价								53.66			

续表

材料费明细	主要材料名称、规格、型号	单位	数量	单价（元）	合价（元）	暂估单价（元）	暂估合价（元）
	承插铸铁排水管 DN75	m	0.93	13.80	12.83		
	煤焦油沥青漆	kg	0.1528	8.30	1.27		
	其他材料费			—		—	
	材料费小计			—	14.10	—	

注：1. "数量"栏为"投标方（定额）工程量÷招标方（清单）工程量÷定额单位数量"，如"0.02857"为
"0.15÷5.25"；

2. 管理费费率为155.4%，利润率为60%，均以人工费为基数。

工程量清单综合单价分析表   表3-143

工程名称：　　　　　　　　　标段：　　　　　第　页　共　页

项目编码	031001005003	项目名称	承插铸铁管	计量单位	m	工程量	4.13

清单综合单价组成明细

定额编号	定额名称	定额单位	数量	单价				合价			
				人工费	材料费	机械费	管理费和利润	人工费	材料费	机械费	管理费和利润
8-144	承插铸铁管安装 DN50	10m	0.1	52.01	81.40	—	112.03	5.20	8.14	—	11.20
11-66	管道刷沥青漆第一遍	10m²	0.01937	6.50	1.54	—	14.00	0.13	0.03	—	0.27
11-67	管道刷沥青漆第二遍	10m²	0.01937	6.27	1.37	—	13.51	0.12	0.03	—	0.26
人工单价		小　计						5.45	8.20	—	11.73
23.22元/工日		未计价材料费						9.02			
清单项目综合单价								34.40			

材料费明细	主要材料名称、规格、型号	单位	数量	单价（元）	合价（元）	暂估单价（元）	暂估合价（元）
	承插铸铁排水管 DN50	m	0.88	9.27	8.16		
	煤焦油沥青漆	kg	0.1036	8.30	0.86		
	其他材料费			—		—	
	材料费小计			—	9.02	—	

注：1. "数量"栏为"投标方（定额）工程量÷招标方（清单）工程量÷定额单位数量"，如"0.01937"为
"0.08÷4.13"；

2. 管理费费率为155.4%，利润率为60%，均以人工费为基数。

工程量清单综合单价分析表

表 3-144

工程名称：　　　　　　　　　标段：　　　　　第　页　共　页

项目编码	031001005004	项目名称	承插铸铁管	计量单位	m	工程量	43.39

清单综合单价组成明细

定额编号	定额名称	定额单位	数量	单价				合价			
				人工费	材料费	机械费	管理费和利润	人工费	材料费	机械费	管理费和利润
8-146	承插铸铁管安装DN100	10m	0.1	80.34	277.05	—	173.05	8.03	27.71	—	17.31
11-198	刷一遍红丹防锈漆	10m²	0.03572	7.66	1.19	—	16.50	0.27	0.04	—	0.59
11-200	刷银粉漆第一遍	10m²	0.03572	7.89	5.34	—	17.00	0.28	0.19	—	0.61
11-201	刷银粉漆第二遍	10m²	0.03572	7.66	4.71	—	16.50	0.27	0.17	—	0.59
人工单价		小　计						8.85	28.11	—	19.10
23.22元/工日		未计价材料费						16.04			
清单项目综合单价								72.10			

材料费明细	主要材料名称、规格、型号	单位	数量	单价（元）	合价（元）	暂估单价（元）	暂估合价（元）
	承插铸铁排水管DN100	m	0.89	17.46	15.54		
	醇酸防锈漆	kg	0.03751	6.80	0.26		
	酚醛清漆各色	kg	0.03072	7.80	0.24		
	其他材料费			—		—	
	材料费小计			—	16.04	—	

注：1. "数量"栏为"投标方（定额）工程量÷招标方（清单）工程量÷定额单位数量"，如"0.03572"为"1.55÷43.39"；

2. 管理费费率为155.4%，利润率为60%，均以人工费为基数。

工程量清单综合单价分析表

表 3-145

工程名称：　　　　　　　　　标段：　　　　　第　页　共　页

项目编码	031001005005	项目名称	承插铸铁管	计量单位	m	工程量	53.88

清单综合单价组成明细

定额编号	定额名称	定额单位	数量	单价				合价			
				人工费	材料费	机械费	管理费和利润	人工费	材料费	机械费	管理费和利润
8-145	承插铸铁管安装DN75	10m	0.1	62.23	186.95	—	134.04	6.22	18.70	—	13.40
11-198	刷一遍红丹防锈漆	10m²	0.0279	7.66	1.19	—	16.50	0.21	0.03	—	0.46
11-200	刷银粉漆第一遍	10m²	0.0279	7.89	5.34	—	17.00	0.22	0.15	—	0.47
11-201	刷银粉漆第二遍	10m²	0.0279	7.66	4.71	—	16.50	0.21	0.13	—	14.79
人工单价		小　计						6.86	19.01	—	14.79
23.22元/工日		未计价材料费						13.22			
清单项目综合单价								53.88			

续表

主要材料名称、规格、型号	单位	数量	单价（元）	合价（元）	暂估单价（元）	暂估合价（元）
承插铸铁排水管 *DN*75	m	0.93	13.80	12.83		
醇酸防锈漆	kg	0.0293	6.80	0.20		
酚醛清漆各色	kg	0.024	7.80	0.19		
其他材料费			—		—	
材料费小计			—	13.22	—	

（材料费明细）

注：1. "数量"栏为"投标方（定额）工程量÷招标方（清单）工程量÷定额单位数量"，如"0.0279"为"0.56÷20.07"；

2. 管理费费率为 155.4%，利润率为 60%，均以人工费为基数。

工程量清单综合单价分析表 表 3-146

工程名称： 标段： 第 页 共 页

项目编码	031001005006	项目名称	承插铸铁管	计量单位	m	工程量	11.78

清单综合单价组成明细

定额编号	定额名称	定额单位	数量	单价				合价			
				人工费	材料费	机械费	管理费和利润	人工费	材料费	机械费	管理费和利润
8-144	承插铸铁管安装 *DN*50	10m	0.1	52.01	81.40	—	112.03	5.20	8.14	—	11.20
11-198	刷一遍红丹防锈漆	10m²	0.01952	7.66	1.19	—	16.50	0.15	0.02	—	0.32
11-200	刷银粉漆第一遍	10m²	0.01952	7.89	5.34	—	17.00	0.15	0.10	—	0.33
11-201	刷银粉漆第二遍	10m²	0.01952	7.66	4.71	—	16.50	0.15	0.09	—	12.17
人工单价		小 计						5.65	8.35	—	12.17
23.22 元/工日		未计价材料费						8.43			
清单项目综合单价								34.60			

主要材料名称、规格、型号	单位	数量	单价（元）	合价（元）	暂估单价（元）	暂估合价（元）
承插铸铁排水管 *DN*50	m	0.88	9.27	8.16		
醇酸防锈漆	kg	0.0205	6.80	0.14		
酚醛清漆各色	kg	0.01679	7.80	0.13		
其他材料费			—		—	
材料费小计			—	8.43	—	

（材料费明细）

注：1. "数量"栏为"投标方（定额）工程量÷招标方（清单）工程量÷定额单位数量"，如"0.01952"为"0.23÷11.78"；

2. 管理费费率为 155.4%，利润率为 60%，均以人工费为基数。

工程量清单综合单价分析表

表 3-147

工程名称：　　　　　　　　　标段：　　　　　第 页　共 页

项目编码	031002001001	项目名称	管道支架制作安装	计量单位	kg	工程量	19.58

清单综合单价组成明细

定额编号	定额名称	定额单位	数量	单价 人工费	单价 材料费	单价 机械费	单价 管理费和利润	合价 人工费	合价 材料费	合价 机械费	合价 管理费和利润
8-178	一般管道支架制作安装	100kg	0.01	235.45	194.98	224.26	507.16	2.35	1.95	2.24	5.07
11-7	金属结构除轻锈	100kg	0.01	7.89	2.50	6.96	17.00	0.08	0.03	0.07	0.17
11-117	刷红丹防锈漆一遍	100kg	0.01	5.34	0.87	6.96	11.50	0.05	0.09	0.07	0.12
11-122	刷银粉漆第一遍	100kg	0.01	5.11	3.93	6.96	11.01	0.05	0.04	0.07	0.11
11-123	刷银粉漆第二遍	100kg	0.01	5.11	3.18	6.96	11.01	0.05	0.03	0.07	0.11
人工单价			小　计					2.58	2.14	2.52	5.58
23.22 元/工日			未计价材料费					4.04			
清单项目综合单价								16.86			

材料费明细	主要材料名称、规格、型号	单位	数量	单价（元）	合价（元）	暂估单价（元）	暂估合价（元）
	型钢	kg	1.06	3.70	3.92		
	醇酸防锈漆	kg	0.0116	6.80	0.08		
	酚醛清漆各色	kg	0.0048	7.80	0.04		
	其他材料费			—		—	
	材料费小计			—	4.04	—	

注：1. "数量" 栏为 "投标方（定额）工程量÷招标方（清单）工程量÷定额单位数量"，如 "0.01" 为 "0.2÷19.58"；

2. 管理费费率为 155.4%，利润率为 60%，均以人工费为基数。

工程量清单综合单价分析表

表 3-148

工程名称：　　　　　　　　　标段：　　　　　第 页　共 页

项目编码	031004006001	项目名称	大便器	计量单位	组	工程量	15

清单综合单价组成明细

定额编号	定额名称	定额单位	数量	单价 人工费	单价 材料费	单价 机械费	单价 管理费和利润	合价 人工费	合价 材料费	合价 机械费	合价 管理费和利润
8-409	蹲便器（普通阀冲洗）	10套	0.1	133.75	599.69	—	288.10	13.38	59.97	—	28.81
人工单价			小　计					13.38	59.97	—	28.81
23.22 元/工日			未计价材料费					233.31			
清单项目综合单价								335.47			

续表

	主要材料名称、规格、型号	单位	数量	单价（元）	合价（元）	暂估单价（元）	暂估合价（元）
材料费明细	蹲便器	个	1.01	231.00	233.31		
	其他材料费				—		—
	材料费小计				—	233.31	—

注：1. "数量"栏为"投标方（定额）工程量÷招标方（清单）工程量÷定额单位数量"，如"0.1"为"1.5÷15"；

2. 管理费费率为155.4%，利润率为60%，均以人工费为基数。

工程量清单综合单价分析表　　　　表 3-149

工程名称：　　　　　　　　标段：　　　　　第　页　共　页

项目编码	031004006002	项目名称	大便器	计量单位	组	工程量	5

清单综合单价组成明细

定额编号	定额名称	定额单位	数量	单价				合价			
				人工费	材料费	机械费	管理费和利润	人工费	材料费	机械费	管理费和利润
8-407	蹲便器（瓷高水箱）	10套	0.1	224.31	809.08	—	483.16	22.43	80.91	—	48.32

人工单价	小　计			22.43	80.91	—	48.32
23.22 元/工日	未计价材料费				332.79		
	清单项目综合单价				484.45		

	主要材料名称、规格、型号	单位	数量	单价（元）	合价（元）	暂估单价（元）	暂估合价（元）
材料费明细	蹲便器	个	1.01	231.00	233.31		
	蹲便器高水箱	个	1.01	71.20	71.91		
	蹲便器高水箱配件	套	1.01	27.30	27.57		
	其他材料费				—		—
	材料费小计				—	332.79	—

注：1. "数量"栏为"投标方（定额）工程量÷招标方（清单）工程量÷定额单位数量"，如"0.1"为"0.5÷5"；

2. 管理费费率为155.4%，利润率为60%，均以人工费为基数。

工程量清单综合单价分析表

表 3-150

工程名称：　　　　　　　　　　标段：　　　　　第　页　共　页

| 项目编码 | 031004014001 | 项目名称 | 地漏 | 计量单位 | 个 | 工程量 | 4 |

清单综合单价组成明细

定额编号	定额名称	定额单位	数量	单价				合价			
				人工费	材料费	机械费	管理费和利润	人工费	材料费	机械费	管理费和利润
8-447	地漏 DN50	10个	0.1	37.15	18.73	—	80.02	3.72	1.87	—	8.00
人工单价		小　计						3.72	1.87	—	8.00
23.22 元/工日		未计价材料费						3.70			
清单项目综合单价								17.29			

材料费明细	主要材料名称、规格、型号	单位	数量	单价（元）	合价（元）	暂估单价（元）	暂估合价（元）
	地漏 DN50	个	1	3.70	3.70		
	其他材料费			—			
	材料费小计			—	3.70	—	

注：1. "数量"栏为"投标方（定额）工程量÷招标方（清单）工程量÷定额单位数量"，如"0.1"为"0.4÷4"；
　　2. 管理费费率为 155.4%，利润率为 60%，均以人工费为基数。

工程量清单综合单价分析表

表 3-151

工程名称：　　　　　　　　　　标段：　　　　　第　页　共　页

| 项目编码 | 031004014002 | 项目名称 | 地面扫除口 | 计量单位 | 个 | 工程量 | 4 |

清单综合单价组成明细

定额编号	定额名称	定额单位	数量	单价				合价			
				人工费	材料费	机械费	管理费和利润	人工费	材料费	机械费	管理费和利润
8-453	地面扫除门 DN100	10个	0.1	22.52	1.70		48.51	2.25	0.17	—	4.85
人工单价		小　计						2.25	0.17	—	4.85
23.22 元/工日		未计价材料费						1.60			
清单项目综合单价								8.87			

材料费明细	主要材料名称、规格、型号	单位	数量	单价（元）	合价（元）	暂估单价（元）	暂估合价（元）
	地面扫除门 DN100	个	1	1.60	1.60		
	其他材料费			—			
	材料费小计			—	1.60	—	

注：1. "数量"栏为"投标方（定额）工程量÷招标方（清单）工程量÷定额单位数量"，如"0.1"为"0.4÷4"；
　　2. 管理费费率为 155.4%，利润率为 60%，均以人工费为基数。

工程量清单综合单价分析表

表 3-152

工程名称： 标段： 第 页 共 页

项目编码	031004014003	项目名称	排水栓	计量单位	组	工程量	12

清单综合单价组成明细

定额编号	定额名称	定额单位	数量	单价				合价			
				人工费	材料费	机械费	管理费和利润	人工费	材料费	机械费	管理费和利润
8-443	排水栓 DN50	10组	0.1	44.12	77.29	—	95.03	4.41	7.73	—	9.50
人工单价		小 计						4.41	7.73	—	9.50
23.22元/工日		未计价材料费							3.90		
清单项目综合单价									25.54		

材料费明细	主要材料名称、规格、型号	单位	数量	单价（元）	合价（元）	暂估单价（元）	暂估合价（元）
	排水栓带链堵	套	1	3.90	3.90		
	其他材料费			—		—	
	材料费小计			—	3.90	—	

注：1. "数量"栏为"投标方（定额）工程量÷招标方（清单）工程量÷定额单位数量"，如"0.1"为"1.2÷12"；

2. 管理费费率为155.4%，利润率为60%，均以人工费为基数。

工程量清单综合单价分析表

表 3-153

工程名称： 标段： 第 页 共 页

项目编码	031003013001	项目名称	水表	计量单位	组	工程量	1

清单综合单价组成明细

定额编号	定额名称	定额单位	数量	单价				合价			
				人工费	材料费	机械费	管理费和利润	人工费	材料费	机械费	管理费和利润
8-367	焊接法兰水表 DN50	组	1	66.41	1137.14	52.95	143.05	66.41	1137.14	52.95	143.05
人工单价		小 计						66.41	1137.14	52.95	143.05
23.22元/工日		未计价材料费							287.30		
清单项目综合单价									1686.85		

材料费明细	主要材料名称、规格、型号	单位	数量	单价（元）	合价（元）	暂估单价（元）	暂估合价（元）
	法兰水表 DN50	个	1	287.30	287.30		
	其他材料费			—		—	
	材料费小计			—	287.30	—	

注：1. "数量"栏为"投标方（定额）工程量÷招标方（清单）工程量÷定额单位数量"，如"1"为"1÷1"；

2. 管理费费率为155.4%，利润率为60%，均以人工费为基数。

工程量清单综合单价分析表

表 3-154

工程名称：　　　　　　　　　　标段：　　　　　　　第　页　共　页

项目编码	031003001001	项目名称	螺纹阀门	计量单位	个	工程量	2

清单综合单价组成明细

定额编号	定额名称	定额单位	数量	单价				合价			
				人工费	材料费	机械费	管理费和利润	人工费	材料费	机械费	管理费和利润
8-245	螺纹阀门 DN40	个	1	5.80	7.42	—	12.49	5.80	7.42		12.49
人工单价			小　计					5.80	7.42		12.49
23.22 元/工日			未计价材料费					53.23			
清单项目综合单价								78.94			

材料费明细	主要材料名称、规格、型号	单位	数量	单价（元）	合价（元）	暂估单价（元）	暂估合价（元）
	螺纹阀门 DN40	个	1.01	52.70	53.23		
	其他材料费			—			
	材料费小计			—	53.23		

注：1. "数量"栏为"投标方（定额）工程量÷招标方（清单）工程量÷定额单位数量"，如"1"为"2÷2"；
　　2. 管理费费率为 155.4%，利润率为 60%，均以人工费为基数。

工程量清单综合单价分析表

表 3-155

工程名称：　　　　　　　　　　标段：　　　　　　　第　页　共　页

项目编码	031003001002	项目名称	螺纹阀门	计量单位	个	工程量	8

清单综合单价组成明细

定额编号	定额名称	定额单位	数量	单价				合价			
				人工费	材料费	机械费	管理费和利润	人工费	材料费	机械费	管理费和利润
8-243	螺纹阀门 DN25	个	1	2.79	3.45	—	6.01	2.79	3.45		6.01
人工单价			小　计					2.79	3.45		6.01
23.22 元/工日			未计价材料费					30.10			
清单项目综合单价								42.35			

材料费明细	主要材料名称、规格、型号	单位	数量	单价（元）	合价（元）	暂估单价（元）	暂估合价（元）
	螺纹阀门 DN25	个	1.01	29.80	30.10		
	其他材料费			—			
	材料费小计			—	30.10		

注：1. "数量"栏为"投标方（定额）工程量÷招标方（清单）工程量÷定额单位数量"，如"1"为"8÷8"；
　　2. 管理费费率为 155.4%，利润率为 60%，均以人工费为基数。

工程量清单综合单价分析表　　　表 3-156

| 工程名称： | | | | | | 标段： | | | | 第　页　共　页 | | |

| 项目编码 | 031004014004 | 项目名称 | 水龙头 | 计量单位 | 个 | 工程量 | 16 |

清单综合单价组成明细

定额编号	定额名称	定额单位	数量	单价				合价			
				人工费	材料费	机械费	管理费和利润	人工费	材料费	机械费	管理费和利润
8-438	水龙头 DN15	10 个	0.1	6.50	0.98	—	14.00	0.65	0.10	—	1.40
人工单价		小　计						0.65	0.10	—	1.40
23.22 元/工日		未计价材料费						6.26			
清单项目综合单价								8.41			

材料费明细	主要材料名称、规格、型号			单位	数量	单价（元）	合价（元）	暂估单价（元）	暂估合价（元）
	水龙头 DN15			个	1.01	6.20	6.26		
	其他材料费					—	—	—
	材料费小计					—	6.26	—

注：1."数量"栏为"投标方（定额）工程量÷招标方（清单）工程量÷定额单位数量"，如"0.1"为"1.6÷16"；

2.管理费费率为 155.4%，利润率为 60%，均以人工费为基数。

工程量清单综合单价分析表　　　表 3-157

| 工程名称： | | | | | | 标段： | | | | 第　页　共　页 | | |

| 项目编码 | 031004014005 | 项目名称 | 水龙头 | 计量单位 | 个 | 工程量 | 4 |

清单综合单价组成明细

定额编号	定额名称	定额单位	数量	单价				合价			
				人工费	材料费	机械费	管理费和利润	人工费	材料费	机械费	管理费和利润
8-439	水龙头 DN20	10 个	0.1	6.50	0.98	—	14.00	0.65	0.10	—	1.40
人工单价		小　计						0.65	0.10	—	1.40
23.22 元/工日		未计价材料费						7.37			
清单项目综合单价								9.52			

材料费明细	主要材料名称、规格、型号			单位	数量	单价（元）	合价（元）	暂估单价（元）	暂估合价（元）
	水龙头 DN20			个	1.01	7.30	7.37		
	其他材料费					—	—	—
	材料费小计					—	7.37	—

注：1."数量"栏为"投标方（定额）工程量÷招标方（清单）工程量÷定额单位数量"，如"0.1"为"0.4÷4"；

2.管理费费率为 155.4%，利润率为 60%，均以人工费为基数。

【例8】 按图 3-18、图 3-19 和图 3-20，计算室内煤气系统工程量。

【解】

一、《通用安装工程工程量计算规范》GB 50856—2013 计算方法

（一）管道安装工程量

1. $\phi57\times4$ 无缝钢管安装

引入管必须埋于：冰冻线以下。由于本施工图未标明室外管道标高和室外地面标高，现假设室外地面标高为 -0.60m，按施工安装图册的规定引入管必须埋于地面以下 0.8m 处。

本建筑物外墙厚 370mm，①号立管中心至墙面距离为 100mm，所以 $\phi57\times4$ 无缝钢管数量为 4.37m，其计算式如下：

$$2+0.37+0.1+0.8+0.6+0.5=4.37 \text{（m）}$$

2. 焊接钢管安装

（1）$DN50$（立管）：4.92m，其计算式如下： $5.42-0.5=4.92$（m）

（2）$DN40$（水平管）：4.5m（按比例丈量平面图）。

（3）$DN32$（水平管）：15.85m，其计算式如下：

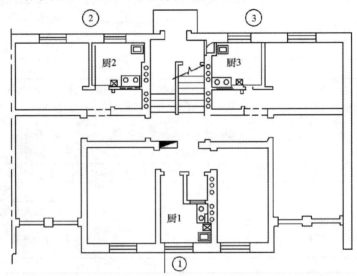

图 3-18 首层平面图

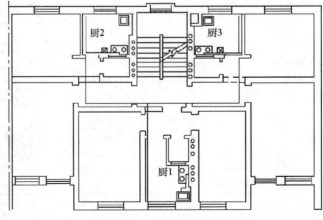

图 3-19 二至四层平面图

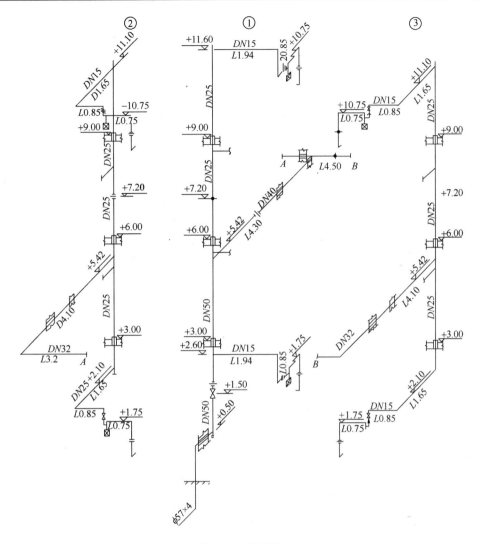

图 3-20　系统图

7.55－0.05×2＋（4.3－0.05×2）×2＝15.85（m）（如图 3-21）

（4）$DN25$（立管）：24.18m，其计算式如下：

（11.6－5.42）＋（11.1－2.1）×2＝24.18（m）

（5）$DN15$（各层支管）：50.88m，分别计算如下：

1）厨 1 支管 $DN15$：18.4m

从施工图（平面图）中丈量计算所需要的有关尺寸（如图 3-22 所示）。施工验收规范要求煤气灶侧面与墙净距不小于 250mm，因灶具安装项目内包括从阀门至灶具的管道。阀门安装高度一般为 1.50m。接表三通中心到 90°弯头中心距为 90mm。则每户支管长为：

$$2.15-0.05 \times 2+1.75-0.05-0.25-0.66 \times \frac{1}{2}+0.24+2.6-1.50+0.09=4.6（m）$$

厨 1 共 4 户，厨 1 支管长为：　4.6×4＝18.4（m）

2）厨 2、厨 3 共 8 户，支管如图 3-23 所示，计算方法同厨 1 支管，$DN15$ 焊接钢管长 32.48m，其计算式如下：

417

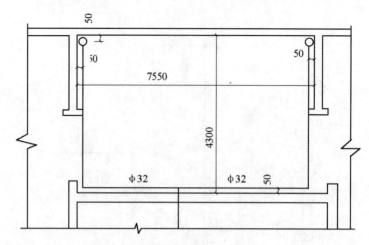

图 3-21　DN32 焊接钢管计算草图

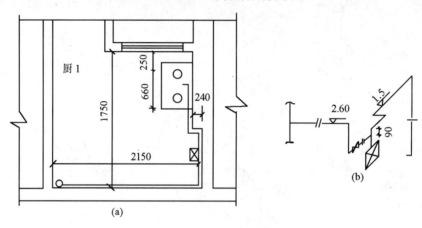

图 3-22　厨 1 支管计算草图

(a) 平面图；(b) 系统图

$$(1.9-0.05\times2+2.2-0.05-0.25-0.66\times\frac{1}{2}+2.1-1.5+0.09)\times8=32.48\ (m)$$

3）支管小计 DN15：50.88m，其计算
式如下：

18.4＋32.48＝50.88（m）

3. 管道安装工程量汇总见表 3-158 所示。

（二）阀门安装

1. 铸铁旋塞（压兰式）X13W-10DN50 的
1 个。

2. 铸铁旋塞（紧接式）S13W-10DN15 的
12 个。

（三）煤气表（1.5m³/h）12 块

（四）JZ-2 型焦炉气双眼灶 12 台

（五）一般填料套管

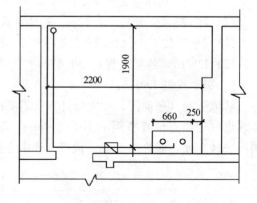

图 3-23　厨 2 支管计算草图

1. DN25：8个。

管道安装工程量汇总表　　　　　　　　表 3-158

项目名称	规　　格	单　　位	数　　量
无缝钢管安装	$\phi57×4$	m	4.37
焊接钢管安装	DN50	m	4.92
焊接钢管安装	DN40	m	4.5
焊接钢管安装	DN32	m	15.85
焊接钢管安装	DN25	m	24.18
焊接钢管安装	DN15	m	50.88
立　支　管　小　计		m	79.98
合　　　计		m	104.7

2. DN50：2个。

（六）防腐刷油工程量

1. $\phi57×4$ 无缝钢管加强级沥青防腐（牛皮纸保护层）4.37m。

2. 焊接钢管刷一丹二银，工程量见表 3-159。

3. 支架刷一丹二银

$45×（25.27÷100）+6×（75.06÷100）=15.9（kg）$

（七） DN100 以内管道总强度试验 104.7m。

（八） DN100 以内管道严密性试验 104.7m。

焊接钢管刷一丹二银工程量表　　　　　　　　表 3-159

管　径	长　度/m	刷　油　面　积/m²	
DN50	4.92	0.1885×4.92=0.928	
DN40	4.5	0.1508×4.5=0.679	
DN32	15.85	0.1327×15.85=2.104	
DN25	24.18	0.1052×24.18=2.544	
DN15	50.88	0.0668×50.88=3.4	
合　　　计		9.66	

（九） DN50 引入口砌保温台、石棉绳保温一处。

（十） 定额计价方式下的工程预算表，见表 3-160，工程量清单计价方式下，预算表与清单项目之间关系分析对照表见表 3-161，分部分项工程量清单计价表见表 3-162，分部分项工程量清单综合单价分析表见表 3-163。

室内煤气工程施工图预算表　　　　　　　　表 3-160

序号	定额编号	分项工程名称	定额单位	工程量	单价（元）	其中（元）		
						人工费	材料费	机械费
1	8-595	无缝钢管安装：$\phi57×4$	10m	0.44	216.08	78.92	127.15	10.01
2	8-594	焊接钢管安装 DN50	10m	0.49	151.31	64.09	81.45	5.77

序号	定额编号	分项工程名称	定额单位	工程量	单价（元）	其中（元）		
						人工费	材料费	机械费
3	8-593	焊接钢管安装 DN40	10m	0.45	123.06	63.85	55.10	4.11
4	8-592	焊接钢管安装 DN32	10m	1.59	96.94	51.08	43.07	2.79
5	8-591	焊接钢管安装 DN25	10m	2.42	84.31	50.97	30.95	2.39
6	8-589	焊接钢管安装 DN15	10m	5.09	67.94	42.89	20.63	4.42
7	8-241	螺纹阀门安装 DN15	个	12	4.43	2.32	2.11	—
8	8-246	螺纹阀门安装 DN50	个	1	15.06	5.80	9.26	—
9	8-648	JZ-2 型双眼灶	台	12	8.86	6.5	2.36	—
10	8-622	燃气表 1.5m³/h	块	12	9.3	9.06	0.24	—
11	8-169	填料套管 DN25	个	8	1.7	0.7	1.00	—
12	8-172	填料套管 DN50	个	2	2.89	1.39	1.50	—
13	8-178	管道支架制作安装	100kg	0.16	653.91	235.45	194.20	224.26
14	11-51	管道刷一遍红丹防锈漆	10m²	0.97	7.34	6.27	1.07	
15	11-56	管道刷银粉漆第一遍	10m²	0.97	11.31	6.5	4.81	-
16	11-57	管道刷银粉漆第二遍	10m²	0.97	10.64	6.27	4.37	
17	11-1	焊接钢管除锈	10m²	0.97	11.27	7.89	3.38	-
18	11-7	支架除轻锈	100kg	0.16	17.35	7.89	2.50	6.96
19	11-117	支架刷一遍红丹防锈漆	100kg	0.16	13.17	5.34	0.87	6.96
20	11-122	支架刷银粉漆第一遍	100kg	0.16	16.00	5.11	3.93	6.96
21	11-123	支架刷银粉漆第二遍	100kg	0.16	15.25	5.11	3.18	6.96

注：1. 材料费中均不包括主材。

2. 无缝钢管的保温防腐及 DN50 引人口保温略。

3. 定额参照《全国统一安装工程预算定额》

第八册　　给排水、采暖、燃气工程

第十一册　刷油、防腐蚀、绝热工程

预（结）算表（直接费部分）与清单项目之间关系分析对照表　　表 3-161

工程名称：室内煤气工程　　　　　　　　　　　　　　　　　　　第　页　共　页

序号	项目编码	项目名称	清单主项在定额预（结）算表中的序号	清单综合的工程内容在定额预（结）算表中的序号
1	031001002001	钢管，无缝钢管 φ57×4 安装，室内燃气工程，螺纹连接	1	无
2	031001002002	焊接钢管，DN50，室内安装，燃气工程，螺纹连接，除轻锈，刷一丹二银，填料套管	2	12＋14＋15＋16＋17
3	031001002003	焊接钢管，DN40，室内安装，燃气工程，螺纹连接，除轻锈，刷一丹二银	3	14＋15＋16＋17
4	031001002004	焊接钢管 DN32，室内安装，燃气工程，螺纹连接，除轻锈，刷一丹二银	4	14＋15＋16＋17
5	031001002005	焊接钢管 DN25，室内安装，燃气工程，螺纹连接，除轻锈，刷一丹二银，填料套管	5	11＋14＋15＋16＋17
6	031001002006	焊接钢管 DN15，室内安装，燃气工程，螺纹连接，除轻锈，刷一丹二银	6	14＋15＋16＋17
7	031002001001	管道支架制作安装，除锈，刷一丹二银	13	18＋19＋20＋21
8	031003001001	螺纹阀门，铸铁旋塞（压兰式），X13W-10，DN50	7	无
9	031003001002	螺纹阀门，铸铁旋塞（紧接式）S13W-10，DN15	8	无
10	031007005001	燃气表，民用，1.5m³/h	10	无
11	031007006001	燃气灶具，人工煤气灶具，民用，JZ-2 型双眼灶	9	无

分部分项工程量清单计价表　　　　　　　　　　　　表 3-162

工程名称：室内煤气工程　　　　　　　　　　　　　　　　　　　第　页　共　页

序号	项目编码	分项工程名称	定额单位	工程数量	金额（元）综合单价	金额（元）合价
1	031001002001	钢管，无缝钢管 φ57×4 安装，室内燃气工程，螺纹连接	m	4.4	64.74	284.84
2	031001002002	焊接钢管 φ50，室内安装，燃气工程，螺纹连接，除轻锈，刷一丹二银	m	4.9	53.36	261.48
3	031001002003	焊接钢管 DN40，室内安装，燃气工程，螺纹连接，除轻锈，刷一丹二银	m	4.5	41.3	185.85
4	031001002004	焊接钢管 DN32，室内安装，燃气工程，螺纹连接，除轻锈，刷一丹二银	m	15.9	33.22	528.24
5	031001002005	焊接钢管 DN25，室内安装，燃气工程，螺纹连接，除轻锈，刷一丹二银	m	24.2	28.97	701.11
6	031001002006	焊接钢管 DN15，室内安装，燃气工程，螺纹连接，除轻锈，刷一丹二银	m	50.9	21.18	1078.26
7	031002001001	管道支架制作安装，除锈，刷一丹二银	kg	16	15.91	254.53
8	031003001001	螺纹阀门，铸铁旋塞（压兰式），X13W-10，DN50	个	1	111.31	111.31
9	031003001002	螺纹阀门，铸铁旋塞（紧接式）S13W-10，DN15	个	12	30.96	371.57
10	031007005001	燃气表，民用，1.5m³/h	块	12	184.6	2215.2
11	031007006001	燃气灶具，人工煤气灶具，民用，JZ-2 型双眼灶	台	12	278.12	3337.44

分部分项工程量清单综合单价分析表

表 3-163

工程名称：某工程给排水

第 页 共 页

序号	项目编码	项目名称	定额编号	工程内容	单位	数量	其中（元）					综合单价	合价
							人工费	材料费	机械费	管理费	利润		
1	031001002001	无缝钢管 ϕ57×4			m	4.4						64.74	284.84
			8-595	无缝钢管	10m	0.44	78.92	127.15	10.01	73.47	17.29		306.84 ×0.44
				无缝钢管 ϕ57×4	m	4.49	—	23.5	—	7.99	1.88		33.37 ×4.49
2	031001002002	焊接钢管 DN50			m	4.9						53.36	261.48
			8-594	焊接钢管 DN50	10m	0.49	64.09	81.45	5.77	51.45	12.10		214.86 ×0.49
				焊接钢管 DN50	m	5.00	—	19.84	—	6.75	1.59		28.18 ×5.00
			11-1	焊接钢管除轻锈	10m²	0.09	7.89	3.38	—	3.83	0.9		16× 0.09
			11-51	刷一遍红丹防锈漆	10m²	0.09	6.27	1.07	—	2.5	0.59		10.43 × 0.09
				醇酸防锈漆	kg	0.13	—	6.8	—	2.31	0.54		9.65 ×0.13
			11-56	刷银粉漆第一遍	10m²	0.09	6.5	4.81	—	3.85	0.9		16.06 ×0.09
				酚醛清漆各色	kg	0.03	—	7.8	—	2.65	0.62		11.07 ×0.03
			11-57	刷银粉漆第二遍	10m²	0.09	6.27	4.37	—	3.62	0.85		15.11 ×0.09
				酚醛清漆各色	kg	0.03	—	7.8	—	2.65	0.62		11.07 ×0.03
			8-172	填料套管 DN50	个	2	1.39	1.50	—	0.98	0.23		4.1 ×2
3	031001002003	焊接钢管 DN40			m	4.5						41.3	185.85
			8-593	焊接钢管 DN40	10m	0.45	63.85	55.10	4.11	41.84	9.84		174.74 ×0.45
				焊接钢管 DN40	m	4.59	—	15.6	—	5.3	1.25		22.15 ×4.59
			11-1	焊接钢管除轻锈	10m²	0.07	7.89	3.38		3.83	0.9		16× 0.07

续表

序号	项目编码	项目名称	定额编号	工程内容	单位	数量	人工费	材料费	机械费	管理费	利润	综合单价	合价
							其中（元）						
			11-51	刷一遍红丹防锈漆	10m²	0.07	6.27	1.07	—	2.5	0.59		10.43×0.07
				醇酸防锈漆	kg	0.10	—	6.8	—	2.31	0.54		9.65×0.10
			11-56	刷银粉漆第一遍	10m²	0.07	6.5	4.81	—	3.85	0.9		16.06×0.07
				酚醛清漆各色	kg	0.03	—	7.8	—	2.65	0.62		11.07×0.03
			11-57	刷银粉漆第二遍	10m²	0.07	6.27	4.37	—	3.62	0.85		15.11×0.07
				酚醛清漆各色	kg	0.02	—	7.8	—	2.65	0.62		11.07×0.02
4	031001002004	焊接钢管DN32			m	15.9						33.22	528.24
			8-592	焊接钢管DN32	10m	1.59	51.08	43.07	2.79	32.96	7.76		137.66×1.59
				焊接钢管DN32	m	16.22	—	12.7	—	4.32	1.02		18.04×16.22
			11-1	焊接钢管除轻锈	10m²	0.21	7.89	3.38	—	3.83	0.9		16×0.21
			11-51	刷一遍红丹防锈漆	10m²	0.21	6.27	1.07	—	2.5	0.59		10.43×0.21
				醇酸防锈漆	kg	0.31	—	6.8	—	2.31	0.54		9.65×0.31
			11-56	刷银粉漆第一遍	10m²	0.21	6.5	4.81	—	3.85	0.9		16.06×0.21
				酚醛清漆各色	kg	0.08	—	7.8	—	2.65	0.62		11.07×0.18
			11-57	刷银粉漆第二遍	10m²	0.21	6.27	4.37	—	3.62	0.85		15.11×0.21
				酚醛清漆各色	kg	0.07	—	7.8	—	2.65	0.62		11.07×0.07
5	031001002005	焊接钢管DN25			m	24.2						28.97	701.11
			8-591	焊接钢管DN25	10m	2.42	50.97	30.95	2.39	28.67	6.74		119.72×2.42
				焊接钢管DN25	m	24.68	—	10.62	—	3.61	0.85		15.08×24.68

续表

序号	项目编码	项目名称	定额编号	工程内容	单位	数量	其中（元）					综合单价	合价
							人工费	材料费	机械费	管理费	利润		
			11-1	焊接钢管除轻锈	10m²	0.25	7.89	3.38	—	3.83	0.9		16× 0.25
			11-51	刷一遍红丹防锈漆	10m²	0.25	6.27	1.07	—	2.5	0.59		10.43 ×0.25
				醇酸清漆各色	kg	0.37	—	6.8	—	2.31	0.54		9.65 ×0.37
			11-56	刷银粉漆第一遍	10m²	0.25	6.5	4.81	—	3.85	0.9		16.06 ×0.25
				酚醛防锈漆	kg	0.09	—	7.8	—	2.65	0.62		11.07 ×0.09
			11-57	刷银粉漆第二遍	10m²	0.25	6.27	4.37	—	3.62	0.85		15.11 ×0.25
				酚醛清漆各色	kg	0.08	—	7.8	—	2.65	0.62		11.07 ×0.08
			8-169	填料套管 $\phi25$	个	8	0.7	1.00	—	0.58	0.14		2.42 ×8
6	031001002006	焊接钢管 DN15			m	50.9						21.18	1078.26
			8-589	焊接钢管 DN15	10m	5.09	42.89	20.63	4.42	23.10	5.44		96.48 ×5.09
				焊接钢管 DN15	m	51.92		7.6		2.58	0.61		10.79 ×51.92
			11-1	焊接钢管除轻锈	10m²	0.34	7.89	3.38	—	3.83	0.9		16× 0.34
			11-51	刷一遍红丹防锈漆	10m²	0.34	6.27	1.07	—	2.5	0.59		10.43 ×0.34
				醇酸防锈漆	kg	0.50	—	6.8	—	2.31	0.54		9.65 ×0.50
			11-56	刷银粉漆第一遍	10m²	0.34	6.5	4.81	—	3.85	0.9		16.06 ×0.34
				酚醛清漆各色	kg	0.12	—	7.8	—	2.65	0.62		11.07 ×0.12
			11-57	刷银粉漆第二遍	10m²	0.34	6.27	4.37	—	3.62	0.85		15.11 ×0.34
				酚醛清漆各色	kg	0.11	—	7.8	—	2.65	0.62		11.07 ×0.11
7	031002001001	管道支架制作安装			kg	16						15.91	254.53

续表

序号	项目编码	项目名称	定额编号	工程内容	单位	数量	其中（元）					综合单价	合价
							人工费	材料费	机械费	管理费	利润		
			8-178	管道支架制作安装	100kg	0.16	235.45	194.20	224.26	222.33	52.31		928.55×0.16
				型钢	kg	16.96	—	3.7	—	1.26	0.30		5.26×16.96
			11-7	支架除轻锈	100kg	0.16	7.89	2.50	6.96	5.90	1.39		24.64×0.16
			11-117	支架刷红丹防锈漆第一遍	100kg	0.16	5.34	0.87	6.96	4.48	1.05		18.7×0.16
				醇酸防锈漆	kg	0.19	—	6.8	—	2.31	0.54		9.65×0.19
			11-122	刷银粉漆第一遍	100kg	0.16	5.11	3.93	6.96	5.44	1.28		22.72×0.16
				酚醛清漆各色	kg	0.04	—	7.8	—	2.65	0.62		11.07×0.04
			11-123	刷银粉漆第二遍	100kg	0.16	5.11	3.18	6.96	5.19	1.22		21.66×0.16
				酚醛防锈漆	kg	0.04	—	7.8	—	2.65	0.62		11.07×0.04
8	031003001001	螺纹阀门φ50			个	1						111.31	111.31
			8-246	螺纹阀门DN50	个	1	5.80	9.26	—	5.12	1.2		21.38×1
				螺纹阀门DN50	个	1.01	—	62.7	—	21.32	5.02		89.04×1.01
9	031003001002	螺纹阀门φ15			个	12						30.96	371.57
			8-241	螺纹阀门DN15	个	12	2.32	2.11		1.51	0.35		6.29×12
				螺纹阀门DN15	个	12.12	—	17.2	·	5.85	1.38		24.43×12.12
10	031007005001	燃气表			块	12						184.6	2215.2
			8-622	民用燃气表(1.5m³/h)	块	12	9.06	0.24	—	3.16	0.74		13.2×12
				燃气表(1.5m³/h)	块	12	—	120.7	—	41.04	9.66		171.4×12
11	031007006001	燃气灶具			台	12						278.12	3337.44
			8-648	JZ-2双眼灶	台	12	6.5	2.36	—	3.01	0.71		12.58×12
				JZ-2双眼灶	台	12	—	187	—	63.58	14.96	—	265.54×12

室内给排水工程量审查实例。

二、《通用安装工程工程量计算规范》GB 50856—2013 计算方法（表 3-164～表 3-175）

（套用《全国统一安装工程预算定额》GYD—208—2000，人、材、机差价均不作调整）

分部分项工程量清单与计价表　　　　　　　　　　表 3-164

工程名称：　　　　　　　　　　标段：　　　　　　　第　页　共　页

序号	项目编码	项目名称	项目特征描述	计量单位	工程量	金额（元）		
						综合单价	合价	其中暂估价
1	031001002001	钢管	无缝钢管 DN57×4 安装室内燃气工程，螺纹连接	m	4.40	63.02	277.29	
2	031001002002	钢管	焊接钢管 DN50，室内安装，燃气工程螺纹连接，除轻锈，刷一丹二银	m	4.90	53.94	264.31	
3	031001002003	钢管	焊接钢管 DN40，室内安装，燃气工程螺纹连接，除轻锈，刷一丹二银	m	4.50	43.88	197.46	
4	031001002004	钢管	焊接钢管 DN32，室内安装，燃气工程螺纹连接，除轻锈，刷一丹二银	m	15.90	35.18	559.36	
5	031001002005	钢管	焊接钢管 DN25，室内安装，燃气工程螺纹连接，除轻锈，刷一丹二银	m	24.20	32.48	786.02	
6	031001002006	钢管	焊接钢管 DN15，室内安装，燃气工程螺纹连接，除轻锈，刷一丹二银	m	50.90	24.57	1250.61	
7	031002001001	管道支架制作安装	除锈，刷一丹二银	kg	16.00	16.78	268.48	
8	031003001001	螺纹阀门	铸铁旋塞（压兰式），X13W-10，DN50	个	1	90.88	90.88	
9	031003001001	螺纹阀门	铸铁旋塞（紧接式），S13W-10，DN15	个	12	26.80	321.60	
10	031007005001	燃气表	民用，1.5m³/h	块	12	161.64	1939.68	
11	031007006001	燃气灶具	人工煤气灶具，民用，JZ-2 型双眼灶	台	12	209.86	2518.32	
		本页小计					8474.01	
		合　计					8474.01	

注：根据建设部、财政部发布的《建筑安装工程费用组成》（建标〔2003〕206 号）的规定，为计取规费等的使用。可在表中增设其中："直接费"、"人工费"或"人工费＋机械费"。

工程量清单综合单价分析表　　　　　　　　　　表 3-165

| 工程名称： | | | | | | | | 标段： | | | 第　页　共　页 | | |

| 项目编码 | 031001002001 | | 项目名称 | | 钢管 | | 计量单位 | | m |

清单综合单价组成明细

定额编号	定额名称	定额单位	数量	单价				合价			
				人工费	材料费	机械费	管理费和利润	人工费	材料费	机械费	管理费和利润
8-595	无缝钢管 $\phi57\times4$	10m	0.1	78.92	131.59	10.01	169.99	7.89	13.16	1.00	17.00
人工单价			小　计					7.89	13.16	1.00	17.00
23.22 元/工日			未计价材料费					23.97			
清单项目综合单价								63.02			

材料费明细	主要材料名称、规格、型号				单位	数量	单价（元）	合价（元）	暂估单价（元）	暂估合价（元）
	无缝钢管 $\phi57\times4$				m	1.020	23.50	23.97		
	其他材料费						—	—	—	—
	材料费小计						—	23.97	—	—

注：1. "数量"栏为"投标方（定额）工程量÷招标方（清单）工程量×定额单位数量"，如"0.1"为"0.44÷44"；

　　2. 管理费费率为 155.4%，利润率为 60%，均以人工费为基数。

工程量清单综合单价分析表　　　　　　　　　　表 3-166

| 工程名称： | | | | | | | | 标段： | | | 第　页　共　页 | | |

| 项目编码 | 031001002002 | | 项目名称 | | 钢管 | | 计量单位 | | m |

清单综合单价组成明细

定额编号	定额名称	定额单位	数量	单价				合价			
				人工费	材料费	机械费	管理费和利润	人工费	材料费	机械费	管理费和利润
8-594	焊接钢管 DN50	10m	0.1	64.09	83.85	5.77	138.05	6.41	8.39	0.58	13.81
11-1	管道除轻锈	10m³	0.0184	7.89	3.38	—	17.00	0.15	0.06	—	0.31
11-51	刷一遍红丹防锈漆	10m³	0.0184	6.27	1.07	—	13.51	0.12	0.02	—	0.25
11-56	刷银粉漆第一遍	10m³	0.0184	6.50	4.81	—	14.00	0.12	0.09	—	0.26
11-57	刷银粉漆第二遍	10m³	0.0184	6.27	4.37	—	13.51	0.12	0.08	—	0.25
8-172	填料套管 DN50	个	0.408	1.39	1.50	—	2.99	0.57	0.61	—	1.22
人工单价			小　计					7.49	9.25	0.58	16.10
23.22 元/工日			未计价材料费					20.52			
清单项目综合单价								53.94			

续表

	主要材料名称、规格、型号	单位	数量	单价（元）	合价（元）	暂估单价（元）	暂估合价（元）
材料费明细	焊接钢管 DN50	m	1.020	19.84	20.24		
	醇酸防锈漆	kg	0.027	6.80	0.18		
	酚醛清漆各色	kg	0.0127	7.80	0.10		
	其他材料费			—		—	
	材料费小计			—	20.52	—	

注：1. "数量"栏为"投标方（定额）工程量÷招标方（清单）工程量÷定额单位数量"，如"0.184"为"0.09÷4.9"；

2. 管理费费率为155.4%，利润率为60%，均以人工费为基数。

工程量清单综合单价分析表　　　表3-167

工程名称：　　　　　　　标段：　　　　　第　页　共　页

项目编码	031001002003	项目名称	钢管	计量单位	m

清单综合单价组成明细

定额编号	定额名称	定额单位	数量	单价 人工费	材料费	机械费	管理费和利润	合价 人工费	材料费	机械费	管理费和利润
8-593	焊接钢管 DN40	10m	0.100	63.85	55.94	4.11	137.53	6.39	5.59	0.41	13.75
11-1	焊接钢管除轻锈	10m³	0.016	7.89	3.38	—	17.00	0.13	0.05	—	0.27
11-51	刷一遍红丹防锈漆	10m³	0.016	6.27	1.07	—	13.51	0.10	0.02	—	0.22
11-56	刷银粉漆第一遍	10m³	0.016	6.50	4.81	—	14.00	0.10	0.08	—	0.22
11-57	刷银粉漆第二遍	10m³	0.016	6.27	4.37	—	13.51	0.10	0.07	—	0.22
人工单价		小　计						6.82	5.81	0.41	14.68
23.22元/工日		未计价材料费							16.16		
清单项目综合单价									43.88		

	主要材料名称、规格、型号	单位	数量	单价（元）	合价（元）	暂估单价（元）	暂估合价（元）
材料费明细	焊接钢管 DN40	m	1.020	15.60	15.91		
	醇酸防锈漆	kg	0.024	6.80	0.16		
	酚醛清漆各色	kg	0.011	7.80	0.09		
	其他材料费			—		—	
	材料费小计			—	16.16	—	

注：1. "数量"栏为"投标方（定额）工程量÷招标方（清单）工程量÷定额单位数量"，如"0.016"为"0.07÷4.5"

2. 管理费费率为155.4%，利润率为60%，均以人工费为基数。

工程量清单综合单价分析表　　　　表 3-168

工程名称：　　　　　　　　　　　　标段：　　　　　　　　第　页　共　页

| 项目编码 | 031001002004 | | | 项目名称 | | | 钢管 | | 计量单位 | | m |

清单综合单价组成明细

定额编号	定额名称	定额单位	数量	单价				合价			
				人工费	材料费	机械费	管理费和利润	人工费	材料费	机械费	管理费和利润
8-592	焊接钢管 DN32	10m	0.100	51.08	43.67	2.79	110.03	5.11	4.37	0.28	11.00
11-1	焊接钢管除轻锈	10m³	0.013	7.89	3.38	—	17.00	0.10	0.04	—	0.22
11-51	刷一遍红丹防锈漆	10m³	0.013	6.27	1.07	—	13.51	0.08	0.01	—	0.18
11-56	刷银粉漆第一遍	10m³	0.013	6.50	4.81	—	14.00	0.08	0.06	—	0.18
11-57	刷银粉漆第二遍	10m³	0.013	6.27	4.37	—	13.51	0.08	0.06	—	0.18
人工单价			小　计					5.45	4.54	0.28	11.76
23.22 元/工日			未计价材料费					13.15			
清单项目综合单价								35.18			

	主要材料名称、规格、型号			单位	数量	单价（元）	合价（元）	暂估单价（元）	暂估合价（元）
材料费明细	焊接钢管 DN32			m	1.020	12.70	12.95		
	醇酸防锈漆			kg	0.019	6.80	0.13		
	酚醛清漆各色			kg	0.009	7.80	0.07		
	其他材料费					—		—	
	材料费小计					—	13.15	—	

注：1. "数量"栏为"投标方（定额）工程量÷招标方（清单）工程量÷定额单位数量"，如"0.013"为"0.21÷15.9"；

2. 管理费费率为 155.4%，利润率为 60%，均以人工费为基数。

工程量清单综合单价分析表　　　　表 3-169

工程名称：　　　　　　　　　　　　标段：　　　　　　　　第　页　共　页

| 项目编码 | 031001002005 | | | 项目名称 | | | 钢管 | | 计量单位 | | m |

清单综合单价组成明细

定额编号	定额名称	定额单位	数量	单价				合价			
				人工费	材料费	机械费	管理费和利润	人工费	材料费	机械费	管理费和利润
11-1	焊接钢管除轻锈	10m³	0.010	7.89	3.38	—	17.00	0.08	0.03	—	0.17
11-51	刷一遍红丹防锈漆	10m³	0.010	6.27	1.07	—	13.51	0.06	0.01	—	0.14

续表

定额编号	定额名称	定额单位	数量	单价				合价			
				人工费	材料费	机械费	管理费和利润	人工费	材料费	机械费	管理费和利润
11-56	刷银粉漆第一遍	10m³	0.010	6.50	4.81	—	14.00	0.07	0.05	—	0.14
11-57	刷银粉漆第二遍	10m³	0.010	6.27	4.37	—	13.51	0.06	0.04	—	0.14
8-169	填料套管 DN25	个	0.331	0.70	1.00	—	1.51	0.23	0.33	—	0.50
人工单价			小　计					5.60	3.59	0.24	12.07
23.22 元/工日			未计价材料费					10.98			
		清单项目综合单价						32.48			

材料费明细	主要材料名称、规格、型号		单位	数量	单价(元)	合价(元)	暂估单价(元)	暂估合价(元)
	焊接钢管 DN25		m	1.020	10.62	10.83		
	醇酸防锈漆		kg	0.015	6.80	0.10		
	酚醛清漆各色		kg	0.007	7.80	0.05		
	其他材料费				—		—	
	材料费小计				—	10.98	—	

注：1. "数量"栏为"投标方（定额）工程量÷招标方（清单）工程量÷定额单位数量"，如"0.331"为"8÷24.2"；

2. 管理费费率为 155.4%，利润率为 60%，均以人工费为基数。

工程量清单综合单价分析表　　　　　表 3-170

工程名称：　　　　　　　　标段：　　　　　　第　页　共　页

项目编码	031001002006		项目名称		钢管		计量单位		m		

定额编号	定额名称	定额单位	数量	单价				合价			
				人工费	材料费	机械费	管理费和利润	人工费	材料费	机械费	管理费和利润
8-589	焊接钢管 DN15	10m	0.100	42.89	20.63	4.42	92.39	4.29	2.06	0.44	9.24
11-1	焊接钢管除轻锈	10m³	0.007	7.89	3.38	—	17.00	0.06	0.02	—	0.12
11-51	刷一遍红丹防锈漆	10m³	0.007	6.27	1.07	—	13.51	0.04	0.01	—	0.09
11-56	刷银粉漆第一遍	10m³	0.007	6.50	4.81	—	14.00	0.05	0.03	—	0.10
11-57	刷银粉漆第二遍	10m³	0.007	6.27	4.37	—	13.51	0.04	0.03	—	0.09
人工单价			小　计					4.48	2.15	0.44	9.64
23.22 元/工日			未计价材料费					7.86			
		清单项目综合单价						24.57			

续表

	主要材料名称、规格、型号	单位	数量	单价（元）	合价（元）	暂估单价（元）	暂估合价（元）
材料费明细	焊接钢管 DN15	m	1.020	7.60	7.75		
	醇酸防锈漆	kg	0.010	6.80	0.07		
	酚醛清漆各色	kg	0.005	7.80	0.04		
	其他材料费			—		—	
	材料费小计			—	7.86	—	

注：1. "数量"栏为"投标方（定额）工程量÷招标方（清单）工程量÷定额单位数量"，如"0.007"为"0.34÷50.9"；

2. 管理费费率为 155.4%，利润率为 60%，均以人工费为基数。

工程量清单综合单价分析表　　　　表 3-171

工程名称：　　　　　　　　　　　　　标段：　　　　　　第　页　共　页

项目编码	031002001001	项目名称		管道支架制作安装	计量单位		kg

清单综合单价组成明细

定额编号	定额名称	定额单位	数量	单价				合价			
				人工费	材料费	机械费	管理费和利润	人工费	材料费	机械费	管理费和利润
8-178	管道支架制作安装	100kg	0.01	235.45	194.98	224.26	507.16	2.35	1.95	2.24	5.07
11-7	支架除轻锈	100kg	0.01	7.89	2.50	6.96	17.00	0.08	0.03	0.07	0.17
11-117	刷红丹防锈漆一遍	100kg	0.01	5.34	0.87	6.96	11.50	0.05	0.01	0.07	0.12
11-122	刷银粉漆第一遍	100kg	0.01	5.11	3.93	6.96	11.01	0.05	0.04	0.07	0.11
11-123	刷银粉漆第二遍	100kg	0.01	5.11	3.18	6.96	11.01	0.05	0.03	0.07	0.11
人工单价		小　计						2.58	2.06	2.52	5.58
23.22 元/工日		未计价材料费						4.04			
清单项目综合单价								16.78			

	主要材料名称、规格、型号	单位	数量	单价（元）	合价（元）	暂估单价（元）	暂估合价（元）
材料费明细	型钢	kg	1.060	3.70	3.92		
	醇酸防锈漆	kg	0.012	6.80	0.08		
	酚醛清漆各色	kg	0.005	7.80	0.04		
	其他材料费			—		—	
	材料费小计			—	4.04	—	

注：1. "数量"栏为"投标方（定额）工程量÷招标方（清单）工程量÷定额单位数量"，如"0.01"为"0.16÷16"；

2. 管理费费率为 155.4%，利润率为 60%，均以人工费为基数。

工程量清单综合单价分析表　　　　　　　表 3-172

工程名称：　　　　　　　　　标段：　　　　　第　页　共　页

| 项目编码 | 031003001001 | | 项目名称 | | 螺纹阀门 | 计量单位 | | 个 |

清单综合单价组成明细

定额编号	定额名称	定额单位	数量	单价				合价			
				人工费	材料费	机械费	管理费和利润	人工费	材料费	机械费	管理费和利润
8-246	螺纹阀门 DN50	个	1	5.80	9.26	—	12.49	5.80	9.26	—	12.49
人工单价			小　计					5.80	9.26	—	12.49
23.22 元/工日			未计价材料费					63.33			
清单项目综合单价								90.88			

	主要材料名称、规格、型号	单位	数量	单价（元）	合价（元）	暂估单价（元）	暂估合价（元）
材料费明细	螺纹阀门 DN50	个	1.010	62.70	63.33		
	其他材料费				—		—
	材料费小计				63.33	—	

注：1."数量"栏为"投标方（定额）工程量÷招标方（清单）工程量÷定额单位数量"，如"1"为"1÷1"；

2.管理费费率为 155.49，利润率为 60%，均以人工费为基数。

工程量清单综合单价分析表　　　　　　　表 3-173

工程名称：　　　　　　　　　标段：　　　　　第　页　共　页

| 项目编码 | 031003001002 | | 项目名称 | | 螺纹阀门 | 计量单位 | | 个 |

清单综合单价组成明细

定额编号	定额名称	定额单位	数量	单价				合价			
				人工费	材料费	机械费	管理费和利润	人工费	材料费	机械费	管理费和利润
8-241	螺纹阀门 DN15	个	1	2.32	2.11	—	5.00	2.32	2.11	—	5.00
人工单价			小　计					2.32	2.11	—	5.00
23.22 元/工日			未计价材料费					17.37			
清单项目综合单价								26.80			

	主要材料名称、规格、型号	单位	数量	单价（元）	合价（元）	暂估单价（元）	暂估合价（元）
材料费明细	螺纹阀门 DN15	个	1.010	17.20	17.37		
	其他材料费				—		
	材料费小计				17.37	—	

注：1."数量"栏为"投标方（定额）工程量÷招标方（清单）工程量÷定额单位数量"，如"1"为"12÷12"；

2.管理费费率为 155.49，利润率为 60%，均以人工费为基数。

工程量清单综合单价分析表

表 3-174

工程名称：　　　　　　　　　　标段：　　　　　　　第　页　共　页

项目编码	031007005001	项目名称	燃气表	计量单位	块

清单综合单价组成明细

定额编号	定额名称	定额单位	数量	单价				合价			
				人工费	材料费	机械费	管理费和利润	人工费	材料费	机械费	管理费和利润
8-622	民用燃气表(1.5m³/h)	块	1	9.06	0.24	—	19.52	9.06	0.24	—	19.52
人工单价		小　计						9.06	0.24	—	19.52
23.22元/工日		未计价材料费						132.82			
清单项目综合单价								161.64			

材料费明细	主要材料名称、规格、型号	单位	数量	单价(元)	合价(元)	暂估单价(元)	暂估合价(元)
	燃气表 1.5m³/h	块	1.000	120.70	120.70		
	燃气表接头	套	1.010	12.00	12.12		
	其他材料费			—		—	
	材料费小计			—	132.82	—	

注：1. "数量"栏为"投标方（定额）工程量÷招标方（清单）工程量÷定额单位数量"，如"1"为"12÷12"；
　　2. 管理费费率为155.49%，利润率为60%，均以人工费为基数。

工程量清单综合单价分析表

表 3-175

工程名称：　　　　　　　　　　标段：　　　　　　　第　页　共　页

项目编码	031007006001	项目名称	燃气灶具	计量单位	台

清单综合单价组成明细

定额编号	定额名称	定额单位	数量	单价				合价			
				人工费	材料费	机械费	管理费和利润	人工费	材料费	机械费	管理费和利润
8-648	JZ-2型双眼灶	台	1	6.50	2.36	—	14.00	6.50	2.36	—	14.00
人工单价		小　计						6.50	2.36	—	14.00
23.22元/工日		未计价材料费						187.00			
清单项目综合单价								209.86			

材料费明细	主要材料名称、规格、型号	单位	数量	单价(元)	合价(元)	暂估单价(元)	暂估合价(元)
	双眼灶 JZ-2	台	1	187.00	187.00		
	其他材料费			—		—	
	材料费小计			—	187.00	—	

注：1. "数量"栏为"投标方（定额）工程量÷招标方（清单）工程量÷定额单位数量"，如"1"为"12÷12"；
　　2. 管理费费率为155.4%，利润率为60%，均以人工费为基数。

三、《建设工程工程量清单计算规范》GB 50500—2013 和《通用安装工程工程量计算规范》GB 50856—2013 计算方法（表 3-176～表 3-187）

（套用《全国统一安装工程预算定额》GYD-208-2000，人、材、机差价均不作调整）

分部分项工程和单价措施项目清单与计价表　　　　　　　　　表 3-176

工程名称：　　　　　　　　　标段：　　　　　　　第　页　共　页

序号	项目编码	项目名称	项目特征描述	计量单位	工程量	金额（元）		
						综合单价	合价	其中暂估价
1	031001002001	钢管	无缝钢管 $DN57 \times 4$ 安装室内燃气工程，螺纹连接	m	4.40	63.02	277.29	
2	031001002002	钢管	焊接钢管 $DN50$，室内安装，燃气工程螺纹连接，除轻锈，刷一丹二银	m	4.90	53.94	264.31	
3	031001002003	钢管	焊接钢管 $DN40$，室内安装，燃气工程螺纹连接，除轻锈，刷一丹二银	m	4.50	43.88	197.46	
4	031001002004	钢管	焊接钢管 $DN32$，室内安装，燃气工程螺纹连接，除轻锈，刷一丹二银	m	15.90	35.18	559.36	
5	031001002005	钢管	焊接钢管 $DN25$，室内安装，燃气工程螺纹连接，除轻锈，刷一丹二银	m	24.20	32.48	786.02	
6	031001002006	钢管	焊接钢管 $DN15$，室内安装，燃气工程螺纹连接，除轻锈，刷一丹二银	m	50.90	24.57	1250.61	
7	031002001001	管道支架制作安装	除锈，刷一丹二银	kg	16.00	16.78	268.48	
8	031003001001	螺纹阀门	铸铁旋塞（压兰式），$X13W-10$，$DN50$	个	1	90.88	90.88	
9	031003001002	螺纹阀门	铸铁旋塞（紧接式），$S13W-10$，$DN15$	个	12	26.80	321.60	
10	031007005001	燃气表	民用，$1.5m^3/h$	块	12	161.64	1939.68	
11	031007006001	燃气灶具	人工煤气灶具，民用，JZ-2 型双眼灶	台	12	209.86	2518.32	
			本页小计				8474.01	
			合　计				8474.01	

注：根据建设部、财政部发布的《建筑安装工程费用组成》（建标［2003］206 号）的规定，为计取规费等的使用。可在表中增设其中："直接费"、"人工费"或"人工费＋机械费"。

工程量清单综合单价分析表

表 3-177

工程名称：　　　　　　　　　　　标段：　　　　　　　第　页　共　页

项目编码	031001002001	项目名称	钢管	计量单位	m	工程量	4.40

清单综合单价组成明细

定额编号	定额名称	定额单位	数量	单价				合价			
				人工费	材料费	机械费	管理费和利润	人工费	材料费	机械费	管理费和利润
8-595	无缝钢管 $\phi57\times4$	10m	0.1	78.92	131.59	10.01	169.99	7.89	13.16	1.00	17.00
人工单价		小　计						7.89	13.16	1.00	17.00
23.22 元/工日		未计价材料费						23.97			
清单项目综合单价								63.02			

材料费明细	主要材料名称、规格、型号	单位	数量	单价（元）	合价（元）	暂估单价（元）	暂估合价（元）
	无缝钢管 $\phi57\times4$	m	1.020	23.50	23.97		
	其他材料费			—	—	—	—
	材料费小计			—	23.97	—	—

注：1. "数量"栏为"投标方（定额）工程量÷招标方（清单）工程量÷定额单位数量"，如"0.1"为"0.44÷
44"；

2. 管理费费率为 155.4%，利润率为 60%，均以人工费为基数。

工程量清单综合单价分析表

表 3-178

工程名称：　　　　　　　　　　　标段：　　　　　　　第　页　共　页

项目编码	031001002002	项目名称	钢管	计量单位	m	工程量	4.90

清单综合单价组成明细

定额编号	定额名称	定额单位	数量	单价				合价			
				人工费	材料费	机械费	管理费和利润	人工费	材料费	机械费	管理费和利润
8-594	焊接钢管 $DN50$	10m	0.1	64.09	83.85	5.77	138.05	6.41	8.39	0.58	13.81
11-1	管道除轻锈	10m³	0.0184	7.89	3.38	—	17.00	0.15	0.06	—	0.31
11-51	刷一遍红丹防锈漆	10m³	0.0184	6.27	1.07	—	13.51	0.12	0.02	—	0.25
11-56	刷银粉漆第一遍	10m³	0.0184	6.50	4.81	—	14.00	0.12	0.09	—	0.26
11-57	刷银粉漆第二遍	10m³	0.0184	6.27	4.37	—	13.51	0.12	0.08	—	0.25
8-172	填料套管 $DN50$	个	0.408	1.39	1.50	—	2.99	0.57	0.61	—	1.22
人工单价		小　计						7.49	9.25	0.58	16.10
23.22 元/工日		未计价材料费						20.52			
清单项目综合单价								53.94			

续表

材料费明细	主要材料名称、规格、型号	单位	数量	单价（元）	合价（元）	暂估单价（元）	暂估合价（元）
	焊接钢管 *DN*50	m	1.020	19.84	20.24		
	醇酸防锈漆	kg	0.027	6.80	0.18		
	酚醛清漆各色	kg	0.0127	7.80	0.10		
	其他材料费			—			
	材料费小计			—	20.52	—	

注：1.“数量”栏为“投标方（定额）工程量÷招标方（清单）工程量÷定额单位数量”，如“0.184”为“0.09÷4.9”；

2.管理费费率为155.4%，利润率为60%，均以人工费为基数。

工程量清单综合单价分析表
表 3-179

工程名称：　　　　　　　　标段：　　　　　　第　页　共　页

项目编码	031001002003	项目名称	钢管	计量单位	m	工程量	4.50

清单综合单价组成明细

定额编号	定额名称	定额单位	数量	单价				合价			
				人工费	材料费	机械费	管理费和利润	人工费	材料费	机械费	管理费和利润
8-593	焊接钢管 *DN*40	10m	0.100	63.85	55.94	4.11	137.53	6.39	5.59	0.41	13.75
11-1	焊接钢管除轻锈	10m³	0.016	7.89	3.38	—	17.00	0.13	0.05	—	0.27
11-51	刷一遍红丹防锈漆	10m³	0.016	6.27	1.07	—	13.51	0.10	0.02	—	0.22
11-56	刷银粉漆第一遍	10m³	0.016	6.50	4.81	—	14.00	0.10	0.08	—	0.22
11-57	刷银粉漆第二遍	10m³	0.016	6.27	4.37	—	13.51	0.10	0.07	—	0.22
人工单价		小　计						6.82	5.81	0.41	14.68
23.22 元/工日		未计价材料费						16.16			
清单项目综合单价								43.88			

材料费明细	主要材料名称、规格、型号	单位	数量	单价（元）	合价（元）	暂估单价（元）	暂估合价（元）
	焊接钢管 *DN*40	m	1.020	15.60	15.91		
	醇酸防锈漆	kg	0.024	6.80	0.16		
	酚醛清漆各色	kg	0.011	7.80	0.09		
	其他材料费			—			
	材料费小计			—	16.16	—	

注：1.“数量”栏为“投标方（定额）工程量÷招标方（清单）工程量÷定额单位数量”，如“0.016”为“0.07÷4.5”

2.管理费费率为155.4%，利润率为60%，均以人工费为基数。

工程量清单综合单价分析表　　　　　　　　　　　　　　　表 3-180

| 工程名称： | | 标段： | | | 第　页　共　页 | | | |

项目编码	031001002004	项目名称	钢管	计量单位	m	工程量	15.90

清单综合单价组成明细

定额编号	定额名称	定额单位	数量	单价				合价			
				人工费	材料费	机械费	管理费和利润	人工费	材料费	机械费	管理费和利润
8-592	焊接钢管 DN32	10m	0.100	51.08	43.67	2.79	110.03	5.11	4.37	0.28	11.00
11-1	焊接钢管除轻锈	10m³	0.013	7.89	3.38	—	17.00	0.10	0.04	—	0.22
11-51	刷一遍红丹防锈漆	10m³	0.013	6.27	1.07	—	13.51	0.08	0.01	—	0.18
11-56	刷银粉漆第一遍	10m³	0.013	6.50	4.81	—	14.00	0.08	0.06	—	0.18
11-57	刷银粉漆第二遍	10m³	0.013	6.27	4.37	—	13.51	0.08	0.06	—	0.18
人工单价		小　计						5.45	4.54	0.28	11.76
23.22 元/工日		未计价材料费						13.15			
清单项目综合单价								35.18			

材料费明细	主要材料名称、规格、型号	单位	数量	单价（元）	合价（元）	暂估单价（元）	暂估合价（元）
	焊接钢管 DN32	m	1.020	12.70	12.95		
	醇酸防锈漆	kg	0.019	6.80	0.13		
	酚醛清漆各色	kg	0.009	7.80	0.07		
	其他材料费			—		—	
	材料费小计			—	13.15	—	

注：1. "数量"栏为"投标方（定额）工程量÷招标方（清单）工程量÷定额单位数量"，如"0.013"为"0.21÷15.9"；

2. 管理费费率为 155.4%，利润率为 60%，均以人工费为基数。

工程量清单综合单价分析表　　　　　　　　　　　　　　　表 3-181

| 工程名称： | | 标段： | | | 第　页　共　页 | | | |

项目编码	031001002005	项目名称	钢管	计量单位	m	工程量	24.20

清单综合单价组成明细

定额编号	定额名称	定额单位	数量	单价				合价			
				人工费	材料费	机械费	管理费和利润	人工费	材料费	机械费	管理费和利润
11-1	焊接钢管除轻锈	10m³	0.010	7.89	3.38	—	17.00	0.08	0.03	—	0.17
11-51	刷一遍红丹防锈漆	10m³	0.010	6.27	1.07	—	13.51	0.06	0.01	—	0.14

续表

定额编号	定额名称	定额单位	数量	单价				合价			
				人工费	材料费	机械费	管理费和利润	人工费	材料费	机械费	管理费和利润
11-56	刷银粉漆第一遍	10m³	0.010	6.50	4.81	—	14.00	0.07	0.05	—	0.14
11-57	刷银粉漆第二遍	10m³	0.010	6.27	4.37	—	13.51	0.06	0.04	—	0.14
8-169	填料套管 DN25	个	0.331	0.70	1.00	—	1.51	0.23	0.33	—	0.50
人工单价		小　计						5.60	3.59	0.24	12.07
23.22 元/工日		未计价材料费						10.98			
		清单项目综合单价						32.48			

材料费明细	主要材料名称、规格、型号		单位	数量	单价（元）	合价（元）	暂估单价（元）	暂估合价（元）
	焊接钢管 DN25		m	1.020	10.62	10.83		
	醇酸防锈漆		kg	0.015	6.80	0.10		
	酚醛清漆各色		kg	0.007	7.80	0.05		
	其他材料费					—		—
	材料费小计					—	10.98	—

注：1. "数量"栏为"投标方（定额）工程量÷招标方（清单）工程量÷定额单位数量"，如"0.331"为"8÷24.2"；

2. 管理费费率为155.4%，利润率为60%，均以人工费为基数。

工程量清单综合单价分析表　　　　　　　　表 3-182

工程名称：　　　　　　　　　标段：　　　　　　第　页　共　页

| 项目编码 | 031001002006 | 项目名称 | 钢管 | 计量单位 | m | 工程量 | 50.90 |

定额编号	定额名称	定额单位	数量	单价				合价			
				人工费	材料费	机械费	管理费和利润	人工费	材料费	机械费	管理费和利润
8-589	焊接钢管 DN15	10m	0.100	42.89	20.63	4.42	92.39	4.29	2.06	0.44	9.24
11-1	焊接钢管除轻锈	10m³	0.007	7.89	3.38	—	17.00	0.06	0.02	—	0.12
11-51	刷一遍红丹防锈漆	10m³	0.007	6.27	1.07	—	13.51	0.04	0.01	—	0.09
11-56	刷银粉漆第一遍	10m³	0.007	6.50	4.81	—	14.00	0.04	0.03	—	0.10
11-57	刷银粉漆第二遍	10m³	0.007	6.27	4.37	—	13.51	0.04	0.03	—	0.09
人工单价		小　计						4.48	2.15	0.44	9.64
23.22 元/工日		未计价材料费						7.86			
		清单项目综合单价						24.57			

续表

	主要材料名称、规格、型号	单位	数量	单价（元）	合价（元）	暂估单价（元）	暂估合价（元）
材料费明细	焊接钢管 DN15	m	1.020	7.60	7.75		
	醇酸防锈漆	kg	0.010	6.80	0.07		
	酚醛清漆各色	kg	0.005	7.80	0.04		
	其他材料费			—		—	
	材料费小计			—	7.86	—	

注：1. "数量"栏为"投标方（定额）工程量÷招标方（清单）工程量÷定额单位数量"，如"0.007"为"0.34÷50.9"；

2. 管理费费率为 155.4%，利润率为 60%，均以人工费为基数。

工程量清单综合单价分析表　　　　　　　表 3-183

工程名称：　　　　　　　　标段：　　　　　第　页　共　页

项目编码	031002001001	项目名称	管道支架制作安装	计量单位	kg	工程量	16.00

清单综合单价组成明细

定额编号	定额名称	定额单位	数量	单价				合价			
				人工费	材料费	机械费	管理费和利润	人工费	材料费	机械费	管理费和利润
8-178	管道支架制作安装	100kg	0.01	235.45	194.98	224.26	507.16	2.35	1.95	2.24	5.07
11-7	支架除轻锈	100kg	0.01	7.89	2.50	6.96	17.00	0.08	0.03	0.07	0.17
11-117	刷红丹防锈漆一遍	100kg	0.01	5.34	0.87	6.96	11.50	0.05	0.01	0.07	0.12
11-122	刷银粉漆第一遍	100kg	0.01	5.11	3.93	6.96	11.01	0.05	0.04	0.07	0.11
11-123	刷银粉漆第二遍	100kg	0.01	5.11	3.18	6.96	11.01	0.05	0.03	0.07	0.11
人工单价		小　计						2.58	2.06	2.52	5.58
23.22 元/工日		未计价材料费						4.04			
清单项目综合单价								16.78			

	主要材料名称、规格、型号	单位	数量	单价（元）	合价（元）	暂估单价（元）	暂估合价（元）
材料费明细	型钢	kg	1.060	3.70	3.92		
	醇酸防锈漆	kg	0.012	6.80	0.08		
	酚醛清漆各色	kg	0.005	7.80	0.04		
	其他材料费			—		—	
	材料费小计			—	4.04	—	

注：1. "数量"栏为"投标方（定额）工程量÷招标方（清单）工程量÷定额单位数量"，如"0.01"为"0.16÷16"；

2. 管理费费率为 155.4%，利润率为 60%，均以人工费为基数。

工程量清单综合单价分析表

表 3-184

工程名称：　　　　　　　　　　标段：　　　　　第　页　共　页

| 项目编码 | 031003001001 | 项目名称 | 螺纹阀门 | 计量单位 | 个 | 工程量 | 1 |

清单综合单价组成明细

定额编号	定额名称	定额单位	数量	单价				合价			
				人工费	材料费	机械费	管理费和利润	人工费	材料费	机械费	管理费和利润
8-246	螺纹阀门 DN50	个	1	5.80	9.26	—	12.49	5.80	9.26	—	12.49
人工单价		小　计						5.80	9.26	—	12.49
23.22元/工日		未计价材料费						63.33			
清单项目综合单价								90.88			

材料费明细	主要材料名称、规格、型号	单位	数量	单价（元）	合价（元）	暂估单价（元）	暂估合价（元）
	螺纹阀门 DN50	个	1.010	62.70	63.33		
	其他材料费			—		—	
	材料费小计			—	63.33	—	

注：1. "数量"栏为"投标方（定额）工程量÷招标方（清单）工程量÷定额单位数量"，如"1"为"1÷1"；
　　2. 管理费费率为155.49，利润率为60%，均以人工费为基数。

工程量清单综合单价分析表

表 3-185

工程名称：　　　　　　　　　　标段：　　　　　第　页　共　页

| 项目编码 | 031003001002 | 项目名称 | 螺纹阀门 | 计量单位 | 个 | 工程量 | 12 |

清单综合单价组成明细

定额编号	定额名称	定额单位	数量	单价				合价			
				人工费	材料费	机械费	管理费和利润	人工费	材料费	机械费	管理费和利润
8-241	螺纹阀门 DN15	个	1	2.32	2.11	—	5.00	2.32	2.11	—	5.00
人工单价		小　计						2.32	2.11	—	5.00
23.22元/工日		未计价材料费						17.37			
清单项目综合单价								26.80			

材料费明细	主要材料名称、规格、型号	单位	数量	单价（元）	合价（元）	暂估单价（元）	暂估合价（元）
	螺纹阀门 DN15	个	1.010	17.20	17.37		
	其他材料费			—		—	
	材料费小计			—	17.37	—	

注：1. "数量"栏为"投标方（定额）工程量÷招标方（清单）工程量÷定额单位数量"，如"1"为"12÷12"；
　　2. 管理费费率为155.49，利润率为60%，均以人工费为基数。

工程量清单综合单价分析表　　　　　　　　　　　　表 3-186

工程名称：　　　　　　　　　　　标段：　　　　　　　第　页　共　页

项目编码	031007005001	项目名称	燃气表	计量单位	块	工程量	12

清单综合单价组成明细

定额编号	定额名称	定额单位	数量	单价				合价			
				人工费	材料费	机械费	管理费和利润	人工费	材料费	机械费	管理费和利润
8-622	民用燃气表 (1.5m³/h)	块	1	9.06	0.24	—	19.52	9.06	0.24	—	19.52
人工单价		小　计						9.06	0.24	—	19.52
23.22 元/工日		未计价材料费						132.82			
清单项目综合单价								161.64			

材料费明细	主要材料名称、规格、型号	单位	数量	单价（元）	合价（元）	暂估单价（元）	暂估合价（元）
	燃气表 1.5m³/h	块	1.000	120.70	120.70		
	燃气表接头	套	1.010	12.00	12.12		
	其他材料费			—	—		
	材料费小计			—	132.82	—	

注：1.“数量”栏为“投标方（定额）工程量÷招标方（清单）工程量÷定额单位数量”，如“1”为“12÷12”；
　　2. 管理费费率为 155.49%，利润率为 60%，均以人工费为基数。

工程量清单综合单价分析表　　　　　　　　　　　　表 3-187

工程名称：　　　　　　　　　　　标段：　　　　　　　第　页　共　页

项目编码	031007006001	项目名称	燃气灶具	计量单位	台	工程量	12

清单综合单价组成明细

定额编号	定额名称	定额单位	数量	单价				合价			
				人工费	材料费	机械费	管理费和利润	人工费	材料费	机械费	管理费和利润
8-648	JZ-2 型双眼灶	台	1	6.50	2.36	—	14.00	6.50	2.36	—	14.00
人工单价		小　计						6.50	2.36	—	14.00
23.22 元/工日		未计价材料费						187.00			
清单项目综合单价								209.86			

材料费明细	主要材料名称、规格、型号	单位	数量	单价（元）	合价（元）	暂估单价（元）	暂估合价（元）
	双眼灶 JZ-2	台	1	187.00	187.00		
	其他材料费			—	—		
	材料费小计			—	187.00	—	

注：1.“数量”栏为“投标方（定额）工程量÷招标方（清单）工程量÷定额单位数量”，如“1”为“12÷12”；
　　2. 管理费费率为 155.4%，利润率为 60%，均以人工费为基数。

【例9】　某施工企业所报结算中列示的 $DN100$ 引入管的工程量为 $71m$，试依据所给平面图（图 3-24）审查该项工程量是否正确。

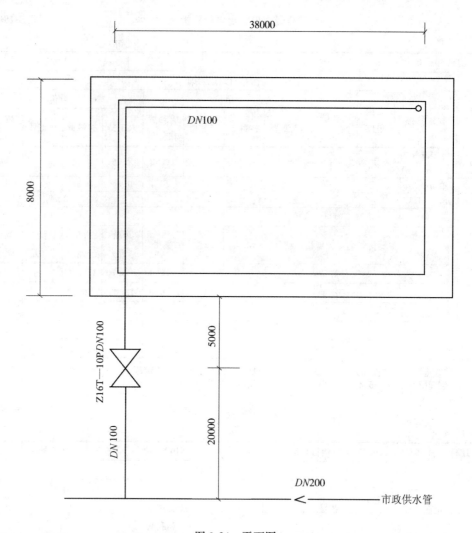

图 3-24　平面图

【解】　该项工程量的计算是否正确，主要看其是否正确地划分室内、外管道的界限（根据人口外设阀门者，以阀门为界划分室内、外管的要求，该项工程量应区分室内、外分别计算）和是否按照管道中心线长度计算。

审查结果为：室外管＝20＋0.1（市政供水管直径/2）＝20.10（m）

室内管＝5＋8＋38－0.04(给水管与墙面安装空隙)×2－0.05(管直径/2)×2＝50.82(m)

清单工程量计算见表 3-188。

清单工程量计算表　　　　　　　　　　　　　　表 3-188

序号	项目编码	项目名称	项目特征描述	计量单位	工程量
1	031001001001	镀锌钢管	室外安装	m	20.10
2	031001001002	镀锌钢管	室内安装	m	50.82

【例 10】　某施工企业所报结算中列示 10 根 DN50、DN40 给水立管工程量分别为 45m 和 44m，试根据所给系统图（图 3-25）审查上述工程量是否正确。

【解】　上述工程量计算是否正确，主要看其是否正确地划分变径部位，有无将小管计为大管，审查结果为：

$DN50＝〔1.5（正负零以下部分）＋1.0〕×10＝25.00（m）$

$DN40＝（4-1）×10＝30.00（m）$

清单工程量计算见表3-189。

清单工程量计算表　　　　　表 3-189

序号	项目编码	项目名称	项目特征描述	计量单位	工程量
1	031001001001	镀锌钢管	DN50 给水管	m	25.00
2	031001001002	镀锌钢管	DN40 给水管	m	30.00

【例 11】　如图 3-25 所示，某施工企业所报结算列示 $DN15$ 给水支管工程量为 78m，其中 30 组淋浴器（钢管组成，冷水）镀锌管的工程量为 30m，试审查其是否正确。

【解】　对于该项工程量的审查，应结合定额进行。经查定额材料栏，每组包括 1.8m 的镀锌钢管，图纸上淋浴器钢管仅为 1m，因此淋浴器钢管工程量不仅不能计算，且还应从给水支管工程量中扣除定额量与实际安装量的差额，审查结果为：

$DN15＝78-30-（1.8-1）×30＝24.00（m）$

清单工程量计算见表 3-190。

清单工程量计算表　　　表 3-190

项目编码	项目名称	项目特征描述	计量单位	工程量
031001001001	镀锌钢管	给水管	m	24.00

【例 12】　如图 3-25 所示，某施工企业所报结算列示 $DN15$、$DN20$ 截止阀工程量分别为 60 个和 30 个，试审查其是否正确。

【解】　审查上述工程量时，应与定额对照进行。经查阅定额材料栏，其中每组均包括了 1 个截止阀，因此，结算所列 $DN15$ 和 $DN20$ 截止阀工程量应全数核减。

【例 13】　某结算列镀锌给水钢管管件工程量：三通 90 个、弯头 100 个；排水铸管管件工程量：三通 30 个、弯头 20 个，试审查其正确性。

【解】　经查定额材料栏可知，接头零件已包括在定额内，不能重复计列，审查时应全部扣除。

【例 14】　某结算所列室内消火栓（单出口、$DN50$）安装工程量为 15 套、消火栓箱 15 个、水龙带（每条 20m，共 10 条）200m、水枪 15 个，试审查其是否正确。

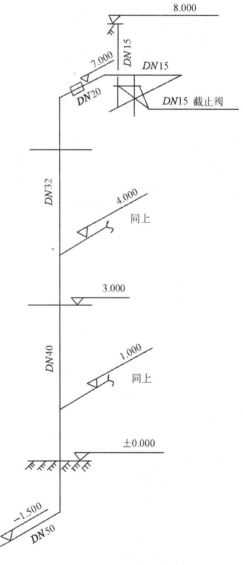

图 3-25　系统图

【解】　审查该项工程量时，应与定额进行对照。由定额材料栏得知，栓箱、水龙带、水枪均作为安装辅助材料列入了基价，不能另外计算工程量，结算内应全数剔除。

【例 15】 某结算所列 $DN100$ 排水铸管（管总长度 250m，其中埋地管长 80m）刷油工程量 895m²，试审查该项工程量的正确性。

【解】 审查该项工程量时，首先查阅设计图纸说明对排水铸管刷油的具体要求，弄清是所有管道都要刷油，还是只有埋地管道需要刷油；其次，应审查其采用的每米管道刷油面积的经验数据是否正确。假定设计要求只有埋地管需要刷油，且表列 $DN100$ 管刷油面积为 35.8m²/100m，该项工程量的审查结果为：

$80 × 35.8/100 = 28.64$（m²）

【例 16】 某单位有二单元八层楼住宅一栋，现有平面图，如图 3-26，系统图，如图 3-27 及说明，要求编制该项目的室内给排水工程施工图预算。

【解】

一、《通用安装工程工程量计算规范》(GB 50856—2013)的计算方法

根据图纸结合《全国统一安装工程预算定额湖北省单位估价表》有关工程量计算规则进行计算。也可用比例尺、量尺计算管道工程量。

1. 室内给水管道

每个单元有二个独立系统，二个单元相同。给1、给2、给3、给4四个系统完全一样，只是方向不同，只要计算出一个系统，然后乘4即完成全部图的工程量计算。如果每个单元和层数的管道和卫生设备不同，就要分别进行计算。

（1）镀锌钢管（丝扣连接）

①埋地部分：

$DN50$：[3.6m（室外至室内外墙）＋0.8m（室外埋地深）＋0.4m（过墙进入室内）＋0.6m（室内外地面高差）]×4＝5.4m×4＝21.6m。

②明装部分：（立管）

$DN50$　4m(底层至二层支管上方)×4＝16.00m

$DN40$　6m(二层至四层支管上方)×4＝24.00m

$DN32$　6m(四层至六层支管上方)×4＝24.00m

$DN25$　6m(六层至八层支管处)×4＝24.00m(支管)

$DN20$　1.5m(每户进入水表前一段)＋1.2m(水表至卫生间墙面一段)＝2.70m×8层×4＝86.40m

$DN15$　3m(可用比例尺量或计算到高水箱及水嘴一段)×8层×4＋2.5m(四楼以上各支管到小水箱)×5×4＝146.00m

（2）丝扣阀门安装

$DN50$　1×4＝4（个）（每个立管1个）

$DN20$　1×8×4＝32（个）（每个水表前1个）

$DN15$　1×5×4＝20（个）（每个小水箱1个）

（3）水表安装

$DN20$　水表 1×8×4＝32（个）

（4）水嘴安装

$DN15$　水嘴 1×8×4＝32（个）

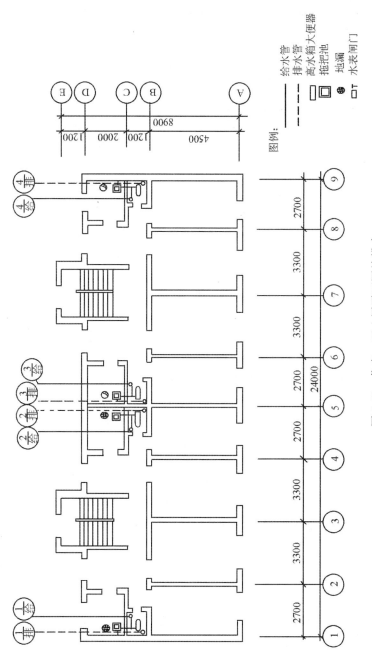

图例：

给水管
排水管
高水箱大便器
拖把池
地漏
水表闸门

图 3-26　住宅一至八层平面图给排水

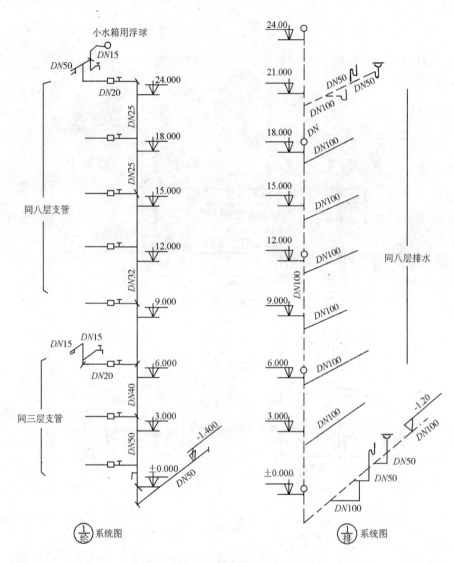

图 3-27　系统图

（5）管道刷油

埋地管刷沥青二度，每度工程量为

DN50 管　21.6m×0.19m²/m＝4.10m²

明管刷两道银粉，每道工程量为

DN50 管 16m×0.19m²/m＝3.04m²

DN40 管 24m×0.15m²/m＝3.6m²

DN32 管 24m×0.13m²/m＝3.12m²

DN25 管 24m×0.11m²/m＝2.64m²

DN20 管 86.4×0.084m²/m＝7.26m²

DN15 管 146×0.08m²/m＝11.68m²

小计　　　　　　　　　31.34m²

2. 室内排水管道

由图中看出每个单元有二个独立排水系统，在进行排水工程量计算时，可按系统进行，也可以按地上、地下两大部分分别计算。本图排水系统相同，只计算一个系统乘以 4 就行了。

（1）铸铁排水管（按系统计算）

$DN100$ 管　　2m（各层大便器至立管距离）× 8 层× 4＋〔24m（8 层楼层高）＋1.5（出屋面部分）＋1.2（埋地深）〕×4＝170.8m＋10m（室外部分）＝180.8m

$DN50$ 管　　〔1.3m（各层水池至大便器支管距离）＋1.2m（各层地漏至水池支管距离）〕× 8 层× 4＝80.00m

（2）地漏安装

$DN50$ 地漏　　1× 8×4＝32（个）

（3）排水栓安装（用于水池）

$DN50$ 排水栓　　1×8×4＝32（个）

（4）焊接钢管安装（用于地漏丝扣连接）

$DN50$ 管　　0.2m× 32＝6.40m（每个地漏用 0.2m）

（5）高水箱蹲式大便器每户一套共 32 套

（6）管道刷油

铸铁排水管的表面积，可根据管壁厚度按实际计算，一般习惯上是将焊接钢管表面积乘系数 1.2，即为铸铁管表面积（包括承口部分），现计算如下：（以下数均为刷一遍面积）

铸铁管刷沥青二遍

$DN100$　　$180.8×0.358\text{m}^2/\text{m}×1.2＝77.67\text{m}^2$ ⎫
⎬ 95.91m^2
$DN50$　　$80\text{m}×0.19\text{m}^2/\text{m}×1.2＝18.24\text{m}^2$ ⎭

焊接管刷红丹二度，银粉二度：

$DN50$　　$6.4\text{m}× 0.19\text{m}^2/\text{m}＝1.22\text{m}^2$

（7）地下管挖填土方应根据土建定额计价，查表知每米管道挖土工程量乘以管子延长米；或者按实际挖填方计算均可。

3. 编制施工图预算书

为了适应施工图预算编制的需要，满足施工图预算的要求，管道安装工程预算书的表格有以下几种：

（1）工程量汇总表

以计算书算出的工程量，按预算定额规定的项目名称、规格及型号、计量单位、数量，分工程性质进行汇总。它的作用是便于套用定额。

（2）封面

即施工预算书的首页，一般在封面上应明确施工单位名称，建设单位名称，工程名称，编制单位，日期等。

（3）编制说明

主要写明预算编制的依据、工程范围，来纳入施工图预算的诸因素等。

（4）工程预算表

即施工图预算明细表，一般应写明单位工程和分项工程名称，以及满足《设备安装工程预算定额》所需的各个子项的详细内容。详见实例计算表（表 3-191）。

表 3-191

计 算 表

序号	价目表编号	工程项目	规格	单位	数量	单 价				合 计			
						工资	辅材费	主材费	机械使用费	工资	辅材费	主材费	机械使用费
1	8-76	镀锌钢管（丝接）	DN50	10m	3.76	7.20	16.78	109.45	0.61	28.80	67.12	437.80	2.44
2	8-75	镀锌钢管（丝接）	DN40	10m	2.4	7.20	11.94	87.08	0.22	18.00	29.85	217.70	0.55
3	8-74	镀锌钢管（丝接）	DN32	10m	2.4	6.07	11.65	71.78	0.22	15.18	29.13	179.45	0.55
4	8-73	镀锌钢管（丝接）	DN25	10m	2.4	6.07	11.61	56.14	0.22	15.18	29.03	140.35	0.55
5	8-72	镀锌钢管（丝接）	DN20	10m	8.64	5.35	9.62	40.68	—	50.83	91.39	386.46	—
6	8-71	镀锌钢管（丝接）	DN15	10m	14.6	5.35	10.48	33.31	—	99.51	194.93	619.57	—
7	8-235	丝扣截止阀安装	DN50	个	4	0.66	4.27	26.70	—	2.64	17.08	106.80	—
8	8-289	丝扣浮球阀安装	DN15	个	20	0.25	1.22	10.83	—	4.00	19.52	173.28	—
9	材价	铜浮球	DN100	个	16	—	5.77	—	—	—	92.32	—	—
10	8-338	室内用户水表安装（丝扣）	DN20	个	32	0.52	6.71	28.60	—	16.64	214.72	915.20	—
11	8-372	铁水嘴	DN15	个	32	0.08	0.05	4.46	—	2.56	1.60	142.72	—
12	8-130	铸铁污水管（水泥口）	DN100	10m	18.1	9.47	124.66	152.16	—	166.67	2194.02	2678.02	—
13	8-128	铸铁污水管（水泥口）	DN50	10m	8.4	6.15	33.54	102.17	—	51.66	281.74	858.23	—
14	8-375	高水箱蹲式马桶		10套	3.2	25.25	246.34	1126.25	—	80.80	788.29	3604.00	—
15	8-397	铁排水栓带存水弯	DN50	10套	3.2	4.94	120.46	66.50	—	15.81	385.47	212.80	—
16	8-87	焊接钢管（排水用）	DN50	10m	0.64	7.20	12.33	73.24	0.70	5.04	8.63	51.34	0.49
17	8-397	地漏（带存水弯）	DN50	10套	3.2	4.94	120.46	69.90	—	15.81	385.47	222.72	—
18	材价	铁丝扣截止阀	DN20	个	32	—	11.30	—	—	—	361.60	—	—
19	土建	管道挖填土方		m³	14.4	5.00	—	—	—	100.00	—	—	—
20	8-471	钢板水箱制作	16个×50kg/个	100kg	8.20	7.45	21.70	273.00	8.17	61.09	202.54	2238.60	66.99
21	8-481	钢板水箱安装	1×0.5×0.5m	个	16	9.02	5.30	—	3.72	144.32	84.80	—	59.52

续表

序号	价目表编号	工程项目	规格	单位	数量	单价				合计			
						工资	辅材费	主材费	机械使用费	工资	辅材费	主材费	机械使用费
22	8-152～8-155	水箱支架制作安装		吨	0.75	193.70	210.61	2583.30	147.69	145.28	157.98	1937.25	110.77
		小计							1039.82	1039.52	5637.23	15122.29	241.86
		① 人工费调整		按Ⅱ类	131.16%×1039.82					1363.83			
		② 脚手架搭拆费		人工费×6%（工资占25%）						48.07	144.22		
		③ 高层建筑增加费		人工费×17%×（工资占11%）						44.95	363.67		
		④ 基价费						8883.65		2196.67	6145.12		241.86
		⑤ 辅材费调增		基价×40.14%							3565.90		
		⑥ 机械费调增		基价×2.088%									185.49
		⑦ 定额直接费					27757.33		24196.6	9711.02	15122.29	427.35	

续表

序号	价目表编号	工程项目	规格	单位	数量	单价				合计			
						工资	辅材费	主材费	机械使用费	工资	辅材费	主材费	机械使用费
23	13-42+43	镀锌钢管	刷银粉二度	10m²	3.2	1.69	5.92	—	—	5.75	20.13	—	—
24	13-52+53	镀锌钢管	刷沥青二度	10m²	0.4	1.69	10.59	—	—	0.85	5.30	—	—
25	13-130+131	铸铁管	刷沥青二度	10m²	9.6	2.12	10.59	—	—	19.61	97.96	—	—
26	13-37+38	焊接管	刷红丹二度	10m²	0.12	1.66	15.72	—	—	0.25	2.36	—	—
27	13-42+43	焊接管	刷银粉二度	10m²	0.12	1.69	5.92	—	—	0.25	0.89	—	—
28	13-8	钢板除锈	(人工,中锈)	100kg	8.20	1.49	1.63	—	—	12.22	13.37	—	—
29	13-8	角铁支架除锈	(人工,中锈)	100kg	7.50	1.49	1.63	—	—	11.18	12.23	—	—
30	13-99+100	钢板水箱	刷红丹(二度)	100kg	15.70	1.38	12.00	—	—	21.67	188.40	—	—
31	13-108+109	钢板水箱	调和漆(二度)	100kg	15.70	1.32	7.37	—	—	20.72	115.71	—	—
		小计								92.50	456.35		
		①人工调增	人工费×131.16%							121.32			
		②高层建筑增加费	人工费×17×(11%)							3.99	32.35		
		③基价						706.51		(217.81)	188.70		
		④辅材费调增	基价×121.04%								855.16		
		⑤机械调增	基价×0.51%								3.60		
		⑥定额直接费						1565.27		(217.81)	1347.46)		

续表

序号	价目表编号	工程项目	规格	单位	数量	单价 工资	单价 辅材费	单价 主材费	单价 机械使用费	合计 工资	合计 辅材费	合计 辅材费	合计 机械使用费
		1-3页定额直接费								(2714.48)			(2714.48)
		取费：	II级国营										
		直接费											
一		1. 定额直接费						29322.60			29322.60	(2714.48)	
		2. 其他直接费			人工费×25.3%						686.76		
		3. 包干费			1×4%						1172.90		
		4. 小计									(31182.06)		
		间接费											
二		5. 施工管理费			人工费×102.3%						2776.91		
		6. 临时设施费			人工费×17%						461.46		
		7. 劳保费			人工费×21%						570.05		
		8. 小计									(3808.42)		
三		技术设备费			(4项+5项) 3%						1018.77		
四		法定利润			(4项+5项) 2.5%						848.97		
五		其他			材料差价及管理费（根据实购料发票）						略		
六		税金			(4项+5项+四、五) 3.48%						1211.32		
七		合计									38069.54		

（5）取费计算

现附住宅室内给排水平面图、系统图、说明书、预算表、取费表以及工程量清单计价方式下，预算表与清单项目之间关系分析对照表（表 3-192），分部分项工程量清单计价表（表 3-193），分部分项工程量清单综合单价分析表（表 3-194）。

预（结）算表（直接费部分）与清单项目之间关系分析对照表　　表 3-192

工程名称：住宅室内给水安装　　　　　　　　　　　　　　　　第　页 共　页

序号	项目编码	项 目 名 称	清单主项在定额预（结）算表中的序号	清单综合的工程内容在定额预（结）算表中的序号
1	031001001001	镀锌钢管 DN50，给水系统，室内埋地，丝扣连接，刷两遍沥青	1	24
2	031001001002	镀锌钢管 DN50，给水系统，室内明装，丝扣连接，刷两遍银粉	1	23
3	031001001003	镀锌钢管 DN40，给水系统，室内明装，丝扣连接，刷两遍银粉	2	23
4	031001001004	镀锌钢管 DN32，给水系统，室内明装，丝扣连接，刷两遍银粉	3	23
5	031001001005	镀锌钢管 DN25，给水系统，室内明装，丝扣连接，刷两遍银粉	4	23
6	031001001006	镀锌钢管 DN20，给水系统，室内明装，丝扣连接，刷两遍银粉	5	23
7	031001001007	镀锌钢管 DN15，给水系统，室内明装，丝扣连接，刷两遍银粉	6	23
8	031001005001	承插铸铁管 DN100，排水系统，水泥接口，刷两遍沥青	12	25
9	031001005002	承插铸铁管 DN50，排水系统，水泥接口，刷两遍沥青	13	25
10	031001002001	焊接钢管 DN50，丝扣连接，排水系统，刷红丹防锈漆两遍，银粉漆两遍	16	26＋27
11	031006015001	水箱制作安装，除锈，刷红丹防锈漆二遍，调和漆两遍，铁支架除锈	20＋21	28＋29＋30＋31
12	010101007001	管沟土方，坚土，埋设 DN50 镀锌钢管	19	无
13	031003001001	螺纹阀门，丝扣截止阀，DN50	7	无
14	031003001002	螺纹阀门，丝扣浮球阀 DN15，铜浮球	8＋9	无
15	031003013001	水表，DN20，丝扣联接，带铁截止阀	10＋18	无
16	031004014001	水龙头 DN15，铁质	11	无
17	031004006001	大便器，高水箱蹲马木桶	14	无
18	031004014002	排水栓，铁质，带存水弯，DN50	15	无
19	031004014003	地漏排水栓，带存水弯，DN50	17	无

分部分项工程量清单计价表

表 3-193

工程名称：住宅室内给水安装

第 页 共 页

序号	项目编码	分项工程名称	定额单位	工程数量	综合单价	合价
1	031001001001	镀锌钢管 DN50，给水系统，室内埋地，丝扣连接，刷两遍沥青	m	21.6	19.74	426.32
2	031001001002	镀锌钢管 DN50，给水系统，室内明装，丝扣连接，刷两遍沥青银粉	m	16	19.51	312.23
3	031001001003	镀锌钢管 DN40，给水系统，室内明装，丝扣连接，刷两遍银粉	m	24	15.50	372
4	031001001004	镀锌钢骨 DN32，给水系统，室内明装，丝扣连接，刷两遍银粉	m	24	13.06	313.44
5	031001001005	镀锌钢管 DN25，给水系统，室内明装，丝扣连接，刷两遍银粉	m	24	10.77	258.48
6	031001001006	镀锌钢管 DN20，给水系统，室内明装，丝扣连接，刷两遍银粉	m	86.4	8.10	699.84
7	031001001007	镀锌钢管 DN15，给水系统，室内明装，丝扣连接，刷两遍银粉	m	146	7.15	1044.84
8	031001005001	承插铸铁管 DN100，排水系统，水泥接口，刷两遍沥青	m	180.8	41.85	7566.48
9	031001005002	承插铸铁管 DN50，排水系统，水泥接口，刷两遍沥青	m	80	18.79	1503.2
10	031001002001	焊接钢管 DN50，丝扣连接，排水系统，红丹防锈漆两遍，银粉两遍	m	6.40	14.25	91.20
11	031006015001	水箱制作安装，除锈，刷红丹防锈漆两遍，调和漆两遍，铁支架除锈	台	16	503.89	8062.28
12	010101007001	管沟土方，坚土，埋设 DN50 镀锌钢管	m	14.4	0.10	1.42
13	031003001001	螺纹阀门，丝扣截止阀，DN50	个	4	45.30	181.20
14	031003001002	螺纹阀门，丝扣浮球阀 DN15，铜浮球	个	16	25.66	410.56
15	031003013001	水表，DN20，丝扣连接，带铁截止阀	组	32	68.99	91.2
16	031004014001	水龙头 DN15，铁质	个	32	6.52	208.576
17	031004006001	大便器，高水箱蹲马桶	组	32	200.10	6403.05
18	031004014002	排水栓，铁质，带存水弯，DN50	组	32	19.24	615.78
19	031004014003	地漏排水栓，带存水弯，DN50	个	32	26.68	853.6

分部分项工程量清单综合单价分析表

表 3-194

工程名称：住宅室内给水安装

第 页 共 页

序号	项目编码	项目名称	定额编号	工程内容	单位	数量	人工费	材料费	机械费	管理费	利润	综合单价	合价
							其中（元）						
1	031001001001	镀锌钢管（埋地）			m	21.6						19.74	426.32

续表

序号	项目编码	项目名称	定额编号	工程内容	单位	数量	人工费	材料费	机械费	管理费	利润	综合单价	合价
			8-76	镀锌钢管 DN50	10m	2.16	7.2	16.78	0.61	8.36	1.97		34.74 ×2.16
				镀锌钢管 DN50	m	22.03	—	10.95		3.72	0.88		15.55 ×22.03
			13-52	管道刷第一遍沥青	10m²	0.4	0.86	5.69	—	2.23	0.52		9.3 ×0.4
			13-53	竹道刷第二遍沥青	10m²	0.4	0.83	4.9		1.95	0.46		8.14 ×0.4
2	031001001002	镀锌钢管(明装)			m	16						19.51	312.23
			8-76	镀锌钢管 DN50	10m	1.6	7.2	16.78	0.61	8.36	1.97		34.74 ×1.6
				镀锌钢管 DN50	m	16.32	—	10.95	—	3.72	0.88		15.55 ×16.32
			13-42	管道刷第一遍银粉	10m²	0.3	0.86	3.1		1.35	0.32		5.63 ×0.3
			13-43	管道刷第二遍银粉	10m²	0.3	0.83	2.82		1.24	0.29		5.18 ×0.3
3	031001001003	镀锌钢管(明装)			m	24						15.50	372
			8-75	镀锌钢管 DN40	10m	2.4	7.2	11.94	0.22	6.58	1.55		27.49 ×2.4
				镀锌钢管 DN40	m	24.5		8.71		2.96	0.70		12.37 ×24.5
			13-42	管道刷第一遍银粉	10m²	0.36	0.86	3.1	—	1.35	0.32		5.63 ×0.36
			13-43	管道刷第二遍银粉	10m²	0.36	0.83	2.82	—	1.24	0.29		5.18 ×0.36
4	031001001004	镀锌钢管(明装)			m	24						13.08	313.44
			8-74	镀锌钢管 DN32	10m	2.4	6.07	11.65	0.22	6.10	1.44		25.48 ×2.4
				镀锌钢管 DN32	m	24.5	—	7.18	—	2.44	0.57		10.19 ×24.5

续表

序号	项目编码	项目名称	定额编号	工程内容	单位	数量	人工费	材料费	机械费	管理费	利润	综合单价	合价
							其中（元）						
			13-42	管道刷第一遍银粉	10m²	0.31	0.86	3.1	—	1.35	0.32		5.63 ×0.31
			13-43	管道刷第二遍银粉	10m²	0.31	0.83	2.82	—	1.24	0.29		5.18 ×0.31
5	031001001005	镀锌钢管（明装）			m	24						10.77	258.48
			8-73	镀锌钢管 DN25	10m	2.4	6.07	11.61	0.22	6.09	1.43		25.42 ×2.4
				镀锌钢管 DN25	m	24.5		5.61		1.91	0.45		7.97 ×24.5
			13-42	管道刷第一遍银粉	10m²	0.26	0.86	3.1	—	1.35	0.32		5.63 ×0.26
			13-43	管道刷第二遍银粉	10m²	0.26	0.83	2.82	—	1.24	0.29		5.18 ×0.26
6	031001001006	镀锌钢管（明装）			m	86.4						8.10	699.84
			8-72	镀锌钢管	10m	8.64	5.35	9.62	—	5.09	1.20		21.26 ×8.64
				镀锌钢管 DN20	m	88.12	—	4.07		1.38	0.33		5.78 ×88.12
			13-42	管道刷第一遍银粉	10m²	0.73	0.86	3.1	—	1.35	0.32		5.63 ×0.73
			13-43	管道刷第二遍银粉	10m²	0.73	0.83	2.82	—	1.24	0.29		5.18 ×0.73
7	031001001007	镀锌钢管（明装）			m	146						7.15	1044.84
			8-71	镀锌钢管 DN15	10m	14.6	5.35	10.48	—	5.38	1.27		22.48 ×14.6
				镀锌钢管 DN15	m	148.92	—	3.33	—	1.13	0.27		4.73 ×148.92
			13-42	管道刷第一遍银粉	10m²	1.17	0.86	3.1	—	1.35	0.32		5.63 ×1.17
			13-43	管道刷第二遍银粉	10m²	1.17	0.83	2.82	—	1.24	0.29		5.18 ×1.17

序号	项目编码	项目名称	定额编号	工程内容	单位	数量	其中（元）					综合单价	合价
							人工费	材料费	机械费	管理费	利润		
8	031001005001	承插铸铁管 DN100			m	180.8						41.85	7566.48
			8-130	承插铸铁排水管 DN100	10m	18.1	9.47	124.66	—	45.60	10.73		190.46 ×18.10
				承插铸铁排水管 DN100	m	184.42	—	15.22	—	5.17	1.22		21.61× 184.42
			13-130	铸铁管刷第一遍沥青	10m²	7.8	1.05	5.69	—	2.29	0.54		9.57 ×7.8
			13-131	铸铁管刷第二遍沥青	10m²	7.8	1.08	4.90	—	2.03	0.48		8.49 ×7.8
9	031001005002	承插铸铁管 DN50			m	80						18.79	1503.2
			8-128	承插铸铁排水管 DN50	10m	8	6.15	33.54	—	13.49	3.18		56.36 ×8
				承插铸铁排水管 DN50	m	70.4	—	10.21	—	3.47	0.82		14.5 ×70.4
			13-130	铸铁管刷第一遍沥青	10m²	1.82	1.05	5.69	—	2.29	0.54		9.57 ×1.82
			13-131	铸铁管刷第二遍沥青	10m²	1.82	1.08	4.9	—	2.03	0.48		8.49 ×1.82
10	031001002001	焊接钢管 DN50			m	6.4						14.25	91.2
			8-87	焊接钢管 DN50	10m	0.64	7.2	12.33	0.7	6.88	1.62		28.73 ×0.64
				焊接钢管 DN50	m	6.53	—	7.33	—	2.49	0.59		10.41 ×6.53
			13-37	刷红丹防锈漆第一遍	10m²	0.12	0.83	8.34	—	3.12	0.73		13.02. ×0.12
			13-38	刷红丹防锈漆第二遍	10m²	0.12	0.83	7.38	—	2.79	0.66		11.66 ×0.12
			13-42	刷银粉漆第一遍	10m²	0.12	0.86	3.1	—	1.35	0.32		5.63 ×0.12
			13-43	刷银粉漆第二遍	10m²	0.12	0.83	2.82	—	1.24	0.29		5.18 ×0.12

续表

序号	项目编码	项目名称	定额编号	工程内容	单位	数量	人工费	材料费	机械费	管理费	利润	综合单价	合价
11	031006015001	水箱制作安装			台	16						503.89	8062.26
			8-471	钢板水箱制作	100kg	8.2	7.45	24.7	8.17	13.71	3.23		57.26 ×8.2
				钢板箱类用钢材	kg	861	—	2.73	—	0.93	0.22		3.88 ×861
			8-481	钢板水箱安装	个	16	5.3	3.72	—	3.07	0.72		12.81 ×16
			13-8	钢板人工除中锈	100kg	8.2	1.49	1.63	—	1.06	0.25		4.43 ×8.2
			13-99	钢板红丹防锈漆第一遍	100kg	8.2	0.72	6.59	—	2.49	0.58		10.38 ×8.2
			13-100	钢板红丹防锈漆第二遍	100kg	8.2	0.66	5.41	—	2.06	0.49		8.62 ×8.2
			13-108	钢板调和漆第一遍	100kg	8.2	0.66	3.93	—	1.56	0.37		6.52 ×8.2
			13-109	钢板调和漆第二遍	100kg	8.2	0.66	3.44	—	1.39	0.33		5.82 ×8.2
			8-152	水箱支架制作	t	0.75	81.67	154.04	114.10	118.98	27.98		496.73 ×0.75
				型钢	t	0.79	—	2583	—	878.22	206.64		3667.86 ×0.79
			8-155	水箱支架安装	t	0.75	112.03	56.60	33.59	68.75	16.18		287.15 ×0.15
			13-8	铁支架人工除中锈	100kg	7.5	1.49	1.63	—	1.06	0.25		4.43 ×7.5
			13-99	支架红丹防锈漆第一遍	100kg	7.5	0.72	6.59	—	2.49	0.58		10.38 ×7.5
			13-100	支架红丹防锈漆第二遍	100kg	7.5	0.66	5.41	—	2.06	0.49		8.62 ×7.5
			13-108	支架调和漆第一遍	100kg	7.5	0.66	3.93	—	1.56	0.37		6.52 ×7.5
			13-109	支架调和漆第二遍	100kg	7.5	0.66	3.44	—	1.39	0.33		5.82 ×7.5

续表

序号	项目编码	项目名称	定额编号	工程内容	单位	数量	人工费	材料费	机械费	管理费	利润	综合单价	合价
12	010101007001	管沟土方			m	14.4						0.10	1.42
			1-21	人工挖地槽	100m²	0.2	5	—	—	1.7	0.4		7.1 ×0.2
13	031003001001	螺纹阀门			个	4						45.30	181.20
			8-235	丝扣截止阀 DN50	个	4	0.66	4.27	—	1.68	0.39		7×4
				丝扣截止阀 DN50	个	4.04	—	26.7	—	9.08	2.14		37.92 ×4.04
14	031003001002	螺纹阀门			个	16						25.66	410.56
			8-289	丝扣浮球阀 DN15	个	16	0.25	1.22	—	0.50	0.12		2.09 ×16
				浮球阀门 DN15	个	16	—	10.83	—	3.68	0.87		15.38 ×16
				铜浮球 DN100	个	16	—	5.77	—	1.96	0.46		8.19 ×16
15	031003013001	水表 DN20			组	32						68.99	2207.68
			8-338	螺纹水表 DN20	个	32	0.52	8.17	—	2.95	0.70		DN20 ×32
				螺纹水表 DN20	个	32	—	28.6	—	9.72	2.29		40.61 ×32
				铁丝扣截止阀 DN20	个	32	—	11.3	—	3.84	0.9		16.04 ×32
16	031004014001	水龙头 DN15			个	32						6.52	208.576
			8-372	水龙头 DN15	10个	3.2	0.75	0.50	—	0.43	0.1		1.78 ×3.2
				水龙头 DN15	个	32	—	4.46	—	1.52	0.36		6.34 ×32
17	031004006001	大便器			组	32						200.10	6403.05

续表

序号	项目编码	项目名称	定额编号	工程内容	单位	数量	人工费	材料费	机械费	管理费	利润	综合单价	合价
							其中（元）						
			8-375	高水箱蹲马桶	10组	3.2	25.25	246.34	—	92.34	21.73		385.66×3.2
				瓷大便器	个	32.32	—	112.63	—	38.29	9.01		159.93×32.32
18	031004014002	排水栓			组	32						19.24	615.78
			8-397	排水栓 DN50	10组	3.2	4.94	64.10	—	23.47	5.52		98.03×3.2
				排水栓	套	32	—	6.65	—	2.26	0.53		9.44×32
19	031004014003	地漏			个	32						26.68	853.6
			8-400	地漏 DN50	10个	3.2	4.14	4.75	—	3.02	0.71		12.62×3.2
				地漏 DN50	个	32	—	4	—	1.36	0.32		5.68×32
			8-397	排水栓 DN50	10组	3.2	4.94	64.10	—	23.47	5.52		98.03×3.2
				排水栓	套	32	—	6.99	—	2.38	0.56		9.93×32

室内给排水工程施工图说明

（1）本图尺寸标高以米计，其余均以毫米计。

（2）给水管采用镀锌钢管，丝扣连接；排水管采用铸铁污水管，水泥接口。

（3）卫生设备安装方法，详见国标 $JSTL_{15}B$，安装必须满足设计要求，达到施工及验收规范要求。

（4）一至三层给水利用城市管网的压力，四至八层考虑到水压力不够，每户在厨房顶平下墙装一个水箱，容量为 $2.5m^3$ 左右。

（5）镀锌钢管刷银粉二度，铸铁管刷二遍沥青，水箱除锈后刷红丹二度，刷调和漆二度。

（6）各事项均按现行有关规定执行。

二、《通用安装工程工程量计算规范》GB 50856—2013 计算方法（表 3-195～表 3-214)

（套用《全国统一安装工程预算额》GYD-208-2000，人、材、机差价均不作调整）

分部分项工程量清单与计价表

表 3-195

工程名称：住宅楼室内给排水工程　　　　标段：　　　　　第　页　共　页

序号	项目编码	项目名称	项目特征描述	计量单位	工程量	金额（元）		
						综合单价	合价	其中暂估价
			A.1土（石）方工程					
1	010101007001	管沟土方	坚土，埋设 DN50 镀锌钢管	m	14.40	0.25	3.60	
			分部小计				3.60	
			C.8给排水，采暖燃气工程					
2	031001001001	镀锌钢管	DN50，给水系统，室内埋地，丝扣连接，刷两遍沥青	m	21.60	37.77	815.83	
3	031001001002	镀锌钢管	DN50，给水系统，室内明装，丝扣连接，刷两遍沥青	m	16.00	36.80	588.80	
4	031001001003	镀锌钢管	DN40，给水系统，室内明装，丝扣连接，刷两遍银粉	m	24.00	32.15	803.75	
5	031001001004	镀锌钢管	DN32，给水系统，室内明装，丝扣连接，刷两遍银粉	m	24.00	27.60	690.00	
6	031001001005	镀锌钢管	DN25，给水系统，室内明装，丝扣连接，刷两遍银粉	m	24.00	25.62	640.50	
7	031001001006	镀锌钢管	DN20，给水系统，室内明装，丝扣连接，刷两遍银粉	m	86.4	20.41	1938.95	
8	031001001007	镀锌钢管	DN15，给水系统，室内明装，丝扣连接，刷两遍银粉	m	146.00	19.54	3009.16	
9	031001005001	承插铸铁管	DN100，排水系统，水泥接口，刷两遍沥青	m	180.80	70.87	13203.08	
10	031001005002	承插铸铁管	DN50，排水系统，水泥接口，刷两遍沥青	m	80.00	35.76	3003.84	
11	031001002001	钢管	DN50，焊接，丝扣连接，排水系统，红丹防锈漆两遍，银粉两遍	m	6.4	33.43	234.01	
12	031006015001	水箱制作与安装	除锈，刷红丹防锈漆两遍，调和漆两遍，铁支架除锈	台	20	1300.45	26009.00	
13	031003001001	螺纹阀门	丝扣截止阀，DN50	个	4	54.52	218.08	
14	031003001002	螺纹阀门	丝扣浮球阀 DN15，铜浮球	个	20	19.06	381.20	
15	031003013001	水表	DN20，丝扣连接，带铁截止阀	组	32	71.80	2297.60	
16	031004014001	水龙头	DN15，铁质	个	32	6.65	212.80	
17	031004006001	大便器	高水箱蹲马桶	组	32	364.90	11676.80	
18	031004014002	排水栓	铁质带存水弯，DN50	组	32	28.29	905.28	
19	031004014003	地漏	带存水弯，DN50	个	32	46.22	1479.04	
			本页小计				65727.00	
			合　计				65727.00	

注：根据建设部、财政部发布的《建筑安装工程费用组成》（建标〔2003〕206 号）的规定，为计取规费等的使用。可在表中增设其中："直接费"、"人工费"或"人工费＋机械费"。

工程量清单综合单价分析表　　　　　　　　　　表 3-196

工程名称：住宅楼室内给排水工程　　　　　　标段：　　　　　　第　页　共　页

| 项目编码 | 010101007001 | | 项目名称 | 管沟土方 | | 计量单位 | | m |

清单综合单价组成明细

定额编号	定额名称	定额单位	数量	单价				合价			
				人工费	材料费	机械费	管理费和利润	人工费	材料费	机械费	管理费和利润
1—4	人工挖地槽	100m³	0.014	12.67	—		5.32	0.18	—		0.07
人工单价			小　计					0.18	—		0.07
23.46 元/左右			未计价材料费								
清单项目综合单价								0.25			

材料费明细	主要材料名称、规格、型号		单位	数量	单价（元）	合价（元）	暂估单价（元）	暂估合价（元）
	其他材料费					—		—
	材料费小计					—		—

注：1. "数量"栏为"投标方（定额）工程量÷招标方（清单）工程量÷定额单位数量"，如"0.014"为"0.2÷14.4"；
　　2. 管理费费率为34%，利润率为8%，均以人工费为基数。

工程量清单综合单价分析表　　　　　　　　　　表 3-197

工程名称：住宅楼室内给排水工程　　　　　　标段：　　　　　　第　页　共　页

| 项目编码 | 031001001001 | | 项目名称 | 镀锌钢管 | | 计量单位 | | m |

清单综合单价组成明细

定额编号	定额名称	定额单位	数量	单价				合价			
				人工费	材料费	机械费	管理费和利润	人工费	材料费	机械费	管理费和利润
8-92	镀锌钢管 DN50	10m	0.100	62.23	46.84	2.86	134.04	6.22	4.68	0.29	13.40
11-66	管道刷第一遍沥青	10m²	0.023	6.50	1.54		14.00	0.15	0.04		0.32
11-67	管道刷第二遍沥青	10m²	0.023	6.27	1.37		13.51	0.14	0.03		0.31
人工单价			小　计					6.51	4.75	0.29	14.03
23.22 元/工日			未计价材料费					12.19			
清单项目综合单价								37.77			

材料费明细	主要材料名称、规格、型号		单位	数量	单价（元）	合价（元）	暂估单价（元）	暂估合价（元）
	镀锌钢管 DN50		m	1.020	10.95	11.17		
	煤焦油沥青漆		kg	0.123	8.30	1.02		
	其他材料费					—		—
	材料费小计					—	12.19	—

注：1. "数量"栏为"投标方（定额）工程量÷招标方（清单）工程量÷定额单位数量"，如"0.023"为"0.5÷21.6"

　　2. 管理费费率为155.4%，利润率为60%，均以人工费为基数。

工程量清单综合单价分析表

表 3-198

工程名称：住宅楼室内给排水工程　　　标段：　　　　　第　页　共　页

项目编码	031001001002	项目名称		镀锌钢管		计量单位		m

清单综合单价组成明细

定额编号	定额名称	定额单位	数量	单价				合价			
				人工费	材料费	机械费	管理费和利润	人工费	材料费	机械费	管理费和利润
8-92	镀锌钢管 DN50	10m	0.100	62.23	46.84	2.86	134.04	6.22	4.68	0.29	13.40
11-56	刷银粉漆第一遍	10m²	0.019	6.50	4.81	—	14.00	0.12	0.09	—	0.27
11-57	刷银粉漆第二遍	10m²	0.019	6.27	4.37	—	13.51	0.12	0.08	—	0.26
人工单价			小　计					6.46	4.85	0.29	13.93
23.22 元/工日			未计价材料费					11.27			
清单项目综合单价								36.80			

材料费明细	主要材料名称、规格、型号	单位	数量	单价（元）	合价（元）	暂估单价（元）	暂估合价（元）
	镀锌钢管 DN50	m	1.020	10.95	11.17		
	酚醛清漆各色	kg	0.013	7.80	0.10		
	其他材料费			—		—	
	材料费小计			—	11.27	—	

注：1. "数量"栏为"投标方（定额）工程量÷招标方（清单）工程量÷定额单位数量"，如"0.019"为"0.3÷16"

　　2. 管理费费率为155.4%，利润率为60%，均以人工费为基数。

工程量清单综合单价分析表

表 3-199

工程名称：住宅楼室内给排水工程　　　标段：　　　　　第　页　共　页

项目编码	031001001003	项目名称		镀锌钢管		计量单位		m

清单综合单价组成明细

定额编号	定额名称	定额单位	数量	单价				合价			
				人工费	材料费	机械费	管理费和利润	人工费	材料费	机械费	管理费和利润
8-91	镀锌钢管 DN40	10m	0.100	60.84	31.98	1.03	131.05	6.08	3.20	0.10	13.11
11-56	刷银粉漆第一遍	10m²	0.014	6.50	4.81	—	14.00	0.09	0.07	—	0.20
11-57	刷银粉漆第二遍	10m²	0.014	6.27	4.37	—	13.51	0.09	0.06	—	0.19
人工单价			小　计					6.26	3.33	0.10	13.50
23.22 元/工日			未计价材料费					8.96			
清单项目综合单价								32.15			

续表

	主要材料名称、规格、型号	单位	数量	单价（元）	合价（元）	暂估单价（元）	暂估合价（元）
材料费明细	镀锌钢管 DN40	m	1.020	8.71	8.88		
	酚醛清漆各色	kg	0.010	7.80	0.08		
	其他材料费			—		—	
	材料费小计			—	8.96	—	

注：1. "数量"栏为"投标方（定额）工程量÷招标方（清单）工程量÷定额单位数量"，如"0.014"为"0.36÷25"；

　　2. 管理费费率为155.4%，利润率为60%，均以人工费为基数。

工程量清单综合单价分析表　　　　表3-200

工程名称：住宅楼室内给排水工程　　　　标段：　　　　第　页　共　页

项目编码	031001001004		项目名称		镀锌钢管		计量单位		m

清单综合单价组成明细

定额编号	定额名称	定额单位	数量	单价				合价			
				人工费	材料费	机械费	管理费和利润	人工费	材料费	机械费	管理费和利润
8-90	镀锌钢管 DN32	10m	0.100	51.08	34.05	1.03	110.03	5.11	3.41	0.10	11.00
11-56	刷银粉漆第一遍	10m²	0.012	6.50	4.81	—	14.00	0.08	0.06	—	0.17
11-57	刷银粉漆第二遍	10m²	0.012	6.27	4.37	—	13.51	0.08	0.05	—	0.16
人工单价			小　计					5.27	3.52	0.10	11.33
23.22 元/工日			未计价材料费					7.38			
清单项目综合单价								27.60			

	主要材料名称、规格、型号	单位	数量	单价（元）	合价（元）	暂估单价（元）	暂估合价（元）
材料费明细	镀锌钢管 DN32	m	1.020	7.18	7.32		
	酚醛清漆各色	kg	0.008	7.80	0.06		
	其他材料费			—		—	
	材料费小计			—	7.38	—	

注：1. "数量"栏为"投标方（定额）工程量÷招标方（清单）工程量÷定额单位数量"，如"0.012"为"0.31÷25"；

　　2. 管理费费率为155.4%，利润率为60%，均以人工费为基数。

工程量清单综合单价分析表　　　　　　　表 3-201

工程名称：住宅楼室内给排水工程　　　　标段：　　　　第　页　共　页

| 项目编码 | 031001001005 | | 项目名称 | | | 镀锌钢管 | | | 计量单位 | | | m |

清单综合单价组成明细

定额编号	定额名称	定额单位	数量	单价				合价			
				人工费	材料费	机械费	管理费和利润	人工费	材料费	机械费	管理费和利润
8-89	镀锌钢管 DN25	10m	0.100	51.08	31.40	1.03	110.03	5.11	3.14	0.10	11.00
11-56	刷银粉漆第一遍	10m²	0.010	6.50	4.81	—	14.00	0.07	0.05	—	0.14
11-57	刷银粉漆第二遍	10m²	0.010	6.27	4.37	—	13.51	0.06	0.04	—	0.14
人工单价		小　计						5.24	3.23	0.10	11.28
23.22 元/工日		未计价材料费						5.77			
清单项目综合单价								25.62			

	主要材料名称、规格、型号	单位	数量	单价（元）	合价（元）	暂估单价（元）	暂估合价（元）
材料费明细	镀锌钢管 DN25	m	1.020	5.61	5.72		
	酚醛清漆各色	kg	0.007	7.80	0.05		
	其他材料费			—		—	
	材料费小计			—	5.77	—	

注：1. "数量"栏为"投标方（定额）工程量÷招标方（清单）工程量÷定额单位数量"，如"0.010"为"0.26÷25"；

　　2. 管理费费率为 155.4%，利润率为 60%，均以人工费为基数。

工程量清单综合单价分析表　　　　　　　表 3-202

工程名称：住宅楼室内给排水工程　　　　标段：　　　　第　页　共　页

| 项目编码 | 031001001006 | | 项目名称 | | | 镀锌钢管 | | | 计量单位 | | | m |

清单综合单价组成明细

定额编号	定额名称	定额单位	数量	单价				合价			
				人工费	材料费	机械费	管理费和利润	人工费	材料费	机械费	管理费和利润
8-88	镀锌钢管 DN20	10m	0.100	42.49	24.23	—	91.52	4.25	2.42	—	9.15
11-56	刷银粉漆第一遍	10m²	0.008	6.50	4.81	—	14.00	0.05	0.04	—	0.11
11—57	刷银粉漆第二遍	10m²	0.008	6.27	4.37	—	13.51	0.05	0.03	—	0.11
人工单价		小　计						4.35	2.49		9.37
23.22 元/工日		未计价材料费						4.20			
清单项目综合单价								20.41			

续表

主要材料名称、规格、型号	单位	数量	单价（元）	合价（元）	暂估单价（元）	暂估合价（元）
镀锌钢管 DN20	m	1.020	4.07	4.15		
酚醛清漆各色	kg	0.006	7.80	0.05		
其他材料费			—		—	
材料费小计			—	4.20	—	

（"材料费明细"为表格左侧竖排文字）

注：1. "数量"栏为"投标方（定额）工程量÷招标方（清单）工程量÷定额单位数量"，如"0.008"为"0.73÷95"；

2. 管理费费率为 155.4%，利润率为 60%，均以人工费为基数。

工程量清单综合单价分析表

表 3-203

工程名称：住宅楼室内给排水工程　　　标段：　　　第　　页　共　　页

项目编码	031001001007	项目名称		镀锌钢管	计量单位		m

清单综合单价组成明细

定额编号	定额名称	定额单位	数量	单价				合价			
				人工费	材料费	机械费	管理费和利润	人工费	材料费	机械费	管理费和利润
8-87	镀锌钢管 DN15	10m	0.100	42.49	22.96	—	91.52	4.25	2.30	—	9.15
11-56	刷银粉漆第一遍	10m²	0.008	6.50	4.81	—	14.00	0.05	0.04	—	0.11
11-57	刷银粉漆第二遍	10m²	0.008	6.27	4.37	—	13.51	0.05	0.03	—	0.11
人工单价		小　计						4.35	2.37	—	9.37
23.22 元/工日		未计价材料费						3.45			
清单项目综合单价								19.54			

主要材料名称、规格、型号	单位	数量	单价（元）	合价（元）	暂估单价（元）	暂估合价（元）
镀锌钢管 DN15	m	1.020	3.33	3.40		
酚醛清漆各色	kg	0.006	7.80	0.05		
其他材料费			—		—	
材料费小计			—	3.45	—	

（"材料费明细"为表格左侧竖排文字）

注：1. "数量"栏为"投标方（定额）工程量÷招标方（清单）工程量÷定额单位数量"，如"0.008"为"1.17÷154"；

2. 管理费费率为 155.4%，利润率为 60%，均以人工费为基数。

工程量清单综合单价分析表

表 3-204

工程名称：住宅楼室内给排水工程　　　　标段：　　　　　第　页　共　页

| 项目编码 | 031001005001 | 项目名称 | | 承插铸铁管 | 计量单位 | | m |

清单综合单价组成明细

定额编号	定额名称	定额单位	数量	单价				合价			
				人工费	材料费	机械费	管理费和利润	人工费	材料费	机械费	管理费和利润
8-146	承插铸铁排水管 DN100	10m	0.100	80.34	277.05	—	113.05	8.03	27.71	—	17.31
11-202	刷沥青漆第一遍	10m²	0.042	8.36	1.54	—	18.01	0.35	0.06	—	0.76
11-203	刷沥青漆第二遍	10m²	0.042	8.13	1.37	—	17.51	0.34	0.06	—	0.74
人工单价			小　计					8.72	27.83	—	18.81
23.22 元/工日			未计价材料费					15.51			
清单项目综合单价								70.87			

	主要材料名称、规格、型号			单位	数量	单价（元）	合价（元）	暂估单价（元）	暂估合价（元）
材料费明细	承插铸铁排水管 DN100			m	0.890	15.22	13.55		
	煤焦油沥青漆			kg	0.236	8.30	1.96		
	其他材料费					—		—	
	材料费小计					—	15.51		

注：1. "数量"栏为"投标方（定额）工程量÷招标方（清单）工程量÷定额单位数量"，如"0.042"为"7.78÷186.3"；

　　2. 管理费费率为 155.4%，利润率为 60%，均以人工费为基数。

工程量清单综合单价分析表

表 3-205

工程名称：住宅楼室内给排水工程　　　　标段：　　　　　第　页　共　页

| 项目编码 | 031001005002 | 项目名称 | | 承插铸铁管 | 计量单位 | | m |

清单综合单价组成明细

定额编号	定额名称	定额单位	数量	单价				合价			
				人工费	材料费	机械费	管理费和利润	人工费	材料费	机械费	管理费和利润
8-144	承插铸铁管 DN50	10m	0.100	52.01	81.40	—	112.03	5.20	8.14	—	11.20
11-202	刷沥青漆第一遍	10m²	0.022	8.36	1.54	—	18.01	0.18	0.03	—	0.40
11-203	刷沥青漆第二遍	10m²	0.022	8.13	1.37	—	17.51	0.18	0.03	—	0.39
人工单价			小　计					5.56	8.20	—	11.99
23.22 元/工日			未计价材料费					10.01			
清单项目综合单价								35.76			

续表

	主要材料名称、规格、型号	单位	数量	单价（元）	合价（元）	暂估单价（元）	暂估合价（元）
材料费明细	承插铸铁排水管 DN50	m	0.880	10.21	8.98		
	煤焦油沥青漆	kg	0.124	8.30	1.03		
	其他材料费			—		—	
	材料费小计			—	10.01	—	

注：1.“数量”栏为“投标方（定额）工程量÷招标方（清单）工程量÷定额单位数量”，如“0.022”为“1.82÷84”

2. 管理费费率为 155.4%，利润率为 60%，均以人工费为基数。

工程量清单综合单价分析表

表 3-206

工程名称：住宅楼室内给排水工程　　　　　标段：　　　　　第　页　共　页

项目编码	031001002001		项目名称			钢管		计量单位			m	

清单综合单价组成明细

定额编号	定额名称	定额单位	数量	单价				合价			
				人工费	材料费	机械费	管理费和利润	人工费	材料费	机械费	管理费和利润
8-103	焊接钢管 DN50（螺纹连接）	10m	0.100	62.23	36.06	3.26	134.04	6.22	3.61	0.33	13.40
11-51	刷红丹防锈漆第一遍	10m²	0.021	6.27	1.07	—	13.51	0.13	0.02		0.28
11-52	刷红丹防锈漆第二遍	10m²	0.021	6.27	0.96	—	13.51	0.13	0.02	—	0.28
11-56	刷银粉漆第一遍	10m²	0.021	6.50	4.81	—	14.00	0.14	0.10		0.29
11—57	刷银粉漆第二遍	10m²	0.021	6.27	4.37	—	13.51	0.13	0.09	—	0.28
人工单价		小　计						6.75	3.84	0.33	14.53
23.22 元/工日		未计价材料费						7.98			
	清单项目综合单价							33.43			

	主要材料名称、规格、型号	单位	数量	单价（元）	合价（元）	暂估单价（元）	暂估合价（元）
材料费明细	焊接钢管 DN50	m	1.020	7.33	7.48		
	醇酸防锈漆	kg	0.058	6.80	0.39		
	酚醛清漆各色	kg	0.014	7.80	0.11		
	其他材料费			—		—	
	材料费小计			—	7.98	—	

注：1.“数量”栏为“投标方（定额）工程量÷招标方（清单）工程量÷定额单位数量”，如“0.021”为“0.15÷7”；

2. 管理费费率为 155.49，利润率为 60%，均以人工费为基数。

工程量清单综合单价分析表

表 3-207

工程名称：住宅楼室内给排水工程　　　标段：　　　　　第　页　共　页

| 项目编码 | 031004013001 | 项目名称 | 水箱制作与安装 | 计量单位 | 台 |

清单综合单价组成明细

定额编号	定额名称	定额单位	数量	单价				合价			
				人工费	材料费	机械费	管理费和利润	人工费	材料费	机械费	管理费和利润
8-537	钢板水箱制作	100kg	0.515	73.84	435.04	21.14	159.05	38.03	224.05	10.89	81.91
8-552	钢板水箱安装	个	1.000	74.07	2.44	35.79	159.55	74.07	2.44	35.79	159.55
11-8	钢板人工除虫锈	100kg	0.785	12.54	4.91	6.96	27.01	9.84	3.85	5.46	21.20
11-117	钢板刷红丹防锈漆第一遍	100kg	0.785	5.34	0.87	6.96	11.50	4.19	0.68	5.46	9.03
11-118	钢板刷红丹防锈漆第二遍	100kg	0.785	5.11	0.75	6.96	11.01	4.01	0.59	5.46	8.64
11-126	钢板刷调和漆第一遍	100kg	0.785	5.11	0.26	6.96	11.01	4.01	0.20	5.46	8.64
11-127	钢板刷调和漆第二遍	100kg	0.785	5.11	0.23	6.96	11.01	4.01	0.18	5.46	8.64
8-178	水箱支架制作安装	100kg	0.375	235.45	194.98	224.26	507.16	88.29	73.12	84.10	190.19
人工单价		小　计						226.45	305.11	158.08	487.80
23.22 元/工日		未计价材料费						123.01			
清单项目综合单价								1300.45			

	主要材料名称、规格、型号	单位	数量	单价（元）	合价（元）	暂估单价（元）	暂估合价（元）
材料费明细	醇酸防锈漆	kg	1.656	6.80	11.26		
	酚醛调和漆各色	kg	1.178	7.80	9.19		
	型钢	kg	39.750	2.58	102.56		
	其他材料费			—		—	
	材料费小计			—	123.01	—	

注：1. "数量"栏为"投标方（定额）工程量÷招标方（清单）工程量÷定额单位数量"，如"0.515"为"10.3÷20"；

　　2. 管理费费率为 155.49，利润率为 60%，均以人工费为基数。

工程量清单综合单价分析表　　　　　　　　　表 3-208

工程名称：住宅楼室内给排水工程　　　　　标段：　　　　　　第　　页　　共　　页

项目编码	031003001001		项目名称		螺纹阀门		计量单位		个	

清单综合单价组成明细

定额编号	定额名称	定额单位	数量	单价				合价			
				人工费	材料费	机械费	管理费和利润	人工费	材料费	机械费	管理费和利润
8-246	螺纹阀 DN50	个	1	5.80	9.26	—	12.49	5.80	9.26	—	12.49
人工单价			小　计					5.80	9.26	—	12.49
23.22 元/工日			未计价材料费					26.97			
清单项目综合单价								54.52			

材料费明细	主要材料名称、规格、型号	单位	数量	单价（元）	合价（元）	暂估单价（元）	暂估合价（元）
	丝扣截止阀 DN50	个	1.010	26.70	26.97		
	其他材料费				—		—
	材料费小计				26.97	—	

注：1. "数量"栏为"投标方（定额）工程量÷招标方（清单）工程量÷定额单位数量"，如"1"为"4÷4"；
　　2. 管理费费率为 155.49，利润率为 60%，均以人工费为基数。

工程量清单综合单价分析表　　　　　　　　　表 3-209

工程名称：住宅楼室内给排水工程　　　　　标段：　　　　　　第　　页　　共　　页

项目编码	031003001002		项目名称		螺纹阀门		计量单位		个	

清单综合单价组成明细

定额编号	定额名称	定额单位	数量	单价				合价			
				人工费	材料费	机械费	管理费和利润	人工费	材料费	机械费	管理费和利润
8-303	螺纹浮球阀 DN15	个	1	2.32	0.91	—	5.00	2.32	0.91	—	5.00
人工单价			小　计					2.32	0.91	—	5.00
23.22 元/工日			未计价材料费					10.83			
清单项目综合单价								19.06			

材料费明细	主要材料名称、规格、型号	单位	数量	单价（元）	合价（元）	暂估单价（元）	暂估合价（元）
	丝扣浮球阀 DN15	个	1	10.83	10.83		
	其他材料费				—		—
	材料费小计				10.83	—	

注：1. "数量"栏为"投标方（定额）工程量÷招标方（清单）工程量÷定额单位数量"，如"1"为"20÷20"；
　　2. 管理费费率为 155.49，利润率为 60%，均以人工费为基数。

工程量清单综合单价分析表　　　　　　　　　　　　　表 3-210

工程名称：住宅楼室内给排水工程　　　　标段：　　　　　第　页　共　页

项目编码	031003013001	项目名称	水表	计量单位	组

清单综合单价组成明细

定额编号	定额名称	定额单位	数量	单价				合价			
				人工费	材料费	机械费	管理费和利润	人工费	材料费	机械费	管理费和利润
8-358	螺纹水表 DN20	组	1	9.29	13.90	—	20.01	9.29	13.90	—	20.01
人工单价			小　计					9.29	13.90	—	20.01
23.22元/工日			未计价材料费					28.60			
清单项目综合单价								71.80			

材料费明细	主要材料名称、规格、型号	单位	数量	单价（元）	合价（元）	暂估单价（元）	暂估合价（元）
	螺纹水表 DN20	个	1	28.60	28.60		
	其他材料费			—			
	材料费小计			—	28.60	—	

注：1."数量"栏为"投标方（定额）工程量÷招标方（清单）工程量÷定额单位数量"，如"1"为"32÷32"；

　　2. 管理费费率为 155.49，利润率为 60%，均以人工费为基数。

工程量清单综合单价分析表　　　　　　　　　　　　　表 3-211

工程名称：住宅楼室内给排水工程　　　　标段：　　　　　第　页　共　页

项目编码	031004014001	项目名称	水龙头	计量单位	个

清单综合单价组成明细

定额编号	定额名称	定额单位	数量	单价				合价			
				人工费	材料费	机械费	管理费和利润	人工费	材料费	机械费	管理费和利润
8-438	水龙头安装 DN15	10个	0.100	6.50	0.98	—	14.00	0.65	0.10	—	1.40
人工单价			小　计					0.65	0.10	—	1.40
23.22元/工日			未计价材料费					4.50			
清单项目综合单价								6.65			

材料费明细	主要材料名称、规格、型号	单位	数量	单价（元）	合价（元）	暂估单价（元）	暂估合价（元）
	水龙头 DN15	个	1.010	4.46	4.50		
	其他材料费			—			
	材料费小计			—	4.50	—	

注：1."数量"栏为"投标方（定额）工程量÷招标方（清单）工程量÷定额单位数量"，如"0.100"为"3.2÷32"；

　　2. 管理费费率为 155.49，利润率为 60%，均以人工费为基数。

工程量清单综合单价分析表 表 3-212

工程名称：住宅楼室内给排水工程　　　　标段：　　　　　　　第　页　共　页

项目编码	031004006001	项目名称	大便器	计量单位	组

清单综合单价组成明细

定额编号	定额名称	定额单位	数量	单价				合价			
				人工费	材料费	机械费	管理费和利润	人工费	材料费	机械费	管理费和利润
8-407	蹲式大便器安装(高水箱)	10套	0.100	224.31	809.08	—	483.16	22.43	80.91	—	48.32
人工单价		小　计						22.43	80.91	—	48.32
23.22元/工日		未计价材料费						213.24			
清单项目综合单价								364.90			

	主要材料名称、规格、型号	单位	数量	单价(元)	合价(元)	暂估单价(元)	暂估合价(元)
材料费明细	瓷蹲式大便器	个	1.010	112.63	113.76		
	瓷蹲式大便器高水箱	个	1.010	71.20	71.91		
	瓷蹲式大便器高水箱配件	套	1.010	27.30	27.57		
	其他材料费			—		—	
	材料费小计			—	213.24	—	

注：1. "数量"栏为"投标方(定额)工程量÷招标方(清单)工程量÷定额单位数量"，如"0.100"为"3.2÷32"；
　　2. 管理费费率为155.49，利润率为60%，均以人工费为基数。

工程量清单综合单价分析表 表 3-213

工程名称：住宅楼室内给排水工程　　　　标段：　　　　　　　第　页　共　页

项目编码	031004014002	项目名称	排水栓	计量单位	组

清单综合单价组成明细

定额编号	定额名称	定额单位	数量	单价				合价			
				人工费	材料费	机械费	管理费和利润	人工费	材料费	机械费	管理费和利润
8-443	排水栓安装 DN50	10组	0.100	44.12	77.29	—	95.03	4.41	7.73	—	9.50
人工单价		小　计						4.41	7.73	—	9.50
23.22元/工日		未计价材料费						6.65			
清单项目综合单价								28.29			

	主要材料名称、规格、型号	单位	数量	单价(元)	合价(元)	暂估单价(元)	暂估合价(元)
材料费明细	排水栓带链堵	套	1.000	6.65	6.65		
	其他材料费			—		—	
	材料费小计			—	6.65	—	

注：1. "数量"栏为"投标方(定额)工程量÷招标方(清单)工程量÷定额单位数量"，如"0.100"为"3.2÷32"；
　　2. 管理费费率为155.49，利润率为60%，均以人工费为基数。

工程量清单综合单价分析表 表 3-214

工程名称：住宅楼室内给排水工程　　标段：　　第　页　共　页

项目编码	031004014003		项目名称		地漏		计量单位		个

清单综合单价组成明细

定额编号	定额名称	定额单位	数量	单价				合价			
				人工费	材料费	机械费	管理费和利润	人工费	材料费	机械费	管理费和利润
8-447	地漏安装 DN50	10个	0.100	37.15	18.73	—	80.02	3.72	1.87	—	8.00
8-443	排水栓安装 DN50	10组	0.100	44.12	77.29	—	95.03	4.41	7.73	—	9.50
人工单价			小　计					8.13	9.60	—	17.50
23.22 元/工日			未计价材料费					10.99			
清单项目综合单价								46.22			

材料费明细	主要材料名称、规格、型号	单位	数量	单价（元）	合价（元）	暂估单价（元）	暂估合价（元）
	地漏 DN50	个	1.000	4.00	4.00		
	排水栓带链堵	套	1.000	6.99	6.99		
	其他材料费			—	—		
	材料费小计			—	10.99		

注：1. "数量"栏为"投标方（定额）工程量÷招标方（清单）工程量×定额单位数量"，如"0.1"为"3.2÷32"；

2. 管理费费率为 155.4%，利润率为 60%，均以人工费为基数。

三、《建设工程工程量清单计价规范》GB 50500—2013 和《通用工程工程量计算规范》GB 50856—2013 计算方法（表 3-215～表 3-234）

（套用《全国统一安装工程预算额》GYD-208-2000，人、材、机差价均不作调整）

分部分项工程和单价措施项目清单与计价表 表 3-215

工程名称：住宅楼室内给排水工程　　标段：　　第　页　共　页

序号	项目编码	项目名称	项目特征描述	计量单位	工程量	综合单价	合价	其中暂估价
			A. 土（石）方工程					
1	010101007001	管沟土方	坚土，埋设 DN50 镀锌钢管	m	14.40	0.25	3.60	
			分部小计				3.60	
			K. 给排水，采暖燃气工程					
2	031001001001	镀锌钢管	DN50，给水系统，室内埋地，丝扣连接，刷两遍沥青	m	21.60	37.77	815.83	

续表

序号	项目编码	项目名称	项目特征描述	计量单位	工程量	金额（元）		其中
						综合单价	合价	暂估价
3	031001001002	镀锌钢管	DN50，给水系统，室内明装，丝扣连接，刷两遍沥青	m	16.00	36.80	588.80	
4	031001001003	镀锌钢管	DN40，给水系统，室内明装，丝扣连接，刷两遍银粉	m	24.00	32.15	771.60	
5	031001001004	镀锌钢管	DN32，给水系统，室内明装，丝扣连接，刷两遍银粉	m	24.00	27.60	662.40	
6	031001001005	镀锌钢管	DN25，给水系统，室内明装，丝扣连接，刷两遍银粉	m	24.00	25.62	614.88	
7	031001001006	镀锌钢管	DN20，给水系统，室内明装，丝扣连接，刷两遍银粉	m	86.40	20.41	1763.42	
8	031001001007	镀锌钢管	DN15，给水系统，室内明装，丝扣连接，刷两遍银粉	m	146.00	19.54	2852.84	
9	031001005001	承插铸铁管	DN100，排水系统，水泥接口，刷两遍沥青	m	180.80	70.87	12813.30	
10	031001005002	承插铸铁管	DN50，排水系统，水泥接口，刷两遍沥青	m	80.00	35.76	2860.80	
11	031001002001	钢管	DN50，焊接，丝扣连接，排水系统，红丹防锈漆两遍，银粉两遍	m	6.40	33.43	213.95	
12	031006015001	水箱制作与安装	除锈，刷红丹防锈漆两遍，调和漆两遍，铁支架除锈	台	20	1300.45	26009.00	
13	031003001001	螺纹阀门	丝扣截止阀，DN50	个	4	54.52	218.08	
14	031003001001	螺纹阀门	丝扣浮球阀DN15，铜浮球	个	20	19.06	381.20	
15	031003013001	水表	DN20，丝扣连接，带铁截止阀	组	32	71.80	2297.60	
16	031004014001	水龙头	DN15，铁质	个	32	6.65	212.80	
17	031004006001	大便器	高水箱蹲马桶	组	32	364.90	11676.80	
18	031004014002	排水栓	铁质带存水弯，DN50	组	32	28.29	905.28	
19	031004014003	地漏	带存水弯，DN50	个	32	46.22	1479.04	
			本页小计				65727.00	
			合　计				65727.00	

注：根据建设部、财政部发布的《建筑安装工程费用组成》（建标［2003］206号）的规定，为计取规费等的使用。可在表中增设其中："直接费"、"人工费"或"人工费＋机械费"。

工程量清单综合单价分析表

表 3-216

工程名称：住宅楼室内给排水工程　　　　标段：　　　　　第　　页　共　　页

项目编码	010101007001	项目名称	管沟土方	计量单位	m	工程量	14.40

清单综合单价组成明细

定额编号	定额名称	定额单位	数量	单价				合价			
				人工费	材料费	机械费	管理费和利润	人工费	材料费	机械费	管理费和利润
1-4	人工挖地槽	100m³	0.014	12.67	—		5.32	0.18	—	—	0.07
人工单价			小　计					0.18	—	—	0.07
23.46元/左右			未计价材料费								
清单项目综合单价								0.25			

材料费明细	主要材料名称、规格、型号			单位	数量	单价（元）	合价（元）	暂估单价（元）	暂估合价（元）
	其他材料费						—		—
	材料费小计						—		—

注：1. "数量"栏为"投标方（定额）工程量÷招标方（清单）工程量÷定额单位数量"，如"0.014"为"0.2÷14.4"；

　　2. 管理费费率为34%，利润率为8%，均以人工费为基数。

工程量清单综合单价分析表

表 3-217

工程名称：住宅楼室内给排水工程　　　　标段：　　　　　第　　页　共　　页

项目编码	031001001001	项目名称	镀锌钢管	计量单位	m	工程量	21.60

清单综合单价组成明细

定额编号	定额名称	定额单位	数量	单价				合价			
				人工费	材料费	机械费	管理费和利润	人工费	材料费	机械费	管理费和利润
8-92	镀锌钢管 DN50	10m	0.100	62.23	46.84	2.86	134.04	6.22	4.68	0.29	13.40
11-66	管道刷第一遍沥青	10m²	0.023	6.50	1.54	—	14.00	0.15	0.04		0.32
11-67	管道刷第二遍沥青	10m²	0.023	6.27	1.37	—	13.51	0.14	0.03		0.31
人工单价			小　计					6.51	4.75	0.29	14.03
23.22元/工日			未计价材料费					12.19			
清单项目综合单价								37.77			

材料费明细	主要材料名称、规格、型号			单位	数量	单价（元）	合价（元）	暂估单价（元）	暂估合价（元）
	镀锌钢管 DN50			m	1.020	10.95	11.17		
	煤焦油沥青漆			kg	0.123	8.30	1.02		
	其他材料费						—		—
	材料费小计						12.19		—

注：1. "数量"栏为"投标方（定额）工程量÷招标方（清单）工程量÷定额单位数量"，如"0.023"为"0.5÷21.6"

　　2. 管理费费率为155.4%，利润率为60%，均以人工费为基数。

工程量清单综合单价分析表　　　　　　　　表 3-218

工程名称：住宅楼室内给排水工程　　　　标段：　　　　第　页　共　页

项目编码	031001001002	项目名称	镀锌钢管	计量单位	m	工程量	16.00

清单综合单价组成明细

定额编号	定额名称	定额单位	数量	单价				合价			
				人工费	材料费	机械费	管理费和利润	人工费	材料费	机械费	管理费和利润
8-92	镀锌钢管 DN50	10m	0.100	62.23	46.84	2.86	134.04	6.22	4.68	0.29	13.40
11-56	刷银粉漆第一遍	10m²	0.019	6.50	4.81	—	14.00	0.12	0.09	—	0.27
11-57	刷银粉漆第二遍	10m²	0.019	6.27	4.37	—	13.51	0.12	0.08	—	0.26
人工单价		小　计						6.46	4.85	0.29	13.93
23.22 元/工日		未计价材料费						11.27			
		清单项目综合单价						36.80			

	主要材料名称、规格、型号	单位	数量	单价（元）	合价（元）	暂估单价（元）	暂估合价（元）
材料费明细	镀锌钢管 DN50	m	1.020	10.95	11.17		
	酚醛清漆各色	kg	0.013	7.80	0.10		
	其他材料费			—		—	
	材料费小计			—	11.27	—	

注：1. "数量"栏为"投标方（定额）工程量÷招标方（清单）工程量÷定额单位数量"，如"0.019"为"0.3÷16"
　　2. 管理费费率为 155.4%，利润率为 60%，均以人工费为基数。

工程量清单综合单价分析表　　　　　　　　表 3-219

工程名称：住宅楼室内给排水工程　　　　标段：　　　　第　页　共　页

项目编码	031001001003	项目名称	镀锌钢管	计量单位	m	工程量	24.00

清单综合单价组成明细

定额编号	定额名称	定额单位	数量	单价				合价			
				人工费	材料费	机械费	管理费和利润	人工费	材料费	机械费	管理费和利润
8-91	镀锌钢管 DN40	10m	0.100	60.84	31.98	1.03	131.05	6.08	3.20	0.10	13.11
11-56	刷银粉漆第一遍	10m²	0.014	6.50	4.81	—	14.00	0.09	0.07	—	0.20
11-57	刷银粉漆第二遍	10m²	0.014	6.27	4.37	—	13.51	0.09	0.06	—	0.19
人工单价		小　计						6.26	3.33	0.10	13.50
23.22 元/工日		未计价材料费						8.96			
		清单项目综合单价						32.15			

续表

	主要材料名称、规格、型号	单位	数量	单价（元）	合价（元）	暂估单价（元）	暂估合价（元）
材料费明细	镀锌钢管 DN40	m	1.020	8.71	8.88		
	酚醛清漆各色	kg	0.010	7.80	0.08		
	其他材料费			—		—	
	材料费小计			—	8.96	—	

注：1. "数量"栏为"投标方（定额）工程量÷招标方（清单）工程量÷定额单位数量"，如"0.014"为"0.36÷25"；

2. 管理费费率为155.4%，利润率为60%，均以人工费为基数。

工程量清单综合单价分析表　　　　　　　　表 3-220

工程名称：住宅楼室内给排水工程　　　　标段：　　　　　　第　页　共　页

项目编码	031001001004	项目名称	镀锌钢管	计量单位	m	工程量	24.00

清单综合单价组成明细

定额编号	定额名称	定额单位	数量	单价				合价			
				人工费	材料费	机械费	管理费和利润	人工费	材料费	机械费	管理费和利润
8-90	镀锌钢管 DN32	10m	0.100	51.08	34.05	1.03	110.03	5.11	3.41	0.10	11.00
11-56	刷银粉漆第一遍	10m²	0.012	6.50	4.81	—	14.00	0.08	0.06	—	0.17
11-57	刷银粉漆第二遍	10m²	0.012	6.27	4.37	—	13.51	0.08	0.05	—	0.16
人工单价			小　计					5.27	3.52	0.10	11.33
23.22 元/工日			未计价材料费					7.38			
		清单项目综合单价						27.60			

	主要材料名称、规格、型号	单位	数量	单价（元）	合价（元）	暂估单价（元）	暂估合价（元）
材料费明细	镀锌钢管 DN32	m	1.020	7.18	7.32		
	酚醛清漆各色	kg	0.008	7.80	0.06		
	其他材料费			—		—	
	材料费小计			—	7.38	—	

注：1. "数量"栏为"投标方（定额）工程量÷招标方（清单）工程量÷定额单位数量"，如"0.012"为"0.31÷25"；

2. 管理费费率为155.4%，利润率为60%，均以人工费为基数。

工程量清单综合单价分析表　　　　　　　　表 3-221

工程名称：住宅楼室内给排水工程　　　　标段：　　　　　第　页　共　页

| 项目编码 | 031001001005 | 项目名称 | 镀锌钢管 | 计量单位 | m | 工程量 | 24.00 |

清单综合单价组成明细

定额编号	定额名称	定额单位	数量	单价				合价			
				人工费	材料费	机械费	管理费和利润	人工费	材料费	机械费	管理费和利润
8-89	镀锌钢管 DN25	10m	0.100	51.08	31.40	1.03	110.03	5.11	3.14	0.10	11.00
11-56	刷银粉漆第一遍	10m²	0.010	6.50	4.81	—	14.00	0.07	0.05	—	0.14
11-57	刷银粉漆第二遍	10m²	0.010	6.27	4.37	—	13.51	0.06	0.04	—	0.14
人工单价		小　计						5.24	3.23	0.10	11.28
23.22 元/工日		未计价材料费						5.77			
清单项目综合单价								25.62			

材料费明细	主要材料名称、规格、型号	单位	数量	单价（元）	合价（元）	暂估单价（元）	暂估合价（元）
	镀锌钢管 DN25	m	1.020	5.61	5.72		
	酚醛清漆各色	kg	0.007	7.80	0.05		
	其他材料费			—		—	
	材料费小计			—	5.77	—	

注：1. "数量"栏为"投标方（定额）工程量÷招标方（清单）工程量÷定额单位数量"，如"0.010"为"0.26÷25"；

　　2. 管理费费率为 155.4%，利润率为 60%，均以人工费为基数。

工程量清单综合单价分析表　　　　　　　　表 3-222

工程名称：住宅楼室内给排水工程　　　　标段：　　　　　第　页　共　页

| 项目编码 | 031001001006 | 项目名称 | 镀锌钢管 | 计量单位 | m | 工程量 | 86.40 |

清单综合单价组成明细

定额编号	定额名称	定额单位	数量	单价				合价			
				人工费	材料费	机械费	管理费和利润	人工费	材料费	机械费	管理费和利润
8-88	镀锌钢管 DN20	10m	0.100	42.49	24.23	—	91.52	4.25	2.42	—	9.15
11-56	刷银粉漆第一遍	10m²	0.008	6.50	4.81	—	14.00	0.05	0.04	—	0.11
11-57	刷银粉漆第二遍	10m²	0.008	6.27	4.37	—	13.51	0.05	0.03	—	0.11
人工单价		小　计						4.35	2.49	—	9.37
23.22 元/工日		未计价材料费						4.20			
清单项目综合单价								20.41			

续表

主要材料名称、规格、型号	单位	数量	单价(元)	合价(元)	暂估单价(元)	暂估合价(元)
镀锌钢管 DN20	m	1.020	4.07	4.15		
酚醛清漆各色	kg	0.006	7.80	0.05		
其他材料费			—			—
材料费小计			—	4.20		—

注：1. "数量"栏为"投标方（定额）工程量÷招标方（清单）工程量÷定额单位数量"，如"0.008"为"0.73÷95"；

2. 管理费费率为155.4%，利润率为60%，均以人工费为基数。

工程量清单综合单价分析表

表 3-223

工程名称：住宅楼室内给排水工程　　　　标段：　　　　　第　页　共　页

项目编码	031001001007	项目名称	镀锌钢管	计量单位	m	工程量	146.00

清单综合单价组成明细

定额编号	定额名称	定额单位	数量	单价				合价			
				人工费	材料费	机械费	管理费和利润	人工费	材料费	机械费	管理费和利润
8-87	镀锌钢管 DN15	10m	0.100	42.49	22.96	—	91.52	4.25	2.30	—	9.15
11-56	刷银粉漆第一遍	10m²	0.008	6.50	4.81	—	14.00	0.05	0.04	—	0.11
11-57	刷银粉漆第二遍	10m²	0.008	6.27	4.37	—	13.51	0.05	0.03	—	0.11
人工单价		小　计						4.35	2.37	—	9.37
23.22元/工日		未计价材料费						3.45			
清单项目综合单价								19.54			

主要材料名称、规格、型号	单位	数量	单价(元)	合价(元)	暂估单价(元)	暂估合价(元)
镀锌钢管 DN15	m	1.020	3.33	3.40		
酚醛清漆各色	kg	0.006	7.80	0.05		
其他材料费			—			—
材料费小计			—	3.45		—

注：1. "数量"栏为"投标方（定额）工程量÷招标方（清单）工程量÷定额单位数量"，如"0.008"为"1.17÷154"；

2. 管理费费率为155.4%，利润率为60%，均以人工费为基数。

工程量清单综合单价分析表　　　　　　　　　　　**表 3-224**

工程名称：住宅楼室内给排水工程　　　　标段：　　　　　第　页　共　页

项目编码	031001005001	项目名称	承插铸铁管	计量单位	m	工程量	180.80

清单综合单价组成明细

定额编号	定额名称	定额单位	数量	单价				合价			
				人工费	材料费	机械费	管理费和利润	人工费	材料费	机械费	管理费和利润
8-146	承插铸铁排水管 DN100	10m	0.100	80.34	277.05	—	113.05	8.03	27.71	—	17.31
11-202	刷沥青漆第一遍	10m²	0.042	8.36	1.54	—	18.01	0.35	0.06	—	0.76
11-203	刷沥青漆第二遍	10m²	0.042	8.13	1.37	—	17.51	0.34	0.06	—	0.74
人工单价		小　计						8.72	27.83	—	18.81
23.22 元/工日		未计价材料费						15.51			
清单项目综合单价								70.87			

材料费明细	主要材料名称、规格、型号	单位	数量	单价（元）	合价（元）	暂估单价（元）	暂估合价（元）
	承插铸铁排水管 DN100	m	0.890	15.22	13.55		
	煤焦油沥青漆	kg	0.236	8.30	1.96		
	其他材料费			—		—	
	材料费小计			—	15.51		

注：1. "数量"栏为"投标方（定额）工程量÷招标方（清单）工程量÷定额单位数量"，如"0.042"为"7.78÷186.3"；

2. 管理费费率为 155.4%，利润率为 60%，均以人工费为基数。

工程量清单综合单价分析表　　　　　　　　　　　**表 3-225**

工程名称：住宅楼室内给排水工程　　　　标段：　　　　　第　页　共　页

项目编码	031001005002	项目名称	承插铸铁管	计量单位	m	工程量	80.00

清单综合单价组成明细

定额编号	定额名称	定额单位	数量	单价				合价			
				人工费	材料费	机械费	管理费和利润	人工费	材料费	机械费	管理费和利润
8-144	承插铸铁管 DN50	10m	0.100	52.01	81.40	—	112.03	5.20	8.14	—	11.20
11-202	刷沥青漆第一遍	10m²	0.022	8.36	1.54	—	18.01	0.18	0.03	—	0.40
11-203	刷沥青漆第二遍	10m²	0.022	8.13	1.37	—	17.51	0.18	0.03	—	0.39
人工单价		小　计						5.56	8.20	—	11.99
23.22 元/工日		未计价材料费						10.01			
清单项目综合单价								35.76			

续表

	主要材料名称、规格、型号	单位	数量	单价（元）	合价（元）	暂估单价（元）	暂估合价（元）
材料费明细	承插铸铁排水管 DN50	m	0.880	10.21	8.98		
	煤焦油沥青漆	kg	0.124	8.30	1.03		
	其他材料费			—	—		
	材料费小计			—	10.01	—	

注：1."数量"栏为"投标方（定额）工程量÷招标方（清单）工程量÷定额单位数量"，如"0.022"为"1.82÷84"
2. 管理费费率为155.4%，利润率为60%，均以人工费为基数。

工程量清单综合单价分析表 表 3-226

工程名称：住宅楼室内给排水工程　　标段：　　　第　页　共　页

项目编码	031001002001	项目名称	钢管	计量单位	m	工程量	6.40

清单综合单价组成明细

定额编号	定额名称	定额单位	数量	单价				合价			
				人工费	材料费	机械费	管理费和利润	人工费	材料费	机械费	管理费和利润
8-103	焊接钢管 DN50（螺纹连接）	10m	0.100	62.23	36.06	3.26	134.04	6.22	3.61	0.33	13.40
11-51	刷红丹防锈漆第一遍	10m²	0.021	6.27	1.07	—	13.51	0.13	0.02	—	0.28
11-52	刷红丹防锈漆第二遍	10m²	0.021	6.27	0.96	—	13.51	0.13	0.02	—	0.28
11-56	刷银粉漆第一遍	10m²	0.021	6.50	4.81	—	14.00	0.14	0.10	—	0.29
11-57	刷银粉漆第二遍	10m²	0.021	6.27	4.37	—	13.51	0.13	0.09	—	0.28
人工单价		小　计						6.75	3.84	0.33	14.53
23.22 元/工日		未计价材料费						7.98			
		清单项目综合单价						33.43			

材料费明细	主要材料名称、规格、型号	单位	数量	单价（元）	合价（元）	暂估单价（元）	暂估合价（元）
	焊接钢管 DN50	m	1.020	7.33	7.48		
	醇酸防锈漆	kg	0.058	6.80	0.39		
	酚醛清漆各色	kg	0.014	7.80	0.11		
	其他材料费			—	—		
	材料费小计			—	7.98	—	

注：1."数量"栏为"投标方（定额）工程量÷招标方（清单）工程量÷定额单位数量"，如"0.021"为"0.15÷7"；
2. 管理费费率为155.49，利润率为60%，均以人工费为基数。

工程量清单综合单价分析表

表 3-227

工程名称：住宅楼室内给排水工程　　　　标段：　　　　　　第　　页　共　　页

项目编码	031006015001		项目名称	水箱制作与安装		计量单位	台	工程量	20

清单综合单价组成明细

定额编号	定额名称	定额单位	数量	单价				合价			
				人工费	材料费	机械费	管理费和利润	人工费	材料费	机械费	管理费和利润
8-537	钢板水箱制作	100kg	0.515	73.84	435.04	21.14	159.05	38.03	224.05	10.89	81.91
8-552	钢板水箱安装	个	1.000	74.07	2.44	35.79	159.55	74.07	2.44	35.79	159.55
11-8	钢板人工除虫锈	100kg	0.785	12.54	4.91	6.96	27.01	9.84	3.85	5.46	21.20
11-117	钢板刷红丹防锈漆第一遍	100kg	0.785	5.34	0.87	6.96	11.50	4.19	0.68	5.46	9.03
11-118	钢板刷红丹防锈漆第二遍	100kg	0.785	5.11	0.75	6.96	11.01	4.01	0.59	5.46	8.64
11-126	钢板刷调和漆第一遍	100kg	0.785	5.11	0.26	6.96	11.01	4.01	0.20	5.46	8.64
11-127	钢板刷调和漆第二遍	100kg	0.785	5.11	0.23	6.96	11.01	4.01	0.18	5.46	8.64
8-178	水箱支架制作安装	100kg	0.375	235.45	194.98	224.26	507.16	88.29	73.12	84.10	190.19
人工单价		小　计						226.45	305.11	158.08	487.80
23.22 元/工日		未计价材料费						123.01			
清单项目综合单价								1300.45			

	主要材料名称、规格、型号	单位	数量	单价（元）	合价（元）	暂估单价（元）	暂估合价（元）
材料费明细	醇酸防锈漆	kg	1.656	6.80	11.26		
	酚醛调和漆各色	kg	1.178	7.80	9.19		
	型钢	kg	39.750	2.58	102.56		
	其他材料费			—		—	
	材料费小计			—	123.01		

注：1. "数量"栏为"投标方（定额）工程量÷招标方（清单）工程量÷定额单位数量"，如"0.515"为"10.3÷20"；

　　2. 管理费费率为 155.49，利润率为 60%，均以人工费为基数。

工程量清单综合单价分析表　　　　　　　　　　**表 3-228**

工程名称：住宅楼室内给排水工程　　　标段：　　　　第　页　共　页

| 项目编码 | 031003001001 | 项目名称 | 螺纹阀门 | 计量单位 | 个 | 工程量 | 4 |

清单综合单价组成明细

定额编号	定额名称	定额单位	数量	单价				合价			
				人工费	材料费	机械费	管理费和利润	人工费	材料费	机械费	管理费和利润
8-246	螺纹阀 DN50	个	1	5.80	9.26	—	12.49	5.80	9.26	—	12.49
人工单价		小　计						5.80	9.26	—	12.49
23.22元/工日		未计价材料费						26.97			
清单项目综合单价								54.52			

材料费明细	主要材料名称、规格、型号	单位	数量	单价（元）	合价（元）	暂估单价（元）	暂估合价（元）
	丝扣截止阀 DN50	个	1.010	26.70	26.97		
	其他材料费			—	—		
	材料费小计			—	26.97	—	

注：1.“数量”栏为“投标方（定额）工程量÷招标方（清单）工程量÷定额单位数量”，如“1”为“4÷4”；
　　2.管理费费率为155.49，利润率为60%，均以人工费为基数。

工程量清单综合单价分析表　　　　　　　　　　**表 3-229**

工程名称：住宅楼室内给排水工程　　　标段：　　　　第　页　共　页

| 项目编码 | 031003001002 | 项目名称 | 螺纹阀门 | 计量单位 | 个 | 工程量 | 20 |

清单综合单价组成明细

定额编号	定额名称	定额单位	数量	单价				合价			
				人工费	材料费	机械费	管理费和利润	人工费	材料费	机械费	管理费和利润
8-303	螺纹浮球阀 DN15	个	1	2.32	0.91	—	5.00	2.32	0.91	—	5.00
人工单价		小　计						2.32	0.91	—	5.00
23.22元/工日		未计价材料费						10.83			
清单项目综合单价								19.06			

材料费明细	主要材料名称、规格、型号	单位	数量	单价（元）	合价（元）	暂估单价（元）	暂估合价（元）
	丝扣浮球阀 DN15	个	1	10.83	10.83		
	其他材料费			—	—		
	材料费小计			—	10.83	—	

注：1.“数量”栏为“投标方（定额）工程量÷招标方（清单）工程量÷定额单位数量”，如“1”为“20÷20”；
　　2.管理费费率为155.49，利润率为60%，均以人工费为基数。

工程量清单综合单价分析表　　　　　　　　表 3-230

工程名称：住宅楼室内给排水工程　　　　　标段：　　　　　　第　页　共　页

项目编码	031003013001		项目名称		水表	计量单位		组

清单综合单价组成明细

定额编号	定额名称	定额单位	数量	单价				合价			
				人工费	材料费	机械费	管理费和利润	人工费	材料费	机械费	管理费和利润
8-358	螺纹水表 DN20	组	1	9.29	13.90	—	20.01	9.29	13.90	—	20.01
人工单价			小　计					9.29	13.90	—	20.01
23.22 元/工日			未计价材料费					28.60			
清单项目综合单价							71.80				

材料费明细	主要材料名称、规格、型号	单位	数量	单价（元）	合价（元）	暂估单价（元）	暂估合价（元）
	螺纹水表 DN20	个	1	28.60	28.60		
	其他材料费			—		—	
	材料费小计			—	28.60	—	

注：1. "数量"栏为"投标方（定额）工程量÷招标方（清单）工程量÷定额单位数量"，如"1"为"32÷32"；

　　2. 管理费费率为 155.49，利润率为 60%，均以人工费为基数。

工程量清单综合单价分析表　　　　　　　　表 3-231

工程名称：住宅楼室内给排水工程　　　　　标段：　　　　　　第　页　共　页

项目编码	031004014001		项目名称		水龙头	计量单位	个	工程量	32

清单综合单价组成明细

定额编号	定额名称	定额单位	数量	单价				合价			
				人工费	材料费	机械费	管理费和利润	人工费	材料费	机械费	管理费和利润
8-438	水龙头安装 DN15	10个	0.100	6.50	0.98	—	14.00	0.65	0.10	—	1.40
人工单价			小　计					0.65	0.10	—	1.40
23.22 元/工日			未计价材料费					4.50			
清单项目综合单价							6.65				

材料费明细	主要材料名称、规格、型号	单位	数量	单价（元）	合价（元）	暂估单价（元）	暂估合价（元）
	水龙头 DN15	个	1.010	4.46	4.50		
	其他材料费			—		—	
	材料费小计			—	4.50	—	

注：1. "数量"栏为"投标方（定额）工程量÷招标方（清单）工程量÷定额单位数量"，如"0.100"为"3.2÷32"；

　　2. 管理费费率为 155.49，利润率为 60%，均以人工费为基数。

工程量清单综合单价分析表

表 3-232

工程名称：住宅楼室内给排水工程　　　标段：　　　第　　页　共　　页

项目编码	031004006001	项目名称	大便器	计量单位	组	工程量	32

清单综合单价组成明细

定额编号	定额名称	定额单位	数量	单价				合价			
				人工费	材料费	机械费	管理费和利润	人工费	材料费	机械费	管理费和利润
8-407	蹲式大便器安装（高水箱）	10套	0.100	224.31	809.08	—	483.16	22.43	80.91	—	48.32
人工单价		小　计						22.43	80.91	—	48.32
23.22元/工日		未计价材料费						213.24			
		清单项目综合单价						364.90			

	主要材料名称、规格、型号	单位	数量	单价（元）	合价（元）	暂估单价（元）	暂估合价（元）
材料费明细	瓷蹲式大便器	个	1.010	112.63	113.76		
	瓷蹲式大便器高水箱	个	1.010	71.20	71.91		
	瓷蹲式大便器高水箱配件	套	1.010	27.30	27.57		
	其他材料费				—		—
	材料费小计			—	213.24		—

注：1. "数量"栏为"投标方（定额）工程量÷招标方（清单）工程量÷定额单位数量"，如"0.100"为"3.2÷32"；

　　2. 管理费费率为155.49，利润率为60%，均以人工费为基数。

工程量清单综合单价分析表

表 3-233

工程名称：住宅楼室内给排水工程　　　标段：　　　第　　页　共　　页

项目编码	031004014002	项目名称	排水栓	计量单位	组	工程量	32

清单综合单价组成明细

定额编号	定额名称	定额单位	数量	单价				合价			
				人工费	材料费	机械费	管理费和利润	人工费	材料费	机械费	管理费和利润
8-443	排水栓安装 DN50	10组	0.100	44.12	77.29	—	95.03	4.41	7.73	—	9.50
人工单价		小　计						4.41	7.73	—	9.50
23.22元/工日		未计价材料费						6.65			
		清单项目综合单价						28.29			

	主要材料名称、规格、型号	单位	数量	单价（元）	合价（元）	暂估单价（元）	暂估合价（元）
材料费明细	排水栓带链堵	套	1.000	6.65	6.65		
	其他材料费				—		—
	材料费小计			—	6.65		—

注：1. "数量"栏为"投标方（定额）工程量÷招标方（清单）工程量÷定额单位数量"，如"0.100"为"3.2÷32"；

　　2. 管理费费率为155.49，利润率为60%，均以人工费为基数。

工程量清单综合单价分析表

表 3-234

工程名称：住宅楼室内给排水工程　　　标段：　　　　　第　页　共　页

| 项目编码 | 031004014003 | 项目名称 | 地漏 | 计量单位 | 个 | 工程量 | 32 |

清单综合单价组成明细

定额编号	定额名称	定额单位	数量	单价				合价			
				人工费	材料费	机械费	管理费和利润	人工费	材料费	机械费	管理费和利润
8-447	地漏安装 DN50	10 个	0.100	37.15	18.73	—	80.02	3.72	1.87	—	8.00
8-443	排水栓安装 DN50	10 组	0.100	44.12	77.29	—	95.03	4.41	7.73	—	9.50
人工单价		小　计						8.13	9.60	—	17.50
23.22 元/工日		未计价材料费						10.99			
清单项目综合单价								46.22			

材料费明细	主要材料名称、规格、型号	单位	数量	单价（元）	合价（元）	暂估单价（元）	暂估合价（元）
	地漏 DN50	个	1.000	4.00	4.00		
	排水栓带链堵	套	1.000	6.99	6.99		
	其他材料费			—			
	材料费小计			—	10.99	—	

注：1. "数量"栏为"投标方（定额）工程量÷招标方（清单）工程量×定额单位数量"，如"0.1"为"3.2÷32"；

2. 管理费费率为 155.4%，利润率为 60%，均以人工费为基数。

【例 17】

一、《通用安装工程工程量计算规范》GB 50856—2013 的计算方法

（一）工程内容

某单位食堂安装给、排水管道工程。食堂有盥洗槽一个，普通洗脸盆 2 个，洗涤盆 3 个，高位水箱蹲式大便器 2 套，污水池一个，地漏 DN150　2 个，地漏 DN100　4 个。室内有二个排水系统，一个给水系统。

图 3-28 为某单位食堂给排水管道安装平面图，图 3-29 为某单位食堂给水管道安装系统图；图 3-30 为某单位食堂排水管道系统图。

（二）编制要求

（1）计算工程量；

（2）计算定额直接费（不计主材）。

（三）采用定额

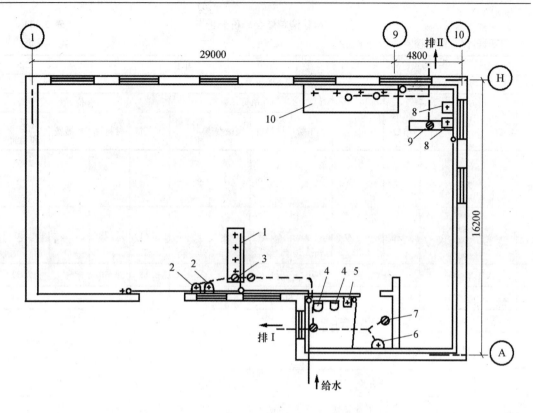

图 3-28　某单位食堂给排水管道安装平面图
1—盥洗槽；2—普通洗脸盆；3、9—地漏 DN150；4—高位水箱蹲式大便器；
5—污水池；6、8—洗涤盆；7—地漏；10—洗菜槽（砌、混）

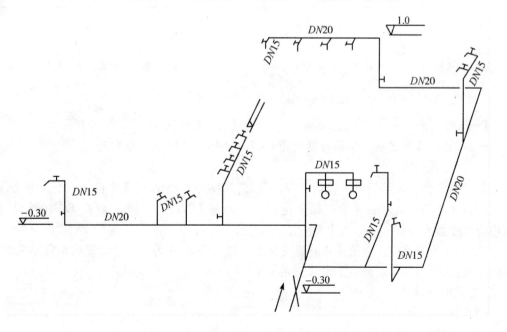

图 3-29　某单位食堂给水管道安装系统图

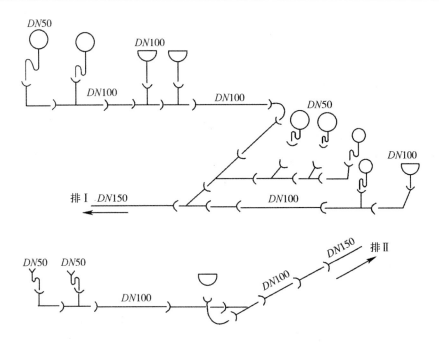

图 3-30　某单位食堂排水管道系统图

《全国统一安装工程预算定额》第八册"给排水、采暖、燃气工程"册。

编制步骤

第一步：计算工程量，工程量计算表见表 3-235。

室内给排水工程量计算表　　　　　　　　　　　　　　表 3-235

项目名称	工程量计算式	单位	数量
给水系统			
镀锌钢管 DN20	1.5m＋10m＋15.2m＋4.3m＋1.3m＋6m＋3m＋10m＝51.3m	m	51.30
镀锌钢管 DN15	17.00m	m	17.00
阀门 DN20	2 个	个	2
螺纹阀 DN15	4 个	个	4
水嘴 DN15	15 个	个	15
排水系统			
排Ⅰ铸铁管 DN150	3m	m	3.00
铸铁管 DN100	4.5m＋4.5m＋3m＋5m＋（0.5m×3）＝18.5m	m	18.50
铸铁管 DN50	0.5m×6＝3	m	3.00
排Ⅱ铸铁管 DN150	3m	m	3.00
铸铁管 DN100	2m＋4.5m＋1m＝7.5m	m	7.50
铸铁管 DN50	0.5m×2＝1	m	1.00
高位水箱大便器	2 套	套	2
洗涤盆	3 组	组	3

续表

项目名称	工程量计算式	单位	数量
洗脸盆	2组	组	2
地漏 DN100	4个	个	4
铸铁管表面积	13.2m² 刷沥青漆	m²	13.20
脚手架搭拆费	按规定计取		

第二步：计算定额直接费。

依据工程量计算表中的量，套取定额基价。填施工图预算表见表3-236所示。

室内给排水安装工程预算表 表3-236

序号	定额编号	工程或费用名称	工程量 定额单位	数量	价值（元）定额单价	总价	人工费/元 单价	人工费/元 金额	材料费/元 单价	材料费/元 金额	机械费（元）单价	机械费（元）余额
1	8-87	镀锌钢管 DN15	10m	1.7	65.45	111.26	42.49	72.23	22.96	39.03	—	
2	8-88	镀锌钢管 DN20	10m	5.13	66.72	342.26	42.49	217.97	24.23	124.29	—	
3	8-241	阀门 DN15	个	4	4.43	17.72	2.32	9.28	2.11	8.44	—	
4	8-242	阀门 DN20	个	2	5.0	10.00	2.32	4.64	2.68	5.36	—	
5	8-407	瓷高水箱蹲便器	10套	0.2	033.39	206.67	224.31	44.86	809.08	161.81		
6	8-382	洗脸盆	10组	0.2	576.23	115.24	109.60	21.92	466.63	93.32	—	
7	8-391	洗涤盆	10组	0.3	596.56	178.96	100.54	30.16	496.02	148.80		
8	8-147	铸铁排水管（承插、水泥接口）DN150	10m	0.60	329.18	197.50	85.22	51.13	243.96	146.37		
9	8-146	铸铁排水管 DN100	10m	2.6	357.39	929.21	80.34	208.88	277.05	720.33		
10	8-144	铸铁排水管 DN50	10m	0.4	133.41	53.36	52.01	20.80	81.40	32.56		
11	8-449	地漏 DN100	10个	0.4	126.65	50.65	86.61	34.64	40.04	16.01		
12	11294	铸铁竹沥青漆（包括主材）	10m²	1.32	249.73	329.63	65.71	86.74	184.02	242.90		
		第八册项目脚手架搭拆费	元	716.5	5%	35.82		8.95		26.87		
		刷油项目脚手架搭拆费	元	86.73	8%	6.93		1.73		5.20		
		合计				2585.21		813.92		1771.29		

说明：1. 项目内未包括主材费：

2. 实际编制预算时，单价应按地区现行价格调整。

工程量清单计价方式下，预算表与清单项目之间关系分析对照表见表3-237，分部分项工程量清单计价表见表3-238，分部分项工程量清单综合单价分析表见表3-239。

定额预（结）算表（直接费部分）与清单项目之间关系分析对照表 表3-237

工程名称：室内给排水安装 第 页 共 页

序号	项目编码	项目名称	清单主项在定额预（结）算表中的序号	清单综合的工程内容在定额预（结）算表中的序号
1	031001001001	镀锌钢管 DN15，室内安装，给水系统，螺纹连接	1	无
2	031001001002	镀锌钢管 DN20，室内安装，给水系统，螺纹连接	2	无

续表

序号	项目编码	项目名称	清单主项在定额预（结）算表中的序号	清单综合的工程内容在定额预（结）算表中的序号
3	031001005001	承插铸铁管 DN150，室内安装，排水系统，水泥接口，刷沥青漆	8	12
4	031001005002	承插铸铁管 DN100，室内安装，排水系统，水泥接口，刷沥青漆	9	12
5	031001005003	承插铸铁管 DN50，室内安装，排水系统，水泥接口，刷沥青漆	10	12
6	031004014001	地漏，DN100，铁质	11	无
7	031003001001	螺纹阀门 DN15	3	无
8	031003001002	螺纹阀门 DN20	4	无
9	031004006001	大便器，瓷高水箱蹲便器	5	无
10	031004003001	洗脸盆，钢管组成，普通冷水嘴	6	无
11	031004004001	洗涤盆，单嘴	7	无

分部分项工程量清单计价表　　　　　表 3-238

工程名称：室内给排水安装工程　　　　　　　第　页　共　页

序号	项目编码	分项工程名称	定额单位	工程数量	金额（元）	
					综合单价	合价
1	031001001001	镀锌钢管 DN15，室内安装，给水系统，螺纹连接	m	17	25.23	428.85
2	031001001002	镀锌钢管 DN20，室内安装，给水系统，螺纹连接	m	51.3	28.30	1452.03
3	031001005001	承插铸铁管 DN150，室内安装，排水系统，水泥接口，刷沥青漆	m	6	82.35	494.11
4	031001005002	承插铸铁管 DN100，室内安装，排水系统，水泥接口，刷沥青漆	m	26	88.10	2290.52
5	031001005003	承插铸铁管 DN50，室内安装，排水系统，水泥接口，刷沥有漆	m	4	38.5	154.02
6	031004014001	地漏，DN100，铁质	个	4	56.61	226.46
7	031003001001	螺纹阀门，DN15	个	4	34.09	136.34
8	031003001002	螺纹阀门，DN20	个	2	39.24	78.48
9	031004006001	大便器，瓷高水箱蹲便器	组	2	214.73	429.47
10	031004003001	洗脸盆，钢管组成，普通冷水嘴	组	2	294.38	588.76
11	031004004001	洗涤盆，单嘴	组	3	268.00	803.99

分部分项工程量清单综合单价分析表

表 3-239

工程名称：室内给排水安装　　　　　　　　　　　　　　　　　　　第　　页　共　　页

序号	项目编码	项目名称	定额编号	工程内容	单位	数量	其中：（元）					综合单价	合价
							人工费	材料费	机械费	管理费	利润		
1	031001001001	镀锌钢管 DN15			m	17						25.23	428.85
			8-87	镀锌钢管 DN15	10m	1.7	42.49	22.96	—	22.25	5.24		92.94 ×1.7
				镀锌钢管 DN15	m	17.34	—	11		3.74	0.88		15.62 ×17.34
2	030101001002	镀锌钢管 DN20			m	51.3						28.30	1452.03
			8-88	镀锌钢管	10m	5.13	42.49	24.23	—	22.68	5.34		94.74 ×5.13
				镀锌钢管 DN20	m	52.33	—	13		4.42	1.04		18.46 ×52.33
3	031001005001	承插铸铁管 DN150			m	6						82.35	494.11
			8-147	承插铸铁管 DN150	10m	0.6	85.22	243.96	—	111.92	26.33		467.43 ×0.6
				承插铸铁管 DN150	m	5.76	—	21.35	—	7.26	1.71		30.32 ×5.76
			11-294	铸铁管沥青漆	10m²	0.11	65.71	184.02	—	84.91	19.98		354.62 ×0.11
4	031001005002	承插铸铁管 DN100			m	26						88.10	2290.52
			8-146	承插铸铁管 DN100	10m	2.6	80.34	277.05	—	121.51	28.59		507.49 ×2.6
				承插铸铁管 DN100	m	23.14	—	17.46	—	5.94	1.40		24.8 ×23.14
			11-294	铸铁管沥青漆	10m²	1.12	65.71	184.02	—	84.91	19.98		354.62 ×1.12
5	031001005003	承插铸铁管 DN50			m	4						38.50	154.02
			8-144	承插铸铁 DN50	10m	0.4	52.01	81.40		45.36	10.67		189.44 ×0.4
				承插铸铁管 DN50	m	3.52	—	9.27	—	3.15	0.74		13.16 ×3.52
			11-294	铸铁管沥青漆	10m²	0.09	65.71	184.02	—	84.91	19.98		354.62 ×0.09
6	031004014001	地漏 DN100			个	4						56.61	226.46

续表

序号	项目编码	项目名称	定额编号	工程内容	单位	数量	其中：（元）					综合单价	合价
							人工费	材料费	机械费	管理费	利润		
			8-449	地漏 DN100	10个	0.4	86.61	40.04	—	43.06	10.13		179.84 ×0.4
				地漏 DN100	个	4	—	27.2	—	9.25	2.18		38.63 ×4
7	031003001001	螺纹阀门 DN15			个	4						34.09	136.34
			8-241	螺纹阀门 DN15	个	4	2.32	2.11	—	1.51	0.35		6.29 ×4
				螺纹阀门 DN15	个	4.04	—	19.38	—	6.59	1.55		27.52 ×4.04
8	031003001002	螺纹阀门 DN20			个	2						39.24	78.48
			8-242	螺纹阀门 DN20	个	2	2.32	2.68	—	1.7	0.4		7.1 ×2
				螺纹阀门 DN20	个	2.02	—	22.41	—	7.62	1.79		31.82 ×2.02
9	031004006001	大便器			组	2						214.73	429.47
			8-407	瓷高水箱蹲便器	10套	0.2	224.31	809.08	—	351.35	82.67		1467.41 ×0.2
				瓷蹲式大便器	个	2.02	—	21.5	—	7.31	1.72		30.53 ×2.02
				瓷蹲式大便器高水箱	个	2.02	—	11.7	—	3.98	0.94		16.62 ×2.02
				瓷蹲式大便器高水箱配件	套	2.02	—	14.2	—	4.83	1.14		20.17 ×2.02
10	031004003001	洗脸盆			组	2						294.38	588.76
			8—382	洗脸盆	10组	0.2	109.6	466.63	—	195.92	46.10		818.25 ×0.2
				洗脸盆	个	2.02	—	148.2	—	50.39	11.86		210.45 ×2.02
11	031004004001	洗涤盆			组	3						268.00	803.99
			8-391	洗涤盆	10组	0.3	100.54	496.02	—	202.83	47.72		847.11 ×0.3
				洗涤盆	个	3.03	—	127.8	—	43.45	10.22		181.47 ×3.03

二、《通用安装工程工程量计算规范》GB 50856—2013 计算方法（表 3-240～表 3-251)

（套用《全国统一安装工程预算定额》第八册给排水、采暖、燃气工程 GYD-211-2000)。

分部分项工程量清单与计价表 　　　　表 3-240

工程名称：室内给排水安装工程　　　　标段：　　　　第 　 页　共 　 页

序号	项目编码	项目名称	项目特征描述	计量单位	工程量	金额（元）综合单价	合价	其中暂估价
1	031001001001	镀锌钢管	DN15，室内安装，给水系统，螺纹连接	m	17	26.92	457.64	
2	030101001002	镀锌钢管	DN20，室内安装，给水系统，螺纹连接	m	51.3	29.08	1491.80	
3	031001005001	承插铸铁管	DN150，室内安装，排水系统，水泥接口，刷沥青漆	m	6	78.84	473.04	
4	031001005002	承插铸铁管	DN100，室内安装，排水系统，水泥接口，刷沥青漆	m	26	85.42	2220.92	
5	031001005003	承插铸铁管	DN50，室内安装，排水系统，水泥接口，刷沥青漆	m	4	41.67	166.68	
6	031004014001	地漏	DN100，铁质	个	4	58.52	234.08	
7	031003001001	螺纹阀门	DN15	个	4	29.00	116	
8	031003001002	螺纹阀门	DN20	个	2	32.63	65.26	
9	031004006001	大便器	瓷高水箱蹲式大便器	组	2	199.54	399.08	
10	031004003001	洗脸盆	钢管组成，普通冷水嘴	组	2	230.91	461.82	
11	031004004001	洗涤盆	单嘴	组	3	210.39	631.17	
			本页小计				6717.49	
			合　计				6717.49	

注：根据建设部、财政部发布的《建筑安装工程费用组成》（建标［2003］206 号）的规定，为计取规费等的使用。可在表中增设其中："直接费"、"人工费"或"人工费＋机械费"。

工程量清单综合单价分析表 　　　　表 3-241

工程名称：室内给排水安装　　　　标段：　　　　第 　 页　共 　 页

项目编码	031001001001	项目名称	镀锌钢管	计量单位	m

清单综合单价组成明细

定额编号	定额名称	定额单位	数量	单价				合价			
				人工费	材料费	机械费	管理费和利润	人工费	材料费	机械费	管理费和利润
8-87	镀锌钢管 DN15	10m	0.1	42.49	22.96	—	91.52	4.25	2.30	—	9.15
人工单价		小　计						4.25	2.30	—	9.15
23.22 元/工日		未计价材料费						11.22			
清单项目综合单价								26.92			

材料费明细	主要材料名称、规格、型号	单位	数量	单价（元）	合价（元）	暂估单价（元）	暂估合价（元）
	镀锌钢管 DN15	m	1.02	11	11.22		
	其他材料费			—			
	材料费小计			—	11.22		

注：1. "数量"栏为"投标方（定额）工程量÷招标方（清单）工程量÷定额单位数量"

如 "定额编号""8-87"中 "17÷17÷10＝0.1"。

2. 管理费费率为 155.49%，利润率为 60%，均以人工费为基数。

工程量清单综合单价分析表　　　　　　　　　　　　表 3-242

工程名称：室内给排水安装　　　　　标段：　　　　　第　页　共　页

项目编码	031001001002	项目名称	镀锌钢管	计量单位	m

清单综合单价组成明细

定额编号	定额名称	定额单位	数量	单价				合价			
				人工费	材料费	机械费	管理费和利润	人工费	材料费	机械费	管理费和利润
8-88	镀锌钢管 DN20	10m	0.1	42.49	24.23	—	91.52	4.25	2.42	—	9.15
人工单价			小　计					4.25	2.42	—	9.15
23.22 元/工日			未计价材料费					13.26			
清单项目综合单价								29.08			

材料费明细	主要材料名称、规格、型号	单位	数量	单价（元）	合价（元）	暂估单价（元）	暂估合价（元）
	镀锌钢管 DN20	m	1.02	13	13.26		
	其他材料费				—		
	材料费小计				—	13.26	

注：1. "数量"栏为"投标方（定额）工程量÷招标方（清单）工程量÷定额单位数量"
如"定额编号""8-88"中"51.3÷51.3÷10=0.1"。
2. 管理费费率为 155.4%，利润率为 60%，人工费为取费基数。

工程量清单综合单价分析表　　　　　　　　　　　　表 3-243

工程名称：室内给排水安装　　　　　标段：　　　　　第　页　共　页

项目编码	031001005001	项目名称	承插铸铁管	计量单位	m

清单综合单价组成明细

定额编号	定额名称	定额单位	数量	单价				合价			
				人工费	材料费	机械费	管理费和利润	人工费	材料费	机械费	管理费和利润
8-147	承插铸铁管 DN150	10m	0.1	85.22	243.96	—	183.56	8.52	24.40	—	18.36
11-294	铸铁管刷沥青漆	10m²	0.018	65.71	184.02	—	141.54	1.20	3.31	—	2.55
人工单价			小　计					9.72	27.71	—	20.91
23.22 元/工日			未计价材料费					20.50			
清单项目综合单价								78.84			

材料费明细	主要材料名称、规格、型号	单位	数量	单价（元）	合价（元）	暂估单价（元）	暂估合价（元）
	承插铸铁管 DN150	m	0.96	21.35	20.50		
	其他材料费				—		
	材料费小计				—	20.50	

注：1. "数量"栏为"投标方（定额）工程量÷招标方（清单）工程量÷定额单位数量"
如"定额编号""8-147"中"51.3÷51.3÷10=0.1"。
2. 管理费费率为 155.4%，利润率为 60%，人工费为取费基数。

工程量清单综合单价分析表

表 3-244

工程名称：室内给排水安装　　　　　标段：　　　　　　第　页　共　页

项目编码	031001005002	项目名称		承插铸铁管	计量单位		m

清单综合单价组成明细

定额编号	定额名称	定额单位	数量	单价				合价			
				人工费	材料费	机械费	管理费和利润	人工费	材料费	机械费	管理费和利润
8-146	承插铸铁管 DN100	10m	0.1	80.34	277.05	—	173.05	8.03	27.71		17.31
11-294	铸铁管刷沥青漆	10m²	0.043	65.71	184.02	—	141.54	2.83	7.91	—	6.09
人工单价		小　计						10.86	35.62	—	23.40
23.22 元/工日		未计价材料费							15.54		
清单项目综合单价									85.42		

材料费明细	主要材料名称、规格、型号	单位	数量	单价（元）	合价（元）	暂估单价（元）	暂估合价（元）
	承插铸铁管 DN100	m	0.89	17.46	15.54		
	其他材料费				—		—
	材料费小计				15.54	—	

注：1. "数量"栏为"投标方（定额）工程量÷招标方（清单）工程量÷定额单位数量"

如"定额编号""8-146"中"26÷26÷10＝0.1"。

2. 管理费费率为 155.4%，利润率为 60%，人工费为取费基数。

工程量清单综合单价分析表

表 3-245

工程名称：室内给排水安装　　　　　标段：　　　　　　第　页　共　页

项目编码	031001005003	项目名称		承插铸铁管	计量单位		m

清单综合单价组成明细

定额编号	定额名称	定额单位	数量	单价				合价			
				人工费	材料费	机械费	管理费和利润	人工费	材料费	机械费	管理费和利润
8-144	承插铸铁 DN50	10m	0.1	52.01	81.40	—	112.03	5.20	8.14	—	11.20
11-294	铸铁管沥青漆	10m²	0.023	65.71	184.02	—	141.54	1.48	4.23	—	3.26
人工单价		小　计						6.68	12.37	—	14.46
23.22 元/工日		未计价材料费							8.16		
清单项目综合单价									41.67		

材料费明细	主要材料名称、规格、型号	单位	数量	单价（元）	合价（元）	暂估单价（元）	暂估合价（元）
	承插铸铁管 DN50	m	0.88	9.27	8.16		
	其他材料费				—		
	材料费小计				—	8.16	—

注：1. "数量"栏为"投标方（定额）工程量÷招标方（清单）工程量÷定额单位数量"

如"定额编号""8-144"中"4÷4÷10＝0.1"。

2. 管理费费率为 155.4%，利润率为 60%，人工费为取费基数。

工程量清单综合单价分析表

表 3-246

工程名称：室内给排水安装　　　　　　标段：　　　　　　第　　页　共　　页

| 项目编码 | 031004014001 | | 项目名称 | 地漏 | 计量单位 | 个 |

清单综合单价组成明细

定额编号	定额名称	定额单位	数量	单价				合价			
				人工费	材料费	机械费	管理费和利润	人工费	材料费	机械费	管理费和利润
8-449	地漏安装 DN100	10个	0.1	86.61	40.04	—	186.56	8.66	4.00	—	18.66
人工单价			小　计					8.66	4.00	—	18.66
23.22元/工日			未计价材料费					27.2			
清单项目综合单价								58.52			

材料费明细	主要材料名称、规格、型号	单位	数量	单价（元）	合价（元）	暂估单价（元）	暂估合价（元）
	地漏 DN100	个	1	27.2	27.2		
	其他材料费			—		—	
	材料费小计			—	27.2	—	

注：1."数量"栏为"投标方（定额）工程量÷招标方（清单）工程量÷定额单位数量"

　　　如"定额编号""8—449"中"4÷4÷10=0.1"。

2. 管理费费率为155.4%，利润率为60%，人工费为取费基数。

工程量清单综合单价分析表

表 3-247

工程名称：室内给排水安装　　　　　　标段：　　　　　　第　　页　共　　页

| 项目编码 | 031003001001 | | 项目名称 | 螺纹阀门 | 计量单位 | 个 |

清单综合单价组成明细

定额编号	定额名称	定额单位	数量	单价				合价			
				人工费	材料费	机械费	管理费和利润	人工费	材料费	机械费	管理费和利润
8-241	螺纹阀门 DN15	个	1	2.32	2.11	—	5.00	2.32	2.11	—	5.00
人工单价			小　计					2.32	2.11	—	5.00
23.22元/工日			未计价材料费					19.57			
清单项目综合单价								29.00			

材料费明细	主要材料名称、规格、型号	单位	数量	单价（元）	合价（元）	暂估单价（元）	暂估合价（元）
	螺纹阀门 DN15	个	1.01	19.38	19.57		
	其他材料费			—		—	
	材料费小计			—	19.57	—	

注：1."数量"栏为"投标方（定额）工程量÷招标方（清单）工程量÷定额单位数量"

　　　如"定额编号""8—241"中"4÷4÷1=1"。

2. 管理费费率为155.4%，利润率为60%，人工费为取费基数。

工程量清单综合单价分析表

表 3-248

工程名称：室内给排水安装　　　　标段：　　　　　　第　页　共　页

项目编码	031003001002		项目名称		螺纹阀门	计量单位		个

清单综合单价组成明细

定额编号	定额名称	定额单位	数量	单价				合价			
				人工费	材料费	机械费	管理费和利润	人工费	材料费	机械费	管理费和利润
8-242	螺纹阀门 DN20	个	1	2.32	2.68	—	5.00	2.32	2.68	—	5.00
人工单价			小　计					2.32	2.68	—	5.00
23.22 元/工日			未计价材料费					22.63			
清单项目综合单价								32.63			

材料费明细	主要材料名称、规格、型号	单位	数量	单价（元）	合价（元）	暂估单价（元）	暂估合价（元）
	螺纹阀门 DN20	个	1.01	22.41	22.63		
	其他材料费			—			
	材料费小计			—	22.63		

注：1.“数量”栏为“投标方（定额）工程量÷招标方（清单）工程量÷定额单位数量”

如“定额编号”“8−242”中“2÷2÷1＝1”。

2. 管理费费率为 155.4，利润率为 60%，人工费为取费基数。

工程量清单综合单价分析表

表 3-249

工程名称：室内给排水安装　　　　标段：　　　　　　第　页　共　页

项目编码	031004006001		项目名称		大便器	计量单位		组

清单综合单价组成明细

定额编号	定额名称	定额单位	数量	单价				合价			
				人工费	材料费	机械费	管理费和利润	人工费	材料费	机械费	管理费和利润
8-407	大便器安装	10 套	0.1	224.31	809.08	—	483.16	22.43	80.91	—	48.32
人工单价			小　计					22.43	80.91	—	48.32
23.22 元/工日			未计价材料费					47.88			
清单项目综合单价								199.54			

材料费明细	主要材料名称、规格、型号	单位	数量	单价（元）	合价（元）	暂估单价（元）	暂估合价（元）
	瓷蹲式大便器	个	1.01	21.5	21.72		
	瓷蹲式大便器高水箱	个	1.01	11.7	11.82		
	瓷蹲式大便器高水箱配件	套	1.01	14.2	14.34		
	其他材料费						
	材料费小计			—	47.88	—	

注：1.“数量”栏为“投标方（定额）工程量÷招标方（清单）工程量÷定额单位数量”

如“定额编号”“8-407”中“2÷2÷10＝0.1”。

2. 管理费费率为 155.4%，利润率为 60%，人工费为取费基数。

工程量清单综合单价分析表　　　　　　　　表 3-250

工程名称：室内给排水安装　　　　标段：　　　　第　页　共　页

| 项目编码 | 031004003001 | | | 项目名称 | | 洗脸盆 | | 计量单位 | | 组 |

清单综合单价组成明细

定额编号	定额名称	定额单位	数量	单价				合价			
				人工费	材料费	机械费	管理费和利润	人工费	材料费	机械费	管理费和利润
8-382	洗脸盆安装	10组	0.1	109.6	466.63	—	236.08	10.96	46.66	—	23.61
人工单价		小　计						10.96	46.66	—	23.61
23.22元/工日		未计价材料费						149.68			
清单项目综合单价								230.91			

材料费明细	主要材料名称、规格、型号	单位	数量	单价（元）	合价（元）	暂估单价（元）	暂估合价（元）
	洗脸盆	个	1.01	148.2	149.68		
	其他材料费				—		—
	材料费小计				—	149.68	—

注：1."数量"栏为"投标方（定额）工程量÷招标方（清单）工程量÷定额单位数量"
　　如"定额编号""8-382"中"2÷2÷10=0.1"。

　　2.管理费费率为155.4%，利润率为60%，人工费为取费基数。

工程量清单综合单价分析表　　　　　　　　表 3-251

工程名称：室内给排水安装　　　　标段：　　　　第　页　共　页

| 项目编码 | 031004004001 | | | 项目名称 | | 洗涤盆 | | 计量单位 | | 组 |

清单综合单价组成明细

定额编号	定额名称	定额单位	数量	单价				合价			
				人工费	材料费	机械费	管理费和利润	人工费	材料费	机械费	管理费和利润
8-391	洗涤盆安装	10组	0.1	100.54	496.02	—	216.56	10.05	49.60	—	21.66
人工单价		小　计						10.05	49.60	—	21.66
23.22元/工日		未计价材料费						129.08			
清单项目综合单价								210.39			

材料费明细	主要材料名称、规格、型号	单位	数量	单价（元）	合价（元）	暂估单价（元）	暂估合价（元）
	洗涤盆	个	1.01	127.8	129.08		
	其他材料费				—		—
	材料费小计				—	129.08	—

注：1."数量"栏为"投标方（定额）工程量÷招标方（清单）工程量÷定额单位数量"
　　如"定额编号""8-391"中"3÷3÷10=0.1"。

　　2.管理费费率为155.4%，利润率为60%，人工费为取费基数。

三、《建设工程工程量清单计价规范》GB 50500—2013 和《通用安装工程工程量计算规范》GB 50856—2013 计算方法（表 3-252～表 3-263）

用《全国统一安装工程预算定额》第八册给排水、采暖、燃气工程 GYD-211-2000，13 规范工程量计算同 08 规范一样。

分部分项工程和单价措施项目清单与计价表   表 3-252

工程名称：室内给排水安装工程　　　　　　标段：　　第　　页　　共　　页

序号	项目编码	项目名称	项目特征描述	计量单位	工程量	金额（元）		其中 暂估价
						综合单价	合价	暂估价
1	031001001001	镀锌钢管	DN15，室内安装，给水系统，螺纹连接	m	17	26.92	457.64	
2	031001001002	镀锌钢管	DN20，室内安装，给水系统，螺纹连接	m	51.3	29.08	1491.80	
3	031001005001	承插铸铁管	DN150，室内安装，排水系统，水泥接口，刷沥青漆	m	6	78.84	473.04	
4	031001005002	承插铸铁管	DN100，室内安装，排水系统，水泥接口，刷沥青漆	m	26	85.42	2220.92	
5	031001005003	承插铸铁管	DN50，室内安装，排水系统，水泥接口，刷沥青漆	m	4	41.67	166.68	
6	031004014001	地漏	DN100，铁质	个	4	58.52	234.08	
7	031003001001	螺纹阀门	DN15	个	4	29.00	116	
8	031003001002	螺纹阀门	DN20	个	2	32.63	65.26	
9	031004006001	大便器	瓷高水箱蹲式大便器	组	2	199.54	399.08	
10	031004003001	洗脸盆	钢管组成，普通冷水嘴	组	2	230.91	461.82	
11	031004004001	洗涤盆	单嘴	组	3	210.39	631.17	
			本页小计				6717.49	
			合　　计				6717.49	

注：根据建设部、财政部发布的《建筑安装工程费用组成》（建标〔2003〕206 号）的规定，为计取规费等的使用。可在表中增设其中："直接费"、"人工费"或"人工费＋机械费"。

工程量清单综合单价分析表   表 3-253

工程名称：室内给排水安装　　　　　　标段：　　第　　页　　共　　页

项目编码	031001001001	项目名称	镀锌钢管	计量单位	m	工程量	17.00

清单综合单价组成明细

定额编号	定额名称	定额单位	数量	单价				合价			
				人工费	材料费	机械费	管理费和利润	人工费	材料费	机械费	管理费和利润
8-87	镀锌钢管 DN15	10m	0.1	42.49	22.96	—	91.52	4.25	2.30		9.15
人工单价			小　计					4.25	2.30	—	9.15
23.22 元/工日			未计价材料费					11.22			

续表

清单项目综合单价					26.92			
材料费明细	主要材料名称、规格、型号	单位	数量	单价（元）	合价（元）	暂估单价（元）	暂估合价（元）	
	镀锌钢管 DN15	m	1.02	11	11.22			
	其他材料费				—		—	
	材料费小计				—	11.22	—	

注：1. "数量"栏为"投标方（定额）工程量÷招标方（清单）工程量÷定额单位数量"
　　　 如"定额编号""8-87"中"17÷17÷10＝0.1"。
　　 2. 管理费费率为155.49%，利润率为60%，均以人工费为基数。

工程量清单综合单价分析表

表 3-254

工程名称：室内给排水安装　　　　标段：　　　　　第　页　共　页

项目编码	031001001002	项目名称	镀锌钢管	计量单位	m	工程量	51.30

清单综合单价组成明细

定额编号	定额名称	定额单位	数量	单价				合价			
				人工费	材料费	机械费	管理费和利润	人工费	材料费	机械费	管理费和利润
8-88	镀锌钢管 DN20	10m	0.1	42.49	24.23	—	91.52	4.25	2.42		9.15
人工单价		小　计						4.25	2.42		9.15
23.22 元/工日		未计价材料费						13.26			

清单项目综合单价					29.08			
材料费明细	主要材料名称、规格、型号	单位	数量	单价（元）	合价（元）	暂估单价（元）	暂估合价（元）	
	镀锌钢管 DN20	m	1.02	13	13.26			
	其他材料费				—		—	
	材料费小计				—	13.26	—	

注：1. "数量"栏为"投标方（定额）工程量÷招标方（清单）工程量÷定额单位数量"
　　　 如"定额编号""8-88"中"51.3÷51.3÷10＝0.1"。
　　 2. 管理费费率为155.4%，利润率为60%，人工费为取费基数。

工程量清单综合单价分析表

表 3-255

工程名称：室内给排水安装　　　　标段：　　　　　第　页　共　页

项目编码	031001005001	项目名称	承插铸铁管	计量单位	m	工程量	6.00

清单综合单价组成明细

定额编号	定额名称	定额单位	数量	单价				合价			
				人工费	材料费	机械费	管理费和利润	人工费	材料费	机械费	管理费和利润
8-147	承插铸铁管 DN150	10m	0.1	85.22	243.96	—	183.56	8.52	24.40	—	18.36
11-294	铸铁管刷沥青漆	10m²	0.018	65.71	184.02	—	141.54	1.20	3.31	—	2.55
人工单价		小　计						9.72	27.71	—	20.91
23.22 元/工日		未计价材料费						20.50			

续表

清单项目综合单价					78.84			

	主要材料名称、规格、型号	单位	数量	单价(元)	合价(元)	暂估单价(元)	暂估合价(元)
材料费明细	承插铸铁管 *DN*150	m	0.96	21.35	20.50		
	其他材料费			—		—	
	材料费小计			—	20.50	—	

注:1．"数量"栏为"投标方(定额)工程量÷招标方(清单)工程量÷定额单位数量"

如"定额编号""8-147"中"51.3÷51.3÷10=0.1"。

2. 管理费费率为155.4%,利润率为60%,人工费为取费基数。

工程量清单综合单价分析表　　　　　　　　　　表 3-256

工程名称:室内给排水安装　　　　标段:　　　　　第　页　　共　　页

项目编码	031001005002	项目名称	承插铸铁管	计量单位	m	工程量	26.00

清单综合单价组成明细

定额编号	定额名称	定额单位	数量	单价				合价			
				人工费	材料费	机械费	管理费和利润	人工费	材料费	机械费	管理费和利润
8-146	承插铸铁管 *DN*100	10m	0.1	80.34	277.05	—	173.05	8.03	27.71	—	17.31
11-294	铸铁管刷沥青漆	10m²	0.043	65.71	184.02	—	141.54	2.83	7.91	—	6.09
人工单价		小　计						10.86	35.62	—	23.40
23.22 元/工日		未计价材料费						15.54			
清单项目综合单价								85.42			

	主要材料名称、规格、型号	单位	数量	单价(元)	合价(元)	暂估单价(元)	暂估合价(元)
材料费明细	承插铸铁管 *DN*100	m	0.89	17.46	15.54		
	其他材料费			—		—	
	材料费小计			—	15.54	—	

注:1．"数量"栏为"投标方(定额)工程量÷招标方(清单)工程量÷定额单位数量"

如"定额编号""8-146"中"26÷26÷10=0.1"。

2. 管理费费率为155.4%,利润率为60%,人工费为取费基数。

工程量清单综合单价分析表

表 3-257

工程名称：室内给排水安装　　　　　标段：　　　　　　　第　　页　共　　页

项目编码	031001005003	项目名称	承插铸铁管	计量单位	m	工程量	4.00

清单综合单价组成明细

定额编号	定额名称	定额单位	数量	单价				合价			
				人工费	材料费	机械费	管理费和利润	人工费	材料费	机械费	管理费和利润
8-144	承插铸铁 DN50	10m	0.1	52.01	81.40	—	112.03	5.20	8.14	—	11.20
11-294	铸铁管沥青漆	10m²	0.023	65.71	184.02	—	141.54	1.48	4.23	—	3.26
人工单价		小　计						6.68	12.37	—	14.46
23.22 元/工日		未计价材料费						8.16			
清单项目综合单价								41.67			

材料费明细	主要材料名称、规格、型号	单位	数量	单价（元）	合价（元）	暂估单价（元）	暂估合价（元）
	承插铸铁管 DN50	m	0.88	9.27	8.16		
	其他材料费				—		
	材料费小计				8.16		

注：1. "数量"栏为"投标方（定额）工程量÷招标方（清单）工程量÷定额单位数量"
　　如"定额编号""8-144"中"4÷4÷10＝0.1"。

　　2. 管理费费率为 155.4%，利润率为 60%，人工费为取费基数。

工程量清单综合单价分析表

表 3-258

工程名称：室内给排水安装　　　　　标段：　　　　　　　第　　页　共　　页

项目编码	031004014001	项目名称	地漏	计量单位	个	工程量	4

清单综合单价组成明细

定额编号	定额名称	定额单位	数量	单价				合价			
				人工费	材料费	机械费	管理费和利润	人工费	材料费	机械费	管理费和利润
8-449	地漏安装 DN100	10 个	0.1	86.61	40.04	—	186.56	8.66	4.00	—	18.66
人工单价		小　计						8.66	4.00	—	18.66
23.22 元/工日		未计价材料费						27.2			
清单项目综合单价								58.52			

材料费明细	主要材料名称、规格、型号	单位	数量	单价（元）	合价（元）	暂估单价（元）	暂估合价（元）
	地漏 DN100	个	1	27.2	27.2		
	其他材料费				—		
	材料费小计				27.2		

注：1. "数量"栏为"投标方（定额）工程量÷招标方（清单）工程量÷定额单位数量"
　　如"定额编号""8-449"中"4÷4÷10＝0.1"。

　　2. 管理费费率为 155.4%，利润率为 60%，人工费为取费基数。

工程量清单综合单价分析表

表 3-259

工程名称：室内给排水安装　　　标段：　　　　　第　　页　共　　页

| 项目编码 | 031003001001 | 项目名称 | 螺纹阀门 | 计量单位 | 个 | 工程量 | 4 |

清单综合单价组成明细

定额编号	定额名称	定额单位	数量	单价				合价			
				人工费	材料费	机械费	管理费和利润	人工费	材料费	机械费	管理费和利润
8-241	螺纹阀门 DN15	个	1	2.32	2.11	—	5.00	2.32	2.11	—	5.00
人工单价			小　计					2.32	2.11	—	5.00
23.22元/工日			未计价材料费					19.57			
清单项目综合单价								29.00			

材料费明细	主要材料名称、规格、型号				单位	数量	单价（元）	合价（元）	暂估单价（元）	暂估合价（元）
	螺纹阀门 DN15				个	1.01	19.38	19.57		
	其他材料费						—		—	
	材料费小计						—	19.57	—	

注：1. "数量"栏为"投标方（定额）工程量÷招标方（清单）工程量÷定额单位数量"

　　　如"定额编号""8-241"中"4÷4÷1=1"。

　　2. 管理费费率为155.4%，利润率为60%，人工费为取费基数。

工程量清单综合单价分析表

表 3-260

工程名称：室内给排水安装　　　标段：　　　　　第　　页　共　　页

| 项目编码 | 031003001002 | 项目名称 | 螺纹阀门 | 计量单位 | 个 | 工程量 | 2 |

清单综合单价组成明细

定额编号	定额名称	定额单位	数量	单价				合价			
				人工费	材料费	机械费	管理费和利润	人工费	材料费	机械费	管理费和利润
8-242	螺纹阀门 DN20	个	1	2.32	2.68	—	5.00	2.32	2.68	—	5.00
人工单价			小　计					2.32	2.68	—	5.00
23.22元/工日			未计价材料费					22.63			
清单项目综合单价								32.63			

材料费明细	主要材料名称、规格、型号				单位	数量	单价（元）	合价（元）	暂估单价（元）	暂估合价（元）
	螺纹阀门 DN20				个	1.01	22.41	22.63		
	其他材料费						—		—	
	材料费小计						—	22.63	—	

注：1. "数量"栏为"投标方（定额）工程量÷招标方（清单）工程量÷定额单位数量"

　　　如"定额编号""8-242"中"2÷2÷1=1"。

　　2. 管理费费率为155.4%，利润率为60%，人工费为取费基数。

工程量清单综合单价分析表　　　　　　　　　　　　表 3-261

工程名称：室内给排水安装　　　　　标段：　　　　　第　页　共　页

项目编码	031004006001	项目名称	大便器	计量单位	组	工程量	2

清单综合单价组成明细

定额编号	定额名称	定额单位	数量	单价				合价			
				人工费	材料费	机械费	管理费和利润	人工费	材料费	机械费	管理费和利润
8-407	大便器安装	10套	0.1	224.31	809.08	—	483.16	22.43	80.91	—	48.32
人工单价		小　计						22.43	80.91	—	48.32
23.22元/工日		未计价材料费						47.88			
清单项目综合单价								199.54			

材料费明细	主要材料名称、规格、型号	单位	数量	单价（元）	合价（元）	暂估单价（元）	暂估合价（元）
	瓷蹲式大便器	个	1.01	21.5	21.72		
	瓷蹲式大便器高水箱	个	1.01	11.7	11.82		
	瓷蹲式大便器高水箱配件	套	1.01	14.2	14.34		
	其他材料费			—		—	
	材料费小计			—	47.88	—	

注：1. "数量"栏为"投标方（定额）工程量÷招标方（清单）工程量÷定额单位数量"

　　如"定额编号""8-407"中"2÷2÷10＝0.1"。

2. 管理费费率为 155.4%，利润率为 60%，人工费为取费基数。

工程量清单综合单价分析表　　　　　　　　　　　　表 3-262

工程名称：室内给排水安装　　　　　标段：　　　　　第　页　共　页

项目编码	031004003001	项目名称	洗脸盆	计量单位	组	工程量	2

清单综合单价组成明细

定额编号	定额名称	定额单位	数量	单价				合价			
				人工费	材料费	机械费	管理费和利润	人工费	材料费	机械费	管理费和利润
8-382	洗脸盆安装	10组	0.1	109.6	466.63	—	236.08	10.96	46.66	—	23.61
人工单价		小　计						10.96	46.66	—	23.61
23.22元/工日		未计价材料费						149.68			
清单项目综合单价								230.91			

材料费明细	主要材料名称、规格、型号	单位	数量	单价（元）	合价（元）	暂估单价（元）	暂估合价（元）
	洗脸盆	个	1.01	148.2	149.68		
	其他材料费			—		—	
	材料费小计			—	149.68	—	

注：1. "数量"栏为"投标方（定额）工程量÷招标方（清单）工程量÷定额单位数量"

　　如"定额编号""8-382"中"2÷2÷10＝0.1"。

2. 管理费费率为 155.4%，利润率为 60%，人工费为取费基数。

工程量清单综合单价分析表

表 3-263

工程名称：室内给排水安装　　　　　标段：　　　　　　　　第　　页　　共　　页

项目编码	031004004001	项目名称	洗涤盆	计量单位	组	工程量	3

清单综合单价组成明细

定额编号	定额名称	定额单位	数量	单价				合价			
				人工费	材料费	机械费	管理费和利润	人工费	材料费	机械费	管理费和利润
8-391	洗涤盆安装	10组	0.1	100.54	496.02	—	216.56	10.05	49.60	—	21.66
人工单价		小　计						10.05	49.60	—	21.66
23.22 元/工日		未计价材料费							129.08		
清单项目综合单价									210.39		

材料费明细	主要材料名称、规格、型号	单位	数量	单价（元）	合价（元）	暂估单价（元）	暂估合价（元）
	洗涤盆	个	1.01	127.8	129.08		
	其他材料费				—		
	材料费小计				129.08		

注：1. "数量"栏为"投标方（定额）工程量÷招标方（清单）工程量÷定额单位数量"

如"定额编号""8-391"中"3÷3÷10＝0.1"。

2. 管理费费率为 155.4%，利润率为 60%，人工费为取费基数。

【例 18】 工程内容

某建筑物卫生（盥洗）间给排水管道。给水管道为一个系统，依据盥洗槽安设水龙头。排水系统作用是排除盥洗槽的污水。

图 3-31 为某建筑物卫生（盥洗）间给排水管道平面图；图 3-32 为某建筑物给水管道系统图；图 3-33 为某建筑物排水管道系统图。

一、《通用安装工程工程量计算规范》GB 50856—2013 计算方法

（一）编制要求

（1）计算工程量；

（2）计算定额直接费（不计主材）。

（二）采用定额

2000 年发布的《全国统一安装工程预算定额》第八册"给排水、采暖、燃气工程"。

编制步骤

第一步：计算工程量。采用与施工图相同比例尺测量计算方法。

先从给水入口墙皮外 1.5m 处算起，加上墙厚度 0.48m，至主管中心 0.02m，共 2m。然后查对施工图、系统图，分别计算 DN25、DN20、DN15 管道尺寸。排水管从墙皮外 1.5m 处算起，测算出水平管尺寸，再按标高尺寸算出地漏、存水弯的垂直尺寸。工程量计算表见表 3-264。

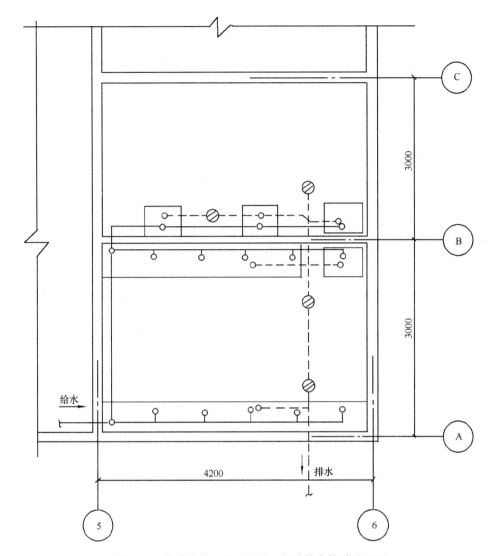

图 3-31　某建筑物卫生（盥洗）间给排水管道平面图

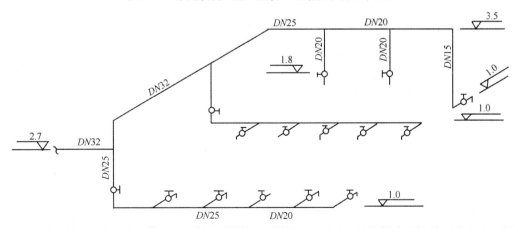

图 3-32　某建筑物给水管道系统图

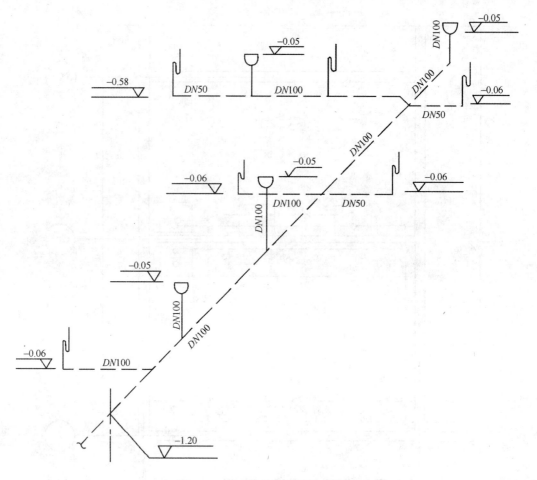

图 3-33　某建筑物排水管道系统图

室内给排水工程量计算表　　　　　　　　　　表 3-264

项目名称	工程量计算式	单位	数量
给水工程			
镀锌钢管 DN32	1.5m＋2.7m＋2.5m＋3.5m－2.7m＝7.5m	m	7.5
镀锌钢管 DN25	2.7m－1m＋3.5m－1m＋2m＋1m＋2m＋1m＋2.5m＝12.7m	m	12.7
镀锌钢管 DN20	1.7m×2＋1.2m×2＋2m＋2m＝9.8m	m	9.8
镀锌钢管 DN15	2.5m＋（13×0.1m）＝3.8m	m	3.8
水嘴 DN15	13个	个	13
阀门 DN25	2个	个	2
排水工程			
铸铁管 DN100	1.5m＋4.5m＋1m＋1m＋2m＋4×1m＝14m	m	14
铸铁管 DN50	1m＋1m＋1m＋6×1m＝9m	m	9
地漏 DN100	4个	个	4
铸铁管表面积	6.7m²	m²	6.7
脚手架搭拆费	按规定计取、人工费乘5％		
铸铁管涂热沥青	6.7m²	m²	6.7

室内给排水安装工程预算表　　　　表 3-265

序号	定额编号	工程或费用名称	工程量		价值（元）		其　中（元）					
			定额单位	数量	定额单价	总价	人工费（元）		材料费（元）		机械费（元）	
							单价	金额	单价	金额	单价	金额
1	8-90	镀锌钢管 DN32	10m	0.75	85.56	64.17	51.08	38.31	33.45	25.09	1.03	0.77
2	8-89	镀锌钢管 DN25	10m	1.27	82.91	105.30	51.08	64.89	30.80	35.98	1.03	1.31
3	8-88	镀锌钢管 DN20	10m	0.98	66.72	65.39	42.49	41.64	24.23	23.75		
4	8-87	镀锌钢管 DN15	10m	0.38	65.45	24.87	42.49	16.15	22.96	8.72		
5	8-438	水嘴 DN15	10 个	1.3	7.48	9.72	6.50	8.45	0.98	1.27		
6	8-243	阀门 DN25	个	2	6.24	12.48	2.79	5.58	3.45	6.9	—	—
7	8-146	铸铁管 DN100	10m	1.4	357.39	500.35	80.34	112.48	277.05	387.87	—	—
8	8-144	铸铁管 DN50	10m	0.9	133.41	120.07	52.01	46.81	81.4	73.26	—	—
9	8-449	地漏 DN100	10 个	0.4	126.65	50.66	86.61	34.64	40.04	16.02	—	—
10	11-206 11-207	铸铁管涂热沥青	10m²	0.67	116.46	78.03	37.38	25.04	79.08	52.98	—	—
11		第八册项目脚手架搭拆费	元	368.93	5%	18.45			18.45			
12		刷油项目脚手架搭拆费	元	25.04	8%	2.0			2.0			
	合计					1041.77		405.97		631.84		2.08

工程量清单计价方式下，预算表与清单项目之间关系分析对照表见表 3-266 所示，分部分项工程量清单计价表见表 3-267 所示，分部分项工程量清单综合单价分析表见表 3-268 所示。

定额预（结）算表（直接费部分）与清单项目之间关系分析对照表　　　表 3-266

工程名称：室内给排水安装工程　　　　　　　　　　　　　　第　页　共　页

序号	项目编码	项目名称	清单主项在定额预（结）算表中的序号	清单综合的工程内容在定额预（结）算表中的序号
1	031001001001	镀锌钢管 DN32，室内安装，给水系统，螺纹连接	1	无
2	031001001002	镀锌钢管 DN25，室内安装，给水系统，螺纹连接	2	无
3	031001001003	镀锌钢管 DN20，室内安装，给水系统，螺纹连接	3	无
4	031001001004	镀锌钢管 DN15，室内安装，给水系统，螺纹连接	4	无
5	031004014001	水龙头 DN15	5	无
6	031003001001	螺纹阀门 DN25	6	无
7	031001005001	承插铸铁管 DN100，室内安装，排水系统，水泥接口，刷沥青漆	7	10
8	031001005002	承插铸铁管 DN50，室内安装，排水系统，水泥接口，刷沥青漆	8	10
9	031004014001	地漏 DN100，铁质	9	无

分部分项工程量清单计价表　　　　　　　　　　　　　　表 3-267

工程名称：室内给排水安装工程　　　　　　　　　　　　第　页　共　页

序号	项目编码	分项工程名称	定额单位	工程数量	综合单价	合价
					金额（元）	
1	031001001001	镀锌钢管 DN32，室内安装，给水系统，螺纹连接	m	7.5	38.13	286.04
2	031001001002	镀锌钢管 DN25，室内安装，给水系统，螺纹连接	m	12.7	34.46	437.74
3	031001001003	镀锌钢管 DN20，室内安装，给水系统，螺纹连接	m	9.8	28.3	277.37
4	031001001004	镀锌钢管 DN15，室内安装，给水系统，螺纹连接	m	3.8	25.22	95.86
5	031004014001	水龙头 DN15	个	13	11.53	149.83
6	031003001001	螺纹阀门 DN25	个	2	45.85	91.69
7	031001005001	承插铸铁管 DN100，室内安装，排水系统，水泥接口，刷沥青漆	m	14	78.73	1102.18
8	031001005002	承插铸铁管 DN50，室内安装，排水系统，水泥接口，刷沥青漆	m	9	33.65	302.84
9	031004014002	地漏 DN100，铁质	个	4	56.61	226.46

分部分项工程量清单综合单价分析表　　　　　　　　表 3-268

工程名称：室内给排水安装工程　　　　　　　　　　　　第　页　共　页

序号	项目编码	项目名称	定额编号	工程内容	单位	数量	人工费	材料费	机械费	管理费	利润	综合单价	合价
							其中（元）						
1	031001001001	镀锌钢管 DN32			m	7.5						38.13	286.04
			8-90	镀锌钢管 DN32	10m	0.75	51.08	33.45	1.03	29.09	6.84		121.49 ×0.75
				镀锌钢管 DN32	m	7.65	—	17.94	—	6.10	1.44		25.48 ×7.65
2	031001001002	镀锌钢管 DN25			m	12.7						34.46	437.74
			8-89	镀锌钢管 DN25	10m	1.27	51.08	30.80	1.03	28.19	6.63		117.73 ×1.27
				镀锌钢管 DN25	m	12.95	—	15.67	—	5.33	1.25		22.25 ×12.95
3	031001001003	镀锌钢管 DN20			m	9.8						28.30	277.37
			8-88	镀锌钢管 DN20	10m	0.98	42.49	24.23	—	22.68	5.34		94.74 ×0.98
				镀锌钢管 DN20	m	10.00	—	13	—	4.42	1.04		18.46 ×10.00
4	031001001004	镀锌钢管 DN15			m	3.8						25.22	95.86
			8-87	镀锌钢管 DN15	10m	0.38	42.49	22.96	—	22.25	5.24		92.94 ×0.38

续表

序号	项目编码	项目名称	定额编号	工程内容	单位	数量	人工费	材料费	机械费	管理费	利润	综合单价	合价
				镀锌钢管 DN15	m	3.876	—	11	—	3.74	0.88		15.62 ×3.876
5	031004014001	水龙头 DN15			个	13						11.53	149.83
			8-438	水龙头 DN15	10个	1.3	6.5	0.98	—	2.54	0.60		10.62 ×1.3
				水龙头 DN15	个	13.13	—	7.30		2.48	0.58		10.36 ×13.13
6	031003001001	螺纹阀门 DN25			个	2						45.85	91.69
			8-243	螺纹阀门 DN25	个	2	2.79	3.45		2.12	0.50		8.86 ×2
				螺纹阀门 DN25	个	2.02	—	25.79		8.77	2.06		36.62 ×2.02
7	031001005001	承插铸铁管 DN100			m	14						78.73	1102.18
			8-146	承插铸铁管 DN100	10m	1.4	80.34	277.05		121.51	28.59		507.49 ×1.4
				承插铸铁管 DN100	m	12.46	—	17.46		5.94	1.40		24.8 ×12.46
			11-206	涂热沥青 第一遍	10m²	0.5	25.31	54.47		27.13	6.38		113.29 ×0.5
			11-207	涂热沥青 第二遍	10m²	0.5	12.07	24.61		12.47	2.93		52.08 ×0.5
8	031001005002	承插铸铁管 DN50			m	9						33.65	302.84
			8-144	承插铸铁管 DN50	10m	0.9	52.01	81.40		45.36	10.67		189.44 ×0.9
				承插铸铁管 DN50	m	7.92	—	9.27		3.15	0.74		13.16 ×7.92
			11-206	涂热沥青 第一遍	10m²	0.17	25.31	54.47		27.13	6.38		113.29 ×0.17
			11-207	涂热沥青 第二遍	10m²	0.17	12.07	24.61		12.47	2.93		52.08 ×0.17
9	031004014002	地漏 DN100			个	4						56.61	226.46
			8-449	地漏 DN100	10个	0.4	86.61	40.04		43.06	10.13		179.84 ×0.4
				地漏 DN100	个	4	—	27.2		9.25	2.18		38.63 ×4

二、《通用安装工程工程量计算规范》GB 50856—2013 计算方法(表 3-269～表 3-278)

用《全国统一安装工程预算定额》第八册给排水、采暖、燃气工程 GYD-211-2000，
08 规范工程量计算同 03 规范一样。

分部分项工程量清单与计价表 表 3-269

工程名称：室内给排水安装　　　　　　　　　　　标段：　　　　　　　第　页　共　页

序号	项目编码	项目名称	项目特征描述	计量单位	工程量	综合单价	合价	其中暂估价
1	031001001001	镀锌钢管	$DN32$，室内安装，给水系统，螺纹连接	m	7.5	37.92	284.4	
2	031001001002	镀锌钢管	$DN25$，室内安装，给水系统，螺纹连接	m	12.7	35.33	448.69	
3	031001001003	镀锌钢管	$DN20$，室内安装，给水系统，螺纹连接	m	9.8	29.09	285.08	
4	031001001004	镀锌钢管	$DN15$，室内安装，给水系统，螺纹连接	m	3.8	26.92	102.30	
5	031004014001	水龙头	$DN15$	个	13	9.52	123.76	
6	031003001001	螺纹阀门	$DN25$	个	2	38.30	76.6	
7	031001005001	承插铸铁管	$DN100$，室内安装，排水系统，水泥接口，刷沥青漆	m	14	75.68	1059.52	
8	031001005002	承插铸铁管	$DN50$，室内安装，排水系统，水泥接口，刷沥青漆	m	9	36.44	327.96	
9	031004014002	地漏	$DN100$，铁质	个	4	58.52	234.08	
			本页小计				2942.39	
			合　　计				2942.39	

注：根据建设部、财政部发布的《建筑安装工程费用组成》（建标〔2003〕206号）的规定，为计取规费等的使用。可在表中增设其中："直接费"、"人工费"或"人工费＋机械费"。

工程量清单综合单价分析表 表 3-270

工程名称：室内给排水安装工程　　　　　　　　　标段：　　　　　　　第　页　共　页

项目编码	031001001001		项目名称		镀锌钢管		计量单位		m

清单综合单价组成明细

定额编号	定额名称	定额单位	数量	单价				合价			
				人工费	材料费	机械费	管理费和利润	人工费	材料费	机械费	管理费和利润
8-90	镀锌钢管 $DN32$	10m	0.1	51.08	34.05	1.03	110.03	5.11	3.41	0.10	11.00
人工单价		小　　计						5.11	3.41	0.10	11.00
23.22 元/工日		未计价材料费							18.30		
清单项目综合单价								37.92			

材料费明细	主要材料名称、规格、型号	单位	数量	单价（元）	合价（元）	暂估单价（元）	暂估合价（元）
	镀锌钢管 $DN32$	m	1.02	17.94	18.30		
	其他材料费			—	—	—	—
	材料费小计			—	18.30	—	

注：1. "数量"栏为"投标方（定额）工程量÷招标方（清单）工程量÷定额单位数量"，如"定额编号为 8-90 中 7.5÷7.5÷10＝0.1"；

　　2. 管理费费率为 155.4%，利润率为 60%，人工费为取费基数。

工程量清单综合单价分析表

表 3-271

工程名称：室内给排水安装工程　　　　　标段：　　　　　　第　页　共　页

| 项目编码 | 031001001002 | | 项目名称 | | | 镀锌钢管 | | 计量单位 | | | m |

清单综合单价组成明细

定额编号	定额名称	定额单位	数量	单价				合价			
				人工费	材料费	机械费	管理费和利润	人工费	材料费	机械费	管理费和利润
8-89	镀锌钢管 DN25	10m	0.1	51.08	31.40	1.03	110.03	5.11	3.14	0.10	11.00
人工单价			小　计					5.11	3.14	0.10	11.00
23.22 元/工日			未计价材料费					15.98			
		清单项目综合单价						35.33			

材料费明细	主要材料名称、规格、型号		单位	数量	单价（元）	合价（元）	暂估单价（元）	暂估合价（元）
	镀锌钢管 DN25		m	1.02	15.67	15.98		
	其他材料费				—		—	
	材料费小计				—	15.98	—	

注：1. "数量"栏为"投标方（定额）工程量÷招标方（清单）工程量÷定额单位数量"，如"定额编号为 8-89 中 12.7÷12.7÷10＝0.1"；

　　2. 管理费费率为 155.4%，利润率为 60%，人工费为取费基数。

工程量清单综合单价分析表

表 3-272

工程名称：室内给排水安装工程　　　　　标段：　　　　　　第　页　共　页

| 项目编码 | 031001001003 | | 项目名称 | | | 镀锌钢管 | | 计量单位 | | | m |

清单综合单价组成明细

定额编号	定额名称	定额单位	数量	单价				合价			
				人工费	材料费	机械费	管理费和利润	人工费	材料费	机械费	管理费和利润
8-88	镀锌钢管 DN20	10m	0.1	42.49	24.23		91.52	4.25	2.42		9.15
人工单价			小　计					4.25	2.42		9.15
23.22 元/工日			未计价材料费					13.27			
		清单项目综合单价						29.09			

材料费明细	主要材料名称、规格、型号		单位	数量	单价（元）	合价（元）	暂估单价（元）	暂估合价（元）
	镀锌钢管 DN20		m	1.02	13	13.27		
	其他材料费				—		—	
	材料费小计				—	13.27	—	

注：1. "数量"栏为"投标方（定额）工程量÷招标方（清单）工程量÷定额单位数量"，如"定额编号为 8-88 中 9.8÷9.8÷10＝0.1"；

　　2. 管理费费率为 155.4%，利润率为 60%，人工费为取费基数。

工程量清单综合单价分析表

表 3-273

工程名称：室内给排水安装工程　　　　标段：　　　　第　页　共　页

| 项目编码 | 031001001004 | | 项目名称 | | 镀锌钢管 | 计量单位 | m |

清单综合单价组成明细

定额编号	定额名称	定额单位	数量	单价				合价			
				人工费	材料费	机械费	管理费和利润	人工费	材料费	机械费	管理费和利润
8-87	镀锌钢管 DN15	10m	0.1	42.49	22.96	—	91.52	4.25	2.30	—	9.15
人工单价			小　计					4.25	2.30	—	9.15
23.22 元/工日			未计价材料费					11.22			
清单项目综合单价								26.92			

材料费明细	主要材料名称、规格、型号	单位	数量	单价（元）	合价（元）	暂估单价（元）	暂估合价（元）
	镀锌钢管 DN15	m	1.02	11	11.22		
	其他材料费			—			
	材料费小计			—	11.22	—	

注：1."数量"栏为"投标方（定额）工程量÷招标方（清单）工程量÷定额单位数量"，如"定额编号为8-87中 3.8÷3.8÷10＝0.1"；

　　2. 管理费费率为155.4%，利润率为60%，人工费为取费基数。

工程量清单综合单价分析表

表 3-274

工程名称：室内给排水安装工程　　　　标段：　　　　第　页　共　页

| 项目编码 | 031004014001 | | 项目名称 | | 水龙头 | 计量单位 | 个 |

清单综合单价组成明细

定额编号	定额名称	定额单位	数量	单价				合价			
				人工费	材料费	机械费	管理费和利润	人工费	材料费	机械费	管理费和利润
8-438	水龙头安装 DN15	10个	0.1	6.50	0.98	—	14.00	0.65	0.10	—	1.40
人工单价			小　计					0.65	0.10	—	1.40
23.22 元/工日			未计价材料费					7.37			
清单项目综合单价								9.52			

材料费明细	主要材料名称、规格、型号	单位	数量	单价（元）	合价（元）	暂估单价（元）	暂估合价（元）
	水龙头 DN15	m	1.01	7.30	7.37		
	其他材料费			—			
	材料费小计			—	7.37	—	

注：1."数量"栏为"投标方（定额）工程量÷招标方（清单）工程量÷定额单位数量"，如"定额编号为8-438中 13÷13÷10＝0.1"；

　　2. 管理费费率为155.4%，利润率为60%，人工费为取费基数。

工程量清单综合单价分析表　　　　　　　　　　　　　　　表 3-275

工程名称：室内给排水安装工程　　　　　　标段：　　　　　第　页　共　页

项目编码	031003001001		项目名称		螺纹阀门	计量单位		个

清单综合单价组成明细

定额编号	定额名称	定额单位	数量	单价				合价			
				人工费	材料费	机械费	管理费和利润	人工费	材料费	机械费	管理费和利润
8-243	螺纹阀门 DN25	个	1	2.79	3.45	—	6.01	2.79	3.45	—	6.01
人工单价			小　计					2.79	3.45	—	6.01
23.22 元/工日			未计价材料费					26.05			
清单项目综合单价								38.30			

材料费明细	主要材料名称、规格、型号	单位	数量	单价（元）	合价（元）	暂估单价（元）	暂估合价（元）
	螺纹阀门 DN25	个	1.01	25.79	26.05		
	其他材料费			—		—	
	材料费小计			—	26.05	—	

注：1.“数量”栏为“投标方（定额）工程量÷招标方（清单）工程量÷定额单位数量”，如“定额编号为 8-243 中 2÷2÷1＝1”；

　　2. 管理费费率为 155.4％，利润率为 60％，人工费为取费基数。

工程量清单综合单价分析表　　　　　　　　　　　　　　　表 3-276

工程名称：室内给排水安装工程　　　　　　标段：　　　　　第　页　共　页

项目编码	031001005001		项目名称		承插铸铁管	计量单位		m

清单综合单价组成明细

定额编号	定额名称	定额单位	数量	单价				合价			
				人工费	材料费	机械费	管理费和利润	人工费	材料费	机械费	管理费和利润
8-146	承插铸铁管 DN100	10m	0.1	80.34	277.05	—	173.05	8.03	27.71	—	17.31
11-206	涂热沥青第一遍	10m²	0.036	25.31	54.47	—	54.52	0.91	1.96	—	1.96
11-207	涂热沥青第二遍	10m²	0.036	12.07	24.61	—	26.00	0.43	0.89	—	0.94
人工单价			小　计					9.37	30.56	—	20.21
23.22 元/工日			未计价材料费					15.54			
清单项目综合单价								75.68			

材料费明细	主要材料名称、规格、型号	单位	数量	单价（元）	合价（元）	暂估单价（元）	暂估合价（元）
	承插铸铁管 DN100	m	0.89	17.46	15.54		
	其他材料费			—		—	
	材料费小计			—	15.54	—	

注：1.“数量”栏为“投标方（定额）工程量÷招标方（清单）工程量÷定额单位数量”，如“定额编号为 8-146 中 14÷14÷10＝1”；

　　2. 管理费费率为 155.4％，利润率为 60％，人工费为取费基数。

工程量清单综合单价分析表

表 3-277

工程名称：室内给排水安装工程　　　　标段：　　　　第　页　共　页

| 项目编码 | 031001005002 | 项目名称 | | 承插铸铁管 | 计量单位 | | m |

清单综合单价组成明细

定额编号	定额名称	定额单位	数量	单价				合价			
				人工费	材料费	机械费	管理费和利润	人工费	材料费	机械费	管理费和利润
8-144	承插铸铁管 DN50	10m	0.1	52.01	81.40	—	112.03	5.20	8.14	—	11.20
11-206	涂热沥青第一遍	10m²	0.019	25.31	54.47	—	54.52	0.48	1.03	—	1.04
11-207	涂热沥青第二遍	10m²	0.019	12.07	24.61	—	26.00	0.23	0.47	—	0.49
人工单价			小　计					5.91	9.64	—	12.73
23.22 元/工日			未计价材料费					8.16			
清单项目综合单价								36.44			

材料费明细	主要材料名称、规格、型号		单位	数量	单价（元）	合价（元）	暂估单价（元）	暂估合价（元）
	承插铸铁管 DN50		m	0.88	9.27	8.16		
	其他材料费				—	—		
	材料费小计				—	8.16		

注：1．"数量"栏为"投标方（定额）工程量÷招标方（清单）工程量÷定额单位数量"，如"定额编号为 8-144 中 9÷9÷10＝1"；

　　2．管理费费率为 155.4%，利润率为 60%，人工费为取费基数。

工程量清单综合单价分析表

表 3-278

工程名称：室内给排水安装工程　　　　标段：　　　　第　页　共　页

| 项目编码 | 031004014001 | 项目名称 | | 地漏 | 计量单位 | | 个 |

清单综合单价组成明细

定额编号	定额名称	定额单位	数量	单价				合价			
				人工费	材料费	机械费	管理费和利润	人工费	材料费	机械费	管理费和利润
8-449	地漏安装 DN100	10个	0.1	86.61	40.04	—	186.56	8.66	4.00	—	18.66
人工单价			小　计					8.66	4.00	—	18.66
23.22 元/工日			未计价材料费					27.2			
清单项目综合单价								58.52			

材料费明细	主要材料名称、规格、型号		单位	数量	单价（元）	合价（元）	暂估单价（元）	暂估合价（元）
	地漏 DN100		个	1	27.2	27.2		
	其他材料费				—	—		
	材料费小计				—	27.2		

注：1．"数量"栏为"投标方（定额）工程量÷招标方（清单）工程量÷定额单位数量"，如"定额编号为 8-449 中 4÷4÷10＝1"；

　　2．管理费费率为 155.4%，利润率为 60%，人工费为取费基数。

三、《建设工程工程量清单计价规范》GB 50500—2013 和《通用安装工程工程量计算规范》GB 50856—2013 计算方法（表3-279～表3-288）

用《全国统一安装工程预算定额》第八册给排水、采暖、燃气工程 GYD-211-2000，13 规范工程量计算同 08 规范一样。

分部分项工程量清单与计价表　　　　　　　　表 3-279

工程名称：室内给排水安装　　　　　　　标段：　　　第　页　共　页

序号	项目编码	项目名称	项目特征描述	计量单位	工程量	金额（元）		
						综合单价	合价	其中 暂估价
1	031001001001	镀锌钢管	DN32，室内安装，给水系统，螺纹连接	m	7.5	37.92	284.4	
2	031001001002	镀锌钢管	DN25，室内安装，给水系统，螺纹连接	m	12.7	35.33	448.69	
3	031001001003	镀锌钢管	DN20，室内安装，给水系统，螺纹连接	m	9.8	29.09	285.08	
4	031001001004	镀锌钢管	DN15，室内安装，给水系统，螺纹连接	m	3.8	26.92	102.30	
5	031004014001	水龙头	DN15	个	13	9.52	123.76	
6	031003001001	螺纹阀门	DN25	个	2	38.30	76.6	
7	031001005001	承插铸铁管	DN100，室内安装，排水系统，水泥接口，刷沥青漆	m	14	75.68	1059.52	
8	031001005002	承插铸铁管	DN50，室内安装，排水系统，水泥接口，刷沥青漆	m	9	36.44	327.96	
9	031004014002	地漏	DN100，铁质	个	4	58.52	234.08	
			本页小计				2942.39	
			合　　计				2942.39	

注：根据建设部、财政部发布的《建筑安装工程费用组成》（建标［2003］206 号）的规定，为计取规费等的使用。可在表中增设其中："直接费"、"人工费"或"人工费＋机械费"。

工程量清单综合单价分析表　　　　　　　　表 3-280

工程名称：室内给排水安装工程　　　　　　标段：　　　第　页　共　页

项目编码	031001001001		项目名称	镀锌钢管	计量单位	m	工程量	7.50

清单综合单价组成明细

定额编号	定额名称	定额单位	数量	单价				合价			
				人工费	材料费	机械费	管理费和利润	人工费	材料费	机械费	管理费和利润
8-90	镀锌钢管 DN32	10m	0.1	51.08	34.05	1.03	110.03	5.11	3.41	0.10	11.00
人工单价			小　计					5.11	3.41	0.10	11.00
23.22 元/工日		未计价材料费						18.30			
清单项目综合单价								37.92			

材料费明细	主要材料名称、规格、型号	单位	数量	单价（元）	合价（元）	暂估单价（元）	暂估合价（元）
	镀锌钢管 DN32	m	1.02	17.94	18.30		
	其他材料费			—	—		
	材料费小计			—	18.30	—	

注：1."数量"栏为"投标方（定额）工程量÷招标方（清单）工程量÷定额单位数量"，如"定额编号为8-90中 7.5÷7.5÷10＝0.1"；

2.管理费费率为 155.4%，利润率为 60%，人工费为取费基数。

工程量清单综合单价分析表

表 3-281

工程名称：室内给排水安装工程　　　　标段：　　　　　　第　　页　　共　　页

项目编码	031001001002	项目名称	镀锌钢管	计量单位	m	工程量	12.70

清单综合单价组成明细

定额编号	定额名称	定额单位	数量	单价				合价			
				人工费	材料费	机械费	管理费和利润	人工费	材料费	机械费	管理费和利润
8-89	镀锌钢管 DN25	10m	0.1	51.08	31.40	1.03	110.03	5.11	3.14	0.10	11.00
人工单价			小　计					5.11	3.14	0.10	11.00
23.22 元/工日			未计价材料费					15.98			
清单项目综合单价								35.33			

材料费明细	主要材料名称、规格、型号	单位	数量	单价（元）	合价（元）	暂估单价（元）	暂估合价（元）
	镀锌钢管 DN25	m	1.02	15.67	15.98		
	其他材料费			—		—	
	材料费小计			—	15.98	—	

注：1. "数量"栏为"投标方（定额）工程量÷招标方（清单）工程量÷定额单位数量"，如"定额编号为 8-89 中 12.7÷12.7÷10＝0.1"；

2. 管理费费率为 155.4%，利润率为 60%，人工费为取费基数。

工程量清单综合单价分析表

表 3-282

工程名称：室内给排水安装工程　　　　标段：　　　　　　第　　页　　共　　页

项目编码	031001001003	项目名称	镀锌钢管	计量单位	m	工程量	9.80

清单综合单价组成明细

定额编号	定额名称	定额单位	数量	单价				合价			
				人工费	材料费	机械费	管理费和利润	人工费	材料费	机械费	管理费和利润
8-88	镀锌钢管 DN20	10m	0.1	42.49	24.23		91.52	4.25	2.42		9.15
人工单价			小　计					4.25	2.42		9.15
23.22 元/工日			未计价材料费					13.27			
清单项目综合单价								29.09			

材料费明细	主要材料名称、规格、型号	单位	数量	单价（元）	合价（元）	暂估单价（元）	暂估合价（元）
	镀锌钢管 DN20	m	1.02	13	13.27		
	其他材料费			—		—	
	材料费小计			—	13.27	—	

注：1. "数量"栏为"投标方（定额）工程量÷招标方（清单）工程量÷定额单位数量"，如"定额编号为 8-88 中 9.8÷9.8÷10＝0.1"；

2. 管理费费率为 155.4%，利润率为 60%，人工费为取费基数。

工程量清单综合单价分析表 表 3-283

工程名称：室内给排水安装工程　　　　标段：　　　　第　页　共　页

项目编码	031001001004	项目名称	镀锌钢管	计量单位	m	工程量	3.80

清单综合单价组成明细

定额编号	定额名称	定额单位	数量	单价				合价			
				人工费	材料费	机械费	管理费和利润	人工费	材料费	机械费	管理费和利润
8-87	镀锌钢管 DN15	10m	0.1	42.49	22.96	—	91.52	4.25	2.30	—	9.15
人工单价		小　计						4.25	2.30	—	9.15
23.22 元/工日		未计价材料费						11.22			
清单项目综合单价								26.92			

材料费明细	主要材料名称、规格、型号				单位	数量	单价（元）	合价（元）	暂估单价（元）	暂估合价（元）
	镀锌钢管 DN15				m	1.02	11	11.22		
	其他材料费						—		—	
	材料费小计						—	11.22		

注：1. "数量"栏为"投标方（定额）工程量÷招标方（清单）工程量÷定额单位数量"，如"定额编号为 8-87 中 3.8÷3.8÷10＝0.1"；
　　2. 管理费费率为 155.4％，利润率为 60％，人工费为取费基数。

工程量清单综合单价分析表 表 3-284

工程名称：室内给排水安装工程　　　　标段：　　　　第　页　共　页

项目编码	031004014001	项目名称	水龙头	计量单位	个	工程量	13

清单综合单价组成明细

定额编号	定额名称	定额单位	数量	单价				合价			
				人工费	材料费	机械费	管理费和利润	人工费	材料费	机械费	管理费和利润
8-438	水龙头安装 DN15	10个	0.1	6.50	0.98	—	14.00	0.65	0.10	—	1.40
人工单价		小　计						0.65	0.10	—	1.40
23.22 元/工日		未计价材料费						7.37			
清单项目综合单价								9.52			

材料费明细	主要材料名称、规格、型号				单位	数量	单价（元）	合价（元）	暂估单价（元）	暂估合价（元）
	水龙头 DN15				m	1.01	7.30	7.37		
	其他材料费						—		—	
	材料费小计						—	7.37		

注：1. "数量"栏为"投标方（定额）工程量÷招标方（清单）工程量÷定额单位数量"，如"定额编号为 8-438 中 13÷13÷10＝0.1"；
　　2. 管理费费率为 155.4％，利润率为 60％，人工费为取费基数。

工程量清单综合单价分析表

表 3-285

工程名称：室内给排水安装工程　　　　标段：　　　第　页　共　页

项目编码	031003001001	项目名称	螺纹阀门	计量单位	个	工程量	2

清单综合单价组成明细

定额编号	定额名称	定额单位	数量	单价				合价			
				人工费	材料费	机械费	管理费和利润	人工费	材料费	机械费	管理费和利润
8-243	螺纹阀门 DN25	个	1	2.79	3.45	—	6.01	2.79	3.45	—	6.01
人工单价			小　计					2.79	3.45	—	6.01
23.22 元/工日			未计价材料费					26.05			
清单项目综合单价								38.30			

材料费明细	主要材料名称、规格、型号	单位	数量	单价（元）	合价（元）	暂估单价（元）	暂估合价（元）
	螺纹阀门 DN25	个	1.01	25.79	26.05		
	其他材料费				—		
	材料费小计			—	26.05	—	

注：1. "数量"栏为"投标方（定额）工程量÷招标方（清单）工程量÷定额单位数量"，如"定额编号为 8-243 中 2÷2÷1=1"；

2. 管理费费率为 155.4%，利润率为 60%，人工费为取费基数。

工程量清单综合单价分析表

表 3-286

工程名称：室内给排水安装工程　　　　标段：　　　第　页　共　页

项目编码	031001005001	项目名称	承插铸铁管	计量单位	m	工程量	14.00

清单综合单价组成明细

定额编号	定额名称	定额单位	数量	单价				合价			
				人工费	材料费	机械费	管理费和利润	人工费	材料费	机械费	管理费和利润
8-146	承插铸铁管 DN100	10m	0.1	80.34	277.05	—	173.05	8.03	27.71	—	17.31
11-206	涂热沥青第一遍	10m²	0.036	25.31	54.47	—	54.52	0.91	1.96	—	1.96
11-207	涂热沥青第二遍	10m²	0.036	12.07	24.61	—	26.00	0.43	0.89	—	0.94
人工单价			小　计					9.37	30.56	—	20.21
23.22 元/工日			未计价材料费					15.54			
清单项目综合单价								75.68			

材料费明细	主要材料名称、规格、型号	单位	数量	单价（元）	合价（元）	暂估单价（元）	暂估合价（元）
	承插铸铁管 DN100	m	0.89	17.46	15.54		
	其他材料费				—		
	材料费小计			—	15.54	—	

注：1. "数量"栏为"投标方（定额）工程量÷招标方（清单）工程量÷定额单位数量"，如"定额编号为 8-146 中 14÷14÷10=1"；

2. 管理费费率为 155.4%，利润率为 60%，人工费为取费基数。

工程量清单综合单价分析表　　　　　　　　　　　　**表 3-287**

工程名称：室内给排水安装工程　　　　标段：　　　　第　页　共　页

项目编码	031001005002	项目名称	承插铸铁管	计量单位	m	工程量	9.00

清单综合单价组成明细

定额编号	定额名称	定额单位	数量	单价				合价			
				人工费	材料费	机械费	管理费和利润	人工费	材料费	机械费	管理费和利润
8-144	承插铸铁管 DN50	10m	0.1	52.01	81.40	—	112.03	5.20	8.14	—	11.20
11-206	涂热沥青第一遍	10m²	0.019	25.31	54.47	—	54.52	0.48	1.03	—	1.04
11-207	涂热沥青第二遍	10m²	0.019	12.07	24.61	—	26.00	0.23	0.47	—	0.49
人工单价		小　计						5.91	9.64	—	12.73
23.22 元/工日		未计价材料费						8.16			
清单项目综合单价								36.44			

材料费明细	主要材料名称、规格、型号	单位	数量	单价（元）	合价（元）	暂估单价（元）	暂估合价（元）
	承插铸铁管 DN50	m	0.88	9.27	8.16		
	其他材料费			—	—		
	材料费小计			—	8.16		

注：1. "数量"栏为"投标方（定额）工程量÷招标方（清单）工程量÷定额单位数量"，如"定额编号为 8-144 中 9÷9÷10＝1"；

2. 管理费费率为 155.4%，利润率为 60%，人工费为取费基数。

工程量清单综合单价分析表　　　　　　　　　　　　**表 3-288**

工程名称：室内给排水安装工程　　　　标段：　　　　第　页　共　页

项目编码	031004014002	项目名称	地漏	计量单位	个	工程量	4

清单综合单价组成明细

定额编号	定额名称	定额单位	数量	单价				合价			
				人工费	材料费	机械费	管理费和利润	人工费	材料费	机械费	管理费和利润
8-449	地漏安装 DN100	10 个	0.1	86.61	40.04	—	186.56	8.66	4.00	—	18.66
人工单价		小　计						8.66	4.00	—	18.66
23.22 元/工日		未计价材料费						27.2			
清单项目综合单价								58.52			

材料费明细	主要材料名称、规格、型号	单位	数量	单价（元）	合价（元）	暂估单价（元）	暂估合价（元）
	地漏 DN100	个	1	27.2	27.2		
	其他材料费			—	—		
	材料费小计			—	27.2		

注：1. "数量"栏为"投标方（定额）工程量÷招标方（清单）工程量÷定额单位数量"，如"定额编号为 8-449 中 4÷4÷10＝1"；

2. 管理费费率为 155.4%，利润率为 60%，人工费为取费基数。

【**例 19**】 图 3-34、图 3-35 为某住宅楼室内采暖平面图，图 3-36 是该住宅楼采暖系统图；系统为单管垂直串联带闭合管的上分式方式，入户主管设有阀门和循环管，各立管均设阀门，暖气片为长翼（大 60 和小 60）等。施工内容包括管道安装、暖气片组对安装、阀门安装、集气罐安装、支架制作安装、除锈刷油和保温等。

一、《通用安装工程工程量计算规范》GB 50856—2013 计算方法

（一）项目划分

根据施工图和施工方法，将该单项工程划分如下：

1. 室内管道安装；

2. 暖气片组对安装；

3. 阀门和自动排气阀安装；

4. 套管制作；

5. 管道支架制作安装；

6. 除锈刷油及保温等。

（二）工程量计算

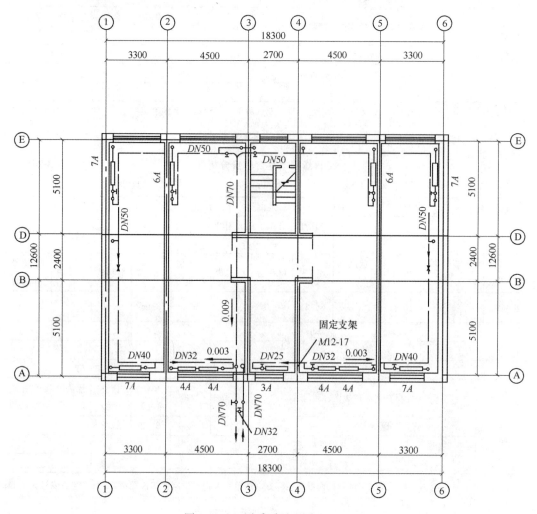

图 3-34 一层采暖平面图 1∶200

1. 钢管连接工程量计算

室内采暖平面图和系统图均为单线绘制，图面比例1：200，管径由施工图查得，管线长度应根据采暖施工图和施工规范要求计算得出，或根据施工规范要求确定管道的实际安装位置后，用与施工图相同比例的比例尺测量。计算单位为米。

计算管段①，*DN*70，该系统设有入户阀门，阀门安装在室内地沟内，入户管应计算到室外墙皮1.5m处。

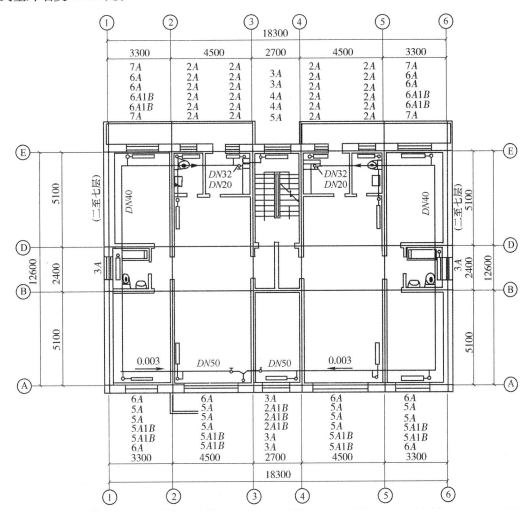

图 3-35　二～七层采暖平面图 1：200

1.50＋0.37＋0.12＋0.06（净距）＋0.038（半径）＋20.90（标高差）＝22.99（m）

计算管段②，*DN*50，干管变径点为三通节点后200～300mm处。

4.50－（0.12＋0.06＋0.038）＋3.30－（0.12＋0.06＋0.038）＋5.10－（0.12＋0.06＋0.038）＋2.40－1.20＋0.35＋0.20＋0.42＝15.42（m）

计算管段③，*DN*40

5.10＋0.23－（0.12＋0.06＋0.038）＋3.30－（0.12＋0.06＋0.038）＋0.12＋0.025＋0.014＋0.20＋0.30＝8.85（m）

计算管段④，DN32

4.50－（0.12＋0.025＋0.014＋0.20＋0.30）－0.05＋0.15＋0.13＝4.07（m）

计算管段⑤，DN20

该管段长度主要考虑安装自动排气阀时留有一定的构造长度，一般为 100～150mm 即可，本工程采用 150mm。

计算管段⑥，DN32

4.50/2＋2.24/2＋0.21＋3.30/2－1.96/2-0.21＝4.04（m）

计算管段⑦，DN40，地沟断面为 1.2m×1m。

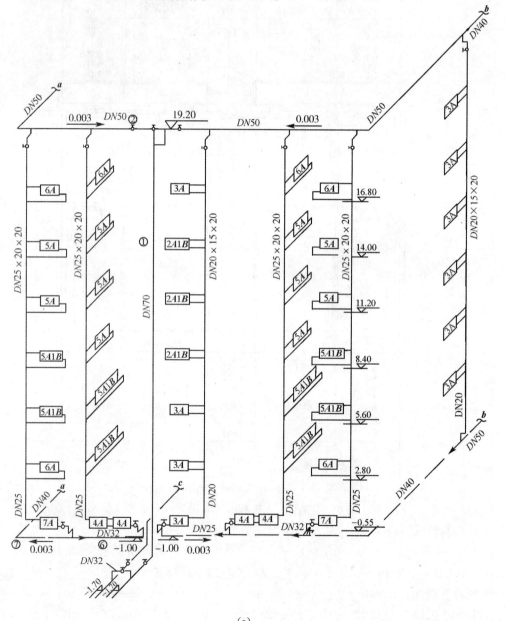

（a）

图 3-36　采暖系统

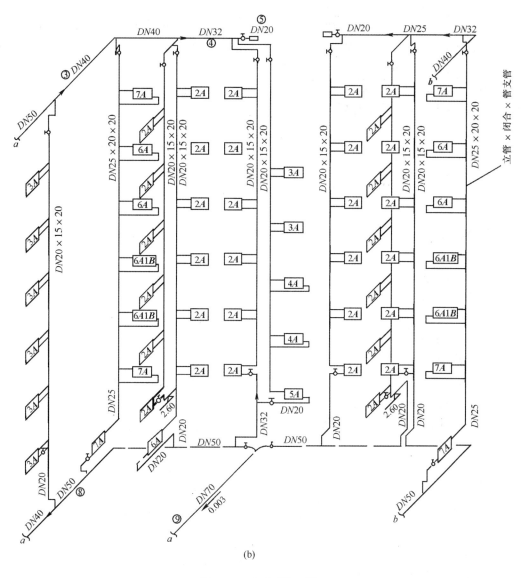

(b)

图 3-36　采暖系统（续）

3.30−0.46-0.98＋5.10−1.17＋2.40/2＋0.42＋0.21−0.20＝7.42（m）

计算管段⑧，DN50

5.10−1.17＋1.20−0.42-0.21＋0.20＋3.30−0.17＋4.50−1.17−1＝10.16（m）

计算管段⑨，DN70

12.60−1.17＋0.49＋0.70＋1.50＝14.12（m）

立支管工程量计算：

立支管计算用供水干管标高减去回水干管的标高，再减去暖气片上下接口中心距离，加上立管中心到回水干管中心距离。

19.20−（−1.00）−0.5×7＋0.73＝17.43（m）

用同样方法计算其他立管。

散热支管计算：

以主立管左边第二根立管七层的散热器支管计算为例，说明散热器支管的计算方法。该窗洞口为1.8m，该组散热器为6片，散热器组对后中心为窗洞口中心，散热器支管的长度满足其构造要求即可。散热器片数超过4片，采用异侧连接。

$$M=0.35×2+1.68+0.1×3=2.68（m）$$

用同样方法计算其他散热器支管工程量。

2. 散热器组对工程量计算

散热器组对安装工程量直接在采暖平面图和系统图上查得，共408片。

3. 阀门和自动排气阀安装工程量计算

阀门和自动排气阀可从采暖平面图和系统图中直接查得，按连接方法分类（螺纹连接或法兰连接）。

（1）阀门$DN70$　　2个法兰连接；

（2）阀门$DN50$　　4个法兰连接；

（3）阀门$DN32$　　2个；

（4）阀门$DN25$　　12个；

（5）阀门$DN20$　　20个；

（6）自动排气阀2个。

4. 支架制作安装工程量计算

支架制作工程量以吨为计量单位计算。计算时按图纸要求或设计规范选择支架形式和个数，按《采暖通风国家标准图集设计选用手册》查得支架的重量。也可从《建筑安装工程施工图预算速算手册》直接查出。

总重量：（同型号管架个数×单重）＝29.9kg

5. 除锈刷油工程量计算

该工程钢管和支架除锈均为轻锈，采用人工除锈。管道、支架和设备刷油工程量按设计说明要求执行。地沟内管道、支架刷油刷红丹漆二遍，地沟外的管道、支架刷红丹防锈漆二遍，刷银粉二遍，散热器刷防锈漆一遍，刷银粉二遍。

（1）钢管除锈刷油工程量计算　　$S=L\pi D=72.90m^2$。

（2）支架除锈刷油工程量计算详见管道支架制作安装项目。

（3）散热器按每片实际散热面积计算。

6. 地沟内采暖管道保温工程量计算

该工程钢管保温采用超细玻璃棉管，外包玻璃布保护层。

（1）保温工程量 $V=L×\pi×（D+\delta+\delta×3.3\%）×（\delta+\delta×3.3\%）=0.33m^2$

（2）保护层工程量 $S=L\pi D=8.90m^2$

7. 套管工程量计算

套管从采暖施工图中查得，根据管径大小确定数量（厨房、卫生间采用钢套管）。

①钢套管为0.93m；②铁皮套管为86个。

8. 自动排气阀安装工程量计算

在采暖施工图查得2个。

工程量统计见表3-289。

工程量统计表

表 3-289

序号	名称　规格	单位	数量	计算式	备注	序号	名称　规格	单位	数量	计算式	备注
1	钢管 DN15	m	30	计算		14	管道支架制作安装	t	0.03	计算	
2	钢管 DN20	m	365.9	计算		15	阀门 DN20	个	20	查	
3	钢管 DN25	m	102	计算		16	阀门 DN25	个	12	查	
4	钢管 DN32	m	19	计算		17	阀门 DN32	个	2	查	
5	钢管 DN40	m	29.1	计算		18	阀门 DN50	个	4	查	
6	钢管 DN50	m	56.4	计算		19	阀门 DN70	个	2	查	
7	钢管 DN70	m	37.45	计算		20	暖气片组对安装（大小 60）	片	408	查	
8	钢套管 DN32	m	9.3	计算		21	自动排气阀	个	2	套	
9	铁皮套管 DN25	个	70	查		22	管道人工除锈刷油	m²	72.9	$S=L\pi D$	
10	铁皮套管 DN32	个	2	查		23	支架人工除锈刷油	kg	30	$S=L\pi D$	
11	铁皮套管 DN40	个	2	查		24	暖气片刷油	m²	471.8	套	
12	铁皮套管 DN50	个	8	查		25	管道保温	m³	0.33	计算	
13	铁皮套管 DN70	个	6	查		26	管道保温层保护层	m²	8.9	$S=L\pi D$	

（三）选套定额

该采暖工程选套全国统一安装预算定额《吉林省给排水采暖工程单位基价表》。根据工程施工内容和工程量计算规则，直接套用定额的有：

1. 管道制作安装；

2. 暖气片组对安装；

3. 阀门安装；

4. 除锈刷油和保温；

5. 套管制作等。

选套定额结果见表 3-290，表 3-291 为预算表与清单项目之间关系分析对照表，表 3-292 为分部分项工程量清单计价表，表 3-293 为分部分项工程量清单综合单价分析表，表 3-294 为室内采暖定额计价方式下直接费汇总表。

室内采暖工程施工图预算书

表 3-290

序号	定额编号	分项工程名称	定额单位	工程量	单价	其中：人工费	合价（元）	人工费	机械费
1	125	室内焊接钢管安装（螺纹连接）DN15	10m	3.00	86.01	30.31	258	91	
2	126	室内焊接钢管安装（螺纹连接）DN20	10m	36.59	101.83	30.93	3726*	1132	
3	127	室内焊接钢管安装（螺纹连接）DN25	10m	10.20	134.06	34.14	1367	348	11

续表

序号	定额编号	分项工程名称	定额单位	工程量	单价	其中：人工费	合价（元）	其中	
								人工费	机械费
4	128	室内焊接钢管安装（螺纹连接）DN32	10m	1.90	161.27	34.14	306	65	2
5	129	室内焊接钢管安装（螺纹连接）DN40	10m	2.91	185.56	39.96	540	116	4
6	130	室内焊接钢管安装（螺纹连接）DN50	10m	5.64	223.47	39.96	1260	225	20
7	131	室内焊接钢管安装（螺纹连接）DN70	10m	3.745	284.97	39.96	1034	145	16
8	B31	钢套管制作	10m	0.93	116.23	9.34	108	9	2
9	221	室内镀锌铁皮套管制作 DN25	个	70.00	1.32	0.46	92	32	
10	222	室内镀锌铁皮套管制作 DN32	个	2.00	1.99	0.92	4	2	
11	223	室内镀锌铁皮套管制作 DN40	个	2.00	2.21	0.92	4	2	
12	224	室内镀锌铁皮套管制作 DN50	个	8.00	2.42	0.92	19	7	
13	225	室内镀锌铁皮套管制作 DN70	个	6.00	3.31	1.38	20	8	
14	231	室内木垫式管架制作	t	0.03	6312.09	881.40	189	26	23
15	233	室内一般管架安装	t	0.03	921.85	621.43	28	19	6
16	309	螺纹阀门安装 DN20	个	20.00	11.69	1.38	234	28	
17	310	螺纹阀门安装 DN25	个	12.00	14.49	1.68	230	24	
18	311	螺纹阀门安装 DN32	个	2.00	19.83	1.99	40	4	
19	322	螺纹阀门安装 DN50	个	4.00	175.07	6.74	700	27	38
20	323	螺纹阀门安装 DN70	个	2.00	225.68	10.26	451	21	33
21	512	铸铁散热器组成与安装	10 片	40.80	530.63	29.09	21650	1187	
22	364	自动排气阀安装 DN20	个	2.00	8.81	3.22	18	6	
		自动排气阀 DN20	个	2.00	30.00		60		
23	749	人工管道除锈（轻锈）	10m²	7.29	6.83	5.05	50	37	
24	755	人工金属结构除锈（轻锈）	100kg	0.30	6.37	5.05	2	1	
25	758	管道刷红丹防锈漆第一遍	10m²	7.29	21.44	4.59	156	33	
26	759	管道刷红丹防锈漆第二遍	10m²	7.29	19.50	4.59	142	33	
27	763	管道刷银粉漆第一遍	10m²	6.91	11.98	4.75	83	33	
28	764	管道刷银粉漆第二遍	10m²	6.91	11.98	4.59	77	32	
29	820	金属结构刷红丹防锈漆第一遍	100kg	0.29	17.30	3.98	5	1	
30	821	金属结构刷红丹防锈漆第二遍	100kg	0.29	14.62	3.67	4	1	
31	825	金属结构刷银粉漆第一遍	100kg	0.29	9.20	3.67	3	1	

续表

序号	定额编号	分项工程名称	定额单位	工程量	单价	其中：人工费	合价（元）	其中	
								人工费	机械费
32	826	金属结构刷银粉漆第二遍	100kg	0.29	8.38	3.67	2	1	
33	847	铸铁管暖气片刷防锈漆第一遍	10rn²	47.18	17.97	5.51	839	260	
34	849	铸铁管暖气片刷银粉漆第一遍	10m²	47.18	14.12	5.66	666	267	
35	850	铸铁管暖气片刷银粉漆第二遍	10m²	47.18	13.08	5.51	617	260	
36	958	管道细玻璃棉壳安装	m²	0.33	687.44	67.67	220	22	
37	968	管道玻璃布保护层安装	10m²	0.89	55.30	7.20	49	6	
38		高层建筑增加费	元				993	79	
39		脚手架搭拆费	元				413	103	
40		采暖工程系统调整费	元				704		
	合计						37336	4835	155

定额预（结）算表（直接费部分）与清单项目之间关系分析对照表　　表 3-291

工程名称：室内给排水安装工程　　　　　　　　　　　　　　第　　页　共　　页

序号	项目编码	项目名称	清单主项在定额预（结）算表中的序号	清单综合的工程内容在定额预（结）算表中的序号
1	031005001001	铸铁散热器，长翼形，大小60，刷一遍防锈漆，两遍银粉漆	21	33＋34＋35＋38
2	031002001001	管道支架制作安装，人工除轻锈，刷两遍红丹防锈漆，两遍银粉漆	14＋15	24＋29＋30＋31＋32＋38
3	031003001001	自动排气阀，DN20	22	38
4	031003001002	螺纹阀门，DN20	16	38
5	031003001003	螺纹阀门，DN25	17	38
6	031003001004	螺纹阀门，DN32	18	38
7	031003001005	螺纹阀门，DN50	19	38
8	031003001006	螺纹阀门，DN70	20	38
9	031001002001	钢管DN15，室内安装，螺纹连接，手工除轻锈，刷红丹防锈漆两遍，银粉两遍	1	23＋25＋26＋27＋28＋38
10	03001002002	钢管DN20，室内安装，螺纹连接，钢套管，手工除轻锈，刷红丹防锈漆两遍，银粉两遍	2	23＋25＋26＋27＋28＋38＋8
11	031001002003	钢管DN25，室内安装，螺纹连接，铁皮套管，手工除轻锈，刷红丹防锈漆及银粉各两遍	3	23＋25＋26＋27＋28＋38＋9
12	031001002004	钢管DN32，室内安装，螺纹连接，铁皮套管，手工除轻锈，刷红丹防锈漆及银粉各两遍，埋地部分管道刷两遍红丹防锈漆，细玻璃棉壳保温，外缠玻璃布保护层	4	23＋25＋26＋27＋28＋36＋37＋38＋10

续表

序号	项目编码	项目名称	清单主项在定额预（结）算表中的序号	清单综合的工程内容在定额预（结）算表中的序号
13	031001002005	钢管DN40，室内安装，螺纹连接，铁皮套管，手工除轻锈，刷红丹防锈漆及银粉各两遍，埋地部分管道刚两遍红丹防锈漆，细玻璃棉壳保温，外缠细玻璃布保护层	5	23＋＋25＋26＋27＋28＋36＋37＋38＋11
14	031001002006	钢管DN50，室内安装，螺纹连接，铁皮套管，手工除锈，刷红丹防锈漆及银粉各两遍，埋地部分管道刷两遍红丹防锈漆，细玻璃棉壳保温，外缠细玻璃布保护层	6	23＋25＋26＋27＋28＋36＋37＋38＋12
15	031001002007	钢管DN70，室内安装，螺纹连接，铁皮套管，手工除锈，刷红丹防锈漆及银粉各两遍，埋地部分管道刷两遍红丹防锈漆，细玻璃棉壳保温，外缠玻璃布保护层	7	23＋25＋26＋27＋28＋36＋37＋38＋13
16	031009001001	采暖工程系统调整	40	无

分部分项工程量清单计价表　　　　　　　　　表 3-292

工程名称：室内采暖工程　　　　　　　　　　　　第　页 共　页

序号	项目编码	分项工程名称	定额单位	工程数量	金额（元）	
					综合单价	合价
1	031005001001	铸铁散热器，长翼形，大小60，刷一遍防锈漆，两遍银粉漆	片	408	38.60	15748.2
2	031002001001	管道支架制作安装，人工除轻锈，刷两遍红丹防锈漆，两遍银粉漆	kg	30	16.26	487.7
3	031003001001	自动排气阀，DN20	个	2	69.21	138.42
4	031003001002	螺纹阀门，DN20	个	20	39.18	783.5
5	031003001003	螺纹阀门，DN25	个	12	48.21	578.52
6	031003001004	螺纹阀门，DN32	个	2	58.93	117.86
7	031003001005	螺纹阀门，DN50	个	4	111.56	446.24
8	031003001006	螺纹阀门，DN70	个	2	310.48	620.97
9	031001002001	钢管DN15，室内安装，螺纹连接，手工除轻锈，刷红丹防锈漆及银粉各两遍	m	30	19.67	590.20
10	031001002002	钢管DN20，室内安装，螺纹连接，手工除轻锈，钢套管，刷红丹防锈漆及银粉各两遍	m	365.9	22.54	8246.28
11	031001002003	钢管DN25，室内安装，螺纹连接，手工除轻锈，铁皮套管，刷红丹防锈漆及银粉各两遍	m	102	29.75	3034.37
12	031001002004	钢管DN32，室内安装，螺纹连接，铁皮套管，手工除轻锈，刷红丹防锈漆及银粉各两遍，埋地部分管道刷两遍红丹防锈漆，细玻璃棉壳保温，外缠玻璃布保护层	m	18.44	38.82	715.87
13	031001002005	钢管DN40，室内安装，螺纹连接，铁皮套管，手工除轻锈，刷红丹防锈漆及银粉各两遍，埋地部分管道刷两遍红丹防锈漆，细玻璃棉壳保温，外缠玻璃布保护层	m	29.1	44.71	1301.05

续表

序号	项目编码	分项工程名称	定额单位	工程数量	综合单价	合价
					金额（元）	
14	031001002006	钢管DN50，室内安装，螺纹连接，铁皮套管，手工除锈，刷红丹防锈漆及银粉各两遍，埋地部分管道刷两遍红丹防锈漆，细玻璃棉壳保温，外缠玻璃布保护层	m	56.4	50.62	2854.92
15	031001002007	钢管DN70，室内安装，螺纹连接，铁皮套管，手工除锈，刷红丹防锈漆及银粉各两遍，埋地部分管道刷两遍红丹防锈漆，细玻璃棉壳保温，外缠细玻璃布保护层	m	37.45	63.58	2307.87
16	031009001001	采暖工程系统调整	系统	1	略	略

分部分项工程量清单综合单价分析表 表 3-293

工程名称：室内采暖工程　　　　　　　　　　　　　　　　　　　　第　　页　共　　页

序号	项目编码	项目名称	定额编号	工程内容	单位	数量	人工费	材料费	机械费	管理费	利润	综合单价	合价
							其中（元）						
1	031005001001	铸铁散热器组成安装			片	408						38.60	15748.2
			8-488	长翼型铸铁散热器	10片	40.8	45.28	53.52	—	33.59	7.90		140.29×40.8
				长翼型铸铁散热器	片	412.08	—	11.2	—	3.81	0.90		15.91×412.08
			11-198	散热器刷防锈漆	10m²	47.18	7.66	1.19	—	2.90	0.71		12.46×47.18
				酚醛防锈漆各色	kg	49.54	—	8.4	—	2.86	0.67		11.93×49.54
			11-200	刷银粉漆第一遍	10m²	47.18	7.89	5.34	—	4.50	1.06		18.79×47.18
				酚醛清漆各色	kg	21.23	—	7.8	—	2.65	0.62		11.07×21.23
			11-201	刷银粉漆第二遍	10m²	47.18	7.66	4.71	—	4.21	0.99		17.5×47.18
				酚醛清漆各色	kg	19.34	—	7.8	—	2.65	0.62		11.07×19.34
				高层建筑增加费	元	1	88.27	—	—	30.01	7.06		125.34×1
2	031002001001	管道支架制作安装			kg	30						16.26	487.7
			8-178	一般管道支架制作安装	100kg	0.3	235.45	194.20	224.26	222.33	52.31		928.55×0.3
				型钢	kg	31.8	—	3.7	—	1.26	0.30		5.263×31.8

序号	项目编码	项目名称	定额编号	工程内容	单位	数量	人工费	材料费	机械费	管理费	利润	综合单价	合价
									其中（元）				
			11-7	金属结构除轻锈	100kg	0.3	7.89	2.50	6.96	5.90	1.39		24.64 ×0.3
			11-117	刷红丹防锈漆第一遍	100kg	0.29	5.34	0.87	6.96	4.48	1.05		18.7 ×0.29
				醇酸防锈漆	kg	0.34	—	6.8		2.31	0.54	—	9.65 ×0.34
			11-118	刷红丹防锈漆第二遍	100kg	0.29	5.11	0.75	6.96	4.36	1.03		18.2 ×0.29
				醇酸防锈漆	kg	0.28	—	6.8		2.31	0.54		9.65 ×0.28
			11-122	刷银粉漆第一遍	100kg	0.29	5.11	3.93	6.96	5.44	1.28		22.72 ×0.29
				酚醛清漆各色	kg	0.07	—	7.8	—	2.65	0.62		11.07 ×0.07
			11-123	刷银粉漆第二遍	100kg	0.29	5.11	3.18	6.96	5.19	1.22		21.66 ×0.29
				酚醛清漆芥色	kg	0.07	—	7.8		2.65	0.62		11.07 ×0.07
				高层建筑增加费	元	1	2.37	—	—	0.81	0.19		3.37 ×1
3	031003001001	自动排气阀DN20			个	2						69.21	138.42
			8-300	自动排气阀DN20	个	2	5.11	6.47	—	3.94	0.93		16.45 ×2
				自动排气阀DN20	个	2		37	—	12.58	2.96		52.54 ×2
				高层建筑增加费	元	1	0.31	—	—	0.11	0.02		0.44 ×1
4	031003001002	螺纹阀门DN20			个	20						39.18	783.5
			8-242	螺纹阀门DN20	个	20	2.32	2.68		1.7	0.4		7.1 ×20
				螺纹阀门DN20	个	20.2	—	22.3	—	7.58	1.78		31.66 ×20.2
				高层建筑增加费	元	1	1.39	—	—	0.47	0.11		197 ×1
5	031003001003	螺纹阀门DN25			个	12						48.21	578.52

续表

序号	项目编码	项目名称	定额编号	工程内容	单位	数量	人工费	材料费	机械费	管理费	利润	综合单价	合价
							其中（元）						
			8-243	螺纹阀门 DN25	个	12	2.79	3.45	—	2.12	0.50		8.86 ×12
				螺纹阀门 DN25	个	12.12	—	27.35	—	9.30	2.19		38.84 ×12.12
				高层建筑增加费	元	1	1.17	—	—	0.40	0.09		1.66 ×1
6	031003001004	螺纹阀门 DN32			个	2						58.93	117.86
			8-244	螺纹阀门 DN32	个	2	3.48	5.09	—	2.91	0.69		12.17 ×2
				螺纹阀门 DN32	个	2.02	—	32.5	—	11.05	2.6		46.15 ×2.02
				高层建筑增加费	元	1	0.21	—	—	0.07	0.02		0.31 ×1
7	031003001005	螺纹阀门 DN50			个	4						111.56	446.24
			8-246	螺纹阀门 DN50	个	4	5.8	9.26	—	5.12	1.20		21.38 ×4
				螺纹阀门 DN50	个	4.04	—	62.7	—	21.32	5.02		89.04 ×4.04
				高层建筑增加费	元	1	0.70	—	—	0.24	0.06		1×1
8	031003001006	螺纹阀门 DN70			个	2						310.48	620.97
			8-247	螺纹阀门 DN70	个	2	8.59	18.2	—	9.11	2.14		38.01 ×2
				螺纹阀门 DN70	个	2.02	—	189.7	—	64.50	15.18		269.38 ×2.02
				高层建筑增加费	元	1	0.52	—	—	0.18	0.04		0.74 ×1
9	031001002001	钢管 DN15			m	30						19.67	590.20
			8-98	焊接钢管 DN15	10m	3	42.49	12.41	—	18.67	4.39		77.96 ×3
				焊接钢管 DN15	m	30.6	—	7.6	—	2.58	0.61		10.79 ×30.6
			11-1	钢管除轻锈（手工）	10m²	0.2	7.89	3.38	—	3.83	0.90		16×0.2

序号	项目编码	项目名称	定额编号	工程内容	单位	数量	人工费	材料费	机械费	管理费	利润	综合单价	合价
							其中（元）						
			11-51	刷红丹防锈漆第一遍	10m²	0.2	6.27	1.07	—	2.50	0.59		10.43×0.2
				醇酸防锈漆	kg	0.29	—	6.8		2.31	0.54		9.65×0.29
			11-52	刷红丹防锈漆第二遍	10m²	0.2	6.27	0.96	—	2.46	0.58		10.27×0.2
				醇酸防锈漆	kg	0.26	—	6.8		2.31	0.54		9.65×0.26
			11-56	刷银粉漆第一遍	10m²	0.2	6.5	4.81		3.85	0.9		16.06×0.2
				酚醛清漆各色	kg	0.07	—	7.8		2.65	0.62		11.07×0.07
			11-57	刷银粉漆第二遍	10m²	0.2	6.27	4.37		3.62	0.85		15.11×0.2
				酚醛清漆各色	kg	0.07	—	7.8		2.65	0.62		11.07×0.07
				高层建筑增加费	元	1	4.02	—		1.37	0.32		5.71×1
10	031001002002	钢管 DN20			m	365.9						22.54	8246.28
			8-99	焊接钢管 DN20	10m	36.59	42.49	20.62		21.46	5.05		89.62×36.59
				焊接钢管 DN20	m	373.22		8.3	—	2.82	0.66		11.78×373.22
			11-1	钢管除轻锈（手工）	10m²	2.88	7.89	3.38		3.83	0.90		16×2.88
			11-51+11-52	刷红丹防锈漆两遍	10m²	2.88	12.54	2.03		4.96	1.17		20.7×2.88
				醇酸防锈漆	kg	7.98	—	6.8		2.31	0.54		9.65×7.98
			11-56+11-57	刷银粉漆	10m²	2.88	12.77	9.18		7.47	1.75		31.17×2.88
				酚醛清漆各色	kg	1.99	—	7.8		2.65	0.62		11.07×1.99
			8-23	钢套管 DN32	10m	0.93	16.49	3.32	1.99	7.41	1.74		30.95×0.93
				焊接钢管 DN32	m	9.49	—	12.7	—	4.32	1.02		18.04×9.49

续表

| 序号 | 项目编码 | 项目名称 | 定额编号 | 工程内容 | 单位 | 数量 | 其中（元） | | | | | 综合单价 | 合价 |
							人工费	材料费	机械费	管理费	利润		
				高层建筑增加费	元	1	53.57	—	—	18.21	4.29		76.07 ×1
11	031001002003	钢管DN25			m	102	—	—	—	—	—	29.75	3034.37
			8-100	焊接钢管DN25	10m	10.2	51.08	28.54	1.03	27.42	6.45		114.52 ×10.2
				焊接钢管DN25	m	104.04	—	10.62	—	3.61	0.85		15.08 ×104.04
			11-1	钢管除轻锈（手工）	10m²	1.00	7.89	3.38	—	3.83	0.90		16 ×1.00
			11-51＋11-52	刷红丹防锈漆两遍	10m²	1.00	12.54	2.03	—	4.96	1.17		20.7 ×1.00
				醇酸防锈漆	kg	2.77	—	6.8	—	2.31	0.54		9.65 ×2.77
			11-56＋11-57	刷银粉漆两遍	10m²	1.00	12.77	9.18	—	7.47	1.75		31.17 ×1.00
				酚醛清漆各色	kg	0.69	—	7.8	—	2.65	0.62		11.07 ×0.69
			8-169	镀锌铁皮套管DN25	个	70	0.7	1.00	—	0.58	0.14		2.42 ×70
				高层建筑增加费	元	1	18.10	—	—	6.15	1.45		25.7 ×1
12	031001002004	钢管DN32			m	18.44						38.82	715.87
			8-101	焊接钢管DN32	10m	1.844	51.08	34.46	1.03	29.43	6.93		122.93 ×1.844
				焊接钢管DN32	m	18.81	—	12.7	—	4.32	1.02		18.04 ×18.81
			11-1	钢管除轻锈（手工）	10m²	0.36	7.89	3.38	—	3.83	0.9		16 ×0.36
			11-51＋11-52	刷红丹防锈漆两遍	10m²	0.36	12.54	2.03	—	4.96	1.17		20.7 ×0.36
				醇酸防锈漆	kg	1.00	—	6.8	—	2.31	0.54		9.65 ×1.00
			11-56＋11-57	刷银粉漆两遍	10m²	0.30	12.77	9.18	—	7.47	1.75		31.17 ×0.3
				酚醛清漆各色	kg	0.21	—	7.8	—	2.65	0.62		11.07 ×0.21

续表

序号	项目编码	项目名称	定额编号	工程内容	单位	数量	其中（元）					综合单价	合价
							人工费	材料费	机械费	管理费	利润		
			8-170	镀锌铁皮套管 DN32	个	2	1.39	1.50	—	0.98	0.23		4.1 ×2
			11-1826	细玻璃棉壳安装	m³	0.4	108.44	27.84	6.75	48.63	11.44		203.1 ×0.4
				细玻璃棉壳	m³	0.41	—	19.2	—	6.53	1.54		27.27 ×0.41
			11-2153	玻璃布保护层安装	10m²	0.13	10.91	0.2	—	3.78	0.89		15.78 ×0.13
				玻璃丝布	m²	1.82	—	4.72	—	1.6	0.38		6.7 ×1.82
				高层建筑增加费	元	1	4.67	—	—	1.59	0.37		6.63 ×1
13	031001002005	钢管 DN40			m	29.1						44.71	1301.05
			8-102	钢管 DN40	10m	2.91	60.84	30.32	1.39	31.47	7.40		131.42 ×2.91
				焊接钢管 DN40	m	29.68	—	15.6	—	5.3	1.25		22.15 ×29.68
			11-1	钢管除轻锈（手工）	10m²	0.59	7.89	3.38	—	3.83	0.9		16× 0.59
			11-51+ 11-52	刷红丹防锈漆两遍	10m²	0.59	12.54	2.03	—	4.96	1.17		20.7 ×0.59
				醇酸防锈漆	kg	1.63	—	6.8	—	2.31	0.54		9.65 ×1.63
			11-56+ 11-57	刷银粉漆两遍	10m²	0.49	12.77	9.18	—	7.47	1.75		31.17 ×0.49
				酚醛清漆各色	kg	0.34	—	7.8	—	2.65	0.62		11.07 ×0.34
			8-171	镀锌铁皮套管 DN40	个	2	1.39	1.50	—	0.98	0.23		4.1 ×2
			11-1826	细玻璃棉壳安装	m³	0.7	108.44	27.84	6.75	48.63	11.44		203.1 ×0.7
				细玻璃棉壳	m³	0.72	—	19.2	—	6.53	1.54		27.27 ×0.72
			11-2153	玻璃布保护层安装	10m²	0.21	10.91	0.2	—	3.78	0.89		15.78 ×0.21
				玻璃丝布	m²	2.94	—	4.72	—	1.6	0.38		6.7 ×2.94

序号	项目编码	项目名称	定额编号	工程内容	单位	数量	人工费	材料费	机械费	管理费	利润	综合单价	合价
									其中（元）				
				高层建筑增加费	元	1	8.29	—	—	2.82	0.66		11.77 ×1
14	031001002006	钢管 DN50			m	56.4						50.62	2854.92
			8-103	焊接钢管 DN50	10m	5.64	62.23	36.06	3.26	33.92	7.98		141.65 ×5.64
				焊接钢管 DN50	m	57.53	—	19.84	—	6.75	1.59		28.18 ×57.53
			11-1	钢管除轻锈（手工）	10m²	1.22	7.89	3.38	—	3.83	0.9		16× 1.22
			11-51＋ 11-52	刷红丹防锈漆两遍	10m²	1.22	12.54	2.03	—	4.96	1.17		20.7 ×1.22
				醇酸防锈漆	kg	3.38	—	6.8	—	2.31	0.54		9.65 ×3.38
			11-56＋ 11-57	刷银粉漆两遍	10m²	1.11	12.77	9.18	—	7.47	1.75		31.17 ×1.11
				酚醛清漆各色	kg	0.77	—	7.8	—	2.65	0.62		11.07 ×0.77
			8-172	镀锌铁皮套管 DN50	个	8	1.39	1.50	—	0.98	0.23		4.1×8
			11-1826	细玻璃棉壳安装	m³	1.0	108.44	27.84	6.75	48.63	11.44		203.1 ×1.0
				细玻璃棉壳	m³	1.03	—	19.2	—	6.53	1.54		27.27 ×1.03
			11-2153	玻璃布保护层安装	10m²	0.26	10.91	0.2	—	3.78	0.89		15.78 ×0.26
				玻璃丝布	m²	3.64	—	4.72	—	1.6	0.38		6.7 ×3.64
				高层建筑增加费	元	1	15.37	—	—	5.23	1.23		21.83×1
15	031001002007	钢管 DN70			m	37.45						63.58	2307.87
			8-104	焊接钢管 DN70	10m	3.745	63.62	44.11	4.99	38.32	9.02		160.06 ×3.745
				焊接钢管 DN70	m	3.82	—	26.33	—	8.95	2.11		37.39 ×3.82
			11-1	钢管除轻锈（手工）	10m²	1.04	7.89	3.38	—	3.83	0.9		16× 1.04

续表

| 序号 | 项目编码 | 项目名称 | 定额编号 | 工程内容 | 单位 | 数量 | 其中（元） | | | | | 综合单价 | 合价 |
							人工费	材料费	机械费	管理费	利润		
			11-51＋11-52	刷红丹防锈漆两遍	10m²	1.04	12.54	2.03	—	4.96	1.17		20.7×1.04
				醇酸防锈漆	kg	2.88	—	6.8		2.31	0.54		9.65×2.88
			11-56＋11-57	刷银粉漆两遍	10m²	0.93	12.77	9.18	—	7.47	1.75		31.17×0.93
				酚醛清漆各色	kg	0.64	—	7.8		2.65	0.62		11.07×0.64
			8-173	镀锌铁皮套管	个	6	2.09	2.25	—	1.48	0.35		6.17×6
			11-1834	细玻璃棉壳安装	m³	1.1	55.03	18.99	6.75	27.46	6.46		114.69×1.1
				细玻璃棉壳	m³	1.13	—	1.92	—	6.53	1.54		27.27×1.13
			11-2153	玻璃布保护层安装	10m²	0.29	10.91	0.2	—	3.78	0.89		15.78×0.29
				玻璃丝布	m²	4.06	—	4.72	—	1.6	0.38		6.7×4.06
				高层建筑增加费	元	1	10.21	—	—	3.47	0.82		14.51×1
16	031009001001	采暖工程系统调整			系统	1							
				略									

室内采暖直接费汇总　　　　　　　　　　　　　　　　表 3-294

| 类别 | 合计 | 其中 | | |
		人工费	材料费	机械费
安装工程	37336	4835	32346	155
总计	37336	4835	32346	155

（四）确定工程费用及选价

选套《吉林省建筑安装工程费用定额》确定工程费用，该工程为 3 类。

预算费用汇总表见表 3-295。

预算费用汇总表

表 3-295

代号	费用名称	费率（%）	金额	代号	费用名称	费率（%）	金额
1	定额直接费		37336	13	预算包干费	8.00	387
2	冬季施工增加费			14	计划利润	41.48	2006
3	夜间施工增加费			15	十种主要材料价差		6583
4	材料二次搬运费			16	地材二三类价差	2.Q5	1101
5	雨季施工增加费	1.87	90	17	人工费调整	25.39	1228
6	流动施工津贴	13.82	668	18	机械费调整	0.75	36
7	三项其他直接费	6.25	302	19	预算定额编制费	0.10	53
8	现场管理费	22.30	1087	20	劳动定额测定费	0.04	21
9	临时设施费	7.63	369	21	营业费	3.41	1812
10	间接费	23.56	1139	22	构件增值费		
11	上级管理费	0.075	28	23	总造价		54961
12	劳动保险费	14.78	715				

（五）编制预算说明书

1. 工程名称：某住宅楼采暖系统安装工程；

2. 选套全国统一安装工程预算定额《吉林省给排水采暖工程基价表》和《吉林省建筑安装工程费用定额》。

3. 工程预算造价为 54961 元。

二、《通用安装工程工程量计算规范》GB 50856—2013 计算方法（表 3-296～表 3-314）

定额工程量和 03 规范计算工程量一样

分部分项工程量清单与计价表

表 3-296

工程名称：室内采暖工程　　　　标段：　　　　第　页　共　页

序号	项目编码	项目名称	项目特征描述	计量单位	工程量	金额（元）		
						综合单价	合价	其中暂估价
1	031005001001	铸铁散热器	长翼形，大小 60，刷一遍防锈漆，两遍银粉漆	片	408	43.44	17723.52	
2	031002001001	管道支架制作安装	人工除轻锈，两遍红丹防锈漆，两遍银粉漆	kg	30	17.30	519.00	
3	031003001001	自动排气阀	DN20	个	2	60.09	120.18	
4	031003001002	螺纹阀门	DN20	个	20	32.74	654.80	
5	031003001003	螺纹阀门	DN25	个	12	40.13	481.56	
6	031003001004	螺纹阀门	DN32	个	2	49.24	98.48	
7	031003001005	螺纹阀门	DN50	个	4	91.44	365.76	
8	031003001006	螺纹阀门	DN70	个	2	237.97	475.94	

序号	项目编码	项目名称	项目特征描述	计量单位	工程量	金额（元）		
						综合单价	合价	其中暂估价
9	031001002001	钢管	DN15，室内安装，螺纹连接，手工除轻锈，刷红丹防锈漆及银粉各两遍	m	30	24.14	724.20	
10	031001002002	钢管	DN20，室内安装，螺纹连接，手工除轻锈，钢套管，刷红丹防锈漆及银粉各两遍	m	365.9	26.09	9546.33	
11	031001002003	钢管	DN25，室内安装，螺纹连接，铁皮套管，刷红丹防锈漆及银粉各两遍	m	102	34.14	3482.28	
12	031001002004	钢管	DN32，室内安装，螺纹连接，铁皮套管，手工除轻锈，刷红丹防锈漆及银粉各两遍，埋地部分管道刷两遍红丹防锈漆，细玻璃棉壳保温，外缠玻璃布保护层	m	18.44	45.47	838.47	
13	031001002005	钢管	DN40，室内安装，螺纹连接，铁皮套管，手工除轻锈，刷红丹防锈漆及银粉各两遍，埋地部分管道刷两遍红丹防锈漆，细玻璃棉壳保温，外缠玻璃布保护层	m	29.1	51.19	1489.63	
14	031001002006	钢管	DN50，室内安装，螺纹连接，铁皮套管，手工除锈，刷红丹防锈漆及银粉各两遍，埋地部分管道刷两遍红丹防锈漆，细玻璃棉壳保温，外缠玻璃布保护层	m	56.4	56.37	3179.27	
15	031001002007	钢管	DN70，室内安装，螺纹连接，铁皮套管，手工除锈，刷红丹防锈漆及银粉各两遍，埋地部分管道刷两遍红丹防锈漆，细玻璃棉壳保温，外缠玻璃布保护层	m	37.45	40.79	1527.59	
16	031009001001	采暖工程系统调整	采暖工程系统	系统	1	略	略	
			本页小计				41227.01	
			合　　计				41227.01	

注：根据建设部、财政部发布的《建筑安装工程费用组成》（建标〔2003〕206号）的规定，为计取规费等的使用。可在表中增设其中："直接费"、"人工费"或"人工费＋机械费"。

工程量清单综合单价分析表　　　　　　　　　　表3-297

工程名称：室内采暖工程　　　　　标段：　　　　　　　第　　页　共　　页

项目编码	031005001001	项目名称		铸铁散热器		计量单位		片	

清单综合单价组成明细

定额编号	定额名称	定额单位	数量	单价（元）				合价（元）			
				人工费	材料费	机械费	管理费和利润	人工费	材料费	机械费	管理费和利润
8-488	铸铁散热器组成安装	10片	0.10	45.28	53.52	—	97.53	4.53	5.35	—	9.75
11-198	铸铁管暖气片刷油	10m²	0.12	7.66	1.19	—	16.50	0.92	0.14	—	1.98

续表

定额编号	定额名称	定额单位	数量	单价（元）				合价（元）			
				人工费	材料费	机械费	管理费和利润	人工费	材料费	机械费	管理费和利润
11-200	刷银粉漆第一遍	10m²	0.12	7.89	5.34	—	17.00	0.95	0.64	—	2.04
11-201	刷银粉漆第二遍	10m²	0.12	7.66	4.71	—	16.50	0.92	0.57	—	1.98
	高层建筑增加费	元	0.002	88.27	—	—	190.13	0.18	—	—	0.38
人工单价		小　　计						7.50	6.70	—	16.13
23.22 元/工日		未计价材料费						13.11			
清单项目综合单价								43.44			

材料费明细	主要材料名称、规格、型号	单位	数量	单价（元）	合价（元）	暂估单价（元）	暂估合价（元）
	长翼型铸铁散热器	片	1.01	11.2	11.31		
	酚醛防锈漆各色	kg	0.12	8.4	1.02		
	酚醛清漆各色	kg	0.05	7.8	0.41		
	酚醛清漆各色	kg	0.05	7.8	0.37		
	其他材料费			—		—	
	材料费小计			—	13.11	—	

注：1. "数量"栏为"投标方（定额）工程量÷招标方（清单）工程量÷定额单位数量"，如"定额编号为 8-488 中 408÷408÷10＝0.1"；

　　2. 管理费费率为 155.4%，利润率为 60%，人工费为取费基数。

工程量清单综合单价分析表　　表 3-298

工程名称：室内采暖工程　　　　　　标段：　　　　　　第　页　共　页

项目编码	031002001001	项目名称	管道支架制作安装	计量单位	kg

清单综合单价组成明细

定额编号	定额名称	定额单位	数量	单价（元）				合价（元）			
				人工费	材料费	机械费	管理费和利润	人工费	材料费	机械费	管理费和利润
8-178	管道支架制作安装	100kg	0.01	235.45	194.98	224.26	507.16	2.35	1.95	2.24	5.07
11-7	金属结构除轻锈	100kg	0.01	7.89	2.50	6.96	17.00	0.08	0.03	0.07	0.17
11-117	刷红丹防锈漆第一遍	100kg	0.01	5.34	0.87	6.96	11.50	0.05	0.009	0.07	0.12
11-118	刷红丹防锈漆第二遍	100kg	0.01	5.11	0.75	6.96	11.01	0.05	0.008	0.07	0.11
11-122	刷银粉漆第一遍	100kg	0.01	5.11	3.93	6.96	11.01	0.05	0.04	0.07	0.11

定额编号	定额名称	定额单位	数量	单价（元）				合价（元）			
				人工费	材料费	机械费	管理费和利润	人工费	材料费	机械费	管理费和利润
11-123	刷银粉漆第二遍	100kg	0.01	5.11	3.18	6.96	11.01	0.05	0.03	0.07	0.11
	高层建筑增加费	元	0.03	2.37	—	—	5.10	0.07			0.15
人工单价		小　计						2.70	2.07	2.59	5.84
23.22元/工日		未计价材料费						4.10			
清单项目综合单价								17.30			

材料费明细	主要材料名称、规格、型号	单位	数量	单价（元）	合价（元）	暂估单价（元）	暂估合价（元）
	型钢	kg	1.06	3.7	3.92		
	醇酸防锈漆	kg	0.02	6.8	0.14		
	酚醛清漆各色	kg	0.005	7.8	0.04		
	其他材料费				—		
	材料费小计				—	4.10	

注：1. "数量"栏为"投标方（定额）工程量÷招标方（清单）工程量÷定额单位数量"，如"定额编号为8-178中30÷30÷100＝0.01"；

　　2. 管理费费率为155.4%，利润率为60%，人工费为取费基数。

工程量清单综合单价分析表　　　　表3-299

工程名称：室内采暖工程　　　　标段：　　　　　　　　第　页　共　页

项目编码	031003001001	项目名称	自动排气阀	计量单位	个

清单综合单价组成明细

定额编号	定额名称	定额单位	数量	单价（元）				合价（元）			
				人工费	材料费	机械费	管理费和利润	人工费	材料费	机械费	管理费和利润
8-300	自动排气阀	个	1	5.11	6.47	—	11.01	5.11	6.47	—	11.01
	高层建筑增加费	元	0.5	0.31	—	—	0.67	0.16		—	0.34
人工单价		小　计						5.27	6.47	—	11.35
23.22元/工日		未计价材料费						37			
清单项目综合单价								60.09			

材料费明细	主要材料名称、规格、型号	单位	数量	单价（元）	合价（元）	暂估单价（元）	暂估合价（元）
	自动排气阀 DN20	个	1	37	37		
	其他材料费				—		
	材料费小计				—	37	

注：1. "数量"栏为"投标方（定额）工程量÷招标方（清单）工程量÷定额单位数量"，如"定额编号为8-300中2÷2÷1＝1"；

　　2. 管理费费率为155.4%，利润率为60%，人工费为取费基数。

工程量清单综合单价分析表　　　　　　　　　　　　　表 3-300

工程名称：室内采暖工程　　　　　标段：　　　　　　第　页　共　页

项目编码	031003001002	项目名称		螺纹阀门		计量单位		个

清单综合单价组成明细

定额编号	定额名称	定额单位	数量	单价（元）				合价（元）			
				人工费	材料费	机械费	管理费和利润	人工费	材料费	机械费	管理费和利润
8-242	螺纹阀门 DN30	个	1	2.32	2.68	—	5.00	2.32	2.68	—	5.00
	高层建筑增加费	元	0.05	1.39	—	—	2.99	0.07	—	—	0.15
人工单价			小　计					2.39	2.68		5.15
23.22 元/工日			未计价材料费					22.52			
清单项目综合单价								32.74			

材料费明细	主要材料名称、规格、型号			单位	数量	单价（元）	合价（元）	暂估单价（元）	暂估合价（元）
	螺纹阀门 DN20			个	1.01	22.3	22.52		
	其他材料费					—		—	
	材料费小计					—	22.52	—	

注：1. "数量"栏为"投标方（定额）工程量÷招标方（清单）工程量÷定额单位数量"，如"定额编号为 8-242 中 20÷20÷1=1"；

　　2. 管理费费率为 155.4%，利润率为 60%，人工费为取费基数。

工程量清单综合单价分析表　　　　　　　　　　　　　表 3-301

工程名称：室内采暖工程　　　　　标段：　　　　　　第　页　共　页

项目编码	031003001003	项目名称		螺纹阀门		计量单位		个

清单综合单价组成明细

定额编号	定额名称	定额单位	数量	单价（元）				合价（元）			
				人工费	材料费	机械费	管理费和利润	人工费	材料费	机械费	管理费和利润
8-243	螺纹阀门 DN25	个	1	2.79	3.45	—	6.01	2.79	3.45	—	6.01
	高层建筑增加费	元	0.07	1.17	—	—	2.52	0.08	—	—	0.18
人工单价			小　计					2.87	3.45		6.19
23.22 元/工日			未计价材料费					27.62			
清单项目综合单价								40.13			

材料费明细	主要材料名称、规格、型号			单位	数量	单价（元）	合价（元）	暂估单价（元）	暂估合价（元）
	螺纹阀门 DN25			个	1.01	27.35	27.62		
	其他材料费					—		—	
	材料费小计					—	27.62	—	

注：1. "数量"栏为"投标方（定额）工程量÷招标方（清单）工程量÷定额单位数量"，如"定额编号为 8-243 中 14÷14÷1=1"；

　　2. 管理费费率为 155.4%，利润率为 60%，人工费为取费基数。

工程量清单综合单价分析表   表 3-302

工程名称：室内采暖工程   标段：   第 页 共 页

项目编码	031003001004		项目名称			螺纹阀门		计量单位			个

清单综合单价组成明细

定额编号	定额名称	定额单位	数量	单价（元）				合价（元）			
				人工费	材料费	机械费	管理费和利润	人工费	材料费	机械费	管理费和利润
8-244	螺纹阀门 DN32	个	1	3.48	5.09	—	7.50	3.48	5.09	—	7.50
	高层建筑增加费	元	0.5	0.21	—	—	0.45	0.11	—	—	0.23
人工单价			小　计					3.59	5.09		7.73
23.22 元/工日			未计价材料费					32.83			
清单项目综合单价								49.24			

材料费明细	主要材料名称、规格、型号	单位	数量	单价（元）	合价（元）	暂估单价（元）	暂估合价（元）
	螺纹阀门 DN32	个	1.01	32.5	32.83		
	其他材料费			—		—	
	材料费小计			—	32.83	—	

注：1. "数量"栏为"投标方（定额）工程量÷招标方（清单）工程量÷定额单位数量"，如"定额编号为 8-244 中 2÷2÷1=1"；

    2. 管理费费率为 155.4%，利润率为 60%，人工费为取费基数。

工程量清单综合单价分析表   表 3-303

工程名称：室内采暖工程   标段：   第 页 共 页

项目编码	031003001005		项目名称			螺纹阀门		计量单位			个

清单综合单价组成明细

定额编号	定额名称	定额单位	数量	单价（元）				合价（元）			
				人工费	材料费	机械费	管理费和利润	人工费	材料费	机械费	管理费和利润
8-246	螺纹阀门 DN50	个	1	5.80	9.26	—	12.49	5.80	9.26	—	12.49
	高层建筑增加费	元	0.25	0.70	—	—	1.51	0.18	—	—	0.38
人工单价			小　计					5.98	9.26		12.87
23.22 元/工日			未计价材料费					63.33			
清单项目综合单价								91.44			

材料费明细	主要材料名称、规格、型号	单位	数量	单价（元）	合价（元）	暂估单价（元）	暂估合价（元）
	螺纹阀门 DN50	个	1.01	62.7	63.33		
	其他材料费			—		—	
	材料费小计			—	63.33	—	

注：1. "数量"栏为"投标方（定额）工程量÷招标方（清单）工程量÷定额单位数量"，如"定额编号为 8-246 中 4÷4÷1=1"；

    2. 管理费费率为 155.4%，利润率为 60%，人工费为取费基数。

工程量清单综合单价分析表

表 3-304

工程名称：室内采暖工程　　　　　标段：　　　　　　　第　页　共　页

项目编码	031003001006	项目名称		螺纹阀门		计量单位		个

清单综合单价组成明细

定额编号	定额名称	定额单位	数量	单价（元）				合价（元）			
				人工费	材料费	机械费	管理费和利润	人工费	材料费	机械费	管理费和利润
8-247	螺纹阀门 DN70	个	1	8.59	18.20	—	18.50	8.59	18.20	—	18.50
	高层建筑增加费	元	0.5	0.52	—	—	1.12	0.52	—	—	0.56
人工单价		小　计						9.11	18.20	—	19.06
23.22 元/工日		未计价材料费						191.60			
		清单项目综合单价						237.97			

材料费明细	主要材料名称、规格、型号	单位	数量	单价（元）	合价（元）	暂估单价（元）	暂估合价（元）
	螺纹阀门 DN70	个	1.01	189.7	191.60		
	其他材料费				—		—
	材料费小计				—	191.60	

注：1. "数量"栏为"投标方（定额）工程量÷招标方（清单）工程量÷定额单位数量"，如"定额编号为 8-247 中 2÷2÷1＝1"；

2. 管理费费率为 155.4%，利润率为 60%，人工费为取费基数。

工程量清单综合单价分析表

表 3-305

工程名称：室内采暖工程　　　　　标段：　　　　　　　第　页　共　页

项目编码	031001002001	项目名称		钢管		计量单位		m

清单综合单价组成明细

定额编号	定额名称	定额单位	数量	单价（元）				合价（元）			
				人工费	材料费	机械费	管理费和利润	人工费	材料费	机械费	管理费和利润
8-98	焊接钢管 DN15	10m	0.1	42.49	12.41	—	91.52	4.25	1.24	—	9.15
11-1	钢管除轻锈（手工）	10m²	0.01	7.89	3.38		17.00	0.08	0.03	—	0.17
11-51	刷红丹防锈漆第一遍	10m²	0.01	6.27	1.07	—	13.51	0.06	0.01	—	0.14
11-52	刷红丹防锈漆第二遍	10m²	0.01	6.27	0.96	—	13.51	0.06	0.01	—	0.14
11-56	刷银粉漆第一遍	10m²	0.01	6.50	4.81	—	14.00	0.07	0.05	—	0.14

定额编号	定额名称	定额单位	数量	单价（元）				合价（元）			
				人工费	材料费	机械费	管理费和利润	人工费	材料费	机械费	管理费和利润
11-57	刷银粉漆第二遍	10m²	0.01	6.27	4.27	—	13.51	0.07	0.04	—	0.14
	高层建设增加费	元	0.03	4.02	—	—	8.66	0.12	—	—	0.26
人工单价		小　计						4.71	1.38	—	10.14
23.22 元/工日		未计价材料费						7.91			
清单项目综合单价								24.14			

材料费明细	主要材料名称、规格、型号	单位	数量	单价（元）	合价（元）	暂估单价（元）	暂估合价（元）
	焊接钢管 DN15	m	1.02	7.6	7.75		
	醇酸防锈漆	kg	0.02	6.8	0.12		
	酚醛清漆各色	kg	0.005	7.8	0.04		
	其他材料费			—			
	材料费小计			—	7.91	—	

注：1.“数量”栏为“投标方（定额）工程量÷招标方（清单）工程量÷定额单位数量”，如“定额编号为8-98中 30÷30÷10＝0.1”；

2. 管理费费率为 155.4%，利润率为 60%，人工费为取费基数。

工程量清单综合单价分析表 表 3-306

工程名称：室内采暖工程　　　　标段：　　　　　第　页　共　页

项目编码	031001002002	项目名称	钢管	计量单位	m

清单综合单价组成明细

定额编号	定额名称	定额单位	数量	单价（元）				合价（元）			
				人工费	材料费	机械费	管理费和利润	人工费	材料费	机械费	管理费和利润
8-99	焊接钢管 DN20	10m	0.1	42.49	20.62	—	91.52	4.25	2.06	—	9.15
11-1	钢管除轻锈（手工）	10m²	0.008	7.89	3.38	—	17.00	0.06	0.03	—	0.14
11-51 +11-52	刷红丹防锈漆两遍	10m²	0.008	12.54	2.03	—	27.01	0.10	0.02	—	0.22
11-56 +11-57	刷银粉漆	10m²	0.008	12.77	9.18	—	27.51	0.10	0.07	—	0.22
8-23	钢套管 DN32	10m	0.003	16.49	3.32	1.99	35.52	0.05	0.01	0.006	0.11
	高层建设增加费	元	0.03	53.57	—	—	115.39	0.15	—	—	0.35
人工单价		小　计						4.71	2.19	0.006	10.19
23.22 元/工日		未计价材料费						8.99			
清单项目综合单价								26.09			

续表

	主要材料名称、规格、型号	单位	数量	单价（元）	合价（元）	暂估单价（元）	暂估合价（元）
材料费明细	焊接钢管 DN20	m	1.02	8.3	8.47		
	醇酸防锈漆	kg	0.02	6.8	0.15		
	酚醛清漆各色	kg	0.005	7.8	0.04		
	焊接钢管 DN32	m	0.026	12.7	0.33		
	其他材料费			—			
	材料费小计			—	8.99	—	

注：1. "数量"栏为"投标方（定额）工程量÷招标方（清单）工程量÷定额单位数量"，如"定额编号为 8-99 中 365.9÷365.9÷10＝0.1"；

　　2. 管理费费率为 155.4%，利润率为 60%，人工费为取费基数。

工程量清单综合单价分析表 表 3-307

工程名称：室内采暖工程　　　　　　标段：　　　　　第　　页　共　　页

项目编码	031001002003	项目名称		钢管		计量单位		m

清单综合单价组成明细

定额编号	定额名称	定额单位	数量	单价（元）				合价（元）			
				人工费	材料费	机械费	管理费和利润	人工费	材料费	机械费	管理费和利润
8-100	焊接钢管 DN25	10m	0.1	51.08	29.26	1.03	110.03	5.1	2.9	0.1	11.00
11-1	钢管除轻锈（手工）	10m²	0.01	7.89	3.38	—	17.00	0.08	0.03	—	0.17
11-51＋11-52	刷红丹防锈漆两遍	10m²	0.01	12.54	2.03	—	27.01	0.13	0.02	—	0.27
11-56＋11-57	刷银粉漆两遍	10m²	0.01	12.77	9.18	—	27.51	0.13	0.09	—	0.28
8-169	镀锌铁皮套管 DN25	个	0.69	0.7	1.00	—	1.51	0.48	0.69		1.04
	高层建设增加费	元	0.01	18.10	—	—	38.99	0.18	—		0.39
人工单价		小　计						6.10	3.73	0.1	13.15
23.22 元/工日		未计价材料费							11.06		
		清单项目综合单价							34.14		

	主要材料名称、规格、型号	单位	数量	单价（元）	合价（元）	暂估单价（元）	暂估合价（元）
材料费明细	焊接钢管 DN25	m	1.02	10.62	10.83		
	醇酸防锈漆	kg	0.027	6.8	0.18		
	酚醛清漆各色	kg	0.0068	7.8	0.05		
	其他材料费			—			
	材料费小计			—	11.06	—	

注：1. "数量"栏为"投标方（定额）工程量÷招标方（清单）工程量÷定额单位数量"，如"定额编号为 8-100 中 102÷102÷10＝0.1"；

　　2. 管理费费率为 155.4%，利润率为 60%，人工费为取费基数。

工程量清单综合单价分析表

表 3-308

工程名称：室内采暖工程　　　　标段：　　　　　　　第　页　共　页

项目编码	031001002004		项目名称		钢管		计量单位		m

清单综合单价组成明细

定额编号	定额名称	定额单位	数量	单价（元）				合价（元）			
				人工费	材料费	机械费	管理费和利润	人工费	材料费	机械费	管理费和利润
8-101	焊接钢管 DN32	10m	0.1	51.08	35.30	1.03	110.03	5.11	3.53	0.10	11.00
11-1	钢管除轻锈（手工）	10m²	0.02	7.89	3.38	—	17.00	0.16	0.07	—	0.34
11-51 +11-52	刷红丹防锈漆两遍	10m²	0.02	12.54	2.03	—	27.01	0.25	0.04	—	0.54
11-56 +11-57	刷银粉漆两遍	10m²	0.02	12.77	9.18	—	27.51	0.26	0.18	—	0.55
8-170	镀锌铁皮套管 DN32	个	0.11	1.39	1.50	—	2.99	0.15	0.17	—	0.33
11-1826	细玻璃棉壳安装	m³	0.02	108.44	27.84	6.75	233.58	2.17	0.56	—	4.67
11-2153	玻璃布保护层安装	m³	0.007	10.91	0.20	—	23.50	0.08	0.001	—	0.16
	高层建设增加费	元	0.05	4.67	—	—	10.06	0.25	—	—	0.50
人工单价		小　计						8.43	4.55	0.10	18.09
23.22 元/工日		未计价材料费						14.30			
		清单项目综合单价						45.47			

	主要材料名称、规格、型号	单位	数量	单价（元）	合价（元）	暂估单价（元）	暂估合价（元）
材料费明细	焊接钢管 DN32	m	1.02	12.7	12.95		
	醇酸防锈漆	kg	0.05	6.8	0.37		
	酚醛清漆各色	kg	0.01	7.8	0.09		
	细玻璃棉壳	m³	0.02	19.2	0.42		
	玻璃丝布	m³	0.02	4.72	0.47		
	其他材料费			—		—	
	材料费小计			—	14.30	—	

注：1. "数量"栏为"投标方（定额）工程量÷招标方（清单）工程量÷定额单位数量"，如"定额编号为 8-101 中 18.44÷18.44÷10＝0.1"；

2. 管理费费率为 155.4％，利润率为 60％，人工费为取费基数。

工程量清单综合单价分析表

表 3-309

工程名称：室内采暖工程　　　　标段：　　　　　　第　　页　共　　页

项目编码	031001002005		项目名称			钢管		计量单位			m

清单综合单价组成明细

定额编号	定额名称	定额单位	数量	单价（元）				合价（元）			
				人工费	材料费	机械费	管理费和利润	人工费	材料费	机械费	管理费和利润
8-102	钢筋 DN40	10m	0.1	60.84	31.16	1.39	131.05	6.08	31.2	0.14	13.11
11-1	钢管除轻锈（手工）	10m²	0.02	7.89	3.38	—	17.00	0.16	0.07	—	0.34
11-51 +11-52	刷红丹防锈漆两遍	10m²	0.02	12.54	2.03	—	27.01	0.25	0.04	—	0.54
11-56 +11-57	刷银粉漆两遍	10m²	0.02	12.77	9.18	—	27.51	0.26	0.18	—	0.55
8-171	镀锌铁皮套管 DN40	个	0.07	1.39	1.50	—	2.99	0.10	0.11	—	0.21
11-1826	细玻璃棉壳安装	m³	0.02	108.44	27.84	6.75	233.58	2.17	0.56	0.14	4.67
11-2153	玻璃布保护层安装	10m²	0.007	10.91	0.2	—	23.50	0.08	0.001	—	0.16
	高层建设增加费	元	0.03	8.29	—	—	17.86	0.28	—	—	0.54
人工单价		小　计						9.38	4.08	0.28	20.12
23.22 元/工日		未计价材料费						17.33			
清单项目综合单价								51.19			

	主要材料名称、规格、型号	单位	数量	单价（元）	合价（元）	暂估单价（元）	暂估合价（元）
材料费明细	焊接钢管 DN40	m	1.02	15.6	15.91		
	醇酸防锈漆	kg	0.06	6.8	0.38		
	酚醛清漆各色	kg	0.01	7.8	0.09		
	细玻璃棉壳	m³	0.02	19.2	0.48		
	玻璃丝布	m²	0.10	4.72	0.47		
	其他材料费				—		—
	材料费小计				—	17.33	—

注：1.“数量”栏为“投标方（定额）工程量÷招标方（清单）工程量÷定额单位数量”，如“定额编号为 8-102 中 29.1÷29.1÷10＝0.1”；

2.管理费费率为 155.4%，利润率为 60%，人工费为取费基数。

工程量清单综合单价分析表

表 3-310

工程名称：室内采暖工程　　　标段：　　　　　　第　页　共　页

| 项目编码 | 031001002006 | | 项目名称 | | 钢管 | | 计量单位 | | m |

清单综合单价组成明细

定额编号	定额名称	定额单位	数量	单价（元）				合价（元）			
				人工费	材料费	机械费	管理费和利润	人工费	材料费	机械费	管理费和利润
8-103	焊接钢管DN50	10m	0.1	62.23	36.06	3.26	134.04	6.22	3.61	0.33	13.40
11-1	钢管除轻锈（手工）	10m²	0.02	7.89	3.38	—	17.00	0.16	0.07	—	0.34
11-51+11-52	刷红丹防锈漆两遍	10m²	0.02	12.54	2.03	—	27.01	0.25	0.04	—	0.54
11-56+11-57	刷银粉漆两遍	10m²	0.02	12.77	9.18	—	27.51	0.26	0.18	—	0.55
8-172	镀锌铁皮套管DN50	个	0.14	1.39	1.50	—	2.99	0.19	0.21	—	0.42
11-1826	细玻璃棉壳安装	m³	0.02	108.44	27.84	6.75	233.58	2.17	0.56	0.14	4.67
11-2153	玻璃布保护层安装	10m²	0.005	10.91	0.2	—	23.50	0.05	0.001	—	0.12
	高层建设增加费	元	0.02	15.37	—	—	33.11	0.31	—	—	0.31
人工单价			小　计					9.61	4.67	0.47	20.35
23.22元/工日			未计价材料费					21.41			
		清单项目综合单价						56.37			

	主要材料名称、规格、型号	单位	数量	单价（元）	合价（元）	暂估单价（元）	暂估合价（元）
材料费明细	焊接钢管DN50	m	1.02	19.84	20.24		
	醇酸防锈漆	kg	0.06	6.8	0.41		
	酚醛清漆各色	kg	0.01	7.8	0.11		
	细玻璃棉壳	m³	0.02	19.2	0.35		
	玻璃丝布	m²	0.06	4.72	0.30		
	其他材料费			—			
	材料费小计			—	21.41		

注：1. "数量"栏为"投标方（定额）工程量÷招标方（清单）工程量÷定额单位数量"，如"定额编号为8-103中56.4÷56.4÷10＝0.1"；

2. 管理费费率为155.4%，利润率为60%，人工费为取费基数。

工程量清单综合单价分析表

表 3-311

工程名称：室内采暖工程　　　　标段：　　　　　　　第　页　共　页

项目编码	031001002007	项目名称	钢管	计量单位	m

清单综合单价组成明细

定额编号	定额名称	定额单位	数量	单价（元）				合价（元）			
				人工费	材料费	机械费	管理费和利润	人工费	材料费	机械费	管理费和利润
8-104	焊接钢管 DN70	10m	0.1	63.62	46.87	4.99	137.04	6.36	4.69	0.50	13.70
11-1	钢管除轻锈（手工）	10m²	0.03	7.89	3.38	—	17.00	0.24	0.10	—	0.51
11-51 +11-52	刷红丹防锈漆两遍	10m²	0.03	12.54	2.03		27.01	0.38	0.06	—	0.81
11-56 +11-57	刷银粉漆两遍	10m²	0.02	12.77	9.18		27.51	0.26	0.18	—	0.55
8-173	镀锌铁皮套管	个	0.16	2.09	2.25	—	4.50	0.33	0.36	—	0.72
11-1834	细玻璃棉壳安装	m³	0.03	55.03	18.99	6.75	118.53	1.65	0.57	0.20	3.56
11-2153	玻璃布保护层安装	10m²	0.008	10.91	0.2	—	23.50	0.09	0.002	—	0.19
	高层建设增加费	元	0.027	10.21	—	—	21.99	0.28	—	—	0.59
人工单价		小　计						9.59	5.96	0.70	20.63
23.22 元/工日		未计价材料费						3.91			
清单项目综合单价								40.79			

	主要材料名称、规格、型号	单位	数量	单价（元）	合价（元）	暂估单价（元）	暂估合价（元）
材料费明细	焊接钢管 DN70	m	0.10	26.33	2.69		
	醇酸防锈漆	kg	0.08	6.8	0.52		
	酚醛清漆各色	kg	0.02	7.8	0.13		
	细玻璃棉壳	m³	0.03	1.92	0.06		
	玻璃丝布	m²	0.11	4.72	0.51		
	其他材料费			—		—	
	材料费小计			—	3.91	—	

注：1. "数量"栏为"投标方（定额）工程量÷招标方（清单）工程量÷定额单位数量"，如"定额编号为8-104中37.45÷37.45÷10＝0.1"；

　　2. 管理费费率为155.4％，利润率为60％，人工费为取费基数。

措施项目清单与计价表

表 3-312

工程名称：室内采暖工程　　　　　标段：　　　　　第　页　共　页

序号	项目名称	计算基础	费率（%）	金额（元）
1	安全文明施工费	人工费	30	2210
2	夜间施工费	人工费	1.5	106
3	二次搬运费	人工费	1	70
4	冬雨季施工	人工费	0.6	42
5	地上、地下设施、建筑物的临时保护设施	人工费	29.93	21.05
6	流动施工津贴	人工费	13.82	972
7	采暖工程系统调整费			704
8	脚手架搭拆费			413
合计				6622

规费、税金项目清单与计价表

表 3-313

工程名称：室内采暖工程　　　　　标段：　　　　　第　页　共　页

序号	项目名称	计算基础	费率（%）	金额（元）
1	规费			1167
1.1	工程排污费	按工程所在地环保部门规定按实计算		
1.2	上级管理费	人工费	0.75	53
1.3	劳动保险费	人工费	14.78	1040
1.4	工程定额测定费	税前工程造价	0.14	74
2	税金	分部分项工程费＋措施项目费＋其他项目费＋规费	3.41	1674
合计				4008

单位工程投标报价汇总表

表 3-314

工程名称：室内采暖工程　　　　　标段：　　　　　第　页　共　页

序号	汇总内容	金额（元）	其中：暂估价（元）
1	分部分项工程	41227	
1.1	C.8 给排水、采暖、燃气工程	41307	
2	措施项目	6622	
2.1	安全文明施工费	2210	
3	规费	1167	
4	税金	1674	
投标报价合计＝1＋2＋3＋4		50690	

三、《建设工程工程量清单计价规范》GB 50500—2013 和《通用安装工程工程量计算规范》GB 50856—2013 计算方法（表 3-315～表 3-333）

定额工程量和 08 规范计算工程量一样。

分部分项工程和单价措施项目清单与计价表　　　　　表 3-315

工程名称：室内采暖工程　　　　　标段：　　　　　第　页　　共　页

序号	项目编码	项目名称	项目特征描述	计量单位	工程量	金额（元）		
						综合单价	合价	其中 暂估价
1	031005001001	铸铁散热器	长翼形，大小 60，刷一遍防锈漆，两遍银粉漆	片	408	43.44	17723.52	
2	031002001001	管道支架制作安装	人工除轻锈，两遍红丹防锈漆，两遍银粉漆	kg	30	17.30	519.00	
3	031003001001	自动排气阀	DN20	个	2	60.09	120.18	
4	031003001002	螺纹阀门	DN20	个	20	32.74	654.80	
5	031003001003	螺纹阀门	DN25	个	12	40.13	481.56	
6	031003001004	螺纹阀门	DN32	个	2	49.24	98.48	
7	031003001005	螺纹阀门	DN50	个	4	91.44	365.76	
8	031003001006	螺纹阀门	DN70	个	2	237.97	475.94	
9	031001002001	钢管	DN15，室内安装，螺纹连接，手工除轻锈，刷红丹防锈漆及银粉各两遍	m	30	24.14	724.20	
10	031001002002	钢管	DN20，室内安装，螺纹连接，钢套管，刷红丹防锈漆及银粉各两遍	m	365.9	26.09	9546.33	
11	031001002003	钢管	DN25，室内安装，螺纹连接，手工除轻锈，铁皮套管，刷红丹防锈漆及银粉各两遍	m	102	34.14	3482.28	
12	031001002004	钢管	DN32，室内安装，螺纹连接，铁皮套管，手工除轻锈，刷红丹防锈漆及银粉各两遍，埋地部分管道刷两遍红丹防锈漆，细玻璃棉壳保温，外缠玻璃布保护层	m	18.44	45.47	838.47	
13	031001002005	钢管	DN40，室内安装，螺纹连接，铁皮套管，手工除轻锈，刷红丹防锈漆及银粉各两遍，埋地部分管道刷两遍红丹防锈漆，细玻璃棉壳保温，外缠玻璃布保护层	m	29.1	51.19	1489.63	
14	031001002006	钢管	DN50，室内安装，螺纹连接，铁皮套管，手工除轻锈，刷红丹防锈漆及银粉各两遍，埋地部分管道刷两遍红丹防锈漆，细玻璃棉壳保温，外缠玻璃布保护层	m	56.4	56.37	3179.27	

续表

序号	项目编码	项目名称	项目特征描述	计量单位	工程量	综合单价	合价	其中 暂估价
15	031001002007	钢管	DN70，室内安装，螺纹连接，铁皮套管，手工除锈，刷红丹防锈漆及银粉各两遍，埋地部分管道刷两遍红丹防锈漆，细玻璃棉壳保温，外缠玻璃布保护层	m	37.45	40.79	1527.59	
16	031009001001	采暖工程系统调整	采暖工程系统	系统	1	略	略	
			本页小计				41227.01	
			合　计				41227.01	

注：根据建设部、财政部发布的《建筑安装工程费用组成》（建标〔2003〕206 号）的规定，为计取规费等的使用。可在表中增设其中："直接费"、"人工费"或"人工费＋机械费"。

工程量清单综合单价分析表　　　　表 3-316

工程名称：室内采暖工程　　　　标段：　　　　第　页　共　页

项目编码	031005001001	项目名称	铸铁散热器	计量单位	片	工程量	408

清单综合单价组成明细

定额编号	定额名称	定额单位	数量	单价（元）				合价（元）			
				人工费	材料费	机械费	管理费和利润	人工费	材料费	机械费	管理费和利润
8-488	铸铁散热器组成安装	10 片	0.10	45.28	53.52	—	97.53	4.53	5.35	—	9.75
11-198	铸铁管暖气片刷油	10m²	0.12	7.66	1.19	—	16.50	0.92	0.14	—	1.98
11-200	刷银粉漆第一遍	10m²	0.12	7.89	5.34	—	17.00	0.95	0.64	—	2.04
11-201	刷银粉漆第二遍	10m²	0.12	7.66	4.71	—	16.50	0.92	0.57	—	1.98
	高层建筑增加费	元	0.002	88.27	—	—	190.13	0.18	—	—	0.38
人工单价		小　计						7.50	6.70		16.13
23.22 元/工日		未计价材料费					13.11				
清单项目综合单价							43.44				

材料费明细	主要材料名称、规格、型号	单位	数量	单价（元）	合价（元）	暂估单价（元）	暂估合价（元）
	长翼型铸铁散热器	片	1.01	11.2	11.31		
	酚醛防锈漆各色	kg	0.12	8.4	1.02		
	酚醛清漆各色	kg	0.05	7.8	0.41		
	酚醛清漆各色	kg	0.05	7.8	0.37		
	其他材料费						
	材料费小计			—	13.11	—	

注：1．"数量"栏为"投标方（定额）工程量÷招标方（清单）工程量÷定额单位数量"，如"定额编号为 8-488 中 408÷408÷10＝0.1"；

　　2．管理费费率为 155.4%，利润率为 60%，人工费为取费基数。

工程量清单综合单价分析表

表 3-317

工程名称：室内采暖工程　　　　标段：　　　　　　第　　页　　共　　页

项目编码	031002001001	项目名称	管道支架制作安装	计量单位	kg	工程量	30

清单综合单价组成明细

定额编号	定额名称	定额单位	数量	单价（元）				合价（元）			
				人工费	材料费	机械费	管理费和利润	人工费	材料费	机械费	管理费和利润
8-178	管道支架制作安装	100kg	0.01	235.45	194.98	224.26	507.16	2.35	1.95	2.24	5.07
11-7	金属结构除轻锈	100kg	0.01	7.89	2.50	6.96	17.00	0.08	0.03	0.07	0.17
11-117	刷红丹防锈漆第一遍	100kg	0.01	5.34	0.87	6.96	11.50	0.05	0.009	0.07	0.12
11-118	刷红丹防锈漆第二遍	100kg	0.01	5.11	0.75	6.96	11.01	0.05	0.008	0.07	0.11
11-122	刷银粉漆第一遍	100kg	0.01	5.11	3.93	6.96	11.01	0.05	0.04	0.07	0.11
11-123	刷银粉漆第二遍	100kg	0.01	5.11	3.18	6.96	11.01	0.05	0.03	0.07	0.11
	高层建筑增加费	元	0.03	2.37	—	—	5.10	0.07	—		0.15
人工单价		小　计						2.70	2.07	2.59	5.84
23.22 元/工日		未计价材料费						4.10			
	清单项目综合单价							17.30			

	主要材料名称、规格、型号	单位	数量	单价（元）	合价（元）	暂估单价（元）	暂估合价（元）
材料费明细	型钢	kg	1.06	3.7	3.92		
	醇酸防锈漆	kg	0.02	6.8	0.14		
	酚醛清漆各色	kg	0.005	7.8	0.04		
	其他材料费			—		—	
	材料费小计			—	4.10	—	

注：1. "数量"栏为"投标方（定额）工程量÷招标方（清单）工程量÷定额单位数量"，如"定额编号为8-178中30÷30÷100＝0.01"；

2. 管理费费率为155.4%，利润率为60%，人工费为取费基数。

工程量清单综合单价分析表 表 3-318

工程名称：室内采暖工程　　　　标段：　　　　　第　页　共　页

项目编码	031003001001	项目名称	自动排气阀	计量单位	个	工程量	2

清单综合单价组成明细

定额编号	定额名称	定额单位	数量	单价（元）				合价（元）			
				人工费	材料费	机械费	管理费和利润	人工费	材料费	机械费	管理费和利润
8-300	自动排气阀	个	1	5.11	6.47	—	11.01	5.11	6.47	—	11.01
	高层建筑增加费	元	0.5	0.31	—	—	0.67	0.16	—	—	0.34
人工单价		小　计						5.27	6.47	—	11.35
23.22 元/工日		未计价材料费						37			
		清单项目综合单价						60.09			

材料费明细	主要材料名称、规格、型号		单位	数量	单价（元）	合价（元）	暂估单价（元）	暂估合价（元）
	自动排气阀 DN20		个	1	37	37		
	其他材料费				—	—		
	材料费小计				—	37		

注：1. "数量"栏为"投标方（定额）工程量÷招标方（清单）工程量÷定额单位数量"，如"定额编号为 8-300 中 2÷2÷1＝1"；

　　2. 管理费费率为 155.4％，利润率为 60％，人工费为取费基数。

工程量清单综合单价分析表 表 3-319

工程名称：室内采暖工程　　　　标段：　　　　　第　页　共　页

项目编码	031003001002	项目名称	螺纹阀门	计量单位	个	工程量	20

清单综合单价组成明细

定额编号	定额名称	定额单位	数量	单价				合价			
				人工费	材料费	机械费	管理费和利润	人工费	材料费	机械费	管理费和利润
8-242	螺纹阀门 DN30	个	1	2.32	2.68	—	5.00	2.32	2.68	—	5.00
	高层建筑增加费	元	0.05	1.39	—	—	2.99	0.07	—	—	0.15
人工单价		小　计						2.39	2.68	—	5.15
23.22 元/工日		未计价材料费						22.52			
		清单项目综合单价						32.74			

材料费明细	主要材料名称、规格、型号		单位	数量	单价（元）	合价（元）	暂估单价（元）	暂估合价（元）
	螺纹阀门 DN20		个	1.01	22.3	22.52		
	其他材料费				—			
	材料费小计				—	22.52		

注：1. "数量"栏为"投标方（定额）工程量÷招标方（清单）工程量÷定额单位数量"，如"定额编号为 8-242 中 20÷20÷1＝1"；

　　2. 管理费费率为 155.4％，利润率为 60％，人工费为取费基数。

工程量清单综合单价分析表　　　　　　　　　　表 3-320

工程名称：室内采暖工程　　　　　标段：　　　　　　第　　页　共　　页

| 项目编码 | 031003001003 | 项目名称 | 螺纹阀门 | 计量单位 | 个 | 工程量 | 12 |

清单综合单价组成明细

定额编号	定额名称	定额单位	数量	单价（元）				合价（元）			
				人工费	材料费	机械费	管理费和利润	人工费	材料费	机械费	管理费和利润
8-243	螺纹阀门 DN25	个	1	2.79	3.45	—	6.01	2.79	3.45	—	6.01
	高层建筑增加费	元	0.07	1.17	—	—	2.52	0.08	—	—	0.18
人工单价			小　计					2.87	3.45	—	6.19
23.22 元/工日			未计价材料费					27.62			
			清单项目综合单价					40.13			

材料费明细	主要材料名称、规格、型号	单位	数量	单价（元）	合价（元）	暂估单价（元）	暂估合价（元）
	螺纹阀门 DN25	个	1.01	27.35	27.62		
	其他材料费			—		—	
	材料费小计			—	27.62	—	

注：1. "数量"栏为"投标方（定额）工程量÷招标方（清单）工程量÷定额单位数量"，如"定额编号为 8-243 中 14÷14÷1=1"；

　　2. 管理费费率为 155.4%，利润率为 60%，人工费为取费基数。

工程量清单综合单价分析表　　　　　　　　　　表 3-321

工程名称：室内采暖工程　　　　　标段：　　　　　　第　　页　共　　页

| 项目编码 | 031003001004 | 项目名称 | 螺纹阀门 | 计量单位 | 个 | 工程量 | 2 |

清单综合单价组成明细

定额编号	定额名称	定额单位	数量	单价（元）				合价（元）			
				人工费	材料费	机械费	管理费和利润	人工费	材料费	机械费	管理费和利润
8-244	螺纹阀门 DN32	个	1	3.48	5.09	—	7.50	3.48	5.09	—	7.50
	高层建筑增加费	元	0.5	0.21	—	—	0.45	0.11	—	—	0.23
人工单价			小　计					3.59	5.09	—	7.73
23.22 元/工日			未计价材料费					32.83			
			清单项目综合单价					49.24			

材料费明细	主要材料名称、规格、型号	单位	数量	单价（元）	合价（元）	暂估单价（元）	暂估合价（元）
	螺纹阀门 DN32	个	1.01	32.5	32.83		
	其他材料费			—		—	
	材料费小计			—	32.83	—	

注：1. "数量"栏为"投标方（定额）工程量÷招标方（清单）工程量÷定额单位数量"，如"定额编号为 8-244 中 2÷2÷1=1"；

　　2. 管理费费率为 155.4%，利润率为 60%，人工费为取费基数。

工程量清单综合单价分析表

表 3-322

工程名称：室内采暖工程　　　　　　标段：　　　　　　　第　页　共　页

项目编码	031003001005	项目名称	螺纹阀门	计量单位	个	工程量	4

清单综合单价组成明细

定额编号	定额名称	定额单位	数量	单价（元）				合价（元）			
				人工费	材料费	机械费	管理费和利润	人工费	材料费	机械费	管理费和利润
8-246	螺纹阀门 DN50	个	1	5.80	9.26	—	12.49	5.80	9.26	—	12.49
	高层建筑增加费	元	0.25	0.70	—	—	1.51	0.18	—	—	0.38
人工单价			小　计					5.98	9.26	—	12.87
23.22 元/工日			未计价材料费					63.33			
清单项目综合单价								91.44			

材料费明细	主要材料名称、规格、型号			单位	数量	单价（元）	合价（元）	暂估单价（元）	暂估合价（元）
	螺纹阀门 DN50			个	1.01	62.7	63.33		
	其他材料费					—			
	材料费小计					—	63.33		

注：1. "数量"栏为"投标方（定额）工程量÷招标方（清单）工程量÷定额单位数量"，如"定额编号为 8-246 中 4÷4÷1=1"；

　　2. 管理费费率为 155.4%，利润率为 60%，人工费为取费基数。

工程量清单综合单价分析表

表 3-323

工程名称：室内采暖工程　　　　　　标段：　　　　　　　第　页　共　页

项目编码	031003001006	项目名称	螺纹阀门	计量单位	个	工程量	2

清单综合单价组成明细

定额编号	定额名称	定额单位	数量	单价（元）				合价（元）			
				人工费	材料费	机械费	管理费和利润	人工费	材料费	机械费	管理费和利润
8-247	螺纹阀门 DN70	个	1	8.59	18.20	—	18.50	8.59	18.20	—	18.50
	高层建筑增加费	元	0.5	0.52	—	—	1.12	0.52	—	—	0.56
人工单价			小　计					9.11	18.20	—	19.06
23.22 元/工日			未计价材料费					191.60			
清单项目综合单价								237.97			

材料费明细	主要材料名称、规格、型号			单位	数量	单价（元）	合价（元）	暂估单价（元）	暂估合价（元）
	螺纹阀门 DN70			个	1.01	189.7	191.60		
	其他材料费					—			
	材料费小计					—	191.60		

注：1. "数量"栏为"投标方（定额）工程量÷招标方（清单）工程量÷定额单位数量"，如"定额编号为 8-247 中 2÷2÷1=1"；

　　2. 管理费费率为 155.4%，利润率为 60%，人工费为取费基数。

工程量清单综合单价分析表

表 3-324

工程名称：室内采暖工程　　　　　　标段：　　　　　　　　第　　页　　共　　页

项目编码	031001002001	项目名称	钢管	计量单位	m	工程量	30.00

清单综合单价组成明细

定额编号	定额名称	定额单位	数量	单价（元）				合价（元）			
				人工费	材料费	机械费	管理费和利润	人工费	材料费	机械费	管理费和利润
8-98	焊接钢管 DN15	10m	0.1	42.49	12.41	—	91.52	4.25	1.24	—	9.15
11-1	钢管除轻锈（手工）	10m²	0.01	7.89	3.38	—	17.00	0.08	0.03	—	0.17
11-51	刷红丹防锈漆第一遍	10m²	0.01	6.27	1.07	—	13.51	0.06	0.01	—	0.14
11-52	刷红丹防锈漆第二遍	10m²	0.01	6.27	0.96	—	13.51	0.06	0.01	—	0.14
11-56	刷银粉漆第一遍	10m²	0.01	6.50	4.81	—	14.00	0.07	0.05	—	0.14
11-57	刷银粉漆第二遍	10m²	0.01	6.27	4.27	—	13.51	0.07	0.04	—	0.14
	高层建设增加费	元	0.03	4.02	—		8.66	0.12	—		0.26
人工单价			小　计					4.71	1.38	—	10.14
23.22 元/工日			未计价材料费					7.91			
清单项目综合单价								24.14			

	主要材料名称、规格、型号	单位	数量	单价（元）	合价（元）	暂估单价（元）	暂估合价（元）
材料费明细	焊接钢管 DN15	m	1.02	7.6	7.75		
	醇酸防锈漆	kg	0.02	6.8	0.12		
	酚醛清漆各色	kg	0.005	7.8	0.04		
	其他材料费			—		—	
	材料费小计			—	7.91	—	

注：1. "数量"栏为"投标方（定额）工程量÷招标方（清单）工程量÷定额单位数量"，如"定额编号为8-98中 30÷30÷10＝0.1"；

2. 管理费费率为155.4%，利润率为60%，人工费为取费基数。

工程量清单综合单价分析表

表 3-325

工程名称：室内采暖工程　　　　　标段：　　　　　　第　页　共　页

项目编码	031001002002	项目名称	钢管	计量单位	m	工程量	365.90

清单综合单价组成明细

定额编号	定额名称	定额单位	数量	单价				合价			
				人工费	材料费	机械费	管理费和利润	人工费	材料费	机械费	管理费和利润
8-99	焊接钢管 DN20	10m	0.1	42.49	20.62	—	91.52	4.25	2.06	—	9.15
11-1	钢管除轻锈（手工）	10m²	0.008	7.89	3.38	—	17.00	0.06	0.03	—	0.14
11-51 ＋11-52	刷红丹防锈漆两遍	10m²	0.008	12.54	2.03	—	27.01	0.10	0.02	—	0.22
11-56 ＋11-57	刷银粉漆	10m²	0.008	12.77	9.18	—	27.51	0.10	0.07	—	0.22
8-23	钢套管 DN32	10m	0.003	16.49	3.32	1.99	35.52	0.05	0.01	0.006	0.11
	高层建设增加费	元	0.03	53.57	—	—	115.39	0.15	—	—	0.35
人工单价			小　　计					4.71	2.19	0.006	10.19
23.22 元/工日			未计价材料费					8.99			
清单项目综合单价								26.09			

	主要材料名称、规格、型号			单位	数量	单价（元）	合价（元）	暂估单价（元）	暂估合价（元）
材料费明细	焊接钢管 DN20			m	1.02	8.3	8.47		
	醇酸防锈漆			kg	0.02	6.8	0.15		
	酚醛清漆各色			kg	0.005	7.8	0.04		
	焊接钢管 DN32			m	0.026	12.7	0.33		
	其他材料费					—		—	
	材料费小计					—	8.99	—	

注：1. "数量"栏为"投标方（定额）工程量÷招标方（清单）工程量÷定额单位数量"，如"定额编号为8-99

中 365.9÷365.9÷10＝0.1"；

2. 管理费费率为155.4%，利润率为60%，人工费为取费基数。

工程量清单综合单价分析表

表 3-326

工程名称：室内采暖工程　　　　标段：　　　　　　第　　页　共　　页

项目编码	031001002003	项目名称	钢管	计量单位	m	工程量	102.00

清单综合单价组成明细

定额编号	定额名称	定额单位	数量	单价（元）				合价（元）			
				人工费	材料费	机械费	管理费和利润	人工费	材料费	机械费	管理费和利润
8-100	焊接钢管 DN25	10m	0.1	51.08	29.26	1.03	110.03	5.1	2.9	0.1	11.00
11-1	钢管除轻锈（手工）	10m²	0.01	7.89	3.38	—	17.00	0.08	0.03		0.17
11-51 +11-52	刷红丹防锈漆两遍	10m²	0.01	12.54	2.03	—	27.01	0.13	0.02		0.27
11-56 +11-57	刷银粉漆两遍	10m²	0.01	12.77	9.18	—	27.51	0.13	0.09	—	0.28
8-169	镀锌铁皮套管 DN25	个	0.69	0.7	1.00	—	1.51	0.48	0.69	—	1.04
	高层建设增加费	元	0.01	18.10	—	—	38.99	0.18	—	—	0.39
人工单价			小　计					6.10	3.73	0.1	13.15
23.22 元/工日			未计价材料费					11.06			
清单项目综合单价								34.14			

材料费明细	主要材料名称、规格、型号	单位	数量	单价（元）	合价（元）	暂估单价（元）	暂估合价（元）
	焊接钢管 DN25	m	1.02	10.62	10.83		
	醇酸防锈漆	kg	0.027	6.8	0.18		
	酚醛清漆各色	kg	0.0068	7.8	0.05		
	其他材料费			—		—	
	材料费小计			—	11.06	—	

注：1. "数量"栏为"投标方（定额）工程量÷招标方（清单）工程量÷定额单位数量"，如"定额编号为 8-100 中 102÷102÷10＝0.1"；

2. 管理费费率为 155.4%，利润率为 60%，人工费为取费基数。

工程量清单综合单价分析表

表 3-327

工程名称：室内采暖工程　　　　　标段：　　　　　　　第 页　共 页

| 项目编码 | 031001002004 | 项目名称 | 钢管 | 计量单位 | m | 工程量 | 18.44 |

清单综合单价组成明细

定额编号	定额名称	定额单位	数量	单价（元）				合价（元）			
				人工费	材料费	机械费	管理费和利润	人工费	材料费	机械费	管理费和利润
8-101	焊接钢管 DN32	10m	0.1	51.08	35.30	1.03	110.03	5.11	3.53	0.10	11.00
11-1	钢管除轻锈（手工）	10m²	0.02	7.89	3.38	—	17.00	0.16	0.07	—	0.34
11-51+11-52	刷红丹防锈漆两遍	10m²	0.02	12.54	2.03		27.01	0.25	0.04		0.54
11-56+11-57	刷银粉漆两遍	10m²	0.02	12.77	9.18		27.51	0.26	0.18		0.55
8-170	镀锌铁皮套管 DN32	个	0.11	1.39	1.50		2.99	0.15	0.17		0.33
11-1826	细玻璃棉壳安装	m³	0.02	108.44	27.84	6.75	233.58	2.17	0.56		4.67
11-2153	玻璃布保护层安装	m³	0.007	10.91	0.20	—	23.50	0.08	0.001		0.16
	高层建设增加费	元	0.05	4.67	—		10.06	0.25			0.50
人工单价			小　计					8.43	4.55	0.10	18.09
23.22 元/工日			未计价材料费					14.30			
清单项目综合单价								45.47			

	主要材料名称、规格、型号			单位	数量	单价（元）	合价（元）	暂估单价（元）	暂估合价（元）
材料费明细	焊接钢管 DN32			m	1.02	12.7	12.95		
	醇酸防锈漆			kg	0.05	6.8	0.37		
	酚醛清漆各色			kg	0.01	7.8	0.09		
	细玻璃棉壳			m³	0.02	19.2	0.42		
	玻璃丝布			m³	0.02	4.72	0.47		
	其他材料费					—		—	
	材料费小计					—	14.30	—	

注：1. "数量" 栏为 "投标方（定额）工程量÷招标方（清单）工程量÷定额单位数量"，如 "定额编号为 8-101 中 18.44÷18.44÷10＝0.1"；

2. 管理费费率为 155.4%，利润率为 60%，人工费为取费基数。

工程量清单综合单价分析表

表 3-328

工程名称：室内采暖工程　　　　标段：　　　　　　第　页　共　页

| 项目编码 | 031001002005 | 项目名称 | 钢管 | 计量单位 | m | 工程量 | 29.10 |

清单综合单价组成明细

定额编号	定额名称	定额单位	数量	单价（元）人工费	单价（元）材料费	单价（元）机械费	单价（元）管理费和利润	合价（元）人工费	合价（元）材料费	合价（元）机械费	合价（元）管理费和利润
8-102	钢筋 DN40	10m	0.1	60.84	31.16	1.39	131.05	6.08	31.2	0.14	13.11
11-1	钢管除轻锈（手工）	10m²	0.02	7.89	3.38	—	17.00	0.16	0.07		0.34
11-51 ＋11-52	刷红丹防锈漆两遍	10m²	0.02	12.54	2.03		27.01	0.25	0.04		0.54
11-56 ＋11-57	刷银粉漆两遍	10m²	0.02	12.77	9.18		27.51	0.26	0.18		0.55
8-171	镀锌铁皮套管 DN40	个	0.07	1.39	1.50		2.99	0.10	0.11		0.21
11-1826	细玻璃棉壳安装	m³	0.02	108.44	27.84	6.75	233.58	2.17	0.56	0.14	4.67
11-2153	玻璃布保护层安装	10m²	0.007	10.91	0.2		23.50	0.08	0.001		0.16
	高层建设增加费	元	0.03	8.29	—		17.86	0.28			0.54
人工单价		小　计						9.38	4.08	0.28	20.12
23.22 元/工日		未计价材料费						17.33			
		清单项目综合单价						51.19			

	主要材料名称、规格、型号	单位	数量	单价（元）	合价（元）	暂估单价（元）	暂估合价（元）
材料费明细	焊接钢管 DN40	m	1.02	15.6	15.91		
	醇酸防锈漆	kg	0.06	6.8	0.38		
	酚醛清漆各色	kg	0.01	7.8	0.09		
	细玻璃棉壳	m³	0.02	19.2	0.48		
	玻璃丝布	m²	0.10	4.72	0.47		
	其他材料费			—		—	
	材料费小计			—	17.33	—	

注：1. "数量"栏为"投标方（定额）工程量÷招标方（清单）工程量÷定额单位数量"，如"定额编号为8-102中 29.1÷29.1÷10＝0.1"；

　　2. 管理费费率为 155.4%，利润率为 60%，人工费为取费基数。

工程量清单综合单价分析表

表 3-329

工程名称：室内采暖工程　　　　　　标段：　　　　　　　　第　页　共　页

项目编码	031001002006		项目名称	钢管		计量单位	m		工程量	56.40

清单综合单价组成明细

定额编号	定额名称	定额单位	数量	单价（元）				合价（元）			
				人工费	材料费	机械费	管理费和利润	人工费	材料费	机械费	管理费和利润
8-103	焊接钢管 DN50	10m	0.1	62.23	36.06	3.26	134.04	6.22	3.61	0.33	13.40
11-1	钢管除轻锈（手工）	10m²	0.02	7.89	3.38	—	17.00	0.16	0.07	—	0.34
11-51 +11-52	刷红丹防锈漆两遍	10m²	0.02	12.54	2.03	—	27.01	0.25	0.04	—	0.54
11-56 +11-57	刷银粉漆两遍	10m²	0.02	12.77	9.18	—	27.51	0.26	0.18	—	0.55
8-172	镀锌铁皮套管 DN50	个	0.14	1.39	1.50	—	2.99	0.19	0.21	—	0.42
11-1826	细玻璃棉壳安装	m³	0.02	108.44	27.84	6.75	233.58	2.17	0.56	0.14	4.67
11-2153	玻璃布保护层安装	10m²	0.005	10.91	0.2	—	23.50	0.05	0.001	—	0.12
	高层建设增加费	元	0.02	15.37	—	—	33.11	0.31	—	—	0.31
人工单价		小　计						9.61	4.67	0.47	20.35
23.22 元/工日		未计价材料费						21.41			
清单项目综合单价								56.37			

	主要材料名称、规格、型号	单位	数量	单价（元）	合价（元）	暂估单价（元）	暂估合价（元）
材料费明细	焊接钢管 DN50	m	1.02	19.84	20.24		
	醇酸防锈漆	kg	0.06	6.8	0.41		
	酚醛清漆各色	kg	0.01	7.8	0.11		
	细玻璃棉壳	m³	0.02	19.2	0.35		
	玻璃丝布	m²	0.06	4.72	0.30		
	其他材料费			—		—	
	材料费小计			—	21.41	—	

注：1."数量"栏为"投标方（定额）工程量÷招标方（清单）工程量÷定额单位数量"，如"定额编号为8-103中 56.4÷56.4÷10＝0.1"；

　2. 管理费费率为155.4%，利润率为60%，人工费为取费基数。

工程量清单综合单价分析表

表 3-330

工程名称：室内采暖工程　　　　　　　　标段：　　　　　　　第　页　　共　页

项目编码	031001002007	项目名称		钢管		计量单位		m	工程量	37.45

清单综合单价组成明细

定额编号	定额名称	定额单位	数量	单价（元）				合价（元）			
				人工费	材料费	机械费	管理费和利润	人工费	材料费	机械费	管理费和利润
8-104	焊接钢管DN70	10m	0.1	63.62	46.87	4.99	137.04	6.36	4.69	0.50	13.70
11-1	钢管除轻锈（手工）	10m²	0.03	7.89	3.38	—	17.00	0.24	0.10	—	0.51
11-51+11-52	刷红丹防锈漆两遍	10m²	0.03	12.54	2.03	—	27.01	0.38	0.06	—	0.81
11-56+11-57	刷银粉漆两遍	10m²	0.02	12.77	9.18	—	27.51	0.26	0.18	—	0.55
8-173	镀锌铁皮套管	个	0.16	2.09	2.25	—	4.50	0.33	0.36	—	0.72
11-1834	细玻璃棉壳安装	m³	0.03	55.03	18.99	6.75	118.53	1.65	0.57	0.20	3.56
11-2153	玻璃布保护层安装	10m²	0.008	10.91	0.2	—	23.50	0.09	0.002	—	0.19
	高层建设增加费	元	0.027	10.21	—	—	21.99	0.28	—	—	0.59
人工单价		小　计						9.59	5.96	0.70	20.63
23.22 元/工日		未计价材料费						3.91			
清单项目综合单价								40.79			

	主要材料名称、规格、型号	单位	数量	单价（元）	合价（元）	暂估单价（元）	暂估合价（元）
材料费明细	焊接钢管DN70	m	0.10	26.33	2.69		
	醇酸防锈漆	kg	0.08	6.8	0.52		
	酚醛清漆各色	kg	0.02	7.8	0.13		
	细玻璃棉壳	m³	0.03	1.92	0.06		
	玻璃丝布	m²	0.11	4.72	0.51		
	其他材料费			—		—	
	材料费小计			—	3.91	—	

注：1. "数量"栏为"投标方（定额）工程量÷招标方（清单）工程量÷定额单位数量"，如"定额编号为8-104中37.45÷37.45÷10＝0.1"；

　　2. 管理费费率为155.4%，利润率为60%，人工费为取费基数。

总价措施项目清单与计价表 表 3-331

工程名称：室内采暖工程　　　　标段：　　　　　　　第　　页　　共　　页

序号	项目编码	项目名称	计算基础	费率（%）	金额（元）	调整费率（%）	调整后金额（元）	备注
1	031302001001	安全文明施工费	人工费	30	2210			
2	031302002001	夜间施工费	人工费	1.5	106			
3	031302004001	二次搬运费	人工费	1	70			
4	031302005001	冬雨季施工	人工费	0.6	42			
5	031302001002	地上、地下设施、建筑物的临时保护设施	人工费	29.93	21.05			
6	031301018001	流动施工津贴	人工费	13.82	972			
7	031301012001	采暖工程系统调整			704			
8	031301017001	脚手架搭拆			413			
		合计					6622	

规费、税金项目清单与计价表 表 3-332

工程名称：室内采暖工程　　　　标段：　　　　　　　第　　页　　共　　页

序号	项目名称	计算基础	计算基数	计算费率（%）	金额（元）
1	规费	定额人工费			1167
1.1	工程排污费	按工程所在地环保部门规定按实计算			
1.2	上级管理费	定额人工费		0.75	53
1.3	劳动保险费	定额人工费		14.78	1040
1.4	工程定额测定费	税前工程造价		0.14	74
2	税金	分部分项工程费＋措施项目费＋其他项目费＋规费-按规定不计税的工程设备金额		3.41	1674
	合计				4008

单位工程投标报价汇总表 表 3-333

工程名称：室内采暖工程　　　　标段：　　　　　　　第　　页　　共　　页

序号	汇总内容	金额/元	其中：暂估价（元）
1	分部分项工程	41227	
1.1	C.8 给排水、采暖、燃气工程	41227	
2	措施项目	6622	
2.1	安全文明施工费	2210	
3	规费	1167	
4	税金	1674	
	投标报价合计＝1+2+3+4	50690	

【例20】 某化工厂浴室给水工程施工图预算编制示例

一、《通用安装工程工程量计算规范》GB 50856—2013 的计算方法

1. 编制说明：

（1）编制依据：

1）图纸：设计图为××化工厂浴室给水施工图和选用的标准图集SI（如图 3-37～图 3-41）。

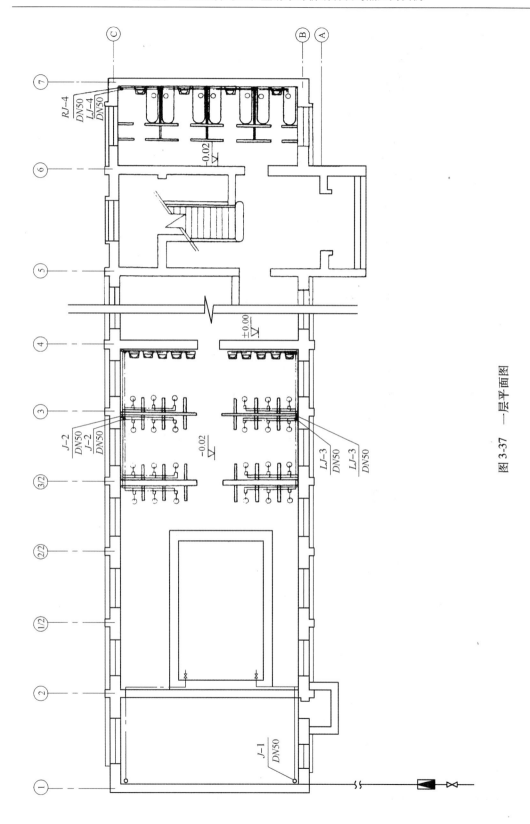

图 3-37　一层平面图

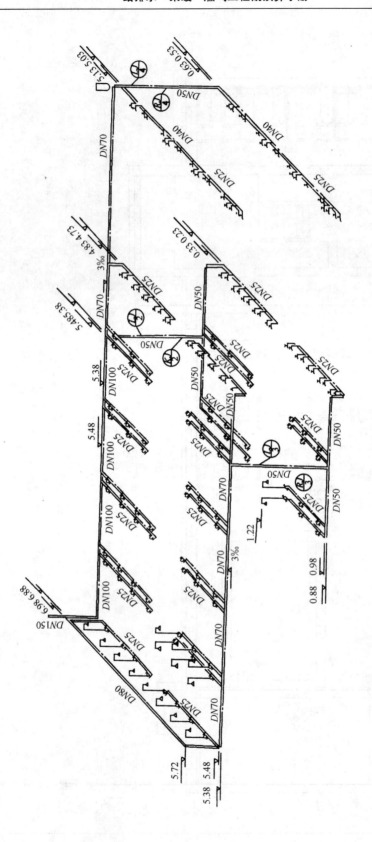

图 3-38 管道系统图

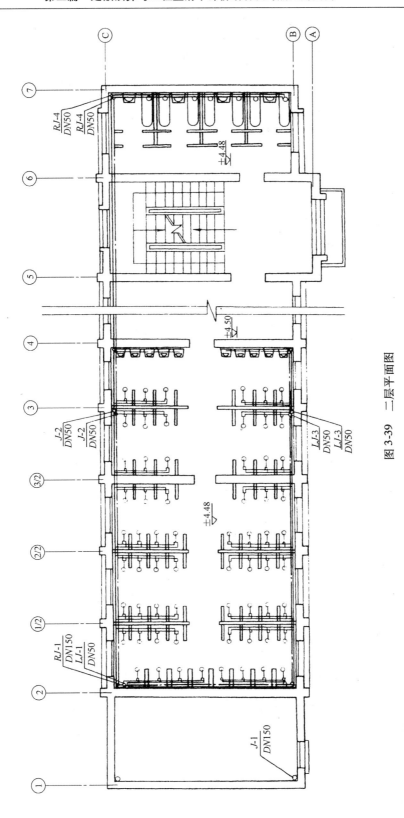

图 3-39 二层平面图

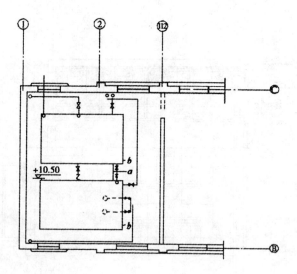

图 3-40　四层水箱间平面图

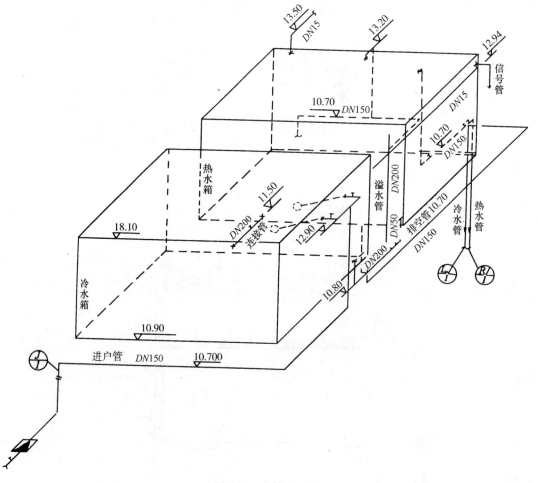

图 3-41　水箱系统图

2）预算定额：采用国家计划委员会 1986 年批准颁发的《全国统一安装工程预算定额》（第八册给排水·采暖·燃气工程）。

3）费用定额：采用××省建委 1997 年颁发的"建设工程其他直接费定额"和"建设工程间接费定额"。

4）建筑材料价格：一类材料的指导价和二类材料的价差系数采用××市发市的第一季度实物法调整的材料指导价和二类材料价差调整系数。

5）取费类别：施工企业的取费类别为三类取费。

（2）有关的工程内容：

1）给水管道 $DN<100$ 采用镀锌钢管；$DN\geqslant100$ 采用焊接钢管。接连方式为丝接和焊接两种方式。

2）本预算未包括蒸汽管、水箱托盘和水箱通气管。

3）未尽事宜，按国家有关标准和规范执行。

2. 工程数量计算单，见表 3-334。

工程数量计算单　　　　　　　　　　　　　　　　　表 3-334

工程名称	某化工厂浴室给水工程		工程总量	
根据图号			预算编号	
顺序号	工程或结构名称及算式		单位	数量
1	镀锌钢管螺纹连接 $DN15$　$5+0.4\times2+0.3+1.5+20$		m	27.6
2	镀锌钢管螺纹连接 $DN25$　$2.8\times8+3.4\times8+2.5\times4\times10+3.4\times8+3\times2$ $+3.5\times2+1.2\times2$		m	192.2
3	镀锌钢管螺纹连接 $DN40$　$4.7\times2+3.8\times2$		m	17.0
4	镀锌钢管螺纹连接 $DN50$　$(4.5+1.7)\times2+(0.65+0.5)\times8+6.8\times4$ $+0.5\times16+4.5\times4$		m	71.2
5	镀锌钢管螺纹连接 $DN70$　$(0.35+24.2)\times2+13.2\times2$		m	75.5
6	镀锌钢管螺纹连接 $DN80$　$(8.5+1.6)\times2+7$		m	27.2
7	钢管焊接 $DN100$　$(1.6+13.2)\times2$		m	29.6
8	钢管焊接 $DN150$　$3.72+6.5+1.1+2.2\times2+6+11.5+98$		m	45.9
9	钢管焊接 $DN200$　$2.2\times2+1+0.5+3$		m	8.9
10	焊接法兰水表安装		组	1
11	法兰阀安装 $DN150$		个	2
12	法兰阀安装 $DN200$		个	2
13	螺纹阀安装 $DN50$		个	2
14	螺纹阀安装 $DN80$		个	1
15	浴盆安装		套	14
16	洗脸盆安装		套	28
17	淋浴器组成、安装		套	84
18	自动排气阀 $DN20$		个	1
19	法兰浮球阀 $DN80$		个	2

续表

工程名称	某化工厂浴室给水工程	工程总量	
根据图号		预算编号	
顺序号	工程或结构名称及算式	单位	数量
20	镀锌铁皮套管制作 $DN50$	个	16
21	镀锌铁皮套管制作 $DN70$	个	12
22	镀锌铁皮套管制作 $DN80$	个	1
23	镀锌铁皮套管制作 $DN100$	个	8
24	镀锌铁皮套管制作 $DN150$	个	9
25	一般管架制作	t	0.0503
26	一般管架安装	t	0.0503
27	钢板水箱制作	kg	359.97
28	钢板水箱安装	个	2
29	管道冲洗、消毒 $DN<50$	m	308.0
30	管道冲洗、消毒 $DN<100$	m	132.3
31	管道冲洗、消毒 $DN<200$	m	54.8
32	法兰止回阀 $DN200$	个	1

3. 工程预算书，见表 3-335。

工 程 预 算 书　　　　　　表 3-335

建设单位：_____

工程名称：浴室给水工程

序号	定额编号	分部分项工程名称	规格及型号	单位	数量	工资		材料		主材		机械	
						单价	金额	单价	金额	单价	金额	单价	金额
1	8-71	镀锌管安装（丝接）	$DN15$	10m	2.76	4.85	13.39	9.70	26.77		53.49		
2	8-73	镀锌管安装（丝接）	$DN25$	10m	19.22	5.50	105.71	10.18	195.66		737.11	0.21	4.04
3	8-75	镀锌管安装（丝接）	$DN40$	10m	1.70	6.53	11.10	9.90	16.83		85.14	0.21	0.36
4	8-76	镀锌管安装（丝接）	$DN50$	10m	7.12	6.53	46.49	13.33	94.91		448.79	0.60	4.27
5	8-77	镀锌管安装（丝接）	$DN70$	10m	7.55	6.53	49.30	15.39	116.19		727.65	0.94	7.10
6	8-78	镀锌管安装（丝接）	$DN80$	10m	2.72	6.65	18.09	17.61	47.90		323.45	0.87	2.37
7	8-98	钢管焊接	$DN100$	10m	2.96	6.35	18。80	4.83	14.30		287.36	8.71	25.78
8	8-100	钢管焊接	$DN150$	10m	4.59	7.70	35.34	6.58	30.20		849.22	8.47	38.88
9	8-101	钢管焊接	$DN200$	10m	0.8g	11.3D	10.06	21.28	18.94		398.44	23.67	21.07
10	8-146	镀锌铁皮套管制作	$DN50$	个	16	0.15	2.40	0.40	6.40				

序号	定额编号	分部分项工程名称	规格及型号	单位	数量	工资		材料		主材		机械	
						单价	金额	单价	金额	单价	金额	单价	金额
11	8-147	镀锌铁皮套管制作	DN70	个	12	0.23	2.80	0.52	6.20				
12	8-148	镀锌铁皮套管制作	DN80	个	1	0.23	0.23	0.58	0.58				
13	8-149	镀锌铁皮套管制作	DN100	个	8	0.23	1.84	0.75	6.00				
14	8-151	镀锌铁皮套管制作	DN150	个	9	0.28	2.52	1.04	9.36				
15	8-15g	骨架制作		t	0.05	73.98	3.72	124.81	6.28		28.17	99.87	5.02
16	8-155	管架安装		t	0.05	101.48	5.10	43.46	2.19			30.64	1.54
17	8-209	管道冲洗消毒	<50	100m	3.08	1.60	4.93	1.08	3.33				
18	8-210	管道冲洗消毒	<100	100m	1.323	1.60	2.12	1.73	2.29				
19	8-211	管道冲洗消毒	DN<200	100m	0.55	2.00	1.10	4.76	2.61				
20	8-235	螺纹阀安装	DN50	个	2	0.60	1.20	3.57	7.14	30.00			
21	8-237	螺纹阀安装	DN80	个	1	1.45	1.45	6.84	6.84	40.00			
22	8-249	法兰阀安装	DN150	个	2	3.28	6.56	59.78	119.56	268.00		3.50	7.00
23	8-250	法兰阀安装	DN200	个	2	5.53	11.06	94.35	188.70	305.00		7.69	15.35
24	8-286	自动排气阀安装	DN20	个	1	0.53	0.53	2.09	2.09	4.61			
25	8-300	法兰浮球阀安装	DN80	个	2	1.18	2.36	13.77	27.54	319.16		1.40	1.60
26	8-345	焊接法兰水表安装		组	1	11.98	11.98	545.47	545.47	115.36		23.65	23.65
27	8-350	浴盆安装		10组	1.4	22.68	31.75	399.98	559.97	4094.02			
28	8-355	洗脸盆安装		10组	2.8	15.23	42.64	530.71	1485.99	2145.64			
29	8-370	淋浴器组成、安装		10组	8.4	13.15	110.46	253.28	2127.55	532.56			
30	8-472	钢板水箱制作		100kg	3.60	5.25	18.90	7.69	27.68	253.24		12.94	46.58
31	8-488	钢板水箱安装		个	2	13.73	27.46	4.02	8.04			10.00	20.00
		Σ					601.12		5713.51		12046.41		225.84
		工、料、机合计	元	基价	18587.15	工费	601.39	料费	17759.92			机械费	225.84
		脚手架搭拆费	元	8%	48.08		12.03		36.05				
		定额直接费合计	元		18635.23		613.42		17795.97				225.84

　　4. 工程量清单计价方式下，预算表与清单项目之间关系分析对照表见表3-336，分部分项工程量清单计价表，见表3-337，分部分项工程量清单综合单价分析表见表3-338，取费略。

定额预（结）算表（直接费部分）与清单项目之间关系分析对照表　　表 3-336

工程名称：　　　　　　　　　　　　　　　　　　　　　　　　第　页　共　页

序号	项目编码	项目名称	清单主项在定额预（结）算表中的序号	清单综合的工程内容在定额预（结）算表中的序号
1	031001001001	镀锌钢管安装，室内给水工程，螺纹连接，DN15	1	17
2	031001001002	镀锌钢管安装，室内给水工程，螺纹连接，DN25	2	17
3	031001001003	镀锌钢管安装，室内给水工程，螺纹连接，DN40	3	17
4	031001001004	镀锌钢管安装，室内给水工程，螺纹连接，DN50，镀锌铁皮套骨	4	10+18
5	031001001005	镀锌钢管安装，室内给水工程，螺纹连接，DN70，镀锌铁皮套管	5	11+18
6	031001001006	镀锌钢管安装，室内给水工程，螺纹连接，DN80，镀锌铁皮套管	6	12+18
7	031001002001	钢管安装，室内给水工程，焊接，DN100，镀锌铁皮套管	7	13+19
8	031001002002	钢管安装，室内给水工程，焊接，DN150，镀锌铁皮套管	8	14+19
9	031001002003	钢管安装，室内给水工程，焊接，DN200	9	19
10	031002001001	管道支架制作安装	15+16	无
11	031006015001	水箱制作安装	30+31	无
12	031004001001	浴盆安装	27	无
13	031004003001	洗脸盆安装	28	无
14	031004001001	淋浴器组成，安装	29	无
15	031003001001	自动排气阀安装，DN20	24	无
16	031003013001	焊接法兰水表安装	26	无
17	031003001002	螺纹阀门安装，DN50	20	无
18	031003001003	螺纹阀门安装，DN80	21	无
19	031003003001	焊接法兰阀门安装，DN150	22	无
20	031003003002	焊接法兰阀门安装，DN200	23	无
21	031003002001	法兰浮球阀安装，DN80	25	无

分部分项工程量清单计价表　　表 3-337

工程名称：　　　　　　　　　　　　　　　　　　　　　第　页　共　页

序号	项目编码	项 目 名 称	定额单位	工程数量	综合单价	合价
1	031001001001	镀锌钢管安装，室内给水工程，螺纹连接，DN15	m	27.6	4.16	114.93
2	031001001002	镀锌钢管安装，室内给水工程，螺纹连接，DN25	m	192.2	7.74	1487.69
3	031001001003	镀锌钢管安装，室内给水工程，螺纹连接，DN40	m	17	9.51	161.72
4	031001001004	镀锌钢管安装，室内给水工程，螺纹连接，DN50，镀锌铁皮套管	m	71.2	12.14	864.71
5	031001001005	镀锌钢管安装，室内给水，工程、螺纹连接，DN70，镀锌铁皮套管	m	75.5	17.15	1294.71
6	031001001006	镀锌钢管安装，室内给水工程，螺纹连接，DN80，镀锌铁皮套管	m	27.2	20.54	558.8
7	031001002001	钢管安装，室内给水工程，焊接，DN100，镀锌铁皮套管	m	29.6	17.08	505.67
8	031001002002	钢管安装，室内给水工程，焊接，DN150，镀锌铁皮套管	m	45.9	29.96	1375.20
9	031001002003	钢管安装，室内给水工程，焊接，DN200	m	8.9	71.66	637.74
10	031002001001	管道支架制作安装	kg	50.3	1.46	73.41
11	031006015001	水箱制作安装	台	2	285.10	570.19
12	031004001001	浴盆安装	组	14	475.27	6653.74
13	031004003001	洗脸盆安装	组	28	186.33	5217.35
14	031004001001	淋浴器组成，安装	组	84	48.84	3934.81
15	031003001001	自动排气阀安装，DN20	个	1	10.27	10.27
16	031003013001	焊接法兰水表安装	组	1	988.97	988.97
17	031003001002	螺纹阀门安装，DN50	个	2	27.22	54.44
18	031003001003	螺纹阀门安装，DN80	个	1	68.57	68.57
19	031003003001	焊接法兰阀门安装，DN150	个	2	284.79	569.58
20	031003003002	焊接法兰阀门安装，DN200	个	2	369.79	738.18
21	031003002001	法兰浮球阀安装，DN80	个	2	249.83	499.66

分部分项工程量清单综合单价分析表　　表 3-338

工程名称：　　　　　　　　　　　　　　　　　　　　　第　页　共　页

序号	项目编码	项目名称	定额编号	工程内容	单位	数量	人工费	材料费	机械费	管理费	利润	综合单价	合价
1	031001001001	镀锌钢管安装 DN15			m	27.6						4.16	114.93
			8-71	镀锌钢管安装 DN15	10m	2.76	4.85	9.7	0.21	5.02	1.18		20.96 ×2.76
				镀锌钢管 DN15	m	28.15	—	1.4	—	0.48	0.11		1.99 ×28.15

续表

序号	项目编码	项目名称	定额编号	工程内容	单位	数量	其中（元）人工费	材料费	机械费	管理费	利润	综合单价	合价
			8-209	管道冲洗，消毒 DN15	100m	0.28	1.6	1.08	—	0.91	0.21		3.8× 0.28
2	031001001004	镀锌钢管安装 DN50			m	71.2						12.14	907.70
			8-76	镀锌钢管安装 DN50	10m	7.12	6.53	13.33	0.60	6.96	1.64		29.06 ×7.12
				镀锌钢管 DN50	m	72.62		6.18		2.10	0.56		8.84× 72.62
			8-146	镀锌铁皮套管制作	个	16	0.15	0.4		0.19	0.04		0.78 ×16
			8-210	管道冲洗、消毒 DN50	100m	0.71	1.6	1.73	—	1.13	0.27		4.73× 0.71
3	031001001002	钢管安装 DN150			m	45.9						30.77	1268.14
			8-100	焊接钢管安装 DN150	10m	4.59	7.7	6.58	8.47	7.74	1.82		32.31 ×4.59
				焊接钢管 DN150	m	46.82	—	13.54		4.60	1.08		19.22 ×46.82
				压制弯头 φ50	个	8	—	26.91		9.15	2.15		38.21 ×8
			8-151	镀锌铁皮 套管制作	个	9	0.28	1.04	—	0.45	0.11		1.88 ×9
			8-211	管道冲洗消毒	100m	0.46	2	4.76		2.30	0.54		9.6 ×0.46
4	031002001001	管道支架制作 安装			kg	50.3						1.46	73.41
			8-152	管道支架制作	t	0.05	73.98	124.81	99.87	101.54	23.89		424.09 ×0.05
				角钢 60	kg	50.3	—	0.56		0.19	0.04		0.79 ×50.3
			8-155	管道支架安装	t	0.05	101.48	43.46	30.64	59.70	14.05		249.33 ×0.05
5	031006015001	水箱制作安装			台	2						285.10	570.19
			8-472	钢板水箱制作	100 kg	3.60	5.25	7.69	12.94	8.80	2.07		36.75 ×3.60
				钢板	kg	377.97	—	0.67	—	0.23	0.05		0.95× 377.97

续表

序号	项目编码	项目名称	定额编号	工程内容	单位	数量	人工费	材料费	机械费	管理费	利润	综合单价	合价
							其中（元）						
			8-488	钢板水箱安装	个	2	13.73	4.02	10.00	9.44	2.22		39.41 ×2
6	031004001001	浴盆安装			组	14						475.27	6653.74
			8-350	浴盆安装	10个	1.4	22.68	399.98	—	143.70	33.81		600.17 ×1.4
				浴盆	套	14	—	274.42	—	93.31	21.95		389.69 ×14
				浴盆水嘴	组	14	—	18	—	6.12	1.44		25.56 ×14
7	031004003001	洗脸盆安装			组	28						186.33	5217.35
			8-355	洗脸盆安装	10个	2.8	15.23	530.71	—	185.62	43.68		775.24 ×2.8
				洗脸盆	套	28	—	76.63	—	26.05	6.13		108.81 ×28
8	031004001001	淋浴器安装			组	84						16.94	3934.81
			8-370	淋浴器组成安装	10个	8.4	13.15	253.28	—	90.59	21.31		378.33 ×8.4
				莲蓬喷头	个	84	—	6.34	—	2.16	0.51		9.01 ×84
9	031003001001	自动排气阀安装 DN20			个	1						10.27	10.27
			8-286	自动排气阀安装 DN20	个	1	0.53	2.09	—	0.89	0.21		3.72 ×1
				自动排气阀 DN20	个	1	—	4.61	—	1.57	0.37		6.55 ×1
10	031003013001	焊接法兰水表安装			组	1						988.97	988.97
			8-345	焊接法兰水表安装	组	1	11.98	545.47	23.65	197.57	46.49		825.16 ×1
				焊接法兰水表	个	1	—	115.36	—	39.22	9.21		163.81 ×1
11	031003001002	螺纹阀门安装 DN50			个	2						27.22	54.44
			8-235	螺纹阀安装 DN50	个	2	0.60	3.57	—	1.42	0.33		5.93 ×2
				丝扣阀门 DN50	个	2	—	15	—	5.1	1.2		21.3 ×2
12	031003001003	螺纹阀门安装 DN80			个	1						68.57	68.57

续表

序号	项目编码	项目名称	定额编号	工程内容	单位	数量	其中（元）					综合单价	合价
							人工费	材料费	机械费	管理费	利润		
			8-237	螺纹阀安装 DN80	个	1	1.45	6.84	—	2.82	0.66		11.77 ×1
				丝扣阀门 DN80	个	1	—	40	—	13.6	3.2		56.8 ×1
13	031003003001	焊接法兰阀门安装 DN150			个	2						284.79	569.58
			8-249	法兰阀安装 DN150	个	2	3.28	59.78	3.5	22.63	5.32		94.51 ×2
				法兰阀门 DN150	个	2	—	134.00	—	45.56	10.72		190.28 ×2
14	031003003002	焊接法兰阀门安装 DN200			个	2						369.09	738.60
			8-250	法兰阀门安装 DN200	个	2	5.53	94.35	7.69	36.57	8.61		152.75 ×2
				法兰阀门 DN200	个	1	—	187	—	63.58	14.96		265.54 ×1
				止回阀 DN200	个	1	—	118	—	40.12	9.44		167.56 ×1
15	031003002001	法兰浮球阀安装 DN80			个	2						249.83	499.66
			8-300	法兰浮球阀安装 DN80	个	2	1.18	13.77	1.40	5.56	1.31		23.22 ×2
				法兰浮球阀	个	2	—	159.58	—	54.26	12.77		226.61 ×2

注：管理费及利润以定额直接费为取费基数，其中管理费费率为 34%，利润率为 8%，仅供参考。

5. 定额计价方式下的取费计算表，见表 3-339。

取费计算表　　　　　　　　　　　　　　　　　表 3-339

序号	费用名称	费用代号	费率（%）	计算基础	金额（元）
1	定额直接费	B			18635.23
	其中 人工费	B₁			613.42
	材料费	B₂			17795.97
	机械费	B₃			225.84
2	其他直接费	C	33.81	B₁	207.40
3	直接费合计	A		B+C	18842.63
4	施工管理费	E	49	B₁	300.57
5	临时设施费	F	12	B₂	73.61
6	施工利润	G	43	B₁	263.77
7	劳动保险基金	H	12.54	B₁	76.92
8	价差调整	J		1+J₁＋J₂＋K	8805.36
	人工费调整	I	80	B₁	490.74

续表

序号	费用名称	费用代号	费率（%）	计算基础	金额（元）
	一类材差	J_1		（见附表）	8047.17
	二类材差	J_2	1.92	5713.51	109.70
	机械费调整	K	70	B_3	158.09
9	定额编管费	L	0.2	A+E+F+C+H+J	56.73
10	税金	M	3.41	A+E+F+G+H+J+L	969.11
11	工程造价	N			29388.70

6. 材料价差计算表，见表3-340。

材料价差计算表（主材）　　　　　表3-340

名称及规格	单位	数量	预 算 价		市 场 价		价差
			单价	合价	单价	合价	
镀锌钢管 DN15	m	28.15	1.40	53.49	2.33	65.59	12.10
镀锌钢管 DN25	m	196.04	3.76	737.11	4.10	803.16	66.65
镀锌钢管 DN40	m	17.34	4.91	85.14	6.48	112.36	27.22
镀锌钢管 DN50	m	72.62	6.18	448.79	8.15	591.85	143.06
镀锌钢管 DN70	m	77.00	9.45	727.65	11.01	847.77	120.12
镀锌钢管 DN80	m	27.74	11.66	323.45	13.75	381.43	57.98
焊接钢管 DN100	m	30.19	8.47	255.71	10.21	308.24	52.53
焊接钢管 DN150	m	46.82	13.54	633.94	15.43	722.13	88.49
焊接钢管 DN200	m	9.08	33.67	305.72	41.26	374.64	68.92
压制弯头≤100	个	3	10.55	31.65	26.38	79.14	47.49
压制弯头≤150	个	8	26.91	215.28	67.28	538.24	32.96
压制弯头≤200	个	2	46.36	92.72	115.90	231.80	139.08
法兰水表	个	1	115.36	115.36	148.58	148.58	33.22
法兰阀门 DN150	个	2	134.00	268.00	323.30	646.60	378.60
法兰阀 DN200	个	2	187.00	187.00	470.76	470.76	283.76
止回阀 DN200	个	1	119.00	119.00	304.63	304.63	186.63
丝扣阀门 DN50	个	2	15.00	30.00	41.56	83.12	53.12
丝扣阀门 DN80	个	1	40.00	40.00	143.22	143.22	103.22
浴盆	套	14	274.43	3842.02	463.45	6488.30	2646.28
浴盆水嘴	组	14	19.00	252	26.72	374.08	122.08
洗脸盆	套	28	76.63	2145.64	121.63	3405.64	1260.00
莲蓬喷头	个	84	6.34	532.56	9.59	805.56	273.00
自动排气阀	个	1	4.61	4.61	8.59	8.59	3.98
法兰浮球阀	个	2	159.58	319.16	298.93	596.86	277.70
角钢60	kg	50.30	0.56	25.17	4.25	213.78	185.61
钢板	kg	377.97	0.67	253.24	4.33	1636.61	1383.37
Σ							8047.17

7. 工料分析表，见表3-341。

8. 主要劳、材、机具数量表，见表3-342。

表 3-341

工程名称：某化工厂浴室给水工程　　工料分析表　　工程概(预)算编号

所需劳材机名称及其单位

顺序号	工作细目	工程单位	工程数量	人工 工日		镀锌钢管 m		机油 5~7号 kg		铅油 kg		交流弧焊机 台班		法兰闸阀 个		水箱类钢板 个		浴盆 kg		洗脸盆 个		淋浴器喷头 个			
1	2	3	4	定额 5	合计 6	定额 7	合计 8	定额 9	合计 10	定额 11	合计 12	定额 13	合计 14	定额 15	合计 16	定额 17	合计 1S	定额 19	合计 20	定额 23	合计 24	定额 25	合计 26	定额 27	合计 28
2	镀锌管螺纹连接 DN25	10m	19.22	2.20	42.28	10.20	196.04	0.17	3.27	0.05	0.96														
3	镀锌管螺纹连接 DN40	10m	1.70	2.61	4.44	10.20	17.34	0.16	0.27	0.05	0.96														
4	镀锌管螺纹连接 DN50	10m	7.12	2.61	18.58	10.20	72.62	0.14	1.00	0.07	0.50														
5	镀锌管螺纹连接 DN70	10m	7.55	2.61	19.71	10.20	77.0l	0.13	0.98	0.06	0.45														
6	镀锌骨螺纹连接 DN80	10m	2.72	2.66	7.24	10.20	27.74	0.13	0.35	0.06	0.16														
7	钢管焊接 DN100m	10m	2.96	2.54	7.52	10.20						0.45	1.33												
8	钢管焊接 DN150m	10m	4.59	3.08	14.14	10.20	46.82					0.65	2.98												
9	钢管焊接 DN200	10m	0.89	4.52	4.02	10.20	9.08					1.17	1.04												
10	焊接法兰水表安装	组	1	4.79	4.79	2.25	2.25	1.20	1.20	0.90	0.90	2.03	2.03	3.00	3.00										
11	法兰阀安装 DN150	个	2	2.21	4.42							0.66	2.2	1	2										
12	法兰阀安装 DN200	个	2	1.31	2.62							0.30	0.60	1	2										
13	螺纹阀安装 DN50	个	2	0.24	0.48											1.01	2.02								
14	螺纹阀安装 DN80	个	1	0.56	0.56											1.01	1.01								
15	浴盆安装	10组	1.4	9.07	12.70	3.00	4.20	0.30	0.42	0.65	0.91														
16	洗脸盆安装	10组	2.8	6.09	17.05	10.00	28	0.40	1.12	0.64	1.79									10	14	10.10	28.28		

编制者　　　　复核者　　　　年　月　日

578

续表

工程名称：某化工厂浴室给水工程　　　　　　　　　　　　　　　　　　　　工程概（预）算编号

顺序号	工作细目	工程单位	工程数量	人工（工日）		镀锌钢管（m）		机油5～7号（kg）		铝油（kg）		交流弧焊机（台班）		法兰闸阀（个）		水箱类钢板（个）		浴盆（kg）		洗脸盆（个）		淋浴器喷头（个）	
				定额	合计	定额	合计	定额	合计	定额	合计	定额	合计	定额	合计	定额	合计	定额	合计	定额	合计	定额	合计
17	淋浴器组成、安装	10组	8.4	5.26	44.18	10.00	84	0.10	3.36	0.60	5.04											10	84
18	门动排气阀DN20	个	1	0.21	0.21																		
19	法兰浮球阀DN80	个	2	0.47	0.91							0.12	0.21										
20	镀锌铁皮套管制作DN50	个	16	0.06	0.96																		
21	镀锌铁皮套管制作DN70	个	12	0.09	1.08																		
22	镀锌铁皮套管制作DN80	个	1	0.09	0.09																		
23	镀锌铁皮套管制作DN100	个	8	0.09	0.72																		
24	镀锌铁皮套管制作DN150	个	9	0.11	0.99																		
25	一般管架制作	t	0.050	29.59	1.49							2.82	0.14										
26	一般管架安装	t	0.0503	40.50	2.04							2.63	0.13										
27	钢板水箱制作	100kg	3.5997	2.10	7.56							0.59	2.12					105	377.97				
28	钢板水箱安装	个	2	5.49	10.98																		
29	管道冲洗、消毒DN<50	100m	3.08	0.64	1.97																		
30	管道冲洗、消毒DN50～100	100m	1.32	0.64	0.85																		
31	管道冲洗、消毒DN100～200	100m	0.55	0.80	0.44																		

所需劳材机　名称及其单位

编制者　　　　　　　年　月　日　　　　　　复核者：　　　　　　年　月　日

注：本表只列出部分材料

主要劳材机具数量表 表 3-342

序　号	名　称　及　规　格	单　位	数　量
1	人工	工日	240.40
2	镀锌钢管 DN25	m	196.04
3	镀锌钢管 DN40	m	17.34
4	镀锌钢管 DN50	m	72.62
5	镀锌钢管 DN70	m	77.01
6	镀锌钢管 DN80	m	27.74
7	镀锌钢管 DN15	m	264.75
8	镀锌钢管 DN100	m	32.44
9	镀锌钢管 DN150	m	46.59
10	镀锌钢管 DN200	m	9.03
11	镀锌钢管接头零件 DN15	个	45
12	镀锌钢管接头零件 DN25	个	188
13	镀锌钢管接头零件 DN40	个	12
14	镀锌钢管接头零件 DN50	个	46
15	镀锌钢管接头零件 DN70	个	32
16	镀锌钢管接头零件：DN80	个	11
17	镀锌钢管接头零件：DN100	个	1
18	镀锌钢管接头零件：DN150	个	3
19	镀锌钢管接头零件 DN200	个	1
20	焊接钢管 DN100	m	32.44
21	焊接钢管 DN150	m	46.59
22	焊接钢管 DN200	m	9.03
23	压制弯头	个	13
24	压制弯头 DN108×7	个	2
25	法兰水表	个	1
26	法兰闸阀 Z45T-10	个	5
27	法兰止回阀 H44T-10	个	1
28	钢板平焊法兰 16kg/cm³	个	20
29	螺栓 M16×65-80	套	115
30	螺栓 M20×35-100	套	82
31	螺栓	kg	0.252
32	螺纹阀 DN50	个	2
33	螺纹阀 DN80	个	1
34	普通钢板 σ3.5～4.0	kg	1.13
35	水箱类钢板	kg	377.97

续表

序　号	名　称　及　规　格	单　位	数　量
36	管子托钩	个	26
37	管卡子	个	128
38	浴盆	个	14
39	浴盆水嘴	个	28
40	浴盆排水配件	个	14
41	淋浴器喷头	个	84
42	铜截止阀 DN15	个	226
43	镀锌弯头 DN15	个	308
44	洗脸盆	个	28
45	洗脸盆立式水嘴	个	57
46	洗脸盆下水 DN32	个	28
47	洗脸盆托架	付	28
48	活接头 DN15	个	224
49	活接头 DN50	个	2
50	活接头 DN80	个	1
51	镀锌钢板	m^3	1.20
52	自动排气阀	个	1
53	法兰浮球阀 DN80	个	2
54	熟铁管管箍 DN25	个	2
55	黑玛钢管箍 DN20	个	2
56	三通	个	84
57	交流弧焊机 21kVA	台班	9.81
58	管子切割机＜25～60	台班	1.33
59	管子切割机＜60-150	台班	0.64
60	电动套丝机 TQ3A 型	台班	2.15

二、《通用安装工程工程量计算规范》GB 50856—2013 计算方法(表 3-343～表 3-367)

用《全国统一安装工程预算定额》第八册　给排水、采暖、燃气工程 GYD-208-2000，工程量和 03 规范一样。

分部分项工程量清单与计价表　　　　　　　　　　表 3-343

工程名称：　　　　　　　　标段：　　　　　第　　页　共　　页

序号	项目编码	项目名称	项目特征描述	计量单位	工程量	金额（元）		
						综合单价	合价	其中暂估价
1	031001001001	镀锌钢管安装	室内给水工程，螺纹连接，DN15	m	27.6	17.59	485.48	

续表

序号	项目编码	项目名称	项目特征描述	计量单位	工程量	金额（元）		
						综合单价	合价	其中暂估价
2	031001001002	镀锌钢管安装	室内给水工程，螺纹连接，DN25	m	192.2	21.95	4218.79	
3	031001001003	镀锌钢管安装	室内给水工程，螺纹连接，DN40	m	17	27.20	462.4	
4	031001001004	镀锌钢管安装	室内给水工程，螺纹连接，DN50，镀锌铁皮套管	m	71.2	32.66	2325.39	
5	031001001005	镀锌钢管安装	室内给水，工程、螺纹连接，DN70，镀锌铁皮套管	m	75.5	38.58	2912.79	
6	031001001006	镀锌钢管安装	室内给水工程、螺纹连接，DN80，镀锌铁皮套管	m	27.2	38.38	1043.94	
7	031001002001	钢管安装	室内给水工程，焊接，DN100，镀锌铁皮套管	m	29.6	51.85	1534.76	
8	031001002002	钢管安装	室内给水工程，焊接，DN150，镀锌铁皮套管	m	45.9	70.81	3250.18	
9	031001002003	钢管安装	室内给水工程，焊接，DN200	m	8.9	98.37	875.49	
10	031002001001	管道支架制作安装	制作安装	kg	50.3	12.19	613.16	
11	031006015001	水箱制作安装	水箱制作安装	台	2	1332.09	2664.18	
12	031004001001	浴盆	安装	组	14	465.99	6523.80	
13	031004003001	洗脸盆	安装	组	28	254.19	7117.32	
14	031004001001	淋浴器	组成，安装	套	84	94.37	7927.08	
15	031003001001	自动排气阀	安装，DN20	个	1	27.20	27.20	
16	031003013001	水表	焊接法兰水表安装	组	1	4416.21	4416.21	
17	031003001002	螺纹阀门	安装，DN50	个	2	42.55	85.10	
18	031003001003	螺纹阀门	安装，DN80	个	1	102.72	102.72	
19	031003003001	焊接法兰阀门	安装，DN150	个	2	521.22	1042.44	
20	031003003002	焊接法兰阀门	安装，DN200	个	2	692.24	1384.48	
21	031003002001	法兰浮球阀	安装，DN80	个	2	266.78	533.56	
本页小计							49546.53	
合　计							49546.53	

注：根据建设部、财政部发布的《建筑安装工程费用组成》（建标〔2003〕206号）的规定，为计取规费等的使用。可在表中增设其中："直接费"、"人工费"或"人工费＋机械费"。

工程量清单综合单价分析表　　　　表 3-344

工程名称：某化工厂浴室给水工程　　　　标段：　　　　第　页　共　页

项目编码	031001001001	项目名称	镀锌钢管	计量单位	m

清单综合单价组成明细

定额编号	定额名称	定额单位	数量	单价（元）				合价（元）			
				人工费	材料费	机械费	管理费和利润	人工费	材料费	机械费	管理费和利润
8-87	镀锌钢管 DN15	10m	0.1	42.49	22.96	—	91.52	4.25	2.30	—	9.15
8-230	管道消毒冲洗 DN15	100m	0.01	12.07	8.42	—	26.00	0.12	0.08	—	0.26
人工单价		小　计						4.37	2.38	—	9.41
23.22 元/工日		未计价材料费						1.43			
清单项目综合单价								17.59			

材料费明细	主要材料名称、规格、型号	单位	数量	单价（元）	合价（元）	暂估单价（元）	暂估合价（元）
	镀锌钢管 DN15	m	1.02	1.4	1.43		
	其他材料费			—	—		
	材料费小计			—	1.43		

注：1. "数量"栏为"投标方（定额）工程量÷招标方（清单）工程量÷定额单位数量"，如"定额编号为 8-230 中 27.6÷27.6÷100＝0.01"；

　　2. 管理费费率为 155.4%，利润率为 60%，人工费为取费基数。

工程量清单综合单价分析表　　　　表 3-345

工程名称：某化工厂浴室给水工程　　　　标段：　　　　第　页　共　页

项目编码	031001001002	项目名称	镀锌钢管	计量单位	m

清单综合单价组成明细

定额编号	定额名称	定额单位	数量	单价（元）				合价（元）			
				人工费	材料费	机械费	管理费和利润	人工费	材料费	机械费	管理费和利润
8-89	镀锌钢管 DN25	10m	0.1	51.08	31.40	1.03	110.03	5.11	3.14	0.10	11.00
8-230	管道消毒冲洗 DN25	100m	0.01	12.07	8.42	—	26.00	0.12	0.08	—	0.26
人工单价		小　计						5.23	3.22	0.10	11.26
23.22 元/工日		未计价材料费						2.14			
清单项目综合单价								21.95			

材料费明细	主要材料名称、规格、型号	单位	数量	单价（元）	合价（元）	暂估单价（元）	暂估合价（元）
	镀锌钢管 DN25	m	1.02	2.1	2.14		
	其他材料费			—	—		
	材料费小计			—	2.14		

注：1. "数量"栏为"投标方（定额）工程量÷招标方（清单）工程量÷定额单位数量"，如"定额编号为 8-89 中 192.2÷192.2÷10＝0.1"；

　　2. 管理费费率为 155.4%，利润率为 60%，人工费为取费基数。

工程量清单综合单价分析表

表 3-346

工程名称：某化工厂浴室给水工程　　　　　标段：　　　　　第　页　共　页

项目编码	031001001003		项目名称		镀锌钢管		计量单位		m

清单综合单价组成明细

定额编号	定额名称	定额单位	数量	单价（元）				合价（元）			
				人工费	材料费	机械费	管理费和利润	人工费	材料费	机械费	管理费和利润
8-91	镀锌钢管 DN40	10m	0.1	60.84	31.98	1.03	131.05	6.08	3.20	0.10	13.11
8-230	管道消毒冲洗 DN40	100m	0.01	12.07	8.42	—	26.00	0.12	0.08		0.26
人工单价		小　计						6.20	3.28	0.10	13.37
23.22 元/工日		未计价材料费						4.25			
清单项目综合单价								27.20			

材料费明细	主要材料名称、规格、型号	单位	数量	单价（元）	合价（元）	暂估单价（元）	暂估合价（元）
	镀锌钢管 DN40	m	1.02	4.17	4.25		
	其他材料费						
	材料费小计			—	4.25		

注：1. "数量"栏为"投标方（定额）工程量÷招标方（清单）工程量÷定额单位数量"，如"定额编号为 8-91 中 17.0÷17.0÷10＝0.1"；

　　2. 管理费费率为 155.4%，利润率为 60%，人工费为取费基数。

工程量清单综合单价分析表

表 3-347

工程名称：某化工厂浴室给水工程　　　　　标段：　　　　　第　页　共　页

项目编码	031001001004		项目名称		镀锌钢管		计量单位		m

清单综合单价组成明细

定额编号	定额名称	定额单位	数量	单价（元）				合价（元）			
				人工费	材料费	机械费	管理费和利润	人工费	材料费	机械费	管理费和利润
8-92	镀锌钢管 DN50	10m	0.1	62.23	46.84	2.86	134.04	6.22	4.68	0.3	13.40
8-172	镀锌铁皮套管制作	个	0.22	1.39	1.50	—	2.99	0.31	0.33	—	0.66
8-230	管道消毒冲洗 DN150	100m	0.01	12.07	8.42	—	26.00	0.12	0.08		0.26
人工单价		小　计						6.65	5.09	0.3	14.32
23.22 元/工日		未计价材料费						6.30			
清单项目综合单价								32.66			

材料费明细	主要材料名称、规格、型号	单位	数量	单价（元）	合价（元）	暂估单价（元）	暂估合价（元）
	镀锌钢管 DN50	m	1.02	6.18	6.30		
	其他材料费				—		
	材料费小计			—	6.30		

注：1. "数量"栏为"投标方（定额）工程量÷招标方（清单）工程量÷定额单位数量"，如"定额编号为 8-92 中 71.2÷71.2÷10＝0.1"；

　　2. 管理费费率为 155.4%，利润率为 60%，人工费为取费基数。

工程量清单综合单价分析表　　　　　　　　　　　　　　　　**表 3-348**

工程名称：某化工厂浴室给水工程　　　　　　标段：　　　　第　　页　　共　　页

项目编码	031001001005	项目名称	镀锌钢管	计量单位	m

清单综合单价组成明细

定额编号	定额名称	定额单位	数量	单价（元）				合价（元）			
				人工费	材料费	机械费	管理费和利润	人工费	材料费	机械费	管理费和利润
8-94	镀锌钢管 DN70	10m	0.1	67.34	63.83	4.33	145.05	6.73	6.38	0.43	14.51
8-174	镀锌铁皮套管制作	个	0.16	2.09	2.25	—	4.50	0.33	0.36	—	0.72
8-231	管道消毒冲洗 DN70	100m	0.01	15.79	13.47	—	34.01	0.16	0.13	—	0.34
人工单价		小　计						7.22	6.87	0.43	15.57
23.22 元/工日		未计价材料费						8.49			
清单项目综合单价								38.58			

材料费明细	主要材料名称、规格、型号	单位	数量	单价（元）	合价（元）	暂估单价（元）	暂估合价（元）
	镀锌钢管 DN70	m	1.02	8.32	8.49		
	其他材料费			—		—	
	材料费小计			—	8.49	—	

注：1. "数量"栏为"投标方（定额）工程量÷招标方（清单）工程量÷定额单位数量"，如"定额编号为 8-94 中 75.5÷75.5÷10＝0.1"；

　　2. 管理费费率为 155.4%，利润率为 60%，人工费为取费基数。

工程量清单综合单价分析表　　　　　　　　　　　　　　　　**表 3-349**

工程名称：某化工厂浴室给水工程　　　　　　标段：　　　　第　　页　　共　　页

项目编码	031001001006	项目名称	镀锌钢管	计量单位	m

清单综合单价组成明细

定额编号	定额名称	定额单位	数量	单价（元）				合价（元）			
				人工费	材料费	机械费	管理费和利润	人工费	材料费	机械费	管理费和利润
8-94	镀锌钢管 DN80	10m	0.1	67.34	63.83	4.33	145.05	6.73	6.38	0.43	14.51
8-174	镀锌铁皮套管制作	个	0.04	2.09	2.25	—	4.50	0.08	0.09	—	0.18
8-231	管道消毒冲洗 DN80	100m	0.01	15.79	13.47	—	34.01	0.16	0.13	—	0.34
人工单价		小　计						6.97	6.60	0.43	15.03
23.22 元/工日		未计价材料费						9.35			
清单项目综合单价								38.38			

续表

	主要材料名称、规格、型号	单位	数量	单价（元）	合价（元）	暂估单价（元）	暂估合价（元）
材料费明细	镀锌钢管 DN80	m	1.02	9.17	9.35		
	其他材料费				—		
	材料费小计			—	9.35	—	

注：1. "数量"栏为"投标方（定额）工程量÷招标方（清单）工程量÷定额单位数量"，如"定额编号为8-94
中27.2÷27.2÷10＝0.1"；

2. 管理费费率为155.4%，利润率为60%，人工费为取费基数。

工程量清单综合单价分析表

表3-350

工程名称：某化工厂浴室给水工程　　　　　标段：　　　　第　页　共　页

项目编码	031001002001			项目名称			钢管	计量单位			m

清单综合单价组成明细

定额编号	定额名称	定额单位	数量	单价（元）				合价（元）			
				人工费	材料费	机械费	管理费和利润	人工费	材料费	机械费	管理费和利润
8-114	焊接钢管 DN100	10m	0.10	72.91	53.97	46.65	157.05	7.29	5.40	4.57	15.71
8-175	镀锌铁皮套管制作	个	0.20	2.09	2.25	—	4.50	0.42	0.45		0.90
8-231	管道冲洗消毒	100m	0.01	15.79	13.47		34.01	0.16	0.13		0.34
人工单价		小　计						7.87	5.98	4.57	16.95
23.22元/工日		未计价材料费						16.48			
	清单项目综合单价							51.85			

	主要材料名称、规格、型号	单位	数量	单价（元）	合价（元）	暂估单价（元）	暂估合价（元）
材料费明细	焊接钢管 DN100	m	1.02	11.56	11.79		
	压制管头 φ50	个	0.17	26.91	4.69		
	其他材料费				—		—
	材料费小计			—	16.48		—

注：1. "数量"栏为"投标方（定额）工程量÷招标方（清单）工程量÷定额单位数量"，如"定额编号为8-114
中29.6÷29.6÷10＝0.1"；

2. 管理费费率为155.4%，利润率为60%，人工费为取费基数。

工程量清单综合单价分析表　　　　　　　　表 3-351

工程名称：某化工厂浴室给水工程　　　　　　标段：　　　　第　页　共　页

项目编码	031001002002		项目名称			钢管		计量单位		m

清单综合单价组成明细

定额编号	定额名称	定额单位	数量	单价（元）				合价（元）			
				人工费	材料费	机械费	管理费和利润	人工费	材料费	机械费	管理费和利润
8-116	焊接钢管 DN150	10m	0.1	91.72	155.75	46.43	197.56	9.17	15.58	4.64	19.76
8-117	镀锌铁皮套管制作	个	0.20	2.55	2.75	—	5.49	0.51	0.55	—	1.10
8-232	管道冲洗消毒	100m	0.01	19.74	37.03	—	42.52	0.20	0.37	—	0.43
人工单价		小　计						9.88	16.50	4.64	21.29
23.22 元/工日		未计价材料费						18.50			
清单项目综合单价								70.81			

材料费明细	主要材料名称、规格、型号		单位	数量	单价（元）	合价（元）	暂估单价（元）	暂估合价（元）
	焊接钢管 DN150		m	1.02	13.54	13.81		
	压制弯头 φ50		个	0.17	26.91	4.69		
	其他材料费				—	—		—
	材料费小计				—	18.50		—

注：1. "数量"栏为"投标方（定额）工程量÷招标方（清单）工程量÷定额单位数量"，如"定额编号为 8-116
　　中 45.9÷45.9÷10＝0.1"；

　　2. 管理费费率为 155.4%，利润率为 60%，人工费为取费。

工程量清单综合单价分析表　　　　　　　　表 3-352

工程名称：某化工厂浴室给水工程　　　　　　标段：　　　　第　页　共　页

项目编码	031001002003		项目名称			钢管		计量单位		m

清单综合单价组成明细

定额编号	定额名称	定额单位	数量	单价（元）				合价（元）			
				人工费	材料费	机械费	管理费和利润	人工费	材料费	机械费	管理费和利润
8-117	焊接钢管 DN200	10m	0.1	110.53	344.94	112.92	238.08	11.05	34.49	11.29	23.81
8-232	管道消毒冲洗 DN200	100m	0.01	19.74	37.03	—	42.52	0.20	0.37	—	0.43
人工单价		小　计						11.25	34.86	11.29	24.24
23.22 元/工日		未计价材料费						16.73			
清单项目综合单价								98.37			

材料费明细	主要材料名称、规格、型号		单位	数量	单价（元）	合价（元）	暂估单价（元）	暂估合价（元）
	焊接钢管 DN200		m	1.02	16.40	16.73		
	其他材料费				—	—		—
	材料费小计				—	16.73		—

注：1. "数量"栏为"投标方（定额）工程量÷招标方（清单）工程量÷定额单位数量"，如"定额编号为 8-117
　　中 8.9÷8.9÷10＝0.1"；

　　2. 管理费费率为 155.4%，利润率为 60%，人工费为取费基数。

工程量清单综合单价分析表

表 3-353

工程名称：某化工厂浴室给水工程　　　　标段：　　　　　第　页　共　页

项目编码	031002001001		项目名称		管道支架制作安装		计量单位		kg	

清单综合单价组成明细

定额编号	定额名称	定额单位	数量	单价（元）				合价（元）			
				人工费	材料费	机械费	管理费和利润	人工费	材料费	机械费	管理费和利润
8-118	管道支架制作安装	100kg	0.01	235.45	194.98	224.26	507.16	2.35	1.95	2.24	5.07
人工单价			小　计					2.35	1.95	2.24	5.09
23.22元/工日			未计价材料费					0.56			
清单项目综合单价								12.19			

材料费明细	主要材料名称、规格、型号		单位	数量	单价（元）	合价（元）	暂估单价（元）	暂估合价（元）
	角钢60		kg	1	0.56	0.56		
	其他材料费					—		—
	材料费小计					—	0.56	—

注：1. "数量"栏为"投标方（定额）工程量÷招标方（清单）工程量÷定额单位数量"，如"定额编号为中50.3÷50.3÷10=0.1"；

2. 管理费费率为155.4%，利润率为60%，人工费为取费基数。

工程量清单综合单价分析表

表 3-354

工程名称：某化工厂浴室给水工程　　　　标段：　　　　　第　页　共　页

项目编码	0310006015001		项目名称		水箱制作安装		计量单位		台	

清单综合单价组成明细

定额编号	定额名称	定额单位	数量	单价（元）				合价（元）			
				人工费	材料费	机械费	管理费和利润	人工费	材料费	机械费	管理费和利润
8-538	矩形钢板水箱制作	100kg	1.8	51.32	402.92	23.62	110.54	92.38	725.26	42.52	198.98
8-552	矩形钢板水箱安装	个	1	74.07	2.44	35.79	159.55	74.07	2.44	35.79	159.55
人工单价			小　计					166.45	727.7	78.31	358.53
23.22元/工日			未计价材料费					1.10			
清单项目综合单价								1332.09			

材料费明细	主要材料名称、规格、型号		单位	数量	单价（元）	合价（元）	暂估单价（元）	暂估合价（元）
	钢板		kg	1.05	0.67	1.10		
	其他材料费					—		—
	材料费小计					—	1.10	—

注：1. "数量"栏为"投标方（定额）工程量÷招标方（清单）工程量÷定额单位数量"，如"定额编号为8-538中359.97÷2÷100=1.8"；

2. 管理费费率为155.4%，利润率为60%，人工费为取费基数。

工程量清单综合单价分析表

表 3-355

工程名称：某化工厂浴室给水工程　　　　　　标段：　　　　　第　页　共　页

项目编码	031004001001		项目名称		浴盆安装	计量单位		组

清单综合单价组成明细

定额编号	定额名称	定额单位	数量	单价（元）				合价（元）			
				人工费	材料费	机械费	管理费和利润	人工费	材料费	机械费	管理费和利润
8-376	浴盆安装	10组	0.1	258.90	919.08	—	557.67	25.89	91.91	—	55.77
人工单价		小　计						25.89	91.91	—	55.77
23.22元/工日		未计价材料费						292.42			
清单项目综合单价								465.99			

材料费明细	主要材料名称、规格、型号	单位	数量	单价（元）	合价（元）	暂估单价（元）	暂估合价（元）
	浴盆	套	1	274.42	274.42		
	浴盆水嘴	组	1	18	18		
	其他材料费			—		—	
	材料费小计			—	292.42	—	

注：1. "数量"栏为"投标方（定额）工程量÷招标方（清单）工程量÷定额单位数量"，如"定额编号为 8-376 中 14÷14÷10=0.1"；

　　2. 管理费费率为 155.4%，利润率为 60%，人工费为取费基数。

工程量清单综合单价分析表

表 3-356

工程名称：某化工厂浴室给水工程　　　　　　标段：　　　　　第　页　共　页

项目编码	031004003001		项目名称		洗脸盆	计量单位		组

清单综合单价组成明细

定额编号	定额名称	定额单位	数量	单价（元）				合价（元）			
				人工费	材料费	机械费	管理费和利润	人工费	材料费	机械费	管理费和利润
8-384	洗脸盆安装	10组	0.1	151.16	1298.77	—	325.60	15.12	129.88	—	32.56
人工单价		小　计						15.12	129.88	—	32.56
23.22元/工日		未计价材料费						76.63			
清单项目综合单价								254.19			

材料费明细	主要材料名称、规格、型号	单位	数量	单价（元）	合价（元）	暂估单价（元）	暂估合价（元）
	洗脸盆	套	1	76.63	76.63		
	其他材料费			—		—	
	材料费小计			—	76.63	—	

注：1. "数量"栏为"投标方（定额）工程量÷招标方（清单）工程量÷定额单位数量"，如"定额编号为 8-384 中 28÷28÷10=0.1"；

　　2. 管理费费率为 155.4%，利润率为 60%，人工费为取费基数。

工程量清单综合单价分析表

表 3-357

工程名称：某化工厂浴室给水工程　　　标段：　　　　第　页　共　页

项目编码	031004001001		项目名称	淋浴器	计量单位	套

清单综合单价组成明细

定额编号	定额名称	定额单位	数量	单价（元）				合价（元）			
				人工费	材料费	机械费	管理费和利润	人工费	材料费	机械费	管理费和利润
8-404	淋浴器组成安装	10组	0.1	130.03	470.16	—	280.08	13.00	47.02	—	28.01
人工单价		小　计						13.00	47.02	—	28.01
23.22 元/工日		未计价材料费						6.34			
清单项目综合单价								94.37			

材料费明细	主要材料名称、规格、型号			单位	数量	单价（元）	合价（元）	暂估单价（元）	暂估合价（元）
	莲蓬喷头			个	1	6.34	6.34		
	其他材料费					—	—		
	材料费小计					—	6.34		

注：1. "数量"栏为"投标方（定额）工程量÷招标方（清单）工程量÷定额单位数量"，如"定额编号为 8-404 中 84÷84÷10＝0.1"；

2. 管理费费率为 155.4%，利润率为 60%，人工费为取费基数。

工程量清单综合单价分析表

表 3-358

工程名称：某化工厂浴室给水工程　　　标段：　　　　第　页　共　页

项目编码	031003001001		项目名称	自动排气阀	计量单位	个

清单综合单价组成明细

定额编号	定额名称	定额单位	数量	单价（元）				合价（元）			
				人工费	材料费	机械费	管理费和利润	人工费	材料费	机械费	管理费和利润
8-300	自动排气阀 DN20	个	1	5.11	6.47	—	11.01	5.11	6.47	—	11.01
人工单价		小　计						5.11	6.47	—	11.01
23.22 元/工日		未计价材料费						4.61			
清单项目综合单价								27.20			

材料费明细	主要材料名称、规格、型号			单位	数量	单价（元）	合价（元）	暂估单价（元）	暂估合价（元）
	自动排气阀 DN20			个	1	4.61	4.61		
	其他材料费					—	—		
	材料费小计					—	4.61		

注：1. "数量"栏为"投标方（定额）工程量÷招标方（清单）工程量÷定额单位数量"，如"定额编号为 8-300 中 1÷1÷1＝1"；

2. 管理费费率为 155.4%，利润率为 60%，人工费为取费基数。

工程量清单综合单价分析表　　　　　　　　　表 3-359

工程名称：某化工厂浴室给水工程　　　　　标段：　　　　第　页　共　页

项目编码	031003013001		项目名称		水表		计量单位		组

清单综合单价组成明细

定额编号	定额名称	定额单位	数量	单价（元）				合价（元）			
				人工费	材料费	机械费	管理费和利润	人工费	材料费	机械费	管理费和利润
8-370	焊法兰水表 DN150	8-370	1	153.25	3825.53	107.10	330.10	153.25	3825.53	107.33	330.10
人工单价		小　计						153.25	3825.53	107.33	330.10
23.22 元/工日		未计价材料费						115.36			
清单项目综合单价								4416.21			

材料费明细	主要材料名称、规格、型号			单位	数量	单价（元）	合价（元）	暂估单价（元）	暂估合价（元）
	焊接法兰水表			个	1	115.36	115.36		
	其他材料费					—	—		
	材料费小计					—	115.36	—	

注：1.“数量”栏为“投标方（定额）工程量÷招标方（清单）工程量÷定额单位数量”，如“定额编号为 8-370 中 1÷1÷1=1”；

　　2. 管理费费率为 155.4%，利润率为 60%，人工费为取费基数。

工程量清单综合单价分析表　　　　　　　　　表 3-360

工程名称：某化工厂浴室给水工程　　　　　标段：　　　　第　页　共　页

项目编码	031003001002		项目名称		螺纹阀门		计量单位		个

清单综合单价组成明细

定额编号	定额名称	定额单位	数量	单价（元）				合价（元）			
				人工费	材料费	机械费	管理费和利润	人工费	材料费	机械费	管理费和利润
8-246	螺纹阀安装 DN50	个	1	5.80	9.26	—	12.49	5.80	9.26	—	12.49
人工单价		小　计						5.80	9.26	—	12.49
23.22 元/工日		未计价材料费						15			
清单项目综合单价								42.55			

材料费明细	主要材料名称、规格、型号			单位	数量	单价（元）	合价（元）	暂估单价（元）	暂估合价（元）
	丝扣阀门 DN50			个	1	15	15		
	其他材料费					—	—		
	材料费小计					—	15	—	

注：1.“数量”栏为“投标方（定额）工程量÷招标方（清单）工程量÷定额单位数量”，如“定额编号为 8-246 中 1÷1÷1=1”；

　　2. 管理费费率为 155.4%，利润率为 60%，人工费为取费基数。

工程量清单综合单价分析表

表 3-361

工程名称：某化工厂浴室给水工程　　　　标段：　　　　第　页　共　页

项目编码	031003001003		项目名称		螺纹阀门		计量单位		个

清单综合单价组成明细

定额编号	定额名称	定额单位	数量	单价（元）				合价（元）			
				人工费	材料费	机械费	管理费和利润	人工费	材料费	机械费	管理费和利润
8-248	螺纹阀安装 DN80	个	1	11.61	26.10	—	25.01	11.61	26.10	—	25.01
人工单价			小　计					11.61	26.10	—	25.01
23.22 元/工日			未计价材料费					40			
清单项目综合单价								102.72			

材料费明细	主要材料名称、规格、型号	单位	数量	单价（元）	合价（元）	暂估单价（元）	暂估合价（元）
	丝扣阀门 DN80	个	1	40	40		
	其他材料费				—		
	材料费小计				—	40	—

注：1．"数量"栏为"投标方（定额）工程量÷招标方（清单）工程量÷定额单位数量"，如"定额编号为 8-248 中 1÷1÷1＝1"；
　　2．管理费费率为 155.4％，利润率为 60％，人工费为取费基数。

工程量清单综合单价分析表

表 3-362

工程名称：某化工厂浴室给水工程　　　　标段：　　　　第　页　共　页

项目编码	031003003001		项目名称		焊接法兰阀门		计量单位		个

清单综合单价组成明细

定额编号	定额名称	定额单位	数量	单价（元）				合价（元）			
				人工费	材料费	机械费	管理费和利润	人工费	材料费	机械费	管理费和利润
8-263	焊接法兰阀门安装 DN150	个	1	32.74	269.65	14.31	70.52	32.74	269.65	14.31	70.52
人工单价			小　计					32.74	269.65	14.31	70.52
23.22 元/工日			未计价材料费					134.00			
清单项目综合单价								521.22			

材料费明细	主要材料名称、规格、型号	单位	数量	单价（元）	合价（元）	暂估单价（元）	暂估合价（元）
	法兰阀门 DN150	个	1	134.00	134.00		
	其他材料费				—		
	材料费小计				—	134.00	—

注：1．"数量"栏为"投标方（定额）工程量÷招标方（清单）工程量÷定额单位数量"，如"定额编号为 8-263 中 1÷1÷1＝1"；
　　2．管理费费率为 155.4％，利润率为 60％，人工费为取费基数。

工程量清单综合单价分析表　　　　表3-363

工程名称：某化工厂浴室给水工程　　　　标段：　　　　第　　页　共　　页

项目编码	031003003002		项目名称		焊接法兰阀门		计量单位			个

清单综合单价组成明细

定额编号	定额名称	定额单位	数量	单价（元）				合价（元）			
				人工费	材料费	机械费	管理费和利润	人工费	材料费	机械费	管理费和利润
8-264	焊接法兰阀门安装DN200	个	1	47.60	358.13	31.48	102.53	47.60	358.13	31.48	102.53
人工单价			小　计					47.60	358.13	31.48	102.53
23.22元/工日			未计价材料费					152.5			
清单项目综合单价								692.24			

材料费明细	主要材料名称、规格、型号		单位	数量	单价（元）	合价（元）	暂估单价（元）	暂估合价（元）
	法兰阀门DN200		个	0.5	187	93.5		
	止回阀DN200		个	0.5	118	59		
	其他材料费				—		—	
	材料费小计				—	152.5	—	

注：1. "数量"栏为"投标方（定额）工程量÷招标方（清单）工程量÷定额单位数量"，如"定额编号为8-264中2÷2÷1＝1"；

　　2. 管理费费率为155.4%，利润率为60%，人工费为取费基数。

工程量清单综合单价分析表　　　　表3-364

工程名称：某化工厂浴室给水工程　　　　标段：　　　　第　　页　共　　页

项目编码	031003002001		项目名称		法兰浮球阀		计量单位			个

清单综合单价组成明细

定额编号	定额名称	定额单位	数量	单价（元）				合价（元）			
				人工费	材料费	机械费	管理费和利润	人工费	材料费	机械费	管理费和利润
8-314	法兰浮球阀DN80	个	1	12.07	62.45	6.68	26.00	12.07	62.45	6.68	26.00
人工单价			小　计					12.07	62.45	6.68	26.00
23.22元/工日			未计价材料费					159.58			
清单项目综合单价								266.78			

材料费明细	主要材料名称、规格、型号		单位	数量	单价（元）	合价（元）	暂估单价（元）	暂估合价（元）
	法兰浮球阀DN80		个	1	159.58	159.58		
	其他材料费				—		—	
	材料费小计				—	159.58	—	

注：1. "数量"栏为"投标方（定额）工程量÷招标方（清单）工程量÷定额单位数量"，如"定额编号为8-314中2÷2÷1＝1"；

　　2. 管理费费率为155.4%，利润率为60%，人工费为取费基数。

措施项目清单与计价表   表 3-365

工程名称：某化工厂浴室给水工程   标段：   第　页　共　页

序号	项目名称	计算基础	费率（%）	金额（元）
1	安全文明施工费	人工费	30	5454
	合计			5454

规费、税金项目清单与计价表   表 3-366

工程名称：某化工厂浴室给水工程   标段：   第　页　共　页

序号	项目名称	计算基础	费率（%）	金额（元）
1	规费			2360
1.1	工程排污费	按工程所在地环保部门规定按实计算		
1.2	劳动保险基金	人工费	12.54	2280
1.3	工程定额测定费	税前工程造价	0.14	80
2	税金	分部分项工程费＋措施项目费＋其他项目费＋规费	3.41	1956
	合计			4316

单位工程投标报价汇总表   表 3-367

工程名称：某化工厂浴室给水工程   标段：   第　页　共　页

序号	汇总内容	金额（元）	其中：暂估价（元）
1	分部分项工程	49547	
1.1	C.8 给排水、采暖、燃气工程	49547	
2	措施项目	5454	
2.1	安全文明施工费	5454	
3	规费	2360	
4	税金	1956	
	投标报价合计＝1＋2＋3＋4	59317	

　　三、《建设工程工程量清单计价规范》GB 50500—2013 和《通用安装工程工程量计算规范》GB 50856—2013 计算方法（表 3-368～表 3-392）

　　用《全国统一安装工程预算定额》第八册　给排水、采暖、燃气工程 GYD-208-2000，工程量和 08 规范一样。

分部分项工程和单价措施项目清单与计价表 表 3-368

工程名称： 标段： 第 页 共 页

序号	项目编码	项目名称	项目特征描述	计量单位	工程量	金额（元）		
						综合单价	合价	其中 暂估价
1	031001001001	镀锌钢管安装	室内给水工程，螺纹连接，DN15	m	27.6	17.59	485.48	
2	031001001002	镀锌钢管安装	室内给水工程，螺纹连接，DN25	m	192.2	21.95	4218.79	
3	031001001003	镀锌钢管安装	室内给水工程，螺纹连接，DN40	m	17	27.20	462.4	
4	031001001004	镀锌钢管安装	室内给水工程，螺纹连接，DN50，镀锌铁皮套管	m	71.2	32.66	2325.39	
5	031001001005	镀锌钢管安装	室内给水、工程、螺纹连接，DN70，镀锌铁皮套管	m	75.5	38.58	2912.79	
6	031001001006	镀锌钢管安装	室内给水工程、螺纹连接，DN80，镀锌铁皮套管	m	27.2	38.38	1043.94	
7	031001002001	钢管安装	室内给水工程，焊接，DN100，镀锌铁皮套管	m	29.6	51.85	1534.76	
8	031001002002	钢管安装	室内给水工程，焊接，DN150，镀锌铁皮套管	m	45.9	70.81	3250.18	
9	031001002003	钢管安装	室内给水工程，焊接，DN200	m	8.9	98.37	875.49	
10	031002001001	管道支架制作安装	制作安装	kg	50.3	12.19	613.16	
11	031006015001	水箱制作安装	水箱制作安装	台	2	1332.09	2664.18	
12	031004001001	浴盆	安装	组	14	465.99	6523.80	
13	031004003001	洗脸盆	安装	组	28	254.19	7117.32	
14	031004010001	淋浴器	组成，安装	套	84	94.37	7927.08	
15	031003001001	自动排气阀	安装，DN20	个	1	27.20	27.20	
16	031003013001	水表	焊接法兰水表安装	组	1	4416.21	4416.21	
17	031003001002	螺纹阀门	安装，DN50	个	2	42.55	85.10	
18	031003001003	螺纹阀门	安装，DN80	个	1	102.72	102.72	
19	031003003001	焊接法兰阀门	安装，DN150	个	2	521.22	1042.44	
20	031003003002	焊接法兰阀门	安装，DN200	个	2	692.24	1384.48	
21	031003002001	法兰浮球阀	安装，DN80	个	2	266.78	533.56	
			本页小计				49546.53	
			合　计				49546.53	

注：根据建设部、财政部发布的《建筑安装工程费用组成》（建标〔2003〕206 号）的规定，为计取规费等的使用。可在表中增设其中："直接费"、"人工费"或"人工费＋机械费"。

工程量清单综合单价分析表

表 3-369

工程名称：某化工厂浴室给水工程　　　　　标段：　　　　第　页　共　页

项目编码	031001001001	项目名称	镀锌钢管	计量单位	m	工程量	27.60

清单综合单价组成明细

定额编号	定额名称	定额单位	数量	单价（元）				合价（元）			
				人工费	材料费	机械费	管理费和利润	人工费	材料费	机械费	管理费和利润
8-87	镀锌钢管 DN15	10m	0.1	42.49	22.96	—	91.52	4.25	2.30	—	9.15
8-230	管道消毒冲洗 DN15	100m	0.01	12.07	8.42	—	26.00	0.12	0.08	—	0.26
人工单价			小　计					4.37	2.38	—	9.41
23.22 元/工日			未计价材料费					1.43			
清单项目综合单价								17.59			

材料费明细	主要材料名称、规格、型号	单位	数量	单价（元）	合价（元）	暂估单价（元）	暂估合价（元）
	镀锌钢管 DN15	m	1.02	1.4	1.43		
	其他材料费			—	—	—	
	材料费小计			—	1.43	—	

注：1. "数量"栏为"投标方（定额）工程量÷招标方（清单）工程量÷定额单位数量"，如"定额编号为 8-230 中 27.6÷27.6÷100＝0.01"；

　　2. 管理费费率为 155.4%，利润率为 60%，人工费为取费基数。

工程量清单综合单价分析表

表 3-370

工程名称：某化工厂浴室给水工程　　　　　标段：　　　　第　页　共　页

项目编码	031001001002	项目名称	镀锌钢管	计量单位	m	工程量	192.20

清单综合单价组成明细

定额编号	定额名称	定额单位	数量	单价（元）				合价（元）			
				人工费	材料费	机械费	管理费和利润	人工费	材料费	机械费	管理费和利润
8-89	镀锌钢管 DN25	10m	0.1	51.08	31.40	1.03	110.03	5.11	3.14	0.10	11.00
8-230	管道消毒冲洗 DN25	100m	0.01	12.07	8.42	—	26.00	0.12	0.08	—	0.26
人工单价			小　计					5.23	3.22	0.10	11.26
23.22 元/工日			未计价材料费					2.14			
清单项目综合单价								21.95			

材料费明细	主要材料名称、规格、型号	单位	数量	单价（元）	合价（元）	暂估单价（元）	暂估合价（元）
	镀锌钢管 DN25	m	1.02	2.1	2.14		
	其他材料费			—	—	—	
	材料费小计			—	2.14	—	

注：1. "数量"栏为"投标方（定额）工程量÷招标方（清单）工程量÷定额单位数量"，如"定额编号为 8-89 中 192.2÷192.2÷10＝0.1"；

　　2. 管理费费率为 155.4%，利润率为 60%，人工费为取费基数。

工程量清单综合单价分析表　　　　　　　　表 3-371

工程名称：某化工厂浴室给水工程　　　标段：　　　　第　　页　共　　页

项目编码	031001001003	项目名称	镀锌钢管	计量单位	m	工程量	17.00

清单综合单价组成明细

定额编号	定额名称	定额单位	数量	单价（元）				合价（元）			
				人工费	材料费	机械费	管理费和利润	人工费	材料费	机械费	管理费和利润
8-91	镀锌钢管 DN40	10m	0.1	60.84	31.98	1.03	131.05	6.08	3.20	0.10	13.11
8-230	管道消毒冲洗 DN40	100m	0.01	12.07	8.42	—	26.00	0.12	0.08	—	0.26
人工单价		小　计						6.20	3.28	0.10	13.37
23.22 元/工日		未计价材料费						4.25			
清单项目综合单价								27.20			

材料费明细	主要材料名称、规格、型号	单位	数量	单价（元）	合价（元）	暂估单价（元）	暂估合价（元）
	镀锌钢管 DN40	m	1.02	4.17	4.25		
	其他材料费				—		
	材料费小计			—	4.25	—	

注：1. "数量"栏为"投标方（定额）工程量÷招标方（清单）工程量÷定额单位数量"，如"定额编号为 8-91 中 17.0÷17.0÷10＝0.1"；

　　2. 管理费费率为 155.4%，利润率为 60%，人工费为取费基数。

工程量清单综合单价分析表　　　　　　　　表 3-372

工程名称：某化工厂浴室给水工程　　　标段：　　　　第　　页　共　　页

项目编码	031001001004	项目名称	镀锌钢管	计量单位	m	工程量	71.20

清单综合单价组成明细

定额编号	定额名称	定额单位	数量	单价（元）				合价（元）			
				人工费	材料费	机械费	管理费和利润	人工费	材料费	机械费	管理费和利润
8-92	镀锌钢管 DN50	10m	0.1	62.23	46.84	2.86	134.04	6.22	4.68	0.3	13.40
8-172	镀锌铁皮套管制作	个	0.22	1.39	1.50	—	2.99	0.31	0.33	—	0.66
8-230	管道消毒冲洗 DN150	100m	0.01	12.07	8.42	—	26.00	0.12	0.08	—	0.26
人工单价		小　计						6.65	5.09	0.3	14.32
23.22 元/工日		未计价材料费						6.30			
清单项目综合单价								32.66			

材料费明细	主要材料名称、规格、型号	单位	数量	单价（元）	合价（元）	暂估单价（元）	暂估合价（元）
	镀锌钢管 DN50	m	1.02	6.18	6.30		
	其他材料费				—		
	材料费小计			—	6.30	—	

注：1. "数量"栏为"投标方（定额）工程量÷招标方（清单）工程量÷定额单位数量"，如"定额编号为 8-92 中 71.2÷71.2÷10＝0.1"；

　　2. 管理费费率为 155.4%，利润率为 60%，人工费为取费基数。

工程量清单综合单价分析表 表 3-373

工程名称：某化工厂浴室给水工程　　　　标段：　　　第　页　共　页

| 项目编码 | 031001001005 | 项目名称 | 镀锌钢管 | 计量单位 | m | 工程量 | 75.50 |

清单综合单价组成明细

定额编号	定额名称	定额单位	数量	单价（元）				合价（元）			
				人工费	材料费	机械费	管理费和利润	人工费	材料费	机械费	管理费和利润
8-94	镀锌钢管 DN70	10m	0.1	67.34	63.83	4.33	145.05	6.73	6.38	0.43	14.51
8-174	镀锌铁皮套管制作	个	0.16	2.09	2.25	—	4.50	0.33	0.36	—	0.72
8-231	管道消毒冲洗 DN70	100m	0.01	15.79	13.47	—	34.01	0.16	0.13	—	0.34
人工单价		小　计						7.22	6.87	0.43	15.57
23.22 元/工日		未计价材料费						8.49			
清单项目综合单价								38.58			

材料费明细	主要材料名称、规格、型号		单位	数量	单价（元）	合价（元）	暂估单价（元）	暂估合价（元）
	镀锌钢管 DN70		m	1.02	8.32	8.49		
	其他材料费				—		—	
	材料费小计				—	8.49	—	

注：1."数量"栏为"投标方（定额）工程量÷招标方（清单）工程量÷定额单位数量"，如"定额编号为8-94中 75.5÷75.5÷10＝0.1";

2.管理费费率为155.4%，利润率为60%，人工费为取费基数。

工程量清单综合单价分析表 表 3-374

工程名称：某化工厂浴室给水工程　　　　标段：　　　第　页　共　页

| 项目编码 | 031001001006 | 项目名称 | 镀锌钢管 | 计量单位 | m | 工程量 | 27.20 |

清单综合单价组成明细

定额编号	定额名称	定额单位	数量	单价（元）				合价（元）			
				人工费	材料费	机械费	管理费和利润	人工费	材料费	机械费	管理费和利润
8-94	镀锌钢管 DN80	10m	0.1	67.34	63.83	4.33	145.05	6.73	6.38	0.43	14.51
8-174	镀锌铁皮套管制作	个	0.04	2.09	2.25	—	4.50	0.08	0.09	—	0.18
8-231	管道消毒冲洗 DN80	100m	0.01	15.79	13.47	—	34.01	0.16	0.13	—	0.34
人工单价		小　计						6.97	6.60	0.43	15.03
23.22 元/工日		未计价材料费						9.35			
清单项目综合单价								38.38			

续表

	主要材料名称、规格、型号	单位	数量	单价（元）	合价（元）	暂估单价（元）	暂估合价（元）
材料费明细	镀锌钢管 DN80	m	1.02	9.17	9.35		
	其他材料费			—		—	
	材料费小计				9.35	—	

注：1. "数量"栏为"投标方（定额）工程量÷招标方（清单）工程量÷定额单位数量"，如"定额编号为8-94中27.2÷27.2÷10＝0.1"；

　　2. 管理费费率为155.4%，利润率为60%，人工费为取费基数。

工程量清单综合单价分析表 表3-375

工程名称：某化工厂浴室给水工程　　　　　标段：　　　　第　页　共　页

项目编码	031001002001	项目名称	钢管	计量单位	m	工程量	29.60

清单综合单价组成明细

定额编号	定额名称	定额单位	数量	单价（元）				合价（元）			
				人工费	材料费	机械费	管理费和利润	人工费	材料费	机械费	管理费和利润
8-114	焊接钢管 DN100	10m	0.10	72.91	53.97	46.65	157.05	7.29	5.40	4.57	15.71
8-175	镀锌铁皮套管制作	个	0.20	2.09	2.25	—	4.50	0.42	0.45	—	0.90
8-231	管道冲洗消毒	100m	0.01	15.79	13.47	—	34.01	0.16	0.13	—	0.34
人工单价		小　计						7.87	5.98	4.57	16.95
23.22元/工日		未计价材料费						16.48			
清单项目综合单价								51.85			

	主要材料名称、规格、型号	单位	数量	单价（元）	合价（元）	暂估单价（元）	暂估合价（元）
材料费明细	焊接钢管 DN100	m	1.02	11.56	11.79		
	压制管头 φ50	个	0.17	26.91	4.69		
	其他材料费			—		—	
	材料费小计			—	16.48	—	

注：1. "数量"栏为"投标方（定额）工程量÷招标方（清单）工程量÷定额单位数量"，如"定额编号为8-114中29.6÷29.6÷10＝0.1"；

　　2. 管理费费率为155.4%，利润率为60%，人工费为取费基数。

工程量清单综合单价分析表 表 3-376

工程名称：某化工厂浴室给水工程　　　　标段：　　　　第　页　共　页

项目编码	031001002002	项目名称	钢管	计量单位	m	工程量	45.90

清单综合单价组成明细

定额编号	定额名称	定额单位	数量	单价（元）				合价（元）			
				人工费	材料费	机械费	管理费和利润	人工费	材料费	机械费	管理费和利润
8-116	焊接钢管 DN150	10m	0.1	91.72	155.75	46.43	197.56	9.17	15.58	4.64	19.76
8-117	镀锌铁皮套管制作	个	0.20	2.55	2.75	—	5.49	0.51	0.55	—	1.10
8-232	管道冲洗消毒	100m	0.01	19.74	37.03	—	42.52	0.20	0.37	—	0.43
人工单价			小　计					9.88	16.50	4.64	21.29
23.22 元/工日			未计价材料费					18.50			
清单项目综合单价								70.81			

材料费明细	主要材料名称、规格、型号		单位	数量	单价（元）	合价（元）	暂估单价（元）	暂估合价（元）
	焊接钢管 DN150		m	1.02	13.54	13.81		
	压制弯头 φ50		个	0.17	26.91	4.69		
	其他材料费					—		—
	材料费小计					18.50	—	

注：1. "数量"栏为"投标方（定额）工程量÷招标方（清单）工程量÷定额单位数量"，如"定额编号为 8-116 中 45.9÷45.9÷10＝0.1"；

2. 管理费费率为 155.4%，利润率为 60%，人工费为取费。

工程量清单综合单价分析表 表 3-377

工程名称：某化工厂浴室给水工程　　　　标段：　　　　第　页　共　页

项目编码	031001002003	项目名称	钢管	计量单位	m	工程量	8.90

清单综合单价组成明细

定额编号	定额名称	定额单位	数量	单价（元）				合价（元）			
				人工费	材料费	机械费	管理费和利润	人工费	材料费	机械费	管理费和利润
8-117	焊接钢管 DN200	10m	0.1	110.53	344.94	112.92	238.08	11.05	34.49	11.29	23.81
8-232	管道消毒冲洗 DN200	100m	0.01	19.74	37.03	—	42.52	0.20	0.37	—	0.43
人工单价			小　计					11.25	34.86	11.29	24.24
23.22 元/工日			未计价材料费					16.73			
清单项目综合单价								98.37			

续表

材料费明细	主要材料名称、规格、型号	单位	数量	单价（元）	合价（元）	暂估单价（元）	暂估合价（元）
	焊接钢管 DN200	m	1.02	16.40	16.73		
	其他材料费			—		—	
	材料费小计			—	16.73	—	

注：1. "数量"栏为"投标方（定额）工程量÷招标方（清单）工程量÷定额单位数量"，如"定额编号为 8-117 中 8.9÷8.9÷10＝0.1"；

　　2. 管理费费率为 155.4%，利润率为 60%，人工费为取费基数。

工程量清单综合单价分析表　　　　　　　　　表 3-378

工程名称：某化工厂浴室给水工程　　　　　　标段：　　　　第　页　共　页

项目编码	031002001001	项目名称	管道支架制作安装	计量单位	kg	工程量	50.3

清单综合单价组成明细

定额编号	定额名称	定额单位	数量	单价（元）				合价（元）			
				人工费	材料费	机械费	管理费和利润	人工费	材料费	机械费	管理费和利润
8-118	管道支架制作安装	100kg	0.01	235.45	194.98	224.26	507.16	2.35	1.95	2.24	5.07
人工单价		小　计						2.35	1.95	2.24	5.09
23.22 元/工日		未计价材料费						0.56			
清单项目综合单价								12.19			

材料费明细	主要材料名称、规格、型号	单位	数量	单价（元）	合价（元）	暂估单价（元）	暂估合价（元）
	角钢 60	kg	1	0.56	0.56		
	其他材料费			—		—	
	材料费小计			—	0.56	—	

注：1. "数量"栏为"投标方（定额）工程量÷招标方（清单）工程量÷定额单位数量"，如"定额编号为中 50.3÷50.3÷10＝0.1"；

　　2. 管理费费率为 155.4%，利润率为 60%，人工费为取费基数。

工程量清单综合单价分析表　　　　　　　　　表 3-379

工程名称：某化工厂浴室给水工程　　　　　　标段：　　　　第　页　共　页

项目编码	031006015001	项目名称	水箱制作安装	计量单位	台	工程量	2

清单综合单价组成明细

定额编号	定额名称	定额单位	数量	单价（元）				合价（元）			
				人工费	材料费	机械费	管理费和利润	人工费	材料费	机械费	管理费和利润
8-538	矩形钢板水箱制作	100kg	1.8	51.32	402.92	23.62	110.54	92.38	725.26	42.52	198.98

续表

定额编号	定额名称	定额单位	数量	单价（元）				合价（元）			
				人工费	材料费	机械费	管理费和利润	人工费	材料费	机械费	管理费和利润
8-552	矩形钢板水箱安装	个	1	74.07	2.44	35.79	159.55	74.07	2.44	35.79	159.55
人工单价		小　计						166.45	727.7	78.31	358.53
23.22元/工日		未计价材料费						1.10			
清单项目综合单价								1332.09			

	主要材料名称、规格、型号				单位	数量	单价（元）	合价（元）	暂估单价（元）	暂估合价（元）
材料费明细	钢板				kg	1.05	0.67	1.10		
	其他材料费						—		—	
	材料费小计						—	1.10	—	

注：1. "数量"栏为"投标方（定额）工程量÷招标方（清单）工程量÷定额单位数量"，如"定额编号为8-538中359.97÷2÷100=1.8"；

2. 管理费费率为155.4％，利润率为60％，人工费为取费基数。

工程量清单综合单价分析表　　　　　表3-380

工程名称：某化工厂浴室给水工程　　　　标段：　　　　第　页　共　页

项目编码	031004001001	项目名称	浴盆安装	计量单位	组	工程量	14

清单综合单价组成明细

定额编号	定额名称	定额单位	数量	单价（元）				合价（元）			
				人工费	材料费	机械费	管理费和利润	人工费	材料费	机械费	管理费和利润
8-376	浴盆安装	10组	0.1	258.90	919.08	—	557.67	25.89	91.91	—	55.77
人工单价		小　计						25.89	91.91	—	55.77
23.22元/工日		未计价材料费						292.42			
清单项目综合单价								465.99			

	主要材料名称、规格、型号				单位	数量	单价（元）	合价（元）	暂估单价（元）	暂估合价（元）
材料费明细	浴盆				套	1	274.42	274.42		
	浴盆水嘴				组	1	18	18		
	其他材料费						—		—	
	材料费小计						—	292.42	—	

注：1. "数量"栏为"投标方（定额）工程量÷招标方（清单）工程量÷定额单位数量"，如"定额编号为8-376中14÷14÷10=0.1"；

2. 管理费费率为155.4％，利润率为60％，人工费为取费基数。

工程量清单综合单价分析表　　　　　　表 3-381

工程名称：某化工厂浴室给水工程　　　　　标段：　　　　　第　页　共　页

项目编码	031004003001	项目名称	洗脸盆	计量单位	组	工程量	28

清单综合单价组成明细

定额编号	定额名称	定额单位	数量	单价（元）				合价（元）			
				人工费	材料费	机械费	管理费和利润	人工费	材料费	机械费	管理费和利润
8-384	洗脸盆安装	10 组	0.1	151.16	1298.77	—	325.60	15.12	129.88	—	32.56
人工单价		小　计						15.12	129.88	—	32.56
23.22 元/工日		未计价材料费						76.63			
清单项目综合单价								254.19			

材料费明细	主要材料名称、规格、型号		单位	数量	单价（元）	合价（元）	暂估单价（元）	暂估合价（元）
	洗脸盆		套	1	76.63	76.63		
	其他材料费					—		—
	材料费小计					—	76.63	—

注：1. "数量"栏为"投标方（定额）工程量÷招标方（清单）工程量÷定额单位数量"，如"定额编号为 8-384 中 28÷28÷10＝0.1"；

　　2. 管理费费率为 155.4%，利润率为 60%，人工费为取费基数。

工程量清单综合单价分析表　　　　　　表 3-382

工程名称：某化工厂浴室给水工程　　　　　标段：　　　　　第　页　共　页

项目编码	031004010001	项目名称	淋浴器	计量单位	套	工程量	84

清单综合单价组成明细

定额编号	定额名称	定额单位	数量	单价（元）				合价（元）			
				人工费	材料费	机械费	管理费和利润	人工费	材料费	机械费	管理费和利润
8-404	淋浴器组成安装	10 组	0.1	130.03	470.16	—	280.08	13.00	47.02	—	28.01
人工单价		小　计						13.00	47.02	—	28.01
23.22 元/工日		未计价材料费						6.34			
清单项目综合单价								94.37			

材料费明细	主要材料名称、规格、型号		单位	数量	单价（元）	合价（元）	暂估单价（元）	暂估合价（元）
	莲蓬喷头		个	1	6.34	6.34		
	其他材料费					—		—
	材料费小计					—	6.34	—

注：1. "数量"栏为"投标方（定额）工程量÷招标方（清单）工程量÷定额单位数量"，如"定额编号为 8-404 中 84÷84÷10＝0.1"；

　　2. 管理费费率为 155.4%，利润率为 60%，人工费为取费基数。

工程量清单综合单价分析表

表 3-383

工程名称：某化工厂浴室给水工程　　　　标段：　　　　第　页　共　页

项目编码	031003001001	项目名称	自动排气阀	计量单位	个	工程量	1

清单综合单价组成明细

定额编号	定额名称	定额单位	数量	单价（元）				合价（元）			
				人工费	材料费	机械费	管理费和利润	人工费	材料费	机械费	管理费和利润
8-300	自动排气阀 DN20	个	1	5.11	6.47	—	11.01	5.11	6.47	—	11.01
人工单价		小　计						5.11	6.47	—	11.01
23.22 元/工日		未计价材料费						4.61			
清单项目综合单价								27.20			

材料费明细	主要材料名称、规格、型号				单位	数量	单价（元）	合价（元）	暂估单价（元）	暂估合价（元）
	自动排气阀 DN20				个	1	4.61	4.61		
	其他材料费						—			
	材料费小计						—	4.61		

注：1. "数量"栏为"投标方（定额）工程量÷招标方（清单）工程量÷定额单位数量"，如"定额编号为 8-300 中 1÷1÷1＝1"；

　　2. 管理费费率为 155.4%，利润率为 60%，人工费为取费基数。

工程量清单综合单价分析表

表 3-384

工程名称：某化工厂浴室给水工程　　　　标段：　　　　第　页　共　页

项目编码	031003013001	项目名称	水表	计量单位	组	工程量	1

清单综合单价组成明细

定额编号	定额名称	定额单位	数量	单价（元）				合价（元）			
				人工费	材料费	机械费	管理费和利润	人工费	材料费	机械费	管理费和利润
8-370	焊法兰水表 DN150	8-370	1	153.25	3825.53	107.10	330.10	153.25	3825.53	107.33	330.10
人工单价		小　计						153.25	3825.53	107.33	330.10
23.22 元/工日		未计价材料费						115.36			
清单项目综合单价								4416.21			

材料费明细	主要材料名称、规格、型号				单位	数量	单价（元）	合价（元）	暂估单价（元）	暂估合价（元）
	焊接法兰水表				个	1	115.36	115.36		
	其他材料费						—			
	材料费小计						—	115.36	—	

注：1. "数量"栏为"投标方（定额）工程量÷招标方（清单）工程量÷定额单位数量"，如"定额编号为 8-370 中 1÷1÷1＝1"；

　　2. 管理费费率为 155.4%，利润率为 60%，人工费为取费基数。

工程量清单综合单价分析表　　　　　　　　　　　表 3-385

工程名称：某化工厂浴室给水工程　　　　　　标段：　　　第　页　共　页

项目编码	031003001002	项目名称	螺纹阀门	计量单位	个	工程量	1

清单综合单价组成明细

定额编号	定额名称	定额单位	数量	单价（元）				合价（元）			
				人工费	材料费	机械费	管理费和利润	人工费	材料费	机械费	管理费和利润
8-246	螺纹阀安装 DN50	个	1	5.80	9.26	—	12.49	5.80	9.26	—	12.49
人工单价		小　计						5.80	9.26	—	12.49
23.22 元/工日		未计价材料费						15			
清单项目综合单价								42.55			

材料费明细	主要材料名称、规格、型号	单位	数量	单价（元）	合价（元）	暂估单价（元）	暂估合价（元）
	丝扣阀门 DN50	个	1	15	15		
	其他材料费			—	—		
	材料费小计			—	15		

注：1.“数量”栏为“投标方（定额）工程量÷招标方（清单）工程量÷定额单位数量”，如“定额编号为 8-246 中 1÷1÷1＝1”；

2. 管理费费率为 155.4％，利润率为 60％，人工费为取费基数。

工程量清单综合单价分析表　　　　　　　　　　　表 3-386

工程名称：某化工厂浴室给水工程　　　　　　标段：　　　第　页　共　页

项目编码	031003001003	项目名称	螺纹阀门	计量单位	个	工程量	1

清单综合单价组成明细

定额编号	定额名称	定额单位	数量	单价（元）				合价（元）			
				人工费	材料费	机械费	管理费和利润	人工费	材料费	机械费	管理费和利润
8-248	螺纹阀安装 DN80	个	1	11.61	26.10		25.01	11.61	26.10	—	25.01
人工单价		小　计						11.61	26.10	—	25.01
23.22 元/工日		未计价材料费						40			
清单项目综合单价								102.72			

材料费明细	主要材料名称、规格、型号	单位	数量	单价（元）	合价（元）	暂估单价（元）	暂估合价（元）
	丝扣阀门 DN80	个	1	40	40		
	其他材料费			—	—		
	材料费小计			—	40		

注：1.“数量”栏为“投标方（定额）工程量÷招标方（清单）工程量÷定额单位数量”，如“定额编号为 8-248 中 1÷1÷1＝1”；

2. 管理费费率为 155.4％，利润率为 60％，人工费为取费基数。

工程量清单综合单价分析表　　　　　　　　　　　　　表 3-387

工程名称：某化工厂浴室给水工程　　　　标段：　　　第　页　共　页

项目编码	031003003001	项目名称	焊接法兰阀门	计量单位	个	工程量	2

清单综合单价组成明细

定额编号	定额名称	定额单位	数量	单价（元）				合价（元）			
				人工费	材料费	机械费	管理费和利润	人工费	材料费	机械费	管理费和利润
8-263	焊接法兰阀门安装 DN150	个	1	32.74	269.65	14.31	70.52	32.74	269.65	14.31	70.52
人工单价			小　计					32.74	269.65	14.31	70.52
23.22 元/工日			未计价材料费					134.00			
清单项目综合单价								521.22			

材料费明细	主要材料名称、规格、型号			单位	数量	单价（元）	合价（元）	暂估单价（元）	暂估合价（元）
	法兰阀门 DN150			个	1	134.00	134.00		
	其他材料费					—		—	
	材料费小计					—	134.00	—	

注：1. "数量" 栏为 "投标方（定额）工程量÷招标方（清单）工程量÷定额单位数量"，如 "定额编号为 8-263 中 1÷1÷1＝1"；

　　2. 管理费费率为 155.4%，利润率为 60%，人工费为取费基数。

工程量清单综合单价分析表　　　　　　　　　　　　　表 3-388

工程名称：某化工厂浴室给水工程　　　　标段：　　　第　页　共　页

项目编码	031003003002	项目名称	焊接法兰阀门	计量单位	个	工程量	2

清单综合单价组成明细

定额编号	定额名称	定额单位	数量	单价（元）				合价（元）			
				人工费	材料费	机械费	管理费和利润	人工费	材料费	机械费	管理费和利润
8-264	焊接法兰阀门安装 DN200	个	1	47.60	358.13	31.48	102.53	47.60	358.13	31.48	102.53
人工单价			小　计					47.60	358.13	31.48	102.53
23.22 元/工日			未计价材料费					152.5			
清单项目综合单价								692.24			

材料费明细	主要材料名称、规格、型号			单位	数量	单价（元）	合价（元）	暂估单价（元）	暂估合价（元）
	法兰阀门 DN200			个	0.5	187	93.5		
	止回阀 DN200			个	0.5	118	59		
	其他材料费					—		—	
	材料费小计					—	152.5	—	

注：1. "数量" 栏为 "投标方（定额）工程量÷招标方（清单）工程量÷定额单位数量"，如 "定额编号为 8-264 中 2÷2÷1＝1"；

　　2. 管理费费率为 155.4%，利润率为 60%，人工费为取费基数。

工程量清单综合单价分析表　　　　　表 3-389

工程名称：某化工厂浴室给水工程　　　　标段：　　　第　页　共　页

项目编码	031003002001	项目名称	法兰浮球阀	计量单位	个	工程量	2

清单综合单价组成明细

定额编号	定额名称	定额单位	数量	单价（元）				合价（元）			
				人工费	材料费	机械费	管理费和利润	人工费	材料费	机械费	管理费和利润
8-314	法兰浮球阀 DN80	个	1	12.07	62.45	6.68	26.00	12.07	62.45	6.68	26.00
人工单价		小　计						12.07	62.45	6.68	26.00
23.22 元/工日		未计价材料费						159.58			
清单项目综合单价								266.78			

材料费明细	主要材料名称、规格、型号	单位	数量	单价（元）	合价（元）	暂估单价（元）	暂估合价（元）
	法兰浮球阀 DN80	个	1	159.58	159.58		
	其他材料费			—		—	
	材料费小计			—	159.58	—	

注：1."数量"栏为"投标方（定额）工程量÷招标方（清单）工程量÷定额单位数量"，如"定额编号为 8-314 中 2÷2÷1＝1"；

2. 管理费费率为 155.4%，利润率为 60%，人工费为取费基数。

总价措施项目清单与计价表　　　　　表 3-390

工程名称：某化工厂浴室给水工程　　　　标段：　　　第　页　共　页

序号	项目编目	项目名称	计算基础	费率（%）	金额（元）	调整费率（%）	调整后金额（元）	备注
1	031302001001	安全文明施工费	人工费	30	5454			
		合计			5454			

规费、税金项目清单与计价表　　　　　表 3-391

工程名称：某化工厂浴室给水工程　　　　标段：　　　第　页　共　页

序号	项目名称	计算基础	计算基数	费率（%）	金额（元）
1	规费	定额人工费			2360
1.1	工程排污费	按工程所在地环保部门规定按实计算			
1.2	劳动保险基金	定额人工费		12.54	2280
1.3	工程定额测定费	税前工程造价		0.14	80
2	税金	分部分项工程费＋措施项目费＋其他项目费＋规费－按规定不计税的工程设备金额		3.41	1956
	合计				4316

单位工程投标报价汇总表

表 3-392

工程名称：某化工厂浴室给水工程　　　标段：　　　第　页　共　页

序号	汇总内容	金额（元）	其中：暂估价（元）
1	分部分项工程	49547	
1.1	C.8 给排水、采暖、燃气工程	49547	
2	措施项目	5454	
2.1	安全文明施工费	5454	
3	规费	2360	
4	税金	1956	
投标报价合计＝1＋2＋3＋4		59317	